变电运行一次设备
现场培训教材

张全元　主编

内 容 提 要

本书站在运行的角度介绍了变电站一次设备原理、性能、结构、运行维护、检修、试验、巡视、验收、操作、异常及故障处理等。全书共分为七章：第一章为变压器，第二章为高压并联电抗器，第三章为互感器，第四章为无功补偿装置，第五章为断路器，第六章为母线，第七章为过电压及限制措施。本书最大的特点是理论联系实际，实用性强，通俗易懂。

本书不仅可作为变电运行人员和技术管理人员的现场培训教材，也可作为各类电力培训中心电力专业类培训教材，同时还可作为电力工作者及电力工程类大、中专学生的技术参考书。

图书在版编目（CIP）数据

变电运行一次设备现场培训教材/张全元主编．—北京：中国电力出版社，2010.1（2023.4 重印）

ISBN 978-7-5083-9368-1

Ⅰ．变…　Ⅱ．张…　Ⅲ．变电所-电力系统运行-一次系统-电气设备-技术培训-教材　Ⅳ．TM63

中国版本图书馆 CIP 数据核字（2009）第 153928 号

中国电力出版社出版、发行

（北京市东城区北京站西街 19 号　100005　http://www.cepp.sgcc.com.cn）

北京雁林吉兆印刷有限公司印刷

各地新华书店经售

*

2010 年 1 月第一版　2023 年 4 月北京第九次印刷

787 毫米×1092 毫米　16 开本　25.75 印张　632 千字

印数 11501—12500 册　　定价 **78.00** 元

《变电运行一次设备现场培训教材》

编 审 委 员 会

主　　编： 张全元

编审人员： 刘克兴　谈顺涛　范　杰　陈小珞
陈元建　方爱英　杨　琼　陈　文
周　煜　周　平　秦文红　苏　毅

前 言

随着我国电力建设的发展以及综合自动化技术的不断提高，变电站值班人员的配置越来越少，因此，对变电站值班员的要求也就越来越高。编者在从事多年的变电运行和变电运行培训工作中深刻体会到，提高运行值班员的综合能力及应对各种突发故障的处理能力，对电网的安全、稳定运行起着至关重要的作用；而变电运行岗位又是一个涉及多个专业的岗位，运行值班员在现场需要学习的知识非常多。长期以来，编者就在实践中探索以单个设备为主线，从设备原理、结构、性能、运行规定及现场的运行维护等方面进行学习和教学的方法，受到了学员的好评，本书也是在这个基础上编写而成的。

本书站在运行的角度介绍了变电站一次设备原理、性能、结构、运行维护、检修、试验、巡视、验收、操作、异常及故障处理等。全书共分为七章：第一章为变压器，第二章为高压并联电抗器，第三章为互感器，第四章为无功补偿装置，第五章为断路器，第六章为母线，第七章为过电压及限制措施。

本书最大的特点是理论联系实际，实用性强，通俗易懂，简明扼要，由浅入深，容易被现场人员接受，并将一些好的学习方法传授给读者，使读者既能学到知识，又掌握了学习方法。

本书涉及的知识面较广，实用性较强，不仅可作为变电运行值班人员以及变电运行技术管理人员的现场培训教材，也可作为各类电力培训中心电力专业类培训教材，还可作为电力工程类的大、中专院校现场技能学习的参考书。

本书由湖北超高压输变电公司张全元女士编写，由范杰、陈小珞、方爱英、杨琼、陈文、周煜等同志审核，其中范杰审核第一章，陈文审核第二章，方爱英审核第三章，杨琼审核第四章，陈小珞审核第五章、第六章，周煜审核第七章。

本书在编写过程中，得到了部分设备制造厂家、兄弟单位和兄弟变电站的大力支持，武汉大学电气工程学院的谈顺涛先生审阅了全书并提出重要的修改意见，在此一并表示衷心的感谢!

在编写本书时，参考了大量的相关书籍，在此对原作者表示深深的谢意!

由于经验和理论水平所限，书中难免出现错误和不妥之处，敬请读者批评指正。

编 者

2009.5

目　录

第一章

变　压　器

第一节　变压器基本知识

一、变压器在电力系统中的作用

变压器在电力系统中的主要作用是变换电压，以利于功率的传输。电压经升压变压器升压后，可以减少线路损耗，提高送电的经济性，达到远距离送电的目的。而降压变压器则能把高电压变为用户所需要的各级使用电压，满足用户需要。

二、变压器的分类

(1) 按变压器的用途分类：

1) 电力变压器；

2) 调压器；

3) 仪用互感器（TA、TV）；

4) 特殊变压器（试验变压器、控制变压器）。

(2) 按变压器的绕组分类：

1) 双绕组变压器；

2) 三绕组变压器；

3) 多绕组变压器；

4) 自耦变压器。

(3) 按电源输出的相数分类：

1) 单相变压器；

2) 三相变压器；

3) 多相变压器（如直流输电工程中的换流变压器，整流用六相变压器）。

(4) 按变压器的铁芯结构分类：

1) 芯式变压器；

2) 壳式变压器。

(5) 按变压器冷却介质分类：

1) 油浸式变压器；

2) 空气冷却式变压器（干式变压器）；

3) 充气式变压器（变压器身放在一密封的铁箱内，箱内充以特种气体）。

(6) 按冷却方式分类：

1）油浸自冷式变压器；

2）油浸风冷变压器；

3）油浸强迫油循环风冷变压器；

4）油浸强迫油循环水冷却变压器及干式变压器。

（7）按调压方式分类：

1）无励磁调压变压器；

2）有载调压变压器。

（8）按中性点绝缘水平分类：

1）全绝缘变压器；

2）分级绝缘变压器。

（9）按导线材料分类：

1）铜导线变压器；

2）铝导线变压器。

三、变压器的工作原理

（1）变压器的工作原理。变压器是一种按电磁感应原理工作的电气设备，当一次绕组加上电压、流过交流电流时，在铁芯中就产生交变磁通。这些磁通中的大部分交链着二次绕组，称它为主磁通。在主磁通的作用下，两侧的绕组分别产生感应电势，电势的大小与匝数成正比，通过电磁感应，在两个电路之间实现能量的传递。变压器的一、二次绕组匝数不同，这样就起到了变压作用。

共同的磁路部分一般用硅钢片做成，称为铁芯。被连的线圈称为绕组。

（2）双绕组变压器。双绕组变压器工作原理如图 1－1 所示。一般把接到交流电源的绕组称为一次绕组，而把接到负荷（也称负载）的绕组称为二次绕组，有时把一次绕组称为原边或初级，把二次绕组称为副边或次级。

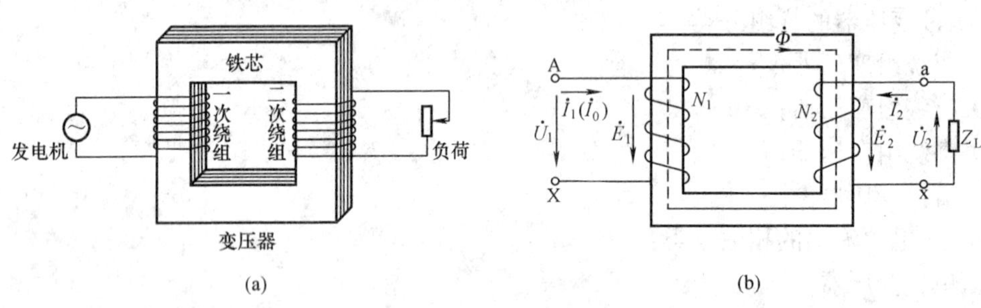

图 1－1　双绕组变压器工作原理

（a）双绕组变压器；（b）工作原理图

变压器二次绕组的电压不等于一次绕组的电压，若二次绕组电压大于一次绕组电压，则该变压器称为升压变压器，若二次绕组电压小于一次绕组电压，则该变压器称为降压变压器。

在工程上也常把电压高的绕组称为高压绕组，电压低的绕组称为低压绕组。

四、变压器主要技术参数的含义

（1）额定容量 S_N：指变压器在铭牌规定条件下，以额定电压、额定电流连续运行时所输送的单相或三相总视在功率。

(2) 容量比：指变压器各侧额定容量之间的比值。

(3) 额定电压 U_N：指变压器长时间运行，设计条件所规定的电压值（线电压）。

(4) 电压比（变比）：指变压器各侧额定电压之间的比值。

(5) 额定电流 I_N：指变压器在额定容量、额定电压下运行时通过的线电流。

(6) 相数：单相或三相。

(7) 连接组别：表明变压器两侧线电压的相位关系。

(8) 空载损耗（铁损）P_0：指变压器一个绕组加上额定电压，其余绕组开路时，变压器所消耗的功率。变压器的空载电流很小，它所产生的铜损可忽略不计，所以空载损耗可认为是变压器的铁损。铁损包括励磁损耗和涡流损耗。空载损耗一般与温度无关，而与运行电压的高低有关，当变压器接有负荷后，变压器的实际铁芯损耗小于此值。

(9) 空载电流 $I_0\%$：指变压器在额定电压下空载运行时，一次侧通过的电流。不是指刚合闸瞬间的励磁涌流峰值，而是指合闸后的稳态电流。空载电流常用其与额定电流比值的百分数表示，即

$$I_0\% = \frac{I_0}{I_N} \times 100\%$$

(10) 负荷损耗 P_k（短路损耗或铜损）：指变压器当一侧加电压而另一侧短接，使电流为额定电流时（对三绕组变压器，第三个绕组应开路），变压器从电源吸取的有功功率。按规定，负荷损耗是折算到参考温度（75℃）下的数值。因测量时实为短路状态，所以又称为短路损耗。短路状态下，使短路电流达额定值的电压很低，表明铁芯中的磁通量很少，铁损很小，可忽略不计，故可认为短路损耗就是变压组（绕组）中的损耗。

对三绕组变压器，有三个负荷损耗，其中最大一个值作为该变压器的额定负荷损耗。负荷损耗是考核变压器性能的主要参数之一。实际运行时的变压器负荷损耗并不是上述规定的负荷损耗值，因为负荷损耗不仅取决于负荷电流的大小，而且还与周围环境温度有关。

负荷损耗与一、二次电流的平方成正比。

(11) 百分比阻抗（短路电压）：指变压器二次绕组短路，使一次侧电压逐渐升高，当二次绕组的短路电流达到额定值时，此时一次侧电压与额定电压的比值（百分数）。

变压器的容量与短路电压的关系是：变压器容量越大，其短路电压越大。

(12) 额定频率：变压器设计所依据的运行频率，单位为赫兹（Hz），我国规定为50Hz。

(13) 额定温升 τ_N：指变压器的绕组或上层油面的温度与变压器外围空气的温度之差，称为绕组或上层油面的温升。

根据国家标准的规定，当变压器安装地点的海拔高度不超过1000m时，绕组温升的限值为65℃。上层油面温升的限值为55℃。

(14) 铭牌参数：

1) 变压器名称、型号、产品代号；

2) 标准代号；

3) 制造厂名（包括国名）；

4) 出厂序号；

5) 制造年月；

6) 相数；

7) 额定容量；

8）额定频率；

9）各绕组额定电压；

10）各绕组的额定电流，连接组标号，绕组连接示意图；

11）额定电流下的短路阻抗；

12）冷却方式；

13）使用条件；

14）总重量（t）；

15）绝缘油重量（t），品牌（厂商、型号）；

16）强迫油循环（风冷和水冷）的变压器，还应标出满负荷时停油泵（水泵）及风扇电动机后允许的工作时限；

17）绝缘的温度等级（油浸式变压器A级可不标出）；

18）温升；

19）连接图（当连接组别标号不能说明内部连接的全部情况时），如果连接组别的连接方式可以在变压器内部变更，则应指出变压器出厂时的连接；

20）绝缘水平；

21）运输重（t）；

22）器身吊重（t），上节油箱重（t）；

23）空载电流（实测值）；

24）空载损耗及负荷损耗（kW，实测值），多绕组变压器的负荷损耗应表示各对绕组工作状态的损耗值；

25）套管型电流互感器的技术数据（也可采用单独的标志）。

五、变压器型号及其含义

（1）变压器型号的排列。变压器产品型号是用汉语拼音的字母及阿拉伯数字组成，每个拼音和数字均代表一定含义。

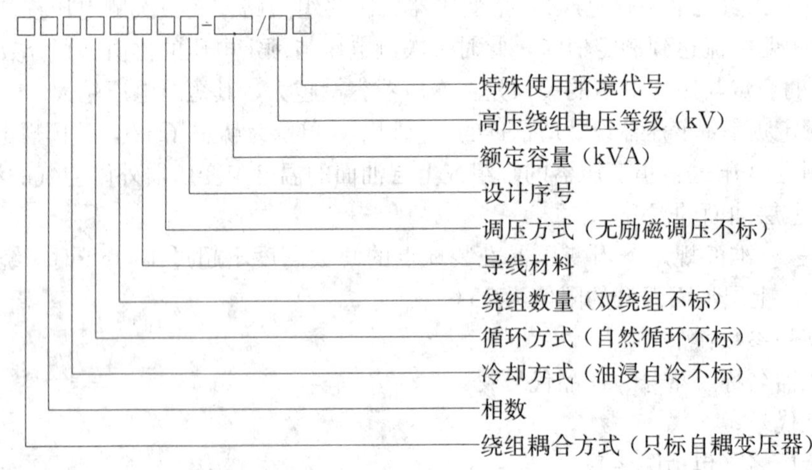

（2）变压器型号中文字符号。在变压器的铭牌上，除规定运行数据外，还有用文字符号表示的变压器型号。变压器的产品型号已有新的国家标准，但目前旧型号的变压器仍在使用，因此必须熟悉变压器新、旧两种型号所代表的含义。变压器新、旧型号的含义对照如表1-1所示。

表 1-1　变压器新、旧型号的含义对照

含义符号	代表符号		含义符号	代表符号	
	新型号	旧型号		新型号	旧型号
单相变压器	D	D	双绕组变压器	不表示	不表示
三相变压器	S	S	三绕组变压器	S	S
油浸式	不表示	J	无励磁调节	不表示	不表示
空气自冷式	不表示	不表示	有载调压	Z	Z
风冷式	F	F	铝线变压器	不表示	L
水冷式	W	S	干式	G	K
油自然循环	不表示	不表示	自耦变压器	O	O*
强迫油循环	P	P	分裂变压器	F	F
强迫油导循环	D	不表示	干式浇注绝缘	C	C

* O 在前面表示降压变压器；O 在后面表示升压变压器。

(3) 变压器型号文字符号后面的数字所代表的意义是：斜线的左面表示容量，单位为千伏安（kVA）；斜线的右面表示高压侧的额定电压，单位为千伏（kV）。

(4) 变压器型号举例说明。

1）三相油浸自冷式双绕组铝线 500kVA、10kV 电力变压器。

新型号表示为：S-500/10。

旧型号表示为：SJL-500/10。

2）三相油浸风冷式三绕组铝线 8000kVA、35kV 电力变压器。

新型号表示为：SFSL-8000/35。

旧型号表示为：SJFSL-8000/35。

3）三相油浸双绕组有载调压强迫油水冷却 31500kVA、110kV 电力变压器。

新型号表示为：SPWZ-31500/110。

旧型号表示为：SSPZ-31500/110。

4）三相油浸三绕组自耦强迫油循环导向风冷却 180000kVA、220kV 电力变压器。

新型号表示为：OSSFPD-180000/220。

旧型号表示为：OSFPS-180000/220。

5）单相油浸三绕组自耦强迫油循环导向风冷却 250000kVA、500kV 电力变压器。

新型号表示为：ODFPSZ-250000/500。

旧型号表示为：ODFPSZ-250000/500。

六、变压器的连接组别

(1) 连接组别的分析。为了表明两侧线电压的相位关系，将三相变压器的接线分为若干组，称为连接组别。电力变压器连接组别标号如表 1-2 所示。

表 1-2　电力变压器连接组别标号

连接方式	高压绕组	中压绕组	低压绕组
星形连接（星形连接有中性点引出时）	Y（YN）	y（yn）	y（yn）
三角形连接	D	d	d
自耦变压器	YN	a	y 或 d

电力变压器常见标准的连接组别如下。

1）双绕组：Yyn0；Yd11；YNd11。

2）三绕组：YNyn0d11；YNd11d11。

3）自耦变压器：YNa0d11；O－YNd12d11。500kV主变压器常采用O－YNd12d11。

为了区别不同的连接组别，首先需要弄清楚三相变压器中每一相的两个绕组的极性关系。现将单相变压器的极性说明如下：

本来交流电路里是没有正负极性的，但是在一个极短的时间中，变压器一次绕组的两个接头必定有一个接头的电流是流入，而另一个接头的电流是流出；二次绕组的两个接头也是一个流入电流，一个流出电流。变压器瞬间电流方向图如图1－2所示。一次电流流入的接头和二次电流流出的接头为同极性，而另外两个接头亦为同极性。

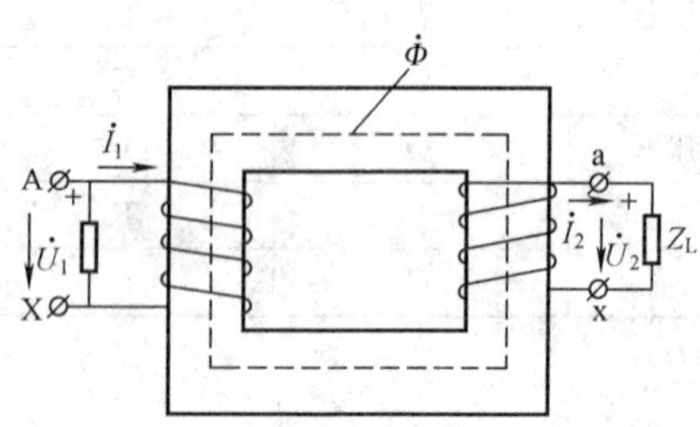

图1－2　变压器瞬间电流方向图

一般在单相变压器一、二次引线端上标有＋、－符号，相同的符号为同极性。

常见的变压器相同符号的套管排列在同一侧的为减极性；反之，不同符号的套管排列在同一侧的为加极性。

如果将三台单相变压器连接成变压器组，用到三相电源上去，就必须注意先测量单相变压器的极性，然后接成不同的连接组别。

三相变压器的连接组别共分为12种，其中6种是单数组，6种是双数组。凡是一次绕组和二次绕组连接相同（如Dd、Yy）的，都属于双数组，包括2、4、6、8、10、12这6个组。凡是一次绕组和二次绕组的接线不一致的（如Dy、Yd），都属于单数组，包括1、3、5、7、9、11这6个组。

表示变压器的不同的连接组别，一般采用时钟表示法。因为一、二次侧对应的线电压之间的相位差总是30°的整倍数，这正好和钟面上小时数之间的角度一样。方法就是把一次侧线电压相量作为时钟的长针，将长针固定在12点上，二次侧对应线电压相量作为时钟的短针，看短针指在几点钟的位置上，就以这一钟点作为该接线组的组号。例如：若二次侧线电压与一次侧线电压同相位，则短针也应指在12点的位置，其连接组别就规定为12；若二次侧线电压越前于一次侧线电压30°，则短针应指在11点的位置，其连接组别规定为11。

例如连接组别为Yyn0的变压器，其接线图如图1－3（a）所示，一次绕组接成星形，二次绕组接成有中性线的星形。由于一次绕组和二次绕组的绕向相同，线端标号一致，所以一、二次侧对应的相电动势是同相的，其相量图如图1－3（b）所示。若将相量图中A和a重合绘在一起来看，则二次侧线电压相量$\dot{U}_{ab}$与一次侧线电压相量$\dot{U}_{AB}$也是同相位。按照规定，相量$\dot{U}_{AB}$指在钟表12点，则相量$\dot{U}_{ab}$也是12点。所以这种连接组别为12，记作Yyn0。

又如连接组别为Yd11的变压器，其接线图如图1－4（a）所示，一次绕组接成星形，二次绕组接成三角形，其连接顺序为ay—cx—bz。根据减极性的特点，两侧相电动势为同相，又由于二次三相绕组接成三角形，其线电压与相电动势相等。从相量图1－4（b）可以看出，二次侧线电压$\dot{U}_{ab}$等于相电动势$\dot{E}_b$。若将相量图中A和a重合绘在一起来看，则二次侧线电压相量$\dot{U}_{ab}$越前于一次侧线电压相量$\dot{U}_{AB}$30°。当相量$\dot{U}_{AB}$指在钟表12点，则相

量 $\dot{U}_{ab}$ 应指在 11 点，故这种连接组别记作 Yd11。

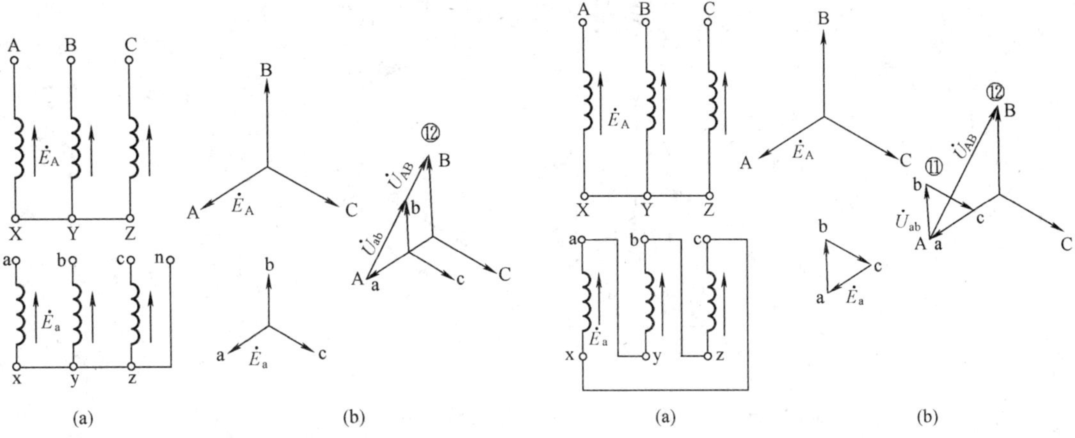

图 1-3　连接组别为 Yyn0 变压器的接线

（a）接线图；（b）相量图

图 1-4　连接组别为 Yd11 变压器的接线

（a）接线图；（b）相量图

（2）典型连接组别变压器的接线图和相量图（见图 1-5）。

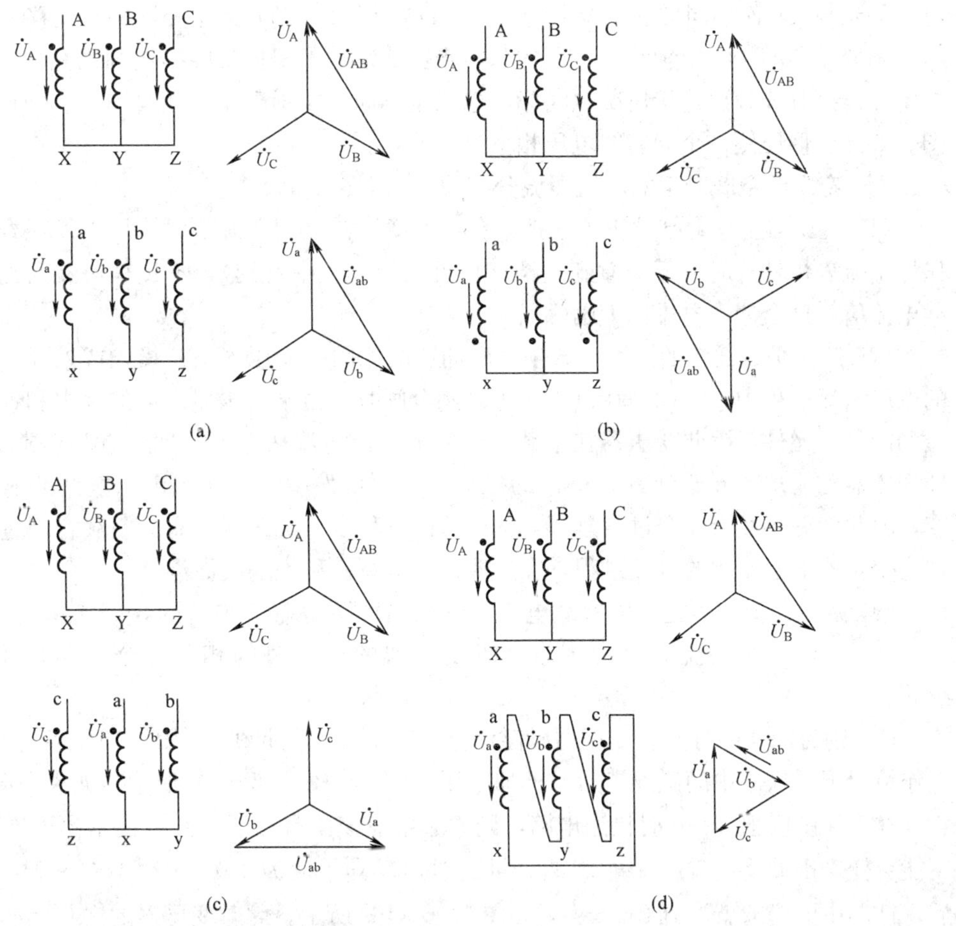

图 1-5　典型连接组别变压器的接线图和相量图（一）

（a）Yyn0 接线；（b）Yyn6 接线；（c）Yy4 接线；（d）Yd11 接线

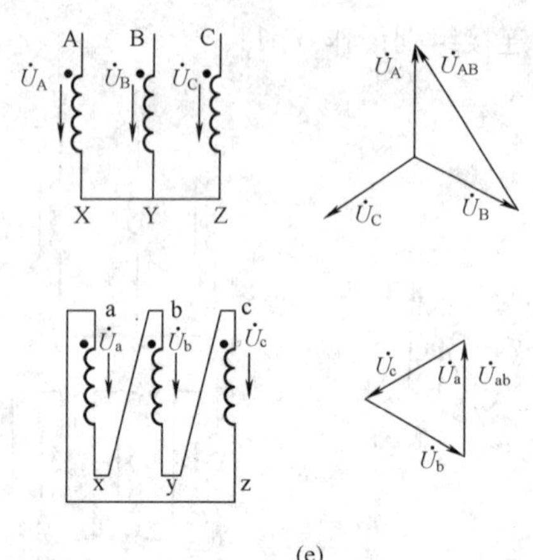

a b c
$\dot{U}_a$ $\dot{U}_b$ $\dot{U}_c$
x y z
$\dot{U}_c$ $\dot{U}_a$ $\dot{U}_{ab}$
$\dot{U}_b$

(e)

图 1－5 典型连接组别变压器的接线图和相量图（二）

（e）Yd1 接线

总体来看，Yy 连接可以得到时钟表面上各偶数的连接组别，Yd 连接则得到各奇数的连接组别，Yy 与 Yd 的三相变压器的二次侧电压相互间是不可能同相的。此外，Dd 连接可以得到与 Yy 连接同样的相位移的关系，Dy 则得到与 Yd 连接相同的相位移。

画变压器的接线组别和相量图的基本步骤如下：①根据实际接线判别是哪一组。②根据实际连接方式画出连接情况。③标出电压正方向。④画高压侧相量图。⑤画低压侧相量图。⑥高、低压侧一个同名线电压相量进行比较。

七、变压器空载合闸的励磁涌流分析

（1）变压器空载合闸的现象。把一台空载变压器接到电源上时，可以发现合闸瞬间变压器电流表指针有时一下子撞到止档（也可从录波图中看到），不过很快又回到正常的空载电流值，这个冲击电流称为励磁涌流。

（2）产生励磁涌流的原因。产生励磁涌流的原因是变压器空载投入或外部故障切除后的电压恢复过程中，特别是在电压为零时刻合闸时，由于变压器内部的绕组和铁芯是储存磁场能量的元件，因此变压器在空载合闸的瞬间，电流从零开始到建立起正常空载电流，即变压器磁能从零开始到具有正常的磁能，使能量发生了变化。由于电路的能量不能突变，因此就需要经历一个过渡过程，然后才能到稳定空载运行状态。空载合闸过程主要表现为变压器磁通变化的过渡过程，在过渡中的电流就称为励磁涌流。

（3）励磁涌流值可达正常空载电流 50～80 倍，可达额定电流的 5～8 倍。

（4）决定励磁涌流大小的因素：①变压器的合闸时的相位（合闸角）。②铁芯的剩磁。

（5）励磁涌流的分析。变压器励磁涌流的产生及变化曲线如图 1－6 所示。因为在稳态工作情况下，铁芯中的磁通滞后于外加电压 90°，如图 1－6（a）所示。如果空载合闸时，正好在电压瞬时值 $U=0$ 时接通电路，则铁芯中应该具有磁通 $-\phi_m$，但是由于铁芯中磁通不能突变，因此将出现一个非周期分量的磁通，其幅值为 $+\phi_m$。这样在经过半个周波以后，铁芯中的磁通就达到 $2\phi_m+\phi_s$，如图 1－6（b）所示。此时变压器的铁芯严重饱和，励磁涌流将急剧增大，如图 1－6（c）所示。励磁涌流中包含有大量的非周期分量和高次谐波分量，如图 1－6（d）所示。

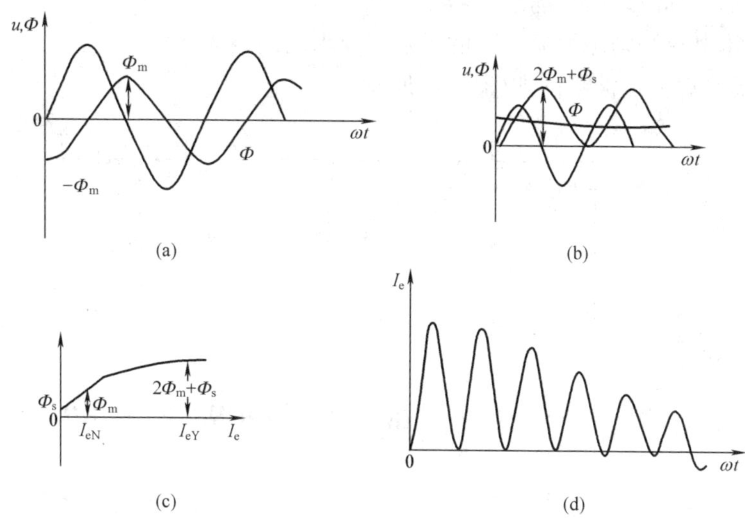

图 1-6　变压器励磁涌流的产生及变化曲线

(a) 稳态下，磁通与电压的关系；(b) 在 $u=0$ 瞬间空载合闸时，磁通与电压的关系；(c) 变压器铁芯的磁化曲线；(d) 励磁涌流波形

(6) 励磁涌流的衰减。由于绕组电阻 r_1 的存在，合闸电流将逐渐衰减，衰减的快慢有时间常数 $T=L_1/r_1$ 所决定（L_1 为一次绕组的全自感，实际上，因有铁芯磁路，L_1 并不是一个常数；r_1 为一次绕组的电阻）。时间常数大，衰减慢。一般是小容量变压器衰减快，对于一般的中小型变压器，励磁涌流经过 0.5～1s 后其值不超过额定电流的 0.25～0.5 倍；大型电力变压器励磁涌流的衰减速度较慢，衰减到上述值时需 2～3s。这就是说，变压器容量越大衰减越慢，完全衰减经过几十秒的时间。

(7) 励磁涌流的危害。一般来说励磁涌流对变压器虽没有直接的危害，但若继电保护装置整定不当时，会使继电保护误动作，故应正确选择和整定保护装置，避免励磁涌流引起的误动作。

在实际运行中，由于励磁涌流造成大型变压器故障的案例是存在的。

(8) 励磁涌流的特点：①包含有很大的非周期分量，往往使涌流偏于时间轴一侧。②包含大量的高次谐波分量，而以二次谐波为主。③波形之间出现间断，在一个周期中间断角为 α。

(9) 限制励磁涌流衰减的方法：① 在巨型变压器中，在变压器一次侧加阻尼电阻，一是减少冲击量，二是减小时间常数 T，加速励磁涌流的衰减速度，这个电阻在合闸完毕后去掉。② 在变压器断路器控制回路中加装励磁涌流抑制器，目前在部分电厂、换流站及大型变电站变压器的断路器控制回路中装有励磁涌流抑制器，并有效地限制了励磁涌流。

(10) 三相变压器合闸时的励磁涌流。在三相变压器中，由于三相电压彼此互差 120°，因此合闸时总有一相电压的初相角接近于零，所以总有一相的合闸电流较大。

(11) 分析励磁涌流特点的目的。主要是利用励磁涌流的特征波构成变压器差动保护的制动特性。

1) 利用二次谐波制动，制动比为 15%～20%。

2）利用波形对称原理的差动继电器。

3）鉴别短路电流和励磁涌流波形的区别，要求间断角为60°～65°。

实测变压器励磁涌流波形图如图1－7所示。

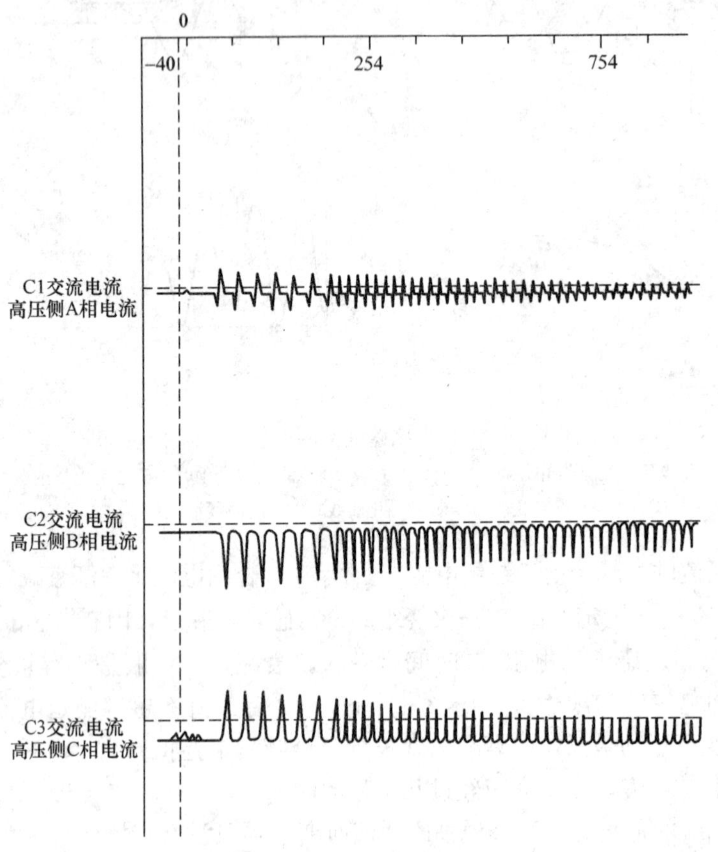

图1－7　实测变压器励磁涌流波形图

八、大型变压器过励磁

（1）过励磁的概念。当变压器在电压升高或频率下降时都将造成工作磁通密度增加，导致变压器的铁芯饱和，这种现象称为变压器过励磁。

$$\begin{cases} U = 4.44 f W \Phi_{m} \\ \Phi_{m} = \dfrac{I_{L} W}{R_{m}} \\ I_{e} = \dfrac{U}{4.44 f W^{2} R_{m}} = K \dfrac{U}{f} \end{cases} \tag{1-1}$$

式中：f 为系统频率；U 为变压器高压侧电压；W 为变压器绕组匝数；R_{m} 为自感磁通所经过磁路的磁阻；I_{e} 为励磁电流；K 为比例常数。

（2）产生过励磁的原因。电力系统事故解列后，部分系统的甩负荷过电压、铁磁谐振过电压、变压器分接头连接调整不当、长线路末端带空载变压器或其他误操作、发电机频率未到额定值过早增加励磁电流、发电机自励等情况，都可能产生较高的电压引起变压器过励磁。

(3) 过励磁的危害。过励磁对变压器的危害：当变压器过励磁时，漏磁通的增加使得磁滞损耗，以及铁芯不分层部分的涡流损耗严重上升，如果由于这些损耗引起温度过度地升高，绝缘可能损坏，同时可能引起闪络。

(4) 防止措施。因为现代变压器在满负荷额定运行时磁通密度是很高的，它只能经受相当小的过励磁，所以当过励磁时要保护变压器，防止变压器过热，因而必须把过励磁控制在一定水平之下。

(5) 分析过励磁的作用目的。构成过励磁保护，过励磁保护作为延时动作的主保护，其低定值延时段动作于信号，高定值延时段动作于跳闸。

九、超高压长线路末端空载变压器的操作应注意调整系统电压

由于电容效应，超高压空载长线线路末端电压升高。在这种情况下投入空载变压器，由于铁芯的严重饱和，将感应出高幅值的高次谐波电压，严重威胁变压器绝缘，故在操作前要降低线路首端电压，并投入末端变电站的电抗器，使得操作电压短时间（如 500kV 级不得超过 30min）不超过变压器相应分接头电压的 10%。

十、变压器损耗

变压器的损耗有两种：空载损耗（铁损）和负荷损耗（短路损耗或铜损）。

1. 空载损耗（铁损）P_0

空载损耗又称为铁损，是指变压器一个绕组加上额定电压，其余绕组开路时，在变压器中消耗的功率。

变压器空载时，输出功率为零，但要从电源中吸取一小部分有功功率，用来补偿变压器内部的功率损耗，这部分功率变为热能散发出去，称为空载损耗，用 P_0 表示。

变压器的空载损耗包括三部分：铁损、铜损和附加损耗。

(1) 铁损 F_{Fe}：是由交变磁通在铁芯中造成的磁滞损耗和涡流损耗。

1) 磁滞损耗：由于铁芯在磁化过程中有磁滞现象，并有了损耗，这部分损耗称为磁滞损耗，磁滞损耗占空载损耗的 60%~70%。磁滞损耗的大小取决于硅钢片的质量、铁芯的磁通密度 B_M 的大小、电源的频率 f。

2) 涡流损耗：当铁芯中有交变磁通存在时，绕组将产生感应电压，而铁芯本身又是导体，因此就产生了电流和损耗，涡流损耗为有功损耗。涡流损耗的大小与磁通密度 B_m^2 成正比，与电源频率的平方 f^2 成正比。

减少涡流损耗的方法：采用具有绝缘膜的硅钢片。

(2) 一次绕组的铜损 P_{Cu}：是由空载电流 I_0 流过一次绕组的铜电阻 r_1 而产生的。

(3) 附加损耗 P_{ad}：是由铁芯中磁通密度分布不均匀和漏磁通经过某些金属部件而产生。

变压器的空载损耗中，空载铜损所占比例很小，可以忽略不计，而正常的变压器空载时铁损也远大于附加损耗，因此变压器的空载损耗可近似等于铁损。

变压器的空载损耗很小，不超过额定容量的 1%。

空载损耗一般与温度无关，而与运行电压的高低有关，当变压器接有负荷后，变压器的实际铁芯损耗比空载时还要小。

2. 负荷损耗（短路损耗或铜损）

负荷损耗是指当变压器一侧加电压，而另一侧短路，使两侧的电流为额定电流（对三绕组变压器，第三个绕组应开路），变压器从电源吸取的有功功率。按规定，负荷损耗应是折算到参考温度（75℃）下的数值。

负荷损耗一般分为两部分：导线的基本损耗和附加损耗。

(1) 导线的基本损耗：由流过一、二次绕组中的电流产生。

(2) 附加损耗（铁损）：附加损耗包括由漏磁场引起的导线本身的涡流损耗和结构部件（如夹件，油箱等）损耗。附加损耗占导线的基本损耗有一定的比例，容量越大，所占比例越大。

短路状态下，使短路电流达到额定值的电压很低，表明铁芯中的磁通量很小，铁损很小，可忽略不计，故可认为短路损耗是变压器绕组的铜损。

对三绕组变压器，负荷损耗有三个，其中最大一个值为该变压器的额定负荷损耗。负荷损耗是考核变压器性能的主要参数之一。实际运行中的变压器负荷损耗不是上述规定的负荷损耗值，因为负荷损耗不仅取决于负荷电流的大小，还与周围环境温度有关。

负荷损耗与一、二次电流的平方成正比。

由以上分析，变压器的铁损近似等于空载损耗，当电源的电压和频率不变时，主磁通不变，铁损也基本上不变，故称铁损为不变损耗。

变压器在运行时，其负荷损耗（铜损）是随负荷电流的大小而变化，故称负荷损耗（铜损）为可变损耗。

研究表明，当变压器的可变损耗（铜损）等于不变损耗（铁损）时，变压器的效率最高。

第二节　变压器基本结构

电力变压器是根据电磁感应原理制造出来的电气设备，因此，电力变压器至少应有能高效利用电磁感应的铁芯和绕组。电力变压器的主要构成部分是铁芯、绕组、绝缘、外壳和必要的组件等。由于容量的不同，电力变压器的铁芯、绕组、绝缘、外壳和必要的组件的结构形式可以是不一样的。

变压器的铁芯及绕组是变压器的主要部分，称为变压器器身。

一、铁芯

(一) 铁芯的作用

(1) 铁芯的作用就是构成耦合磁通的磁路，把一次电路的电能转换为磁能，又由自己的磁能转变为二次电路的电能，是能量转换的媒介。因为铁芯材料大多都是磁导率高、磁滞损耗和涡流损耗小的硅钢片，所以铁芯磁路可以增强铁磁场，产生足够大的主磁场，产生足够大的主磁通，并能有效地降低励磁电流。

(2) 构成器身的骨架。它是构成变压器的骨架。在它的铁芯柱上套上带有绝缘的绕组，并且牢固地对它们支撑和压紧。铁芯本体是用硅钢片叠积成完整的磁路结构，其钢夹紧装置（钢夹件）构成框架，它牢固地把铁芯夹持成一个整体，同时在它的上面几乎安装了变压器内部的所有部件。

铁芯是电力变压器的重要组成部分。三相三柱式变压器铁芯，如图 1－8 所示。

变压器若不装铁芯，由非导磁性的空气作磁路，则耦合二次绕组的磁通 Φ_m 很小，由 $E_2=4.44fN_1\Phi_m$ 可知，变压器二次感应电势 E_2 很小，这样就不能正常地变化并传递能量。施以额定电压时，因磁阻很大，用以产生正常磁通的励磁电流太大，由于存在以上现象，变压器将不能工作。因此，变压器必须装铁芯。

（二）铁芯的结构型式

铁芯型式有芯式和壳式。

1. 芯式

芯式变压器结构如图 1－9 所示。铁芯柱截面为圆形立放，高低压绕组截面亦为圆形（实为环形）同心地套在铁芯柱上，绕组包围铁芯。器身（铁芯连同绕组）是垂直布置的。绕组可以是圆筒式、螺旋式、连续式、层式、纠结式、内屏蔽式等不同结构形式，取决于绕组的电压和电流。但铁芯的铁芯柱都是多极近似圆柱形截面，铁轭在不同的设计中可以有不同的形状。

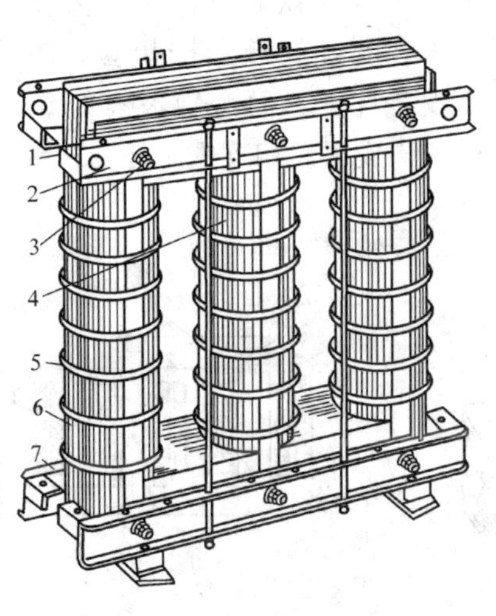

图 1－8　三相三柱式变压器铁芯

1—接地片；2—上夹件；3—铁轭螺杆；4—拉螺杆；5—芯柱绑扎；6—铁芯磁导线；7—下夹件

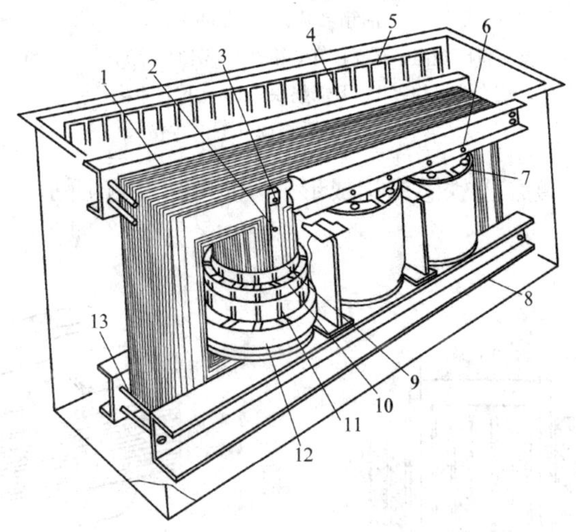

图 1－9　芯式变压器

1—铁芯；2、3—铁芯拉板；4—上夹件；5—油箱屏蔽；6—绕组压钉；7—绕组压板；8—下夹件；9—绝缘筒；10—低压绕组；11—垫块；12—高压绕组；13—夹件螺栓

2. 壳式

壳式变压器的结构如图 1－10 所示。铁芯截面为长方形卧放，绕组截面亦为长方形套在铁芯柱上卧房，两边有旁轭，铁芯包围绕组。高压绕组和低压绕组的线饼是垂直布置、交错排列的，铁芯水平布置。

电力变压器的铁芯结构型式普遍采用芯式铁芯，芯式铁芯又分为以下 3 种。

（1）单相式铁芯。

1）单相二铁芯柱：它有两个铁芯柱，用上、下两个铁轭将芯柱连接起来，构成闭合磁路。绕组分别放在 2 个铁芯柱上，2 个铁芯柱上的绕组可以接成串联，也可以接成并联。通常将低压绕组放在内侧，即靠近铁芯，而把高压绕组放在外侧，即远离铁芯。这主要是为了满足绝缘和其他方面的要求，例如处理绕组的分接头抽头等。

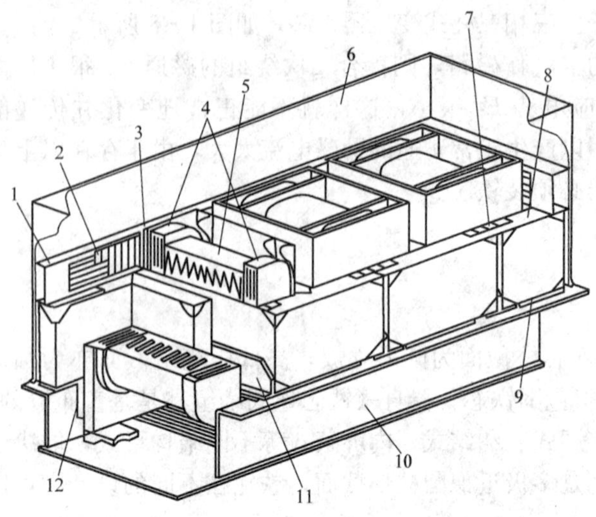

图 1-10　壳式变压器

1—铁芯夹件；2—油箱屏蔽；3—上部木楔；4—低压绕组；5—高压绕组；6—上节油箱；7—楔形屏蔽；8—上部垫块；9—下部垫块；10—下节油箱；11—支撑梁；12—下部木楔

2）单相三铁芯柱：绕组一般套在 2 个铁芯柱上。

3）单相四铁芯柱：绕组一般套在 2 个或 3 个铁芯柱上。

4）单相五铁芯柱：绕组一般套在 3 个铁芯柱上。

（2）三相三铁芯柱。它是将三相的 3 个绕组分别放在 3 个铁芯柱上，3 个铁芯柱也由上、下 2 个铁轭将芯柱连接起来，构成闭合磁路。绕组的布置方式同单相变压器一样。

（3）三相五铁芯柱。它与三相铁芯相比较，在铁芯柱的左右两侧多了 2 个分支铁芯柱，成为旁轭。各电压级的绕组分别按相套在中间 3 个铁芯柱上，而旁轭没有绕组，这样就构成了三相五铁芯柱变压器。

变压器铁芯的构成形式，如图 1-11 所示。

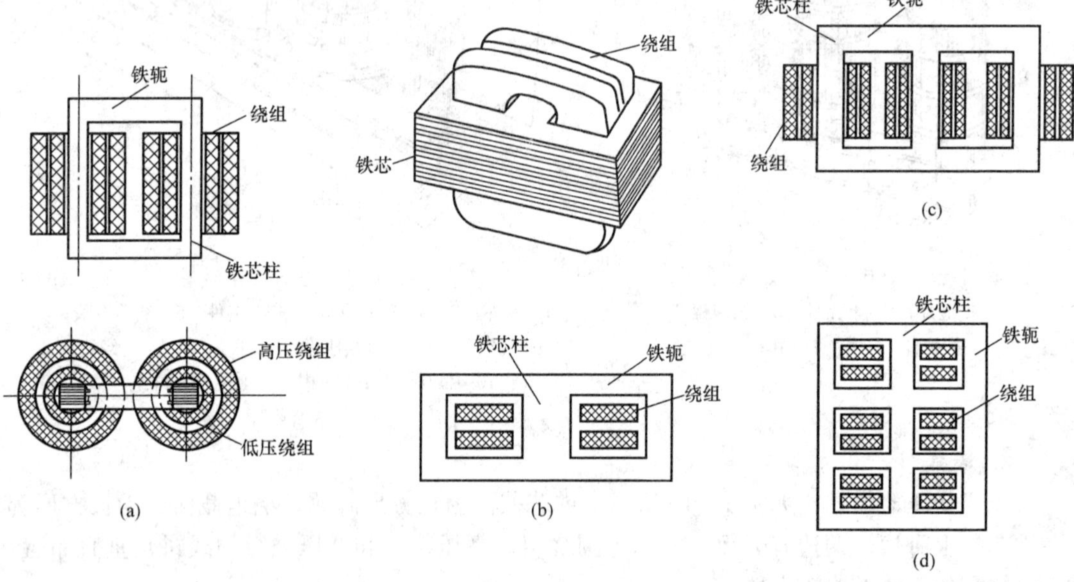

图 1-11　变压器铁芯的构成形式

（a）单相芯式变压器；（b）单相壳式变压器；（c）三相芯式变压器；（d）三相壳式变压器

为了降低损耗，变压器的铁芯是由硅钢片迭装起来的，这种硅钢片含硅量达 4%～5%。硅钢片的厚度为 0.3（大型进口硅钢片）、0.35mm 或 0.5mm，在叠装之前，硅钢片的两面应涂以绝缘漆并烘干（进口硅钢片已上有保护膜），使片与片之间绝缘起来。

（三）变压器铁芯的组成

1. 铁芯的主要组成部分

（1）铁芯本体。由硅钢片制成的导磁体。

（2）紧固件。夹件、螺杆、玻璃绑扎带、钢绑扎带和垫块等。

（3）绝缘件。夹件绝缘、绝缘管和绝缘垫等。

（4）接地片和垫脚。

2. 硅钢片

（1）硅钢片的种类及性能。制造变压器铁芯的硅钢片有热轧和冷轧两种。热轧硅钢片由于磁性能差，单位损耗大，已不再采用，而由冷轧硅钢片所替代。它们性能的主要差别有以下几点：

1）冷轧硅钢片。有取向和无取向之分，取向硅钢片的磁性能具有明显的方向性，磁力线在沿着材料的辗压方向通过时，导磁性能最好，单位损耗最小；如磁力线通过的方向与辗压方向垂直时，则导磁性能显著变坏。磁力线于上述两种不同方向通过时，其单位损耗相差很大，后者为前者的3～4倍。冷轧无取向硅钢片，其磁性能接近或稍优于热轧硅钢片。热轧硅钢片的方向性不十分明显。

2）在磁通密度和频率相同的情况下，冷轧取向硅钢片比热轧硅钢片的单位损耗和单位激磁容量都较小。

3）冷轧取向硅钢片的磁饱和点较高，约1.7T（17 000Gs），而热轧硅钢片的磁饱和点约1.45T（14 500Gs）。

4）冷轧硅钢片对机械加工敏感，在冲剪、压毛刺、敲打后，对其磁性能影响特别明显，往往需要经过退火处理后，性能才能恢复。热轧硅钢片经机械加工后，对其磁性能影响不大，无需退火处理。

5）为了降低涡流损耗，需要在硅钢片的表面涂一层绝缘漆。对于冷轧硅钢片，在生产过程中表面已形成一层绝缘层，一般不需要再涂漆，但对热轧硅钢片，使用时需要再涂一层绝缘漆。

（2）电力变压器硅钢片的磁通密度选择。选择硅钢片的磁通密度需遵守以下几点：

1）由于硅钢片有磁饱和现象（硅钢片在励磁过程中，当磁通密度较小时，磁通密度的增加与励磁电流成正比；但当磁通密度较大时，励磁电流将增加很多，而磁通密度却增加得很少，这种励磁电流的增加快于磁通密度增加的现象，称为硅钢片的磁饱和现象），如果选用的磁通密度太高，负荷电流与空载损耗都会增大。因此，磁通密度要选择在饱和点以下。电力变压器冷轧硅钢片可取1.65～1.7T；热轧硅钢片可取1.45T以下。

2）要考虑电力变压器在过励磁5%时，可以在额定容量下连续运行；过励磁10%时，应能在空载下运行。

3）要考虑铁芯的温升，正常运行中，铁芯的磁通密度取得越高，铁芯的温升也就越高。一般在加大油道或气道后，仍不能降低铁芯的温升时，应降低正常工作时的磁通密度值。磁通密度一定要满足这一热特性的要求。

（3）硅钢片表面涂绝缘油漆的作用。硅钢片涂绝缘漆，其目的是限制涡流回路，使涡流只能在一片中流动，这样涡流回路阻抗较大，限制了涡流的数值。如果片间不绝缘，涡流就会通过相邻的硅钢片，这样涡流回路的阻抗比单片时小，涡流就会增大，使得涡流产生的损耗迅速地增大。一般来说，涡流损耗与硅钢片的厚度的平方成正比，如果硅钢片不绝缘，铁芯就相当于一块整铁，或相当于一块厚钢板，这样涡流损耗就会大大地增加。因此，硅钢片表面要涂漆，以减少涡流损耗。

对硅钢片绝缘漆层的要求是：①涂刷均匀，漆膜光滑，不宜过厚（漆膜过厚会降低叠片系数），附着力强，能抗冲击和弯曲。②要求漆膜具有良好的绝缘性、耐热性、防潮性，并且要求干燥快。

冷轧硅钢片在生产的过程中，表面已形成一层绝缘薄层，一般不需要再涂漆；但对高压大型变压器，为了确保片间的绝缘，在绝缘层外面，会再涂一层绝缘漆。对于热轧硅钢片，使用时，必须涂漆来保证片间的绝缘。

3. 紧固件

紧固件的作用是为了使铁芯夹紧，铁芯的夹紧主要是为了能承受器身起吊时的重力及变压器在发生短路时，绕组作用到铁芯上的电动力；同时也可以防止变压器在运行中，由于硅钢片松动而引起的振动噪声。

常用的夹紧措施有以下几种：

(1) 铁芯柱夹紧。

1) 用硬纸筒加模柱夹紧。此种方法主要用于小型变压器的芯柱。

2) 穿芯螺杆夹紧。此种方法必须先在芯柱的钢片上冲孔，为了防止穿芯螺杆、螺母造成片间短路或形成短路环；因此在穿芯螺杆上必须套有绝缘纸管，在钢垫圈靠铁芯侧垫有绝缘垫圈。此种结构虽然夹紧较好，但由于硅钢片冲孔，使铁芯截面减少，冲孔处磁通弯曲，使铁芯损耗和空载电流增大。

3) 采用环氧树脂玻璃粘带绑扎夹紧。此种方法是用 0.1mm 厚、50mm 宽的玻璃丝带浸环氧树脂后，在芯柱上每隔一定距离包扎数层；然后在 110～150℃的温度下干燥 8h 以上，使环氧树脂固化而成。

(2) 铁轭的夹紧。

1) 采用夹件、穿芯螺杆和不穿芯螺杆（位于夹件两端的）组成的夹紧结构。此种结构主要用于中、小型变压器的铁轭夹紧。

2) 夹件、穿芯螺杆和方铁组成的夹紧结构。此种夹紧结构多用于早期产品。方铁主要是增加起吊时的机械强度，方铁必须与铁芯绝缘。对于 60kV 及以上电压等级的全星形接线的变压器，为了防止 3、5、7 次谐波在方铁与夹件构成的回路中形成电流，引起损耗，在方铁的一端必须与夹件绝缘。

3) 无穿芯螺杆、无方铁全绑扎结构。此种夹紧较复杂，如采用金属绑带时，还必须绝缘良好，并且金属绑带不能闭合成环路。由于无穿芯螺杆，铁芯不需要冲孔，因此铁芯损耗小。

(3) 绑扎结构的作用。由于穿芯螺杆夹紧的铁芯结构存在很多缺点，如硅钢片必须冲孔，在冲孔处铁芯的有效截面减小，局部磁通密度增加。冲孔处总会有些毛刺存在，使局部相碰，引起该处涡流损耗增加。冲孔处磁力线要产生弯曲，尤其是对冷轧取向硅钢片来说，没有充分利用导磁的方向性。穿芯螺杆由实心碳钢做成，运行中会引起附加损耗等。

全绑扎结构的铁芯压力均匀，由于不需要冲孔，不会减小铁芯截面积，限制了附加损耗，且空载电流和空载损耗都较小。因此，目前生产的变压器铁芯夹紧结构，多采用绑扎结构。

（四）变压器铁芯和夹件接地

1. 变压器铁芯接地的原因

变压器在运行时或在进行高压试验中，铁芯及其金属部件都处于强电场中的不同位置，由静电感应的电位也各不相同，使得铁芯和各金属部件之间或对接地体产生电位差，在电位不同的金属部件之间形成断续的火花放电。这种放电将使变压器油分解，并损坏固体绝缘。为了避免上述情况，对铁芯及其金属部件（除穿芯螺杆外）都必须进行可靠地接地。穿芯螺杆由于铁芯的屏蔽作用，其电位与铁芯相差不多，可以不必再接地。由于铁芯硅钢片之间的绝缘电阻很小，只需一片接地，即可认为铁芯全部叠片都接地。

2. 铁芯接地时应注意的问题

(1) 铁芯只允许一点接地，需要接地的各部件之间只允许单线连接。铁芯中如有两点或两点以上的接地，则接地点之间可能形成闭合回路；当有较大的磁通穿过此闭合回路时，就会在回路中感应出电动势并引起电流，电流的大小取决于感应电动势的大小和闭合回路的阻抗值。当电流较大时，会引起局部过热故障甚至烧坏铁芯。

事实上，硅钢片之间虽然涂有绝缘漆，但其绝缘电阻较小，只能隔断涡流而不能阻止高压感应电流；故只要将一片硅钢片接地，就相当于整个铁芯都接地了。

(2) 接地片应有一定的强度和截面积，一般采用 0.3mm×20mm 、0.3mm×30mm 或 0.3mm×40mm 的镀锡紫铜片制成。接地片插入铁芯的深度：对配电变压器不小于 30mm，主变压器不小于 70mm，而大型变压器则要求达到 140mm。

(3) 变压器铁芯和夹件应分别与油箱绝缘，铁芯和夹件接地应由安装在油箱顶部的不同套管分别引出，引至地面附近的接地引下线及支撑绝缘子由制造厂供应。

(4) 接地片应靠近夹件，不得与铁轭的端面相碰，以防止铁轭的硅钢片短路。

(5) 器身的其他金属附件均应接地。

(6) 铁芯接地点一般应设置在低压侧。

3. 铁芯接地的结构种类

(1) 小容量变压器接地。通常小容量变压器的上夹件与下夹件之间不是绝缘的，而是由金属拉螺杆或拉板连接。铁芯接地是在上铁轭的 2～3 级处插入一片镀锡铜片，铜片的另一端则用螺栓固定在上夹件上，再由上夹件并通过吊螺杆与接地的箱盖相连接或经地脚螺钉接地。

(2) 中型变压器的接地。当上下夹件之间相互绝缘时，必须在上下铁轭的对称位置上分别插入镀锡铜片，并且上铁轭的接地片与上夹件相连接，下铁轭的接地片与下夹件相连接。这样，上夹件经上铁轭接地片接到铁芯，再由铁芯经下铁轭接地片接至下夹件接地。

(3) 大型变压器的接地。由于大型变压器每匝电压都很高，当发生两点接地时，接地回路感应的电压也就相当高，形成的电流会很大，将引起较严重的后果。为了对运行中的大容量变压器发生多点接地故障进行监视，检查铁芯是否存在多点接地，接地回路是否有电流通过，须将铁芯的接地先经过绝缘小套管后再进行接地。这样可以断开接地小套管测量铁芯是否还有接地点存在，或将表计串入接地回路中。

(4) 全斜接缝结构铁芯的接地。在全斜接缝结构的铁芯中，油道不用圆钢隔开，而是由非金属材料隔开（如采用环氧玻璃布板条隔开），以构成纵向散热油道。采用非金属材料隔开可以减小铁芯的损耗，但油道之间的硅钢片是互相绝缘的。对于这种结构的变压器在接地时，首先要用接地片将各相邻的经油道相互绝缘的硅钢片之间连接起来，然后再选一点与上夹件连通，最后将上夹件用导线并通过接地小套管引出到外面接地。

（五）铁芯绝缘

铁芯的绝缘与变压器其他绝缘一样，占有重要的地位。铁芯绝缘不良，将影响变压器的安全运行。铁芯的绝缘有两种，即铁芯片间的绝缘以及铁芯片与夹紧结构件的绝缘。

（1）铁芯片间的绝缘是把芯柱和铁轭的截面分成许多细条形的小截面，使磁通垂直通过这些小截面时，感应出的涡流很小，产生的涡流损耗也很小。

1）铁芯片间无绝缘时，磁通垂直通过的截面很大，感应的涡流大。截面厚度增加1倍，涡流损耗将增大至4倍。

2）铁芯片间绝缘过小时，片间电导率增大，穿过片间绝缘的泄漏电流增大，将增加附加的介质损耗。

3）铁芯片间绝缘过大时，铁芯就不能认为是等电位的，必须把各片均连接起来接地；否则片间将出现放电现象，这是不方便、不可取的。目前铁芯用绝缘纸条做油道时，就需要把油道两侧的铁芯片连接起来，然后由一个接地铜片引出。

因此，铁芯片间要有一定的绝缘，在标准测量方法下一般在60～105Ω/cm²。目前采用的冷轧取向电工钢片的表面具有0.015～0.02mm的无机磷化膜，可以满足这一要求。

（2）铁芯片与其夹紧结构件的绝缘是为了防止结构件短接和短路。铁芯片间短接总是不允许的，但是结构件形成短路的回路顺着磁通方向而不交链磁通，或者交链磁通很小，则影响不大。如两个单排的芯柱螺杆短路形成的闭合回路是顺着磁通方向的，不易产生短路电流；拉螺杆与夹件等形成的闭合回路，交链磁通小又不同相；而铁轭夹件和旁螺杆（或侧梁）形成的闭合回路虽交链部分有磁通，但环流不经过铁芯，且可作为三次谐波电流通路，因此它们之间不需要绝缘。

（六）铁芯的装配方法

铁芯的装配方法有叠装和对装两种。

（1）叠装是将铁芯柱和铁轭的硅钢片按一定的排列方式，分层交错叠装，每层的接缝都被叠装的下一层钢片所覆盖。

（2）对装是先将铁芯和铁轭分别叠装好，然后组装成一整体。

（七）变压器在运行中铁芯局部过热

1. 铁芯局部过热的原因

运行中铁芯发生局部高温过热，原因可能是绝缘受伤或老化使硅钢片间的绝缘损坏，涡流造成局部过热。另外，铁芯穿芯螺杆绝缘损坏也会造成短路，短路电流也会使铁芯局部过热。

铁芯局部过热较产重时，会使油温上升，析出可燃气体，使气体继电器动作，油闪点下降，空载损耗增加，绝缘下降等。

除上述几种局部过热情况外，还有接头发热和因压环螺钉绝缘损坏或压环触碰铁芯造成环流、漏磁使铁件涡流增大等都会使温度升高。运行中判断具体过热部位是很困难的，必须结合色谱分析、运行状况、异常现象等进行综合分析。必要时，需吊芯检查。

2. 铁芯的散热形式

变压器在正常运行时，铁芯由于存在铁损会产生热量，且铁芯重量和体积越大产生的热量越多。一般来说，变压器温度在95℃以上容易老化，所以铁芯表面的温度应尽量控制在此温度以下，这就需要铁芯的散热结构将铁芯产生的热量能快速散发出去。散热结构主要是为了增加铁芯的散热面，它主要有以下两种形式：①铁芯油道。②铁芯气道。

二、绕组

（一）绕组的作用

绕组是变压器的电路部分，是由表面包有绝缘的铜或铝导线绕制而成，并套装在变压器的铁芯柱上。绕组有一次绕组和二次绕组之分，一次绕组为电源输入用，二次绕组为输出用。当一次绕组通过交变电流时，在铁芯中也相应地产生交变磁通，根据电磁感应原理，一次绕组输入的能量通过铁芯传递到二次（输出）绕组。在制造中，可以通过改变一、二次绕组的匝数比来改变输出电压值，以满足用电单位的需要；同时也可以升高电压来进行远距离输电，减少能量在传输过程中的线路损耗。绕组应具有足够的绝缘强度、机械强度和耐热能力。

（二）绕组的分类

绕组通常分为以下几种。

（1）绕组的线匝沿其轴向依次排列连续绕制的，称为层式绕组。一般层式绕组每层如筒状，所以由两层组成的绕组称双层圆筒式；由多层组成的称多层圆筒式。

（2）绕组的线匝沿其径向连续绕制成一饼（段）状，再由许多饼沿轴向排列组成的绕组称为饼式绕组。它包括连续式、插入电容式和纠结式等。

（3）介于层式和饼式之间的绕组有箔式绕组和螺旋式绕组。箔式绕组形状也如筒状，线匝是在轴向连续绕制的，一般情况下一匝就是一层，故可属于层式绕组。螺旋式绕组一般为每饼一匝，或两饼、四饼一匝，而各匝又沿轴向连续绕制，但形式是由各饼组成，故可属饼式绕组。

层式绕组结构紧凑，生产效率高，抗冲击性能好，但其机械强度差。饼式绕组散热性能好，机械强度高，适用范围大，但其抗冲击性能差。

变压器绕组的型式细分如下：①圆筒式——单层圆筒式、双层圆筒式、多层圆筒式、分段圆筒式。②箔式——一般箔式、分段箔式。③连续式——一般连续式、半连续式、纠结连续式。④纠结式——普通纠结式和插花纠结式。⑤内屏蔽式——也称内屏蔽连续式。⑥螺旋式——单螺旋式（单半螺旋式）、双螺旋式（双半螺旋式）和四螺旋式。⑦交错式——由连续式或螺旋式线段交错排列而成。

国产电力变压器基本上都是芯式变压器，所以绕组也都是采用同心绕组，主要有同圆形绕组、螺旋形绕组、换位导线绕成绕组、连续式绕组、纠结式绕组。

（三）绕组的材料

变压器绕组的材料主要有导线材料和绝缘材料。

1. 导线材料

变压器绕组的导线材料可分为铜导线和铝导线两种；按导线形状可分为圆线和扁线；按绝缘材料可分纸包线、漆包线和丝包线；按导线组合方式可分为单根导线、组合导线和换位导线等。目前电力变压器主要采用的是纸包扁铜线。

2. 绝缘材料

绕组常用的绝缘材料主要有绝缘纸、绝缘纸筒、端绝缘、匝绝缘和层绝缘、撑条、静电屏蔽、垫块、角环、绝缘端圈等。

（四）绕组的绕向

变压器绕组的绕向决定着变压器一次绕组和二次绕组的相位关系。变压器绕组中导线的缠绕方向称为绕向，绕组的绕向是按导线的起头来定义的，绕向分为左、右两种，其绕向示意图分别如图 1－12、图 1－13 所示。

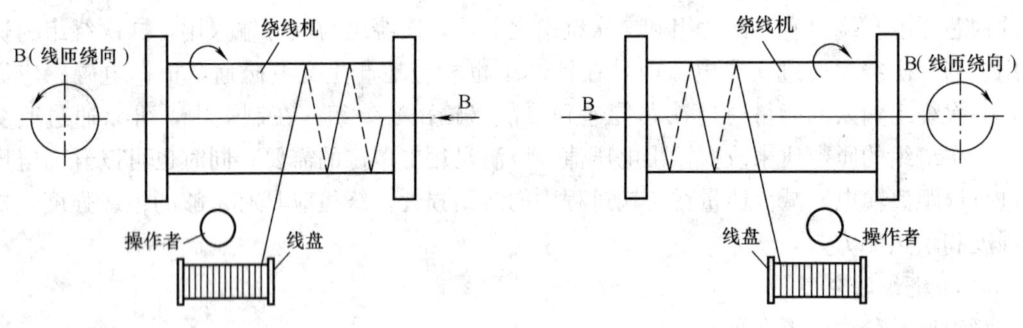

图 1－12　绕组左绕向示意图　　图 1－13　绕组右绕向示意图

从起头开始，导线沿左螺旋前进（如层式、螺旋式绕组）或面对起绕端观察时，导线由起绕头开始按逆时针方向旋转（如饼式绕组中的连续式、纠结式绕组），则定义为左绕向。

从起绕头开始，导线沿右螺旋前进（如层式、螺旋式绕组）或面对起绕端观察时，导线由起绕头开始按顺时针方向旋转（如饼式绕组中的连续式、纠结式绕组），则定义为右绕向。

（五）绕组的并绕及换位

（1）绕组的并绕。当通过变压器绕组中的电流较大时，为了减少绕组中的电阻损耗和降低绕组的发热程度，需要采用大截面的导线。大电流的变压器绕组如采用大截面单根导线绕制，一方面绕制困难，另一方面是较厚的大截面导线在轴向漏磁通作用下，会引起较大的涡流损耗；由于涡流损耗与导线的厚度有关，当厚度增加一倍时，涡流损耗要增加 4 倍。这就需要在不降低导线总截面的情况下，减少每根导线的厚度。因此，电流较大的绕组应采用多根互相绝缘的导线并联绕制以降低导线的厚度。

（2）绕组的换位。多根并联绕制的绕组，由于并联的各根导线在漏磁场中所处的位置不同，感应的电动势也不相同；另外各根并联导线的长度也不一样，电阻也不相等。这些都会使并联导线间产生循环电流，从而使得导线损耗增加。为了减少这种损耗，多根并绕的绕组在绕制时必须进行换位，尽量使每根导线的长度一样、电阻相等，使交链的漏磁通相等，使各导线的电流输出趋于平衡。

(3) 绕组的换位方式：①完全换位——达到使并联的每根导线换位后，在漏磁场中所处的位置相同，且长度也相等要求的换位，称为完全换位。②标准换位——并联导线的位置完全对称地互换。③特殊换位——两组导线位置互换，组内导线相对位置不变。

(4) 换位导线。换位导线是由多根漆包扁铜（铝）线排成两列，并按双螺旋式绕组换位方法（交叉换位法）依次均匀地进行换位，其换位节距随导线的宽度大小而不同，一般取 75～200mm。两列扁导线间通常衬有绝缘纸，整个换位导线外包纸绝缘。导线换位通常是在专用机器上完成的。

采用换位导线有以下优点：①采用截面小、并联根数多的导线来代替单根大截面的导线来绕制绕组，可以使绕制工作较容易；并且由于导线截面的厚度尺寸减小，从而降低了导线中的涡流损耗。②换位导线中的并联导线间绝缘较薄，比采用普通绝缘导线并联绕制的绕组占空间位置减小，因此可以提高绕组的空间利用率。③采用换位导线绕制时，不需要进行换位（但多根换位导线并绕时，换位导线之间还需要换位）。这样绕制方便，节约工时。

(六) 绕组的排列

(1) 普通三绕组变压器：对升压变压器由里向外排列（三绕组）为中压、低压、高压；对降压变压器由里向外排列（三绕组）为低压、中压、高压。

(2) 自耦变压器：由里向外排列为低压、公共绕组、串联绕组。

这主要是从绝缘方面考虑的。因为变压器的铁芯是接地的，低压绕组靠近铁芯，容易满足绝缘要求。若将高压绕组靠近铁芯，由于高压绕组的电压很高，要达到绝缘要求就需要很多绝缘材料和较大的绝缘距离，既增加了绕组的体积，也浪费了绝缘材料。另外，把高压绕组安置在外面也便于引出到分接开关。

(七) 变压器绕组的干燥及浸漆处理

(1) 干燥处理的目的是提高绕组的绝缘水平。在一定压力下干燥，可使绝缘纸板压缩，从而提高绕组的机械强度。

(2) 绕组浸漆的优点是可增加机械强度，防潮湿；缺点是增加成本，工艺复杂，绕组电气强度有所降低，且不利于散热。

浸漆的质量要求是：漆应完全浸透（尤其是多层筒式绕组）、干透、不粘手；绕组表面应无漆瘤、皱皮及大片流漆；漆层有光泽。

(八) 绕组中的绝缘

绕组中的绝缘分为导线匝绝缘、线饼（油道）绝缘和线饼的内、外径垫条。

1. 导线匝绝缘

绕组中各匝导线之间都具有一定的电位差，因此，一定要采用各种不同的材料把它们相互之间绝缘起来。对于小容量低电压油浸式变压器的绕组，导线匝绝缘可以采用漆包或纸包；在干式变压器中，导线的匝绝缘往往采用丝包、Nomex 纸包等。对于容量稍大一些的油浸式电力变压器的绕组，导线的匝绝缘几乎毫无例外地采用纸包导线。根据不同的电压等级，可以采用材质不同的匝绝缘纸，其总厚度也随电压等级的提高而增加。国内导线匝绝缘的厚度一般为 0.3、0.45、0.95、1.35、1.95、2.45、2.95、3.45mm 和 3.95mm 等几种，特殊情况下，还可以采用更厚的匝绝缘。

2. 线饼（油道）绝缘

不论是饼式还是圆筒式变压器绕组，饼间和层间都有一定的电位差；因此，需要饼间和层间具有一定的绝缘水平与它们之间的电位差相适应。对于大型油浸式电力变压器的绕组的饼间，一般用绝缘纸板冲成垫块，根据绕组线饼之间的电位差的大小，配置成具有一定厚度的油道绝缘垫块。当然，油道绝缘垫块的厚度还要兼顾到线饼在运行时散热的需要。有一些较小的变压器，在部分线饼间，用较薄的绝缘纸板做成的纸圈作为线饼间的绝缘。它只考虑线饼间绝缘的需要，而不考虑该处的散热要求，线饼的散热由垫块构成的绝缘油道来承担。这种结构在绕组的分类中称为“半”连续或“半”单螺旋式。

3. 线饼的内、外径垫条

对于饼式绕组，当电压等级较高时，为了改善绕组端部对上、下铁轭的电场，往往在绕组的端部配置静电环（板）。为使静电环（板）能真正有效地起到屏蔽绕组端部线饼对上、下铁轭的电场，有时会用纸板条叠积成一定厚度的垫条，放在绕组端部若干线饼的内、外径处，这就是所谓的线饼的内、外径垫条。另外，为了在保持两个绕组之间的主绝缘距离不变的前提下，增加两个绕组之间的电位差最大处的绝缘可靠性，有时也会采用在电压等级高的绕组中的最高电位处若干个线饼的内径上放置内径垫条。当绕组在冲击电压的作用下，发现线饼间的轴向梯度大而可能引起沿撑条爬电时，则可以采用在线饼的内径上放置内径垫条，使线饼上的导线和撑条用垫条间隔开，以降低撑条上的轴向梯度，提高变压器绕组的绝缘可靠性。

（九）运行中绕组的发热

变压器在运行时，铁芯、绕组中要产生损耗，这些损耗都要转变为热量向外散发，从而引起变压器发热和温度升高。

（1）变压器的发热过程。变压器运行中的发热，是由铁芯损耗、绕组的电阻损耗和附加损耗引起的，使变压器各部分的温度升高。

变压器的热量主要产生于绕组和铁芯内部，并借传导、对流和辐射的传热方式将热量向外扩散。当单位时间产生的热量和单位时间散出去的热量相等时，变压器达到了热稳定状态。

（2）正常运行时绕组的最热部分。经试验证明，一般结构的油浸式变压器绕组温度最热点，在高度方向（轴向）的 70%～75% 处，而沿辐向则在绕组厚度（自内径算起）的 1/3 处。

（3）变压器在运行中绕组高温过热问题。运行中变压器绕组发生高温过热，原因可能是相邻几个绕组匝间的绝缘损坏，将造成一个闭合的短路环路；同时，使一相的绕组减少匝数，在短路环路内流着交变磁通感应出的短路电流并产生高温。匝间短路在变压器故障中所占比重较大。引起匝间短路的原因很多，如绕组导线有毛刺或制造过程中绝缘机械损伤；绝缘老化或油中杂物堵塞油道产生高温损坏绝缘；穿越性短路故障，线匝轴向、辐向位移磨损绝缘等。

因较严重的匝间短路发热严重，使油温急剧上升，油质变坏，因此极容易被发现。但轻微的匝间短路则较难发现，需通过测量直流电阻或变比试验来判断。

（十）绕组的冷却方式

绕组的冷却是使通过设在绕组中的散热油道来实现的。圆筒式绕组在其层间和绕组外部都用木条绝缘纸板做成的撑条隔开，构成绕组的纵向油道。对饼式绕组，例如螺旋式、连续式、纠结式等绕组，除在绕组内、外设置纵向油道外，还在每两个线饼之间垫有绝缘块隔开，构成横向冷却油道，纵向和横向油道是互相沟通的。

绕组的油流冷却方式一般有以下 3 种：

(1) 自然循环冷却方式。在运行中，由于绕组（包括铁芯）产生的热量将油加热，被加热后的油密度变小；因此，温度较高的油由于密度小就上升至油箱顶部，流入散热器的上部，经散热冷却后，温度下降密度变大，逐渐下沉至油箱底部，新的热油又补充流入散热器的上部，这样就形成了油的自然循环，将绕组（包括铁芯）的热量带走，达到降温的目的。这种靠油的温差自然地由下至上循环冷却，其效果不是很理想，只能用于中、小型变压器。

(2) 强迫油循环冷却方式。对大型变压器，自然循环冷却方式已不能满足散热的要求，普遍采用了强迫油循环方式。

强迫油循环冷却是利用油泵产生压力，加快油的流动速度，冷却效果有较大的改善，油温也有明显的降低。这种冷却方式还没有充分利用油泵加压力的有利条件，油在绕组内循环是没有一定路线的，仍然是按自然阻力的大小来分配油流进行无定向地循环，因此冷却效果不是最理想的。

(3) 强迫油循环导向冷却方式。为了进一步提高绕组的冷却效果，在强迫油循环的基础上，又在变压器内部增加了油流导向装置。例如配合采用导向用的绝缘纸筒、围屏、隔板等，保证压力油流动必须通过各个绕组的纵向和横向散热油道，并能迅速带走绕组中的热量使其冷却。此种导向冷却效果比较理想，但绝缘结构比较复杂。目前大型变压器几乎全部采用了强迫导向冷却方式。

三、绝缘

1. 绝缘水平

绝缘水平是变压器能够承受运行中各种过电压与长期最高工作电压作用的水平，是与保护用避雷器配合的耐受电压水平，取决于设备的最高电压 U_m。

根据变压器绕组线端与中性点的绝缘水平是否相同，可分为全绝缘和分级绝缘两种绝缘结构。

(1) 全绝缘及应用。变压器的全绝缘，是指各绕组的所有出线端都具有相同的对地工频耐受电压的绕组绝缘水平（绕组线端的绝缘水平与中性点的绝缘水平相同）。

采用中性点不接地方式或经消弧线圈接地方式的电力系统都属于小电流接地系统。小电流接地系统长期工作电压和过电压均较高，特别是存在电弧接地过电压的危险，整个系统需要较高的绝缘水平。当系统发生单相接地故障时，变压器中性点将出现相电压，因而中性点不接地系统安装的变压器必须是全绝缘变压器。

(2) 分级绝缘及应用。变压器的分级绝缘，是指绕组接地端或绕组的中性点绝缘水平较出线端为低的绕组绝缘水平（绕组中性点的绝缘水平低于线端的绝缘水平）。

采用分级绝缘的变压器，由于中性点的绝缘水平相对较低，可以简化绝缘结构，节省材料，从而降低变压器尺寸和制造成本。但分级绝缘的变压器只允许在 110kV 及以上中性点直接接地系统中使用；因为 110kV 及以上系统一般采用中性点直接接地方式，属于大电流接地系统，大电流接地系统内部过电压可降低 20%～30%，系统绝缘耐压水平可降低 20%，所以可使用分级绝缘变压器。

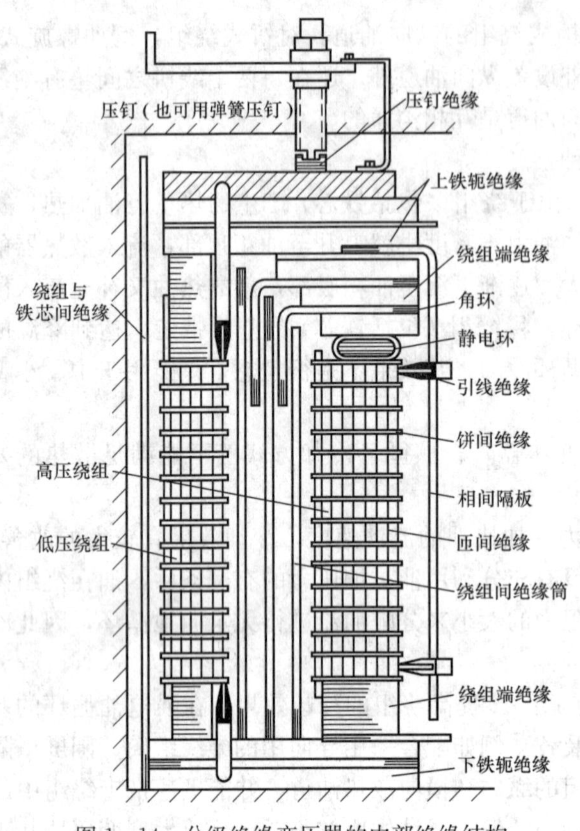

图 1-14　分级绝缘变压器的内部绝缘结构

分级绝缘变压器的内部绝缘结构如图 1-14 所示。

2. 绝缘结构和分类

变压器的导电系统是由绕组、分接开关、引线和套管组成，铁芯构成变压器的磁路系统。油浸式变压器的铁芯、绕组、分接开关、引线和套管的下部装在油箱内，并完全浸在变压器油中。套管的上半部在油箱的外部直接与空气接触。因此，油浸式变压器的绝缘可分为外绝缘和内绝缘。

(1) 外绝缘是变压器油箱外部的套管和空气的绝缘。它包括套管本身的外绝缘和套管间及套管对地部分的空气间隙距离的绝缘。

(2) 内绝缘是油箱内的各不同电位部件之间的绝缘，内绝缘又可分为主绝缘和纵绝缘两部分。

变压器的绝缘分类如下所示：

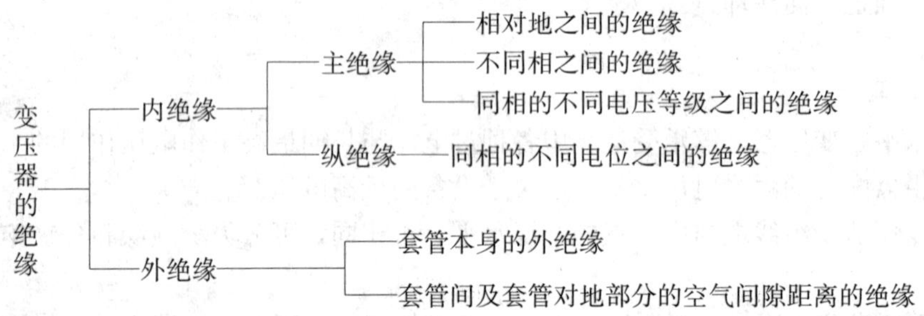

3. 绕组主绝缘

主绝缘是绕组与接地部分之间，以及绕组之间的绝缘。在油浸式变压器中，主绝缘以油纸屏障绝缘结构最为常用。每一种绝缘结构由纯油间隙、屏障和绝缘层三种成分组成。

4. 纵绝缘

纵绝缘是同一绕组各部分之间的绝缘，如不同线段间、层间和匝间的绝缘等。通常以冲击电压在绕组上的分布作为绕组纵绝缘设计的依据，但匝间绝缘还应考虑长期工频工作电压的影响。

5. 引线绝缘

引线的主绝缘包括引线对地之间绝缘、引线对与其不同相绕组之间绝缘、不同相引线和同相不同电压等级引线之间的绝缘等；而引线的纵绝缘是指同一绕组引出的不同引线之间的绝缘。

6. 变压器内部主要绝缘材料

变压器内部主要绝缘材料如下。

（1）变压器油：绝缘和散热。

（2）气体绝缘材料。

1）空气：用于同一个电压等级和不同电压等级的套管对地以及套管之间的绝缘。

2）SF_6 气体的绝缘。

（3）固体绝缘材料：绝缘纸、绝缘纸板和纸制品。用作软纸筒、撑条、垫块、相间隔离、铁轭绝缘、垫脚绝缘、支撑绝缘及脚环的芯子等。

（4）电缆纸：用作变压器绕组的匝间绝缘、层间绝缘、引线绝缘及端部引线的加强绝缘。

（5）胶纸制品：胶纸板、胶布板、胶纸管、胶布管。用作变压器绕组和铁芯、绕组和绕组之间的绝缘及铁轭螺杆和分接开关的绝缘。

（6）木材和木制品：用作引线支架、分接支架及制成木螺钉等。

（7）漆布（绸）或漆布（绸）带：用作包扎引线弯曲处或用于绑扎质量要求较高的部位。

（8）电瓷制品：用作套管的外绝缘。

（9）环氧树脂：用作浸渍绑扎铁芯立柱的玻璃丝带，有时也制成板、杆、圈和筒，做成绝缘零部件。

7. 绝缘材料的等级

绝缘材料按照耐热的不同共分为 7 个等级，其表示符号如表 1-3 所示。

表 1-3　绝缘材料等级表示符号

绝缘等级	Y	A	E	B	F	H	C
耐热温度（℃）	90	105	120	130	155	180	180 以上

常用的绝缘纸板和变压器油为 A 级；环氧树脂布板为 B 级。

四、变压器油

变压器油是变压器的重要组成部分，它具有质地纯净、绝缘性能良好、理化性能稳定、黏度较小等特点。

变压器的油箱内充满了变压器油，其作用一是绝缘，二是散热。在有载调压油箱中还起灭弧作用。

变压器内的绝缘油可以增加变压器内部各部件的绝缘强度，因为油是易流动的液体，它能够充满变压器内部之间的任何空隙，将空气排除，避免了部件因与空气接触受潮而引起的绝缘降低。其次，因为油的绝缘强度比空气大，从而增加了变压器内部各部件之间的绝缘强度，使绕组与绕组之间，绕组与铁芯之间，绕组与油箱盖之间均保持良好的绝缘。变压器油还可以使变压器的绕组和铁芯得到冷却。因为变压器运行中，绕组与铁芯周围的油受热后，温度升高，体积膨胀，相对密度减小而上升，经冷却后，再流入油箱的底部，从而形成了油的循环。这样，油在不断循环的过程中使绕组和铁芯得到冷却。另外，绝缘油能使木材、纸等绝缘物保持原有的化学和物理性能，使金属得到防腐作用，能熄灭电弧。

变压器油是从石油中制取的。它的成分中碳氢化合物（烃）占 95%以上，其余部分为非烃化合物。非烃化合物主要由硫化物、氧化物和氮化物组成；而烃类则包括了烷烃、环烷烃和芳香烃，其中各种烃的含量由于石油产地的不同而不同。

1. 变压器油的物理和化学性能

(1) 颜色、透明度及气味。新变压器油为淡黄色、透明，从一定角度上油面呈蓝色。随着变压器油使用时间的增长，油将逐渐老化，油中的氧化物及油泥将增加，油色逐渐加深，透明度也随之下降，油面蓝色消失。当油中含有较多水分时，油色就变得混浊发白。新变压器油有轻微的煤油味，经长时间运行老化的油，气味则变得酸辣。变压器故障后的油则有一股焦臭味。

(2) 密度。密度是指20℃时油的密度，一般为0.8～0.9g/cm^3。规定在20℃时的极限密度最大值为0.895g/cm^3，这样可以确保温度必须降至大约－20℃时的密度才会超过冰的密度。变压器油的密度与其化学组成有关，不同产地和厂家的油，密度有明显的差别。对变压器油来说，在不影响油的其他性质的情况下，油的密度低一些为好。

(3) 黏度。变压器油的黏度是评价其流动性的一个指标。变压器油黏度的大小，实质上就是分子间摩擦产生阻力的大小。变压器应用中要求油的黏度小，其目的是变压器油的流动性好，便于冷却散热。黏度的大小与温度关系很大，油的温度越高其黏度就越小。

(4) 凝固点。变压器油随着温度的降低黏度逐渐加大，当油开始凝固并失去流动性时的温度，称为凝固点。变压器油的凝固原因是油中含有的石蜡在低温下开始凝固造成的，为了降低变压器油的凝固点，在油中可加入适量的凝固剂。

(5) 闪点。变压器油的闪点指的是，油加热到某一温度油蒸气与空气混合物用火一点就闪火的温度。运行中的变压器油，要求其闪点不应低于135℃。油的闪点越高，油蒸气挥发越少，油使用起来就越安全。当然，由于油蒸发引起的油耗散也降低了。

(6) 酸值及pH值。中和1g油所需要的氢氧化钾（KOH）的质量（mg）称为酸值，单位为mg（KOH)/g。

新油的酸值主要表现为环烷酸的含量。经运行过一段时间的变压器油的酸值是油中全部酸性产物的总表现。由于各种酸性产物的存在都会导致金属受到腐蚀，油的绝缘性能也有所降低；因此，规定新油的酸值应小于0.03mg（KOH)/g，运行中变压器油酸值应小于0.1mg（KOH)/g。

变压器油的酸性物质，包括溶性酸和水溶解性酸。水溶性酸比较活泼，有较大的腐蚀性，特别对纤维材料腐蚀严重，并能加速油的劣化，降低油的绝缘强度。新的变压器油其pH值一般不低于5.4，规定运行中的变压器油的pH值不低于4.2。

2. 变压器油的电气化学性能

(1) 电气强度。电气强度即油的耐压试验，从耐压值的大小可以间接地判断出油中含杂质（水分、纤维及微生物等）的多少，及变压器油绝缘性能的优劣。其中以水分和纤维对油绝缘性能的影响最大，特别是二者同时存在时，影响尤为严重。

对变压器油电气强度的要求如表1-4所示。

表1-4　对变压器油电气强度的要求　(kV)

变压器的额定电压	击穿电压	
	投运前的油	运行中的油
15及以下	≥30	≥25
20～25	≥35	≥30
66～220	≥40	≥35
330	≥50	≥45
500	≥60	≥50

（2）tanδ。这是一项对油品质极为敏感的指标，也是一项最基本最重要的绝缘性能指标。一般来说，变压器油受到污染、水分等杂质增加、老化程度加深等使油的品质下降，都会使油 tanδ 增加。tanδ 升高的变压器油，会使变压器整体损耗增大、绝缘电阻下降。变压器油 tanδ 与油击穿电压之间没有直接的内在联系，有时 tanδ 值较大的油的击穿电压可能很高，这是因为油的 tanδ 值大小主要是表征油质的变化，而击穿电压的高低主要反映油中所含杂质程度和被污染情况。所以对 35kV 电压等级及以上的变压器油，除了做耐压试验外，还需要用 tanδ 试验进一步判断油的绝缘性能。

（3）含水量。电力变压器常因受潮而使绝缘水平下降。受潮的原因主要是由于变压器密封不严或呼吸作用而进水；其次是因为变压器油和纤维等绝缘材料，长期受热和电场等作用下，会逐渐老化，这时会分解出微量的水分。这些水分在变压器油中以三种状态存在：溶解于油中、悬浮在油中或沉积于设备的底部；其中，以悬浮在油中的水分对变压器油绝缘性能的影响最大，而油中的极性杂质的存在也会助长水分对绝缘性能的影响。另外，在变压器油的自然或强迫循环过程中，油中水分渐渐也被固体绝缘材料所吸收，从而使变压器器身的固体绝缘材料的绝缘下降。因此，需要测定变压器油中的含水量。在测定变压器油中含水量时，要注意变压器内部温度对其的影响。当变压器器身温度升高时，器身绝缘中溶解的水分向油中扩散，使油中含水量增大；当器身温度下降时，器身绝缘材料就从油中吸收水分，使油中含水量下降。

变压器油中的水分会影响油的击穿电压值和油的 tanδ 值的大小，但当油中水分处于溶解状态或沉积于设备的底部时，对它们就没有明显的影响。

对变压器油含水量的要求如表 1-5 所示。

表 1-5　对变压器油含水量的要求

变压器的额定电压（kV）	含水量（μL/L）	
	投运前的油	运行中的油
66～110	≤20	≤35
220	≤15	≤25
330～500	≤10	≤15

（4）含气量。变压器油中的含气量是指溶解在油中的所有气体的总量，用气体体积占油体积的百分数表示。变压器油溶解气体的能力是很强的，且油中溶解气体的主要来源是空气。氢、烃类气体只是在对变压器做试验时以及在变压器运行中，由变压器油裂解而生成；一氧化碳和二氧化碳是在固体绝缘自然老化和遭受电、热破坏时释放到油中，这些气体的产生量在变压器出现较重故障时顶多为万分之几，新变压器油中不含氢和烃类气体。所以，通常所说的含气量实际上是指空气含量。

变压器油中溶解空气不是很多时，对油本身的绝缘性能并无明显的危害。然而油中溶解的氧气却是变压器油氧化老化的直接因素，同时还会加速固体绝缘材料的老化。另外，当空气含量较高时，部分气体以气泡的形式出现，导致局部放电，危害油和固体绝缘。

变压器油的试验项目和技术要求如表 1-6 所示。

表 1-6　变压器油的试验项目和技术要求

序号	项　目	技术要求		说　明
		投运前的油	运行中的油	
1	外观	透明、无杂质或悬浮物		将油注入试管中冷却至 5℃，在光线充足的地方观察
2	水溶性酸 pH 值	≥5.4	≥4.2	按 GB/T 7598—1987 进行试验

续表

序号	项　目	技术要求		说　明
		投运前的油	运行中的油	
3	酸值 [mg（KOH）/g]	≤0.03	≤0.1	按 GB/T 264—1983 或 GB/T 7599—1987 进行试验
4	闪点（闭口） （℃）	≥140（10、25 号油） ≥135（45 号油）	1）不应比左栏要求低 5℃ 2）不应比上次测定值低 5℃	按 GB/T 261—1983 进行试验
5	含水量 （mg/L）	66～110kV≤20 220kV≤15 330～500kV≤10	66～110kV≤35 220kV≤25 330～500kV≤15	运行中设备，测量时应注意温度的影响，尽量在顶层油温高于 50℃时采样，按 GB/T 7600—1987 或 GB/T 7601—1987 进行试验
6	击穿电压 （kV）	15kV 及以下≥30 15～35kV≥35 66～220kV≥40 330kV≥50 500kV≥60	15kV 及以下≥25 15～35kV≥30 66～220kV≥35 330kV≥45 500kV≥50	按 GB/T 507—2002 和 DL/T 429.9—1991 方法进行试验
7	界面张力 （25℃）（mN/m）	≥35	≥19	按 GB/T 6541—1986 进行试验
8	tanδ（90℃） （%）	330kV 及以下≤1 500kV≤0.7	330kV 及以下≤4 500kV≤2	按 GB/T 5654—2007 进行试验
9	体积电阻率 （90℃）（Ω·m）	$\geqslant 6\times10^{10}$	$500kV\geqslant 1\times10^{10}$ 330kV 及以下$\geqslant 3\times10^{9}$	按 DL/T 421—1991 或 GB/T 5654—2007 进行试验
10	油中含气量 （体积分数）（%）	330kV 500kV≤1	一般不大于 3	按 DL 423—1991 或 DL 450—1991 进行试验

3. 变压器油的运行

（1）引起变压器油劣化的因素。

1）运行条件的影响：当设备超负荷运行或出现局部过热而油温增高时，油的老化则相应加速。同时，吸湿器内的干燥剂、净油器内的吸附剂失效后未能及时更换，都会促使油的氧化变质。

2）设备条件的影响：变压器的严密性不好，漏水、漏气，加速了油的氧化和老化。

3）油污染的影响：混油不当的污染，金属微粒的污染，有机酸、醇等极性杂质的污染及水分子污染。

（2）变压器油劣化的后果。变压器油劣化会产生能溶解于油的有机酸类，它们对金属起腐蚀作用，对绝缘起老化作用，破坏纤维素，而使纤维素等机械强度降低。不溶于油的沉淀物——油泥黏结在绕组和金属表面会使其散热条件变坏，局部温度上升，加速纤维材料的热劣化过程，并生成酸类促使油的劣化加速。

4. 防止变压器油老化的措施

（1）采用真空滤油。

（2）采用密封式储油柜。

（3）避免金属与油直接接触。

(4) 防止日光照射。

(5) 添加抗氧化剂。

5. 运行中变压器油流带电

变压器内部绝缘油流动时，由于摩擦，变压器油会带上正电，而固体绝缘会带上负电。要求强制冷却的大容量变压器容易出现这种流动带电问题，油流动速度过高时，会出现绝缘击穿事故。为了防止出现油流带电，可以增加油路截面积，降低油流速度，改善绝缘材料，降低油的含水量，采用 OFAF 冷却方式。根据具体情况，还可以采用防带电剂。

五、辅助设备

变压器辅助设备有：油箱、储油柜（油枕）、吸湿器、防爆管（压力释放装置）、散热器、绝缘套管、分接开关、气体继电器、温度计、净油器等。

(一) 变压器绝缘套管

1. 变压器绝缘套管的作用

变压器绝缘套管作用有：①用于将变压器内部的高、低压引线引到油箱的外部。②固定引线。③作为引线对地绝缘。

变压器套管是变压器载流元件之一，在变压器运行中，长期通过负荷电流，当变压器外部发生短路时通过短路电流。因此，对变压器套管有以下要求：①必须具有规定的电气强度和足够的机械强度。②必须具有良好的热稳定性，并能承受短路时的瞬间过热。③外形小、重量轻、密封性能好、通用性强和便于维修。

2. 变压器套管型号的含义

变压器的套管按其结构的不同，分为若干型式。多年来采用的型号字母排列一般按下列标注原则进行：

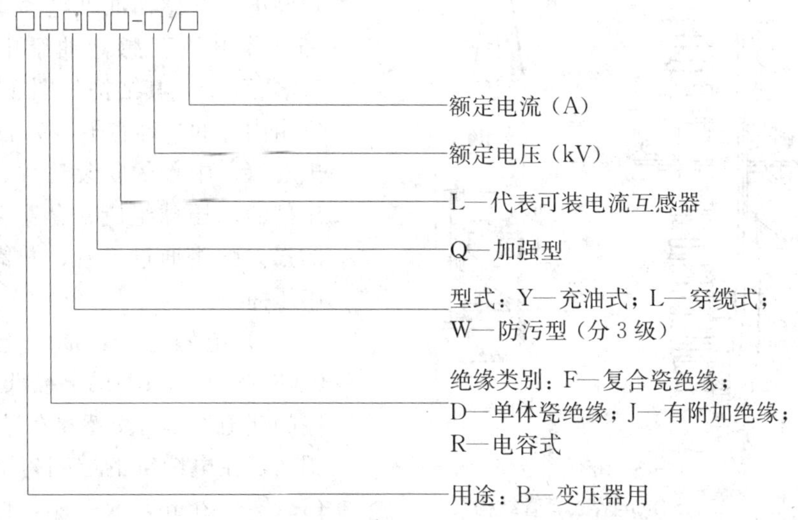

例如：型号 BD－10/1000 表示变压器用，电压为 10kV，电流为 1000A 的单体瓷绝缘套管；型号 BRYQL－220/600 表示变压器用，电压为 220kV，电流为 600A 的可装电流互感器的油纸电容加强型套管。

3. 套管的结构

套管由带电部分和绝缘部分组成。带电部分结构有导电杆式和穿缆式两种。绝缘部分分为外绝缘和内绝缘，外绝缘有套管和硅橡胶两种；内绝缘为变压器油、附加绝缘和电容型绝缘。

4. 40kV及以下绝缘套管

40kV及以下绝缘套管有以下3种：

(1) 单体瓷绝缘式套管：分导杆式和穿缆式两种系列。

(2) 有附加绝缘的套管：它是在单体瓷绝缘式套管上增加了绝缘而成，所以也称附加绝缘的单体瓷绝缘套管，也分导杆式和穿缆式两个系列。

(3) 40kV及以下的大电流套管：这种套管的外绝缘为瓷套，内绝缘为电容式，由于利用电容分压原理和高强度固体绝缘，故套管的结构尺寸较为紧凑。

5. 66kV及以上的电容式套管

电容式套管广泛应用于66kV及以上电压等级的电网中，电容式套管是利用电容分压原理来调整电场，使径向和轴向电场分布趋于均匀，从而提高绝缘的击穿电压。它是在高电位的导电管（杆）与接地的末屏之间，用一个多层紧密配合的绝缘纸和薄铝箔交替卷制而成的电容芯子作为套管的内绝缘。根据材质及制造方法的不同，可分为胶纸电容式、油纸电容式和干式套管。目前广泛使用油纸电容式和干式套管。

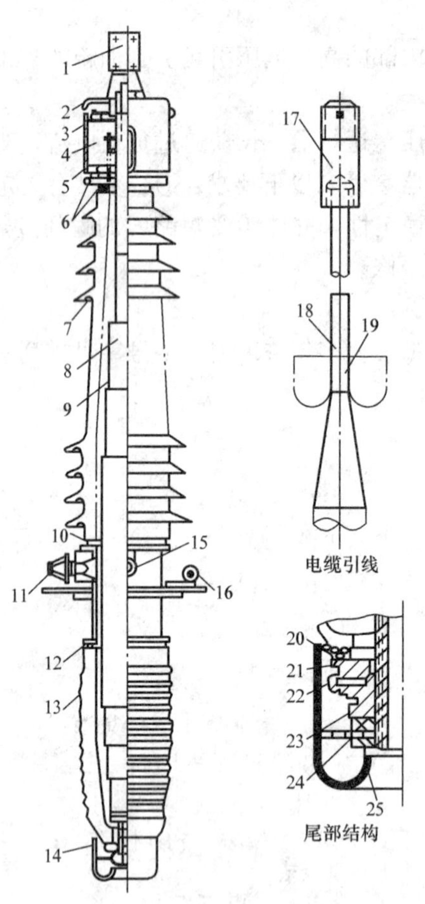

图1-15 油纸电容式套管结构

1—接线头；2—均压罩；3—压圈；4—螺杆及弹簧；5—储油柜；6、10、12、20—密封垫圈；7—上瓷套；8—电容芯子；9—变压器油；11—接地套管；13—下瓷套；14—均压球；15—取油样塞子；16—吊环；17—引线接头；18—半叠一层直纹布带；19—电缆；21—底座；22—放油塞；23—封杯；24—垫圈；25—圆螺母

(1) 油纸电容式套管。应用在变压器上的油纸电容式套管分为油纸式(BRY)、油纸电容加强式（BRYW)、可装电流互感器油纸电容式（BRYL）和可装电流互感器油纸电容加强式(BRYWL)。其结构如图1-15所示，它由内部的电容芯子，头部的储油柜、上套管、中部的安装法兰、下瓷套和尾部的均压球组成。套管整体用头部的强力弹簧通过导管，并借助于底座串压而成。

1) 电容芯子：油纸电容芯子由0.08～0.12mm厚的电缆纸和0.01mm厚的铝箔加压力交替卷在导管上成型。铝箔是在电缆纸的层间每隔一定厚度(1.2～2.2mm）放一层，形成与中心导管并列的同心圆柱体电容屏。屏数可为10～60，电压等级越高，屏数愈多，电场愈均匀。但屏数过多，电场分布改善效果不显著，同时造成制造工艺复杂。为了提高局部放电电压，铝箔的边缘常用半导体纸镶边的方法。电容芯子加工完成后，要经真空干燥浸油处理，以消除电容芯子内残存的水分和空气泡，提高绝缘性能和降低电容芯子的局部放电量。

导管一般是铜管，它既是电容芯子的骨架，又是电缆引线穿过的通道，必要时可作为零屏。但电压高时，一般都把电容芯子中最里屏作为零屏，并与导管连成同电位，即带电端。电容芯子最外层的电容屏为地（末）屏与安装法兰的连接，是采用在地（末）屏靠近接地小套管处增加一层厚约 0.3mm、宽为 50mm 的铜带，在铜带上焊接上一根软绞线，使软绞线穿过地（末）屏外层的电缆纸与接地小套管相连。

末屏采用小套管引出，主要是便于将末屏与接地的法兰断开。这样可以在小套管与地之间串入阻抗或仪器，以便对大型设备上的电容套管单独进行介损、电容量的测量，并且还可以对运行中的电容套管进行带电监测。对大型设备做高压试验时，还可以利用其本身的电容套管作耦合电容并从小套管提取信号，例如对大型变压器进行交流耐压和局部放电试验时，可以利用小套管提取电压的局部放电信号等。试验结束后应使接地小套管与安装法兰一起接地，成为零电位。小套管接地后，能使电容套管承受的电压均匀地分配在各电容层间；如运行不接地，由于小套管与接地法兰断开，末屏与法兰之间的阻抗变得很大（主要由两者之间的电容和绝缘电阻决定），使得末屏对地电压升高，造成末屏或小套管对法兰放电，引起套管故障。

2）头部和储油柜。在电容芯子和瓷套之间的空隙间注满变压器油，需要在头部装设一个适应变压器油热胀冷缩用的储油柜。储油柜的结构是全密封的，储油柜的上部的气室起缓冲作用。储油柜上有一个注油塞，当油位降低时可以注油。为了减少储油柜上的涡流损耗，额定电流大于 600A 时应采取非导磁材料制成。当油温为 20℃时，储油柜上的油位应在油表总高的 2/3 处。

油纸电容式套管采用串压方式压紧，头部结构中需要有用于压紧的强力弹簧。强力弹簧均匀地分布在导管的周围，并均等地传递夹紧力，保证套管的密封性。

3）安装法兰。安装法兰是支撑整个套管用的，同样等额定电流大于 600A 时，安装法兰应采用非导磁性材料制成。

安装法兰上除了有接地小套管外，还有一个取油样塞子，它是用一绝缘管直引到套管的底部，也就是说反映套管底部的油样。因为如果套管头部密封不良，水分一般会沉积在套管的底部。

4）尾部结构。油纸电容式套管具有下瓷套，最下端装有一个均压球用以改善电场分布，这样可以缩小套管尾部与油箱或绕组之间的绝缘距离。未进入套管的引线部分绝缘应包成锥形，安装时要使锥形的前端进入均压球。

（2）干式套管。干式套管是一种新型的高压套管，如图 1-16 所示，它由电容芯子、瓷套（或硅橡胶外套）、安装法兰、顶部法兰、导电杆、均压球等组成。

电容芯子是用皱纹纸和铝箔交替卷绕在导电管上，组成同心圆柱形的电容屏，而后再经过真空干燥浸渍环氧树脂，固化而成。由于电容芯子固化成一个环氧树脂整体，在户外使用时，需要瓷套加以保护，这时在瓷套与电容芯子之间填充固体填充物。由于套管的下部是放入变压器内部，所以没有下瓷套，这样就便于安装。安装

图 1-16 干式套管

法兰上也有一个接地小套管，与电容芯子的最外层电容屏相连接，在测量套管介损时，应拆下小套管上的接地盖，装上测量用的适配器后进行测量。试验结束后，再拆下测量用的适配器后，装上接地盖，这样套管的地（末）屏就自动接地。

在套管的顶面有一个导电杆，起变压器引线与外部接线间的内外连接作用，在导电杆的顶上有一个用于放气的螺钉。套管的底部同样有均压球，用来改善电场分布。

6. 套管在变压器油箱上的布置要求

套管在变压器油箱上的布置要求有：①排列次序。②绝缘距离符合标准。③要防止套管法兰附近油箱局部过热。

（二）变压器油箱

1. 油箱的作用

油箱是变压器的外壳，内装铁芯和绕组并充满变压器油，使铁芯和绕组浸在油内。变压器油起绝缘和散热作用。大型变压器一般有两个油箱，一个为本体油箱；一个为有载调压油箱，有载调压油箱内装有分接开关。这是因为分接开关在操作过程中会产生电弧，若进行频繁操作将会使油的绝缘性能下降，因此设一个单独的油箱将分接开关单独放置。

2. 油箱的分类

常见的变压器油箱按其容量的大小，有箱式油箱、钟罩式油箱和密封式油箱 3 种基本型式。

（1）箱式油箱（吊芯式油箱）。箱式油箱用于中、小型变压器。装设箱式油箱的变压器外形图如图 1－17 所示。这种变压器上部箱盖可以打开，其充油后总重量与大型变压器相比不算太重；因此，当变压器的器身需要进行检修时，可以将整个变压器带油搬运至有起重设备的场所，将箱盖打开，吊出器身，进行检修。

箱式油箱壁用钢板弯折成型，截面多为椭圆形或长方形，箱沿和箱盖之间放置密封胶垫，然后用固定螺栓加以密封。箱沿设置在油箱的顶部，箱盖与箱沿用螺栓相连接。箱盖一般为平板，与铁轭上夹件固定连接在一起。

根据所装散热器的不同，箱式油箱可分为：管式油箱、片式散热器油箱和波纹式油箱。

（2）钟罩式油箱。一般大型变压器均采用钟罩式油箱，如图 1－18 所示。这种变压器的器身自重都在 200t 以上，总重量均在 300t 以上，运输起来比较困难。当进行器身检修时，不必吊出笨重的器身，只要吊去较轻的箱壳，即可进行检修工作。

钟罩式油箱的箱沿设置在油箱的下部，一般距箱底 250～400mm。上节油箱做成钟罩形，下节油箱一般为槽形箱底或平板式箱底，上、下节油箱用螺栓连接在一起，中间加放密封胶垫。下节油箱还装设放油阀门和油样阀门。

（3）密封式油箱。密封式油箱是在器身总装全部完成装入油箱后，它的上下箱沿之间不是靠螺栓连接，而是直接焊接在一起的，形成一个整体，从而实现油箱的密封。由于这种油箱结构已焊为一体，因此现场若需吊芯检修将非常不便；所以这种变压器运抵现场和运行期间一般不进行吊芯检修，这就要求变压器的质量应有可靠的保证。随着变压器制造水平的提高，密封式结构也逐渐被采用，目前国内外的一些大型变压器也已开始采用这种结构。

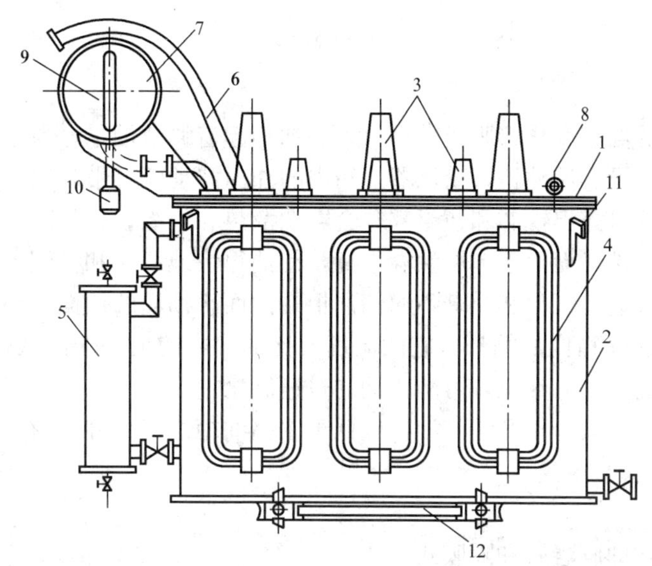

图 1-17 装设箱式油箱的变压器外形图

1—箱盖；2—箱壳；3—高低压出线绝缘套管；4—拆卸式散热器；
5—净油器；6—安全气道；7—储油柜；8—箱盖吊攀；
9—油位计；10—吸湿器；11—吊攀；12—车架

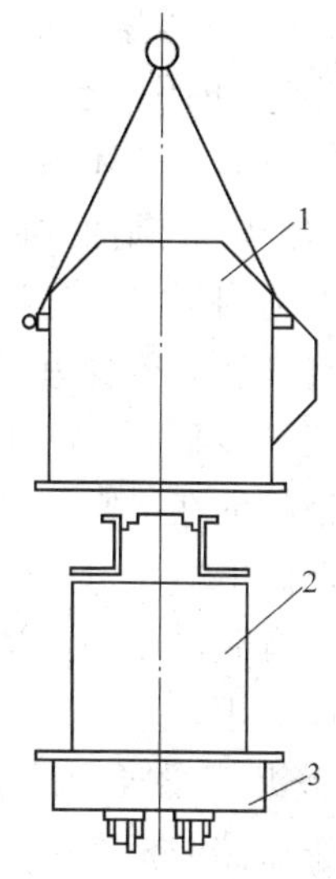

图 1-18 钟罩式油箱

1—钟罩式箱（上节油箱）；
2—器身；3—下节油箱

3. 对油箱的要求

（1）变压器油箱应采用高强度钢板焊接而成。油箱内部应采取防磁屏蔽措施，以减小杂散损耗。磁屏蔽的固定和绝缘应良好，避免因接触不良引起过热或放电。各类电屏蔽应导电良好和接地可靠，避免悬浮放电或影响绕组的介质损耗因数值。

油箱顶部应带有斜坡，以便泄水和将气体积聚通向气体继电器。油箱顶部的所有开孔均应有凸起的法兰盘。凡可产生窝气之处都应在其最高点设置放气塞，并连接至公用管道以将气体汇集通向气体继电器。高、中压套管升高座应增设一根集气管连接至油箱与气体继电器间的连管上。通向气体继电器的管道应有 1.5%的坡度。气体继电器应装有防雨措施，并将采气管引至地面。

变压器油箱底板的外部应设置槽钢结构的底座，以使变压器可沿其长轴和短轴方向拖动，底座应配置必要的拖拉装置。底座还配置可用地脚螺栓将其固定在混凝土基础上的装置，地脚螺栓应足以耐受设备重量的惯性作用力，以及由于地震力产生的位移。制造厂应将螺栓及固定方式提交运行单位认可。

油箱应为两截拼合成，若结合处是焊牢的，则必须采用可重复焊接的法兰和密封垫。

（2）油箱底部两对角处应设有两块供油箱接地的端子（变压器油箱即外壳接地主要是为了保障人身安全。当变压器的绝缘损坏时，变压器外壳就会带电，如果有了接地措施，变压器的漏电电流将通过外壳接地装置导入大地中，就可以避免人身触电事故）。

变压器油箱外壳接地对接地装置的要求：①接地体与接地线应焊接牢固。②接地电阻应不大于 0.5Ω，地线与设备应可靠连接。③圆钢接地体直径应符合有关规定。

（3）变压器油箱应装有下列阀门：①变压器主油箱、储油柜的排污阀；②取油样阀（取油样阀应具有 8mm 以上的内螺纹并配有可取下的栓塞）；③滤油、隔离、抽真空、注油及紧急排油阀等。

（三）变压器储油柜

1. 储油柜的作用

当变压器油的体积随着油的温度变化膨胀或减小时，储油柜起着调节油量，保证变压器油箱内经常充满油的作用。若没有储油柜，变压器油箱内的油面波动就会带来以下两个方面的不利因素：一是油面降低时露出铁芯和绕组部分会影响散热和绝缘；二是随着油面波动，空气从箱盖缝里排出和吸进，而由于上层油温很高，使油很快地氧化和受潮。减少油和空气的接触面，防止油被过速地氧化和受潮，而储油柜的油面比油箱的油面要小；另外储油柜的油在平常几乎不参加油箱内的循环，它的温度要比油箱内的上层油温低得多，而油在低温下氧化过程慢。因此有了储油柜，可防止油的过速氧化。

带有有载调压的大型变压器，其分接开关储油柜应低于主储油柜，以防分接开关的油渗入主储油柜。

2. 变压器储油柜的型式

变压器储油柜有两种型式，即胶囊式和隔膜式。

储油柜内装胶囊袋的变压器，变压器油是与大气相通的，它通过变压器的吸湿器与大气相通，如图1-19所示。储油柜是隔膜式的变压器，油是完全封闭的。

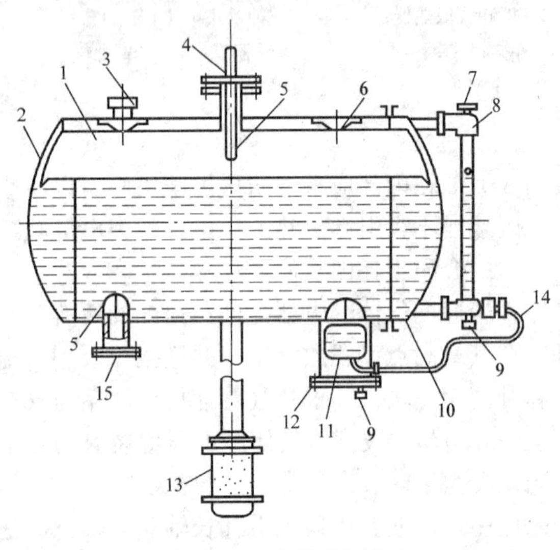

图1-19 胶囊式储油柜

1—胶囊袋；2—储油柜；3—放气塞；4—吸湿器连管；5—护网；6—吊环；7—放气塞；8—油表；9—放油塞；10—端盖；11—小胶囊袋；12—油位计；13—吸湿器；14—导油管；15—连接法兰（与变压器）

（1）胶囊式储油柜的特点。油的老化，除了由于油质本身的质量原因外，油和大气相接触是一个非常主要的原因。因为变压器油中溶解了一部分空气，空气中的氧将促使变压器油及浸泡在油中的纤维老化。为了防止和延缓油的老化，必须尽量避免变压器油直接和大气相接触。变压器油面与大气相接触的部位有两处：一是安全气道的油面；二是储油柜中的油面。安全气道改用压力释放阀，储油柜采用胶囊密封，可以减少油与大气接触的面积，用这种方法能防止和减缓油质老化。

胶囊式储油柜是在储油柜的内壁增加了一个胶囊袋。胶囊袋内部经过吸湿器及其连管与大气相通，胶囊袋的底面紧贴地浮在储油柜上，使胶囊袋和油面之间没有空气，隔绝了油面和空气的接触。这样，空气中的氧不再和油中的气体相交换，油中溶解氧的含量渐渐下降，直到全部消耗完为止，从而可达到阻止油氧化的目的。用胶囊袋还可以防止外界的湿气、杂质等侵入变压器内部，使变压器能保持一定的干燥程度。当油面随温度变化时，胶囊袋也会随之膨胀和压缩，起到了呼吸的作用。

（2）隔膜式储油柜的特点。储油柜中隔膜使油与空气隔离，达到减慢油质劣化速度的目的。隔膜式储油柜就是在储油柜的中间法兰处安装胶囊密封隔膜，隔膜底面紧贴浮在储油柜的油面上，使隔膜和油面之间没有空气。在油枕的下部增加了一个集气室，其底部倾斜，便于污油沉积和气体汇集。集气室底部有两个连接头，一个接排气管，另一个接注、放油管。隔膜式储油柜如图1－20所示。

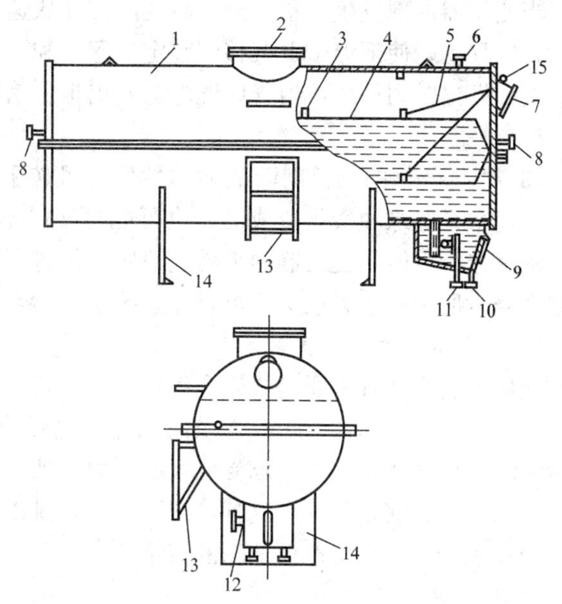

图1－20　隔膜式储油柜

1—柜体；2—人孔门；3—薄膜排气塞；4—氯丁橡胶薄膜；5—连杆机构；6—吸湿器连管；7—磁力油表；8—排凝水阀；9—观察窗；10—放油管接头；11—排气管接头；12—与本体连接的法兰；13—梯子；14—柜脚；15—接线盒

3．油位计的作用

储油柜的一端一般装有油位计（表）。油位计（表）是用来指示储油柜中的油面用的。

对于胶囊式储油柜，为了使变压器油面与空气完全相隔绝，其油位计间接显示油位。这种储油柜是通过在储油柜下部的小胶囊袋，使之成为一个单独的油循环系统，当储油柜的油面升高时，压迫小胶囊袋的油柱压力增大，小胶囊袋的体积被缩小了一些，于是在油表反映出来的油位也高起来一些，且其高度与储油柜中的油面成正比；相反，储油柜中的油面降低时，压迫小胶囊袋的油柱压力也将减小，使小胶囊袋体积也相对的要增大一些，反映在油表中的油面就要降低一些，且其高度与储油柜中的油面成正比。换句话说，它是通过储油柜油面的高、低变化，导致小胶囊袋压力大小发生变化，从而使油面间接地、成正比例地反映储油柜油面高低的变化。

对于隔膜式储油柜，可安装磁力式油表。油表连杆机构的滚轮在薄膜上不受任何阻力，能自由、灵活地伸长与缩短。磁力表上部有接线盒，内部有开关，当储油柜的油面出现最高或最低位置时，开关自动闭合，发出报警信号。

（四）气体继电器

（1）气体继电器的作用。气体继电器的作用，是当变压器内部发生绝缘击穿、线匝短路及铁芯烧毁等故障时，给运行人员发出信号（Ⅰ段告警）或切断电源（Ⅱ段跳变压器各侧断路器）以保护变压器。

（2）基本工作原理。轻瓦斯保护的气体继电器由开口杯、干簧触点等组成，作用于信号。重瓦斯保护的气体继电器有挡板、弹簧、干簧触点等组成，作用于跳闸。

正常运行时，气体继电器充满油，开口杯浸在油内，处于上浮位置，干簧触点断开。

气体继电器在变压器正常运行时其内部充满变压器油，当变压器内部出现轻微故障时，变压器油由于分解而产生的气体通过连管进入继电器上部的气室内，迫使上浮子（和上浮子连在一起的永久磁铁）下降，当下降到整定位置时，接通干簧继电器触点，发出报警信号。

当变压器内部发生严重故障引起变压器油快速流动时，固定在下浮子侧面的挡板即向流动方向移动，使下浮子下沉移到整定位置，和下浮子连在一起的永久磁铁接通干簧继电器触点，发出跳闸信号，当气体继电器发出报警信号后，可在配套的取气装置的取气口采气分析。

（3）根据气体的颜色判断故障的性质。可按下面气体的颜色来判断故障：①灰黑色，易燃。通常是绝缘油炭化造成的，也可能是接触不良或局部过热导致。②灰白色，可燃，有异常臭味。可能是变压器内纸质烧毁所致，有可能造成绝缘损坏。③黄色，不易燃。木质制件烧毁所致。④无色，不可燃，无味。多为空气。

（五）变压器的安全装置

变压器安全装置主要是指安全气道（防爆管）和压力释放器。它们的主要作用都是变压器发生故障或穿越性的短路未及时切除，电弧或过流产生的热量使变压器油发生分解，产生大量高压气体，使油箱承受巨大的压力，严重时可能使油箱变形甚至破裂，并将可燃性油喷洒满地。安全装置在这种情况下动作，排出故障产生的高压气体和油，以减轻和解除油箱所承受的压力，保证油箱的安全。

1. 防爆管

变压器的防爆管又称喷油嘴，防爆管安装在变压器的油箱盖上，作为变压器内部发生故障时，防止油箱内产生过高压力的释放保护。

（1）防爆管的结构。防爆管的主体是一个长的钢质圆管，圆管的顶端有一个玻璃膜片。密封式防爆管如图 1-21 所示。当变压器内部发生故障时，油箱里的压力升高，油和产生的气体冲破隔膜片向外喷出，从而减小变压器内部压力。因此，只有在油箱内发生过压而引起隔膜片（玻璃片）破裂时，油才直接喷出并经导油管流向指定地点。正常运行时，可通过观察窗检查隔膜片的完整情况，也有在隔膜片外侧装设一对水银触点，当隔膜片破裂喷油时，由于油的冲击，使水银触点闭合而发出信号。放气塞是用来放出导油筒内凝结的水分。

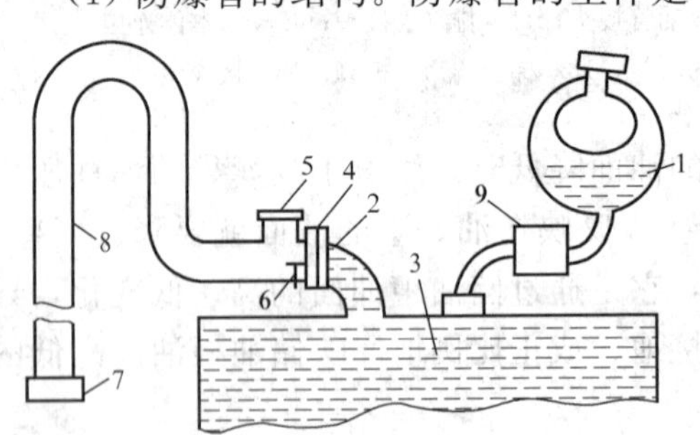

图 1-21　密封式防爆管

1—储油柜；2—放气塞；3—油箱；4—隔膜片；5—观察窗；6—放气塞；7—防护网；8—导油管；9—气体继电器

（2）防爆管的爆破压力允许值。防爆管末端防爆膜（玻璃膜）的爆破压力允许在 $(3 \sim 4) \times 10^4$ Pa。

2. 压力释放阀

（1）作用。压力释放阀是一种安全保护阀门，在全密封变压器中用于代替安全气道，作为油箱防爆保护装置。压力释放阀与变压器防爆管的区别是，压力释放阀是以弹簧阀反映变压器箱体内的压力；当内压力达到一定值时，则弹簧阀打开阀门，将压力释放，同时发报警或跳闸信号。

（2）变压器压力释放装置的基本配置原则。压力释放阀的选用主要考虑两个因素，即有效口径和压力等级。

1）压力等级按压力释放阀的关闭压力值选取，计算公式为

$$P_c = P_{st} + P_{ad} + P_k \tag{1-2}$$

式中：P_c 为压力释放阀的关闭压力（kPa）；P_{st} 为压力释放阀工作时的静压力，即变压器最高油面到压力释放阀法兰盘的静油压（kPa）（1m 油柱静压力＝8.8kPa）；P_{ad} 为强油循环冷却的附加压力，取 0.5～1.5kPa；P_k 为安全裕度压力，取 0.5～1.5kPa。

2）每台变压器选用压力释放阀的数量计算公式为

$$N = W/40\ (N \text{值小数四舍五入取整}) \tag{1-3}$$

式中：N 为变压器选用压力释放阀的数量；W 为变压器油的总重（t）。

例如：某台 ODFPS－1000000/1000 主变压器，总油量为 129.7t，储油柜最高油面到压力释放阀法兰盘的高度为 3.3m。则选用方法如下：

$$N = W/40 = 129.7/40 = 3.2425\ (\text{台})$$

压力释放阀台数取 3 台。

$$P_c = P_{st} + P_{ad} + P_k = 8.8 \times 3.3 + 1 + 1 = 31.04\ (\text{kPa})$$

压力释放阀的关闭压力取 31.5 kPa。

(3) 压力释放阀安装原则。一般在 800kVA 及以上的变压器上装设压力释放装置，1200MVA 及以上的变压器应设置两个压力释放阀。

1）当油箱内压力降低或恢复到正常值后，压力释放阀阀盖自动复位，使箱内变压器油与外部空气隔绝。压力释放阀构造如图 1－22 所示。

2）三菱、东芝、日立、富士与 TU 均采用美国 Qualitrol（匡立曲罗）厂生产的压力释放器，目前国内亦有仿制。压力释放阀动作压力为（0.85±0.07）×10^5Pa，也有其他动作压力的释放器，在释放器的圆盘边上附有一个接触器，一般设置有交直流两用的两副触点，一副动断，一副动合。日立、东芝采用的是 Qualitrol 1208－62 型，东芝的动作压力为（0.7±0.07）×10^5Pa，动作时间小于 1/30s。

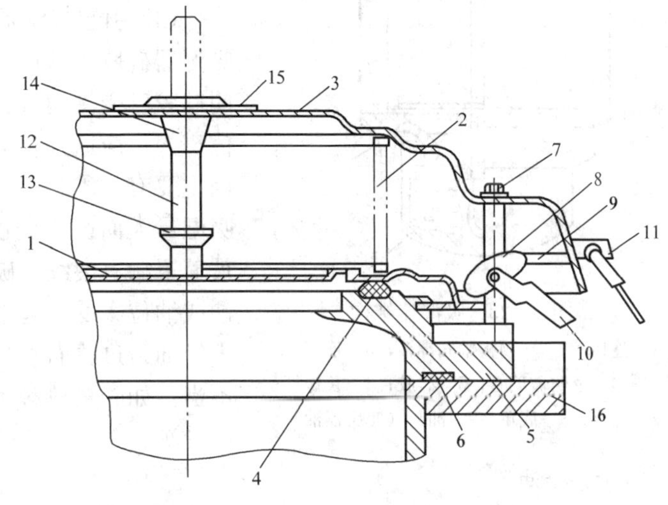

图 1－22 压力释放阀构造

1—膜盘；2—弹簧；3—护盖；4—胶圈；5—底座；6—密封垫；7—螺杆；8—撞块；9—信号开关；10—复位扳手；11—接线盒；12—标志杆；13—锁垫；14—胶套；15—铭牌；16—箱壳顶盖

3）压力释放阀动作后，圆盘中心部位的标志杆会被顶出，突出于圆盘平面，表示压力释放阀已动作，标志杆必须手动复归。另外，释放阀动作后，由传动机构推动出线盒内的微动开关，使微动开关的动断触点打开，动合触点闭合，接通变压器断路器跳闸回路（或发出信号）。压力释放阀动作后该微动开关亦必须复位，可用手去扳动扳手，使之复位，保证下次压力释放阀能可靠地动作。

4）由于防爆膜爆破压力难以正确控制和防爆管上部有一段空气使变压器油与大气还有呼吸作用，以及水汽容易进入变压器内部等原因，目前大型变压器均采用压力释放阀来替代安全气道。当变压器总油量在31.5t以下时，可安装一个压力释放阀；总油量大于31.5t时，安装数量的原则为总油量（t）/31.5t=安装阀门总数（尾数向上取整）。

装设压力释放阀的主要优点为，动作性能可靠，结构紧凑，密封性能好，不与大气相通，动作后不但有明显动作标志，还能发出报警信号。

（六）吸湿器、硅胶、油封杯

为了防止储油柜内的变压器油或胶囊密封上部空气与大气直接接触，储油柜内的空气是经过吸湿器与外界空气相连通的。

（1）吸湿器的作用。吸湿器的作用是提供变压器在温度变化时内部气体出入的通道，解除正常运行中因温度变化产生对油箱的压力。

（2）吸湿器的结构。吸湿器为一只盛满吸收潮气物质的小罐，如图1-23所示。通常在小罐内放入氯化钴浸渍过的变色硅胶作为吸附剂，它在干燥情况下一般呈蓝色，吸潮后渐渐变为粉红色，此时硅胶已失效；失效后的硅胶经140℃烘干8h后即可继续使用。吸湿器内硅胶的作用是在变压器温度下降时对吸进的气体去潮气。

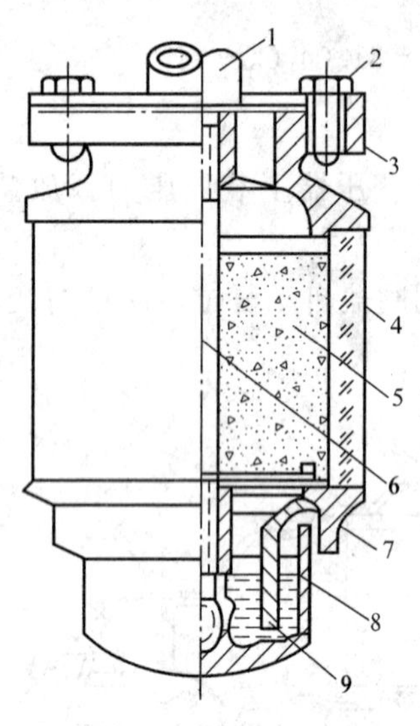

图1-23　吸湿器结构

1—连接管；2—顶板紧固螺栓；3—连接法兰盘；4—透明玻璃管；5—硅胶；6—长螺杆；7—底座；8—底罩；9—油封（变压器油）

（3）油封杯的作用是延长硅胶的使用寿命，把硅胶与大气隔离开，只有进入变压器内的空气才通过硅胶。

（4）引起吸湿器硅胶变色的原因。正常干燥时吸湿器硅胶为蓝色。当硅胶颜色变为粉红色时，表明硅胶已受潮而且失效。一般已变色硅胶达2/3时，值班人员应通知检修人员更换。硅胶变色过快的原因主要有：①长时期天气阴雨，空气湿度较大，因吸湿量大而过快变色。②吸湿器容量过小。③硅胶玻璃罩罐有裂纹、破损。④吸湿器下部油封罩内无油或油位太低，起不到良好的油封作用，使湿空气未经油封过滤而直接进入硅胶罐内。⑤吸湿器安装不当。如胶垫龟裂不合格、螺钉松动、安装不密封而受潮。

（七）净油器

运行中的变压器因上层油温与下层油温的温差，使油在净油器内循环。净油器是一个充有吸附剂（除酸硅胶或活性氧化铝）的金属容器。变压器油流经吸附剂时，油中水分、油离酸和各种氧化物，都被吸附剂所吸收，使油得到连续的再生，使油质能长时间保持在合格状态。压力释放阀和全密封储油柜配合使用时，可以不装净油器。常用的净油器有温差环流法净油器和强制环流法净油器，分别如图1-24、图1-25所示。

对净油器中吸附剂的性能要求有：①吸水率>20%。②吸酸量>5mg（KOH）/g（硅胶）。③含水分<0.5g。④外状是乳白色。

吸附剂的用量按油的总重量来确定。除酸硅胶的用量为总量的0.75%～1.25%，小容量变压器用较大数值，大容量变压器用较小数值。氧化铝的用量为油总重量的0.5%。

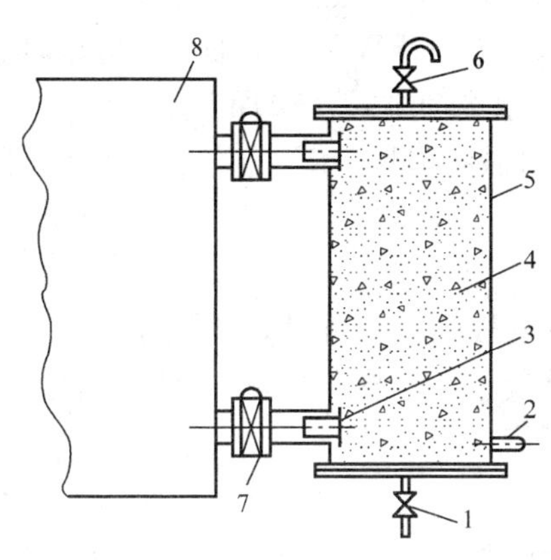

图 1-24　温差环流法净油器
1—放油阀；2—取油样活门；3—滤网；4—吸附剂；
5—净油器壳体；6—放气阀；7—蝶阀；
8—变压器

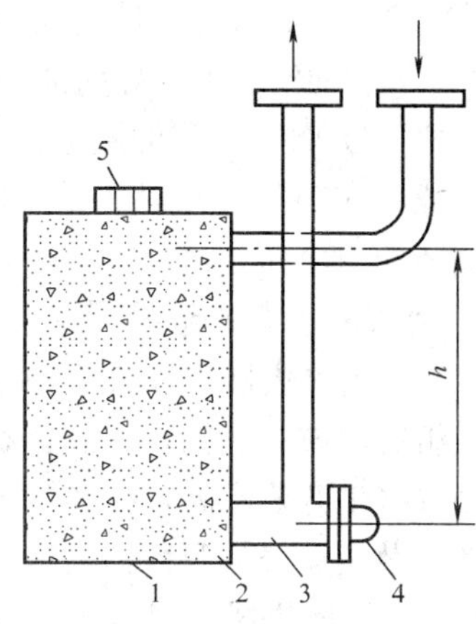

图 1-25　强制环流法净油器
1—壳体；2—吸附剂；3—滤网；
4—油样活门；5—放气旋塞

(八) 温度计

一般大型变压器都装有测量上层油温的带电触点的测温装置，它装在变压器油箱外，便于运行人员监视变压器油温情况。

用于测量变压器上层油温的测温装置有电触点压力式温度计和遥测温度计。

电触点压力式温度计除了可以测量变压器的实时温度外，还带有电触点；若温度到达或超过上、下限给定值时，其触点会闭合，发出报警信号。

遥测温度计也称为电阻温度计。它是利用电桥原理构成的，主要由两个部件组成：一是动圈式温度指示仪表，另一部件为热电阻检测元件。运行时，热电阻是装在变压器的箱盖上的，温度指示仪则装在控制室，两者之间通过控制电缆或光缆连接起来，所以可以实现遥测的方式。

(九) 变压器冷却器

变压器在运行中由于铜损、铁损的存在而发热，它的温升直接影响到变压器绝缘材料的寿命和机械强度、负荷能力及使用年限；为了降低温升，提高出力，保证变压器安全经济地运行，变压器必须进行冷却。

容量较小的变压器的铁芯和绕组的损耗所产生的热量，使油箱内部的油受热上升，热油沿箱壁以及散热管（片）向下对流的过程中，热量通过油箱壁和散热管（片）向周围的空气中散发。利用这种简易的冷却装置，保证了变压器在额定温度下的正常运行。

随着变压器容量的增大，变压器就需要更大的散热面积，必须采取专门的冷却装置，以散发足够的热量。

1. 冷却器的作用及形式

当变压器上层油温与下层油温产生温差时，通过冷却器形成油温对流，经冷却器冷却后流回油箱，起到降低变压器温度的作用。

变压器的冷却介质有油（O）、水（W）和空气（A），循环方式有自然循环（N）、强迫非导向油循环（F）、强迫导向油循环（D）。

结合以下不同的冷却方式，可分为相应的几种冷却器装置：①油浸式自然空气冷却方式（ONAN）。②油浸风冷却方式（ONAF）。③油浸强迫非导向油循环，风冷却方式（OFAF）。④油浸强迫非导向油循环，水冷却方式（OFWF）。⑤油浸强迫导向油循环，风冷却方式（ODFA）。⑥油浸强迫导向油循环，水冷却方式（ODWF）。

一般在500kV变电站中的大型变压器采用强油强风冷式，而超大型变压器则采用强迫油循环导向冷却方式。

2. 冷却器装置的结构

（1）片式散热器。片式散热器由1mm厚钢板的波形冲片，借助于上下集油盒（管）经焊接组装而成。它比管式散热器省材料、重量轻，可节省2/3的变压器油，但机械强度较差，焊接工艺要求高，安装维护时应防止碰坏。

片式散热器分为两种：固定型和可拆型。

（2）扁管散热器。管形散热器以往是用圆管焊接而成的，现改为扁管焊接，它在结构上与圆管相同，其机械强度好，焊接工艺容易达到。

对小变压器，扁管直接焊在油箱上，有单排、双排和三排等类型。而对大容量变压器采用法兰连接的可拆型散热器，其中自冷式结构只是在集油盒单面焊接扁管；风冷式结构则是在集油盒两面焊接扁管，内装风冷却装置。

风冷扁管散热器在不吹风时散热能力一般能达到67%的额定散热量。每一台散热器离下部的1/3高度上装有两个风扇。风扇从下部吸进空气汇成锥形气流向上发散，冷空气经管子下部风扇吹管子上部，使油得到较好冷却。

风冷扁管散热器的风扇有自动控制和不自动控制两种。前者由单独安装在变压器旁的自动控制箱，再经接线盒供电。而后者风扇由装在油箱上的配电盒，经散热器上的接线盒供电。这两种风冷散热器只是接线盒的结构不同，其他没有什么区别。

（3）强油风冷却器。强油风冷却器（简称风冷却器）与风冷散热器的区别主要在于强迫油循环。这样，使油流速度加快，冷却效果提高。YF型风冷却器为户外式，使用环境温度为−30～40℃，最高温度（进口油温）为80℃。冷却器型号中，Y表示强迫油循环；F表示风冷却；字母后的数字代表单台冷却器的额定冷却容量（kW），其操作电源为交流380V。

强油风冷却器由本体、油泵、风扇和油流指示器等组成。它的工作状态是：当油泵强制把油从变压器箱底打入内部的各部分后，油便被绕组和铁芯加热并上升；热油从油箱上部进入冷却器，经过冷却器单流程（单回路）或几经折流（多回路）后，热量将向周围环境中扩散；而后再经油泵把冷却的油打入变压器内部，使其各部分得到冷却。与此同时，由安装在冷却器上的风扇强制吹风，加速了冷却器的散热，提高了冷却效果。

冷却器本体是由一簇冷却管与上、下集油室焊接而成的一个整体。老式的冷却器在集油室内焊有隔板，将冷却管簇分为三部分（三回路）或五部分（五回路），连接起来以折返油流。第1回路与第2回路间由油泵及油流继电器的连管连接，净油器的连接与回路数有关，在三回路结构中，净油器接在1、3回路的末端之间，而在第5回路结构中，净油器处于第4回路始端与第5回路末端间。目前所用的冷却器则采用单回路或二回路结构，以降低油泵转速与扬程。

为了增大冷却器的散热面积，在每根冷却管上都安装了金属片或缠绕金属带或机轧制翅片。

强油风冷却器的结构如图 1-26 所示。强油冷却器主要由冷却器、风扇、电动机、气道、油泵、油流指示器等组成。它们的作用和功能有：

1）油泵。它是一种特制的油内电动机型离心泵，电动机的定子和转子浸在油中，使油路系统构成密封式的循环，油泵通过法兰连接到冷却器的管路中。目前大都采用低速油泵，一般转速为 1450r/min。

2）风扇。它是由轴流式单级叶轮与三相异步电动机两部分组成，其工作任务是向冷却器的管束上强制吹风，以降低其温度。风扇是用支架固定在冷却器本体上。

3）油流继电器。它是用来监视强油冷却器中油泵转向是否正确、油回路中阀门是否正常打开和油的流动是否正常的保护装置。

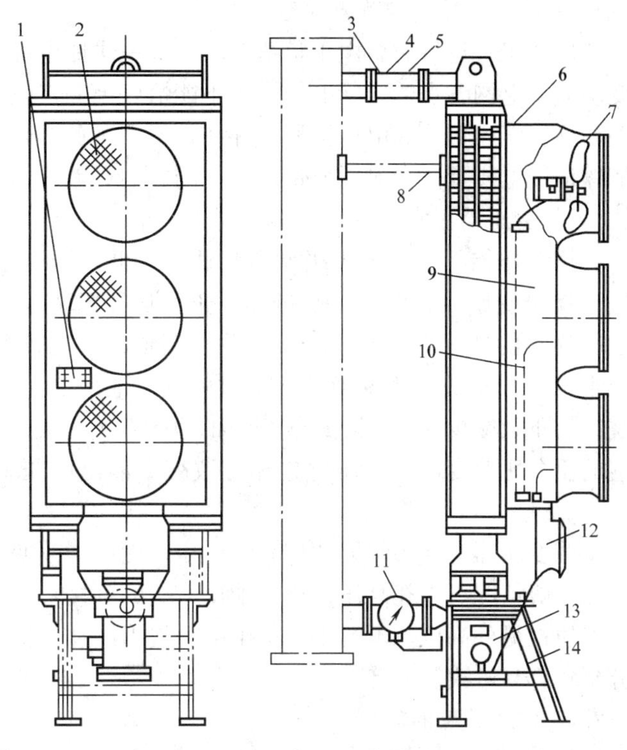

图 1-26　强油风冷却器的结构

1—铭牌；2—保护网；3—连管；4—放气塞；5—温度计座；6—冷却器；7—风扇；8—拉杆；9—导风筒；10—引线；11—油流继电器；12—分控制箱；13—油泵；14—支架

油流继电器安装在冷却器的下部较明显的位置，以利运行人员观察油泵的运行状态。

强油风冷却器系统控制必须具有以下功能：①当变压器投入时，能自动投入相应数量的工作冷却器（常用变压器断路器或隔离开关的辅助触点进行控制）；在变压器停止运行时能自动切除全部的冷却器。②当运行的变压器顶层油温（或绕组温度）或负荷电流达到规定值时，能自动启动备用冷却器。③在运行中的冷却器发生故障时，能自动启动备用冷却器。④各冷却器可用控制开关手柄位置来选择冷却器的工作状态（工作、辅助或备用）。⑤整个冷却器系统需接入两个独立电源，可任选一个为工作电源，另一个为备用电源。⑥油泵电动机和风扇电动机设有过负荷、短路或断相的运行保护。冷却器系统在运行中发生故障时，能发出事故信号。

强油风冷却器的控制部分一般包括电源的自动控制、工作冷却器的控制、辅助冷却器控制、备用冷却器控制合故障报警回路等。

（4）强油水冷却器。强油水冷却器（简称水冷却器）是以水作为冷却介质的强迫有循环冷却装置，用于较大型变压器并具有冷却器水源的场合。

（5）主变压器冷却器有如下 4 个工作状态：①工作——主变压器冷却器在运行状态；②停用——主变压器冷却器在停用状态；③辅助——受上层油温（或负荷）控制自动投切；④备用——当运行的主变压器冷却器故障时自动投入。

(十）调压装置

1. 变压器调压的作用及原理

变压器正常运行时，由于负荷变动，或一次侧电源电压的变化，二次侧电压也是经常在变动的。电网各点的实际电压一般不能恰好与额定电压相等。这种实际电压与额定电压的差，称为电压偏移。电压偏移的存在是不可避免的，但要求这种偏移不能太大，否则就不能保证供电质量，会对用户带来不利的影响。因此，对变压器进行调压（改变变压器的变比），是变压器正常运行中一项必要的工作。

利用调压器等进行的无级调压只适用于低电压、小容量的场合；而利用调整发电机励磁、增压变压器、同步补偿机及静止无功补偿装置等进行调压也受到一定限制。在无功功率充足的情况下，通过分接开关来调整电压比较方便、可行。它是在变压器的某一绕组上设置分接头，当变换分接头时就减少或增加了一部分线匝，使带有分接头的变压器绕组的匝数减少或增加，其他绕组的匝数没有改变，从而改变了变压器绕组的匝数比。绕组的匝数比改变了，电压比也相应改变，输出电压就改变，这样就达到了调整电压的目的。

调节变压器分接头只能改变系统电压，而不能改变无功分布。

在一般情况下是在高压绕组上抽出适当的分接头，因为高压绕组常套在外面，引出分接头方便；另外高压侧电流小，引出的分接引线和分接开关的载流部分截面小，开关接触部分也较容易解决。

2. 恒磁通调压的概念

恒磁通调压一般用于电力变压器与配电变压器的调压。不论分接开关在哪个位置，不带分接的绕组始终为额定空载电压的调压方式为恒磁通调压。有分接的绕组上每匝所施加的电压与无分接绕组的每匝电压相等的情况就是恒磁通调压。

在恒磁通调压中，每个分接位置的输出容量等于或小于额定容量，空载损耗值在每个分接位置时都是相等的。每个分接位置的负荷损耗与阻抗电压都是不同的。恒磁通调压时，分接开关的选用都按最小分接位置时最大分接电流选取，并要考虑过负荷能力。

对恒磁通调压变压器而言，不是所有运行情况都是恒磁通运行，仍有过励磁与欠励磁的可能。

当分接位置固定时，外施电压高于相应的分接电压时，即每匝电压高于额定匝电压，铁芯中即存在过励磁，根据标准规定，恒磁通调压变压器应能在110%额定磁通密度下长期空载运行，或在105%额定磁通密度长期在额定电流下运行。系统中无功容量不足，系统电压偏低，会使变压器在欠励磁下运行。在运行中，如果每匝电压虽保持相同，系统的频率变化时也会引起过励磁与欠励磁。在运行中，如发电机功率不足，系统中频率会下降，变压器中磁通密度即增加，使变压器在过励磁条件下运行。

为保持二次侧始终为恒定电压输出，可利用高压侧加有载调压分接开关来实现。

所以，恒磁通调压只是理论上存在一种调压方式，在设计上相当于每匝电压在任何分接位置都相同的一种调压方式。在实际运行中，恒磁通调压变压器铁芯中的磁通密度仍是会变动的。

3. 变磁通调压的概念

变磁通调压用的分接匝数设在一次侧，而一次输入电压为恒定值。因此，不同分接位置时会产生不同的匝电压，在铁芯中磁通密度也是变量。

设额定频率为 50Hz，U_1 为外施相电压，N_1 为一次主分接匝数，n 为调压匝数。恒定的外施电压加在最少调压匝数的分接位置时，铁芯中具有最高的磁通密度值。

二次侧在此分接位置时输出最高电压。自耦变压器有时采用中性点调压方案，此时可选用较低绝缘等级的有载调压分接开关。在自耦变压器的中点调压方案中，会产生过励磁与欠励磁。这是由于调压匝数加在公共绕组上的原因，调压匝数产生的电压既影响一次又影响二次电压。当自耦变压器的电压比越接近时，过励磁与欠励磁现象越严重。电压比接近的自耦变压器一般不选用中点调压方案。

4. 变压器调压的分类

(1) 连接以及切换变压器分接抽头的装置，称为分接开关。

(2) 如果切换分接头必须将变压器从电网中切除，即不带电切换，称为无励磁调压或无载调压。这种分接头开关称为无励磁分接开关，或无载调压分接头开关。

(3) 如果切换分接头不需要将变压器从电网中切除，即可以带着负荷切换，则称为有载调压。这种分接头开关称为有载分接开关。

5. 无励磁调压分接开关

无励磁分接开关（或称无载分接开关）是用于油浸变压器在无励磁状态下进行分接变换的装置。按相数分有单相和三相；按安装方式分有卧式和立式；按结构分有鼓形、笼形、条形和盘形；按调压部位分有中性点调压、中部调压及线端调压。一般励磁分接开关的额定电流在 1600A 以下，额定电压在 220kV 及以下。

变压器无励磁分接开关的额定调压范围较窄，调节级数较少。额定调节范围以变压器额定的百分数表示为±5%或±2×2.5%。根据使用要求，在调节范围内和级数不变的情况下，允许增加负分接级数、减少正分接级数。

无励磁调压变压器需对二次侧电压进行调整时，首先要对变压器停电。变换分接头位置时，要求正反两方面各转动几圈，在该分接位置锁定后，测量直流电阻，以确保分接头位置正确、接触良好、可靠。这样，每次变换分接头位置时很不方便，所以，无励磁分接开关只适用于不经常调节或季节性调节的变压器。

无励磁调压分接开关型号中各符号含义：

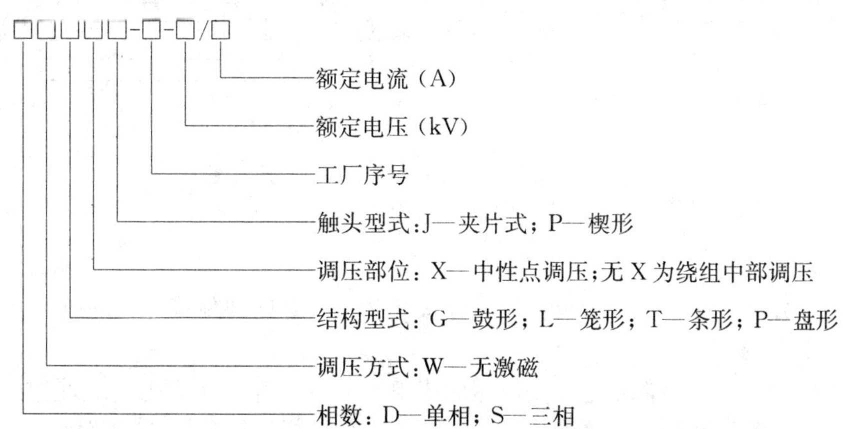

例如型号 SWX－82－10/60 表示三相中性点调压 10kV、60A 的无励磁分接开关（工厂序号为 82）。

无励磁调压分接开关常用的分接调压方式有以下 3 种，如图 1－27 所示。

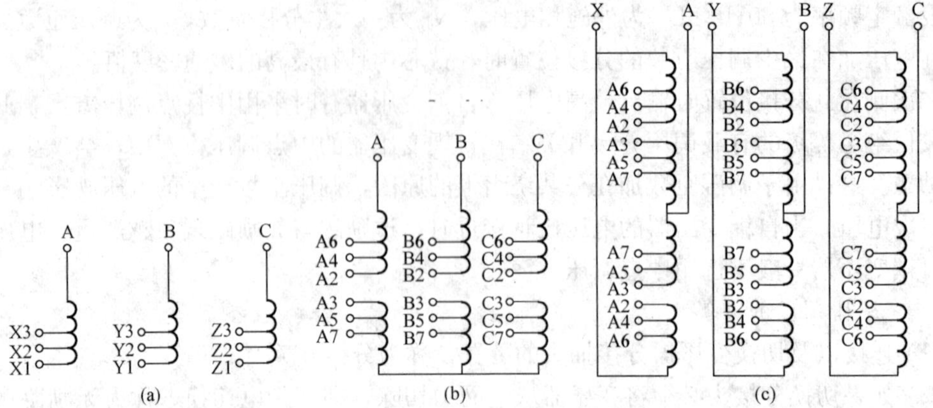

图 1 - 27　无励磁调压分接开关常用的分接调压方式

（a）三相中性点调压方式；（b）三相中部调压方式；（c）三相中部并联调压方式

（1）三相中性点调压方式，如图 1 - 27（a）所示。连接 X1、Y1、Z1 后为额定电压，为Ⅰ级分接；连接 X2、Y2、Z2 后为额定电压，为Ⅱ级分接；连接 X3、Y3、Z3 后为 −5%级，即为Ⅲ级分接。要想中性点得到这样的连接，变压器绕组的各分接和分接开关之间需要采用如图 1 - 27 所示（a）所示的连接。

（2）三相中部调压方式，图 1 - 27（b）。如 A 相，可得到±2×2.5%的 5 个调压级。

（3）三相中部并联调压方式，如图 1 - 27（c）所示。

变压器无励磁调压分接开关的原理接线如图 1 - 28 所示（A 相），这种连接要用三相或三个单相的中部调压的分接开关。

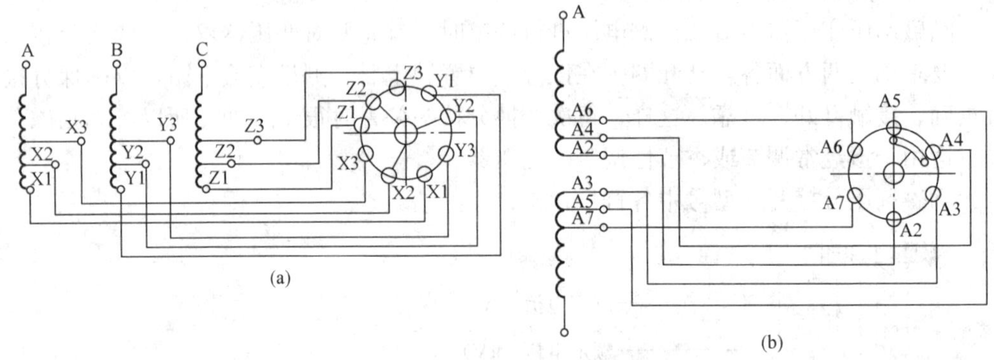

图 1 - 28　无励磁调压分接开关原理接线图

（a）三相中性点调压；（b）三相中部调压

6. 有载调压分接开关

有载调压分接开关，也称带负荷调压分接开关。装有这种分接开关的电力变压器，称为有载调压变压器。

有载调压的基本原理，就是在变压器的绕组中，引出若干分接抽头；通过有载调压分接开关，在保证不切断负荷电流的情况下，由一个分接头切换到另一个分接头，以达到改变绕组的有效匝数，即改变变压器变压比的目的。

在切换过程中需要过渡电路，过渡电路中有的用电抗，有的用电阻。电抗过渡类型为电抗式有载调压分接开关，其体积大，已不使用。电阻式有载调压分接开关，体积小，目前广泛使用。

(1) 有载分接开关的额定级电压、最大级电压、最大额定通过电流及额定级容量的含义。

1) 额定级电压：对应于每个额定通过电流值时，变压器各相邻分接点的最高允许电压。如果这个电压对应于一个额定通过电流，则称这个电压为“相关级电压”。

2) 最大级电压：分接开关设计的额定级电压的最高值。它与额定通过电流中的最小值相对应。

3) 最大额定通过电流：是分接开关在进行触头温升试验及负荷切换时的额定通过电流。在相关级电压上，开关能将此电流从一个分接头转移到另一个分接头，并能连续地传递该电流。

4) 额定级容量：是开关在给定的各额定通过电流和对应的相关级电压的乘积。

(2) 变压器配置有载调压分接头开关的原则。在目前运行的电网中，原则上只在500kV和110、35kV两级降压变电站的主变压器上配置有载调压分接头开关。

1) 500kV主变压器。原则上应配置（但目前投运和在建的变压器也有配置无励磁调压分接开关)。调压范围为$500/230\pm9\times1.33\%/35$kV。

2) 220kV主变压器。原则上不配置，双绕组和三绕组变压器均只在220kV一侧配置无励磁调压分接开关，调压范围为$220\pm^{3}_{1}\times2.5\%/115$kV或37kV。

3) 110kV主变压器。配置，调压范围为$110\pm^{10}_{6}\times1.5\%/10.5$kV。

4) 35kV主变压器。配置，调压范围为$35\pm^{4}_{2}\times2.5\%/10.5$kV。

5) 10kV主变压器。原则上不配置，10kV侧只配置无励磁调压分接开关。调压范围为$10\pm^{3}_{1}\times2.5\%/0.4$kV、$10.5\pm5\%/0.4$kV或$10.5\pm2\times2.5\%/0.4$kV。

(3) 有载调压分接开关型号中各符号含义。与无励磁调压分接开关类似，以Y代表有载，用T代表端部调压，用Z代表电阻式，其余符号与无励磁调压分接开关相同。

(4) 有载调压分接开关主要组成部件。

1) 有载分接开关。它是能在变压器励磁或负荷状态下进行操作的分接头切换开关，是用于调换绕组分接头运行位置的一种装置。通常它由一个带过渡阻抗的切换开关和一个带（或不带）范围开关的分接选择器所组成。整个开关是通过驱动机构来操作的（在有些型式的分接开关中，切换开关和分接选择器的功能被结合成为一个选择开关）。

2) 分接选择器。它是能承载但不能接通或断开电流的一种装置，与切换开关配合使用，以选择分接头的连接位置。

3) 切换开关。它是与分接选择器配合作用，以承载、接通和断开已选电路中的电流的一种装置。

4) 选择开关。它把分接选择器和切换开关的作用结合在一起，是能承载接通和断开电流的一种装置。

5) 范围开关。它具有通电能力，但不能切断电流。它可将分接绕组的一端或另一端接到主绕组上。

6) 驱动机构。它是驱动分接开关的一种装置。

7) 过渡阻抗。在切换时用以限制在两个分接头间的过渡电流，以限制其循环电流。

8) 主触头。它承载通过电流的触头，是不经过过渡阻抗而与变压器绕组相连接的触头组，但不用于接通和断开任何电流。

9) 主通断触头。它不经过过渡阻抗而与变压器绕组相连接，是能接通或断开电流的触头组。

10）过渡触头。它是经过串联的过渡阻抗而与变压器绕组相连接的，是能接通或断开电流的触头组。

（十一）变压器本体非电量保护一般设置（见表1-7）

表1-7 变压器本体非电量保护一般设置

设备名称	要求
主油箱气体继电器	重瓦斯跳闸，轻瓦斯投信号
压力突变继电器	宜投报警
有载分接开关重气体继电器	跳闸
有载分接开关压力继电器	高、低油位报警
主油箱油位计	高、低油位报警
有载分接开关油位计	投跳闸或信号
主油箱压力释放阀（2PCs）	投跳闸或信号
有载调压装置压力释放阀	跳闸
油温指示计（2PCs）	油温过高报警、对无人站报警及跳闸
油流继电器	油流停止报警
冷却系统交流电源故障	正常电源或备用电源故障报警
冷却器故障	油泵风扇故障报警
绕组温度计（3PCs）	温度过高报警
一组三相以及并列运行变压器组分接头位置不一致时	报警
两组变压器分接头位置不一致时	报警
有载分接开关直流电流故障	报警
有载分接开关交流电流故障	报警
在线气体监控系统	报警
冷却器全停	宜报警、对无人站延时跳闸

（十二）变压器总装工艺流程

变压器总装工艺流程如图1-29所示。

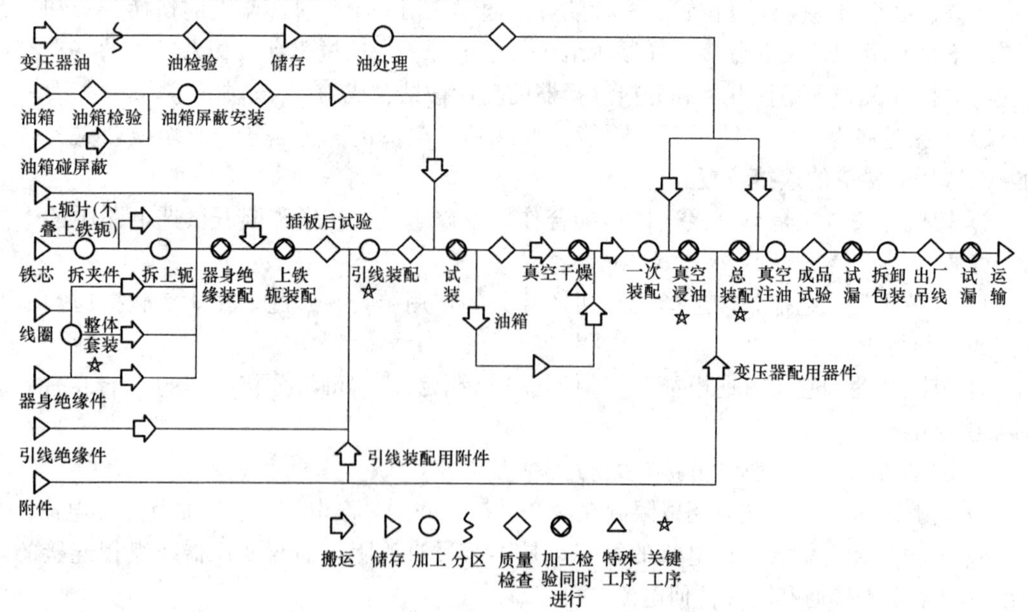

图1-29 变压器总装工艺流程图

第三节　三 相 变 压 器

三相变压器由 3 台单相变压器组合而成，称为三相组式变压器，三相共用一个铁芯的变压器，称为三相芯式变压器。

一、三相变压器的磁路系统

（一）三相组式变压器

三相组式变压器磁路是由 3 个单相变压器铁芯组合而成，如图 1－30 所式。在由于每相的主磁通中各沿自己的磁路闭合，彼此毫无联系，所以三相变压器组的磁路系统彼此无关。当原方加对称三相电压时，三相主磁通 $\dot{\Phi}_A$、$\dot{\Phi}_B$、$\dot{\Phi}_C$ 也是对称的；因此，三相磁动势和励磁电流也都是对称的。

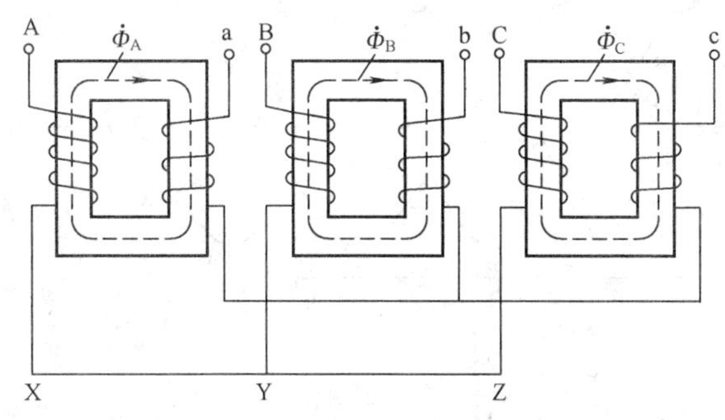

图 1－30　三相组式变压器磁路

三相组式变压器的最大特点是方便运输，所以在超高压电网及巨型变压器中广泛使用。

（二）三相芯式变压器

如果把 3 个单相变压器组合起来，则成为三相变压器。三相芯式变压器磁路如图 1－31 所示。3 个单相铁芯合并后的情况如图 1－31（a）所示，外施对称三相电压，则三相磁通也是对称的，$\dot{\Phi}_A+\dot{\Phi}_B+\dot{\Phi}_C=0$。即在任何瞬间，中间芯柱磁通为零，因此可以把它省掉，取去中间铁芯柱后的情况如图 1－31（b）所示。为便于制造，再将三相的 3 个芯柱布置在同一平面，这就是现在常用的三相芯式变压器的铁芯，如图 1－31（c）所示。三相芯式变压器的特点是，各相主磁通均以其他两相芯柱作为回路，即各相磁路彼此相关；三相磁路长度不相等，中间 B 相最短，两边 A、C 相较长，所以三相磁阻不等。当外施三相对称电压时，三相空载电流便不相等，B 相最小，A、C 两相大一些。但由于变压器的空载电流比负荷电流小很多，如负荷对称，仍然可以认为三相电流对称。

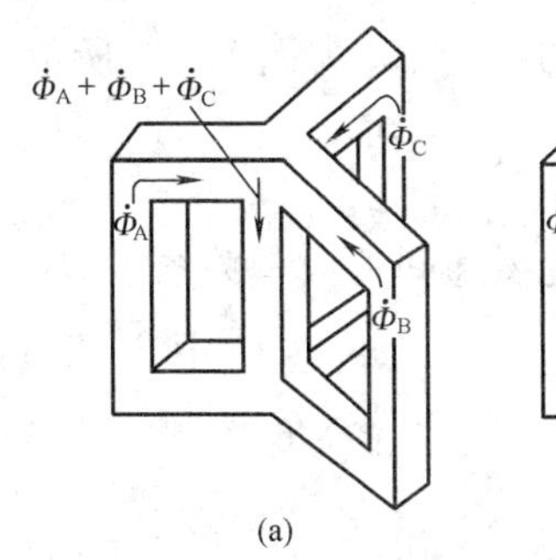

(a)

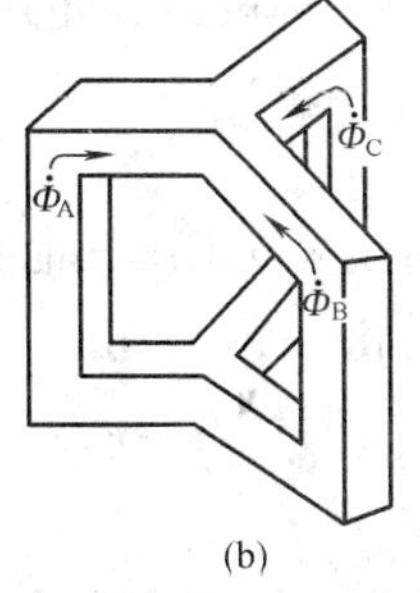

(b)

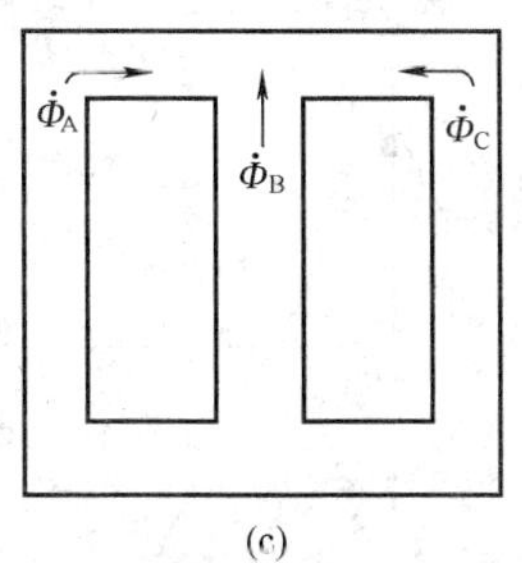

(c)

图 1－31　三相芯式变压器磁路

（a）3 个单相铁芯的合并；（b）取去中间铁芯柱；（c）三相芯式铁芯

当三相芯式变压器的一次侧接到对称三相交流电压的电网上时，一次绕组内将相应流过对称的三相励磁电流。在它的作用下将产生按正弦变化对称的三相主磁通，它们之间互差 120°，如图 1-32 所示。

与同容量的三相组式变压器相比，三相芯式变压器具有节省材料、效率高的优点。因此，三相芯式变压器在大型及以下容量的变压器中得到了广泛的使用。

（三）三相五柱式铁芯

在容量大于 100MVA 的大型变压器中，有时因采用三相芯式结构的变压器铁芯太高而运输困难，这时可在三相三柱式铁芯的两侧再加上带旁轭的铁芯；这样即满足了磁通的需求，又方便运输，这种铁芯称为三相五柱式铁芯，如图 1-33 所示。

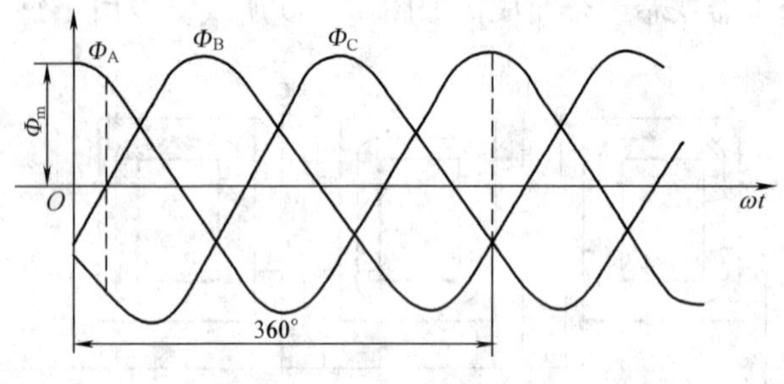

图 1-32　三相主磁通的波形

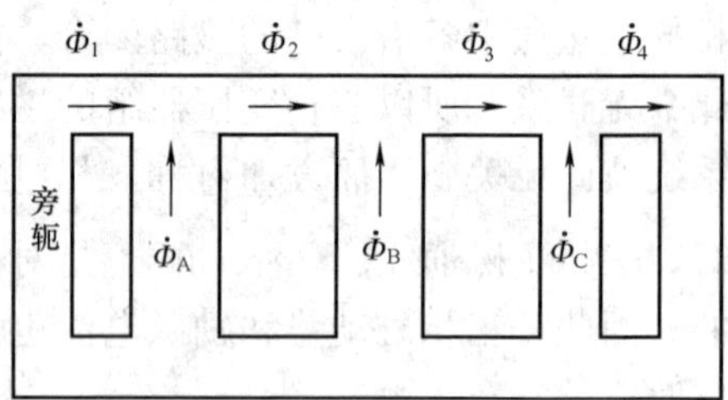

图 1-33　三相五柱式铁芯

磁通的正方向按下述原则规定：三相柱内的磁通从上向下，上铁轭的磁通从右向左。磁通方程为

$$\dot{\Phi}_A = \dot{\Phi}_1 - \dot{\Phi}_2$$

$$\dot{\Phi}_B = \dot{\Phi}_2 - \dot{\Phi}_3$$

$$\dot{\Phi}_C = \dot{\Phi}_3 - \dot{\Phi}_4$$

将以上三式相加得　$\dot{\Phi}_A + \dot{\Phi}_B + \dot{\Phi}_C = \dot{\Phi}_1 - \dot{\Phi}_4 = 0$

所以 $\dot{\Phi}_1 = \dot{\Phi}_4$，得

$$\dot{\Phi}_A = \dot{\Phi}_1 - \dot{\Phi}_2$$

$$\dot{\Phi}_B = \dot{\Phi}_2 - \dot{\Phi}_3$$

$$\dot{\Phi}_C = \dot{\Phi}_3 - \dot{\Phi}_1$$

由于外加电源为三相对称的正弦电压，三相磁通也是按正弦变化，且相位互差 120°；而 $\dot{\Phi}_1$、$\dot{\Phi}_2$、$\dot{\Phi}_3$ 也是具有同样的规律，可以画出它们的相量图，如图 1-34 所示。并得出

$$\Phi_1 = \frac{\Phi_A}{\sqrt{3}}$$

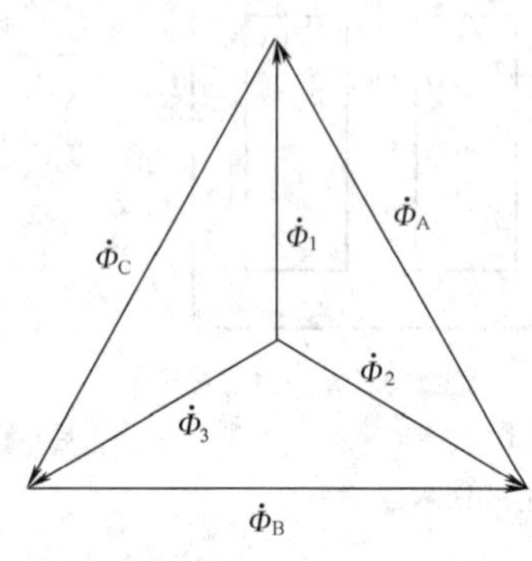

图 1-34　三相五柱式铁芯的磁通相量图

同样可以求出其他磁通间的数量关系，即：铁轭中的磁通（$\dot{\Phi}_1$、$\dot{\Phi}_2$、$\dot{\Phi}_3$、Φ_4）为铁芯柱中磁通（$\dot{\Phi}_A$、$\dot{\Phi}_B$、$\dot{\Phi}_C$）的 $1/\sqrt{3}$，这样整个铁芯的高度降低了接近一个铁轭的高度。

三相五柱式铁芯的优点：

（1）降低了变压器的运输高度，有利于解决在运输途中需要穿越隧道（或山洞）受到高度限制的问题。

（2）旁铁轭的存在可以减少漏磁通，降低漏磁通引起的附加损耗，同时还可以减小励磁电流中的 5 次和 7 次谐波。

三相五柱式铁芯的缺点：增加了铁芯的铁耗。

二、三绕组变压器

三绕组变压器与双绕组变压器有许多共同之处，但在结构和电磁关系上却各有特点。

(一) 结构特点

三绕组变压器每相有高、中、低压 3 个绕组，它们同心地套装在同一铁芯柱上，可有 3 种不同电压；它用在需要 2 种不同二次侧电压的场合，或用来连接 3 个不同电压的电网。当其中 1 个绕组接上电源时，另外 2 个绕组就感应出不同的电压，如图 1-35 所示。

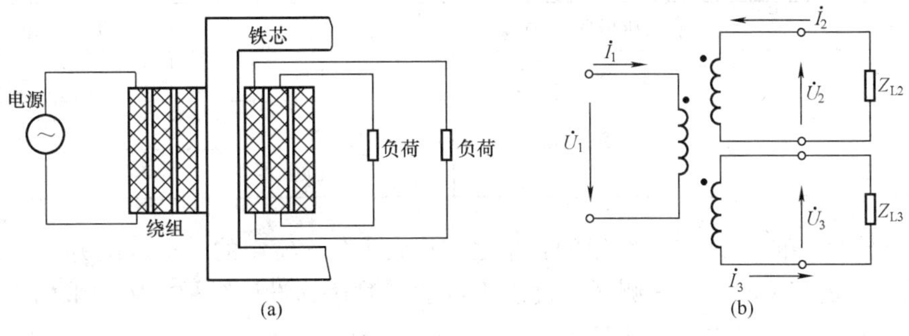

图 1-35　三绕组变压器

(a) 结构图；(b) 原理图

3 个绕组在铁芯柱内、外层的排列布置，既要考虑绝缘处理方便，又要考虑功率传递的方向。从绝缘上考虑，高压绕组不宜靠近铁芯，应放置在最外层，因为变压器的铁芯是接地的，低压绕组靠近铁芯，容易满足绝缘要求；若将高压绕组靠近铁芯，由于高压绕组的电压很高，要达到绝缘要求就需要很多绝缘材料和较大的绝缘距离，既增加了绕组的体积，也浪费了绝缘材料。所以用于降压用的三绕组变压器，选用高压绕组在外层，中压绕组放在中间，低压绕组放在靠近铁芯内侧的排列布置方式，如图 1-36 (a) 所示。当三绕组变压器用于发电厂的升压场合时，功率传递方向是由低压绕组分别向中、高压绕组传递，则选用低压绕组放在中间，中压绕组放在内层的排列方式，如图 1-36 (b) 所示。采用这种排列方式可减少漏磁，从而减小阻抗电压；绕组间的耦合较好，从而改变变压器的电压变化率。排列方式不同对阻抗电压有影响，绕组间的距离大一些，则阻抗电压就大。以高电压为 110kV 的三绕组变压器为例，按图 1-36 (a) 排列，$U_{k12}=10.5\%$，$U_{k13}=17\%$，$U_{k23}=6\%$；按图 1-36 (b) 排列，$U_{k12}=17\%$，$U_{k13}=10.5\%$，$U_{k23}=6\%$。

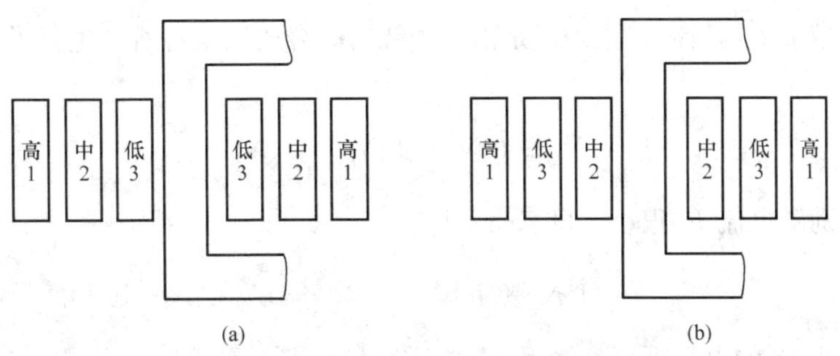

图 1-36　三绕组变压器的绕组布置图

(a) 三绕组降压变压器；(b) 三绕组升压变压器

另外，把高压绕组安置在外面也便于引出到分接开关。

（二）容量关系

双绕组变压器一、二次侧绕组容量是相等的，而三绕组变压器各绕组的容量可以相等，也可以不相等。三绕组变压器铭牌上的容量，是指容量最大的那个绕组的容量；另外两个绕组的容量，可以是额定容量，也可以小于额定容量。各绕组的容量是用变压器额定容量的百分数来表示。变压器规定高、中、低压绕组的容量组合方式有 3 种，如表 1－8 所示。

表 1－8　变压器高、中、低压绕组的容量组合方式

容量组合方式	高压绕组（%）	中压绕组（%）	低压绕组（%）
一	100	100	50
二	100	50	100
三	100	100	100

由表 1－8 可知，2 个二次绕组的容量之和将大于一次绕组的容量。在实际应用中，当一次侧达到额定容量时，二次侧 2 个绕组不可能同时达到设计容量。例如采用表 1－8 中第一种组合时，低压绕组容量达到 50%，中压绕组容量只能达到 50%，而当中压容量达到 100%时，则低压就不能输出功率了。

3 个绕组的容量的安排，主要考虑以下两个方面的因素：

(1) 2 个二次绕组的峰值负荷可能是错开的。

(2) 一次绕组的视在功率应为 2 个二次绕组视在功率的相量和，而 2 个二次绕组的功率因数也不完全相同；因此，一次绕组的容量不按 2 个二次绕组容量之和进行规定，在经济和技术上都较为合理。

（三）基本电磁关系

1. 变比

三绕组变压器有 3 个变比，即：

$$K_{12} = N_1/N_2 = U_{1N}/U_{2N}$$

$$K_{13} = N_1/N_3 = U_{1N}/U_{3N}$$

$$K_{23} = N_2/N_3 = U_{2N}/U_{3N}$$

2. 磁动势平衡方程式

当三绕组带负荷运行时，主磁通是由三个绕组的合成磁动势所产生，磁动势平衡方程式为

$$\dot{I}_1 N_1 + \dot{I}_2 N_2 + \dot{I}_3 N_3 = \dot{I}_0 N_1$$

由于空载励磁电流 $\dot{I}_0$ 很小，可忽略不计，得

$$\dot{I}_1 N_1 + \dot{I}_2 N_2 + \dot{I}_3 N_3 = 0$$

若把绕组 2、3 的电流折算到绕组 1，则磁动势平衡方程式为

$$\dot{I}_1 + \dot{I}'_2 + \dot{I}'_3 = 0$$

3. 简化等值电路

三绕组变压器简化等值电路如图 1-37 所示。

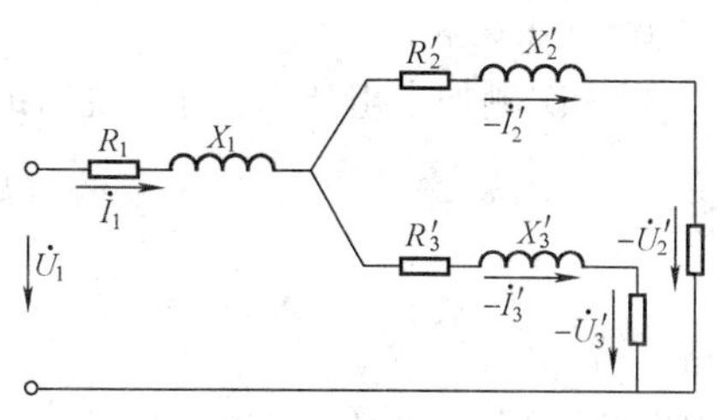

图 1-37　三绕组变压器简化等值电路

图 1-37 中，Z'_1、Z'_2、Z'_3中的 x_1、x_2、x_3分别是由各绕组折算到一次侧的自感电抗及绕组间的互感电抗合成的等值电抗。$Z_1=r_1+\mathrm{j}x_1$、$Z'_2=r'_2+\mathrm{j}x'_2$、$Z'_3=r'_3+\mathrm{j}x'_3$ 称为等值阻抗。由于与自感电抗和互感电抗对应的漏磁通主要通过空气闭合，故等值阻抗仍为常数。

三、三相变压器消除 3 次谐波的方法

变压器正常运行时，在额定电压作用下，铁芯已处于饱和状态，磁通和产生它的电流不再是正比例关系，一次电流 i 是正弦波，磁通 Φ 则是平顶波。平顶波是非正弦波，非正弦波可以分解成许多不同频率的正弦的高次谐波和基波，这些高次谐波中，影响最大的是 3 次谐波。3 次谐波的特点是，铁芯饱和后，在铁芯中会有 3 次谐波的磁通。二次电动势是由磁通感应的，电动势的大小和磁通的变化率成正比，平顶波 Φ 会感应出尖顶波 e 这种电动势的增高，有时对绕组的绝缘有危险。

如果二次侧接成三角形，在三角形里的 3 次谐波电流起着励磁作用，从而使磁通和感应电动势基本保持正弦。

变压器绕组里，有一个接成三角形，好处在于消除磁通中的 3 次谐波分量。所以一般大型变压器总有一侧接成三角形。有些变压器因受某些条件所限，必须把两侧都接成Y形。此时为了消除 3 次谐波的影响，也有专设第三绕组并且接成三角形，该绕组可接负荷或不接负荷；若不接负荷只能提供 3 次谐波电流的通路，以防止相电动势发生畸变。

第四节　自 耦 变 压 器

自耦变压器是只有 1 个绕组的变压器，当它作为降压变压器使用时，从绕组中抽出一部分线匝作为二次绕组；当作为升压变压器使用时，外施电压只加在绕组的一部分线匝上。通常把同时属于一次和二次的那部分绕组称为公共绕组，其余部分称为串联绕组。

自耦变压器可以做成单相也可以做成三相，可以是双绕组也可以是三绕组变压器。

一、工作原理

自耦变压器的结构示意图如图 1-38（a）所示，每相铁芯柱上套着 2 个同心绕组，内侧绕组为 ax，外侧绕组为 Aa，两绕组绕向一致，并且相互串联，出线端 X 与 x 为同一点引出。AX 绕组匝数为 N_1，称为高压绕组；ax 绕组匝数为 N_2，称为低压绕组，ax 绕组既是二次侧绕组又是一次侧绕组的一部分，又称为公共绕组；Aa 绕组匝数为 N_1-N_2，称为串联绕组，如图 1-38（b）所示。

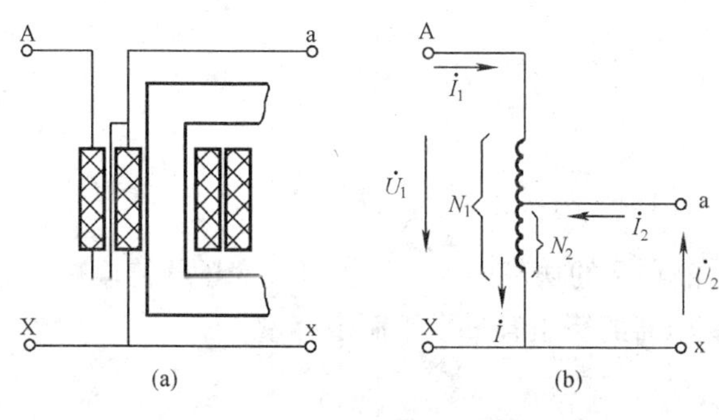

图 1-38　自耦变压器

（a）结构示意图；（b）原理示意图

下面以降压自耦变压器为例，分析其工作原理。

1. 电压关系

当一次侧加上电压 U_1 时，绕组的每匝电压为 U_1/N_1。忽略漏阻抗压降时，有

$$U_2=\frac{U_1}{N_1}N_2=\frac{U_1}{K}$$

$$K=\frac{U_1}{U_2}=\frac{N_1}{N_2} \tag{1-4}$$

式中：K 为自耦变压器的变比。

2. 电流关系

在忽略空载电流的情况下，根据磁动势平衡关系，得

$$\dot{I}N_1+\dot{I}N_2=0$$

$$\dot{I}_1=-\frac{N_2}{N_1}\dot{I}_2=-\frac{1}{K}\dot{I}_2$$

公共绕组 ax 中的电流 $\dot{I}$ 为

$$\dot{I}=\dot{I}_1+\dot{I}_2=-\frac{1}{K}\dot{I}_2+\dot{I}_2=\left(1-\frac{1}{K}\right)\dot{I}_2$$

从上述结果可知，一、二次侧的电流 $\dot{I}_1$ 与 $\dot{I}_2$ 的相位总是相差 180°，而公共绕组中的电流 $\dot{I}$ 与 $\dot{I}_2$ 相位总是相同的，因此可得 I_1、I_2 和 I 的大小关系为

$$I_2=I_1+I$$

从上式中可看到，自耦变压器的输出电流 $\dot{I}_2$ 包含两部分电流：通过电的联系，由串联绕组 Aa 流向负荷的电流 $\dot{I}_1$ 和由于电磁感应的作用，从公共绕组 ax 流向负荷的电流 $\dot{I}$。

3. 容量关系

(1) 分析。在分析容量关系时，首先要明确自耦变压器的额定容量 S_N（也称铭牌容量）。它是指自耦变压器的输入容量，也等于自耦变压器的输出容量，其额定值为 $S_N=U_{1N}I_{1N}=U_{2N}I_{2N}$。还要明确自耦变压器的绕组容量（也称电磁容量），是指公共绕组及串联绕组的电压与电流的规定值。

对于双绕组或三绕组变压器，变压器容量等于绕组的容量。但自耦变压器绕组容量小于变压器容量，原理分析如下。

自耦变压器额定传输功率为

$$S_N=U_{1N}I_{1N}=U_{2N}I_{2N}$$

串联绕组 Aa 的功率为

$$S_{Aa}=U_{Aa}I_{1N}=\frac{N_1-N_2}{N_1}U_{1N}I_{1N}=\left(1-\frac{1}{K}\right)S_N$$

公共绕组 ax 的功率为

$$S_{ax}=U_{ax}I=U_{2N}I_{2N}\left(1-\frac{1}{K}\right)=\left(1-\frac{1}{K}\right)S_N$$

以上两式表明，串联绕组 Aa 与公共绕组 ax 的功率相等，均为自耦变压器传输功率的 $(1-1/K)$ 倍。由于 $K>1$，因此，自耦变压器的绕组容量小于额定容量。

二次侧的输出功率可表示为

$$S_2=U_2I_2=U_2(I_1+I)=U_2I_1+U_2I=S_{CD}+S_{DC}$$

可见，输出功率由两部分组成：一部分为电磁容量（设计容量）U_2I，等于公共绕组

ax 的绕组容量，它通过电磁感应作用传递给负荷；另一部分为传导容量 U_2I_1，它通过电的直接联系传导给负荷。

由以上分析可知：自耦变压器的二次容量（额定容量）＝传导容量＋电磁容量。

自耦变压器的绕组容量决定了变压器的主要尺寸和材料消耗，是变压器设计的依据，又称计算容量。由于传导容量（不需要增加二次绕组的容量）的存在，可以减少变压器的计算容量，所以自耦变压器比双绕组变压器具有优越性。由于绕组容量仅是额定容量的（$1-1/K$）倍，当 K 愈接近 1 时，（$1-1/K$）愈小，即计算容量愈小，这一优点就愈突出。因此，K 一般在 1.5～2 较好。

（2）自耦变压器的额定容量、标称容量、通过容量、电磁容量、标准容量、传导容量的概念。

1）额定容量：略。

2）标称容量：指的是铭牌容量，也是额定容量。

3）通过容量：自耦变压器负荷端的输出容量，自耦变压器铭牌上所标注的额定容量就是“通过容量”。

4）电磁容量（设计容量）：自耦变压器利用电磁感应原理将一次绕组（原边）的电功率传递到二次绕组（副边）。

5）标准容量：自耦变压器公共绕组的容量，也就是电磁功率。

6）传导容量：是通过串联绕组电路直接由电源传递到负荷的容量。

二、变比选择

自耦变压器的一系列优点都是由于电磁容量小于标称容量所致，即 $S_{DC}=(1-1/K)S_N \leqslant S_N$，当 K（$K>1$）越接近 1 时，系数（$1-1/K$）越小，自耦变压器的优点就越显著；当 K 较大时，绕组容量也增大，优越性就降低。所以，自耦变压器适用于一、二次电压比不大的场合。一般自耦变压器的变比 K 为 2 左右。

从以上对自耦变压器特点的分析可知，选用自耦变压器是有条件的，在电压比不大的变电站中作降压用的自耦变压器方能充分发挥其优越性，而在其他的地方只能选用双绕组变压器作为电压变换和能量传输的设备。

三、优缺点

1. 优点

与同容量的双绕组变压器相比，自耦变压器有以下优点。

（1）节省材料。自耦变压器是将二次绕组容量作为一次绕组的一部分，这就等于省去了一次绕组的一部分。另外，作为二次侧的绕组容量还可以做成同额定容量的双绕组变压器的容量的（$1-1/K$），这就可以省去制作绕组所需要的部分导线及绝缘材料。由于电磁容量为标称容量的（$1-1/K$），故铁芯尺寸也可缩小，节省了硅钢片。由于省去了一次绕组的一部分，减小了二次绕组导线的截面积以及缩小了铁芯尺寸，使得变压器体积减小，还可以节省部分钢材。由此可以看出，自耦变压器节省材料的优点是非常显著的。

（2）降低损耗。由于自耦变压器省去了一次绕组的一部分，负荷损耗减为原双绕组变压器的（$1-1/K$）倍，且公共绕组的电流只有二次电流的（$1-1/K$）倍，截面也小至（$1-1/K$）倍，故运行时总的铜损是双绕组变压器铜损的（$1-1/K$）倍。由于自耦变压器的电磁容量为标称容量的（$1-1/K$）倍，铁芯尺寸比同容量的双绕组变压器小，励磁电流也相应减小，这就降低了自耦变压器的铁损。

(3) 便于制造和使用。与同容量的双绕组变压器相比，自耦变压器的体积小，重量较轻，便于运输和安装。

(4) 自耦变压器的一、二次绕组不仅有磁的联系，还有电的联系。为了改善感应电势波形，还设有一个单独的第三绕组接成三角形，第三绕组与高、中压绕组间只有磁路上的联系，并无电路上的联系，除补偿3次谐波电流之外，还可以连接发电机同步补偿机以及作为变电站站用电。仅用于改善波形的第三绕组，容量不应小于电磁容量的35%，一般第三绕组的容量为额定容量的1/3～1/2。

2. 缺点

(1) 自耦变压器的中性点必须接地或经小电抗接地。当自耦变压器高压侧网络发生单相接地故障时，若中性点不接地，则在其中压绕组上将出现过电压；自耦变压器变比 K 越大，中压绕组的过电压倍数越高。为了防止这种情况发生，其中性点必须接地。中性点接地后，高压侧发生单相接地时，中压绕组的过电压便不会升高到危险的程度。

由图1-39(b)可见，在A相发生单相接地故障时中性点发生位移，中压 B_m 相对地电压 U 比中压正常线电压 U_{AmBm} 还大。高、中压变比越大，过电压倍数越大，如果变比等于2，则 $U/U_{Bm}=2.64$。因此自耦变压器的中性点在运行时必须接地，所以只能运行在直接接地系统中。

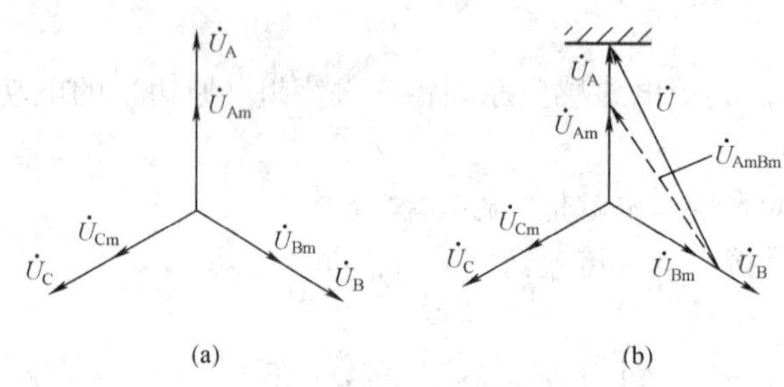

图1-39 自耦变压器电压相量图

(a) 正常运行时；(b) A相单相接地故障时

(2) 引起系统短路电流增加。由于自耦变压器有自耦联系，其电抗为同容量双绕组变压器的 $(1-1/K)$ 倍，漏阻抗的标幺值是等效的双绕组变压器的 $(1-1/K)$ 倍。所以自耦变压器电压变动小而短路电流较同容量双绕组变压器大。这就是自耦变压器使系统短路电流显著增加的原因。

(3) 两侧过电压的相互影响。自耦变压器因其绕组有电的连接，当某一侧出现大气过电压或操作过电压时，另一侧的过电压可能超过其绝缘水平。因此，自耦变压器两侧出线端必须装设避雷器。

(4) 使继电保护复杂。

(5) 由于一、二次绕组有电的联系，造成调压上的一些困难。目前一般采用3台分接开关进行中部调压。

四、三相组式自耦变压器第三绕组的作用

由于500kV变压器具有高电压大电流等特点，在铁芯饱和时，正弦波的电流会产生平顶波的磁通，其中影响最大的是3次谐波，而采用低压侧带有三角形接线第三绕组的星形接线的500kV自耦变压器，则可起到以下作用：

(1) 补偿3次谐波，使3次谐波磁通不能进入自耦变压器的其他绕组，从而改善电压波形。

(2) 避免可能出现的谐波过电压。

(3) 消除3次谐波电压对电信线路的影响。

另外，低压侧的三角形接线还可以带负荷，并可为满足超高压电网巨大的无功功率吸收或补充而连接低压电抗器和电容器。

第三组绕组除了补偿 3 次谐波外，还可以作为带负荷的绕组，其容量等于自耦变压器的电磁容量。如仅用于改善电动势波形，则其容量等于电磁容量的 25%～30%。

五、三绕组自耦变压器

在三相系统中采用 YNa0 接线方式的自耦变压器时，为了改善感应电动势波形，常设置一个电压较低的接成三角形的第三绕组，这个绕组与其他 2 个绕组并无直接的联系，而仅是电磁联系。它除了用于补偿 3 次谐波电流分量外，还可用于连接发电机、无功补偿设备用或用于向低压电网供电（如站用电）。如仅用于改善电动势波形，其容量仅为串联或公共绕组的容量（电磁容量）的 1/3 即可；如要用以带负荷或发电机，则其容量应等于串联和公共绕组的容量，通常为额定容量的 50%（当变比为 2 时，串联或公共绕组的容量等于 50%额定容量）。

三绕组自耦变压器的运行方式有以下 5 种，如图 1－40 所示，不同的运行方式所允许的传输容量是不一致的。

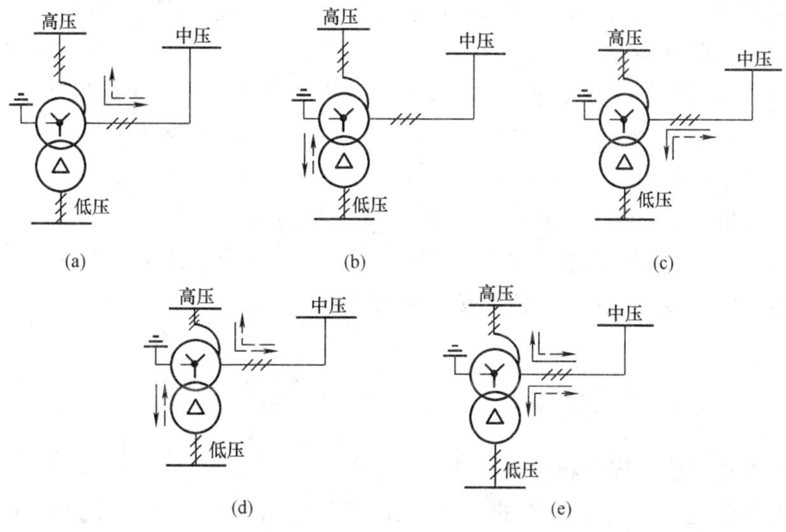

图 1－40　三绕组自耦变压器的运行方式

（a）高—中运行；（b）高—低运行；（c）中—低运行；（d）高—中、低运行；（e）中—高、低运行

（1）高—中运行。这种运行方式的自耦变压器原则上可以按额定容量运行，但对于升压自耦变压器，由于低压绕组在高、中压绕组之间，低压绕组内始终有附加损耗。

（2）高—低或中—低运行。这 2 种运行方式所传输的容量由低压绕组容量决定，即所传输的容量不得大于低压绕组的额定容量。第三绕组容量不小于电磁容量的 5%。

（3）高—中、低运行。这种运行方式所传输的容量不超过高压绕组的额定容量。如果高、低压侧负荷功率因数不一样，传输容量可根据功率因数决定。

（4）中—高、低运行。这种运行方式的中压绕组（即公共绕组）内最大允许流过的电流，不能超过该绕组的额定电流。

六、自耦变压器在不同的运行方式时的负荷分配

（1）高压侧向中压侧（或中压侧向高压侧）送电。高压侧向中压侧送电为降压式，中压绕组布置在高、低压绕组之间，一般可传输全部额定容量。中压绕组向高压侧送电为升压式，中压绕组靠近铁芯柱布置。因为漏磁通在结构中引起较大的附加损耗，故其最大传输功率往往需要限制在额定容量的70％～80％。

（2）高压侧向低压侧（或低压侧向高压侧）送电。它和普通变压器相同，最大传输功率不得超过低压绕组的额定容量。

（3）中压侧向低压侧（或低压侧向中压侧）送电。其情况与（2）相同。

（4）高压侧同时向中压侧和低压侧（或低压侧和中压侧同时向高压侧）送电。在这种运行方式下，最大允许的传输功率不能超过自耦变压器的高压绕组（即串联绕组）的额定容量，否则高压绕组将过负荷。

（5）中压侧同时向高压侧和低压侧（或高压侧和低压侧同时向中压侧）送电。在这种方式中，中压绕组是一次绕组（即公共绕组是一次绕组），而其他2个绕组是二次绕组。最大传输容量受公共绕组电流的限制，即公共绕组的电流不得超过其额定电流。向两侧传输功率大小也与负荷的功率因数有关。

七、自耦变压器的防雷保护

自耦变压器绕组间既有磁的联系又有电的联系，因此其防雷保护也有其特点：在高、中压侧绕组出口与断路器之间，必须安装避雷器；同理，低压侧也要安装避雷器。

（1）当高压绕组开路，中、低压侧运行时，有一幅值为U_0的侵入波从中压侧侵入，在振荡过程中，在高压绕组的首端电位可能超过$2KU_0$（K为绕组的变化），将危及高压绕组首端绝缘（如高压套管闪络）；因此，在高压绕组出口处必须安装避雷器。

（2）当中压侧开路，高、低压侧运行时，有一幅值为U_0的侵入波从高压侧侵入，在振荡过程中，在中压绕组首端的电位可达$2U_0/K$，将危及中压绕组首端绝缘（如中压套管闪络）；因此，在中压绕组出口处必须安装避雷器。

第五节　变压器运行方式

一、变压器的空载运行分析

变压器的空载运行是指变压器的一次绕组接入电源，二次绕组开路的工作状况。此时，一次绕组中的电流称为变压器的空载电流。空载电流产生空载时的磁场。在主磁场（即同时交链一、二次绕组的磁场）的作用下，一、二次绕组中便感应出电动势。变压器空载运行时，虽然二次侧没有功率输出，但一次侧仍要从电网吸取一部分有功功率来补偿由于磁通饱和，在铁芯内引起的铁损（即磁滞损耗和涡流损耗，简称铁损）。磁滞损耗的大小取决于电源的频率和铁芯材料磁滞回线的面积；涡流损耗与最大磁通密度和频率的平方成正比。另外还存在空载电流引起的铜损，对于不同容量的变压器，空载电流和空载损耗的大小是不同的。

单相变压器空载运行示意图，如图1-41所示。

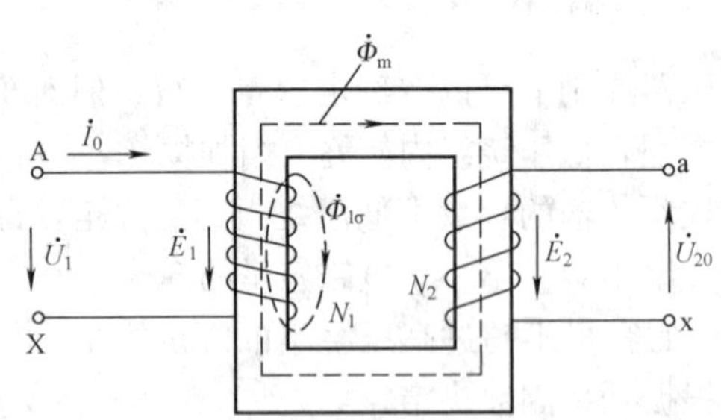

图1-41　单相变压器空载运行示意图

$\dot{U}_1$—电源电压；$\dot{I}_0$—空载电流；$\dot{E}_1$—一次感应电动势；N_1—一次绕组匝数；$\dot{U}_{20}$—二次绕组开路端电压；$\dot{E}_2$—二次绕组感应电动势；N_2—二次绕组匝数；$\dot{\Phi}_m$—主磁通（以闭合铁芯为路径，分别与一、二次绕组相交链，是变压器传递能量的主要因素）；$\dot{\Phi}_{1\sigma}$—一次绕组的漏磁通（它通过非磁性介质而形成闭合回路，仅与一次绕组交链，不与二次绕组相交链）

变压器空载运行时，各物理量之间的关系表示如下：

$$\dot{U}_1 \longrightarrow \dot{I}_0 \longrightarrow \dot{F}_0=\dot{I}_0N_1 \longrightarrow \begin{cases} \dot{\Phi}_m \longrightarrow \dot{E}_1,\ \dot{E}_2 \\ \dot{\Phi}_{1\sigma} \longrightarrow \dot{E}_{1\sigma} \end{cases}$$

$$\dot{I}_0 \longrightarrow \dot{I}_0 r_1$$

变压器空载运行时的等值电路与相量图分别如图 1－42、图 1－43 所示。

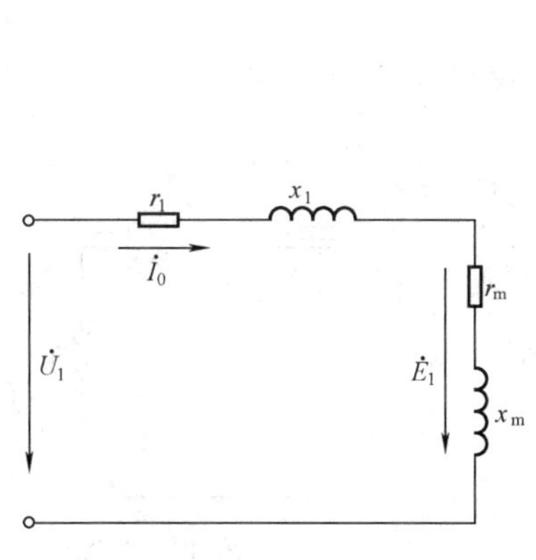

图1－42　变压器空载时的等值电路

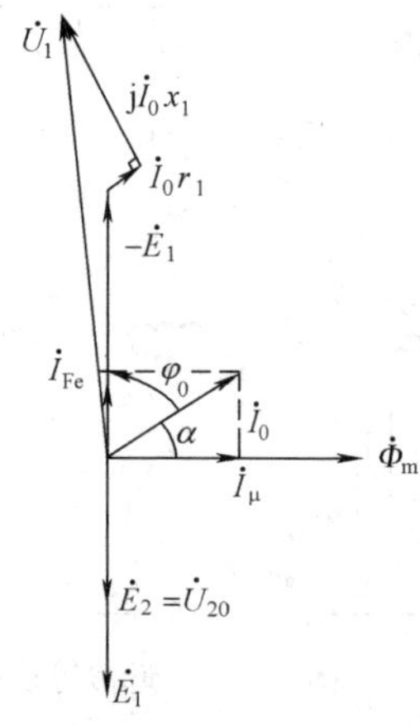

图 1－43　变压器空载时的相量图

二、变压器负载运行分析

变压器负载运行是指一次绕组接上电源，二次绕组接有负荷的运行形式。此时二次绕组便有电流 $\dot{I}_2$ 流过，产生磁通势 $\dot{I}_2N_2$。该磁通势将使铁芯内的磁通趋于改变，使一次电流 $\dot{I}_0$ 变为 $\dot{I}_1$；但是由于电源电压 $\dot{U}_1$ 为常值，故铁芯内的主磁通 $\dot{\Phi}_m$ 始终应维持常值。所以，只有当一次绕组新增电流 $\Delta\dot{I}_1$ 所产生的磁通势 $N_1\Delta\dot{I}_1$ 和二次绕组磁通势 $\dot{I}_2N_2$ 相抵消时，铁芯内主磁通才能维持不变，即 $N_1\Delta\dot{I}_1+\dot{I}_2N_2=0$，称为磁通势平衡关系。变压器正是通过一、二次绕组的磁通势平衡关系，把一次绕组的电功率传递到了二次绕组，实现能量转换。

单相变压器负载运行的示意图如图 1－44 所示。其等值电路图如图 1－45～图 1－47 所示。

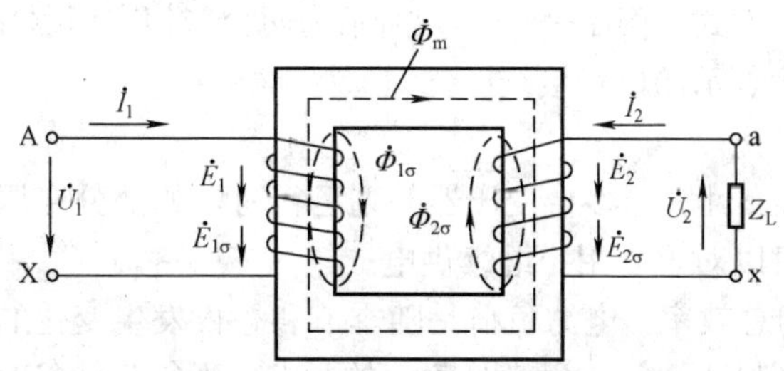

图 1－44　变压器负载运行的示意图

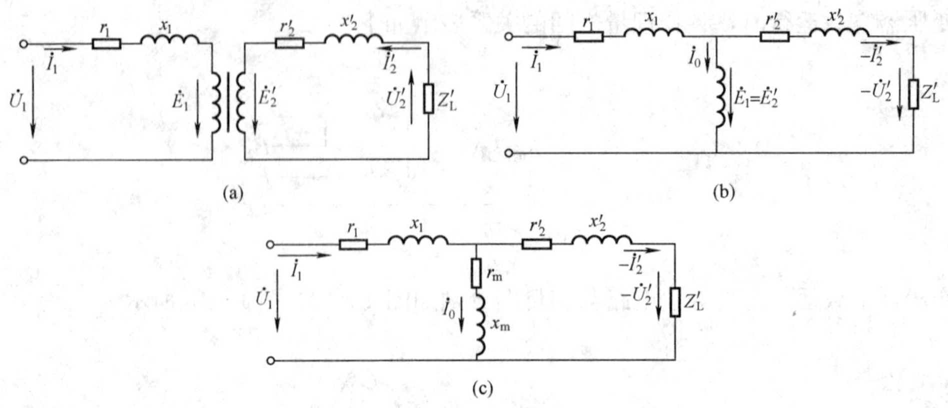

图 1-45 T 型等值电路的变换过程

(a) 原始电路；(b) 变换一；(c) 变换二

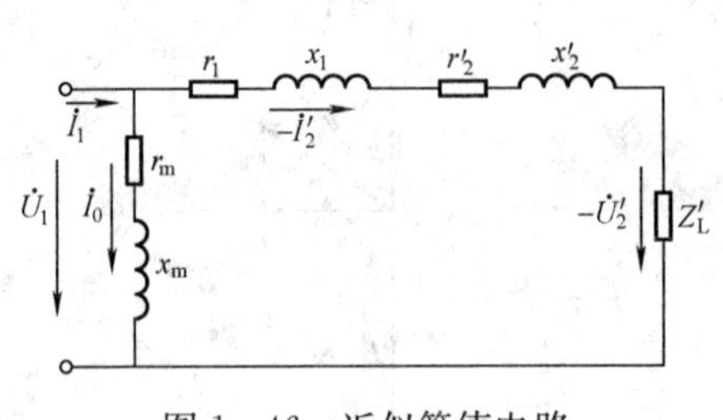

图 1-46 近似等值电路

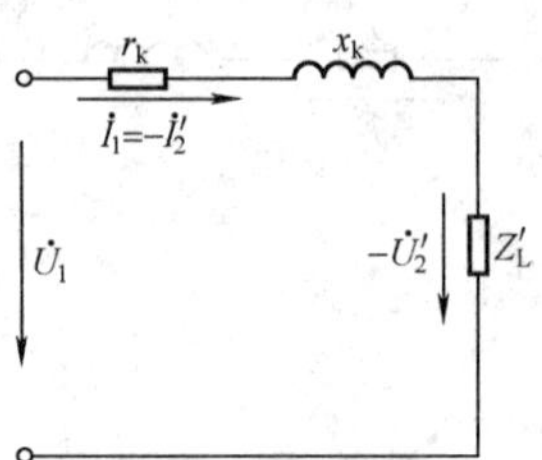

图 1-47 简化等值电路

变压器负载运行时各物理量之间的关系表示如下：

$\dot{I}_1 \rightarrow \dot{F}_1=\dot{I}_1N_1 \rightarrow \dot{\Phi}_{1\sigma} \rightarrow \dot{E}_{1\sigma}=-j\dot{I}_1x_1$；$\dot{I}_1 \rightarrow \dot{I}_1r_1$

$\dot{F}_1$、$\dot{F}_2 \rightarrow \dot{F}_0=\dot{I}_0N_1 \rightarrow \dot{\Phi}_m \rightarrow \dot{E}_1$、$\dot{E}_2$

$\dot{I}_2 \rightarrow \dot{F}_2=\dot{I}_2N_2 \rightarrow \dot{\Phi}_{2\sigma} \rightarrow \dot{E}_{2\sigma}=-j\dot{I}_2x_2$；$\dot{I}_2 \rightarrow \dot{I}_2r_2$

三、变压器分列运行

分列运行是指两台变压器一次母线并列运行，二次母线用联络断路器联络。正常运行时，联络断路器是分断的，这时变压器通过各自的二次母线供给各自的负荷。

这种运行方式的特点是在故障状态下的短路电流小。

四、变压器并联运行分析

变压器并联运行是指两台或多台变压器一、二次分别接到公共的母线上，正常运行时同时向负荷供电的运行方式。图 1-48（a）所示为两台三相变压器并联运行的接线图，图 1-47（b）所示为简化表示的单相接线图。

变压器并联运行的优点：

（1）保证供电的可靠性。当多台变压器并列运行时，如部分变压器出现故障或需停电检修，其余的变压器可以对重要用户继续供电。

（2）提高变压器的总效率。电力负荷是随季节和昼夜发生变化的，在电力负荷最高峰时，并列的变压器全部投入运行，以满足负荷的要求；当负荷低谷时，可将部分变压器退出运行，以减少变压器的损耗。

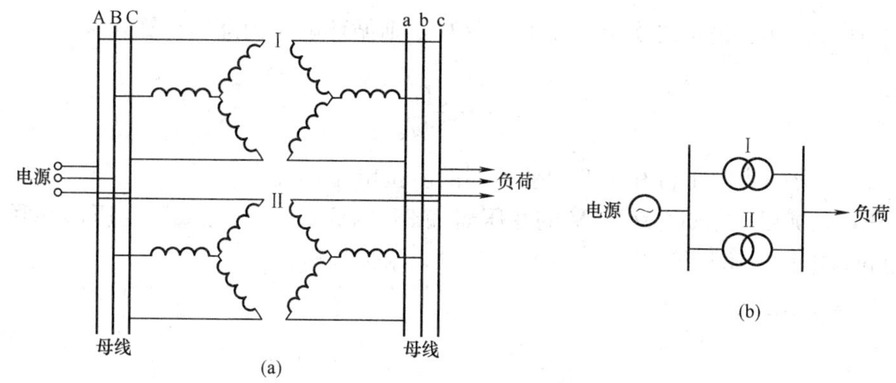

图 1－48　两台三相变压器并联运行接线图

（a）三相接线图；（b）简化表示的单相接线图

（3）扩大传输容量。一台变压器的制造容量是有限的，在大电网中，要求变压器输送很大的容量时，只有采用多台变压器并联运行来满足需要。

（4）提高资金的利用率。变压器并联运行的台数可以随负荷的增加而相应增加，以减少初次投资，合理利用资金。

（一）并联运行的条件

变压器并联运行的理想情况是：空载时，各台变压器仅有一次侧的空载电流，一、二次绕组回路中没有循环电流；带负荷时，各变压器的负荷分配与各自的额定容量成正比，使变压器的容量能得到充分利用，且流过各台变压器的负荷电流相同，这样在总负荷电流一定时，各变压器分担的电流最小。

要达到上述要求，并联运行的变压器必须具备以下 3 个条件：

（1）变压比相等。

（2）绕组连接组别相同。

（3）阻抗电压 u_k（%）相等，且变压器的额定容量比不得超过 3：1。

（二）变压器并联运行条件不符合的分析

1. 变压比不同时变压器的并联运行

连接组别和阻抗电压相同，用图 1－49 所示的单相变压器并联运行，就可说明问题的本质。

变压器变压比不同时，二次电压互不相等。在 2 台变压器之间，回路 abcd 和 a1b1c1d1 中，即使空载时，也要有循环（平衡）电流通过。循环电流的大小取决于变压器的二次电压差。计算式为

$$I_C = \frac{U_1 - U_2}{Z_{k1} + Z_{k2}} \qquad (1-5)$$

式中：Z_{k1}、Z_{k2} 分别为第 1 台和第 2 台变压器的阻抗。

如变压器阻抗 Z_k 用阻抗电压 u_k 表示，则

$$Z_k = \frac{u_k}{100} \times \frac{U_N}{I_N} \ (\Omega)$$

设第 2 台变压器容量较大，令额定电流比 $\beta = \frac{I_2}{I_1}$，而

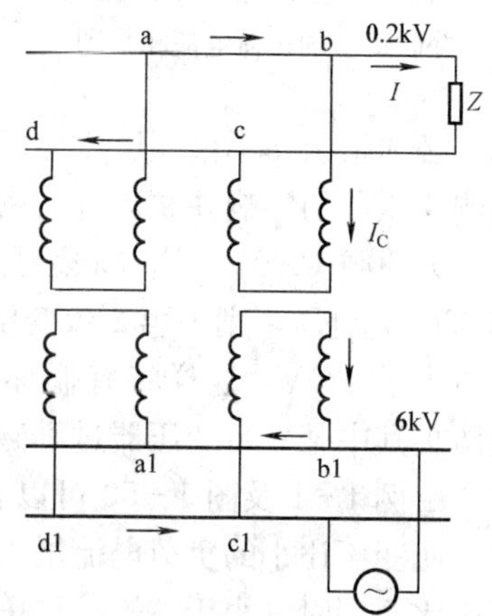

图 1－49　单相变压器的并联运行

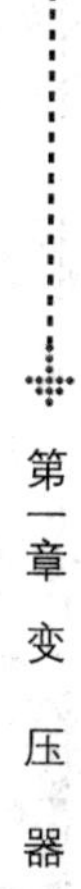

以 $\alpha=\frac{U_1-U_2}{U_2}\times100\%$ 表示二次电压差的百分数，则循环电流的准确计算式为

$$I_C=\frac{\alpha I_1}{u_{k1}+u_{k2}/\beta} \tag{1-6}$$

式中：u_{k1}、u_{k2}分别为第 1 台和第 2 台变压器的阻抗电压，%。

例 1-1 100kVA、6000/230V 的变压器和 315 kVA、6000/220V 变压器并联，且连接组别相同，阻抗电压相等（$u_{k1}=u_{k2}=5.5\%$），求循环电流。

解 二次电压差：

$$\alpha=\frac{230-220}{220}\times100\%=4.55\%$$

$$I_1=251(\text{A}),\ I_2=827\ (\text{A})$$

$$\beta=827/251=3.29$$

则循环电流：

$$I_C=\frac{4.55\times251}{5.5+5.5/3.29}=159.5\ (\text{A})$$

也就是占容量小的变压器的额定电流的百分数为$\frac{159.5}{251}\times100\%=64\%$。空载时有这样大的循环电流，显然是不允许的。

不同变压比并联的变压器接入负荷，二次空载电压较高的，所带的负荷百分比较大。变压比不同时变压器并联运行的负荷电流相量图如图 1-50 所示。

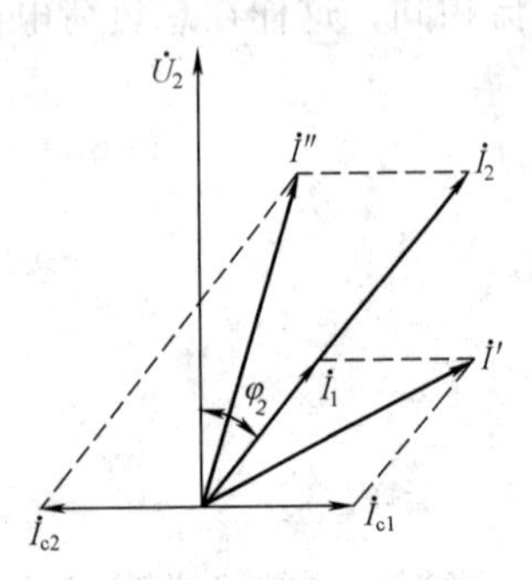

图 1-50 变压比不同时变压器并联运行的负荷电流相量图

设 I' 和 I'' 为 2 台变压器的负荷电流，它们将随着总负荷电流 I 而变化。

由计算得出（推导略）：$I'=430.5$（A），$I''=647.5$（A）。

计算表明，二次电压较大的变压器过负荷 75%（430.5/251 = 1.72），而第 2 台变压器欠载 21.5%（647.5/827=0.785）。

由上例可看出，显然变压比差大于 5% 的变压器是不允许并联运行的。实际上，并联运行的变压器的变压比差不超过 1%。

必须指出，不仅变压比会影响变压器的正常并联运行，额定电压的绝对值不同时也会影响变压器的影响并联运行。例如，有两台变压比相同的变压器，一台是 6000/220V，另一台为 6000/200V，当并联运行时，加 6000V 电压，它们之间不会产生循环电流。如果要加 6600V 电压，则因第 2 台变压器过励磁，励磁电流增大而产生电压降也大，致使其二次电压小于 220V，这样将有循环电流产生。由此可见，变压比相同的变压器并联运行时，要防止其中某一台变压器过励磁。

由例 1-1 及图 1-50 可以看出，在感性负荷下，由于循环电流和负荷电流合并的结果，使变压比小的负荷电流增大，变压比大的负荷电流减小。为了利用变压器的容量，在变压比不同时（小于 1%）并联运行，应当使容量大的变压器的变压比小一些。在容性负荷下，则情况相反，但这是很少遇到的。

2. 阻抗电压不同时变压器的并联运行

连接组别和变压比相同，而阻抗电压不同的变压器并联运行时，各变压器中没有循环电流。其负荷分配与其额定容量成正比，而与阻抗电压成反比，也就是说 u_k 小的变压器将首先达到满负荷。

设 n 台变压器并联运行，其容量分别为 P_1、P_2、P_i、…、P_n；阻抗电压分别为 u_{k1}、u_{k2}、…、u_{kn}，其总的负荷容量为 P，则每台变压器的负荷分配计算式为

$$P_i = \frac{P}{\dfrac{P_1}{u_{k1}} + \dfrac{P_2}{u_{k2}} + \cdots + \dfrac{P_i}{u_{ki}} + \cdots + \dfrac{P_n}{u_{kn}}} \times \frac{P_i}{u_{ki}}$$

如希望各变压器的负荷与其容量能均衡分配，则必须使它们的阻抗电压相等。在阻抗电压不相等的情况下，为使变压器容量得到充分利用，应使容量大的变压器的阻抗电压小于容量小的变压器的阻抗电压。在实用上，并联变压器的阻抗电压之间相差不应超过 10%。

应该指出，阻抗电压不同的变压器并联运行时，可稍改变变压比来重新分配负荷。变动时，应使欠负荷变压器的空载二次电压大于过负荷的二次电压。

3. 绕组连接组别不同时变压器的并联运行

变压比和阻抗电压相同，而绕组连接组别不同的变压器并联运行时，各变压器之间有循环电流，其计算式为（相量图见图 1-51）

$$I_C = \frac{\Delta U}{Z_{k1} + Z_{k2}} \tag{1-7}$$

式中：ΔU 为变压器同名端之间电压；Z_{k1}、Z_{k2} 为变压器阻抗。

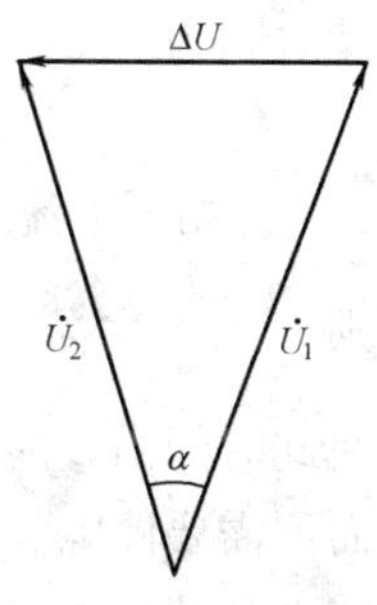

图 1-51 连接组别不同时变压器并联运行电压相量图

两组由两台不同连接组别变压器并联运行的接线图及相量图如图 1-52 所示。设 α 为变压器线电压之间的角度，而 Z_k 用 u_k 表示时，根据式（1-7），则循环电流表达式为

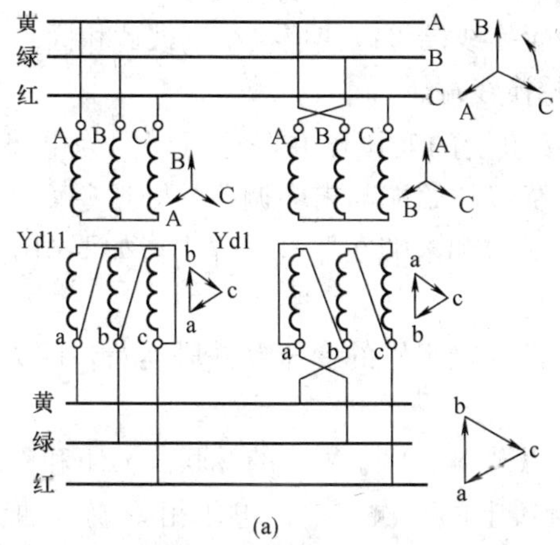

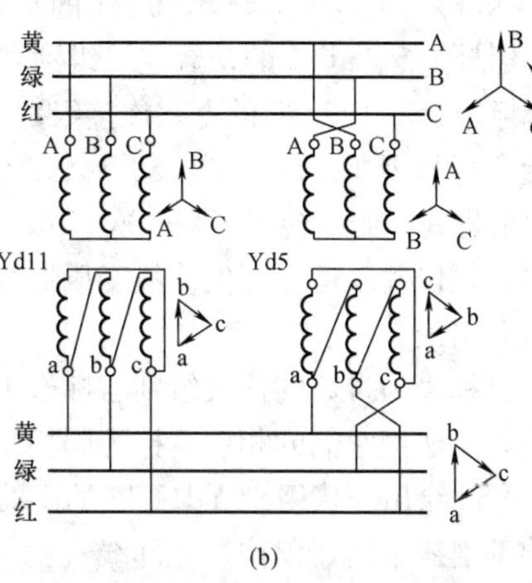

图 1-52 两组由两台不同连接组别变压器并联运行的接线图及相量图

(a) 连接组 Yd11 与 Yd1；(b) 连接组 Yd11 与 Yd5

$$I_C = \frac{200\sin\frac{\alpha}{2}}{u_{k1}/I_1 + u_{k2}/I_2}$$

假设变压器容量、变压比均相同，一台连接组别为 Yyn12，另一台为 Yyn6 并联运行。且 $u_{k1}=u_{k2}=u_k$，$I_1=I=I_{N0}$，求循环电流。

Yyn12 连接的变压器一、二次线电压相角差为零，而 Yyn6 的相角差为 180°，于是 $\alpha=180°-0°=180°$，则

$$I_C = \frac{200\sin\frac{180°}{2}}{2u_k/I_N} = \frac{100}{u_k}I_N$$

在此情况下，变压器处于完全短路下，如果 $u_k=5\%\sim10\%$，循环电流为变压器额定电流的 10～20 倍，这显然是不能允许的。

如果两台变压器连接组别为 Yy12 和 Yd11 时，$\alpha=360°-330°=30°$

$$I_C = \frac{200\sin15°}{2u_k/I_N} = \frac{25.9}{u_k}I_N$$

当 $u_k=5\%\sim6\%$，循环电流较额定电流大 4～5 倍。$\alpha=30°$是最小的相位差；所以连接组别不同是不允许并联的，但有时可改接成相同连接组别。这样大的电流在事故中允许的连续时间为

$$t = 900/k^2 \tag{1-8}$$

式中：k 为循环电流对额定电流的倍数。

则 $$t = \frac{900}{4^2 \sim 5^2} = 56 \sim 36\ (\text{s})$$

在此时间内，能将负荷由连接组别为 Yy0 的变压器换接到连接组别为 Yd11 的变压器上，而不需要停电。

在下列情况下，变压器可以并联运行：

(1) 标号为 12、4、8 的偶数连接组别之间，轮换线端可以连接组别彼此相同。

(2) 标号为 6、10、2 的偶数连接组别之间轮换线端。

(3) 标号为 11、3、7 与 5、9、1 的奇数连接组别之间。

(4) 标号为 5、9、1 的奇数连接组别之间，轮换线端可以使连接组别彼此相同。

(5) 标号为 11、3、7 的奇数连接组别之间轮换线端。

不允许标号为 12、4、8 与 6、10、2 的连接组别的变压器并联运行，因为电势相差 180°。如果将其中的一台变压器一次（或二次）绕组的始端与末端调换，则这些变压器的相序相同，可以并联运行。但一般变压器绕组的始端和末端在器身中焊牢，如要调出头必须吊芯重新引线。

不允许标号为奇数的连接组别与标号为偶数的连接组别的变压器并联运行，因为在一般条件下，无法把它们的相序改接为同相序。

图 1-52 绘出连接组别 Yd11 与 Yd1 的并联以及 Yd11 与 Yd5 的并联。Yd1 和 Yd5 的变压器内部引线不动，仅调换外部线端就可使母线上的一次与二次电压相差 30°，形成连接组 11。

在一个电力系统中，总要有好多个电压等级相互配合，它们中间利用升压或降压变压器联系起来。相邻母线间并联运行的变压器应有相同的连接组别。如跨接某一电压等级，

即不相邻的母线时，变压器的连接组别就必须改变。图1-53所示为连接各电压级次输电线的变压器连接组。在这个系统中，变压器本身的连接组别是不变的，而对于总的连接组别却要改变。改变为什么组别，可用简单的加法和除法计算出来，即把串联的变压器连接组别的标号加起来，用12去除，除不尽的余数（整数）就代表组别。在图1-53中，从母线Ⅰ到母线Ⅵ之间接的变压器连接组别应为Yd7或Dy7，因（11+11+11+11+11）÷12=4+7/12，其余数为7的缘故。

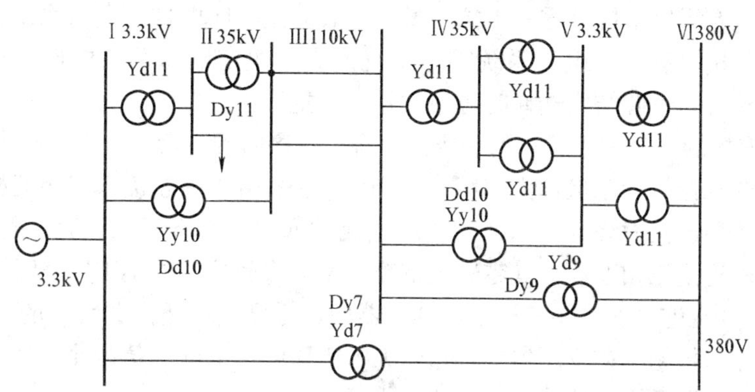

图1-53　连接各电压级次输电线的变压器的连接组

如以角度计算，母线Ⅵ的线电压超前母线Ⅰ的角度为30°×7=210°。

任何连接组别的变压器相串联后，都可利用上述简单的方法进行计算。

4. 两台变压器并联运行时容量比分析

两台变压器并联运行时（如三绕组变压器），除其绕组额定电压和阻抗电压分别相等、且连接组别相同外，对应绕组的容量之比不应大于3∶1；因为容量不同，各变压器的电阻与电抗不同，即使阻抗电压相同，也会产生不平衡电流。当容量比不大于3∶1时，平衡电流不会超过较小变压器额定电流的5%～6%，而且与负荷电流有很大相角差，变压器分流变化不大；若容量比大于3∶1，则不平衡电流和负荷电流可能超过允许值。因此，各对应绕组容量比不应大于3∶1。

五、变压器不对称运行

变压器的不对称运行，主要是指外施电压的不对称与负荷不对称的不对称系统。如运行中发生单相短路、二相短路，也是不对称运行情况。

造成变压器不对称运行的原因有以下3个方面：

（1）由于三相负荷不对称，造成不对称运行。

（2）由3台单相变压器组成三相变压器组，当1台损坏而用不同参数的变压器来代替时，造成电流和电压的不对称。

（3）由于某种原因使变压器两相运行时，引起不对称运行。

不对称运行时三相系统可用3个对称三相分量表示，即用三相对称分量法来分析或计算，把不对称三相系统分解成正序分量、负序分量和零序分量3个对称分量。

分析不对称运行特性的正序分量、负序分量与零序分量和空载励磁电流的3个分量既有不同处，也有共同点。主要是相量的旋转频率，不对称运行时3个分量的旋转频率都相同。

分析不对称负荷时的关键参数是正序阻抗、负序阻抗和零序阻抗。这些阻抗都是指额定频率与主分接位置时的值。因为变压器属于静止电器，因此正序阻抗等于负序阻抗，它们的值就是变压器性能参数之一的短路阻抗。

零序阻抗与变压器接法和铁芯结构有关。零序阻抗应小一些，这样允许的负荷不平衡程度可大一些。零序阻抗大的变压器要求负荷不平衡程度要小些，就是三相负荷要接近于平衡，零序阻抗是额定频率下的参数（空载励磁电流的零序分量为 3 次、6 次、…、$3n$ 次额定频率）。

电力系统也有零序阻抗，零序阻抗中最被关心的是零序电抗。电力系统的零序阻抗与变压器的零序阻抗也有关。电力系统零序阻扰的大小决定电力系统中性点绝缘水平。所以，在变压器接法与铁芯结构选择时应注意零序阻抗大小。

对 Yyn0 连接的三相三柱铁芯的变压器而言，零序阻抗为 50%～60%；同一连接的三相五柱铁芯的变压器，零序阻抗为 10^4%，因此不宜采用这一连接，三相五柱变压器的连接中必须有三角形连接的绕组，以作为零序电流的通道。对 YNd11 的变压器而言，不论铁芯为三相三柱还是三相五柱，其零序阻抗略小于正序阻抗或略小于短路阻抗。

另外，Yyn0 在连接的三相三柱铁芯变压器中，零序阻抗还是非线性的，yn 中的零序电流越大，零序阻抗越小；变压器的容量越大，零序阻抗的欧姆值越小。Dyn 连接的零序阻抗则是线性的，即零序阻抗与零序电流大小无关。

Yyn0 变压器在不对称运行时，负荷侧中性点电位会发生偏移，负荷侧中性点有电流流过，此电流要小于 25% 额定电流，以限制中性点电位的偏移不超过 5%。中性点电位偏移大，有的相的相电压会升高。中性点电位偏移与零序阻抗有关，零序阻抗越小，中性点电位偏移越小，负荷不平衡程度就可大些。如绕组为 Dyn 连接时可允许接单相负荷，而为 Yyn 连接时不允许接单相负荷。

六、变压器正常运行

（一）变压器运行基本条件

变压器在投运前应做全面检查，变压器本体、冷却器装置、套管、调压装置、油箱及其他附件均应无缺陷、无渗油，变压器本体及引线上无遗留物。

（1）变压器本体、内部铁芯及绕组经过检查应正常，所有电气试验结果应符合要求，油化分析数据应符合标准、油质良好，铭牌、标识、相色应正确、齐全、油漆整洁，铁芯及夹件引下接地装置应有供测量的断开连接点，本体钟罩应有 2 处不同位置的上下连接片与接地网连通，以防止钟罩接地不良。

（2）冷却器、风扇、潜油泵旋转泵旋转方向应正确，无杂声，油流继电器动作灵活，指示正常，所有蝶阀均在开启位置，安装正确、方向一致，分控制箱整洁干燥、控制正常。

（3）调压装置，无励磁分接头开关位置符合调度规定档位，且三相一致。运行档经复测直流电阻合格；有载调压开关装置远方及就地操作可靠，指示位置正确。

（4）套管无破损，油位指示正确，高压套管末屏小套管引出线可靠接地，套管的电气、油化分析试验结果合格。

（5）变压器各放气部位应放尽残留空气。全部紧固件完好、齐全并紧固。全部密封良好。变压器沿气体继电器管道方向升高坡度（1%～1.5%）符合要求，其他同向气体继电器总管的连接管有 2%～4%的升高坡度。各侧引线接头紧固，相间及对地距离符合规定。

（6）保护装置与测量仪表全部符合要求，储油柜油位指示正常，吸湿器装置正确，呼吸畅通，硅胶（呈蓝色）正常。净油器处于投入状态，除酸硅胶有效。气体继电器应为防振型挡板式，动作流速经校验合格，轻、重气体继电器触点分别接信号及跳闸，继电保护及电源系统处于正常状态。压力释放阀装置合理，应试验合格并有合格证（或安全气道防爆膜符合要求）。装置有压力及热电耦温度表的，均应经校验合格。

(7) 新投运或大修后变压器的竣工（大修）资料应齐全。

(8) 变压器和电抗器送电前必须试验合格，各项检查项目合格，各项指标满足要求，保护按整定配置要求投入，并经验收合格，方可投运。

（二）相关概念

(1) 变压器温度与使用寿命关系。变压器的使用寿命与温度有密切关系。绝缘温度经常保持在95℃时，使用年限为20年；温度为105℃，约为7年；温度为120℃，约为2年；温度为170℃，仅为10～12天。

(2) 绝缘寿命六度法则。变压器中所使用的绝缘材料，长期在温度的作用下，会逐渐降低原有的绝缘性能，这种绝缘在温度作用下逐渐降低的变化，称为绝缘的老化。

所谓绝缘寿命六度法则是指，变压器用的电缆纸，在80～140℃的范围内，温度每升高6℃，绝缘寿命将要减少一半。

变压器绕组正常老化温度为98℃，运行中绕组最热点温升约比其平均温升高13℃。在环境温度等于20℃时，按以上温升标准设计的变压器，其绕组最热点温度恰为20℃＋65℃＋13℃＝98℃。恰与绕组正常老化温度一致。而变压器过负荷时，其各部分温升将超过额定值，使变压器的绝缘老化加速。一般认为，绕组绝缘温度比98℃每高6℃，其寿命老化损失将增加一倍。因此，对变压器的过负荷时间必须加以限制，否则会影响变压器的寿命。

(3) 温升。运行中设备温度比环境温度高出的数值称为温升。

(4) 变压器绕组的温升规定为65℃。

变压器在运行中要产生铁损和铜损，这两部分损耗全部转化为热量，使铁芯和绕组发热、绝缘老化，影响变压器的使用寿命；国标规定变压器绕组的绝缘多采用A级绝缘，因此规定了绕组的温升为65℃。

(5) 变压器上层油温不宜经常超过85℃。

上层油温的允许值应遵守制造厂的规定，对自然油循环自冷、风冷的变压器最高不得超过95℃，为了防止变压器油劣化过速，上层油温不宜经常超过85℃。这是因为温度升高，油的氧化速度增快，油的老化越快。根据试验得出，当平均温度每升高10℃时，油的劣化速度就会增加1.5～2倍。当然，规定温度再低一些对油的运行虽然有利，但却限制了变压器的出力。因此，为了兼顾二者，变压器油温不宜经常超过85℃。

（三）变压器正常运行有关规定

(1) 变压器的运行电压一般不应高于该运行分接额定电压的105%，超过105%应有相关规定。对特殊的使用情况（例如变压器的有功功率可以在任何方向流通），允许在不超过110%的额定电压下运行，对电流与电压的相互关系如无特殊要求，当负荷电流为额定电流的K（$K\leqslant 1$）倍时，按以下公式对电压U加以限制

$$U(\%)=110-5K^2$$

(2) 无励磁调压变压器在额定电压±5%范围内改换分接头位置运行时，其额定容量不变。

有载调压变压器各分接头位置的容量，按制造厂的规定。

（3）油浸式变压器顶层油温一般限值不应超过表 1－9 所示的规定（制造厂有规定则按制造厂规定）。当冷却介质温度较低时，顶层油温也相应降低。自然循环冷却变压器的顶层油温一般不宜经常超过 85℃。

表 1－9　　油浸式变压器顶层油温的一般限值规定

冷却方式	冷却介质最高温度（℃）	最高顶层温度（℃）
自然循环自冷、风冷	40	95
强迫油循环风冷	40	85
强迫油循环水冷	30	70

（4）强迫油循环风冷变压器的最高上层油温一般不得超过 85℃；油浸风冷和自冷变压器上层油温不宜经常超过 85℃，最高一般不得超过 95℃；制造厂有规定的可参照制造厂规定。

（5）新装、大修、事故检修或换油后的变压器，在施加电压前静止时间不应小于以下规定：110kV 及以下 24h；220kV 及以下 48h；500kV 及以下 72h。

（6）温升限值：对于三绕组变压器，应注意工厂试验及计算时，三侧同时满负荷。对于采用不同负荷状况下的多种冷却方式时，变压器绕组（平均和热点）、顶层油、铁芯和油箱等金属部件的温升均应满足要求。

1）220～500kV 变压器的温升规定。

绕组：65K（用电阻法测量的平均温升）；

顶层油：50K（强迫油循环变压器）、55K（自然油循环变压器）（用温度计测量）；绕组热点、金属结构件和铁芯温升：78K（计算值）；

油箱表面及结构件表面：70K（用红外测温装置测量）。

2）110（66）kV 变压器的温升规定（见表 1－10）。

表 1－10　　110（66）kV 变压器的温升规定

变压器的部位	温升限值（K）	测定方法
绕组	65	电阻法
绕组热点	78	计算法
顶层油面	55	温度计法
铁芯表面	80	温度计法
油箱及结构表面	80	温度计法或红外测量法

（7）变压器三相负荷不平衡时，应监视最大一相的电流。接线为 YNyn0 的大、中型变压器允许的中性线电流，按制造厂及有关规定。接线为 Yyn0（或 YNyn0）和 Yzn11（或 YNzn11）的配电变压器，中性线电流的允许值分别为额定电流的 25％和 40％，或按制造厂规定。

（8）变压器过励磁规定。

1）330（500）kV 变压器在额定频率、额定负荷下工频电压升高的允许运行持续时间如表 1－11 所示。

表 1-11　330（500）kV 变压器在额定频率、额定负荷下变压器的过励磁能力

工频电压升高倍数						
工频电压升高倍数	相—相	1.05	1.1	1.25	1.5	1.58
	相—地	1.05	1.1	1.25	1.9	2.0
允许运行持续时间（s）		连续	80%额定容量下连续	20	1	0.1

注　过励磁倍数为实际施加电压与运行分接头的额定电压之比乘以额定频率与实际频率之比。

2）220kV 变压器在额定频率下过励磁能力如表 1-12 所示。

表 1-12　220kV 变压器在额定频率下的过励磁能力

满负荷时	空载时	满负荷时	空载时
140%励磁；5s	140%励磁；1min	110%励磁；20min	120%励磁；30min
120%励磁；3min	130%励磁；5min	105%励磁；连续	110%励磁；连续

3）110（66）kV 变压器在额定频率下过励磁能力如表 1-13 所示。

表 1-13　110（66）kV 变压器在额定频率下的过励磁能力

空载	过励磁倍数	1.3	1.2	1.15	1.1
	允许时间（min）	5	30	90	连续
满负荷	过励磁倍数	1.05 倍连续运行			

（9）中性点接地方式的规定：

1）自耦变压器的中性点必须直接接地或经小电抗接地。

2）110kV 及以上中性点有效接地系统中投运或停运变压器的操作，中性点必须先接地。投入后可按系统需要决定中性点接地是否断开。

3）变压器高压侧与系统断开时，由中压侧向低压侧（或相反方向）送电，变压器高压侧的中性点必须可靠接地。

（10）对长期存放的变压器，如超过半年，应注油保存，且定期检查密封情况和定期对油进行循环试验。

（11）套管安装就位后，带电前必须静放。500kV 套管静放时间不得少于 36h，110～220kV 套管不得少于 24h。对保存期超过 1 年且不能确认电容芯子浸在油中的 110kV（66kV）及以上套管，安装前应进行局放试验、介质损耗因数试验。

（12）定期切换冷却器电源及冷却器的运行方式。

（13）油浸风冷变压器的控制箱必须满足当上层油温达到 55℃时或运行电流达到规定值时，自动投入风扇；当油温降低至 45℃，且运行电流降到规定值时，风扇退出运行。

（14）在新装、吊芯、调换气体继电器、更换变压器的散热器或套管后，投运时必须将空气排尽，变压器送电时瓦斯保护只投信号，跳闸连接片必须断开，在带负荷运行 24h（有的规定 48h）之内无告警信号，气体继电器方能投跳闸。

（15）运行中的变压器进行下述工作时，重瓦斯保护应由跳闸位置改为信号位置运行：

1）带电进行注油和滤油时。

2）进行吸湿器畅通工作或更换硅胶时。

3）除采油样和气体继电器上部放气阀放气外，在其他所有地方打开放气、放油和进油阀门时。

4）开、闭气体继电器连接管上的阀门时。

5）在瓦斯保护及其二次回路上进行工作时。

6）对于充氮变压器，当储油柜抽真空或补充氮气时，变压器注油、滤油、充氮（抽真空）、更换硅胶及处理吸湿器时。

在上述工作完毕后，经过现场运行规程规定的时间试运行，在变压器完全停止排出空气泡后，经过调度同意，方可将重瓦斯保护投入跳闸。

（四）变压器过负荷运行

变压器的过负荷是指变压器运行时，传输的功率超过变压器的额定容量，变压器过负荷分为正常过负荷和事故过负荷。

1. 正常过负荷

（1）正常过负荷及依据。所谓正常过负荷系指不影响变压器寿命的过负荷。其含义是变压器在运行中，负荷是经常变化的，在高峰负荷期，变压器可能短时过负荷，在低谷期，变压器欠负荷。因此，低谷期损失小，可延长使用寿命；高峰期损失大，而缩短使用寿命。这样低谷可以补偿高峰，从而不影响变压器的使用寿命。

变压器正常过负荷运行的依据是变压器绝缘等值老化原则。即变压器在一段时间内正常过负荷运行，其绝缘寿命损失大，在另一段时间内低负荷运行，其绝缘寿命损失小；两者绝缘寿命损失互补，保持变压器正常使用寿命不变。如在一昼夜内，有高峰负荷时段和低谷负荷时段，高峰负荷期间，变压器过负荷运行，绕组绝缘温度高，绝缘寿命损失大；而低谷负荷期间，变压器低负荷运行，绕组绝缘温度低，绝缘寿命损失小，因此两者之间绝缘寿命损失互相补偿。同理，在夏季，变压器一般为过负荷或大负荷运行，冬季为低负荷运行，两者的绝缘寿命损失互为补偿。因此，上述过负荷运行的变压器总的使用寿命无明显变化，故可以正常过负荷。

（2）正常过负荷允许值应符合以下规定。

1）经常全天基本上满负荷运行的变压器，不宜过负荷运行。

2）变压器在低谷负荷期、负荷系数小于1时，则在高峰负荷期间变压器的过负荷倍数和持续时间，按年等值环境温度、变压器冷却方式和容量，依据电力行业标准《电力变压器运行规程》（DL/T 572—1995）中有关附录C计算及依据图2、3、5～9、11、12的正常过负荷曲线运行。当年等值环境温度超过35℃时，也可参照表1-14和表1-15的数据运行。

表1-14　120MVA以下的强油循环变压器正常过负荷允许值

起始负荷倍数	允许持续运行时间（h）							
	0.5	1	2	4	6	8	12	24
	允许过负荷倍数							
0.4		1.28*	1.19	1.095	1.045	1.02		
0.6		1.25*	1.17	1.087	1.037	1.01		
0.8	1.26*	1.207*	1.14	1.06	1.02	1.00		
0.9	1.18	1.10	1.04	0.73				

*　表示该值已超过变压器过负荷最高限值，只作运行核算参考。

表 1-15　**120MVA 以上的强油循环变压器正常过负荷允许值**

起始负荷倍数	允许持续运行时间（h）							
	0.5	1	2	4	6	8	12	24
	允许过负荷倍数							
0.4		1.24*	1.12	1.057	1.027			
0.6		1.32*	1.21	1.10	1.05	1.017		
0.8		1.255*	1.16	1.067	1.027	1.95		
0.9	1.19	1.10	1.03	0.70				

*　表示该值已超过变压器过负荷最高限值，只作运行核算参考。

3）在夏季，根据变压器的典型负荷曲线，其最高负荷低于变压器的额定容量时，则每低 1%可允许冬季过负荷 1%，但以过负荷 15%为限。

(3) 正常过负荷允许一般最高不得超过额定容量的 20%。

年等值环境温度超过 35℃，容量为 120MVA 以下的强油循环变压器，正常过负荷允许值如表 1-14 所示。

年等值环境温度超过 35℃，容量为 120MVA 以上的强油循环变压器，正常过负荷允许值如表 1-15 所示。

2. 变压器的事故过负荷

(1) 事故过负荷是指在电力系统发生事故时，为了保证对重要用户的连续供电，允许变压器在短时间内过负荷运行。变压器在事故状态下过负荷运行，不考虑起始负荷倍数和年等值环境温度，只考虑变压器的冷却方式和当时的环境温度。

在事故过负荷状态下，将加速绝缘老化，减少变压器的寿命，但这种损失要比对用户停电带来的损失小得多；因此，在经济上仍然是合理的。

(2) 事故过负荷允许过负荷倍数及持续时间按环境温度参照表 1-16 规定的数据运行。

表 1-16　**事故过负荷允许过负荷倍数及持续时间**　（小时：分钟）

过负荷倍数	环境温度（℃）				
	0	10	20	30	40
1.1	24：00	24：00	24：00	14：30	5：10
1.2	24：00	21：00	8：00	3：00	1：35
1.3	11：00	5：10	2：45	1：30	0：45
1.4	3：40	2：10	1：20	0：45	0：15
1.5	1：50	1：10	0：40	0：16	0：07
1.6	1：00	0：35	0：16	0：08	0：05
1.7	0：30	0：15	0：09	0：05	—

3. 变压器过负荷运行注意事项

(1) 有下列情况时不准过负荷运行：①冷却器系统不正常。②严重漏油。③色谱分析异常。④有载调压分接开关异常。⑤冷却介质（环境）温度超过规定而无特殊措施时。

（2）变压器正常过负荷运行前，应投入全部冷却器，必要时投入备用冷却器。运行事故过负荷时，则应将工作冷却器和备用冷却器全部投入。

（3）变压器出现过负荷时，运行人员应立即报告当值调度员，以便设法转移负荷。变压器过负荷时期，应每半小时抄表一次，并加强监视。

（4）变压器过负荷运行中，应将过负荷的大小、持续时间及油温等情况按照规定做详细记录。

七、突然短路对变压器的危害

当变压器的一次加额定电压，二次端头发生突然短路时，短路电流值很大，其最大值可达额定电流幅值的 20～30 倍（小容量变压器倍数小，大容量变压器倍数大）。短路电流的大小与一次侧的额定电流成正比，而与漏阻抗的标幺值成反比，最大值与短路电流的相位角有关。这样大的短路电流所产生电动力和热量，将危及变压器的动稳定和热稳定。

对于自耦变压器一、二次绕组有电的联系，与同容量的双绕组变压器相比，其漏阻抗的标幺值是双绕组变压器的（$1-1/K_a$）倍。自耦变压器的漏阻抗小，短路电流大。

一般规定，变压器应能经受 25 倍于额定电流的短路电流。

变压器短路过程中，强大的短路电流使绕组的损耗增加。由于绕组电阻损耗与电流平方成正比，所以电阻损耗会增加几百倍；同时温度上升很快，短路时间又很短，热量可以认为没有发散，全部用来使绕组升温。但是只要短路电流持续的时间不超过变压器允许的热稳定要求，一般情况下热稳定破坏的可能性很小。而电动力与电流平方成正比，则电动力可增加到几百甚至上千倍。绕组在如此大的电动力的作用下有可能失去动稳定性，造成变压器损耗。运行经验表明，短路事故是引起变压器损害的主要原因之一，当变压器瓦斯保护和大差动保护同时动作，变压器内部将会有严重的故障，变压器很可能要大修。

由以上分析，突然短路对变压器的危害有以下两点：①使绕组受到强大的电磁力的作用，可能烧毁。②使绕组严重过热。

八、切除空载变压器时引起过电压分析

切除空载变压器是系统中常见的一种操作。变压器在空载运行时，表现为一励磁电感 L_m，因此切除空载变压器，也就是切除电感负荷，就会引起操作过电压。如图 1－54 所示为切除空载变压器的等值电路及励磁电流波形，其中 C 为变压器绕组及其连线的对地杂散电容，L_s 为电源系统电感（$L_s \leqslant L_m$）。由于 ωL_m 与由电容 C 引起的容抗 $1/(\omega C)$ 相比很小，所以流过断路器 QF 的电流 i，也就是工频励磁电流，它的相位角比电源电动势落后 90°。现在假定励磁电流 i_e 在自然过零点之时被切断，那么在这一瞬间，电容和电感两端的电压恰好达到最大值，即等于电源电动势 e 的幅值 E_m，而电感 L_m 中的电荷通过 L_m 放电，并在衰减过程中逐渐消失。显然这样的合闸过程不会引起过电压。但是当断路器具有强烈的熄弧能力时，由于励磁电流很小，所以在电流自然过零点之前（例如 $I_0=I_0'$时）就可以强行切断，如图 1－54（b）所示。在此截流瞬间，电感中的贮能 $Li_0^2/2$ 是不会消失的，因此截流的结果将迫使绕组中的储能以振荡的形式转换给杂散电容，其值为 $CU^2/2$。切除空载变压器所产生的过电压的大小，主要与变压器回路的参数及断路器性能有关。因 $\frac{Li_e^2}{2}=\frac{CU^2}{2}$，截流过电压 $U=i_e\sqrt{\frac{L}{C}}$（$\sqrt{\frac{L}{C}}=Z$，称为变压器特性阻抗）。空气断路器的熄弧能力强，截流大而且重燃次数少，故会引起较大的过电压。充油断路器等熄弧能力弱的断路器，其截流小而重燃次数多，多次重燃将使铁芯电感中的储能越来越小，故过电压的幅值也较低。通常认为在中性点直接接地的电网中，切断 110～500kV 空载变压器的过电压一般不超过 $3.0U\phi_z$（变压器的最高运行相电压），个别可达 $6.0U\phi_z$。在中性点不接地或经消弧线圈接地的 35～154kV 电网中，切空载变压器所产生的过电压一般不超过 $4.0U\phi_m$，个别可达 $7.0U\phi_m$。变压器的励磁电流越小，则过电压也越小。对切空载变压器的过电压，可用阀型避雷器保护；因为切空载变压器的过电压为持续时间甚短的高频振荡，对绝缘的作用与大气过电压相似，所以可用阀型避雷器限制。另外装有并联电阻的断路器，可以将变压器等值电容 C 两端的电荷通过并联电阻泄露出去，也能限制此种过电压。

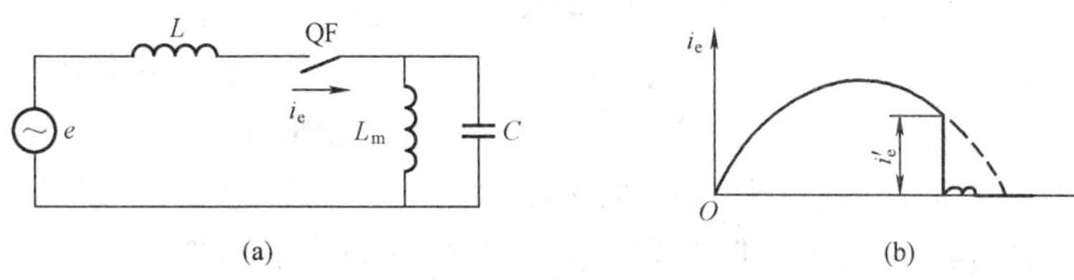

图 1-54 切除空载变压器的等值电路及励磁电流波形

（a）等值电路；（b）励磁电流波形

随着变压器制造工艺水平的提高，空载电流有较大的下降，以及 SF_6 断路器的使用（SF_6 断路器不易发生截流现象），所以切除空载变压器引起的过电压有所下降。

九、过电压对变压器的危害及防止措施

变压器过电压有大气过电压和操作过电压两类。操作过电压的数值一般为额定电压的 2～4.5 倍，而大气过电压则可达到额定电压的 8～12 倍。变压器设计的绝缘强度一般考虑能承受 2.5 倍的过电压。因此超过 2.5 倍的过电压，不论哪一种过电压都有可能使变压器绝缘损坏。而且变压器内部的电压分布受电压的频率和变压器的电阻、感抗、容抗的影响有很大差异，在工频电压情况下容抗 $X_C=1/\omega C$ 是很大的，由它构成的电路相当于开路；因此正常情况下变压器内部电压分布只考虑电阻和电感就可以了，其分布基本是均匀的。大气过电压或操作过电压基本是冲击波，由于冲击波的频率很高，波前陡度很大，波前时间为 $1.5\mu s$ 的冲击波其频率相当于 160kHz；因此，在过电压冲击波的作用下，变压器容抗 $X_C=1/\omega C$ 很小，对变压器内部电压的分布影响很大。冲击波作用于变压器绕组时的危害可分成起始瞬间和振荡过程两个阶段来说明。

（1）起始瞬间。当 $t=0$ 时，绕组的电容起主要作用，电阻和电感的影响可以忽略不计。当冲击波一进入高压绕组，由于有对地电容的存在，绕组每一匝间电容流过的电流不同，起始瞬间的电压分布使绕组首端几匝间出现很大的匝间电压；因此，头几匝的线圈间的绝缘受到严重威胁，最高的匝间电压可达额定电压的 50～200 倍。

（2）振荡过程。当 $t>0$ 时，从起始电压分布过渡到最终电压分布的这个阶段，有振荡现象。在此过程中，起作用的不仅有电容，而且还有电感和电阻，在绕组不同的点上将分别在不同时刻出现最大电位（对地电压）。绕组不同点出现的对地电压可升到 2 倍的冲击波电压值，绕组对地主绝缘有可能损坏。绕组上的电压分布均匀与否和绕组对地电容和匝间电容的比值大小有关，比值越小绕组上的电容分布越均匀。

为了防止过电压损坏变压器，首先应安装避雷器，不使超过绕组绝缘强度的电压幅值作用到绕组上；其次在 110kV 及以上的变压器上加装静电屏、静电极，采用纠结式绕组

等改善匝间电容，尽量使起始电压和最终电压分布均匀，并在$t=0\sim\infty$其间不产生振荡。

十、变压器中性点保护

在变压器绕组波过程中三相来波时，在变压器中性点的电位理论上会达到绕组首端电压的2倍，因此需要考虑变压器中性点的保护问题。

对于中性点不接地或经消弧线圈接地的系统，变压器是全绝缘的，即变压器中性点的绝缘水平与相线端是一样的，由于三相来波的概率不大；大多数来波自线路较远处袭来，其陡度很小；变电站进线不止一条，非雷击进线起了分流作用以及变压器绝缘有一定裕度等原因，因此规程规定35～60kV变压器中性点一般不需保护。但对110kV且为单进线的变电站，则宜在中性点上加装避雷器，这些避雷器的额定电压可按线电压或相电压选择。

对于中性点接地系统，由于继电保护的要求，其中一部分变压器的中性点是不接地的，而在这些系统中的变压器往往是分级绝缘的，即变压器中性点绝缘水平要比相线端低得多（如我国110kV和220kV变压器中性点的绝缘分别为35kV和110kV等级）；所以需在中性点上加装避雷器或间隙以保护之。对于中性点阀型避雷器来说，应该满足以下条件：

（1）其冲击放电电压应低于变压器中性点的冲击耐压。

（2）其灭弧电压应大于电网单相接地而引起的中性点电位升高的稳态值U_0。

$$U_0=\frac{x_0/x_1}{2+x/x_1}U_{ph} \tag{1-9}$$

式中：U_{ph}为相电压。

在中性点直接接地电网中，x_0/x_1一般不超过3，因此U_0的极限值将为$0.6U_{ph}$。

对于中性点间隙保护来说，除了应满足其冲击放电电压应低于变压器中性点的冲击耐压这个条件外，尚需满足间隙的放电电压应大于电网单相接地而引起的中性点电位升高的暂态最大值，以免间隙动作而造成继电保护误动作。

对110kV分级绝缘变压器中性点来说，如选用FZ-35或FCZ-35型避雷器，则其灭弧电压低于电网单相接地时中性点的电位升高稳态值，因此一般不可采用，应考虑选用FZ-40型避雷器。

对220kV和330kV分级绝缘变压器来说，则分别选用FZ-110J和FZ-154J型避雷器即可。

在断路器非全相合闸时，在变压器中性点上将出现很高的过电压，限制这种内部过电压已非避雷器所能胜任；我国曾出现过多起在此种情况下避雷器爆炸的事故。一般可采用以下办法解决之：①提高断路器质量，保证三相同期合闸。②开断或接入变压器时先将变压器中性点直接接地，待操作完毕后再将中性点拉开。③中性点采用间隙保护。

根据实践经验，220kV变压器中性点可采用340mm的棒间隙保护，其运行情况良好。

第六节 变压器检修

根据变压器巡视、检查、试验所发现的问题，进行旨在消除设备缺陷、提高设备健康水平、预防事故、保证安全运行的工作，称为检修。

一、变压器检修的目的

（1）消除变压器缺陷，排除隐患，使设备能安全运行。

（2）保持或恢复变压器的额定传输能力，延长变压器的使用寿命。

（3）提高和保持变压器的使用效率，提高利用率。

二、变压器检修的分类

变压器的检修工作通常分为维护性检修和恢复性检修两类。

（1）维护性检修。是定期或不定期地对变压器各辅助设备及变压器油进行维护，如冷却装置风扇、潜油泵以及散热片、调压驱动装置等。维护性检修的目的是保持变压器始终处于正常状态，提高变压器的健康水平，保证变压器能安全可靠，满足负荷运行。

（2）恢复性检修。是在变压器出现故障或缺陷，影响变压器的正常运行甚至迫使变压器退出运行时，对变压器的故障和缺陷进行处理。恢复性检修的目的是消除变压器的故障和缺陷，使变压器能够投入正常运行。

三、检修周期

1. 大修周期

（1）一般在投入运行后的 5 年内和以后每间隔 10 年大修一次。

（2）箱沿焊接的全密封变压器或制造厂另有规定者，若经过试验与检查并结合运行情况，判定有内部故障或本体严重渗漏油时，才进行大修。

（3）在电力系统中运行的主变压器当承受出口短路后，经综合诊断分析，可考虑提前大修。

（4）运行中的变压器，当发现异常状况或经试验判明有内部故障时，应提前进行大修；运行正常的变压器经综合诊断分析良好，经总工程师批准，可适当延长大修周期。

2. 小修周期

（1）一般每年一次。

（2）安装在 2～3 级污秽地区的变压器，其小修周期应在现场规程中予以规定。

3. 附属装置的检修周期

（1）保护装置和测温装置的校验，应根据有关规程的规定进行。

（2）变压器油泵（以下简称油泵）的解体检修：2 级泵 1～2 年进行一次，2 级泵 2～3 年进行一次。

（3）变压器风扇（以下简称风扇）的解体检修，1～2 年进行一次。

（4）净油器中吸附剂的更换，应根据油质化验结果而定；吸湿器中的吸附剂视失效程度随时更换。

（5）自动装置及控制回路的检修，一般每年进行一次。

（6）水冷却器的检修，1～2 年进行一次。

（7）套管的检修随本体进行，套管的更换应根据试验结果确定。

四、检修项目

1. 大修项目

（1）吊开钟罩检修器身，或吊出器身检修。

（2）绕组、引线及磁（电）屏蔽装置的检修。

（3）铁芯、铁芯紧固件（穿芯螺杆、夹件、拉带、绑带等）、压钉、压板及接地片的检修。

（4）油箱及附件的检修，包括套管、吸湿器等。

（5）冷却器、油泵、水泵、风扇、阀门及管道等附属设备的检修。

(6) 安全保护装置、安全气道和储油柜等的检修。

(7) 油保护装置的检修。

(8) 测温装置的校验。

(9) 操作控制箱的检修及试验。

(10) 无励磁分接开关和有载分接开关的检修。

(11) 全部密封胶垫的更换和组件试漏。

(12) 必要时对器身绝缘进行干燥处理。

(13) 变压器油的处理或换油。

(14) 对变压器油保护装置（净油器、充氮保护及胶囊等）的检修。

(15) 清扫油箱并进行喷涂油漆，油箱外壳及附件的除锈、涂漆。

(16) 对保护装置、测量装置及操作控制的检查试验。

(17) 必要时对绝缘进行干燥处理。

(18) 大修的试验和试运行。

2. 有载分接开关大修项目

(1) 分接开关芯体吊芯检查、维修、调试。

(2) 分接开关油室的清洗、检漏与维修。

(3) 驱动机构检查、清扫、加油与维修。

(4) 储油柜及其附件的检查与维修。

(5) 自动控制装置的检查。

(6) 储油柜及油室中绝缘油的处理：压力继电器、油流控制继电器（或气体继电器）、压力释放阀的检查、维修与校验。

(7) 电动机构及其他器件的检查、维修与调试。

(8) 各部位密封检查，渗漏油处理。

(9) 电气控制回路的检查、维修与调试。

(10) 分接开关与电动机构的连接校验与调试。

3. 小修项目

(1) 处理已发现的缺陷。

(2) 放出储油柜积污器中的污油。

(3) 检修油位计，调整油位。

(4) 对充油套管及本体补充变压器油。

(5) 检修冷却装置：包括油泵、风扇、油流继电器、差压继电器等，必要时吹扫冷却器管束。

(6) 检修安全保护装置：包括储油柜、压力释放阀（安全气道）、气体继电器、速动油压继电器等。

(7) 检修油保护装置。

(8) 检修测温装置：包括压力式温度计、电阻温度计（绕组温度计）、棒型温度计等。

(9) 检修调压装置、测量装置及控制箱，并进行调试。

(10) 检查接地装置。

(11) 检查并拧紧套管引出线的接头。

(12) 对各种保护装置、测量装置及操作控制箱的检修、试验。

(13) 全部阀门和塞子，检查全部密封状态，处理渗漏油。
(14) 清扫油箱和附件，必要时进行补漆。
(15) 清扫外绝缘和检查导电接头（包括套管将军帽）。
(16) 按有关规定进行测量和试验。

4. 分接开关小修项目

(1) 机械传动部位与传动齿轮盒的检查与加油。
(2) 电动机构箱的检查与清扫。
(3) 各部位的密封检查。
(4) 油流控制继电器（或气体继电器）、压力继电器、压力释放阀的检查。
(5) 电气控制回路的检查。

5. 临时检修项目

可视具体情况确定。

6. 散热器的维护和检修

(1) 新安装的风扇在半年内应加强巡视和检查。
(2) 风扇出现严重渗漏油或顶部出现渗漏油，应及时处理。

7. 老、旧变压器的大修

(1) 油箱机械强度的加强。
(2) 器身内部接地装置改为引外接地。
(3) 安全气道改为压力释放阀。
(4) 高速油泵改为低速油泵。
(5) 油位计的改进。
(6) 储油柜加装密封装置。
(7) 气体继电器加装波纹管接头。

8. 应考虑进行恢复性检修的情况

(1) 试验结果表明变压器本体内部存在局部放电或局部过热严重。
(2) 试验结果表明变压器油质变坏，老化。
(3) 试验结果表明本体存在在绝缘降低、受潮故障。
(4) 试验结果表明套管、套管电流互感器、调压装置出现故障。
(5) 本体运行声音异常。
(6) 本体存在严重渗油，用其他方法又无法处理的渗油故障。

9. 变压器大修时运行人员需要做的安全措施

(1) 主变压器大修必须在设备停电检修状态下进行。
(2) 断开主变压器三侧电压互感器小开关。
(3) 断开主变压器三侧隔离开关的动力电源小开关或动力电源保险（可能来电的隔离开关）。
(4) 停用主变压器的全套保护。
(5) 停用主变压器失灵保护。
(6) 停用主变压器启动稳定装置（保护启动和断路器三跳启动）。
(7) 按照《安全规程》的规定布置好现场的安全措施，并与工作负责人进行交代。
(8) 停用主变压器冷却器。

(9) 停用主变压器冷却器交流动力电源。

(10) 停用主变压器冷却器直流控制电源。

(11) 停用主变压器调压装置交、直流电源。

(12) 停用有载调压载线滤油机交直流电源。

(13) 断开本体非电量直流电源回路。

第七节　变压器试验

变压器的试验是检验变压器性能和质量的重要手段，试验有以下几种：

(1) 型式试验。也称设计试验，它是对变压器的结构、性能进行全面鉴定的试验，其目的是确认变压器是否达到原设计标准。

(2) 出厂试验。它是每台变压器出厂时必须要做的试验，出厂试验的目的是检验该变压器是否符合原定技术条件的要求，而没有制造上的偶然缺陷。

(3) 交接试验。根据合同的技术条件和试验要求，在变压器安装后投入运行前进行的试验，其目的是以确认变压器在运输、安装过程中未发生损坏或变化，符合投运要求。

(4) 预防性试验。在变压器投入运行后，通过测量变压器电气回路和绝缘状况的试验，其目的是确认变压器能否继续运行。

(5) 检修后试验。在变压器进行检修后，根据有有关标准和检修部位的特点，进行有针对性的试验，其目的是检验检修的质量并确认变压器能否继续运行。

变压器试验虽然不属运行人员工作范围，但由于运行人员在试验工作开工前做现场的安全措施，试验完工后要进行验收；因此，对试验的周期、项目及数据应有一定的了解。

国家电网公司2006年1月所发布的《110（66）kV油浸式变压器（电抗器）管理规范》对变压器上述试验作了规定。

下面就现场的试验项目、周期作介绍。

一、交接试验项目

(1) 绕组连同套管的绝缘电阻、吸收比、极化指数。

(2) 绕组连同套管的介质损耗因数。

(3) 绕组连同套管的直流电阻和泄漏电流。

(4) 铁芯、夹件对地绝缘电阻。

(5) 变压器电压比、连接组别和极性。

(6) 变压器局部放电测量。

(7) 外施工频交流耐压试验。

(8) 套管主屏绝缘电阻、电容值、介质损耗因数、末屏绝缘电阻及介质损耗因数。

(9) 本体绝缘油试验（必要时包括套管绝缘油试验）：

1) 界面张力；

2) 酸值；

3) 水溶性酸（pH值）；

4) 机械杂质；

5) 闪点；

6) 绝缘油电气强度；

7）油介质损耗因数（90℃）；
8）绝缘油中微水含量；
9）绝缘油中含气量（330kV 及以上）；
10）色谱分析。
（10）套管型电流互感器试验：
1）绝缘电阻；
2）直流电阻；
3）电流比及极性；
4）伏安特性。
（11）有载分接开关试验：
1）绝缘油电气强度；
2）绝缘油中微水含量；
3）动作顺序（或动作圈数）；
4）切换试验；
5）密封试验。
（12）绕组变形试验。

二、大修试验的项目及要求

1. 大修前的试验

（1）测量绕组的绝缘电阻和吸收比或极化指数。
（2）测量绕组连同套管的泄漏电流。
（3）测量绕组连同套管的 tanδ 及套管末屏的绝缘电阻。
（4）本体及套管中绝缘油的试验。
（5）测量绕组连同套管的直流电阻及电压比试验（所有分接头位置）。
（6）套管试验。
（7）测量铁芯及夹件对地绝缘电阻。
（8）测量低电压短路阻抗及低电压空载损耗，以供检修后进行比较。
（9）必要时可增加其他试验项目（如局部放电测量等）以供检修后进行比较。

2. 大修中的试验

检修过程中应配合吊罩（或器身）检查，进行有关的试验项目：
（1）测量变压器铁芯对夹件、穿芯螺栓（或拉带），铁芯下夹件对下油箱的绝缘电阻，磁屏蔽对油箱的绝缘电阻。
（2）必要时做套管电流互感器的特性试验。
（3）有载分接开关的测量与试验。
（4）非电量保护装置的校验。
（5）单独对套管及套管绝缘油进行额定电压下的 tanδ、局部放电和耐压试验（必要时）。

3. 大修后的试验

（1）测量绕组的绝缘电阻和吸收比或极化指数。
（2）测量绕组连同套管的泄露电流。
（3）测量绕组连同套管的 tanδ 及套管末屏的绝缘电阻。
（4）冷却装置的检查和试验。

(5) 本体、有载分接开关和套管中的变压器油试验。

(6) 测量绕组连同套管的直流电阻（所有分接头位置），对多支路引出的低压绕组应测量各支路的直流电阻。

(7) 检查有载调压装置的动作情况及顺序。

(8) 测量铁芯（夹件）引线对地绝缘电阻。

(9) 总装后对变压器油箱和冷却器做整体密封油压试验。

(10) 绕组连同套管的交流耐压试验；一般经更换重要绝缘部件，且进行干燥处理后，绝缘耐受水平按原出厂试验的80%进行。更换全部绕组及其主绝缘的变压器可按出厂试验的100%进行。

(11) 测量绕组所有分接头的电压比及连接组标号的检定。

(12) 变压器的空载特性试验（必要时）。

(13) 变压器短路试验（必要时）。

(14) 绕组变形试验。

(15) 一般经更换绕组及重要绝缘部件，干燥处理后应测量变压器的局部放电量。

(16) 空载试运行前后变压器油的色谱分析，以及绝缘油的其他试验。

(17) 电抗器的振动和噪声测试。

三、预防性试验的项目和周期

DL/T 596—1996《电力设备预防性试验规程》中规定的电力变压器及电抗器的试验项目和周期如表1-17所示。

表1-17 《电力设备预防性试验规程》中规定的电力变压器及电抗器的试验项目和周期

序号	试验项目	周期
1	油中溶解气体色谱分析	(1) 220kV及以上的站用变压器、容量120MVA及以上的发电厂主变压器和330kV及以上的电抗器在投运后的4、10、30天（500kV设备还应增加1次在投运后1天）。 (2) 运行中：①330kV及以上变压器和电抗器为3个月；②220kV变压器为6个月；③120MVA及以上的发电厂主变压器为6个月；④其余8MVA及以上的变压器为1年；⑤8MVA以下的油浸变压器自行规定。 (3) 大修后。 (4) 必要时
2	绕组直流电阻	(1) 1～3年或自行规定。 (2) 无励磁调压变压器的分接开关检修后（在所有分接侧）。 (3) 有载调压变压器的分接开关检修后（在所有分接侧）。 (4) 大修后。 (5) 必要时
3	绕组绝缘电阻、吸收比或（和）极化指数	(1) 1～3年或自行规定。 (2) 大修后。 (3) 必要时
4	绕组的tanδ（介质损耗因数）	(1) 1～3年或自行规定。 (2) 大修后。 (3) 必要时
5	电容型套管的tanδ和电容值	(1) 1～3年或自行规定。 (2) 大修后。 (3) 必要时

续表

序　号	试验项目	周　　期
6	绝缘油试验	(1) 1～3年或自行规定。 (2) 大修后。 (3) 必要时
7	交流耐压试验	(1) 1～5年（10kV及以下）。 (2) 大修后（66kV及以下）。 (3) 更换绕组后。 (4) 必要时
8	铁芯（有外引接地线的）绝缘电阻	(1) 1～3年或自行规定。 (2) 大修后。 (3) 必要时
9	穿芯螺栓、铁轭夹件、绑扎钢带、铁芯、绕组压环及屏蔽等绝缘电阻	(1) 大修后。 (2) 必要时
10	油中含水量	
11	油中含气量	
12	绕组泄露电流	(1) 1～3年或自行规定。 (2) 必要时
13	绕组所有分接的电压比	(1) 分接开关引线拆装后。 (2) 更换绕组后。 (3) 必要时
14	校核三相变压器的组别或单相变压器极性	更换绕组后
15	空载电流和空载损耗	(1) 更换绕组后。 (2) 必要时
16	短路阻抗和负荷损耗	(1) 更换绕组后。 (2) 必要时
17	局部放电测量	(1) 大修后（220kV及以上）。 (2) 更换绕组后（220kV及以上、120MVA及以上）。 (3) 必要时
18	有载调压装置的试验和检查	(1) 1年或按制造厂要求。 (2) 大修后。 (3) 必要时
19	测温装置及二次回路试验	(1) 1～3年。 (2) 大修后。 (3) 必要时
20	气体继电器及其二次回路试验	(1) 1～3年（二次回路）。 (2) 大修后。 (3) 必要时
21	压力释放器校验	必要时
22	整体密封检查	大修后
23	冷却装置及其二次回路检查试验	(1) 自行规定。 (2) 大修后。 (3) 必要时

续表

序　号	试验项目	周　　期
24	套管中的电流互感器绝缘试验	(1) 大修后。 (2) 必要时
25	全电压下空载合闸	更换绕组后
26	油中糠醛含量	必要时
27	绝缘纸（板）聚合度	必要时
28	绝缘纸（板）含水量	必要时
29	阻抗测量	必要时
30	振动	必要时
31	噪声	必要时
32	油箱表面温度	必要时

1. 油浸式电力变压器（1.6MVA 以上）

(1) 定期试验项目。见表 1-17 中试验项目 1～8、10、12、18～20、23；其中，试验项目 10、11 适用于 330kV 及以上变压器。

(2) 大修试验项目。

1) 一般性大修试验项目。见表 1-17 中试验项目 1～11、17～20、22～24；其中，试验项目 10、11 适用于 330kV 及以上变压器。

2) 更换绕组的大修试验项目。见表 1-17 中试验项目 1～11、13～20、22～25；其中，试验项目 10、11 适用于 330kV 及以上变压器。

2. 油浸式电力变压器（1.6MVA 及以下）

(1) 定期试验项目。见表 1-17 中试验项目 2～8、19、20；其中，试验项目 4、5 适用于 35kV 及以上变电站站用变压器。

(2) 大修试验项目。见表 1-17 中试验项目 2～9、13～16、19、20、22；其中，试验项目 13～16 适用于更换绕组时，试验项目 4、5 适用于 35kV 及以上变电站站用变压器。

3. 油浸式电抗器

(1) 定期试验项目。见表 1-17 中试验项目 1～8、19、20（10kV 及以下只做试验项目 2、3、6、7）。

(2) 大修试验项目。见表 1-17 中试验项目 1～6、8～11、19、20、22～24；其中，试验项目 10、11 适用于 330kV 及以上电抗器（10kV 及以下只做试验项目 2、3、6、7、9、22）。

4. 消弧线圈

(1) 定期试验项目。见表 1-17 中试验项目 1～4、6。

(2) 大修试验项目。见表 1-17 中试验项目 1～4、6、7、9、22，装在消弧线圈内的电压、电流互感器的二次绕组应测绝缘电阻（参照表 1-17 中序号 24）。

5. 干式变压器

(1) 定期试验项目。见表 1-17 中试验项目 2、3、7、19。

(2) 更换绕组的大修试验项目。见表 1-17 中试验项目 2、3、7、9、13～17、19；其中，试验项目 17 适用于浇注型干式变压器。

6. 电抗器试验项目

在所连接的系统设备大修时，做交流耐压试验（见表 1-17 中试验项目 7）。

7. 判断故障时可供选用的试验项目

本条主要针对容量为1.6MVA以上变压器和330、500kV电抗器，其他设备可作参考。

(1) 当油中气体分析判断有异常时可选择下列试验项目：

1) 绕组直流电阻；

2) 铁芯绝缘电阻和接地电流；

3) 空载损耗和空载电流测量或长时间空载（或轻负荷下）运行，用油中气体分析及局部放电检测仪监视；

4) 时间负荷（或用短路法）试验，用油中气体色谱分析监视；

5) 油泵及水冷却器检查试验；

6) 有载调压开关油箱渗漏检查试验；

7) 绝缘特性（绝缘电阻、吸收比、极化指数、$\tan\delta$、泄漏电流）；

8) 绝缘油的击穿电压、$\tan\delta$；

9) 绝缘油含水量；

10) 绝缘油含气量（500kV）；

11) 局部放电（可在变压器停运或运行中测量）；

12) 绝缘油中糠醛含量；

13) 耐压试验；

14) 油箱表面温度分布和套管端部接头温度。

(2) 气体继电器报警后，进行变压器油中溶解气体和继电器中的气体分析。

(3) 变压器出口短路后可进行下列试验：

1) 油中溶解气体分析；

2) 绕组直流电阻；

3) 短路阻抗；

4) 绕组的频率响应；

5) 空载电流和损耗。

(4) 判断绝缘受潮可进行下列试验：

1) 绝缘特性（绝缘电阻、吸收比、极化指数、$\tan\delta$、泄漏电流）；

2) 绝缘油的击穿电压、$\tan\delta$、含水量、含气量（500kV）；

3) 绝缘纸的含水量。

(5) 判断绝缘老化可进行下列试验：

1) 油中溶解气体分析（特别是CO、CO_2含量及变化）；

2) 绝缘油酸值；

3) 油中糠醛含量；

4) 油中含水量；

5) 绝缘纸或纸板的聚合度。

(6) 振动、噪声异常时可进行下列试验：

1) 振动测量；

2) 噪声测量；

3) 油中溶解气体分析；

4) 阻抗测量。

第八节 变压器巡视

对设备的巡视检查是随时掌握设备运行情况、变化情况、发现设备异常情况、确保设备连续安全运行的主要措施，值班人员必须按设备巡视线路认真执行。巡视中不得兼做其他工作，遇雷雨时应停止巡视。

值班人员对运行设备应做到：正常运行按时查；高峰、高温认真查；天气突变及时查；重点设备重点查；薄弱设备仔细查。

一、巡视设备的分类及基本方法

（一）变电站的设备巡视的分类

变电站设备巡视分为3类：日常巡视、定期巡视和特殊巡视。

（1）日常巡视应每天进行，并按照规定的内容要求进行。日常巡视每天3次，即交接班巡视、高峰负荷巡视、夜间闭灯巡视。

（2）定期巡视应按规定时间和要求进行。定期巡视是对设备进行较完整的巡视检查，巡视时间较长，巡视时要求做好详细的巡视记录。

（3）特殊巡视是根据实际情况和规定的要求而增加的巡视次数。特殊巡视一般是有针对性的重点巡视。

（二）巡视设备的基本方法

在没有先进的巡视方法取代传统的巡视方法前，巡视工作主要采取传统的巡视方法，即：看、听、嗅、摸和分析。

1. 目测检查法

所谓目测检查法就是用眼睛来检查看得见的设备部位，通过设备外观的变化来发现异常情况。通过目测可以发现的异常现象综合如下：

（1）破裂、断线；

（2）变形（膨胀、收缩、弯曲）；

（3）松动；

（4）漏油、漏水、漏气；

（5）污秽；

（6）腐蚀；

（7）磨损；

（8）变色（烧焦、硅胶变色、油变黑）；

（9）冒烟，接头发热；

（10）产生火花；

（11）有杂质异物；

（12）表计指示不正常，油位（压力）指示不正常；

（13）不正常的动作；

（14）各类指示灯、手柄、开关等是否在正常的位置；

（15）各类参数是否正常。

2. 听判断法

用耳朵或借助听音器械，判断设备运行时发出的声音是否正常，有无异常声音，如放电、机械摩擦、振动、高频啸叫等。

3. 嗅判断法

用鼻子辨别是否有电气设备绝缘材料过热时产生的特殊气味。变压器故障及各附件、部件，由于接触不良或松动会产生过热或氧化而引起异常气味，如高压导电部位连接部分，低压电源接线端子，套管、瓷管、绝缘子，冷却器系统的电机、导线、接头、分控箱内接触器，继电器绝缘板等发出的焦味、臭味等。

4. 触试检查法

用手触试设备的非带电部分（如变压器的外壳、电动机的外壳），检查设备的温度是否有异常升高。

用手摸方法来比较设备外壳的温度，在相似情况下是否温度过高，振动是否过于剧烈，然后与仪表对照分析。感觉触试可以用手指、手掌、手背等合适部位，反复触感比较。进行触试检查要严格注意安全。

5. 仪器检测的方法

借助测温仪定期对设备进行检查（如红外检查技术），是发现设备过热最有效的方法，目前使用较广。

二、例行巡视、检查项目和要求

（一）变压器日常巡视检查

1. 日常巡视检查项目

变压器本体：

(1) 变压器声响均匀、正常。

(2) 变压器的油温和温度计应正常，储油柜的油位应与温度相对应，现场指示与远方记录（或监控系统显示）一致。

(3) 变压器各部位无渗油、漏油。

(4) 套管油位应正常，套管外部无破损裂纹、无严重油污、无放电痕迹及其他异常现象，法兰应无生锈、裂纹；接头无松动、发热或变色现象；套管的升高法兰座无渗油、漏油现象；电容式套管末屏接地良好，无放电声或放电火花。

(5) 各侧接线端子或连接金具是否完整、紧固，引线接头、电缆、母线应无发热现象，引线挡线绝缘子串无裂纹、破损和放电闪络痕迹，外观清洁。

(6) 吸湿器完好，吸附剂干燥（变色不超过2/3），油封油位正常。

(7) 压力释放器、安全气道及防爆膜应完好无损，无渗漏油现象。

(8) 气体继电器与储油柜间连接阀门是否打开，气体继电器内有无气体，是否充满油。

(9) 各控制箱和二次端子箱、机构箱应关严，无受潮，温控装置工作正常，箱内各种电器装置是否完好，位置和状态是否正确。

(10) 各类指示、灯光、信号应正常。

(11) 变压器室的门、窗、照明应完好，房屋不漏水，温度正常。

(12) 检查变压器铁芯（夹件）接地线和外壳接地线是否良好，采用钳形电流表测量铁芯接地线电流值，不应大于0.5A；铁芯及夹件接地引出小套管及支持小白料无破损。

(13) 变压器底部轱辘滚轮止动良好，无松动。

变压器冷却器及控制箱：

(1) 散热（管）片、进出口油管法兰和阀门无渗漏油现象，冷却器循油阀门开启正确。

（2）运行中的冷却器风扇无反转、卡住、叶片碰壳和停转现象；风扇、油泵、水泵运转正常，油流继电器工作正常，风向和油的流向是否正确，整个冷却器有无异常振动。

（3）检查运行中的冷却器风扇效果是否正常，检查冷却器散热管风道灰尘堵塞情况，各冷却器手感温度应相近。

（4）运行中冷却器潜油泵运行无异常声、渗漏油现象，油流计指示正确，油流计示窗玻璃完好，无进水现象。

（5）各组冷却器下部控制箱门密封，关闭良好。

（6）冷却器控制箱内各手柄、开关、信号指示灯等是否正常，动力电缆是否有发热现象，箱内封堵是否良好，箱内有无受潮及杂物，无异常信号报出。

（7）水冷却器的油压应大于水压（制造厂另有规定者除外）。

调压装置：

（1）母线电压指示反映在主变压器规定的调压范围内，并符合调度颁发的电压曲线。

（2）主控制室、有载调压控制箱内档位指示器或位置知识灯的指示正确，反映有载分接开关档位。

（3）调压装置操作后，对于并列运行的变压器或单相式变压器组，还应检查各调压分接头的位置是否一致；计数器动作应正确并抄录计数器数字。

（4）有载调压储油柜油位、油色正常、无渗漏油现象。气体继电器无积气及渗漏油现象。

（5）有载调压压力释放装置无异常声音、无渗漏油现象。

（6）有载调压控制箱内各手柄、开关、信号指示灯等是否正常，动力电缆是否有发热现象，箱内封堵是否良好，机构部件应无锈污现象，箱内有无受潮及杂物，无异常信号报出。

（7）有载分接开关的在线滤油装置工作位置及电源指示应正常，调压油箱在线滤油设备无异常。

运行中应重点监视有载调压储油柜的油位。因为有载调压储油柜与主油箱不连通，油位受环境温度影响较大；而有载调压开关带有运行电压，操作时又要切断并联分支电流，故要求有载调压储油柜的油位常达到标示的位置。油的击穿电压不得小于25kV。

运行中必须认真检查和记录有载调压装置的动作次数。调压装置每动作5000次以后，应对调压开关进行检修，假若触头烧损严重，其厚度不足7mm时应更换触头。在操作1万次以后，必须进行大修。选择开关不易磨损和出故障，对选择开关的第一次检查可在动作1万次以后进行，其后可视情况定期检查或定次检查。

2. 例行检查巡视项目

例行检查巡视分为正常巡视、全面巡视、熄灯巡视。

（1）正常巡视：

1）有人值班变电站的变压器，每天至少1次；每周至少进行1次夜间巡视。

2）无人值班变电站内的变压器每周两次巡视检查。

（2）全面巡视。内容主要是对设备进行全面的外部检查，对缺陷有无发展作出鉴定，检查设备防火、防小动物、防误闭锁等有无漏洞，检查接地网及引线是否完好。

（3）熄灯巡视。每周1次，内容是检查设备有无电晕、放电，接头有无过热现象。

（二）例行巡视和检查的要求

（1）变压器的油温和温度计应正常，储油柜的油位应与制造厂提供的油温、油位曲线相对应，温度计指示清晰，具体要求如下：

1）储油柜采用玻璃管作油位计，储油柜上标有油位监视线，分别表示环境温度－20、20、40℃时变压器对应的油位；如采用磁针式油位计，在不同环境温度下指针应停留的位置由制造厂提供的曲线确定。

2）根据温度表指示检查变压器上层油温是否正常。变压器冷却方式不同，其上层油温或温升亦不同，具体应不超过规定（一般应按制造厂或 DL/T 572—1995 规定）。运行人员不能只以上层油温不超过规定为标准，而应该根据当时的负荷情况、环境温度以及冷却装置投入的情况等及历史数据进行综合判断。就地与远方油温指示应基本一致。绕组温度仅作参考。

3）由于在油温 40℃左右时，油流的带电倾向性最大，因此变压器可通过控制油泵运行数量来尽量避免变压器绝缘油运行在 35～45℃温度区域。

（2）变压器各部位无渗油、漏油。应重点检查变压器的油泵、压力释放阀、套管接线柱、各阀门、隔膜式储油柜等无渗油、漏油。

1）油泵负压区的渗油，容易造成变压器进水受潮和轻瓦斯有气而发信。

2）压力释放阀的渗油、漏油应检查有否动作过。

3）套管接线柱处的渗油，检查外部引线的伸缩条及其热胀冷缩性能。

（3）套管油位应正常，套管外部无破损裂纹、无严重油污、无放电痕迹及其他异常现象。检查瓷套，应清洁，无破损、裂纹和打火放电现象。

（4）变压器声响均匀、正常。若变压器附近噪声较大，应利用探声器来检查。

（5）各冷却器手感温度应相近，风扇、油泵、水泵运转正常，油流继电器工作正常。冷却器组数应按规定启用，分布合理。油泵运转应正常，无其他金属碰撞声，无漏油现象。运行中的冷却器的油流继电器应指示在“流动位置”，无颤动现象。

1）油泵及风扇电动机声响是否正常，有无过热现象，风扇叶子有无抖动碰壳现象。

2）冷却器连接管是否有渗漏油。

3）油泵、风扇电动机电缆是否完好。

4）冷却器检查及试验工作以及辅助、备用冷却器运转和信号是否正常。是否按月切换冷却器，是否每季进行一次电源切换并做好记录。

5）运行中油流继电器指示异常时，应检查油流继电器挡板是否损坏脱落。

（6）水冷却器的油压应大于水压（制造厂另有规定者除外）。

（7）吸湿器完好，吸附剂干燥，检查吸湿器，油封应正常，呼吸应畅通，硅胶潮解变色部分不应超过总量的 2/3。运行中如发现上部吸附剂发生变色，应注意检查吸湿器上部密封是否受潮。

（8）引线电缆、母线接头应接触良好，接头无发热现象。接头接触处温升不应超过 70K。

（9）压力释放阀、安全气道及防爆膜应完好无损。压力释放阀的指示杆未突出，无喷油痕迹。

（10）有载分接开关的分接位置及电源指示应正常。操作机构中机械指示器与控制室内分接开关位置指示应一致。三相联动的应确保分接开关位置指示应一致。

(11) 在线滤油装置工作方式及电源指示应正常。各信号是否发信。有载分接开关调压后一般应启动在线滤油装置，有载分接开关长期无操作，也应半年进行一次带电滤油。

(12) 气体继电器内应无气体。

(13) 各控制箱和二次端子箱、机构箱门应关严，无受潮，电缆孔洞封堵完好，温控装置工作正常。冷却控制的各组工作状态符合运行要求。

(14) 各类指示、灯光、信号应正常。

(15) 变压器室的门、窗、照明应完好，房屋不漏水，温度正常。

(16) 检查变压器各部件的接地应完好。检查变压器铁芯接地线和外壳接地线应良好，铁芯、夹件通过小套管引出接地的变压器，应将接地引线引至适当位置，以便在运行中监测接地线中是否有环流，当运行中环流异常增长变化，应尽快查明原因；严重时应检查处理并采取措施，如环流超过 300mA 又无法消除时，可在接地回路中串入限流电阻作为临时性措施。

(17) 用红外测温仪检查运行中套管引出线联板的发热情况及本体油位、储油柜、套管等其他部位。

(18) 在线监测装置（若有）应保持良好状态，并及时对数据进行分析、比较。

(19) 事故储油坑的卵石层厚度应符合要求，保持储油坑的排油管道畅通，以便事故发生时能迅速排油。室内变压器应有集油池或挡油矮墙，防止火灾蔓延。

(20) 检查灭火装置状态应正常，消防设施应完善。

三、变压器定期巡视、检查项目和要求

(1) 外壳及箱沿应无异常发热，必要时测录温度分布图。

(2) 各部位的接地应完好；必要时应测量铁芯和夹件的接地电流。

(3) 强油循环冷却的变压器应做冷却装置的自动切换试验。

(4) 水冷却器从旋塞放水检查应无油迹。

(5) 有载分接开关的动作情况应正常。

(6) 在线滤油装置动作情况应正常，各信号正确。

(7) 各种标志应齐全明显。

(8) 各种保护装置应齐全、良好。

(9) 各种温度计应在检定周期内，超温信号应正确可靠。

(10) 消防设施应齐全完好。

(11) 室（洞）内变压器冷却通风设备应完好。

(12) 储油池和排油设施应保持良好状态。

(13) 切换试验各信号正确。

(14) 监测装置应保持良好状态。

(15) 用红外测温仪进行一次测温。

(16) 组部件完好。

四、特殊巡视检查项目和要求

（一）应特殊巡视的情况

在下列情况下应对变压器进行特殊巡视检查：

(1) 大风、雾天、冰雪、冰雹及雷雨后的巡视。

(2) 设备变动后的巡视。

(3) 设备新投入运行后的巡视。

(4) 设备经过检修、改造或长期停运后重新投入运行后的巡视。

(5) 异常情况下的巡视。主要是指过负荷或负荷剧增、超温、设备发热、系统冲击、跳闸、有接地故障情况等，应加强巡视。必要时，应派专人监视。

(6) 设备缺陷近期有发展时、法定休假日、上级通知有重要供电任务时，应加强巡视。

(7) 站长应每月进行1次巡视。

(二) 新投入或经过大修的变压器的巡视要求

新投或大修后的变压器，24h试运行期间应每小时巡视1次；在投运后一周内，每班巡视检查的次数也应适当增加。

(1) 变压器声音应正常，如发现响声特别大，不均匀或有放电声，应认为内部有故障。

(2) 油位变化应正常，应随温度的增加略有上升，如发现假油面应及时查明原因。

(3) 用手触及每一组冷却器，温度应正常，以证实冷却器的有关阀门已打开。

(4) 油温变化应正常，变压器带负荷后，油温应缓慢上升。

(5) 应对新投运变压器进行红外测温。

(6) 监视负荷和导线接头有无发热现象。

(7) 检查瓷套管有无放电打火现象。

(8) 气体继电器应充满油。

(9) 压力释放装置（防爆管）应完好。

(10) 各部件有无渗漏油情况。

(11) 冷却装置运行良好。

(三) 异常天气时的巡视项目和要求

(1) 气温骤变时，检查储油柜油位和瓷套管油位是否有明显变化，各侧连接引线是否有断股或接头处发红现象。各密封处是否有渗漏油现象。

(2) 雷雨、冰雹后，检查引线摆动情况及有无断股，设备上有无其他杂物，瓷套管有无放电痕迹及破裂现象。

(3) 浓雾、毛毛雨、下雪时，瓷套管有无沿表面闪络和放电，各接头在小雨中和下雪后不应有水蒸气上升或立即融化现象，否则表示该接头运行温度比较高，应用红外线测温仪进一步检查其实际情况。

1) 雷雨天气（检查应在雷雨过后）有无放电闪络现象，避雷器放电记录仪动作情况。

2) 大雾天气检查套管有无放电打火现象，重点监视污秽瓷质部分。

3) 下雪天气应根据积雪融化情况检查接头发热部位。检查引线积雪情况，为防止套管因过度受力引起套管破裂和渗漏油等现象，应及时处理引线过多的积雪和冰柱。

(四) 高温天气检查项目

高温天气应检查油温、油位、油色和冷却器运行是否正常；必要时，可启动备用冷却器。

(五) 异常情况下的巡视项目和要求

在变压器运行中发现不正常现象时，应设法尽快消除，并报告上级部门和做好记录。

(1) 系统发生外部短路故障后，或中性点不接地系统发生单相接地时，应加强监视变压器的状况。

(2) 运行中变压器冷却系统发生故障，切除全部冷却器时，应迅速汇报有关人员，尽快查明原因。在许可时间内采取措施恢复冷却器正常运行。当“冷却器故障”发信时，应到现场查明原因尽快处理，处理不了则投备用冷却器，并汇报调度等候处理。

(3) 变压器顶层油温异常升高，超过制造厂规定或大于75℃时，应按以下步骤检查处理：

1) 检查变压器的负荷和冷却介质的温度，并与在同一负荷和冷却介质温度下正常的温度核对。

2) 核对温度测量装置。

3) 检查变压器冷却装置和变压器室的通风情况。

(4) 若温度升高的原因是由于冷却系统的故障，且在运行中无法修理者，应将变压器停运修理；若不能立即停运修理，则应将变压器的负荷调整至规程规定的允许运行温度下的相应容量。在正常负荷和冷却条件下，变压器温度不正常并不断上升，且经检查证明温度指示正确，则认为变压器已发生内部故障，应立即将变压器停运。

1) 变压器在各种超额定电流方式下运行，若油温持续上升应立即向调度部门汇报，顶层油温应不超过105℃。

2) 当变压器油位计指示的油面有异常升高，经查不是假油位所致时，应放油至与当时油温相对应的高度，以免溢油。

变压器中的油因低温凝滞时，应不投冷却器空载运行；同时监视顶层油温，逐步增加负荷，直至投入相应数量冷却器，转入正常运行。

3) 当发现变压器的油位较当时油温所应有的油位显著降低时，应立即查明原因，采取必要的措施。

(5) 变压器渗油应根据不同部位来判断。

1) 油泵负压区密封不良容易造成变压器进水进气受潮和轻瓦斯发信，应立即停用油泵，并进行处理。

2) 压力释放阀指示杆凸出，并有喷油痕迹。应检查压力释放阀是否正确动作，观察变压器储油柜油位是否过高，有无穿越性故障，呼吸是否畅通。

3) 检查储油柜系统安装有无不当情况造成喷油、出现假油面或使保护装置误动作。

(6) 气体继电器中有气体，应密切观察气体的增量来判断变压器产生气体的原因；必要时，取气体继电器气体和变压器本体油进行色谱分析，综合判断。同时应检查：

1) 是否存在油泵负压区渗油情况，应立即查清并停用故障油泵，及时处理。

2) 变压器冲氮灭火装置（若有）是否漏气，造成气体继电器中有气体，应立即查前关闭冲氮灭火装置的气源，进行处理。

3) 变压器有否发生短路故障或穿越性故障，应立即对变压器进行油色谱分析和绕组变形测试，综合判断变压器本体有否故障。

(7) 变压器发生短路故障或穿越性故障时，应检查变压器有无喷油，油色是否变黑，油温是否正常，电气连接部分有无发热、熔断，瓷质外绝缘有无破裂，接地引下线等是否烧断及绕组是否变形。

(8) 不接地系统发生单相接地故障运行时，应监视消弧线圈和接有消弧线圈的变压器的运行情况。

(9) 当母线电压超过变压器运行档电压较长时间，应注意核对变压器的过励磁保护，并加强监测变压器的温度（不能超过运行规定的顶层温度），还应监测变压器本体各部位的温度，防止变压器局部过热。

（六）带缺陷设备的巡视项目和要求

(1) 铁芯多点接地而接地电流较大且色谱异常时，应安排检修处理。在缺陷消除前，可采取措施将电流限制在100mA以下，并加强监视。

(2) 变压器有部分冷却装置故障，应经常监测温度，具体变压器温度控制应不超过规定。

(3) 对有其他缺陷的变压器应缩短巡视时间。

(4) 近期缺陷有发展时应加强巡视或派专人巡视。

（七）过负荷时的巡视项目和要求

(1) 变压器的负荷超过允许的正常负荷时，值班人员应及时汇报调度。

(2) 变压器过负荷运行时，应检查并记录负荷电流，检查油温和油位的变化，检查变压器声音是否正常、接头是否发热、冷却装置投入量是否足够、运行是否正常，防爆膜、压力释放器是否动作过。

(3) 当有载调压变压器过负荷1.2倍运行时，禁止分接开关变换操作并闭锁。

第九节　变压器验收

电气设备在安装调试完后及正常修、试、校完工后，运行人员都要对设备进行认真地验收，这是保证设备成功投运行及安全运行的前提。实践证明，在现场由于验收不到位所造成的设备故障、断路器跳闸等事故是常见的，运行人员就如同足球场上的守门员，对设备安全运行把关是运行人员的天职。

一、设备验收的基本要求

凡新建、扩建、大小修、预试和校验的一、二次变电设备，必须经过验收。验收合格、手续完备，方可投入系统运行。

对电气设备验收时应注意：

(1) 设备验收工作由工作票完工许可人进行，有关技术人员对运行人员的验收工作进行技术指导。

(2) 设备验收均应按部颁的有关规程规定、技术标准以、现场规程及作业指导书进行。

验收设备时应进行以下工作。

1) 认真阅读检修记录、预防性试验记录或二次回路工作记录，弄清所记的内容，如有不清楚之处要求负责人填写清楚；如暂时没有大小修报告，应要求负责人将报告的主要内容及结论写在记录内，并注明补交报告的期限。

2) 现场检查核对修试项目确已完成，所修缺陷确已消除。

3) 督促工作负责人消除缺陷。

(3) 设备的安装或检修。在施工过程中，需要中间验收时，由当值运行班长指定合适值班人员进行。中间验收也应填写有关修、试、校记录，工作负责人、运行班长在有关记录上签字。设备大小修、预防性试验、继电保护、自动装置、仪表检验后，由有关修试人员将修、试、校情况记人有关记录簿中，并注明是否可投入运行，无疑后方可办理完工手续。

(4) 验收的设备个别项目未达到验收标准，而系统急需投入运行时，需经上级主管总工程师批准。

二、新设备验收的项目及要求

(一) 设备运抵现场就位后的验收

(1) 油箱及所有附件应齐全，无锈蚀及机械损伤，密封应良好。

(2) 油箱箱盖或钟罩法兰及封板的连接螺栓应齐全，紧固良好，无渗漏；浸入油中运输的附件，其油箱应无渗漏。

(3) 套管外表面无损伤、裂痕，充油套管无渗漏。

(4) 充气运输的设备，油箱内应为正压，其压力为0.01～0.03MPa。

(5) 检查三维冲击记录仪，设备在运输及就位过程中受到的冲击值，应符合制造厂规定，一般小于3g。

(6) 设备基础的轨道应水平，轨距与轮距应配合。装有滚轮的变压器，应将滚轮用能拆卸的制动装置加以固定。

(7) 变压器（电抗器）顶盖沿气体继电器油流方向有1%～1.5%的升高坡度（制造厂不要求的除外）。

(8) 与封闭母线连接时，其套管中心应与封闭母线中心线相符。

(9) 组部件、备件应齐全，规格应符合设计要求，包装及密封应良好。

(10) 产品的技术文件应齐全。

(11) 变压器绝缘油应符合国家标准规定。

(二) 变压器安装、试验完毕后的验收

1. 变压器本体和附件

(1) 变压器本体和组部件等各部位均无渗漏。

(2) 储油柜油位合适，油位表指示正确。

(3) 套管：

1) 瓷套表面清洁无裂缝、损伤。

2) 套管固定可靠、各螺栓受力均匀。

3) 油位指示正常。油位表朝向应便于巡视检查。

4) 电容套管末屏接地可靠。

5) 引线连接可靠、对地和相间距离符合要求，各导电接触面应涂有电力复合脂。引线松紧适当，无明显过紧过松现象。

(4) 升高座和套管型电流互感器：

1) 放气塞位置应在升高座最高处。

2) 套管型电流互感器二次接线板及端子密封完好，无渗漏，清洁无氧化。

3) 套管型电流互感器二次引线连接螺栓紧固、接线可靠、二次引线裸露部分不大于5mm。

4) 套管型电流互感器二次备用绕组经短接后接地，检查二次极性的正确性，电压比与实际相符。

(5) 气体继电器：

1) 检查气体继电器是否已解除运输用的固定；继电器应水平安装，其顶盖上标志的箭头应指向储油柜，其与连通管的连接应密封良好，连通管应有1%～1.5%的升高坡度。

2）集气盒内应充满变压器油，且密封良好。

3）气体继电器应具备防潮和防进水的功能，如不具备应加装防雨罩。

4）轻、重气体继电器触点动作正确，按DL/T 540—1994校验合格，动作值符合整定要求。

5）气体继电器的电缆应采用耐油屏蔽电缆，电缆引线在继电器侧应有滴水弯，电缆孔应封堵完好。

6）观察窗的挡板应处于打开位置。

（6）压力释放阀：

1）压力释放阀及导向装置的安装方向应正确；阀盖和升高座内应清洁，密封良好。

2）压力释放阀的触点动作可靠，信号正确，触点和回路绝缘良好。

3）压力释放阀的电缆引线在继电器侧应有滴水弯，电缆孔应封堵完好。

4）压力释放阀应具备防潮和防进水的功能，如不具备应加装防雨罩。

（7）无励磁分接开关：

1）档位指示器清晰，操作灵活、切换正确，内部实际档位与外部档位指示正确一致。

2）机械操作闭锁装置的止推螺钉固定到位。

3）机械操作装置应无锈蚀并涂有润滑脂。

（8）有载分接开关：

1）传动机构应固定牢靠，连接位置正确，且操作灵活，无卡涩现象；传动机构的摩擦部分涂有适合当地气候条件的润滑脂。

2）电气控制回路接线正确、螺栓紧固、绝缘良好；接触器动作正确、接触可靠。

3）远方操作、就地操作、紧急停止按钮、电气闭锁和机械闭锁正确可靠。

4）电动机保护、步进保护、联动保护、相序保护、手动操作保护正确可靠。

5）切换装置的工作顺序应符合制造厂规定；正、反两个方向操作至分接开关动作时的圈数误差应符合制造厂规定。

6）在极限位置时，其机械闭锁与极限开关的电气连锁动作应正确。

7）操动机构档位指示、分接开关本体分接位置指示、监控系统上分接开关分接位置指示应一致。

8）压力释放阀（防爆膜）完好无损。如采用防爆膜，防爆膜上面应用明显的防护警示标示；如采用压力释放阀，应按变压器本体压力释放阀的相关要求。

9）油道畅通，油位指示正常，外部密封无渗油，进出油管标志明显。

10）单相有载调压变压器组进行分接变换操作时，应采用三相同步远方或就地电气操作并有失步保护。

11）带电滤油装置控制回路接线正确可靠。

12）带电滤油装置运行时应无异常的振动和噪声，压力符合制造厂规定。

13）带电滤油装置各管道连接处密封良好。

14）带电滤油装置各部位应均无残余气体（制造厂有特殊规定除外）。

（9）吸湿器：

1）吸湿器与储油柜间的连接管的密封应良好，呼吸应畅通。

2）吸附剂应干燥，油封油位应在油面线上或满足产品的技术要求。

（10）测温装置：

1）温度计动作触点整定正确、动作可靠。

2）就地和远方温度计指示值应一致。

3）顶盖上的温度计座内应注满变压器油，密封良好；闲置的温度计座也应注满变压器油密封，不得进水。

4）膨胀式信号温度计的细金属软管（毛细管）不得有压扁或急剧扭曲，其弯曲半径不得小于50mm。

5）记忆最高温度的指针应与指示实际温度的指针重叠。

（11）净油器：

1）上下阀门均应在开启位置。

2）滤网材质和安装正确。

3）硅胶规格和装载量符合要求。

（12）本体、中性点和铁芯接地：

1）变压器本体油箱应在不同位置分别有两根引向不同地点的水平接地体。每根接地线的截面应满足设计的要求。

2）变压器本体油箱接地引线螺栓紧固，接触良好。

3）110kV（66kV）及以上绕组的每根中性点接地引下线的截面应满足设计的要求，并有两根分别引向不同地点的水平接地体。

4）铁芯接地引出线（包括铁轭有单独引出的接地引线）的规格和与油箱间的绝缘应满足设计的要求，接地引出线可靠接地。引出线的设置位置有利于监测接地电流。

（13）控制箱（包括有载分接开关、冷却系统控制箱）：

1）控制箱及内部电器的铭牌、型号、规格应符合设计要求，外壳、漆层、手柄、瓷件、胶木电器应无损伤、裂纹或变形。

2）控制回路接线应排列整齐、清晰、美观，绝缘良好无损伤。接线应采用铜质或有电镀金属防锈层的螺栓紧固，且应有防松装置，引线裸露部分不大于5mm；连接导线截面符合设计要求、标志清晰。

3）控制箱及内部元件外壳、框架的接零或接地应符合设计要求，连接可靠。

4）内部断路器、接触器动作灵活无卡涩，触头接触紧密、可靠，无异常声音。

5）保护电动机用的热继电器或断路器的整定值应是电动机额定电流的0.95～1.05倍。

6）内部元件及转换开关各位置的命名应正确无误并符合设计要求。

7）控制箱密封良好，内外清洁无锈蚀，端子排清洁无异物，驱潮装置工作正常。

8）交直流应使用独立的电缆，回路分开。

（14）冷却装置：

1）风扇电动机及叶片应安装牢固，并应转动灵活，无卡阻；试转时应无振动、过热；叶片应无扭曲变形或与风筒碰擦等情况，转向正确；电动机保护不误动，电源线应采用具有耐油性能的绝缘导线。

2）散热片表面油漆完好，无渗油现象。

3）管路中阀门操作灵活、开闭位置正确；阀门及法兰连接处密封良好无渗油现象。

4）油泵转向正确，转动时应无异常噪声、振动或过热现象，油泵保护不误动；密封良好，无渗油或进气现象（负压区严禁渗漏）。油流继电器指示正确，无抖动现象。

5）备用、辅助冷却器应按规定投入。

6）电源应按规定投入和自动切换，信号正确。

（15）其他：

1）所有导气管外表无异常，各连接处密封良好。

2）变压器各部位均无残余气体。

3）二次电缆排列应整齐，绝缘良好。

4）储油柜、冷却装置、净油器等油路系统上的油阀门应开闭正确，且开、关位置标色清晰，指示正确。

5）感温电缆应避开检修通道，安装牢固（安装固定电缆夹具应具有长期户外使用的性能）、位置正确。

6）变压器整体油漆均匀完好，相色正确。

7）进出油管标识清晰、正确。

2. 竣工资料

变压器竣工应提供以下资料，所提供的资料应完整无缺，符合验收规范、技术合同等要求。

（1）变压器订货技术合同（或技术合同）。

（2）变压器安装使用说明书。

（3）变压器出厂合格证。

（4）有载分接开关安装使用说明书。

（5）无励磁分接开关安装使用说明书。

（6）有载分接开关在线滤油装置安装使用说明书。

（7）本体油色谱在线监测装置安装使用说明书。

（8）本体气体继电器安装使用说明书及试验合格证，压力释放阀出厂合格证及动作试验报告。

（9）有载分接开关体气体继电器安装使用说明书。

（10）冷却器安装使用说明书。

（11）温度计安装使用说明书。

（12）吸湿器安装使用说明书。

（13）油位计安装使用说明书。

（14）变压器油产地和牌号等相关资料。

（15）出厂试验报告。

（16）安装报告。

（17）内检报告。

（18）整体密封试验报告。

（19）调试报告。

（20）变更设计的技术文件。

（21）竣工图。

（22）备品备件移交清单。

（23）专用工器具移交清单。

（24）设备开箱记录。

(25) 设备监造报告。

(三) 验收和审批

(1) 变压器整体验收的条件:

1) 变压器及附件已安装调试完毕。

2) 交接试验合格，施工图、各项调试或试验报告、监理报告等技术资料和文件已整理完毕。

3) 预验收合格，缺陷已消除；场地已清理干净。

(2) 变压器整体验收的要求和内容:

1) 项目负责单位应在工程竣工前15天通知有关单位准备工程竣工验收，并组织相关单位参加，监理单位配合。

2) 验收单位应组织验收小组进行验收。在验收中检查发现的施工质量问题，应以书面形式通知相关单位并限期整改。验收合格后方可投入生产运行。

3) 在投产设备保质期内发现质量问题，应由建设单位负责处理。

(3) 审批：验收结束后，将验收报告交启动委员会审核批准。

三、检修设备验收的项目和要求

(一) 大修验收的项目和要求（包括更换绕组和更换内部引线等）

1. 变压器绕组

(1) 清洁无破损，绑扎紧固完整，分接引线出口处封闭良好，围屏无变形、发热和树枝状放电痕迹。

(2) 围屏的起头应放在绕组的垫块上，接头处搭接应错开不堵塞油道。

(3) 支撑围屏的长垫块无爬电痕迹。

(4) 相间隔板完整，固定牢固。

(5) 绕组应清洁，表面无油垢、变形。

(6) 整个绕组无倾斜、位移，导线辐向无弹出现象。

(7) 各垫块排列整齐，辐向间距相等，轴向成一垂直线，支撑牢固有适当压紧力，垫块外露出绕组的长度至少应超过绕组导线的厚度。

(8) 绕组油道畅通，无油垢及其他杂物积存。

(9) 外观整齐清洁，绝缘及导线无破损。

(10) 绕组无局部过热和放电痕迹。

2. 引线及绝缘支架

(1) 引线绝缘包扎完好，无变形、变脆，引线无断股卡伤。

(2) 穿缆引线已用白布带半叠包绕一层。

(3) 接头表面应平整、清洁、光滑无毛刺及其他杂质:

1) 引线长短适宜，无扭曲。

2) 引线绝缘的厚度应足够。

3) 绝缘支架应无破损、裂纹、弯曲、变形及烧伤。

4) 绝缘支架与铁夹件的固定可用钢螺栓，绝缘件与绝缘支架的固定应用绝缘螺栓；两种固定螺栓均应有防松措施。

5) 绝缘夹件固定引线处已垫附加绝缘。

6) 引线固定用绝缘夹件的间距，应考虑在电动力的作用下，不致发生引线短路；线与各部位之间的绝缘距离应足够。

7）大电流引线（铜排或铝排）与箱壁间距一般应大于100mm，铜（铝）排表面已包扎一层绝缘。

(4) 充油套管的油位正常。

(5) 各侧的引线接线正确。

3. 铁芯

(1) 铁芯平整，绝缘漆膜无损伤，叠片紧密，边侧的硅钢片无翘起或呈波浪状。铁芯各部表面无油垢和杂质，片间无短路、搭接现象，接缝间隙符合要求。

(2) 铁芯与上下夹件、方铁、压板、底脚板间绝缘良好。

(3) 钢压板与铁芯间有明显的均匀间隙；绝缘压板应保持完整，无破损和裂纹，并有适当紧固度。

(4) 钢压板不得构成闭合回路，并一点接地（夹件也要接地）。

(5) 压钉螺栓紧固，夹件上的正、反压钉和锁紧螺帽无松动，与绝缘垫圈接触良好，无放电烧伤痕迹，反压钉与上夹件有足够距离。

(6) 穿芯螺栓紧固，绝缘良好。

(7) 铁芯间、铁芯与夹件间的油道畅通，油道垫块无脱落和堵塞，且排列整齐。

(8) 铁芯只允许一点接地，接地片应用厚度0.5mm、宽度不小于30mm的紫铜片，插入3～4级铁芯间，对大型变压器插入深度不小于80mm，其外露部分已包扎白布带或绝缘。

(9) 铁芯段间、组间、铁芯对地绝缘电阻良好。

(10) 铁芯的拉板和钢带应紧固并有足够的机械强度，绝缘良好，不构成环路，不与铁芯相接触。

(11) 铁芯与电场屏蔽金属板（销）间绝缘良好，接地可靠。

4. 无励磁分接开关

(1) 开关各部件完整无缺损，紧固件无松动。

(2) 机械转动灵活，转轴密封良好，无卡滞，并已调到吊罩前记录档位。

(3) 动、静触头接触电阻不大于500μΩ，触头表面应保持光洁，无氧化变质、过热烧痕、碰伤及镀层脱落。

(4) 绝缘筒应完好、无破损、烧痕、剥裂、变形，表面清洁无油垢；操作杆绝缘良好，无弯曲变形。

(5) 无励磁分接开关的操作应准确可靠，指示位置正确。

5. 有载分接开关

(1) 切换开关所有紧固件无松动。

(2) 储能机构的主弹簧、复位弹簧、爪卡无变形或断裂。动作部分无严重磨损、擦毛、损伤、卡滞，动作正常无卡滞。

(3) 各触头编织线完整无损。

(4) 切换开关连接主通触头无过热及电弧烧伤痕迹。

(5) 切换开关弧触头及过渡触头烧损情况符合制造厂要求。

(6) 过渡电阻无断裂，其阻值与铭牌值比较，偏差不大于±10%。

(7) 转换器和选择开关触头及导线连接正确，绝缘件无损伤，紧固件紧固，并有防松螺母，分接开关无受力变形。

(8) 对带正、反调压的分接开关，检查连接“K”端分接引线在“+”或“−”位置上与转换选择器的动触头支架（绝缘杆）的间隙不应小于10mm。

(9) 选择开关和转换器动静触头无烧伤痕迹与变形。

(10) 切换开关油室底部放油螺栓紧固，且无渗油。

(11) 有载调压装置的操作应准确可靠，指示位置正确。

6. 油箱

(1) 油箱内部洁净，无锈蚀，漆膜完整，渗漏点已补焊。

(2) 强油循环管路内部清洁，导向管连接牢固，绝缘管表面光滑，漆膜完整、无破损，无放电痕迹。

(3) 钟罩和油箱法兰结合面清洁平整。

(4) 磁（电）屏蔽装置固定牢固，无异常，并可靠接地。

(二) 小修验收的项目和要求

见本节第二条（二）1. 变压器本体和附件。

(三) 竣工资料

检修竣工资料应含检修报告（包括器身检查报告、整体密封试验报告）、检修前及修后试验报告等，具体内容如下。

(1) 本体绝缘和直流电阻试验报告；套管绝缘试验报告。

(2) 本体局部放电试验报告。

(3) 本体、套管油色谱分析报告。

(4) 本体、有载分接开关、套管油质试验报告。

(5) 本体油介质损耗因数试验报告。

(6) 套管型电流互感器试验报告。

(7) 本体油中含气量试验报告。

(8) 本体气体继电器调试报告。

(9) 有载调压开关气体继电器调试报告。

(10) 有载调压开关调试报告；本体油色谱在线监测装置调试报告。

(四) 验收和审批

(1) 变压器整体验收的条件：

1) 变压器及组部件已检修调试完毕。

2) 交接试验合格，各项调试或试验报告等技术资料和文件已整理完毕。

3) 施工单位自检合格，缺陷已消除。

4) 场地已清理干净。

(2) 变压器整体验收的内容要求：

1) 项目负责单位应提前通知验收单位准备工程竣工验收，并组织施工单位配合。

2) 验收单位应组织验收小组进行验收。在验收中检查发现的施工质量问题，应以书面形式通知有关单位并限期整改。验收合格后方可投入生产运行。

(3) 审批：验收结束后，将验收报告报请设备主管部门审核批准。

四、投运前设备的验收

(一) 投运前设备验收的项目、内容及要求（包括检修后的验收）

(1) 变压器本体、冷却装置及所有组部件均完整无缺，不渗油，油漆完整。

(2) 变压器油箱、铁芯和夹件已可靠接地。

(3) 变压器各部位应清洁干净，变压器顶盖上无遗留杂物。

(4) 储油柜、冷却装置、净油器等油系统上的阀门应正确开、闭。

(5) 电容套管的末屏已可靠接地，套管密封良好，套管外部引线受力均匀，对地和相间距离符合要求，各接触面应涂有电力复合脂。引线松紧适当，无明显过紧过松现象。

(6) 变压器的储油柜、充油套管和有载分接开关的油位正常，指示清晰。

(7) 升高座已放气完毕，充满变压器油。

(8) 气体继电器内应无残余气体，重瓦斯必须投跳闸位置，相关保护按规定整定投入运行。

(9) 吸湿器内的吸附剂数量充足，无变色受潮现象，油封良好，呼吸畅通。

(10) 无励磁分接开关三相档位一致，档位处在整定档位，定位装置已定位可靠。

(11) 有载分接开关三相档位一致，操作机构、本体上的档位、监控系统中的档位一致。机械连接校验正确，电气、机械限位正常。经两个循环操作正常。

(12) 温度计指示正确，整定值符合要求。

(13) 冷却装置运转正常，内部断路器、转换开关投切位置已符合运行要求。

(14) 所有电缆应标志清晰。

(15) 变压器本体及全部辅助设备及其附件均无缺陷。

(16) 变压器油漆完整，相色标志正确。

(17) 变压器事故排油设施完好，消防设施齐全。

(18) 变压器的相位及绕组的接线组别应符合设计要求。

(19) 测试装置应准确，整定值符合要求。

(20) 冷却装置的风扇、潜油泵的运转正常，油流指示正确。

(21) 变压器的全部电气试验应合格；保护装置整定值符合规定；操作及联动试验正确，本体信号试验正确。

(22) 变压器的设计、施工、出厂试验、安装记录、备品备件移交清单等技术资料应完整、准确。

(23) 调压箱和冷却器控制箱内各手柄、小开关、指示灯的位置应正常。

(24) 冷却器的动力电源自动切换应正常。

(二) 投运前设备验收的条件

(1) 变压器及组部件工作已结束，人员已退场，场地已清理干净。

(2) 各项调试、试验合格。

(3) 施工单位自检合格，缺陷已消除。

(三) 投运前设备验收的方法

(1) 项目负责单位应在工作票结束前通知变电运行人员进行验收，并组织相关单位配合。

(2) 运行单位应组织精干人员进行验收。在验收检查中发现缺陷，应要求相关单位立即处理。验收合格后方可投入生产运行。

第十节　变压器操作

一、变压器投运前的检查项目

(1) 变压器本体、冷却装置及所有附件均完整无缺陷、不渗漏、油漆完整。

(2) 接地可靠（变压器油箱、铁芯和夹件外引线接地）。

(3) 变压器顶盖上无遗留杂物。

(4) 储油柜、冷却装置、净油器等油系统上的阀门均在开启的位置，储油柜油位标示线清晰可见。

(5) 高压套管的接地小套管应接地，套管顶部将军帽应密封良好，与外部引线的连接接触良好并涂有电力复合脂。

(6) 变压器的储油柜和电容式套管的油位正常，隔膜式储油柜的集气盒内应无气体。

(7) 有载分接开关的油位需略低于变压器储油柜的油位。

(8) 进行各升高座的放气，使其完全充满变压器油，气体继电器内应无残余气体。

(9) 吸湿器内的吸附剂数量充足，无变色受潮现象，油封良好，能起到正常呼吸作用。

(10) 无励磁分接开关的位置应符合运行要求，有载分接开关动作灵活、正确、闭锁装置动作正确，远方指示、操作机构箱和分接开关顶盖上三者分接位置的指示应一致。

(11) 温度计指示正确，整定值符合要求。

(12) 冷却装置试运行正常，水冷却装置的油压应大于水压，强油冷却的变压器应启动全部油泵（并测量油泵的负荷电流），进行较长时间的循环后，多次排除残余气体。

(13) 进行冷却装置电源的自动投切和冷却装置的故障停运试验。

(14) 变压器本体非电量保护试验正常，动作正确。

(15) 继电保护装置应经调试整定，动作正确。

二、一般操作规定

(1) 油循环的变压器在投运前应先启用其冷却装置；对强油循环水冷变压器，应先投入油系统，再启用水系统。水冷却器冬季停用后应将水全部放尽。

(2) 检查变压器冷却风机、油泵工作正常，无擦壳及轴承磨损等异常声响，接线盒已做防水防潮处理；油泵启动时油流继电器指针偏转至工作区且无抖动，信号指示正确；冷却器及片式散热器组合冷却器能按照工作设置启停，冷却器电源实现互备自动投切，冷却器能按照设置的油面、绕组温度及负荷电流自动投入或切除；所有信号灯指示正确，且与远方信号一致。

(3) 变压器中性点接地方式为经小电抗接地时，允许变压器在中性点经小电抗接地的情况下，进行变压器停、送电操作；在送电操作前应特别检查变压器中性点经小电抗可靠接地。

(4) 变压器停送电操作顺序的规定。变压器的充电，应当由装有保护装置的电源侧用断路器操作，停运时应先停负荷侧，后停电源侧（因为多电源的情况下，按上述顺序停电，可以防止变压器反充电；若停电时先停电源侧，遇有故障，可能造成保护误动或拒动，延长故障切除时间，也可能扩大停电范围；从电源侧逐级送电，如遇故障便于按送电范围检查、判断和处理）。

(5) 在 110kV 及以上中性点有效接地系统中，投运或停运变压器的操作，中性点必须先接地。投入后可按系统需要决定中性点是否断开（主要是为了防止断路器的非同期操作引起的过电压会危及变压器的绝缘）。

(6) 消弧线圈从一台变压器的中性点切换到另一台变压器的中性点时，必须先将消弧线圈断开后再切换。不得将 2 台变压器的中性点同时接到 1 台消弧线圈的中性母线上。

(7) 充电前应仔细检查充电侧母线电压，保证充电后各侧电压不超过规定值。

(8) 以上条件满足后，开始做投入操作，首先加用保护连接片及操作电源开关；然后按负荷侧——电源侧循序合两侧隔离开关，合电源侧断路器；检查变压器一切正常后，再合负荷侧断路器。

(9) 新投运的变压器应经5次全电压冲击合闸，进行过器身检修及改动的老变压器应经3次全电压冲击合闸，无异常现象发生后方可投入运行。励磁涌流不应引起保护装置的误动作。

(10) 变压器充电后，检查各仪表指示是否正常，所有开关位置指示牌及指示信号都应反映正常。合闸后仔细观察变压器运行情况，变压器各密封面及焊缝不应有渗漏油现象。

(11) 投运后气体继电器内部可能出现积气，应及时收取气体继电器中的气体，并对收集的气体进行色谱分析。

三、有载分接开关的操作

(一) 操作方式

变压器有载调压分接开关的操作有近控和远控2种方式。

(1) 近控方式是在现场操有载调压控制箱内进行。近控操作分电动和手动，手动操作用于检修人员在检修时对分接头开关进行操作，近控电动操作是在远方操作失灵的情况下使用。

(2) 远方操作用于运行人员在变压器运行时对分接头的操作（有时检修分接头也有在远方操作）。

若低压侧母线电压偏高，则高压侧分接头开关朝上一档（高档电压）调节，反之则下调。

(二) 有载分接开关的操作程序及注意事项

(1) 新装或吊罩后的有载调压变压器，投入电网完成冲击合闸试验后，空载情况下，在控制室进行远方操作一个循环（如空载分接变换有困难，可在电压允许偏差范围内进行几个分接的变换操作），各项指示应正确、极限位置电气闭锁应可靠，其三相切换电压变换范围和规律与产品出厂数据相比较应无明显差别；然后调至所要求的分接位置带负荷运行，并应加强监视。

(2) 有载分接开关及其自动控制装置，应经常保持良好运行状态。故障停用，应立即汇报，并及时处理。

(3) 电力系统各级变压器运行分接位置，应按保证发电厂、变电站及各用户受电端的电压偏差不超过允许值；并在充分发挥无功补偿设备的经济效益和降低线损的原则下，优化确定。

(4) 正常情况下，一般使用远方电气控制。当远方电气回路故障和必要时，可使用就地电气控制或手动操作。当分接开关处于极限位置又必须手动操作时，必须确认操作方向无误后方可进行。就地操作按钮应有防误操作措施。

(5) 分接变换操作必须在一个分接变换完成后，方可进行第二次分接变换。操作时应同时观察电压表和电流表指示，不允许出现回零、突跳、无变化等异常情况，分接位置指示器及计数器的指示等都应有相应变动。

(6) 当变动分接开关操作电源后，在未确证相序是否正确前，禁止在极限位置进行电气操作。

(7) 由 3 台单相变压器构成的有载调压变压器组，在进行分接变换操作时，应采用三相同步远方或就地电气操作并必须具备失步保护。在实际操作中，如果出现因一相开关机械故障导致三相位置不同时，应利用就地电气或手动将三相分接位置调齐，并报修；至修复期间不允许进行分接变换操作。

(8) 原则上运行时不允许分相操作，只有在不带负荷的情况下，方可在分相电动机构箱内操作，同时应注意下列事项：①在三相分接开关依次完成一个分接变换后，方可进行第二次分接变换，不得在一相连续进行 2 次分接变换。②分接变换操作时，应与控制室保持联系，密切注意电压表与电流表的变动情况。③操作结束，应检查各相开关的分接位置指示是否一致。

(9) 2 台有载调压变压器并联运行时，允许在 85%变压器额定负荷电流及以下的情况下进行分接变换操作。不得在单台变压器上连续进行 2 个分接变换操作，必须在一台变压器的分接变换完成后再进行另一台变压器的分接变换操作。每进行一次变换后，都要检查电压和电流的变化情况，防止误操作和过负荷。升压操作，应先操作负荷电流相对较少的一台，再操作负荷电流相对较大的一台，防止过大的环流；降压操作时与此相反。操作完毕，应再次检查并联的 2 台变压器的电流大小与分配情况。

(10) 有载调压变压器与无励磁调压变压器并联运行时，应预先将有载调压变压器分接位置调整到无励磁调压变压器相应的分接位置，然后切断操作电源再并联运行。

(11) 当有载调压变压器过负荷 1.2 倍运行时，禁止分接开关变换操作并闭锁。

(12) 如有载调压变压器自动调压装置及电容器自动投切装置同时使用，应使按电压调整的自动投切电容器组的上下限整定值略高于有载调压变压器的整定值。

(13) 运行中分接开关的油流控制继电器或气体继电器应有校验合格有效的测试报告。若使用气体继电器代替油流控制继电器，运行中多次分接变换后动作发信，应及时放气。若分接变换不频繁而发信频繁，应做好记录，及时汇报并暂停分接变换，查明原因。

(14) 当有载调压变压器本体绝缘油的色谱分析数据出现异常或分接开关油位异常升高或降低，直至接近变压器储油柜油面，应及时汇报，暂停分接变换操作，进行追踪分析，查明原因，消除故障。

(15) 分接开关检修超周期或累计分接变换次数达到所规定的限值时，应报主管部门安排维修。

(16) 在系统无功功率不足的情况下，不宜采用调整变压器分接头的办法来提高电压。因为当某一地区的电压由于变压器分接头的改变而升高后，该地区所需的无功功率也增大了，这就可能扩大系统的无功缺额，从而导致整个系统的电压水平降低。

(17) 运行人员在调节时的注意事项：①确定分接头调节方向。②查看分接头档数变化是否正常。③每调节一档应查看母线电压指示是否正常，母线电压是否正常变化。

通过母线电压表，以及变压器本身各侧电压表读数，可判断有载调压分接开关动作的正确性。

(18) 在运行中的变压器需要调压时，如果有载调压装置失灵可以用手动调压。手动调压前应先切断自动控制调压电源，然后用手柄调压，并根据现场规程（按制造厂规定）和分接开关指示位置将变压器分接开关调到所需要的位置。

(19) 变压器有载调压次数的规定。有载调压装置的调压操作由运行人员按主管调度部门确定的电压曲线进行，每天调节次数（每调节1个分头为1次）为：35kV主变压器一般不超过20次，110～220kV主变压器一般不超过10次。

（20）变压器有载调压装置在下列情况下不能调压：①变压器有载装置耐压不合格。②变压器负荷超过现场运行规程规定或制造厂规定。③调压次数超过规定。④有载调压装置的瓦斯保护频繁发信号。⑤调压装置发生异常或有载调压装置油标管中无油。

（21）三绕组变压器若在高压、中压侧都装有分接开关时的调节。三绕组变压器有时在高压、中压侧都装有分接开关。改变高压侧分接开关的位置能改变中压、低压两侧的电压，而改变中压侧分接开关位置则只能改变中压侧的电压。例如：

1）因系统电压变动或因负荷变化需要调整电压时，只改变高压侧分接开关位置即可使中压、低压侧变为需要的电压。

2）如果只是低压侧需要调整电压，而中压侧仍需维持原来的电压，此时除改变高压侧分接开关位置外，中压侧分接开关位置亦需改变。

四、有载分接开关在线滤油装置的操作规定

（1）滤油机新投运及检修后，运行人员要进行验收，确认设备电源、信号、工作状态及试运行均无异常。

（2）在滤油机新投入运行的3天内应每日检查1次，正常运行时结合变压器巡视开箱检查。主要检查系统是否渗漏，运行是否正常，温控器工作是否正常。

（3）滤油机运行采用自动投切方式，滤油机应能按下列方式进行滤油，各种滤油方式应是按可切换方式设置的。

1）从有载分接开关引取有源或无源触点信号，每次开关动作后即进行1次设定时间滤油。

2）可设定从1h及以上周期内定时滤油。

3）可根据开关动作次数设定滤油机动作周期。

4）可采用手动方式投入切除滤油机。

滤油时间应根据变压器有载分接开关油量计算，即理论上进行一遍过滤的时间进行设定。

（4）当有载分接开关进行切换时，允许进行滤油操作，且不需要停用有载分接开关气体继电器保护及电压无功控制装置。

（5）运行人员在巡视中，如发现有异常的运转声或渗油时，应立即切除滤油机电源，关闭有载分接开关进、出油管阀门并报重要缺陷检修。

（6）当滤油机压差报警装置报警时，应停用滤油机并报重要缺陷。报警信号宜接入变电站监控系统。

五、无励磁分接开关操作

无励磁调压变压器在变换分接时，应作多次转动，以消除触头上的氧化膜和油污。在确认变换分接正确并锁紧后，测量绕组的电压比和直流电阻。分接变换情况应做记录。

六、冷却系统的操作

（一）强油风冷却器的动力电源及操作方式

（1）冷却器的工作方式。冷却器的工作方式有工作、停用、备用、辅助4种状态。在正常运行时，应有一组冷却器放在备用状态，在工作冷却器发生故障时，备用冷却器能自动投入运行。还应有一组冷却器放在辅助状态，当变压器油温、负荷高的情况下，辅助冷却器能自动投入运行。辅助启动的动作过程如下：

当变压器负荷升高达到预先定值（即第一定值）时，电流继电器动作，接通时间继电器，经延时后接通辅助启动回路，辅助启动回路使辅助冷却器投入。

当变压器温度达到第二定值时，接通辅助启动回路，辅助启动回路使辅助冷却器投入。当变压器温度下降到第一定值后，断开辅助启动回路，辅助冷却器退出。

（2）强油风冷却器的动力电源。强油风冷却器有两路动力电源，分别接至站用电Ⅰ段和Ⅱ段，一路为工作电源，另一路为备用电源。两路电源通过变压器冷却器控制箱内的Ⅰ/Ⅱ段电源自动切换开关自动进行切换，正常时一路工作，另一路备用；当工作电源失压后（如电缆头烧断，线路断线等）冷却器工作电源将自动切换到备用电源。

变压器冷却器的工作电源和备用电源应定期进行切换，以防电缆头过热故障。

（3）强油风冷却器的启动方式。强油风冷却器的启动方式有手动和自动两种。自动方式又有两种方式：一种是由开关或隔离开关辅助触点自启动；另一种是当变压器油面温度或者负荷电流达到辅助冷却器启动的定值时启动。变压器在送电时一般都采用手动启动方式。

（二）冷却系统的操作方法、程序及注意事项

（1）强油循环冷却变压器运行时，必须投入冷却器。空负荷或轻负荷时，不应投入过多的冷却器。

（2）定期切换冷却器的独立电源，检查其自动装置的可靠性。

（3）变压器中的油因低温凝滞时，应不投冷却器空载运行；同时监测顶层油温，逐步增加负荷，直至投入相应数量冷却器，转入正常运行。

（4）正常运行情况下，采用自然风冷或强油风冷的变压器，冷却装置的投切应采用自动控制。控制的方式可以按照本体顶层油温或是依据变压器负荷电流设定，也可以采用两种方式同时控制；但是启动冷却装置的条件应满足两个设定值为“或”，而停止冷却装置的条件应符合两个设定值为“与”的逻辑关系。

（5）采用冷却器的变压器除具有按照满负荷运行需要的组数外，至少还应设有一组冷却器作备用、辅助功能。各组冷却器间的辅助、备用功能应是可切换设置的。采用风冷或强迫风冷的变压器也应具有一定数量的备用风机、油泵，各风机、油泵间也应是可切换设置的。

（6）变压器的冷却装置应定期冲洗，以防止因散热管间污垢堵塞导致的冷却效率降低。

（7）开启主变压器冷却器的过程一般是：合上站用电屏上的主变压器风控电源小开关→检查主变压器风控冷却器无异常信号→合上各组冷却器电源小开关→将应投入的冷却器组控制小开关置工作位置，将备用停用冷却器控制开关设置在相应的功能位置。停用冷却器顺序与此相反。

（8）变压器冷却系统投切原则。冷却器在变压器运行前应先投入运行，其提前投入时间及变压器运行后空载和不同负荷情况下应投入的台数，可按该变压器产品说明书执行；如产品说明书中无规定的，一般除备用外均全部投入运行。变压器停运时应先停变压器，冷却装置运行一段时间再停，使变压器油和绕组温度能充分降低。

（9）强油风冷的变压器即使在充电运行时，也要有保证一定量的冷却器投入运行，具体数量应满足冷却容量大于主变压器空载时的发热容量。充电运行和正常运行时冷却器投

入组数按制造厂铭牌规定。

(10) 采用水冷却的变压器，在运行中冷却水如果进入油中是非常危险的，所以这种冷却系统具有较高的密封要求，防止水进入油中。为此，运行时要严格遵守油泵和水泵开停次序，在冷却器投入运行前应先启动油泵，待油压上升后才可启动水泵通入冷却水；停用冷却器时，应先停水泵再停用油泵。其目的是在操作过程中始终使油压大于水压。冷却器应在变压器投运前投用，变压器停运后再退出。

(11) 强迫油循环冷却的变压器在进行冷却电源切换试验时，不宜使全部冷却器组在运行状态；因为在做冷却电源切换试验时，油泵有一个全停到全启动的过程，会造成变压器里内部油的流速突变，故不宜全部冷却器组在运行状态下进行电源切换试验，防止气体继电器误动。

(12) 新投运的变压器冷却器应逐台进行试运行，试运行时应检查下述各项：①检查油泵和油流继电器的工作情况应正常。②试运行时发出的各种信号应正确。③冷却器运转应正常，无明显振动和杂音。④冷却装置无渗漏现象。

七、变压器中性点接地切换操作

1. 操作方法

切换原则是保证电网不失去接地点。应先合上一台主变压器的接地开关，合上前，要合的主变压器的零序电流先调整到直接接地定值；后拉开另一台主变压器的接地开关，拉开后，拉开的主变压器的零序电流再调整到间隙接地定值。

2. 调整变压器 220kV 中性点接地方式注意事项

两台及以上变压器并列运行时，为了限制短路电流，通常只有一台变压器的中性点接地；在此情况下，中性点直接接地与间隙接地变压器在接地故障时须设置跳闸的时间顺序，所以调整变压器 220kV 中心接地方式时，220kV 零流要调整时间定值。

第十一节　变压器异常及事故处理

一、变压器异常及事故处理的原则

1. 异常及事故处理的一般原则

电力系统发生事故时，各单位运行人员应在上级值班调度员的统一指挥下处理事故，并做到如下几点：

(1) 变压器事故和异常处理，必须严格遵守《安全工作规程》、调度规程、现场运行规程及有关安全工作规定，服从调度指挥，正确执行调度命令。

(2) 如果对人身和设备的安全没有构成威胁时，首先应先保人身安全，并应尽力设法保持其设备运行，一般情况下，不得轻易停运设备；如果对人身和设备的安全构成威胁时，应尽力设法解除这种威胁；如果危及人身和设备的安全时，应立即停止设备运行。

(3) 值班员应在第一时间将本站跳闸情况向调度汇报，汇报内容包括汇报人的姓名、变电站名称、跳闸时间及现象、断路器跳闸情况、继电保护及自动装置动作情况，频率、电压、潮流的变化及设备状况等汇报时应报出，以便调度及时掌握系统的情况；在异常及故障处理完后，应再次将处理的情况向调度汇报。值班员在汇报时应准确，不允许使用含糊的术语。

(4) 在处理事故时，应根据现场情况和有关规程规定启动备用设备运行，采取必要的安全措施，对未造成事故的设备进行必要的安全隔离，保持其正常运行，防止事故扩大。

（5）在处理事故过程中，首先应保证站用电的安全运行和正常供电，当系统或有关设备事故和异常运行造成站用电停电事故时，应首先处理和恢复站用电的运行，以确保其供电。

（6）事故处理时，值班人员应根据当时的运行方式、天气、工作情况、继电保护及自动装置的动作情况、光字牌信号、事件打印、表计指示和设备情况，及时判明事故的性质和范围。

（7）尽快对已停用的用户特别是重要用户保安电源恢复供电。

（8）当设备损坏无法自行处理时，应立即向上级汇报。在检修人员到达现场之前，应先做好安全措施。

（9）为了防止事故的扩大，在事故处理过程中，变电站值班人员应与调度员保持联系，主动将事故处理的进展情况报告调度员。

（10）每次事故处理完后，都要做好详细的记录，并根据要求，登录在运行日志、事故障碍及断路器跳闸记录本上。

（11）当事故未查明，需要检修人员进一步试验或检查时，运行人员不得将继电保护屏的掉牌信号复归，以便专业人员进一步分析。

（12）异常及事故处理完后，值班长应指定有经验的值班员编写异常运行及设备跳闸报告。

2. 事故处理的一般程序

（1）及时检查记录断路器的跳闸情况、保护及自动装置的动作情况、光字牌信号及事件打印情况及事故特征。

（2）迅速对故障范围内的设备进行外部检查，并将事故现象、特征和检查情况向调度汇报。

（3）根据事故特征，分析判断故障范围和事故停电范围。

（4）采取措施，限制事故的发展，解除对人身和设备安全的威胁。

（5）对故障所在范围迅速隔离或排除故障。

（6）首先对无故障部分恢复供电。

（7）对损坏的设备做好安全措施，向有关上级汇报，由专业人员检修故障设备。

对故障处理的一般程序可以概括为：及时记录，迅速检查，简明汇报，认真分析，准确判断，限制发展，排除故障，恢复供电。

（8）填写各种记录，编写跳闸报告。

3. 编写现场事故处理报告

事故处理完后，运行人员必须将事故处理的全过程进行汇总，编写出详细的现场事故报告，并迅速递交上级调度或有关部门，以便专业人员对事故进行分析。

现场事故报告应包括以下内容：

（1）事故现象：包括发生事故的时间、中央信号、事故前后的负荷情况等。

（2）断路器跳闸情况（包括现场和远方指示）。

（3）保护及自动装置的动作情况。

（4）系统稳定装置的动作情况分析。

（5）事件打印并分析。

（6）故障录波打印报告（对电压、电流等最好能折算到一次侧）及测距。

（7）微机保护的打印报告并对其进行分析（对电压、电流等最好能折算到一次侧）。分析内容包括保护收发信号、断路器的跳闸情况、测距、重合闸的动作情况、电流电压波形分析、保护的启动及动作时间分析等。

（8）现场设备的检查情况。

（9）事故的初步分析。

（10）事故的处理过程，包括检查、操作、所布置的安全措施等。

（11）存在的问题分析。

（12）初步分析结论。

将上述汇总资料打印成书面资料，汇总资料要完整、准确、明了、整洁。

二、变压器事故跳闸的处理及停运

1. 变压器事故跳闸的处理原则

（1）变压器的断路器跳闸时，应首先根据继电保护的动作情况和跳闸时的外部现象，判明故障原因后再进行处理。

（2）检查相关设备有无过负荷现象。若本站为两台（两组）主变压器，则在一台（一组）事故跳闸后，应严格监视另一台（组）变压器的负荷。

（3）若主保护（气体保护、差动等）动作，在未查明原因消除故障前不得送电。

（4）如只是过流保护（或低压过流）动作，在检查主变压器无问题后可以送电。

（5）装有重合闸的变压器，若跳闸后重合闸不成功，则应检查设备后再考虑送电。

（6）有备用变压器或备用电源自动投入的变电站，当运行变压器跳闸时应先考虑投入备用变压器或备用电源，然后再检查跳闸的变压器。

（7）若无备用变压器，则应尽快转移负荷、改变运行方式，同时查明故障是何种保护动作。在检查变压器跳闸原因时，应查明变压器有无明显的异常现象，有无外部短路、线路故障、过负荷，有无明显的火光、怪声、喷油等现象。如确实证明变压器各侧跳闸不是由于内部故障引起，而是由于过负荷、外部短路或保护装置二次回路误动造成的，则可申请试送一次。

（8）如因线路故障、保护越级动作引起变压器跳闸，则在故障线路断路器断开后，可立即恢复变压器运行。

（9）变压器跳闸后应首先确保站用电的供电。

（10）变压器主保护动作，在未查明故障原因时，值班员不要复归保护屏信号，以便专业人员进一步分析和检查。

2. 应立即将变压器停运的情况

变压器遇有以下情况时，应立即将变压器停运。若有备用变压器，应尽可能将备用变压器投入运行。

（1）变压器内部声响异常或声响明显增大，并伴随有爆裂声。

（2）在正常负荷和冷却条件下，变压器温度不正常并不断上升超过允许运行值。

（3）压力释放装置动作（同时伴有其他保护动作）。

（4）严重漏油使油面降低，并低于油位计的指示限度。

（5）油色变化过大，油内出现大量杂质等。

（6）套管有严重的破损和放电现象。

(7) 冷却系统故障，断水、断电、断油的时间超过了变压器的允许时间。

(8) 变压器冒烟、着火、喷油。

(9) 变压器已出现故障，而保护装置拒动或动作不明确。

(10) 变压器附近着火、爆炸，对变压器构成严重威胁。

三、变压器的异常运行及处理

变压器与其他电气设备相比，故障是很少的，因为它没有像电机那样的转动部分，而且元件都浸在油中；但由于操作或维护不当，也容易发生事故。一般变压器的故障都发生在绕组、铁芯、套管、分接开关和油箱等部件上。漏油、引线接头发热的问题带有普遍性。

变压器常见的故障及异常有：

(1) 变压器内部故障。

(2) 运行声音异常或有爆裂声。

(3) 外部短路故障造成变压器绕组损坏。

(4) 绕组开路。

(5) 变压器主绝缘受潮放电。

(6) 套管出现裂纹、破损、闪络或放电，套管渗油。

(7) 套管绝缘击穿。

(8) 中性点套管位移并大量漏油。

(9) 顶盖和其他部位着火。

(10) 变压器油色变化严重，油内出现炭质。

(11) 变压器油位低于下限值。

(12) 变压器吸湿器硅胶变色。

(13) 变压器严重漏油。

(14) 变压器引线接头发热。

(15) 压力释放装置喷油或溢油。

(16) 变压器压力释放阀触点因绝缘下降造成误动。

(17) 变压器油面过高或有油从储油柜中溢出。

(18) 在正常条件下温度不断上升。

(19) 变压器油向调压油箱渗漏。

(20) 调压装置机构故障或电动操作失灵。

(21) 变压器有载调压装置滑档。

(22) 变压器有载调压开关自动调档。

(23) 分接开关调节时，有载调压开关油箱突然起火，开关和调压线圈损坏。

(24) 冷却器故障或全停。

(25) 潜油泵渗、漏油。

(26) 潜油泵油流指示不正确。

(27) 潜油泵转动中有杂音或发热。

(28) 散热器散热效果降低。

(29) 测温装置指示不正常或失灵。

(30) 冷却器温控回路不能自投。

(31) 油泵、风扇热偶频繁动作。

(32) 备用电源开关自投不成功。

(33) 冷却器动力电源电缆烧断。

(34) 二次回路及控制设备故障。

(35) 电气预防性试验部分项目数据不合格。

(36) 油化验数据不合格。

(37) 变压器爆炸。

变压器发生异常情况时，值班人员应立即向班长、所长及调度汇报，并立即对变压器进行检查，判断故障性质，针对不同情况分别处理。

下面介绍几种异常运行情况的处理方法。

(一) 声音异常的处理

变压器正常运行时，由于硅钢片磁滞伸缩，会发出均匀的“嗡嗡”声；如果有其他异常声响，应根据声响查找故障的原因。

(1) 当变压器内部有很重而且特别沉闷的“嗡嗡”声时，可靠是变压器负荷较大或满载、过负荷运行，铁芯硅钢片振动增加，发出比正常时较高、较粗的声响。

(2) 当变压器内部有尖细的“哼哼”声或尖细的“嗡嗡”声时，可能是系统中发生铁磁谐振，也可能是系统中或变压器内部发生了一相断线或单相接地故障。

(3) 当变压器内、外部同时发出特别大的“嗡嗡”声和特别大的其他振动杂音时，可能是系统发生了短路故障；变压器通过大量的非周期性电流，铁芯严重饱和，磁通畸变为非正弦波，从而使变压器整个箱体受强大的电动力影响而振动。

(4) 当变压器内部有“吱吱”或“噼啪”声时，可能是内部有放电故障，如铁芯接地不良、分接开关接触不良、引线对油箱壳放电等。当“吱吱”或“噼啪”声发生在变压器外部，可能是瓷套管表面污秽比较严重或大雾、下雨等天气情况下，瓷质电晕放电发出的声响（夜间可见蓝色火花）。当变压器空载合闸时，有“啪”的一声响声，若声响发生在变压器外部，可能是变压器外壳接地螺栓接触不良，或上下节油箱连接处连接不良，也可能是引线对外壳放电，或瓷套打火引起。

(5) 当变压器内部有“哇哇”声时，可能是由于电弧等整流设备负荷投入，因高次谐波作用，使变压器瞬间发出“哇哇”声。

(6) 当变压器内部有“叮叮当当”声时，可能是由于铁芯的夹紧螺栓松动或内部有些零部件松动引起的。

(7) 当变压器内部有“咕嘟咕嘟”水的沸腾声时，可能是绕组有较严重的故障或分接开关接触不良而局部严重过热引起，应立即停止变压器的运行，进行检修。

(8) 变压器声响明显增大，内部有爆裂声时，应立即断开变压器各侧断路器，将变压器转检修。

(9) 当响声中夹有爆裂声时，既大又不均匀，可能是变压器的器身绝缘有击穿现象，应立即停止变压器的运行，进行检修。

(10) 响声中夹有连续的、有规律的撞击或摩擦声时，可能是变压器的某些部件因铁芯振动而造成机械接触。如果是箱壁上的油管或电线处，可增加距离或增强固定来解决。另外，冷却风扇、油泵的轴承磨损等也发出机械摩擦的声音，应确定后进行处理。

(二) 油温异常升高的处理

过热对变压器是极其有害的。变压器绝缘损坏大多是由过热引起，温度的升高降低了绝缘材料的耐压能力和机械强度。IEC 354《变压器运行负载导则》指出：变压器最热点温度达到140℃时，油中就会产生气泡，气泡会降低绝缘或引发闪络，造成变压器损坏。

变压器过热也对变压器的使用寿命影响极大。国际电工委员会（IEC）认为在80～140℃的温度范围内，温度每增加6℃，变压器绝缘有效使用寿命降低的速度会增加1倍，这就是变压器运行的六度法则。GB 1094.2—1996中规定：油浸变压器绕组平均温升值是65℃，顶部油温升是55℃，铁芯和油箱是80℃。IEC还规定绕组热点温度任何时候不得超过140℃，一般取130℃作为设计值。

1. 变压器油温异常升高的原因

(1) 变压器冷却器运行不正常。

(2) 运行电压过高。

(3) 潜油泵故障或检修后电源的相序接反。

(4) 散热器阀门没有打开。

(5) 变压器长期过负荷。

(6) 内部有故障。

(7) 温度计损坏。

(8) 冷却器全停。

2. 变压器油温异常升高的检查

发现变压器油温异常升高，应对以上可能的原因逐一进行检查，作出准确判断并及时处理。

(1) 检查变压器就地及远方温度计指示是否一致，用手触摸比较各相变压器油温有无明显差别。

(2) 检查变压器是否过负荷。若油温升高因长期过负荷引起，应向调度汇报，要求减轻负荷。

(3) 检查冷却设备运行是否正常。若冷却器运行不正常，则应采取相应的措施。

(4) 检查变压器声音是否正常，油温是否正常，有无故障迹象。

(5) 核对测温装置准确度。

(6) 检查变压器室的通风情况。

(7) 检查变压器有关蝶阀开闭位置是否正确。

(8) 检查变压器油位是否正常。

(9) 检查变压器的气体继电器内是否积聚了可燃气体。

(10) 检察系统运行情况，注意系统谐波电流情况。

(11) 进行油色谱试验。

(12) 必要时进行变压器预防性试验。

判断变压器油温升高，应以现场指示、远方打印和模拟量告警为依据，并根据温度—负荷曲线进行分析。若仅有告警，而打印和现场指示均正常，则可能是误发信号或测温装置本身有误。

3. 变压器油温异常升高的处理

(1) 若温度升高的原因是由于冷却系统的故障，且在运行中无法修复，应将变压器停运修理；若不能立即停运修理，则应按现场规程规定调整变压器的负荷至允许运行温度的相应容量，并尽快安排处理；若冷却装置未完全投入或有故障，应立即处理，排除故障；

若故障不能立即排除，则必须降低变压器运行负荷，按相应冷却装置冷却性能与负荷的对应值运行。

如果冷却系统因故障已全部退出工作，则应倒换备用变压器，将故障变压器退出运行。

(2) 如果温度比平时同样负荷和冷却温度下高出10℃以上，或变压器负荷、冷却条件不变，而温度不断升高，温度表计又无问题，则认为变压器已发生内部故障（铁芯烧损、绕组层间短路等），应投入备用变压器，停止故障变压器运行，联系检修人员进行处理。

(3) 若经检查分析是变压器内部故障引起的温度异常，则立即停运变压器，尽快安排处理。

(4) 若运行仪表指示变压器已过负荷，单相变压器组三相各温度计指示基本一致（可能有几度偏差），变压器及冷却装置无故障迹象，则温度升高由过负荷引起，应按过负荷处理。若由变压器过负荷运行引起，在顶层油温超过105℃时，应立即降低负荷。

(5) 若散热器阀门没有打开，应设法将阀门打开，一般变压器散热器阀门没有打开，在变压器送电带上负荷后温度上升很快。若本站有两台变压器，那么通过对两台变压器的温度进行比较就能判断出。

(6) 若是潜油泵电源的相序接反了，可从油流指示器上进行判断，应立即启动备用冷却器，将潜油泵电源的相序进行调换，并用相序表进行检查。

(7) 若远方测温装置发出温度告警信号，且指示温度值很高，而现场温度计指示并不高，变压器又没有其他故障现象，可能是远方测温回路故障误告警，这类故障可在适当的时候予以排除。

(8) 如果三相变压器组中某一相油温升高，明显高于该相在过去同一负荷、同样冷却条件下的运行油温，而冷却装置、温度计均正常，则过热可能是由变压器内部的某种故障引起，应通知专业人员立即取油样做色谱分析，进一步查明故障。若色谱分析表明变压器存在内部故障，或变压器在负荷及冷却条件不变的情况下，油温不断上升，则应按现场规程规定将变压器退出运行。

4. 变压器长时间在极限温度下运行的危害

一般变压器的主要绝缘是A级绝缘，在长时间高温情况下运行，对变压器危害最大的是变压器绝缘材料老化、绝缘性能被破坏及绝缘油老化（氧化），油色变深、浑浊，黏度、酸度增加，绝缘性能变坏，出现破坏绝缘和腐蚀金属的低分子酸和沉淀物，影响使用寿命。

（三）油位异常的处理

变压器的油位是与油温相对应的，生产厂家应提供油位与温度曲线。当油位与温度不符合油位—温度曲线时，则油位异常。大型变压器一般采用带有隔膜或胶囊的储油柜，用指针式油位计反映油位。

引起油位异常的主要原因有：①指针式油位计出现卡针等故障。②隔膜或胶囊下面蓄积有气体，使隔膜或胶囊高于实际油位。③吸湿器堵塞，使油位下降时空气不能进入，油位指示将偏高。④胶囊或隔膜破裂，使油进入胶囊或隔膜以上的空间，油位计指示可能偏低。⑤温度计指示不准确。⑥变压器漏油使油量减少。

1. 油位过低

油位过低或看不到油位，应视为油位不正常。当低到一定程度时，会造成轻瓦斯动作告警。严重缺油时，会使油箱内绝缘暴露受潮，降低绝缘性能，影响散热，甚至引起绝缘故障。油位过低一般有以下原因：

(1) 变压器严重渗漏油或长期渗漏油。通常发生渗漏油的部位主要有下列几处，在巡视检查中应特别注意检查，要注意区别是运行中渗漏油还是检修时遗漏的油迹。

套管升高座电流互感器小绝缘子引出线的桩头处，所有套管引线桩头、法兰处。变压器运行中，运行人员可通过接线盒封底部有无渗漏油来判断。

1) 气体继电器及连接管道。

2) 潜油泵接线盒、观察窗、连接法兰、连接螺钉紧固件、胶垫。

3) 冷却器散热管。

4) 全部连接通路蝶阀。

5) 集中净油器或冷却器油通路连接片。

6) 全部放气塞处。

7) 全部密封部位胶垫处。

8) 部分焊缝不良处。

(2) 设计制造不当，储油柜容量与变压器油箱容量配合不当（一般储油柜容积应为变压器油量的8%～10%）。一旦气温过低，在低负荷时油位下降过低，则不能满足要求。

(3) 注油不当，未按标准温度曲线加油。

(4) 检修人员因临时工作多次放油后，而未及时补充。

油位过低的处理：①若变压器无渗漏油现象，油位明显低于当时温度下应有的油位（查温度—油位曲线），应尽快补油；但不能从变压器下部阀门补油，防止底部沉淀物冲入绕组内，并将重瓦斯改接信号。补油后，要及时检查气体继电器的气体。②若变压器大量漏油造成油位迅速下降时，应立即采取措施制止漏油。若不能制止漏油，且低于油位计指示限度时，应立即将变压器停运。③对有载调压变压器，当主油箱油位逐渐降低，而调压油箱油位不断升高，以至从吸湿器中漏油，可能是主油箱与有载调压油箱之间密封损坏，造成主油箱的油向调压油箱内渗。应申请将变压器停运，转检修。

2. 油位过高

如变压器温度变化正常，而变压器油标管（或油位表）内油位不正常（过高或过低）或不变化，则说明储油柜油位是变压器的假油位。

油位过高的原因有：

(1) 吸湿器堵塞，所指示的储油柜不能正常呼吸。

(2) 防爆管通气孔堵塞。

(3) 油标堵塞或油位表指针损坏、失灵。

(4) 全密封储油柜未按全密封方式加油，在胶囊袋与油面之间有空气（存在气压，造成假油位）。

变压器吸湿器堵塞，可造成油位计指示的大起大落现象，在负荷和油温高时油位很高，甚至可造成压力释放阀动作；而负荷和油温低时则回落；吸湿器的油封杯中没有气泡产生。

对于有载调压的变压器，如发现有载调压的储油柜油位异常升高，在排除有载调压分接开关内部无故障及注油过高的因素后，可判定为内部渗漏（变压器本体的油渗漏到有载调压分接开关筒体内部）。

变压器油位过高的处理：①如果变压器油位高出油位计的最高指示，且无其他异常时，为了防止变压器油溢出，则应放油到适当高度；同时应注意油位计、吸湿器和防爆管是否堵塞，避免因假油位造成误判断。放油时应先将重瓦斯改接信号。②变压器油位因温度上升有可能高出油位指示极限，经查明不是假油位所致时，则应放油，使油位降至与当时油温相对应的高度，以免溢油。③油位计带有小胶囊时，如发现油位不正常，先对油位计加油。此时需将油表呼吸塞及小胶囊室的塞子打开，用漏斗从油表呼吸塞处缓慢加油，将囊中空气全部排出，然后打开油表放油螺栓，放出油表内多余油量（看到油表内油位即可），关上小胶囊室的塞子。注意油表呼吸塞不必拧得太紧，以保证油表内空气自由呼吸。

（四）本体及套管渗漏、油位异常和套管末屏有放电声的处理

1. 造成渗漏油的原因

运行中变压器渗漏油是常见的，造成渗漏油的原因有：

（1）阀门系统、蝶阀胶垫材质不良、安装不良、放油阀精度不高，螺纹处渗漏。

（2）高压套管基座电流互感器出线桩头胶垫处不密封或无弹性，造成接线桩头胶垫处渗漏。小绝缘子破裂，造成渗漏油。

（3）胶垫不密封造成渗漏。一般胶垫应保持压缩 2/3 时仍有一定的弹性，随运行时间、温度、振动等因素，胶垫易老化龟裂失去弹性。胶垫材料不合格安装，位置不对称、偏心也会造成胶垫不密封。

（4）设计制造不良。高压套管升高座法兰、油箱外表、油箱底盘大法兰等焊接处，因有的法兰材质太薄、加工粗糙而造成渗漏油。

2. 变压器渗漏油的处理

（1）变压器本体渗漏油若不严重，并且油位正常，应加强监视。

（2）变压器本体渗漏油严重，并且油位未低于下限，但一时又不能停电检修，应通知专业人员进行补油，并应加强监视，增加巡视的次数；若低于下限，则应将变压器停运。

3. 套管渗漏、油位异常和套管末屏有放电声的处理

（1）套管严重渗漏或瓷套破裂时，变压器应立即停运。更换套管或消除放电现象，经电气试验合格后方可将变压器投入运行。

（2）套管油位异常下降或升高，包括利用红外测温装置检测油位，确认套管发生内漏（即套管油与变压器油已连通），应安排吊套管处理。当确认油位已漏至金属储油柜以下时，变压器应停止运行，进行处理。

（3）套管末屏有放电声时，应将变压器停止运行，并对该套管做试验；确认没有引起套管绝缘故障，对末屏可靠接地后方可将变压器恢复运行。

（4）大气过电压、内部过电压等，会引起瓷件、瓷套管表面龟裂，并有放电痕迹。此时应采取加强防止大气过电压和内部过电压措施。

（五）防爆管防爆膜破裂和压力释放阀冒油的处理

1. 防爆管防爆膜破裂

防爆管防爆膜破裂，引起水和潮气进入变压器内，会导致绝缘油乳化及变压器的绝缘强度降低。防爆管防爆膜破裂的原因：

（1）防爆膜材料或玻璃选择、处理不当。如材质未经压力试验，玻璃未经退火处理，由于自身应力的不均匀而导致破裂。

（2）防爆膜及法兰加工不精密、不平整，装置结构不合理，检修人员安装防爆膜时工艺不符合要求，紧固螺钉受力不匀，接触面无弹性等所造成。

（3）吸湿器堵塞或抽真空充氮气情况下，操作不慎使之承受压力而破坏。

（4）受外力或自然灾害袭击。

（5）变压器发生内部故障。

2. 压力释放阀异常

（1）压力释放阀冒油而变压器的气体继电器和差动保护等电气保护未动作时，应立即取变压器本体油样进行色谱分析，如果色谱正常，则怀疑压力释放阀动作是其他原因引起。

1）检查变压器本体与储油柜连接阀是否已开启、吸湿器是否畅通、储油柜内气体是否排净，防止由于假油位引起压力释放阀动作。

2）检查压力释放阀的密封是否完好，必要时更换密封胶垫。

3）检查压力释放阀升高座是否设放气塞，如无应增设，防止积聚气体因气温变化发生误动。

4）如条件允许，可安排时间停电，对压力释放阀进行开启和关闭动作试验。

5）查阅历史记录，是否因为在冬天检修后注油过高，到夏天高温大负荷情况下，造成变压器油箱油位过高而使压力释放阀冒油。

（2）压力释放阀冒油，且瓦斯保护动作跳闸时，在未查明原因、故障未消除前不得将变压器投入运行。

（六）轻瓦斯动作的处理

1. 变压器轻瓦斯报警的原因

（1）变压器内部有较轻微故障产生气体。

（2）变压器内部进入空气。

（3）外部发生穿越性短路故障。

（4）油位严重降低至气体继电器以下，使气体继电器动作。

（5）直流多点接地、二次回路短路。

（6）受强烈振动影响。

（7）气体继电器本身问题。

2. 变压器轻瓦斯报警后的检查

轻瓦斯动作发信时，应立即对变压器进行检查，查明动作是否因积聚空气、油位降低、二次回路故障或是变压器内部故障造成。

（1）检查是否因变压器漏油引起。

（2）检查变压器油位、绕组温度、声音是否正常。

（3）检查气体继电器内有无气体，若存在气体，应取气体进行分析。

（4）检查二次回路有无故障。

（5）检查储油柜、压力释放装置有无喷油、冒油，盘根和塞垫有无凸出变形。

3. 变压器轻瓦斯报警后的处理

（1）如气体继电器内有气体，则应记录气体量，观察气体的颜色及试验是否可燃，并取气样及油样做色谱分析，根据有关规程和导则判断变压器的故障性质。

若气体继电器内的气体为无色、无臭且不可燃，色谱分析判断为空气，则变压器可继续运行；若信号动作是因为油中剩余空气逸出或强油循环系统吸入空气而动作，而且信号动作时间间隔逐次缩短，将造成跳闸时，则应将气体保护改接信号；若气体是可燃的，色谱分析后其含量超过正常值，经常规试验给予综合判断，如说明变压器内部已有故障，必须将变压器停运，以便分析动作原因和进行检查、试验。

(2) 轻瓦斯动作发信后，如一时不能对气体继电器内的气体进行色谱分析，则可按下面方法鉴别：

1) 无色、不可燃的是空气。

2) 黄色、可燃的是木质故障产生的气体。

3) 淡灰色、可燃并有臭味的是纸质故障产生的气体。

4) 灰黑色、易燃的是铁质故障使绝缘油分解产生的气体。

(3) 如果轻瓦斯动作发信后，经分析已判为变压器内部存在故障，且发信间隔时间逐次缩短，则说明故障正在发展，这时应尽快将该变压器停运。

(七) 油色谱异常的处理

(1) 变压器本体油中气体色谱分析超过注意值时，应进行跟踪分析；根据各特征气体和总烃含量的大小及增长趋势，结合产气速率，综合判断。必要时缩短跟踪周期。

(2) 不同故障类型产生的主要特征气体和次要特征气体如表 1-18 所示。

表 1-18　　不同故障类型产生的特征气体

故障类型	主要特征气体组分	次要特征气体组分
油过热	CH_4，C_2H_4	H_2，C_2H_6
油和纸过热	CH_4，C_2H_4，CO，CO_2	H_2，C_2H_6
油纸绝缘中局部放电	H_2，CH_4，CO	C_2H_2，C_2H_6，CO_2
油中火花放电	H_2，C_2H_2	
油中电弧	H_2，C_2H_2	CH_4，C_2H_4，C_2H_6
油中纸中电弧	H_2，C_2H_2，CO，CO_2	CH_4，C_2H_4，C_2H_6

注　进水受潮或油中气泡可能使氢含量升高。

在变压器里，当产气速率大于溶解速率时，会有一部分气体进入气体继电器或储油柜中。当变压器的气体继电器内出现气体时，分析其中的气体，同样有助于对设备的状况作出判断。分析溶解于油中的气体，能尽早发现变压器内部存在的潜伏性故障，并随时监视故障的发展状况。

(3) 根据油色谱含量情况，运用 GB/T 7252—2001，结合变压器历年的试验（如绕组直流电阻、空载特性试验、绝缘试验、局部放电测量和微水测量等）的结果，并结合变压器的结构、运行、检修等情况进行综合分析，判断故障的性质及部位。根据具体情况对设备采取不同的处理措施（如缩短试验周期、加强监视、限制负荷、近期安排内部检查或立即停止运行等）。

(4) 在某些情况下，有些气体可能不是设备故障造成的，如油中含有水，可以与铁作用生成氢；过热的铁芯层间油膜裂解也可生成氢；新的不锈钢中也可能在加工过程中或焊接时吸附氢而又慢慢释放至油中；在温度较高、油中有限溶解氧时，设备中某些油漆（醇酸树脂），在某些不锈钢的催化下，甚至可能产生大量的氢；有些油初期会产生氢气（在允许范围左右），以后逐步下降。应根据不同的气体性质分别给予处理。

（5）当油色谱数据超注意值时，还应注意排除有载调压变压器中切换开关油室的油向变压器本体油箱渗漏，或选择开关在某个位置动作时，悬浮电位放电的影响；设备曾经有过故障，而故障排除后绝缘油未经彻底脱气，部分残余气体仍留在油中；设备带油补焊；原注入的油中就含有某些气体等可能性。

（八）内部放电性的处理

（1）若经色谱分析判定变压器内部存在放电性缺陷，首先应判定是否涉及固体绝缘；有条件时可进行局部放电的超声波定位检测，初步判断放电部位。如果放电涉及固体绝缘，变压器应及早停运进行其他检测和处理。

（2）若在判断变压器存在放电性缺陷的同时，发现变压器存在受潮或进空气等缺陷，在判明未损伤变压器绝缘的前提下，应首先对变压器进行干燥和脱气处理。

（3）不涉及固体绝缘的放电，可能来自悬浮放电、接触不良和磁屏蔽的放电等，应区别放电程度和发展速度，决定停电处理的时机。

（4）若经色谱分析判断变压器故障类型为电弧放电兼过热，一般故障表现为绕组匝间、层间短路，相间闪络、分接头引线间油隙闪络、引线对箱壳放电、绕组熔断、分接开关飞弧、因环路电流引起电弧、引线对接地体放电等。对于这类放电，一般应立即安排变压器停运，进行其他检测和处理。

（九）油色谱在线测量装置（若有）报警的处理

（1）装有本体油色谱在线监测装置的变压器，当在线监测装置报警时，应及时查明报警的原因，排除装置误报警的可能，尽快离线取油样进行色谱分析比较，判别变压器本体是否存在缺陷。若二者基本一致时，应查在线监测装置历史数据记录，何时发生气体含量增长，增长速率如何，最后对变压器作出进一步处理的决定。

（2）在线监测装置报警并通过油色谱分析比较已判定变压器内部存在缺陷时，应根据气体成分作出不同的管理和处理，可参照“油色谱异常的处理”要求进行。

（十）变压器铁芯运行异常的处理

（1）变压器铁芯绝缘电阻与历史数据相比较低时，首先应区别是否应受潮引起。如果排除受潮，则一般为变压器铁芯周围存在悬浮游丝。在变压器未放油的情况下，可考虑采取低压电容放电的形式对变压器铁芯进行放电，将铁芯周围悬浮游丝烧断，恢复变压器铁芯绝缘。

（2）如果变压器铁芯绝缘电阻低的问题一时难以处理，不论铁芯接地点是否存在电流，均应串入电阻，防止环流损伤铁芯。有电流时，宜将电流限制在100mA以下。

（3）变压器铁芯多点接地，并采取了限流措施，仍应加强对变压器本体油的色谱跟踪，缩短色谱监测周期，监视变压器的运行情况。

（十一）变压器油流故障的处理

1. 变压器油流故障的现象

（1）变压器油流故障时，变压器油温不断上升。

（2）风扇运行正常，变压器油流指示器指在停止的位置。

（3）如果是管路堵塞（油循环管路阀门未打开），将会发油流故障信号，油泵热继电器将动作。

2. 变压器油流故障产生的原因

（1）油流回路堵塞。

（2）油路阀门未打开，造成油路不通。

（3）油泵故障。

（4）变压器检修后油泵交流电源相序接错，造成油泵电动机反转。

（5）油流指示器故障（变压器温度正常）。

（6）交流电源失压。

3. 处理方法

油流故障告警后，运行人员应检查油路阀门位置是否正常，油路有无异常，油泵和油流指示器是否完好，冷却器回路是否运行正常，交流电源是否正常，并进行相应的处理。同时，严格监视变压器的运行状况，发现问题及时汇报，按调度的命令进行处理。若是设备故障，则应立即向调度报告，通知有关专业人员来检查处理。

（十二）分接开关常见故障的处理

运行中分接开关常见故障及处理如表 1－19 所示。

表 1－19　运行中分接开关常见故障及处理

序号	故障现象	故障原因	检查与处理
1	连动	交流接触器剩磁或油污造成失电延时，顺序开关故障或交流接触器动作配合不当	检查交流接触失电是否延时返回或卡滞，顺序开关触点动作顺序是否正确。清除交流接触器铁芯油污，或改进电气控制回路，确保逐级控制分接交换
2	手动操作正常，而就地电动操作拒动	无操作电源或电动机控制回路故障，如手摇机构中弹簧片未复位，造成闭锁开关触点未接通	检查操作电源和电动机控制回路的正确性，消除故障后进行整组联动试验
3	电动操作机构动作过程中，空气开关跳闸	凸轮开关组安装移位	检查三个凸轮开关动作顺序是否正确，必要时进行调整安装位置
4	电动机构仅能一个方向分接变换	限位机构复位	手拨动限位机构，滑动接触处加少量油脂润滑，必要时更换限位开关
5	电动机构正、反两个方向分接变换均拒动	无操作电源或缺相，手动闭锁开关触点未复位	检查三相电源应正常，处理手摇闭锁开关触头应接触良好
6	远方控制拒动，而就地电动操作正常	远方控制回路故障	检查远方控制回路的正确性消除故障后进行整组联动试验
7	远方控制和就地电动或手动操作时，电动机构动作，控制回路与电动分接位置指示正常一致，而电压表、电流表均无相应变动	分接开关拒动、分接开关与电动机构连接脱落，如垂直或水平转动连接销脱落	检查分接开关位置与电动机构指示位置一致后，重新连接然后做连接检验
8	切换开关时间延长或不切换	储能弹簧疲劳，弹力减弱、断裂或机械卡死	调换弹簧或检修传动机械
9	分接开关与电动机构分接位置不一致	分接开关与电动机构连接错误	查明原因并进行连接校验

续表

序号	故障现象	故障原因	检查与处理
10	三相变压器组远方操作时分接头位置不一致	三相中有一相或两相控制箱内“就地—远方”手柄在就地位置	将就地远方手柄转换到远方位置
11	分接开关储油柜油位异常升高或降低直至变压器柜油位	如调整分接开关储油柜油位后，仍继续出现象，应判断为油室密封缺陷，造成油室中油与变压器本体油互相渗油。油室内放油螺栓未拧紧，亦会造成渗漏油	分接开关揭盖查找渗漏点，如无渗漏油，则应吊出芯体，抽尽室中绝缘油，在变压器本体油压下观察绝缘护筒内壁、分接引线螺栓及转轴密封等处是否有渗漏油。有放气孔或放油螺栓的应紧固螺栓，更换密封圈
12	运行中分接开关频繁发信动作	油室内存在局部放电源，造成气体的不断积累	吊芯检查是否有悬浮电位放电，连接或限流电阻是否断裂、接触不良而造成经常性的局部放电。应及时消除悬浮电位放电及其不正常局部放电电源
13	储能机构失灵	分接开关干燥后无油操作；异物落入切换开关芯体内；误拨枪机使机构处于脱扣状态	严禁干燥后无油操作，排除异物

（十三）变压器过负荷的处理

(1) 运行中发现变压器负荷达到相应调压分接头额定值的90%及以上，应立即向调度汇报，并做好记录。

(2) 根据变压器允许过负荷情况，及时做好记录，并派专人监视主变压器的负荷及上层油温和绕组温度。

(3) 按照变压器特殊巡视的要求及巡视项目，对变压器进行特殊巡视。

(4) 过负荷期间，变压器的冷却器应全部投入运行。

(5) 过负荷结束后，应及时向调度汇报，并记录过负荷结束时间。

（十四）冷却装置故障的处理

变压器冷却装置异常，会使油温升高超过制造厂规定或油浸式变压器顶层油温的规定值；因此，变压器冷却器故障的检查处理对运行人员尤为重要。

冷却装置是通过变压器油帮助绕组和铁芯散热。冷却装置正常与否，是变压器正常运行的重要条件。在冷却设备存在故障或冷却效率达不到设计要求时，变压器是不宜满负荷运行的，更不宜过负荷运行。需要注意的是，在油温上升过程中，绕组和铁芯的温度上升快，而油温上升较慢。可能从表面上看油温上升不多，但铁芯和绕组的温度已经很高了；所以，在冷却装置存在故障时，不仅要观察油温，还应注意变压器运行的其他变化，综合判断变压器的运行状况。

1. 冷却器故障的原因

(1) 冷却器的风扇或油泵电动机过载，热继电器动作。

(2) 风扇、油泵本身故障（轴承损坏，摩擦过大等）。

(3) 电动机故障（缺相或断线）。

(4) 热继电器整定值过小或在运行中发生变化。

(5) 控制回路继电器故障。

(6) 回路绝缘损坏，冷却器组空气开关跳闸。

(7) 冷却器动力电源消失。

(8) 冷却器控制回路电源消失。

(9) 一组冷却器故障后，备用冷却器由于自动切换回路问题而不能自动投入。

2. 冷却器故障的处理

冷却装置常见的故障及处理方法如下：

(1) 冷却装置电源故障。冷却装置常见的故障就是电源故障，如熔断器熔断、导线接触不良或断线等。当发现冷却装置整组停运或个别风扇停转以及潜油泵停运时，应检查电源，查找故障点，迅速处理。若电源已恢复正常，风扇或潜油泵仍不能运转，则可按动热继电器复归按钮试一下。若电源故障一时来不及恢复，且变压器负荷又很大，可采取用临时电源，使冷却装置先运行起来，再去检查和处理电源故障。

(2) 机械故障。冷却装置的机械工作包括电动机轴承损坏、电动机绕组损坏、风扇扇叶变形及潜油泵轴承损坏等。这时需要尽快更换或检修。

(3) 控制回路故障。控制回路中的各元件损坏，引线接触不良或断线，触点接触不良时，应查明原因迅速处理。

(4) 散热器出现渗漏油时，应采取堵漏油措施。如采用气焊或电焊，要求焊点准确，焊缝牢固，严禁将焊渣掉入散热器内。

(5) 当散热器表面油垢严重时，应清扫散热器表面，可用金属去污剂清洗，然后用水冲净晾干，清洗时管接头应可靠密封，防止进水。

(6) 散热器密封胶垫出现渗漏油时，应及时更换密封胶垫，使密封良好，不渗漏。

(7) 强油风冷却器表面污垢严重时，应用高压水（或压缩空气）吹净管束间堵塞的杂物，若油垢严重可用金属刷擦洗干净，要求冷却器管束间洁净、无杂物。

(8) 强油冷却系统全停时，应立即查明原因，紧急恢复冷却系统供电，同时注意变压器上层油温不得超过 75℃，并立即向上级汇报。

(9) 强油风冷变压器发生轻瓦斯频繁动作发信时，应注意检查强油冷却装置油泵负压区渗漏。

(10) 强油冷却装置运行中出现过热、振动、杂音及严重渗漏油、漏气等现象时，应及时更换或检修，如发现油泵轴承或叶片磨损严重时，应对变压器进行吊罩检查，变压器内部要求用油冲洗，保证变压器内部干净。

3. 一台风扇故障或运行声音异常的处理

冷却器在运行当中出现一台风扇故障或运行声音异常的现象很普遍。此时，若热继电器未动作（没有造成一组冷却器全停故障），则可按以下方法进行处理：

(1) 手动启动备用冷却器。

(2) 停用工作冷却器。

(3) 断开工作冷却器的动力电源开关。

(4) 若需将两组冷却器（只有两组的情况下）都投入运行时，可解下故障风扇的交流电源，复归热继电器，合上电源开关将两组冷却器投入运行。

(5) 若本台变压器有多组冷却器，则可启动备用冷却器。

4. 一组冷却器全停的处理

(1) 迅速投入备用冷却器（若风扇或潜油泵的热继电器动作使该组冷却器停运时，则自动启动备用冷却器运行)。

(2) 检查冷却器电源是否正常，有无缺相和故障。

(3) 若冷却器热耦开关自动跳闸，应检查冷却器回路有无明显故障。若无明显故障，运行人员可将热耦开关试合一次。若再跳闸，则将其退出运行，通知检修人员处理。

(4) 若本台变压器只有两组冷却器，一组冷却器运行，另一组冷却器故障退出运行，则运行人员应严格按照有关运行规程规定，监视变压器的电流和油温不得超过规定数值。否则应立即向调度报告，采取相应的措施。

(5) 若一台风扇热继电器动作退出运行，则可按单台风扇异常运行进行处理。

5. 潜油泵油流指示不正确的处理

变压器潜油泵油流指示器正常运行时，其指针应当指向流动的位置，若指针指向停止位置，则有以下两种情况：

(1) 潜油泵因某种原因没有启动。

(2) 潜油泵三相交流电源在检修后将相序接反（如A、C相接反)，造成潜油泵反转。

出现以上两种情况都将使变压器温度不断上升，因此，运行人员应立即查找原因进行处理，其处理方法如下：

(1) 启动备用冷却器。

(2) 检查潜油泵交流电源接线是否正确，其回路是否有断线现象。

(3) 检查潜油泵控制回路是否有故障。

6. 变压器冷却器全停的处理

近几年来，在大型变压器运行中，出现冷却器全停事故使变压器跳闸或被迫减负荷的故障已有多起。变压器运行中，冷却器全停，多属于冷却器电源故障及电源自动切换回路故障引起，此时将发“冷却器全停”中央信号。对冷却器全停故障，若不及时处理使冷却器恢复运行，则可能在全停时间超过20min并且油温超过跳闸整定值时，跳主变压器各侧断路器（目前有的大型变压器已将跳闸回路解除)。

冷却器全停变压器运行的一般规定：

(1) 油浸（自然循环）风冷变压器，风扇停止工作时，允许的负荷和运行时间，应按制造厂的规定。

(2) 强油循环风冷和强油循环水冷变压器，当冷却系统故障切除全部冷却器时，允许带额定负荷运行20min。如20min后顶层油温尚未达到75℃，则允许上升到75℃；但这种状态下运行的最长时间不得超过1h。

冷却器全停故障现象：

(1) 变压器油温上升速度比较快，变压器的温度曲线有明显的变化。

(2) 监视变压器风扇运行的指示信号灯熄灭。

(3) 部分故障还伴随有“动力电源消失”或“冷却器故障”等信号。

故障检查：

(1) 冷控箱内电源指示灯是否熄灭，判断动力电源是否消失或故障。

(2) 冷控箱内各小开关的位置是否正常，判断热继电器是否动作。

(3) 冷控箱内电缆头有无异常，检查动力电源是否缺相；若冷却装置仍运行在缺相的电源中，则应断开连接。

(4) 立即检查冷却控制箱各负荷开关、接触器、熔断器、热继电器等工作状态是否正常，若有问题，立即处理。

（5）立即检查冷却控制箱内另一工作电源电压是否正常；若正常，则迅速切换至该工作电源。

（6）站用电配电室冷却器动力电源保险是否熔断，电缆头有无烧断现象。

（7）备用电源自动投入开关位置是否正常，判断备用电源是否切换成功。

（8）检查变压器油位情况。

故障处理：

（1）及时汇报调度。

（2）检查故障变压器的负荷情况，密切注意变压器绕组温度、上层油温情况。

（3）若两组电源均消失或故障，则应立即设法恢复电源供电。

（4）若一组电源消失或故障，另一组备用电源自投不成功，则应检查备用电源是否正常；如果正常，应立即到现场手动将备用电源开关合上。

（5）当发生电缆头熔断故障而造成冷却器停运时，可直接在站用电配电室将故障电源开关拉开。若备用电源自投不成功，可到现场手动将备用电源开关合上。

（6）若主电源（或备用电源）开关跳闸，同时备用电源开关自投不成功时，则手动合上备用电源开关，若合上后再跳开，说明公用控制回路有明显的故障，这时，应采取紧急措施（合上事故紧急电源开关或临时接入电源线避开故障部分）。

（7）若是控制回路小开关跳闸，可试合一次，若再跳闸，说明控制回路有明显故障，可按前述方法处理。

（8）若是备用电源自动投入回路或电源投入控制操作回路故障，则应该改为手动控制备用电源投入或直接手动操作合上电源开关。

（9）若故障难以在短时间内查清并排除，在变压器跳闸之前，冷却器装置不能很快恢复运行，应作好投入备用变压器或备用电源的准备。

（10）冷却器全停的时间接近规定（20min），且无备用变压器或备用变压器能不带全部负荷时，如果上层油温未达75℃（冷却器全停的变压器），可根据调度命令，暂时解除冷却器全停跳闸回路的连接片，继续处理问题，使冷却装置恢复工作。同时，严密注视上层油温变化。冷却器全停跳闸回路中，有温度闭锁（75℃）触点的，不能解除其跳闸连接片。若变压器上层油温上升，超过75℃时或虽未超过75℃但全停时间已达1h未能处理好，应投入备用变压器，转移负荷，故障变压器停止运行。

（11）若冷却控制箱电源部分已不正常，则应检查所用电屏负荷开关、接触器、熔断器，检查站用变压器高压熔断器等情况，对发现的问题作相应处理。

（12）根据调度指令进行有关操作。

（13）若变电运行值班人员不能消除缺陷，则应及时通知检修人员安排处理。

四、变压器故障的处理

变压器的常见故障如下。

（1）绕组故障：主要有绕组匝间短路、绕组接地、相间短路、绕组断线及接头开焊等。

（2）套管故障：常见的是炸毁、闪络放电及严重漏油等。

（3）分接开关故障：主要有分接头绝缘不良、弹簧压力不足、分接开关接触不良或腐蚀、有载分接开关装置不良或调整不当等。

（4）铁芯故障：主要有铁芯柱的穿芯螺杆及夹紧螺杆绝缘损坏，铁芯有两点接地产生局部发热，产生涡流造成过热。

（5）变压器内部故障引起油质分解劣化引起的故障。

（一）变压器跳闸

（1）根据断路器的跳闸情况、保护的动作掉牌或信号、事件记录器（监控系统）及其监测装置来显示或打印记录，判断是否是变压器故障跳闸，并向调度汇报。

（2）检查变压器跳闸前的负荷、油位、油温、油色，变压器有无喷油、冒烟，瓷套有无闪络、破裂，压力释放阀是否动作或其他明显的故障迹象，作用于信号的气体继电器内有无气体等。

（3）检查站用电的切换是否正常，直流系统是否正常。

（4）若本站有两组（两台）变压器，应检查另一组（台）变压器冷却器运行是否正常，并严格监视其负荷情况。

（5）分析故障录波的波形和微机保护打印报告。

（6）了解系统情况，如保护区内外有无短路故障及其他故障等。

若检查发现下列情况之一者，应认为跳闸由变压器故障引起，则在排除故障后，并经电气试验、色谱分析以及其他针对性的试验证明故障确已排除后，方可重新投入运行：①从气体继电器中抽取的气体经分析判断为可燃性气体。②变压器有明显的内部故障特征，如外壳变形、油位异常、强烈喷油等。③变压器套管有明显的闪络痕迹或破损、断裂等。④差动、气体、压力等继电保护装置有两套或两套以上动作。

（二）变压器差动保护动作

变压器差动保护动作后，在查明原因消除故障之前不得将变压器投入运行。

1. 变压器差动保护动作的原因

（1）变压器及其套管引出线，各侧差动电流互感器以内的一次设备故障。

（2）保护二次回路问题引起保护误动作。

（3）差动电流互感器二次开路或短路。

（4）变压器内部故障。

2. 变压器差动保护动作后的检查

变压器差动保护动作后，变电运行人员应做如下检查：

（1）检查变压器各侧断路器是否跳闸。

（2）变压器套管有无损伤，有无闪络放电痕迹，变压器本体有无着火、爆炸、喷油、放电痕迹，导线是否断线、短路，有无小动物爬入引起短路等情况。

（3）差动保护范围内所有一次设备、瓷质部分是否完整，有无闪络放电痕迹。变压器及各侧断路器、隔离开关、避雷器、瓷绝缘子等有无接地短路现象，有无异物落在设备上。

（4）差动电流互感器本身有无异常，瓷质部分是否完整，有无闪络放电痕迹，回路有无断线接地。

（5）差动保护范围外有无短路故障。

（6）检查保护动作情况，作好记录。

（7）检查气体继电器和压力释放装置的动作情况。

（8）检查气体继电器有无气体、压力释放阀是否动作、喷油。

（9）查看故障录波器录波情况。

(10) 查看微机保护打印报告。

(11) 检查其他运行变压器及各线路的负荷情况。

3. 变压器差动保护动作跳闸后的处理

(1) 立即将情况向调度及有关部门汇报。

(2) 检查故障明显可见，发现变压器本声有明显的异常和故障迹象，差动保护范围内一次设备上有故障现象，应停电检查处理故障，检修试验合格方能投运。

(3) 未发现明显异常和故障迹象，但有气体继电器保护动作，即使只是气体继电器报警信号，属变压器内部故障的可能性极大，应经内部检查并试验合格后方能投入运行。

(4) 未发现任何明显异常和故障迹象，变压器其他保护未动作。检查保护出口继电器触点在打开位置，线圈两端无电压。差动保护范围外有接地、短路故障。可将外部故障隔离后，拉开变压器各侧隔离开关，测量变压器绝缘无问题，根据调度命令试送一次，试送成功后检查有无接线错误。

(5) 检查变压器及差动保护范围内一次设备，无发生故障的痕迹和异常。变压器瓦斯保护未动作。其他设备和线路无保护动作信号掉牌。根据调度命令，拉开变压器各侧隔离开关，测量变压器绝缘无问题，可试送一次。

(6) 变压器跳闸后，应立即停油泵。

(7) 应根据调度指令进行有关操作。

(8) 现场有明火等特殊情况时，应进行紧急处理。

(9) 根据安全工作规程做好现场的安全措施。

(10) 按要求编写现场事故处理报告。

(三) 重瓦斯保护动作

重瓦斯保护动作时，在查明原因消除故障之前不得将变压器投入运行。

1. 重瓦斯保护动作的原因

(1) 变压器内部故障。

(2) 二次回路问题误动作。

(3) 某些情况下，由于储油柜内的胶囊（隔膜）安装不良，造成吸湿器堵塞。油温发生变化后，吸湿器突然冲开，油流冲动使气体继电器误动跳闸。

(4) 外部发生穿越性短路故障。

(5) 变压器附近有较强的振动。

2. 重瓦斯保护动作后的检查

变压器气体继电器保护动作后，值班人员应进行下列检查。

(1) 检查变压器各侧断路器是否跳闸。

(2) 油温、油位、油色情况，是否有漏油。

(3) 变压器差动保护是否掉牌。

(4) 气体继电器保护动作前，电压、电流有无波动。

(5) 储油柜、压力释放和吸湿器是否破裂，压力释放装置是否动作。

(6) 有无其他保护动作信号。

(7) 检查保护动作信号及数据记录情况、二次回路情况、直流系统情况。

(8) 检查、分析故障录波器数据。

(9) 外壳有无鼓起变形，套管有无破损裂纹。

（10）各法兰连接处、导油管等处有无冒油。

（11）气体继电器内有无气体，或收集的气体是否可燃。

（12）气体继电器保护掉牌能否复归，直流系统是否接地。

（13）检查气体继电器接线盒内有无进水受潮或异物造成端子短路。

（14）察看其他运行变压器及各线路的负荷情况。

（15）检查变压器有无着火、爆炸、喷油、漏油等情况。

（16）检查气体继电器内有无气体积聚。

（17）检查变压器本体及有载分接开关油位情况。

通过上述检查，未发现任何故障象征，可判定为是气体继电器误动。

3. 重瓦斯保护动作后的处理

（1）应立即将情况向调度及有关部门汇报。

（2）立即投入备用变压器或备用电源，恢复供电，恢复系统之间的并列。若同时分路中有保护动作掉牌时，应先断开该断路器。失压母线上有电容器组（或静补）时，先断开电容器组（或静补）断路器。

（3）经判定为内部故障，未经内部检查并试验合格，不得重新投入运行，防止扩大事故。

（4）外部检查无任何异常，取气分析无色、无味、不可燃，气体纯净无杂质，同时变压器其他保护未动作。跳闸前气体继电器报警时，变压器声音、油温、油位、油色无异常，可能属进入空气太多、析出太快，应查明进气的部位并处理。无备用变压器时，根据调度和上级主管领导的命令，试送一次，严密监视运行情况，由检修人员处理密封不良问题。

（5）外部检查无任何故障迹象和异常，变压器其他保护未动作，取气分析，气体颜色很淡、无味、不可燃，即气体的性质不易鉴别（可疑），无可靠的根据证明属误动作。无备用变压器和备用电源者，根据调度和主管领导命令执行，拉开变压器的各侧隔离开关，遥测绝缘无问题，放出气体后试送一次，若不成功应做内部检查。有备用变压器者，由专业人员取样进行化验，试验合格后方能投运。

（6）外部检查无任何故障迹象和异常，气体继电器内无气体，证明确属误动跳闸。误动跳闸后的处理如下：

① 若其他线路上有保护动作信号掉牌，气体继电器动作掉牌信号能复归，属外部有穿越性短路引起的误动跳闸。故障线路被隔离后，可以投入运行。

② 若其他线路上无保护动作信号掉牌，气体继电器动作掉牌信号能复归，可能属振动过大原因误动跳闸，可以投入运行。

（7）经确认是二次触点受潮等引起的误动，故障消除后向上级主管部门汇报，可以试送。

（8）变压器跳闸后，应立即停油泵，并进行油色谱分析。

（9）应根据调度指令进行有关操作。

（10）现场有着火等特殊情况时，应进行紧急处理。

（11）根据《安全工作规程》做好现场的安全措施。

（12）按要求编写现场事故处理报告。

（四）有载分接开关重瓦斯保护动作跳闸

有载分接开关重瓦斯保护动作时，在查明原因、消除故障之前不得将变压器投入运行。

1. 有载分接开关重瓦斯保护动作后的检查

（1）检查变压器各侧断路器是否跳闸。

（2）检查各保护装置动作信号情况、直流系统情况、故障录波器动作情况。

（3）查看其他运行变压器及各线路的负荷情况。

（4）储油柜、压力释放阀和吸湿器是否破裂，压力释放装置是否动作。

（5）检查变压器有无着火、爆炸、喷油、漏油等情况。

（6）检查有载分接开关及本体气体继电器内有无气体积聚或收集的气体是否可燃。

（7）检查变压器本体及有载分接开关油位情况。

（8）检查直流及有关二次回路情况。

（9）检查有载分接开关气体继电器接线盒内有无进水受潮，或异物造成端子短路。

（10）有无其他保护动作信号。

2. 有载分接开关重瓦斯保护动作后的处理

（1）立即将情况向调度及有关部门汇报。

（2）应根据调度指令进行有关操作。

（3）根据安全工作规程做好现场的安全措施。

（4）现场有着火等特殊情况时，应进行紧急处理。

（5）根据安全工作规程做好现场的安全措施。

（6）按要求编写现场事故处理报告。

（五）套管爆炸

1. 套管发生爆炸的检查

（1）检查变压器各侧断路器是否已跳闸。

（2）检查保护及自动装置动作情况。

（3）检查、分析故障录波器数据。

（4）查看其他运行变压器及各线路的负荷情况。

（5）检查变压器有无着火等情况，检查消防设施是否启动。

（6）检查套管爆炸引起其他设备的损坏情况。

2. 套管发生爆炸的处理

（1）应立即将情况向调度及有关部门汇报。

（2）当变压器各侧断路器未跳闸时，应手动拉开故障变压器各侧断路器。

（3）立即停油泵。

（4）现场有着火情况时，应先报警并隔离变压器，迅速采取灭火措施。处理事故时，首先应保证人身安全。注意油箱爆裂情况。

（5）根据调度指令进行有关操作。

（6）若检修人员不能立即到达现场，必要时在做好安全措施后，采取措施以避免雨水或杂物进入变压器内部。

（六）压力释放阀动作

1. 压力释放装置动作的原因

（1）内部故障。

（2）变压器承受大的穿越性短路。

(3) 压力释放装置二次信号回路故障。

(4) 大修后变压器注油较满。

(5) 负荷过大，温度过高，致使油位上升而向压力释放装置喷油。

2. 检查及处理

(1) 检查压力释放阀是否喷油。

(2) 检查保护动作情况、气体继电器动作情况。

(3) 变压器油温和绕组温度、运行声音是否正常，有无喷油、冒烟、强烈噪声和振动。

(4) 是否是压力释放阀误动。

(5) 在未查明原因前，变压器不得试送。

(6) 压力释放阀动作发出一个连续的报警信号，只能通过恢复指示器人工解除。

(7) 若仅压力释放装置喷油但无压力释放装置动作信号，则可能是动作原因中的第4、5条原因所致。

(七) 变压器起火

(1) 变压器起火时，立即拉开变压器各侧电源。

(2) 立即切除变压器所有二次控制电源。

(3) 立即向消防部门报警，报警时要说明具体地点，应使用外线电话；若没有外线电话只有系统电话时，一定要将详细地点、什么设备着火说明清楚。

(4) 确保人身安全的情况下采取必要的灭火措施。

(5) 应立即将情况向调度及有关部门汇报。

(6) 变压器起火时，首先应检查变压器各侧断路器是否已跳闸，否则应立即手动拉开故障变压器各侧断路器，使各侧至少有一个明显的断开点；立即停运冷却装置，并迅速采取灭火措施，投入水喷雾装置，防止火势蔓延。必要时，开启事故放油阀排油。处理事故时，首先应保证人身安全。

(7) 若油溢在变压器顶盖上着火时，则应打开下部油门至适当油位；若变压器内部故障引起着火时，则不能放油，以防主变压器发生严重爆炸。

(8) 消防队前来灭火，必须指定专人监护，并指明带电部分及注意事项。

(9) 同时还应检查：①检查保护装置动作信号情况。②查看其他运行变压器及各线路的负荷情况。③检查变压器起火是否对周围其他设备有影响。

(八) 变压器事故过负荷跳闸

变压器事故过负荷跳闸后，变电运行值班人员应进行以下检查：

(1) 检查保护装置动作信号情况、故障录波器动作情况、直流系统情况。

(2) 查看其他运行变压器及各线路的负荷情况。

(3) 监视变压器的现场及远方油温情况。

(4) 检查变压器的油位是否过高。

(5) 检查变压器有无着火、喷油、漏油等情况。

(6) 检查气体继电器内有无气体积聚，检查压力释放阀有无动作。

(7) 变压器跳闸后，应使冷却系统处于工作状态，以迅速降低变压器的油温。

(8) 应立即将有关情况向调度及有关部门汇报。

(9) 应根据调度指令进行有关操作。

(10) 按要求编写现场事故处理报告。

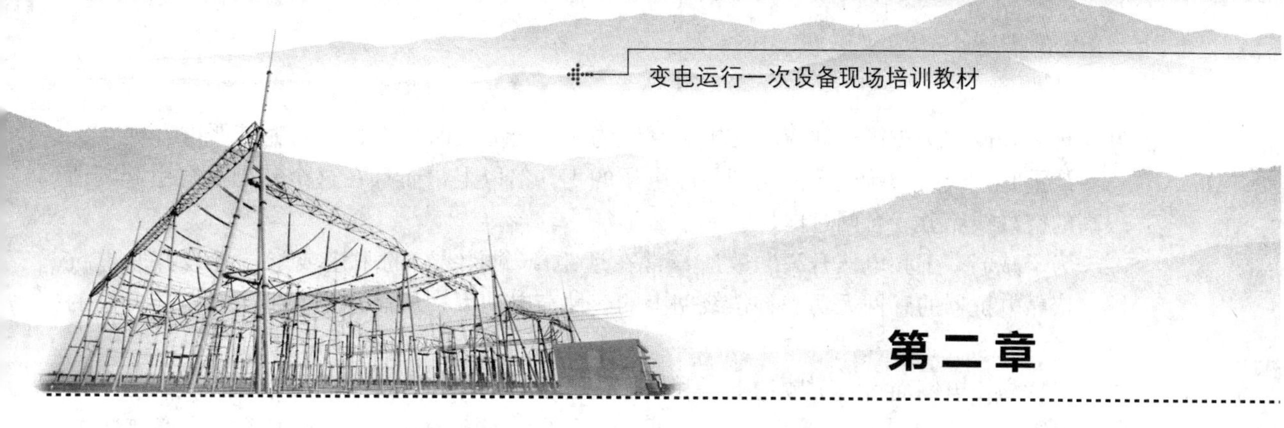

第二章

高压并联电抗器

第一节　工频过电压的基本概念

电力系统在正常或故障时可能出现幅值超过最大工作相电压、频率为工频或接近工频的电压升高，统称为工频电压升高，或称为工频过电压。

工频过电压的幅值不高，对系统中具有正常绝缘的电气设备没有危险。但在超高压系统的绝缘配合中，工频过电压具有重要作用。因为它和操作过电压常常同时发生，因此其大小直接影响操作过电压的幅值；同时，工频过电压的大小也是决定避雷器额定电压的重要依据。另外，如果持续时间很长，工频过电压对设备绝缘及其运行性能也有很重大影响。

引起工频过电压的原因有以下 3 种：

(1) 空载长线路的电容效应。

(2) 不对称短路引起的工频电压升高。

(3) 甩负荷引起的工频电压升高。

在本章中只研究由空载长线路的电容效应引起的工频电压的升高及其防范措施——高压并联电抗器。

第二节　超高压空载长线路电容效应分析

一、电容效应的基本概念

随着我国大容量和长距离输电需求的不断增加，电网的发展经历了从中压电网、高压电网到超高压电网，再到特高压电网的发展历史。

在超高压电网中，不仅额定电压比高压电网高得多，往往线路很长，因此线路的“电感—电容”效应显著增大。输电线路一般距离较长，可达数百公里，由于线路采用分裂导线，线路的相间和对地电容均很大，在线路带电的状态下，线路相间和对地电容中产生相当数量的容性无功功率（即充电功率），且与线路的长度成正比。100km 长的 500kV 线路容性充电功率为 100～120Mvar，为同样长度的 220kV 线路的 6～7 倍。对于长线路，其数值可达 200～300kvar；而且如果线路处于空载状态，所产生的容性电流导致沿线电压分布不均匀。大量容性功率通过系统感性元件（发电机、变压器、输电线路）时，在线路末端电压将要升高，这种由分布电容引起的电压升高在电力工程上称为“电容效应”或“容升”现象，或“法拉第”效应。在电力系统为小运行方式时，这种现象尤其严重。

严重时，线路末端电压能达到首端电压的1.5倍以上，而且在这个基础上会引起幅值很高的空载线路分、合闸过电压。

为了减弱“工频电压升高”效应，常在远距离输电线路的中途或末端装设并联电抗器，依靠电抗器的感性无功来补偿线路上的容性充电功率，从而达到减低工频电压升高的目的。

对特高压电网而言，工频过电压和操作过电压是选择和设计特高压电网系统绝缘配合的决定因素，也是特高压输电的基本可行性问题。研究表明，采用并联电抗器是限制1000kV系统过电压的有效技术措施之一。

任何输电线路，其输送的自然功率是由其电压和线路单位长度的基本电气参数决定的；但由于输电线路的电容产生的无功和线路电抗产生的无功损耗随线路长度的增加而增加，系统研究表明，特高压线路电容产生的无功功率非常大，几乎是500kV线路的无功的6倍。

交流特高压试验示范工程是我国首次建设的国内最高电压等级的输变电工程，电抗器作为工程的关键设备，其运行的安全可靠性对整个电网具有重要作用。系统过电压水平是整个特高压系统能否安全可靠运行的重点技术问题。经研究晋东南—南阳—荆门的1000kV输电线路，确定电抗器的无功补偿容量为：晋东南站3×320Mvar，南阳6×240Mvar，荆门3×200Mvar。

二、“电容效应”引起的工频过电压分析

当输电线路不太长时，可以用集中参数的T型或π型等值电路来代替，单相输电线路的集中参数等值电路如图2-1所示。如图2-1（a）所示为单相线路的T型等值电路，图中R_0、L_0分别为电源的内电阻和内电感，R_T、C_T、L_T分别为T型等值电路中的线路等值电阻、电容和电感，$e(t)$为电源相电势。对于空载线路，可以简化成图2-1（b）所示RCL串联电路。空载线路的工频容抗X_C大于X_L，且压降U_L比电容上压降U_C小得多，则在电源电压的作用下，回路中将流过容性电流。由于电感上压降U_L与电容上的压降U_C反相，且$U_C>U_L$，因此电容上的压降大于电源电动势。这就是空载线路的电容效应引起的工频电压升高，如图2-1（c）所示。其关系式为

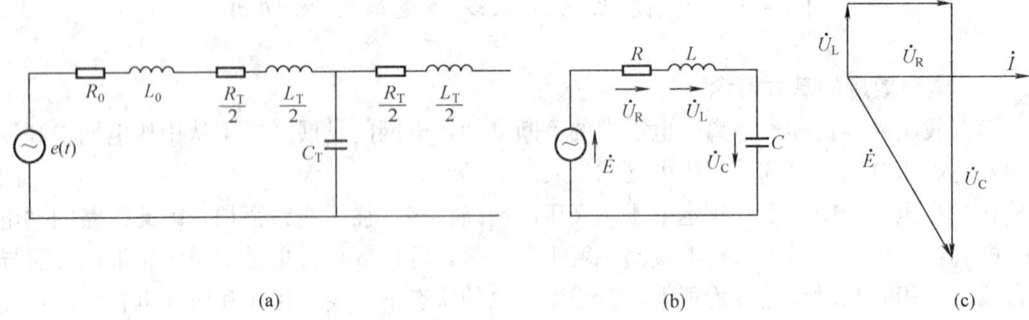

图2-1　单相输电线路的集中参数等值电路

（a）T型等值电路；（b）简化等值电路；（c）相量图

$$\dot{E} = \dot{U}_R + \dot{U}_L\dot{U}_C = R\dot{I} + jX_L\dot{I} - jX_C\dot{I} \qquad (2-1)$$

若忽略R的作用，则有

$$\dot{E} = \dot{U}_L + \dot{U}_C = j\dot{I}(X_L - X_C) \tag{2-2}$$

随着输电电压的提高和输送距离的增长，在分析空载长线的电容效应时，需要采用分布参数等值电路。线路分布参数链型等值电路如图 2-2 所示，由图可以求得空载无损线路上距开路的末端 x 处的电压为

$$\dot{U}_x = \frac{\dot{E}\cos\theta}{\cos(\alpha l + \theta)}\cos\alpha x \tag{2-3}$$

式中：$\theta = \arctan\frac{X_s}{Z}$；$Z = \sqrt{\frac{L_0}{C_0}}$；$\alpha = \frac{\omega}{c}$；$\dot{E}$ 为系统电源电压；Z 为线路波阻抗；X_s 为系统电源等值电抗；ω 为电源角频率；c 为光速。

由式（2-3）可见：

（1）线路上的工频电压自首端起逐渐上升，沿线按余弦曲线分布。空载无损耗长线路电压分布如图 2-3 所示，在线路末端电压最高。

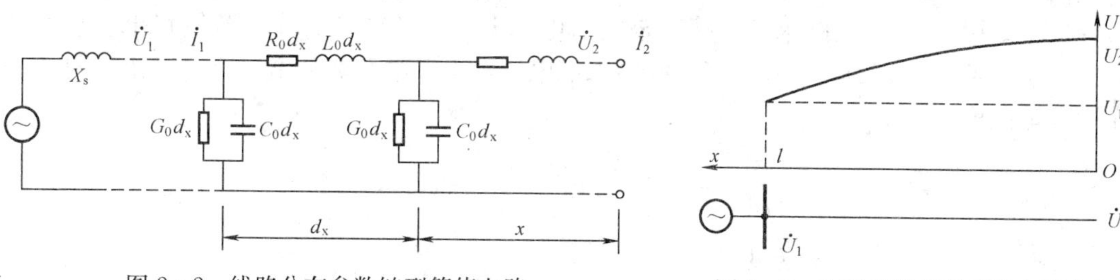

图 2-2　线路分布参数链型等值电路　　　图 2-3　空载无损耗长线路电压分布

线路电压 $\dot{U}_2$ 为

$$\dot{U}_2 = \frac{\dot{E}\cos\theta}{\cos(\alpha l + \theta)}\cos\alpha x\,|_{x=0} = \frac{\dot{E}\cos\theta}{\cos(\alpha l + \theta)}$$

将上式代入式（2-3），得

$$\dot{U}_x = \dot{U}_2\cos\alpha x \tag{2-4}$$

这表明 $\dot{U}_x$ 为 αx 的余弦函数，且在 $x=0$（即线路末端）处达到最大。

（2）线路末端电压升高程度与线路长度有关。

线路首端电压 $\dot{U}_1$ 为

$$\dot{U}_1 = \frac{\dot{E}\cos\theta}{\cos(\alpha l + \theta)}\cos\alpha x\,|_{x=l} = \frac{\dot{E}\cos\theta}{\cos(\alpha l + \theta)}\cos\alpha l = \dot{U}_2\cos\alpha l$$

$$\frac{\dot{U}_2}{\dot{U}_1} = \frac{1}{\cos\alpha l} \tag{2-5}$$

这表明线路长度越长，线路末端工频电压较首端升高得越厉害。对架空线路，α 约为 $0.06°/\text{km}$，当 $l = \frac{90°}{0.06°/\text{km}} = 1500\text{km}$ 时，$\alpha l = 90°$，$\dot{U}_2 = \infty$。此时，线路处于谐振状态。实际上，由于线路电阻和电晕损耗的限制，在任何情况下，工频电压升高都不会超过 2.9 倍。

（3）工频电压升高受电源容量的影响。

将式（2-3）展开，得

$$\dot{U}_x = \frac{\dot{E}\cos\theta}{\cos(\alpha l + \theta)}\cos\alpha x = \frac{\dot{E}\cos\theta}{\cos\alpha l\cos\theta - \sin\alpha l\sin\theta}\cos\alpha x$$

$$= \frac{\dot{E}}{\cos\alpha l - \tan\theta\sin\alpha l}\cos\alpha x = \frac{\dot{E}}{\cos\alpha l - \frac{X_s}{Z}\sin\alpha l}\cos\alpha x \quad (2-6)$$

由式（2-6）可知，电源感抗 X_s 的存在使线路首端的电压升高，从而加剧了线路末端工频电压的升高。电源容量越小（X_s 越大），工频电压升高就越严重。当电源容量为无穷大时，工频电压升高为最小。因此，为了估计最严重的工频电压升高，应以系统最小电源容量为依据。在单电源的线路中，应取最小运行方式时的 X_s 为依据。在双端电源的线路中，线路两端的断路器必须遵循一定的操作顺序，以限制工频电压升高；线路合闸时，先合电源容量较大的一侧，后合电源容量较小的一侧；线路切除时，先切容量较小的一侧，后切容量较大的一侧。

例 2-1 某 500kV 线路，l=250km，电源电抗 X_s=263.2Ω，线路参数 L_0=0.9μH/m，C_0=0.0127nF/m，求线路末端开路时末端对电源电动势的电压升高。若线路末端接有并联电抗器，X_L=1837Ω，求补偿度、线路末端电压对电源电动势的电压升高及沿线电压分布中的最高电压。

解

$$Z = \sqrt{\frac{L_0}{C_0}} = \sqrt{\frac{0.9\times10^{-6}}{0.0127\times10^{-9}}} = 266.2\ (\Omega)$$

$$\alpha l = \omega\sqrt{L_0C_0}\cdot l$$
$$= 2\times180^\circ\times50\times\sqrt{0.9\times10^{-6}\times0.0127\times10^{-9}}\cdot l$$
$$= 0.06^\circ\times250\times10^3 = 15^\circ$$

线路末端开路时，$\dot{U}_2 = \dfrac{\dot{E}}{\cos\alpha l - \dfrac{X_s}{Z}\sin\alpha l}$

$$= \frac{\dot{E}}{\cos15^\circ - \frac{263.2}{266.2}\sin15^\circ} = 1.41\dot{E}$$

若 $X_s \to 0$，$\dot{U}_2 = \dfrac{\dot{E}}{\cos\alpha l} = \dfrac{\dot{E}}{\cos15^\circ} = 1.035$。

可见，电源感抗对工频电压升高的影响很大。

线路末端接有 1837Ω 的电抗后，补偿度为

$$\frac{Q_L}{Q_C} = \frac{\frac{1}{X_L}}{\omega C_0 l} = \frac{1}{X_L\cdot\omega C_0 l} = \frac{1}{1837\times314\times0.0127\times10^{-9}\times250\times10^3} = 0.546 = 54.6\%$$

有并联电抗器时，线路末端电压对电源电势的升高为

$$\frac{U_2}{E} = \frac{1}{\left(1+\frac{X_s}{X_L}\right)\cos\alpha l + \left(\frac{Z_C}{Z_L} - \frac{X_s}{Z_C}\right)\sin\alpha l}$$

$$= \frac{1}{\left(1+\frac{263.2}{1837}\right)\cos15^\circ + \left(\frac{266.2}{1837} - \frac{263.2}{266.2}\right)\sin15^\circ} = 1.13$$

可见，接入 X_L=1837Ω 的电抗器使线路末端工频电压升高从 1.41 下降到 1.13。

线路末有电抗器后，沿线电压分布中电压最高值为

$$U_m = \frac{U_1}{\cos(\alpha l - \beta)} = \frac{U_2\left(\cos\alpha l + \frac{Z_C}{X_L}\sin\alpha l\right)}{\cos(\alpha l - \beta)}$$

式中：$\beta = \arctan\frac{Z_C}{X_L} = 8.25°$；$U_2 = 1.13E$。

因此 $$\frac{U_m}{E} = \frac{1.13\left(\cos15° + \frac{266.2}{1837}\sin15°\right)}{\cos(15° - 8.25°)} = 1.14$$

由以上分析可知，空载线路工频电压升高的根本原因在于，线路中电容电流在感抗上的压降使得电容上的电压高于电源电压；因此，通过补偿这种容性电流削弱电容效应，就可以降低这种工频电压。由于并联电抗器的电感能补偿减小流经线路的容性电流，因此，在超高压线路上，常采用并联电抗器来限制工频过电压。末端电压将随着电抗器容量的增大（电感减小）而下降。根据需要，并联电抗器可以装设在线路的末端、首端或中部。例2-1中，在线路末端接入感抗为1837Ω的电抗器，则计算得空载线路末端电压仅为电源电动势的1.13倍。

第三节　并联电抗器及中性点电抗器的作用

并联电抗器是大容量的电感线圈，接在发电机的母线上、变压器的低压侧或直接接在线路上，是超高压电网中普遍采用的重要电气设备之一。

一、并联电抗器的作用

1. 补偿空载长线电容效应和降低工频电压升高（均压作用）

由以上分析可知，超高压空载线路的工频容抗 $X_C \gg X_L$，因此在电源电势 E 的作用下，线路中的电容电流在感抗上的压降 ΔU_L 将使线路末端电压 U_C 高于首端电源电势，要降低 ΔU_L 必须降低电容电流。利用电感电流与电容电流反相180°的原理（也可以说电抗器的无功与电容的无功反相180°），在长线路首端或末端（或两端）加装并联电抗器，以补偿线路充电容性无功，降低电容电流，使 ΔU_L 降低，从而可以达到限制线路空载合闸线路末端电压升高的目的。

实际上，线路在运行中传输很大的有功负荷时，即使不装电抗器，沿线路的电压也会自然地趋向均匀。但是任何一个具体电网都会有机会在轻负荷、接近空载或空载情况下运行，因此必须考虑到这一点。

对于长线路，当线路两端都装有并联电抗器时，线路在空载或轻负荷运行时，线路最高电压在中间。

2. 抑制操作过电压

(1) 操作过电压的基本概念。电力系统中的电容、电感均为储能元件，当操作或故障使其工作状态发生变化时，将有过渡过程产生。在过渡过程中，由于电源继续供给能量，而且储存在电感中的磁能会在某一瞬间转变为以静电场能量的形式储存于系统的电容之中，所以可以产生数倍于电源电压的操作过电压。它们是几毫秒至几十毫秒之后要消失的暂态过电压。

(2) 操作过电压产生的原因。

1）切除空载线路而引起的过电压；

2）空载线路合闸引起的过电压；

3）系统解列过电压；

4）电弧接地过电压和切除空载变压器的过电压。

（3）利用并联电抗器抑制操作过电压。操作过电压产生于断路器的操作，当系统中用断路器接通或切除部分电气元件时，在断路器的断口上会出现操作过电压；它往往是在工频电压升高的基础上出现的，如甩负荷、单相接地等均产生工频电压升高。当断路器切除接地故障，或接地故障切除后重合闸时，又引起系统操作过电压，工频电压升高与操作过电压叠加，使操作过电压更高。所以，工频电压升高的程度直接影响操作过电压的幅值。加装并联电抗器后，限制了工频电压升高，从而降低了操作过电压的幅值。

当开断有并联电抗器的空载线路时，被开断导线上剩余电荷即沿着电抗器以接近50Hz的频率作振荡放电，最终泄入大地，使断路器触头间恢复电压由零缓慢上升，从而大大降低了开断后发生重燃的可能性。当电抗器铁芯饱和时，上述效应更为显著。

（4）具体分析。

1）对切空载线路过电压来说，L（并联电抗器）的存在大有好处。当没有 L 时，断路器断弧后空线将保持直流电压（严重时其值等于相电压），而电源电压按工频变化；所以在过半个周波后，断路器断口所受电压可达 $2U_P$，可能造成断口重燃，引起过电压。有 L 时，如果补偿度是100%，则意味着当断路器断弧后，空载线路电容与并联电抗器 L 的自振频率恰为工频；此时在断口两侧的电压变化都是工频的，所以断口上的恢复电压将为零。这样即使断路器的灭弧能力较差，断路器也不会重燃，因此就不会产生切空载线路过电压了。对补偿度为80%或66%的电抗器来说，空载线路自振频率约为工频的90%或80%，此时断路器断口所受恢复电压的上升速度比无电抗器时要缓慢得多。分析表明，要经过0.1s或0.5s以后，断口电压才会达到最大值。在这段时间内，断口中的介质耐压能够得到充分恢复，所以断路器切空载线路时容易做到不发生重燃。可见有并联电抗器后，切空载线路过电压已不成问题。

2）对合空载线路过电压来说，由于并联电抗器的存在使空载线路末端工频电压升高很少，所以合空载线路过电压也就“水落船低”了。此外，超高压电源变压器的绕组导线很长，绕组的电阻较大，对合闸过电压有一定阻尼作用；再加上超高压线路用的是分裂导线，它的波阻 $Z=\sqrt{L/C}$ 较小；因此，在这种电路中所需要的临界阻尼电阻就会比较小，这样大的电阻对合闸振荡的阻尼作用相对来说就会比一般电网大。因此，合空载线路过电压有可能降低到 $2U_P$。

3. 避免发电机带空载长线路出现自励过电压

当发电机经变压器带空载长线路启动，空载发电机全电压向空载线路合闸，发电机带线路运行线路末端甩负荷等，都将形成较长时间发电机带空载线路运行，形成了一个 LC 电路。当空载长线路电容 C 的容抗值 X_C 合适时，将导致发电机自励磁（即 LC 回路满足谐振条件产生串联谐振）。

自励磁会引起工频电压升高，其值可达1.5～2.0倍的额定电压，甚至更高；它不仅使得并网的合闸操作（包括零起升压）无法实现，而且其持续发展也将严重威胁网络中电气设备的安全运行。并联电抗器能大量吸收空载长线路上的容性无功功率，从而破坏了发电机的自励磁条件。

4. 降低超高压线路的有功损耗

前面已经介绍电抗器限制过电压的作用，在很长的线路中，这方面的作用是显而易见的。但故障操作毕竟是瞬间的，而且大容量的中间换能站和地区电网的投入运行，常使长线路随之被分割成若干较短的线路，工频电压升高可能自然地下降到容许水平以下，况且一组电抗器的投资也是较高的。即使如此，电抗器仍然必须装设，这取决于降低电网功耗的功能，除了线路部分的功耗、电网功耗，还包括电源部分（发电机和变压器）的功耗。

因为分布电容总是存在的，线路对其充电总要消耗掉容性无功功率，造成无功功率损耗严重不平衡，即系统的自然功率与传输容量相差严重，这使线路的有功损耗严重增加。如某条500kV线路，长340km，当在线路末端装有3台单相电抗器（容量为每台50 000kvar），其计算结果线路损耗比没有装电抗器之前减少1/2，使电源的功率损耗降低60%。

二、中性点电抗器的作用

1. 熄灭潜供电流以利于单相自动重合闸

（1）潜供电流的概念。当故障相（线路）自两侧切除后，非故障相（线路）与断开相（线路）之间存在的电容耦合和电感耦合，继续向故障相（线路）提供的电流称为潜供电流。

单相接地示意图如图2-4所示：当C相发生单相接地故障时，线路两侧C相的断路器跳开；这时故障点D处的短路电流被切断，但非故障的其他两相A、B仍处在工作状态。由于各元件之间存在电容C_1，所以A、B两相将通过电容C_1向故障点k供给电容性电流I_{C1}；同时，由于各相之间存在互感M，所以带负荷电流A、B两相将对故障相感应一电势。单相接地潜供电流示意图如图2-5所示。该互感电势通过故障点及对地的电容C_0形成回路，因此向故障点供一电流，这两部分电流分量的总和就称为潜供电流，即$I_q=I_{C1}+I_{C0}$。

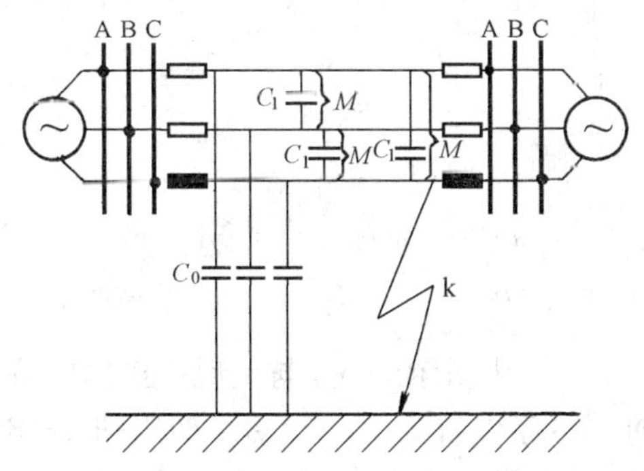

图2-4　单相接地示意图

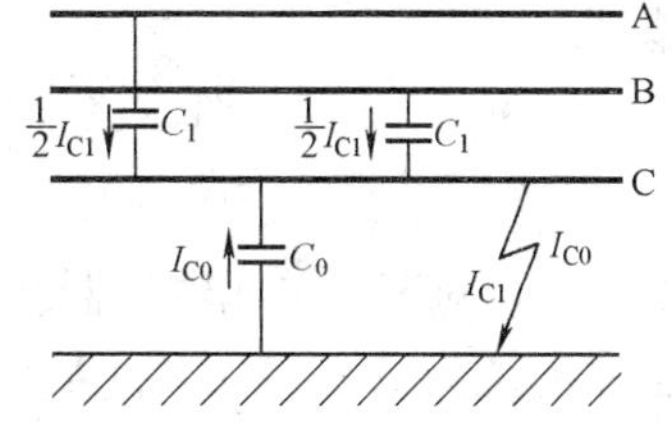

图2-5　单相接地潜供电流示意图

潜供电流由横分量和纵分量两部分组成：

如图2-6所示接线图，由于电源中性点是接地的，当C相导线在靠近电源端的k点发生电弧接地时，在C相线路两端的断路器跳闸后，A

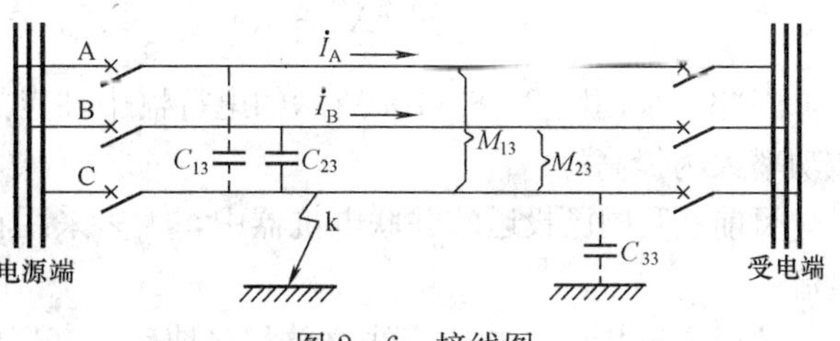

图2-6　接线图

相和 B 相电源将经过该两相导线和 C 相导线间的部分电容 C_{13} 和 C_{23} 对 C 相接地电弧供电，这称为潜供电流的横分量；同时，A 相和 B 相导线电流 $\dot{I}_A$ 和 $\dot{I}_B$ 会通过该两相导线与 C 相导线间的互感 M_{13} 和 M_{23} 在 C 相导线上感应出电动势 E，这个电动势 E 将通过 C 相导线右端的 C_{33} 向 k 点的接地电弧供电，这称为潜供电流的纵分量。

（2）潜供电流的危害。潜供电流对灭弧产生影响，由于此电流存在，将使短路时弧光通道去游离受到严重阻碍。另一方面，自动重合闸只有在故障点电弧熄灭且绝缘强度恢复以后才有可能成功，若潜供电流值较大，会导致重合闸失败（重合不成功）。

（3）消除潜供电流的方法。为了消除潜供电流的横分量，可以在线路上接一组三角形连接的电抗器，补偿相间电容 C，使相间阻抗趋向无穷大。这样，潜供电流的横分量和 U_C 值都将趋向零。当然，这种三角形连接的电抗器也可用星形连接而中性点不接地的电抗器来代替，取 $X_Y = 1/3X_D$ 时两者是等效的。电抗器的连接图如图 2-7 所示。

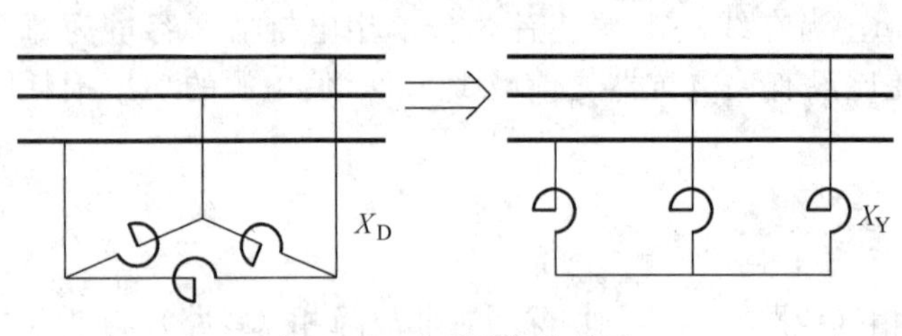

图 2-7　电抗器的连接图

为了消除潜供电流的纵分量，可根据需要在线路的首末两端各加装一组星形连接中性点接地的电抗器，补偿导线对地电容 C_0，使相对地阻抗趋向无穷大。这样，潜供电流纵分量的回路阻抗甚大而电流趋向零。

为了方便，这些星形连接的和 Y0 连接的电抗器又可以简化合并成为中性点对地加装小电抗器 X_N 的星形连接的电抗器。计算各序电抗的电路及等效电路如图 2-8 所示。

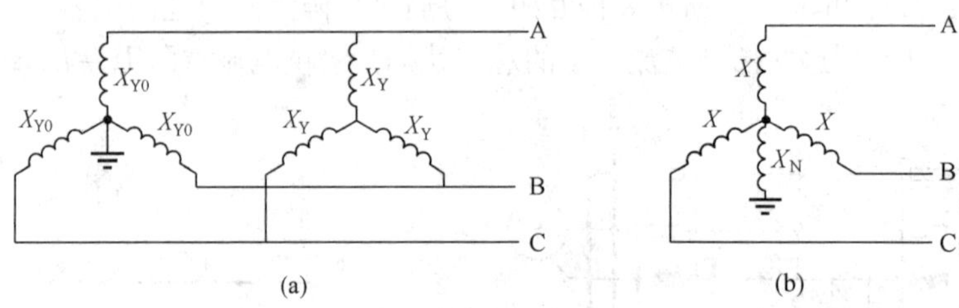

图 2-8　计算各序电抗的电路及等效电路图

(a) 电路图；(b) 等效电路

不难看出，对三个单相电抗器来说，图 2-8（a）中所示的 Y0 与星形连接的电抗器并联后的正序电抗为 $X_1 = X_{Y0}X_Y(X_{Y0}+X_Y)$，而其零序电抗为 $X_0 = X_{Y0}$。如用图 2-8（b）来等效代替图 2-8（a），则图 2-8（b）中的 X 的值应为 $X = X_1 = X_{Y0}X_Y(X_{Y0}+X_Y)$，$X_N$ 的值可由 $X_0 = X + 3X_N = X_{Y0}$ 求出为

$$X_N = \frac{1}{3}(X_0 - X) = \frac{1}{3}[X_{Y0} - X_{Y0}X_Y(X_{Y0}+X_Y)] \tag{2-7}$$

因此，采用图 2-8（b）所示的电抗器中性点加小电抗器的方法，可使单相重合闸的成功率大为提高。

目前在我国已投运的并联电抗器中，大多采用在中性点加小电抗器的方法以限制潜供电流。

从以上分析中可知，当线路单相接地后，高压电抗器（习惯上简称高抗）的中性点电压随故障状况将产生偏移。中性点小电抗器在偏移电压作用下产生的感性电流，经接地点与非故障对故障相线间电容电流作补偿，使电弧不能重燃，从而提高单相重合闸成功率。

在超高压和特高压线路上，为了保证重合闸有较高的成功率，除了在中长线路上并联电抗器的中性点加小电抗外，还采用短时在线路两侧投入快速单相接地开关的措施。

2. 防止谐振过电压

超高压线路具有较大的相间电容，当电网中存在并联电抗器等大容量的铁芯电感元件时，就可以引起一系列的谐振。

（1）分频谐振。这种谐振产生的谐振频率小于50Hz，典型的分频谐振回路如图2-9所示。

当线路 l_2 上发生故障以及断路器断开后，形成 L、C 与电源组成的谐振回路。由于并联电抗器是具有铁芯的非线性元件，因此在故障切除和电感 L 的电压恢复时，引起了电抗器的涌流效应，产生强烈的过渡过程，激发了铁磁谐振。为了消除这种谐振，可用并联电抗器经过适当数量的电阻接地。

（2）带并联电抗器的空载长线路的高频谐振。并联电抗器会在无故障的空载线路中激发2次、5次等高频谐振。谐振的可能性及过电压与电抗器的饱和特性有关，为了防止谐振，对并联电抗器的伏安特性有一定的要求。

通常并联电抗器的伏安特性是非线性的，如图2-10所示。

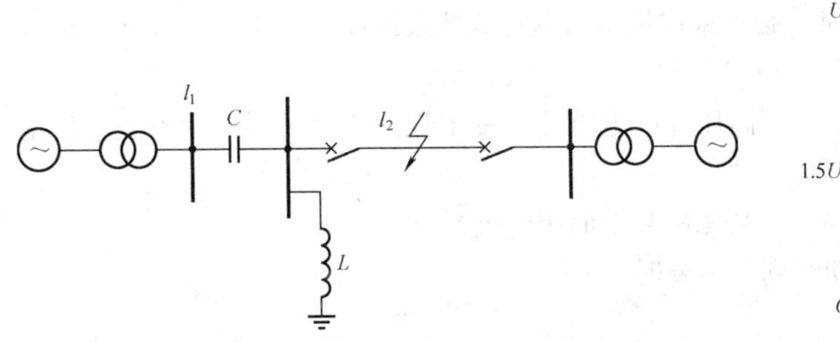

图2-9　典型的分频谐振回路

l_1、l_2—线路；C—串联补偿电容；L—并联电抗器

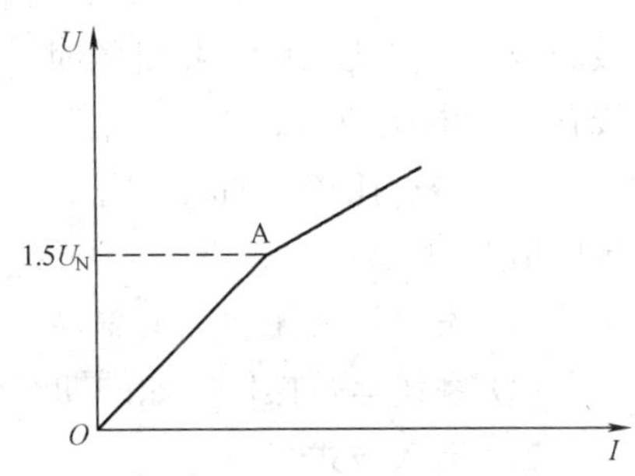

图2-10　并联电抗器的伏安特性

图2-10中，A是拐点，拐点前后折线具有不同的斜率。取最大额定相电压及其相应的电流为基准，A点前折线的斜率为1，在A点后的折线斜率小于1。根据所要求的线路侧工频暂态电压的极限值，要求并联电抗器在某一电压下保持线性、斜率为1，在饱和后的斜率一般应保持在额定电压的1/3～2/3。

（3）在正常或故障时不对称开断或闭合造成的电抗器传递谐振。超高压断路器具有很高的动作可靠性，但分相拒动的可能性仍难避免，同时500kV线路经常采用单相重合闸提高供电可靠性。因此可能发生非全相运行，又带有电抗器的空载线路。A相断开，B、C相接通的等值电路如图2-11所示。

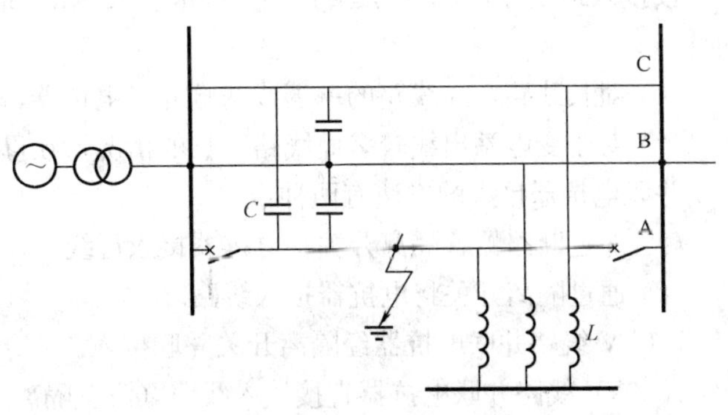

图2-11　A相断开，B、C相接通的等值电路

A相断开，B、C相电源通过相间电容传递到A相的故障导线，由于电抗器的存在，使传递回路形成谐振回路，并在一定的参数条件下产生很高的谐振电压。这种过电压可以用电抗器中性点经小电抗器接地来加以消除，当小电抗器接入后，同一相间的等效相间感抗与相间容抗相等，形成并联谐振。如不考虑电抗器的电阻和相间电容的漏电，阻抗接近无穷大，呈现开路状态，消除了能量传递，谐振现象消失。

应当指出，当线路中传输很大的功率时，即使不装电抗器，沿线电压将自然地趋于均匀；此时若投入大量的电抗器，反而使电网无功负荷过重和有功损耗增大，这是不经济的。因此应通过计算，确定不同负荷下电抗器的运行方式。

还需指出，电抗器是一个电感元件，设计时应合理选择电抗器容量，避免与线路电容形成并联谐振。

第四节　并联电抗器的安装原则和接入方式

一、500kV线路装设高压并联电抗器的原则

500kV线路并联电抗器按以下原则安装：

(1) 在500kV电网各发展阶段中，正常及检修（送变电单一元件）运行方式下，发生故障或任一处无故障三相跳闸时，必须采取措施限制母线侧及线路侧的工频过电压在最高线路运行电压的1.3及1.4倍额定值以下时。

(2) 经过比较，如认为需要采用高压并联电抗器并带中性点小电抗器作为解决潜供电流的措施时。

(3) 发电厂为无功平衡需要，而又无法装设低压电抗器时。

(4) 系统运行操作（如同期并列）需要时。

二、接入方式

在上节中已分析，超高压线路并联电抗器的作用主要体现在线路空载合闸及轻负荷运行。当线路重负荷运行时，即使不装设并联电抗器沿线电压将自然地趋向均匀；因此，在重负荷情况下，投入大容量电抗器反使电网感性无功功率和相应的功率损耗增加；为了达到经济运行，必须切除部分电抗器。这样，并联电抗器往往分成需要切除和不需要切除的并联电抗器，需要切除的电抗器应装设断路器，不需切除的并联电抗器只需装设隔离开关。

按接入地点分，目前已运行的有330kV、500kV系统；按其接入方式分并联电抗器有两种：

(1) 对长线路，在线路的一端或两端并联电抗器，并在中性点串接中性点电抗器。

(2) 对于变电站出线较多而线路不长的情况，在母线上接入电抗器。

并联电抗器接入的方法有两种：

(1) 通过断路器、隔离开关将电抗器接入母线。

(2) 通过隔离开关将电抗器接入线路。

750kV线路并联电抗器经隔离开关并联接入。

1000kV线路并联电抗器直接接入线路（没有隔离开关）。

顺便指出，并联电抗器在投入和退出时会出现过电压，应装设避雷器加以保护。

第五节　并联电抗器的分类及技术参数

一、并联电抗器的分类

（1）按铁芯结构分类。超高压并联电抗器按铁芯结构可分为两种，即壳式电抗器和芯式电抗器。现分别介绍如下。

1）壳式电抗器。壳式电抗器绕组中的主磁通道是空心的，不放置导磁介质，在绕组外部装有用硅钢片叠成的框架以引导主磁通。一般壳式电抗器磁密较低，到1.5～1.6倍额定电压才出现饱和，饱和后的动态电感仍为饱和前60%以上。

壳式电抗器由于没有主铁芯，电磁力小，相应的噪声和振动比较小，而且加工方便，冷却条件好。壳式电抗器的缺点是材料消耗多，体积偏大。

2）芯式电抗器。芯式电抗器具有带多个气隙的铁芯，外套绕组。气隙一般由不导磁的砚石组成。由于其铁芯磁密高，因此材料消耗少，结构紧凑，自振频率高，存在低频共振可能性较少。主要缺点是加工复杂，技术要求高，振动和噪声较大。

（2）按相数分类。并联电抗器结构型式还可以分为单相或三相两种，三相比单相所用的原料和成本少，节省材料，附属设备简单，价格便宜。但三相三柱式电抗器的磁路结构有明显的问题。三相电抗器由于磁路互相关联，互相影响，当三相输电线路非全相运行时，有可能因相间耦合带来谐振和过电压等不良后果。另外，采用单相重合闸时，在单相断开后，另外两相的磁通也有一部分通过断开相的铁芯，从而在断开相的绕组中感应一个电压使潜供电流增大，不利于熄弧。对于500kV及以上电压等级的并联电抗器，由于相间绝缘问题及容量比较大，所以大多数仍用单相结构。

（3）按外壳分类。并联电抗器接外壳结构可分为钟罩式和平顶式两种。钟罩式电抗器的外壳与底部用螺栓连接，现场检修时只需松掉底部螺栓，吊起钟罩即可。平顶式外壳多半采用全部焊成整体结构，密封性较好；但现场检修时必须割开焊缝，施工较困难。现挂网的500kV电抗器，两种外壳结构型式均有采用。

超高压并联电抗器的外壳及其散热片均能承受全真空。为了避免绝缘油与大气接触，电抗器储油柜中有胶囊隔膜保护，油的膨胀收缩体积由胶囊中的气体平衡，储油柜不耐真空。

二、并联电抗器的技术参数

（1）额定电压U_N：在三相电抗器的一个绕组的端子之间或在单相电抗器的一个绕组的端子间指定施加的电压，单位为千伏（kV）。

用单相电抗器连接成三相星形电抗器组时，绕组的额定电压用分数形式表示，其分子表示线对线电压，分母为$\sqrt{3}$，例如：$500/\sqrt{3}$（kV）。

（2）最高运行电压：电抗器能够连续运行而不超过规定温升的最高电压。

根据GB 10229—1988，额定电压可规定为等于最高运行电压。

（3）额定容量S_N：在额定电压下运行时的无功功率，单位为兆乏（Mvar）（$Q=UI=U^2/X_L$）。

（4）额定电流I_N：由额定容量和额定电压得出的电抗器线电流，单位为安（A）。

用单相电抗器连接成三相三角形电抗器组时，单相电抗器的额定电流用分数形式表示，其分子相应于线电流，分母为$\sqrt{3}$，例如：$500/\sqrt{3}$（A）。

(5) 额定电抗 X_N：额定电压时的电抗（额定频率下的每相阻抗值）。

(6) 零序电抗 X（三相电抗器）：三相星形绕组各线端并在一起与中性点之间测得的电抗乘以相数所得的值（额定频率下的每相阻抗值）。

(7) 互电抗 X_M（三相电抗器）：开路相的感应电压和励磁相的电流间的比值（额定频率下的每相阻抗值），互电抗用额定电抗的标幺值表示。

(8) 磁化特性：磁化特性可由磁通峰值和电流峰值的关系曲线，或者电压平均值和电流峰值的关系曲线给出。

具有非线性特性的电抗器的磁化特性，如图 2 - 12 所示。

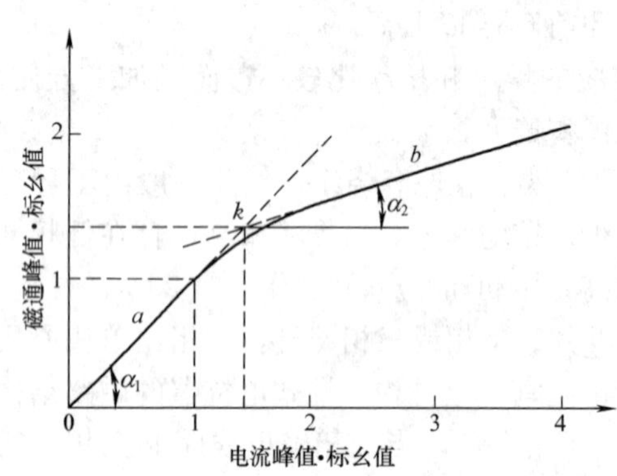

图 2 - 12　具有非线性特性的电抗器磁化特性图

α_1—非饱和区域的磁化曲线斜角；α_2—饱和区域的磁化曲线斜角；k—饱和拐点（一般在 1.5 左右），为直线 a 和 b 的交点

(9) 损耗：并联电抗器的损耗是表征其质量优劣的一个重要指示。它由绕组损耗、铁芯损耗和杂散损耗三部分组成。绕组损耗包括绕组的电阻损耗、涡流损耗，并联导线中电流分布不均匀产生的损耗；铁芯损耗包括铁芯损耗、铁芯附加损耗和磁分路损耗；杂散损耗包括引线损耗及油箱及金属结构件中的损耗。其中，绕组损耗占 60%以上，杂散损耗占 25%以上，铁芯损耗约占 10%。

(10) 振动及噪声：高电压大容量并联电抗器气隙中的电磁力大，振动和噪声问题较为突出。同时，因电抗器体积较大，固有振动频率较低，有可能与工作频率接近，发生共振而使振动加剧。我国 500kV 电压等级并联电抗器的振动水平是：在额定电压下，油箱振动幅值不大于 100μm。

噪声是一个与振动相关的参数。我国制造厂控制标准是：在额定电压下距离声源 2m 处不大于 80dB。

(11) 电抗器的温升及冷却：我国超高压并联电抗器为油浸自冷式，表示为 ONAN。其中 O 表示矿物油或相当可燃性合成液体；N 表示自然循环；A 表示空气。一般，运行中的电抗器上层油温不宜超过 85℃。但由于我国幅员辽阔，地区间环境温差大，部分地区夏季时电抗器上层油温可能超过 85℃，可采用外加风扇强迫冷却，这在实践中收到了明显的效果。

采用 A 级绝缘材料时，并联电抗器绕组温升不应超过 65℃，上层油温升不应超过 55℃，铁芯本体、油箱及结构件表面温升不应超过 80℃。

(12) 铭牌。

1) 在所有情况下铭牌应该给出的项目：电抗器名称（并联电抗器）；型号；产品代号；标准代号；制造厂名称（包括国名）；出厂序号；制造年月；相数；额定容量；额定频率；额定电压；额定电流；最高运行电压；绝缘水平；绕组连接方式；额定电压时的电抗（实测值）；冷却方式；总重量；绝缘油重量（仅使用于油浸式电抗器）。

2) 在某些情况下需列出的补充项目：绝缘的温度等级（仅适用于干式电抗器）；温升；运输重量（总重量超过 5t 的电抗器）；器身重量（总重量超过 5t 的电抗器）；绝缘用液体的种类（若不是矿物油时）；分接的详细说明（若有分接时）；零序电抗；互电抗。

三、中性点电抗器的技术参数

(1) 额定持续电流 I_N：通过绕组的端子，电抗器能够持续承担的额定频率的电流，除非电抗器规定无额定持续电流。

(2) 额定短时电流 I_{kN}：在规定的时间内通过电抗器的短时电流稳态分量的方均根值，在此电流下电抗器不得有异常的发热和机械应力。

(3) 额定短时电流的持续时间：电抗器设计的额定持续电流。

(4) 额定阻抗 Z_N：在额定频率和额定短时电流下规定的阻抗，用每相电阻值（Ω）表示。

第六节　并联电抗器的工作原理

一、结构原理

与普通变压器比较，大型并联电抗器在结构原理方面具有以下特点。

(1) 铁芯结构方面。变压器的铁芯由高导磁硅钢片叠成，而并联电抗器铁芯是由导磁的铁芯和非导磁的间隙交替叠成；并联电抗器的铁芯采用铁芯饼结构，而变压器铁芯为铁芯柱结构。

(2) 电路方面。普通变压器有初级和次级两个绕组，而大型电抗器只有初级一个绕组。

(3) 工作原理方面。普通变压器工作原理是电磁感应原理，它的作用主要是升高和降低电压，实现能量传递；大型电抗器主要利用在额定电压下线性的特点来吸收系统容性无功。

(4) 变压器的过励磁能力比较差，因此在空载合闸时容易产生励磁涌流，而并联电抗器的过励磁能力较强，在合闸时不会产生励磁涌流。

(5) 并联电抗器的差动保护与大型变压器的差动不同，后者有制动特性。

(6) 大型变压器设有过励磁保护，并联电抗器没有。

(7) 大型电抗器的附件和普通变压器基本相同，它的冷却方式一般采用油浸自冷式，在特高压电抗器采用油浸风冷式，电抗器不需要调压装置。

(8) 变压器的负荷在 24h 内是变化的，并联电抗器运行负荷长期稳定，接近满负荷运行，条件比较恶劣，负荷较重。因此在规程中规定了并联电抗器的使用寿命不低于 30 年，而变压器没有这方面的规定。

(9) 并联电抗器由于铁芯有间隙，因此漏磁通比较大，损耗也大，容易造成过热。

(10) 并联电抗器铁芯有间隙，漏磁较多，振动较大，比较容易发生各种故障。

二、高压并联电抗器的阻抗值

超高压大容量充油电抗器的绝缘结构和外壳结构与变压器相似，但内部结构不同。变压器的一次绕组和二次绕组，铁芯磁路中没有气隙；而电抗器只是一个磁路带电的气隙的电感线圈。为了保证并联电抗器在某一电压（例如 $1.5U_N$）以下为线性，又要求很大容量，在磁路中必须有一定长度的空气隙；并联电抗器的容量越大，总的空气隙长度也越大。由于系统运行的需要，要求电抗器的电抗值在一定范围内恒定，即电压与电流的关系是线性的，所以并联电抗器的铁芯磁路中必须带有气隙。

一般电抗器设计成在 1.5 倍额定电压（国家电网公司新标准）以上时才开始饱和，饱和后其伏安特性的斜率不低于原斜率的 1/3。

并联电抗器的电抗值 X 表示式为

$$X = \frac{\omega N^2 S \mu_0 \mu_f}{L} \tag{2-8}$$

式中：ω 为电源角频率；N 为线圈匝数；μ_0 为真空磁导率；μ_f 为矽钢片及气隙的综合磁导率；S 为铁芯的截面积；L 为磁路的平均长度。

不难看出，要使电抗器的电抗值恒定，必须控制磁通密度不超过一定范围，才能使 μ_f 不随电压变化。铁芯上带有气隙后，增大了磁路的磁阻，限制磁饱和，使 μ_f 趋于稳定，从而使电抗值 X 在一定范围内稳定。

三、并联电抗器的无功功率与电压的关系

并联电抗器的无功功率取决于线路电压。当线路的电压为额定电压时，所对应的电抗器无功功率为铭牌标示的额定容量；当线路电压为最高电压时，所对应的无功功率将高于额定容量，并与电压的平方成正比，即 $Q=KU^2$（K 为比例系数）。当电路电压低于额定电压时，所对应的电抗器无功功率将低于额定容量。

并联电抗器的作用与静止无功补偿器的部分功能相同，也与消弧绕组的功能有类似之处，即补偿导线电容和吸收其无功功率，不过前者经常处于运行状态，而消弧绕组只在故障状态下才起补偿作用而已。

在超高压电网中，如全线电压维持额定线电压 U_N，线路容性无功功率为

$$Q_C = U_N^2 \omega C'_1 l = P_N \lambda \tag{2-9}$$

$$P_N = \frac{U_N^2}{Z}$$

$$\lambda = \frac{\omega l}{v_1} \approx \frac{100\pi l}{3 \times 10^5} = \frac{\pi}{3} l \times 10^{-3} \text{弧度} = 0.06° l$$

式中：P_N 为线路自然功率；$\omega=314$；l 为线路长度（以公里计）；$v_1=1/\sqrt{L'_1 C'_1} \approx 3\times 10^5$km/s，为导线的正序波速；$L'_1$ 和 C'_1 分别为每公里导线的正序电感和电容；Z 为导线的波阻抗。

500kV 610km 的某线路的 $Z=262\Omega$，$P_N=956$MW，Q_C 达自然功率的 64%，即 620Mavr；若 $l=1000$km，Q_C 甚至大于 P_N。

Q_C 的增大导致沿线电压不能均匀分布，例如，空载状态下 600km 线路的中点电压要比两侧母线电压高出 5%，1000km 线路则高出 15%以上，而从超高压设备绝缘结构的经济运行要求出发，全线的最大容许电压的百分数不能超过 5%～10%，这就提出了强迫均压的要求。

四、并联电抗器的补偿度

并联电抗器的容量 Q_L 与空载长线路无功功率 Q_C 的比值 Q_L/Q_C 称为补偿度。通常补偿度选在 60%～80%。

第七节 并联电抗器的结构

一、电抗器的结构

电抗器由铁芯、绕组、绝缘及辅助设备组成。

芯式并联电抗器内部结构示意图，如图 2－13 所示。与壳式结构相比，芯式结构的高压电抗器具有损耗小、振动小、不易发生局部过热、可靠性好等优点。结构简述如下。

（一）铁芯

1. 铁芯的构成

并联电抗器铁芯芯柱是由带气隙垫块的铁芯大饼叠装而成，合理分配主漏磁，有效控制漏磁分布，降低漏磁在金属结构件产生的涡流损耗，防止发生局部过热。铁芯柱的铁芯饼为辐射形叠片，用特殊浇注工艺浇注成整体，确保其机械强度。

（1）铁芯材料采用高等级、低损耗、冷扎晶粒定向硅钢片制成，铁芯主柱和铁轭硅钢片用斜面组合，整个铁芯均匀压紧。铁芯包括铁芯饼和间隙元件。

（2）口字形铁轭，中间立铁芯饼摞成的铁芯柱，铁芯柱外套芯柱地屏、绝缘、绕组和围屏，旁轭外围旁轭地屏和围屏。

（3）并联电抗器铁芯结构示意图如图 2－14 所示。电抗器铁芯主要由三大部分组成，即磁路部分、机械支撑部分和接地系统。

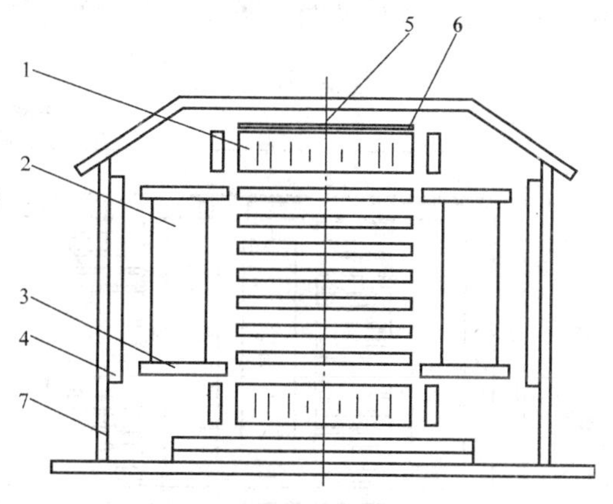

图 2－13　芯式并联电抗器内部结构示意图

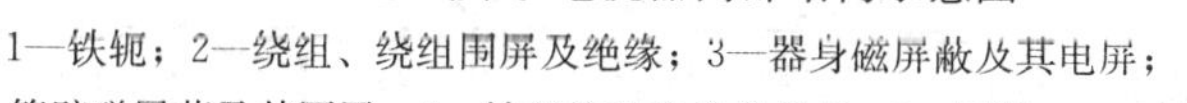
1—铁轭；2—绕组、绕组围屏及绝缘；3—器身磁屏蔽及其电屏；
4—箱壁磁屏蔽及其围屏；5—铁芯柱及芯柱拉螺杆；6—压梁；7—油箱

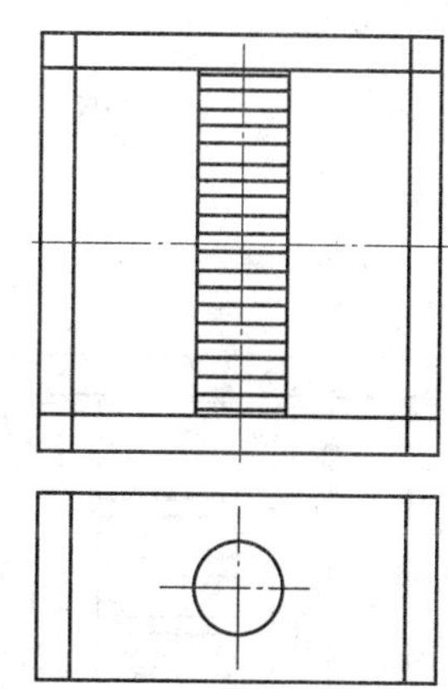

图 2－14　并联电抗器铁芯结构示意图

1）磁路部分包括上下铁轭、芯柱、旁柱。

2）机械支撑部分由夹件、压板、垫脚等金属结构件组成。

3）接地系统包括铁芯片接地和金属结构件的接地和屏蔽接地。

以上部分通过有效的夹紧和压紧装置将铁芯组成一个整体。

铁芯的铁轭外框为矩形，通过高强度拉螺杆将铁轭、芯柱及夹件连成一个整体，整体强度高，有效保证铁芯可靠的压紧力，并有效减小电抗器电磁力引起的振动和噪声。在铁芯上部与箱盖之间、铁芯下部与箱底之间，通过强力定位装置固定，以降低铁芯的振动和噪声。铁芯和油箱之间也有四个方向的顶紧装置，可防止运输中产生位移。铁芯柱的铁芯饼为辐射形叠片，用特殊浇注工艺浇注成整体，确保其机械强度。铁芯芯柱、铁轭和油箱箱壁处均采取了可靠的屏蔽措施，改善电场分布。夹件和铁轭分别由接地套管分别引出，并采取有效措施防止铁芯多点接地。

2. 铁芯的接地

（1）铁芯片和金属结构件互相绝缘，并和油箱分别绝缘开以后，单独通过套管引出油箱外，接地线引至油箱下部接地，便于运行中的维护和检查。检查可以按照使用说明书的要求进行，可以检查铁芯对地和夹件对地的绝缘情况是否良好。电抗器的铁芯片结构为一个整体，其接地线只有一根，在铁轭上部，直接通过电缆线引出。金属结构件的接地，所有较大的金属部件都可靠接地，还要避免多点接地，重复接地，否则在运行中会产生环流和发热。最后夹件通过一点由电缆线引出油箱。

（2）屏蔽接地包括旁轭屏蔽和铁芯接地屏，接地线没有单独引出，将屏蔽的接地线接到夹件，通过夹件接地引出。

3. 铁芯带气隙的作用及运行中存在的问题

（1）铁芯带有气隙是为了获得所需要的设计阻抗，使电抗器绕组能通过设计规定的电流获得设计容量。

（2）在规定的电压范围内，铁芯不会饱和，保持阻抗稳定，获得线性特性。

（3）铁芯带气隙后在运行中会产生振动、噪声。

4. 500kV 并联电抗器铁芯与 1000kV 并联电抗器铁芯结构上的区别

500kV 单相并联电抗器铁芯采用单芯柱带两旁轭的结构，其典型结构如图 2-15 所示；而 1000kV 特高压并联电抗器采用两芯柱带两旁轭及两个单相带旁轭的结构型式，如图 2-16、图 2-17 所示。

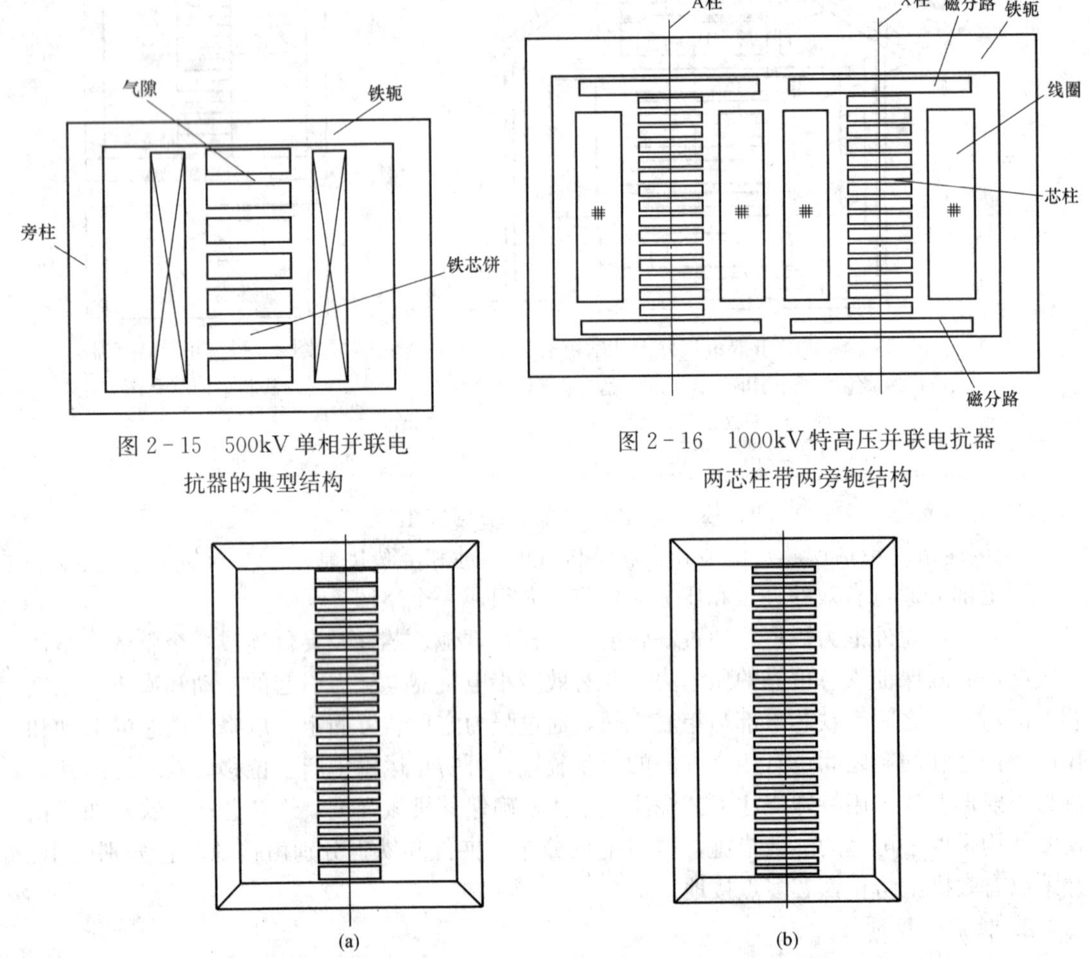

图 2-15　500kV 单相并联电抗器的典型结构

图 2-16　1000kV 特高压并联电抗器两芯柱带两旁轭结构

图 2-17　1000kV 特高压并联电抗器两个单相带旁轭结构

(a) 第一个器身铁芯；(b) 第二个器身铁芯

（二）绕组

1. 电抗器的绕组的型式

电抗器的绕组有圆筒式和饼式两种。绕组采用铜导线，为了减少涡流和使电流和温度沿绕组均匀分布，导线在一定的间距进行换位。

（1）圆筒式绕组又分为单层圆筒式和多层圆筒式。多层圆筒式绕组的结构特点是，绕组沿幅向每层层数逐渐减少，层与层间的绝缘随着匝与匝之间的电位差的变化呈梯度变化。

（2）饼式绕组有螺旋式、连续式、纠结式、纠结连续式、插入电屏式等多种型式。饼式绕组的油道为饼与饼之间的幅向油道，垫块起支撑、分隔油隙及绝缘的作用。另外，线饼内径、外径侧有轴向油道。在必要时，增加内、外挡油圈，使绝缘油在绕组内迂回，可降低绕组温升。

（3）全部是纠结式线饼的称纠结式绕组，一部分纠结一部分连续线饼组成的绕组称纠结连续式绕组。纠结式绕组的结构与连续式绕组的不同之处，只在于线匝的排列顺序；它的线匝不以自然数序排列，而是在相邻数序线匝间插入不相邻的线匝。这样原连续式绕组段间线匝借助纠结换位，进行交错纠连形成纠结线段，从而形成纠结式绕组。

（4）在绕组两端设置器身磁屏蔽，在前后侧箱壁上设置箱壁磁屏蔽，从而在器身两侧由器身磁屏蔽和箱壁磁屏蔽构成完整的漏磁回路，屏蔽漏磁。

（5）500kV 并联电抗器绕组电气原理接线原理示意图，如图 2－18 所示。绕组为上下两路并联的内屏—连续式，每支路首端十数段为插入电屏的绝缘加强度，其余为连续段。与层式绕组相比，这种饼式绕组具有等值半径小、电抗高度大、漏磁通小、冲击分布均匀且无振荡的优点。绕组中设置特殊的导向结构。

图 2－19 所示为 1000kV 并联电抗器绕组接线原理示意图。1000kV 电抗器绕组采用纠结式型式，中部出线，上下半柱并联，上下半柱绕向相反。每台电抗器由两个绕组组成，两柱绕组串联，A 柱电压等级较高；X 柱电压等级较低，均采用纠结式绕组结构。该电抗器采用了先进的绕组绕制方式，使并联导线间的环流损耗最低。同时，该绕制方式更易调节绕组幅向，但绕制工艺相对较复杂。

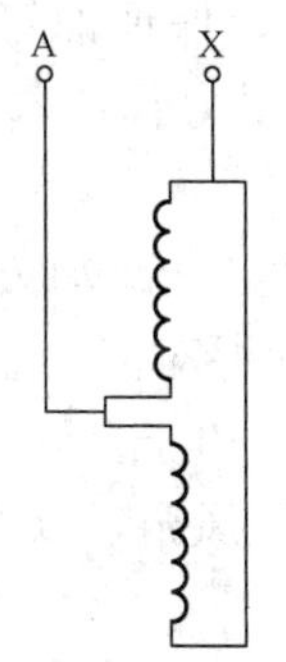

图 2－18　500kV 并联电抗器绕组接线原理示意图

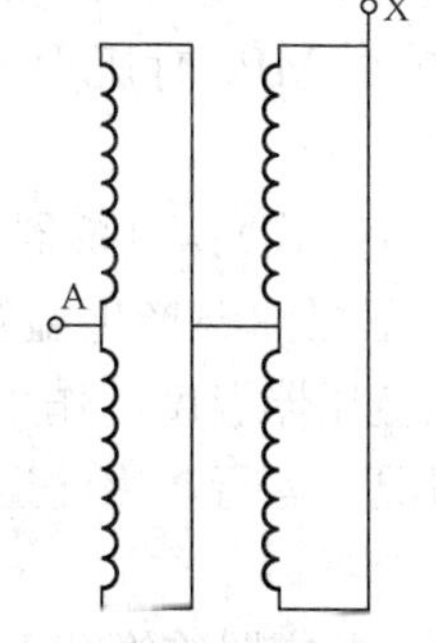

图 2－19　1000kV 并联电抗器绕组接线原理示意图

2. 绝缘结构

电抗器绝缘的目的是为了使不同电位的部件互相隔离。对于电抗器主、纵绝缘结构和参数的确定，主要依据电抗器的绝缘水平，因此必须知道电抗器在各种试验电压（包括冲击、工频、操作波、局部放电）的作用下，电抗器绕组对地、绕组间（主绝缘）以及电抗器绕组的线饼间、线匝间的电位分布和电场强度；针对其中最严重的情况，来确定电抗器的绝缘参数和结构。

主绝缘分为绕组对芯柱地屏、旁轭围屏、上下铁轭（上下器身磁屏蔽）、油箱壁（箱壁磁屏蔽）及引线对地电位的绝缘。在这些部分利用薄纸筒、瓦楞纸板、皱纹纸等分割为薄纸筒小油道结构，重要之处采用电屏蔽；并且所有地电位电极面向高电位电极的那一侧都加工成圆柱面和圆球面，彻底消除电场中电荷集中现象。

磁屏蔽的主体为硅钢片，结构中消除尖棱和尖角。

3. 辅助设备

并联电抗器的辅助设备有：油箱、储油柜（油枕）、吸湿器、压力释放装置、冷却器（自冷式）、绝缘套管、套管型电流互感器、气体继电器、温度计（线温、油温）、油位计、控制箱等。

(1) 油箱：油箱是电抗器的外壳，内装铁芯和绕组并充满变压器油，使铁芯和绕组浸在油内。油箱内采用环烷基油，起绝缘和散热作用。

(2) 储油柜（油枕）：当电抗器油的体积随着油的温度膨胀或减小时，储油柜起着调节油量、保证电抗器油箱内经常充满油的作用。

储油柜中装有由合成纤维隔膜或橡胶空气囊组成的油气隔离的油膨胀室。

(3) 吸湿器：吸湿器的作用是提供电抗器在温度变化时内部气体出入的通道，解除正常运行中因温度变化产生的对油箱的压力。

吸湿器内硅胶的作用，是在电抗器温度下降时对吸进的气体去潮气。

油封杯的作用是延长硅胶的使用寿命，把硅胶与大气隔离开。只有进入电抗器内的空气才通过硅胶。

(4) 压力释放装置：电抗器压力释放阀的作用，是为了防止内部压力的急骤或缓慢上升而造成爆炸，起安全阀的作用。当电抗器发生故障未及时切除，电弧或过流产生的热量使电抗器油发生分解，产生大量高压气体，使油箱承受巨大的压力，严重时可能使油箱变形甚至破裂，并将可燃性油喷洒满地。压力释放阀在这种情况下动作排出故障产生的高压气体和油，以减轻和解除油箱所承受的压力，保证油箱的安全。规程规定，当压力超过 0.05MPa 时压力释放阀应能可靠释放。压力释放阀动作后还应发信号或跳闸。

(5) 冷却器（自冷式）：电抗器冷却器采用油浸式自然空气冷却方式，其作用是当电抗器上层油温与下层油温产生温差时，通过冷却器形成油温对流，经冷却器冷却后流回油箱，起到降低变压器温度的作用（在某些地区，如华中，由于夏天环境温度较高，电抗器长期在高温情况下运行，因此运行方在电抗器下部外加了风扇，以降低电抗器的运行温度）。

(6) 绝缘套管：电抗器绝缘套管作用如下。

1) 用于将电抗器内部的高、低压引线引到油箱的外部；

2) 固定引线。

套管应是密封充油导杆式电容套管，应有电容试验抽头。每只套管均附带电容试验抽头的连接器。

套管的两裙伸出之差（P_1-P_2）不小于 15mm，相邻裙间高（S）与大裙伸出长度之比应大于 0.9，应具有良好的抗污秽能力和运行性能。

在 $1.5U_m/\sqrt{3}$ 电压下，套管局部放电量不大于 10pC。

套管的介质损耗因数在 20℃时应小于 0.4%。在（0.5～1.05）$U_m/\sqrt{3}$ 之间，介质损耗因数增量不大于 0.1%。

(7) 套管型电流互感器：用于电抗器保护及测量。

(8) 气体继电器：气体继电器的作用是当电抗器内部发生绝缘击穿、线匝短路及铁芯烧毁等故障时，给运行人员发出信号或切断电源（跳本侧断路器，同时启动远方跳闸装置跳线路对侧断路器）以保护电抗器。

可按下面气体的颜色来判断故障：

1) 灰黑色，易燃。通常是绝缘油炭化造成的，也可能是接触不良或局部过热导致。

2) 灰白色，可燃，有异常臭味。可能是变压器内纸质烧毁所致，有可能造成绝缘损坏。

3) 黄色，不易燃。木质制件烧毁所致。

4) 无色，不可燃，无味。多为空气。

(9) 温度计（绕组温度、油温）：用电阻型温度检测装置进行测量。

1) 绕组温度：测量绕组的温度，用于远方的温度指示和仪表记录。

2) 顶层油温：测量电抗器顶层油的温度，用于远方的温度指示和仪表记录。

(10) 油位计：油位计（表）是用来指示储油柜中的油面用的。

(11) 控制箱：每台并联电抗器都有一个独立的控制箱，所有连接到并联电抗器上设备的动力、控制和测量回路都连接在控制箱内。

二、中性点小电抗器的结构型式特点

在正常运行时，中性点小电抗所通过的电流主要是由于三相输电线路的不平衡，以及并联电抗器的三相阻抗的偏差所引起的，因此中性点小电抗器通过电流很小。在故障情况下，它将通过很大的电流，为了在故障情况下，使中性点电抗器的电抗不降低，在通过很大的电流范围内保证线性，中性点电抗器一般没有铁芯，是空心线圈。

(1) 中性点电抗器与并联电抗器在结构上的区别。

1) 它们都是一个电感线圈，区别在于并联电抗器的线圈为带间隙的铁芯，而中性点电抗器的线圈没有铁芯（相当于消弧线圈）。

2) 并联电抗器有散热器，中性点小电抗器没有散热器。

(2) 中性点电抗器以下情况会有电流通过。

1) 系统接地。

2) 三相电压不平衡。

3) 并联电抗器三相参数不一致。

4) 电压中含 3 次谐波。

三、并联电抗器的制造工艺流程

并联电抗器的制造工艺流程，如图 2－20 所示。

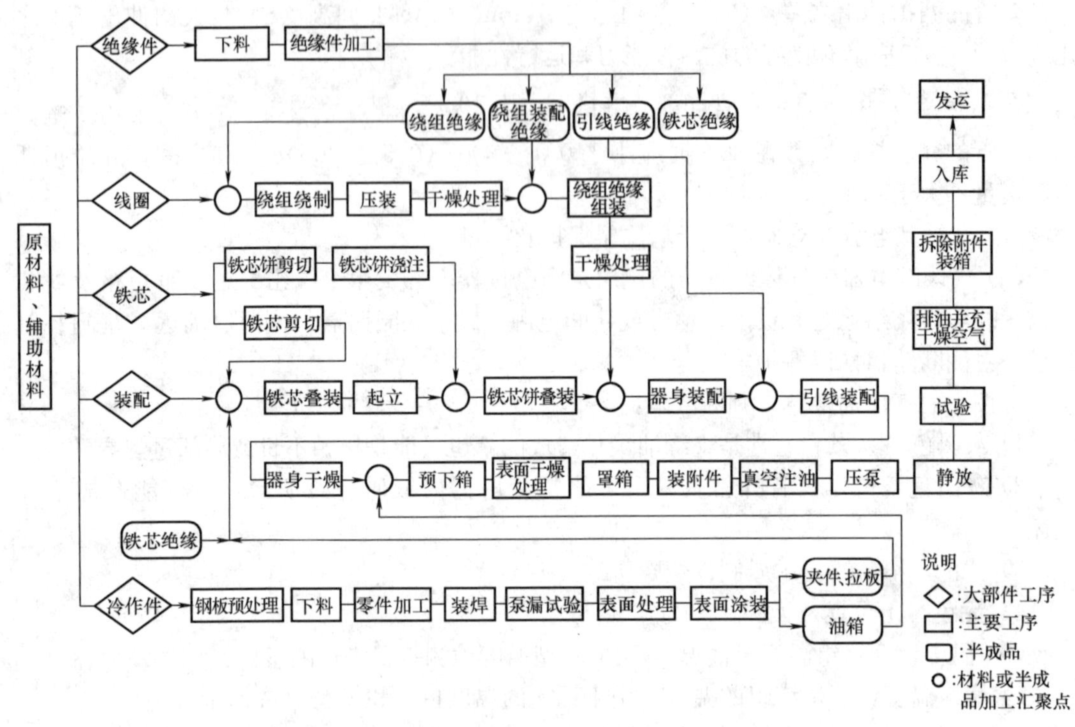

图 2-20　并联电抗器制造工艺流程图

第八节　并联电抗器的运行及维护

一、并联电抗器的报警和跳闸触点

并联电抗器报警和跳闸触点，如表 2-1 所示。

表 2-1　　并联电抗器报警和跳闸触点表

序　号	继电器名称	报警和跳闸触点	电　源
1	气体继电器	轻瓦斯报警，重瓦斯跳闸	DC 110V
2	油箱的油位计	报警	DC 110V
3	油箱的压力释放装置	报警或跳闸	DC 110V
4	油温指示计	报警	DC 110V
5	绕组温度指示计	报警	DC 110V

二、并联电抗器的保证性能（参考 2006 年国家电网公司管理规范）

1. 在 105%额定电压下连续运行的温升限值

(1) 绕组平均：60℃（用电阻法测量的平均温升）。

(2) 绕组最热点：70℃。

(3) 顶层油：50℃（用温度计测量）。

(4) 油箱表面及结构件表面：70℃（用红外测温装置测量）。

(5) 铁芯：70℃。

2. 效率和损耗

在额定电压及额定频率下，并换算到75℃时，全部损耗的允许误差：

(1) +0%一组（3台电抗器的平均值）；

(2) +5%一台电抗器的损耗值。

3. 阻抗误差和电流偏差

(1) 与额定阻抗的误差应不大于±5%，一台电抗器与一组（3台）电抗器平均值的误差范围为±2%。

(2) 与额定电流的偏差应不大于±5%，在连续运行的情况下，相电流与三相电流平均值之差不应超过±2%。

(3) 饱和特性：

1) 在0%～150%额定电压时，电抗器伏安特性为线性。当电抗器由正弦波电压励磁时，150%额定电压下电抗器的相电流与150%的额定电流相差应不超过3%，并联电抗器的饱和特性曲线应满足标准要求。

2) 磁路完全饱和时，电抗器的最终饱和电感量应不小于额定电压下电感的40%。

4. 额定频率下的过励磁能力

(1) 150%额定电压下励磁：8s。

(2) 140%额定电压下励磁：20s。

(3) 130%额定电压下励磁：3min。

(4) 125%额定电压下励磁：10min。

(5) 120%额定电压下励磁：20min。

(6) 115%额定电压下励磁：60min。

(7) 105%额定电压下：连续运行。

5. 电抗器绝缘介质的介质损耗因数

电抗器绝缘介质的介质损耗因数在20～25℃时不超过0.4%。

6. 电抗器在最高工作电压运行时油箱的机械振动幅度

电抗器在最高工作电压运行时，油箱的机械振动幅度应小于下列值。

(1) 平均值：≤60μm（峰值—峰值）。

(2) 最大值：≤100μm（峰值—峰值）。

(3) 基座：≤20μm（峰值—峰值）。

7. 可见电晕和无线电干扰水平

(1) 在$1.1U_m/\sqrt{3}$kV下，户外晴天夜间无可见电晕。

(2) 在$1.1U_m/\sqrt{3}$kV下，无线电干扰电压不大于500μV。

8. 噪声水平

满负荷运行时噪声应不大于75dB。

9. 电抗器电流3次谐波分量最大允许峰值

当电抗器施加正弦波额定电压时，电抗器电流3次谐波分量最大允许峰值应为基波峰值的3%。

10. 预期寿命

并联电抗器在2006年国家电网公司管理规范中规定的工作条件和负荷条件下运行，

并按制造厂的说明书维修，电抗器的预期寿命应大于30年。

11. 电气装置要求

(1) 控制信号辅助回路电源。

1) 控制回路：DC 110V。

2) 信号回路：DC 110V。

3) 辅助回路：AC 380/220V。

(2) 继电器。

1) 应提供带防火（不燃）、防尘和防潮外壳的继电器。

2) 对于控制继电器线圈应在交流220V的85%～110%或额定直流电压的80%～110%下运行；对于跳闸继电器为65%～110%额定直流电压。

3) 继电器的触点应有足够的容量，以满足操作条件。对所有的中间继电器，每个继电器除了控制系统的全部触点外，至少还有一个备用常开触点和一个备用常闭触点。

4) 延时继电器的时间范围至少应与整定值重叠±50%。

12. 其他

(1) 为防止电抗器绝缘及油劣化过速，顶层油温不宜经常超过85℃。

(2) 高压电抗器过电压运行时间除按《规范》规定外，还应遵循制造厂的有关规定。

(3) 高压电抗器不允许脱离避雷器运行。

三、并联电抗器的巡视检查

(一) 并联电抗器的正常巡视项目及要求

(1) 各部位有无严重积灰与污垢及渗、漏油现象。

(2) 电抗器无异物，壳体无损伤。

(3) 运行声音正常，无异常的振动及放电声，必要时测量噪声不应大于75dB（离油箱0.3m处）。

(4) 根据电抗器的油位—温度曲线检查油位、线温表指示正常，分析温度与负荷情况、环境温度情况相对应，无异常波动；并检查表计的结霜情况，手感外壳温度应正常，还应注意与近段时间的巡视记录进行比较。

若储油柜油位过高或过低时，还应检查油位计有无故障，油箱有无严重漏油，呼吸是否畅通等。储油柜油位计中应无潮气。

(5) 套管的油位应正常，高压套管如上浮球处于顶部则油位太高，下浮球处于底部则为缺油。

(6) 检查高压及中性点套管的瓷件表面，应无污垢、破损、裂纹、闪络及放电声。

(7) 套管连线接头应无松动，无发红，无冒水气，无冰雪融化等过热等现象。接头接触处温升不超过70℃。

(8) 外壳及铁芯接地良好。检查电抗器铁芯接地线和外壳接地线应良好，铁芯、夹件通过小套管引出接地的电抗器，应将接地引线引至适当位置，以便在运行中监测接地线中是否有环流。当运行中环流异常增长变化，应尽快查明原因，严重时应检查处理并采取措施；如环流超过300mA又无法消除时，可在接地回路中串入限流电阻作为临时性措施。

(9) 吸湿器的硅胶应干燥（呈蓝色），硅胶受潮后则呈粉红色，受潮（粉红色）超过硅胶量的2/3左右时应进行更换处理；硅胶吸湿器油杯油面应正常，如过低，则应添变压器油，油（正常时黄亮色，当油色很深则已污染）已污染应更换；吸湿器的呼吸应畅通，在油封杯油中应有气泡翻动。

(10) 底座固定块应无移位。

(11) 压力释放装置应无漏油，如有喷油的痕迹或黄色指示棒伸出顶部，则视为已动作。

(12) 检查气体继电器应无渗漏油现象，二次电缆无腐蚀现象，采样装置的排气和出油孔帽盖无松动、漏气、渗油现象。

(13) 检查电抗器各部件的接地完好。

(14) 检查控制箱门应关严，无受潮，温控装置工作正常。

(15) 用红外测温仪检查运行中套管引出线联板的发热情况及本体油位、储油柜、套管等其他部位。

(16) 在线监测装置（若有）应保持良好状态，并及时对数据进行分析、比较。

(17) 事故储油坑的卵石层厚度应符合要求，保持储油坑的排油管道畅通，以便事故发生时能迅速排油。

(18) 在运行中散热器上部接头处及下部闷头容易渗油，巡视时应注意检查。

（二）并联电抗器的特殊巡视项目及要求

1. 特殊巡视的情况

并联电抗器除了日常的检查巡视外，在下列情况下还应对电抗器进行特殊巡视检查。

(1) 大风、雾天、冰雪、冰雹及雷雨后的巡视。

(2) 设备变动投后的巡视。

(3) 设备新投入运行后的巡视。

(4) 设备经过检修、改造或长期停运后重新投入运行后的巡视。

(5) 异常情况下的巡视。主要是指过负荷或负荷剧增、超温、设备发热、系统冲击、跳闸、有接地故障情况等，应加强巡视。必要时，应派专人监视。

(6) 设备缺陷近期有发展时、法定休假日、上级通知有重要供电任务时，应加强巡视。

(7) 在高温、高峰负荷时应对电抗器进行特殊巡视。

(8) 站长应每月进行一次巡视。

2. 新投运、大修后或改造的电抗器巡视

新投运、大修后或改造的电抗器在投运 72h 内，应按照电抗器巡视检查项目进行特殊巡视，检查项目有：

(1) 电抗器声音是否正常，如发现响声特大、不均匀或有放电声，应认为内部有故障。

(2) 油位变化应正常，应随温度的增加略有上升，如发现假油面应及时查明原因。

(3) 用手触及冷却器，温度应正常，以证实冷却器的有关阀门已打开。

(4) 油温变化应正常，电抗器运行后，温度应缓慢上升。

(5) 应对新投运的电抗器进行红外测温。

3. 异常天气时巡视检查项目及要求

(1) 气温骤变时，检查储油柜油位和套管油位是否有明显变化，各侧连接引线是否有断股或接头处发红现象。各密封处是否有渗油现象。

(2) 雷雨、冰雹后，检查引线摆动情况及有无断股，设备上有无其他杂物，瓷套管有无放电痕迹及破裂现象。

(3) 浓雾、毛毛雨、下雪时，检查瓷套管有无沿面闪络和放电，各接头在小雨中和下雪后不应有水蒸气上升或立即融化现象；否则表示该接头运行温度比较高，应用红外线测温仪进一步检查其实际情况。

1) 雷雨天气（检查应在雷雨过后）有无放电闪络下雪，同时还应检查电抗器避雷器计数器的动作情况，以判断电抗器有无遭雷击过电压。

2) 大雾天气检查套管有无放电打火现象，重点监视污秽瓷质部分。

3) 下雪天气应根据积雪融化情况检查接头发热部位。检查引线积雪情况；为防止套管因过度受力引起套管破裂和渗漏油等现象，应及时处理引线过多的积雪和冰柱。

4) 大风时，检查电抗器附近应无容易被吹动飞起的杂物，防止吹落到电抗器的带电部位，引起短路；同时注意引线的摆动情况。

(4) 高温天气应检查油温、油位、油色和冷却器运行是否正常。

4. 异常情况下的巡视项目和要求

在电抗器运行中发现不正常现象时，应设法尽快消除，并报告上级部门和做好记录。

(1) 系统发生外部短路故障后。

(2) 电抗器顶层油温异常升高，超出制造厂规定或大于 75℃时，应按以下步骤检查处理：

1) 检查电抗器的无功和温度，并与在同一无功功率下的温度进行比较；

2) 核对温度测量装置；

3) 检查电抗器冷却器。

(3) 若温度升高的原因不是因为冷却器的原因，并与其他相相比有明显的差别，则应认为是电抗器内部有故障，应申请立即将电抗器停运。

1) 电抗器在各种额定电流方式下运行，若温度持续上升应立即向调度部门汇报，一般顶层油温应不超过 105℃；

2) 当电抗器油位计指示的油面有异常升高，经查不是假油位所致时，应放油，使油位降至与当时温度对应的高度，以免溢油；

3) 当发现电抗器的油位较当时油温所应有的油位显著降低时，应立即查明原因，并采取必要的措施。

(4) 电抗器渗油应根据不同部位来判断：

1) 压力释放阀指示杆凸出，并有喷油痕迹，应检查压力释放阀是否正确动作，观察电抗器储油柜油位有否过高；

2) 检查储油柜系统安装有无不当情况造成喷油、出现假油面或使保护装置误动作。

(5) 气体继电器中有气体，应密切观察气体的增量来判断电抗器产生气体的原因，必要时，取气体继电器气体和电抗器本体油进行色谱分析，综合判断。同时应检查：

1) 电抗器充氮灭火装置（若有）是否漏气，造成气体继电器中有气体，应立即查清并关闭冲氮灭火装置的气源，进行处理；

2) 电抗器是否发生短路故障，应立即对变压器进行油色谱分析和绕组变形测试，综合判断电抗器本体有无故障。

(6) 电抗器发生短路故障时，应检查电抗器有无喷油，油色是否变黑，油温是否正常，电气连接部分有无发热、熔断，瓷质外绝缘有无破裂，接地引下线等有无烧断及绕组是否变形。

5. 带缺陷设备的巡视项目和要求

(1) 铁芯多点接地而接地电流较大且色谱异常时，应安排检修处理。在缺陷消除前，可采取措施将电流限制在100mA以下，并加强监视。

(2) 对其他缺陷的电抗器应缩短巡视时间，若发现有明显变化时，应按照权限管理及异常处理的相关规定进行处理。

(3) 近期缺陷有发展时应加强巡视或派专人巡视。

四、并联电抗器投运前及大修后的验收

电抗器投运前及大修后的验收项目有：

(1) 阀门的检查。除排放油、进油、取样、采气等阀门应关闭外，其他阀门均应在打开状态。

(2) 各部位无漏油现象。

(3) 本体及套管油位均在正常位置，油位计指示正确，高压套管油位视察孔的下部孔中红色浮球应处于上面，上孔中的红色浮球应处于下面。

(4) 气体继电器触点动作正常，试验旋阀应打开。

(5) 保护、发信回路动作正常，测量回路正确。

(6) 温度计的毛细管不应弯曲或变形，温度指示正确，触点动作正常，远方测量装置良好。

(7) 上层油温计微动开关动作油温整定、线圈温度整定应符合现场规程整定值要求。

(8) 吸湿器内的硅胶未受潮，油封杯应注有适量的变压器油。

(9) 端子箱内接线整齐并牢固，密封良好，封堵平整。

(10) 端子箱内电缆标牌整齐，标牌上所标示的电缆标志应清晰，并与图纸相符。

(11) 套管的试验端子已接地。

(12) 铁芯、夹件、油箱以外引线已接地。

(13) 电抗器中性点已接地。

(14) 电容套管的末屏已可靠接地。

(15) 不用的套管电流互感器应短路接地。

(16) 引线接头连接良好。

(17) 一次接地线已拆除。

(18) 新装或经大修、事故检修、过滤油和换油后，所有上部闷头均应放气。

(19) 修、试、校项目齐全、合格，记录完整，记录清晰。

(20) 顶盖及其他部件上无遗留杂物。

(21) 缺陷处理后应根据缺陷管理规定进行验收和消除缺陷。

(22) 非电量保护试验正确（信号、跳闸）。

五、备用电抗器在储存期的维护要特别注意的事项

(1) 检查绝缘油的吸水量，如有必要应加以干燥。

(2) 每3个月检查硅胶吸湿器一次，所装的硅胶如有40%以上颜色由蓝变粉红则须更换。

(3) 应定期检查储油柜的油位指示器，以明确油位指示值是否与环境温度相适应。

(4) 风扇应每6个月开一次，每次连续开30min（只对装有冷却装置的电抗器）。

(5) 应定期检查控制箱内设备是否正常。

(6) 电抗器及其附件上的锈斑应去除，并用油漆修饰。

六、电抗器的检修

运行中的电抗器一般性维护检修1～2年一次，其内容应根据电抗器运行中存在的缺陷而定。主要内容包括防污清扫、个别部位渗漏油处理、连接件紧固检查、继电保护及表计校验等。

电抗器是否大修，应根据其内部缺陷指标由主管局确定。现场大修应有周密的技术方案，方案应包括组织措施、检修工艺要求及作业准备和安全措施。

现场解体大修时，为防止器身绝缘受潮，器身裸露于大气中的累计时间应尽可能短，一般不应超过48h，若需更长时间修复，应考虑运到室内进行。器身裸露时，空气的相对湿度不应超过75%。检修的间断时间（尤其是夜间），应给电抗器注入干燥空气（正压），防止潮气浸入。检修完毕后，应在密封良好的情况下对电抗器抽真空排潮，真空度应尽可能高。对电抗器恢复注油时，应采取真空注油，油应有一定温度。进油完毕，还应进行热油循环，循环完毕后，必须静置一段时间做电气试验和绝缘油分析，全部合格后方可将其投入运行。

电抗器的检修周期及项目参见变压器部分。

七、电抗器的试验

500kV并联电抗器的交接试验和预防性试验与同电压等级的变压器有许多相同之处，DL/T 596—1996《电力设备预防性试验规程》中有明确的规定，参见变压器部分。

根据国家电网公司所发布的《110（66）kV油浸式变压器（电抗器）管理规范》，对大修试验的项目及要求作了如下规定。

（一）大修前的试验

(1) 测量绕组的绝缘电阻和吸收比或极化指数。

(2) 测量绕组连同套管的泄漏电流。

(3) 测量绕组连同套管的 $\tan\delta$ 及套管末屏的绝缘电阻。

(4) 本体及套管中绝缘油的试验。

(5) 测量绕组连同套管的直流电阻及电压比试验（所有分接头位置）。

(6) 套管试验。

(7) 测量铁芯及夹件对地绝缘电阻。

(8) 测量低电压短路阻抗及低电压空载损耗，以供检修后进行比较。

(9) 必要时可增加其他试验项目（如局部放电测量等），以供检修后进行比较。

（二）大修中的试验

检修过程中应配合吊罩（或器身）检查，进行有关的试验项目：

(1) 测量变压器铁芯对夹件、穿芯螺栓（或拉带），铁芯下夹件对下油箱的绝缘电阻，磁屏蔽对油箱对绝缘电阻。

(2) 必要时做套管电流互感器的特性试验。

(3) 有载分接开关的测量与试验。

(4) 非电量保护装置的校验。

(5) 单独对套管及套管绝缘油进行额定电压下的 $\tan\delta$、局部放电和耐压试验（必要时）。

（三）大修后的试验

（1）测量绕组的绝缘电阻和吸收比或极化指数。

（2）测量绕组连同套管的泄漏电流。

（3）测量绕组连同套管的 $\tan\delta$ 及套管末屏的绝缘电阻。

（4）冷却装置的检查和试验。

（5）本体、有载分接开关和套管中的变压器油试验。

（6）测量绕组连同套管的直流电阻（所有分接头位置），对多支路引出的低压绕组应测量各支路的直流电阻。

（7）检查有载调压装置的动作情况及顺序。

（8）测量铁芯（夹件）引线对地绝缘电阻。

（9）总装后对变压器油箱和冷却器做整体密封油压试验。

（10）绕组连同套管的交流耐压试验；一般经更换重要绝缘部件，且进行干燥处理后，绝缘耐受水平按原出厂试验的80%进行。更换全部绕组及其主绝缘的变压器可按出厂试验的100%进行。

（11）测量绕组所有分接头的电压比及连接组标号的检定。

（12）变压器的空载特性试验（必要时）。

（13）变压器短路试验（必要时）。

（14）绕组变形试验。

（15）一般经更换绕组及重要绝缘部件，干燥处理后马上测量变压器的局部放电量。

（16）空载试运行前后变压器油的色谱分析，以及绝缘油的其他试验。

（17）电抗器的振动和噪声测试。

八、操作注意事项

超高压线路并联电抗器操作规定：

（1）并联电抗器停电时，必须先将电抗器所在的超高压线路停电，然后再停电抗器。

（2）线路并联电抗器送电时，必须先投电抗器后，再送超高压线路。

（3）并联电抗器送电前，电抗器保护、远方跳闸保护应正常投入。

第九节　并联电抗器的异常、故障分析及事故处理

高压电抗器与变压器一样是变电站的重要设备之一，而且结构也相似，所以高压电抗器运行中出现的异常情况及其原因都与变压器大致相同，有关本节的内容可参考变压器运行中的异常与分析。

一、并联电抗器的典型故障分析

随着我国超高压电网的不断完善和发展，挂网运行的500kV并联电抗器越来越多。统计资料表明，电抗器的事故率明显高于同电压等级的主变压器。虽然它们的技术参数略有差异，然而运行中暴露的故障是有共性的。现对代表性故障举例如下。

1. 电抗器内部局部过热

（1）故障现象。某一变电站一组进口500kV并联电抗器，外壳为钟罩式，铁芯结构为芯式，单相容量为50Mvar。1981年12月投入试运行，一周后发现A相绝缘油中含烃量持续上升。1981年12月总烃含量为117ppm（$1ppm=1\times10^{-6}$），1982年1月上升到

283ppm，判断为内部有局部过热故障。1982 年 12 月含烃量升到 2862ppm，1983 年 6 月达到 3654ppm，于是将其退出运行。

(2) 处理。吊开外罩对器身检查，发现上、下轭铁中部各有一均压环，过热使周围绝缘物严重过热变色。

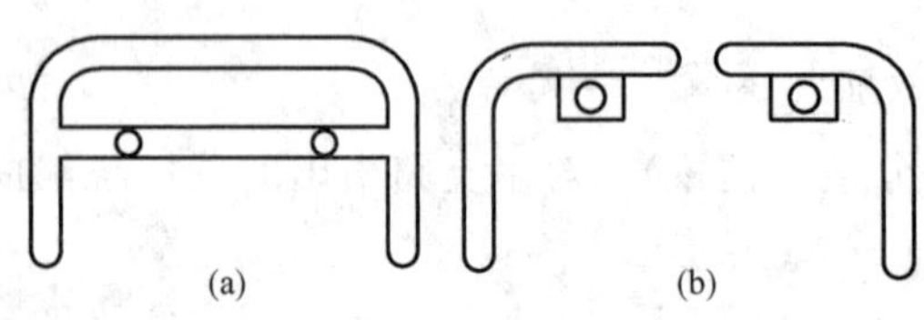

图 2－21　改造前后的均压铜管示意图
(a) 改造前；(b) 改进后

(3) 原因分析。原因是该处均压环有一闭合回路，在漏磁的作用下产生涡流，引起局部过热。为切断涡流环路，将均压环由中部开断，改造前后的均压铜管示意图如图 2－21 所示。

处理后投入运行，色谱分析结果表明局部过热故障已经消失，之后运行正常。

顺便指出，电抗器内部的局部过热故障虽然不会造成设备立即跳闸；但是局部长时间过热将会加速绝缘老化，影响电抗器运行寿命。运行中应创造条件，消除这类缺陷。

2. 电抗器外壳局部过热

(1) 故障现象。某变电站一组进口的 500kV 并联电抗器，外壳型式为平顶式，铁芯结构为壳式，单台容量为 50Mvar。该电抗器的高压套管由油箱侧面的升高座支撑，故在内部无法安装磁屏板，穿透油箱的漏磁多，由漏磁产生的涡流较大。该电抗器投运不久，经红外线检测发现油箱与升高座连接处螺栓严重发热，30 各螺栓中有 8 个温度高达 240℃，螺栓周围油漆由绿色变为水白色。

(2) 原因分析。经分析表明，外壳上由于漏磁产生的涡流在外壳流向升高座时，由于座与壳间垫有绝缘密封圈，只能靠螺栓导流。一部分螺栓氧化或被油漆绝缘，涡流只能通过另一部分螺栓流通。电流的热效应使得螺栓温度升高。

(3) 处理。该故障的消除方法有两种：一是将全部 30 个螺栓去掉氧化层及油漆，使升高座与箱壳通过 30 个螺栓金属连接，各螺栓均分电流；二是将外壳与升高座绝缘起来，切断电流路径，不产生局部过热。上述电抗器所在单位采用第一种方法，不停电情况下逐个松开螺栓去掉氧化层及油漆，使 30 只螺栓良好导通。处理后，发热的螺栓温度明显下降，消除了故障。

3. 电抗器振动造成的故障

某变电站一组进口 500kV 电抗器，外壳为平顶式，铁芯结构为壳式，运行中由于振动较大出现下列故障：

(1) 内部套管端部均压环由于振动使固定环的铝条断裂，之后均压环因悬浮电位不断发生放电，被迫停运检修。

(2) 由于振动过大，造成外部连接附件牵筋拉裂油箱，严重漏油，被迫停电，排油补焊。

(3) 散热片因振动过大，致使连接螺栓脱落，散热片发生裂纹，严重漏油，被迫停电更换散热片。

4. 电抗器铁芯多点接地

(1) 故障现象。某变电站一组进口的 500kV 并联电抗器，1981 年在现场安装时发现铁芯多点接地，后经供货方派人到现场进行处理。

(2) 处理。打开电抗器大盖后，吊芯检查发现铁芯底部与油箱之间的一块绝缘板脱落，将绝缘板重新固定好后恢复器身，再做试验故障消失。

(3) 故障原因分析。制造公司在器身装配时未将该绝缘板固定，当铁芯在吊入油箱时绝缘板脱落。

5. 电抗器内部匝间短路

(1) 故障现象。某变电站一组进口的500kV并联电抗器，1993年3月15日投产运行。1993年8月11日15时15分，该电抗器A相匝间故障，匝间保护、重瓦斯保护、压力释放阀动作跳本侧线路断路器，同时启动远方跳闸装置跳对侧断路器。运行值班员到现场检查并联电抗器温度：A相75℃，B相72℃，C相72℃，中性点32.5℃；A相电抗器气体继电器有600cm^{3}气体，并可燃，化验人员取油样进行色谱分析，与一个半月前比较，严重超标。

(2) 检查及处理。1993年10月10日，A相电抗器运至国内某变压器厂吊检，电抗器整个线圈共116饼，上下各58饼，发现第四饼向里第33～38配线圈沿纸板垫块下方有放电痕迹，由于短路，第四饼线圈段变形。该电抗器大修后于1994年10月22日投运。投产前对电抗器做了11项试验，只有吸收比试验为1.6大于标准1.5，投运后一直跟踪取油样化验，未发现异常。

6. 电抗器正常运行时油位高造成压力保护动作跳闸

(1) 现象。某变电站一组进口的500kV并联电抗器，1987年8月5日15时34分（夏季高温大负荷），该变电站一条500kV线路并联电抗器B相油位过高使压力保护动作，跳线路的本侧断路器，同时启动远方跳闸装置跳对侧断路器。

电抗器压力保护通过释放装置的触点传递跳闸，当电抗器内部压力增加至释放装置动作时，一方面将电抗器内部压力释放，另一方面通过触点启动跳闸。

(2) 处理。由检修人员进行放油处理。

(3) 原因分析。B相注油过多，在高温大负荷的情况下，由于油热膨胀时使油箱内油压力增大，造成压力释放保护动作。

(4) 暴露的问题。

1) 此类故障在大型充油设备运行中已出现过多次，运行人员在平时巡视检查未加以分析和比较。

2) 电抗器检修后注油应根据温度—油位曲线进行注油。若在冬天注油过高，夏天就会出现油位高现象；若在夏天注油为正常值，冬天可能出现油位底现象。

7. 电抗器送电运行时油温异常高

某变电站500kV线路，在送电后，运行人员发现其中一相油温上升很快，最后申请调度将该线路强迫停运。

停电后，检修人员发现电抗器上部接冷却器输油管阀门未打开，导致运行时油不能循环，温度急剧上升。

此故障暴露检修人员在检修完后未对设备进行检查，而工作许可人未履行工作票完工验收手续，给设备留下重大的隐患。

二、并联电抗器异常及事故情况时的处理

（一）并联电抗器事故处理的一般原则

(1) 高压电抗器保护动作跳闸时，不得对高压电抗器强送电，在未查明原因并消除故障前，不得对高压电抗器试送电。

(2) 高压电抗器保护动作跳闸时，经查明判断不是高压电抗器内部故障，经有关调度许可后，可以对高压电抗器试送电一次。

(3) 高压电抗器故障消除后或查明不是高压电抗器内部故障，恢复送电应按有关操作规定进行。当系统有条件时，可采取零起升压恢复送电。

(4) 高压电抗器与线路只有隔离开关连接，当高压电抗器保护与线路保护同时动作时，应按照高压电抗器故障进行处理；未经判明内部确无故障时，不得对高压电抗器进行送电。

(5) 在未查明高压电抗器保护动作原因并消除故障之前，系统急需送电时，应将高压电抗器退出。

(二) 常见的异常运行及处理

电抗器发生异常情况时，值班人员应立即向班长、所长及调度汇报，并立即对电抗器进行检查，判断故障性质，分别对不同情况予以处理。下面介绍几种异常运行情况的处理方法。

1. 运行中声音异常及处理

(1) 电抗器声响明显增大，内部有爆裂声时，应立即查明原因并采取相应措施，如对电抗器进行电气、油色谱、绕组变形测试等试验检查。必要时还应对电抗器进行吊罩检查。

(2) 若电抗器响声比平时增大而均匀时，应检查电网电压情况，确定是否为电网电压过高引起。

(3) 声响较大而嘈杂时，可能是电抗器铁芯、夹件松动的问题；此时仪表一般正常，电抗器油温与油位也无大变化，应将电抗器停运进行检查。

(4) 声响夹有放电的“吱吱”声时，可能是电抗器器身或套管发生表面局部放电。若是套管的问题，在气候恶劣或夜间时，可见到电晕或蓝色、紫色的小火花；应先清除套管表面的脏污，再涂 RTV 涂料或更换套管。如果是器身的问题，把耳朵贴近电抗器油箱，则可能听到电抗器内部由于局部放电或电接触不良而发出的“吱吱”或“噼啪”声，此时应申请将电抗器退出运行，检查铁芯接地或进行吊罩检查。

(5) 若声音中夹有水的沸腾声时，可能是绕组有较严重的故障或分接开关接触不良而局部严重过热引起，应申请将电抗器退出运行，进行检修。

(6) 当响声中夹有爆裂声，既大又不均匀时，可能是电抗器的器身绝缘有击穿现象；此时应申请将电抗器退出运行，进行检修。

(7) 响声中夹有连续的、有规律的撞击或摩擦声时，可能是电抗器的某些部件因铁芯振动而造成机械接触。如果是箱壁上的油管过电线处，可增加距离或增强固定来解决。另外，电抗器的附件安装（如铭牌）不牢固，也可能发出异常声音。

2. 压力释放阀冒油的处理

(1) 若压力释放阀冒油而电抗器的气体继电器和差动保护等电气保护未动作时，应立即取电抗器本体油样进行色谱分析，如果色谱分析正常，则怀疑压力释放阀动作是其他原因引起（如大检修时注油过满等）。

1) 检查电抗器本体与储油柜连接阀是否已开启，吸湿器是否畅通，储油柜内气体是否排净，防止由于假油位引起压力释放阀动作。

2) 检查压力释放阀的密封是否完好，必要时更换密封胶垫。

3）检查压力释放阀升高座是否有放气塞，如无应增设，防止积聚气体因气温变化发生误动。

4）如条件允许，可安排时间停电，对压力释放阀进行开启和关闭动作试验。

（2）压力释放阀冒油，且气体保护动作跳闸时，在未查明原因、故障未消除前不得将电抗器投入运行。若电抗器有内部故障的征象时，应做进一步检查。

3. 油温异常升高及处理

（1）电抗器油温异常升高。

1）应通过比较安装在电抗器上的油温表和线温表计读数进行比较，并与其他相进行比较，充分考虑环境温度和电抗器无功功率的因素，判断是否为电抗器温升异常。

2）电抗器油温升高应检查的工作：①检查电抗器的无功功率和温度，并与正常运行的电抗器及近期的巡视记录进行比较；②核对测温装置的准确度；③检查电抗器有关蝶阀开闭位置是否正确，检查电抗器油位的情况；④检查电抗器的气体继电器内是否积聚了可燃气体；⑤检查系统的运行情况，注意系统谐波电流情况；⑥取油样进行色谱试验分析；⑦必要时对电抗器进行预防性试验。

3）若经检查分析是电抗器内部故障引起的温度异常，则立即停运电抗器，做好安全措施，尽快安排处理。

（2）在正常运行条件下，电抗器温度不正常并不断上升，且经检查证明温度指示正确；则认为电抗器已发生内部故障，应立即停运电抗器，做好安全措施，通知专业人员进行处理。

电抗器在各种超额定电流下运行，且温度持续升高，应及时向调度汇报，顶层油温不应超过105℃。

（3）电抗器的很多故障都可能伴随急剧的温升，应检查运行电压是否过高，套管各个端子和引线或电缆的连接是否紧密，有无发热迹象。温度计损坏、散热器阀门没有打开等，均有可能导致电抗器油温异常。

4. 套管渗漏、油位异常和末屏有放电声及处理

（1）套管严重渗漏或瓷套破裂时，电抗器应立即停运。更换套管或消除放电现象，经电气试验合格后方可将电抗器投入运行。

（2）套管油位异常下降或升高，包括利用红外测温装置检测油位，确认套管发生内漏（即套管油与电抗器油已连通），应进行吊套管处理。当确认油位已漏至金属储油柜以下时，电抗器应停止运行，进行处理。

（3）套管末屏有放电声时，应将电抗器停止运行，并对该套管做试验；确认没有引起套管绝缘故障，对末屏可靠接地后方可将电抗器恢复运行。

（4）大气过电压、内部过电压等，会引起瓷件、瓷套管表面龟裂，并有放电痕迹，此时应采取防止大气过电压和内部过电压的措施。

5. 油位不正常及处理

（1）当发现电抗器的油面较当时油温所应有的油位显著降低时，应查明原因并采取措施。

（2）当油位计的油面异常升高或呼吸系统异常，需打开放气塞或放油阀时，应先将重瓦斯改接信号。

（3）电抗器油位因温度上升有可能高出油位指示极限，经查明不是假油位所致时，则

应放油，使油位降至与当时油温相对应的高度，以免溢油。

(4) 油位计带有小胶囊时，如发现油位不正常，先对油位计加油；此时需将油表呼吸塞及小胶囊的塞子打开，用漏斗从油表呼吸塞处缓慢加油，将囊中空气全部排除；然后打开油表放油螺栓，放出油表内多余油量（看到油表内油位即可），关上小胶囊室的塞子。注意油表呼吸塞不必拧得太紧，以保证油表内空气自由呼吸。

(5) 当发现高压电抗器油位异常升降时，应根据电流、温度等情况进行分析，查明原因。如确定油位过高或偏低时，应及时提请有关部门对高抗进行加油、放油、调整油位的工作。

6. 轻瓦斯动作的处理

(1) 轻瓦斯动作发信后，值班人员应立即对电抗器进行检查，查明动作原因。通过观察气体继电器动作的次数、间隔时间的长短等，并经过气样分析判断电抗器是否有内部故障。

轻瓦斯保护动作一般有下列原因：

1) 非电抗器故障原因。如：因进行滤油、加油或检修等工作造成空气进入电抗器；因温度下降或漏油使油面降低；二次回路故障影响，直流多点接地；储油柜空气不畅通以及直流回路绝缘破坏或触点裂化引起的误动作。

如确定轻瓦斯保护动作系外部原因引起，则电抗器可继续运行。

2) 通过气体性质及气相色谱分析检查，确认是由于电抗器内部轻微故障引起的轻瓦斯保护动作，则应将电抗器停运检查。

3) 如轻瓦斯动作是由于吸入空气的原因造成，且信号动作间隔时间逐次缩短，将造成跳闸时，应考虑将重瓦斯改接信号，并立即查明原因并消除缺陷。

4) 若气体继电器内的气体为无色、无臭且不可燃，色谱分析判断为空气，则电抗器可继续运行，并及时消除缺陷。

(2) 轻瓦斯动作发信后，如一时不能对气体继电器内的气体进行色谱分析，应根据气体颜色、气味、可燃性等特征来判断故障性质，详见表 2-2。

表 2-2　　由气体特征判断故障性质

气体特征	故障性质	气体特征	故障性质
无色、无臭、不可燃	空气	淡灰色、有臭味、可燃	纸或纸板故障产生的气体
黄色、不可燃	木质故障产生的气体	灰黑色、易燃	铁质故障使绝缘油分解产生的气体

(3) 如果轻瓦斯动作发信后经分析已判为电抗器内部存在故障，且发信间隔时间逐次缩短，则说明故障正在发展，这时应尽快将该没电抗器停运。

(4) 当电抗器轻瓦斯动作告警时，运行人员应检查其温度、油面、外观及声音有无异常现象，检查气体继电器内有无气体，用专用注射器取出少量气体，试验其可燃性。如气体可燃，可断定电抗器内部有故障，应立即向调度报告，申请将电抗器退出运行。在调度未下令将其退出之前，应严密监视电抗器的运行状态，注意异常现象的发展与变化。

(5) 气体继电器内大部分气体应保留，不要取出，由化验人员取样进行色谱分析。

(6) 必要时进行预防性试验。

7. 电抗器油质的色谱分析

正常情况下，电抗器油及有机绝缘材料在热和电的作用下会逐渐老化和分解，产生少量的低分子的烃类和CO_2、CO等气体，这些气体大部分溶解在油中，当存在潜伏性过热或放电故障时，会加快这些气体的产生速度。随着故障的发展，分解出气体形成的气泡在油里扩散，并不断溶解于油中。当产气速率大于溶解速率时，会有一部分气体进入气体继电器。故障气体的成分和含量与故障的类型和其严重程度有密切关系。因此，分析溶解于油中的气体，能及时发现充油设备内部存在的潜伏性故障，可及早掌握故障的发展情况。

不同故障类型产生气体的成分，如表2-3所示。

表2-3　不同类型故障产生气体的成分

故障类型	主要气体成分	次要气体成分
油过热	CH_4、C_2H_2	H_2、C_2H_6
油和纸过热	CH_4、C_2H_4、CO、CO_2	H_2、C_2H_6
油纸绝缘中局部放电	H_2、CH_4、CO	C_2H_4、C_2H_6、CO_2
油中火花放电	C_2H_2、H_2	
油中电弧	H_2、C_2H_2	CH_4、C_2H_4、C_2H_6
油中纸中电弧	H_2、C_2H_2、CO、CO_2	CH_4、C_2H_4、C_2H_6
进水受潮或油中气泡	H_2	

（三）电抗器故障及处理

1. 差动保护动作的原因及处理

装设差动保护是为了保证电抗器的可靠运行，以及当电抗器发生电气故障时，能迅速将其切除，从而减少电抗器损坏程度。差动保护与瓦斯保护都是电抗器本身的主保护，差动保护能反映保护范围内的各种故障，动作后跳开本线路断路器，同时启动远方跳闸装置跳线路对侧断路器。

（1）电抗器差动保护动作的原因有：

1）电抗器及其套管引出线，各侧差动电流互感器以内的一次设备故障。

2）保护二次回路问题引起保护误动作。

3）差动电流互感器二次开路或短路。

4）电抗器内部故障。

（2）运行中的电抗器，若差动保护动作引起跳闸，运行人员应采取以下措施：

1）检查电抗器所连线路断路器是否跳闸。

2）第一时间向各级调度进行汇报，并复归事故音响信号，有关光字信号暂不复归。

3）检查套管有无损伤、有无闪络放电痕迹或爆炸、电抗器本体外部有无因内部故障引起的异常、导线是否断线、气体继电器有无气体、压力释放阀是否动作、喷油、一次设备有无着火等现象。

4）检查差动保护范围内所有一次设备，瓷质部分是否完整，有无闪络放电痕迹。电抗器及避雷器、瓷绝缘子等有无接地短路现象，有无异物落在设备上。

5）检查电抗器保护动作情况、录波器的动作情况，并做好记录。

6）运行人员在进行以上全面检查后，将检查的情况再次向调度进行汇报。

（3）在未查明差动保护动作原因之前，运行人员不得将保护屏上的信号复归。

（4）根据调度的命令进行操作。

1）经过上述检查后，如判断确证差动保护是由于外部原因引起的，而非电抗器内部故障，则电抗器可不经内部检查而重新投入运行。

2）如不能判断为外部原因时，则应对电抗器作进一步的检查、试验、分析以确定保护动作原因及故障性质，必要时作吊芯检查。

3）如差动保护与重瓦斯保护同时动作，则可认为电抗器内部发生故障，则故障未消除前不得对电抗器送电。

2. 重瓦斯动作的原因及处理

（1）电抗器重瓦斯保护动作的原因有：

1）电抗器内部故障。

2）二次回路问题误动作。

3）某些情况下，由于储油柜内的胶囊（隔膜）安装不良，造成吸湿器堵塞。油温发生变化后，吸湿器突然冲开，油流冲动使气体继电器误动跳闸。

4）电抗器附近有较强的振动。

（2）电抗器重瓦斯保护动作后，若差动保护动作引起跳闸，运行人员应进行下列检查：

1）检查电抗器所连线路断路器是否跳闸。

2）第一时间向各级调度进行汇报，并复归事故音响信号，有关光字信号暂不复归。

3）检查电抗器本体油温、油位、油色情况。

4）变压器差动保护是否掉牌。

5）气体继电器保护动作前，电压、电流有无波动。

6）储油柜、压力释放阀和吸湿器是否破裂，压力释放装置是否动作。

7）有无其他保护动作信号。

8）外壳有无鼓起变形，套管有无破损裂纹。

9）各法兰连接处、导油管等处有无冒油。

10）气体继电器内有无气体，或收集的气体是否可燃。

11）气体继电器保护掉牌能否复归，直流系统是否接地。

12）检查电抗器保护动作情况，录波器的动作情况，并做好记录。

（3）在未查明差动保护动作原因之前，运行人员不得将保护屏上的信号复归。

（4）运行人员在进行以上全面检查后将检查的情况再次向调度进行汇报。

（5）根据调度的命令进行操作。重瓦斯保护动作跳闸，如果不是由于保护装置二次回路故障引起保护误动，则说明电抗器内部发生故障，应进行气相色谱分析及电气试验分析；重瓦斯保护动作同时有差动保护动作（或从故障录波图上分析有故障）则说明电抗器内部有故障，故障未消除前不得对电抗器送电。

电抗器经检查分析发现内部故障特征后，应进行吊芯检查。

3. 电抗器跳闸

电抗器自身元件保护动作跳闸时，处理方法如下。

（1）立即检查电抗器是否仍带有电压，即线路对侧是否跳闸。如对侧未跳闸，应报告调度通知对侧紧急切断电源。

（2）立即检查电抗器温度、油面、外壳有无故障迹象，压力释放阀是否动作，根据检查情况进行综合判断：

1）如气体、差动、压力、过流保护有两套或以上同时动作，或明显有故障迹象，应判断内部有短路故障；在未查明原因并消除前，不得将电抗器投入运行。

2）气体继电器保护动作，按前述步骤检查；差动保护动作，如无其他故障迹象，应检查电流互感器二次回路端子有无开路现象；压力保护动作，应检查有无喷油现象，压力释放阀指示器是否弹出。

（3）根据初步判断结果，立即到现场对设备进行检查，记录当时的温度和油位指示值、压力释放装置有无喷油、瓷套有无闪络，气体继电器有无气体、运行声音有无异常等情况，综合分析判断故障性质，将检查结果汇报调度及有关领导。

（4）详细记录跳闸发生时间，光字牌信号位置、继电器掉牌情况和电流、电压及远方线圈温度、油温计显示值等，初步判断故障性质，在未做好记录和未得到值班长许可前，不得复归各种信号。

4. 电抗器着火

（1）电抗器着火时首先应检查本线路断路器是否已跳闸，若未跳闸则应立即手动断开故障电抗器线路断路器，同时向调度汇报，断开对侧断路器。

（2）立即断开电抗器所有二次控制电源。

（3）立即向消防部门报警（切记报出具体地理位置）。

（4）在确保人身安全的情况下迅速采取必要的灭火措施，防止火势蔓延。必要时开启事故放油阀排油。处理事故时，首先应保证人身安全。

（5）应立即向调度部门及有关部门汇报。

（6）检查电抗器起火是否对周围其他设备有影响。

5. 本体严重漏油

（1）电抗器本体严重漏油，使油面下降到低于油位计的指示限度时，电抗器应立即停运。

（2）电抗器本体严重漏油，油位尚处在正常范围内时，应检查油箱是结构性渗漏油还是密封性渗漏油。

1）结构性渗漏油的处理方法一般是补焊。油箱上部渗漏时，只需排除少量油即可处理。油箱下部渗漏油时，可带电处理，但带电补焊应在漏油不显著的情况下进行；否则应采取抽真空或排油法去除油气混合物，并在油箱内造成负压后补焊。

2）电抗器内部故障压力升高引起渗漏油情况，应查明电抗器内部故障的原因，待故障消除试验合格后，电抗器方可投入运行。

（3）电抗器严重漏油时，运行人员应加强监视。

第三章

互　感　器

第一节　概　　述

一、我国的互感器发展过程

我国的互感器发展过程如下：

(1) 20世纪50年代初期，我国只生产油浸式高压互感器，基本上是仿前苏联制造的。

(2) 1956年和1958年先后试制仿苏型220kV电磁式电压互感器和220kV电流互感器。

(3) 20世纪60年代，我国自行设计10kV环氧树脂浇注互感器试制成功，并对35～220kV油浸纸绝缘互感器进行改型，形成国产产品系列。

(4) 1972年和1979年，我国试制用于330kV和500kV型电流互感器。

(5) 1970年和1980年，完成330kV和500kV电容式电压互感器式制工作。

(6) 20世纪80年代到90年代我国互感器制造主要体现在：

1) 500kV及以下电压等级电压、电流互感器形成完整系列，如形成固体、油浸、SF_6气体多种绝缘产品；

2) 设备技术参数不断提高；

3) 向无油化、小型化、免维护方向发展；

4) 运行可靠性逐步提高；

5) 互感器行业已形成一支具有相当规模的制造力量；

6) 市场竞争推动互感器行业进步。

(7) 干式互感器电压等级已达到110kV。

(8) 光电式互感器已开始使用。

(9) 2008年，1000kV互感器在我国第一条1000kV试验示范工程三座变电站开始投入使用（晋东南站、南洋站、荆门站）。

二、电力系统对互感器的要求

(1) 绝缘安全可靠。

(2) 密封切实可靠。

(3) 温度设计可靠。

(4) 热动稳定可靠。

(5) 限制谐振过电压发生。

三、互感器的作用

电力系统所用互感器是将电网高电压、大电流的信息传递到低电压、小电流二次侧的计量、测量仪表及继电保护、自动装置的一种特殊变压器，是一次系统和二次系统的联络元件。其一次绕组接入电网，二次绕组分别与测量仪表、保护装置等相互连接。

互感器分为电压互感器和电流互感器两大类，其主要作用有：

(1) 将一次系统的电压、电流信息准确地传递到二次侧相关设备。

(2) 将一次系统的高电压、大电流变换为二次侧的低电压（标准值100V、$100/\sqrt{3}$V）、小电流（标准值5A、1A），使测量、计量仪表和继电保护等装置标准化、小型化，并降低了对二次设备的绝缘要求。

(3) 将二次侧设备以及二次系统与一次系统高压设备在电气方面很好地隔离，从而保证了二次设备和人身的安全。

第二节　电压互感器

一、电压互感器分类

1. 按用途分

(1) 测量用电压互感器（或电压互感器的测量绕组）。在正常电压范围内，向测量、计量装置提供电网电压信息。

(2) 保护用电压互感器（或电压互感器的保护绕组）。在电网故障状态下，向继电保护等装置提供电网故障电压信息。

2. 按绝缘介质分

(1) 干式电压互感器。由普通绝缘材料浸渍绝缘漆作为绝缘，多用在500V及以下低电压等级。

(2) 浇注绝缘电压互感器。由环氧树脂或其他树脂混合材料浇注成型，多用在35kV及以下电压等级。

(3) 油浸式电压互感器。由绝缘纸和绝缘油作为绝缘，是我国最常见的结构型式，常用于220kV及以下电压等级。

(4) 气体绝缘电压互感器。由SF_6气体作为主绝缘，多用在较高电压等级。

3. 按相数分

(1) 单相电压互感器。一般35kV及以上电压等级采用。

(2) 三相电压互感器。一般35kV及以下电压等级采用。

4. 按电压变换原理分

(1) 电磁式电压互感器。根据电磁感应原理变换电压，我国多在220kV及以下电压等级采用。

(2) 电容式电压互感器。通过电容分压原理变换电压，目前我国在110～750kV电压等级均采用，330～750kV电压等级只生产电容式电压互感器。

(3) 光电式电压互感器。通过光电变换原理实现电压变换。

5. 按使用条件分

(1) 户内型电压互感器。安装在室内配电装置中，一般用在35kV及以下电压等级。

(2) 户外型电压互感器。安装在户外配电装置中，多用在35kV及以上电压等级。

6. 按一次绕组对地运行状态分

(1) 一次绕组接地的电压互感器。单相电压互感器一次绕组的末端或三相电压互感器一次绕组的中性点直接接地，末端绝缘水平较低。

(2) 一次绕组不接地的电压互感器。单相电压互感器一次绕组两端子对地都是相同绝缘的；三相电压互感器一次绕组的各部分，包括接线端子对地都是绝缘的，而且绝缘水平与额定绝缘水平一致。

7. 按磁路结构分

(1) 单级式电压互感器。一次绕组和二次绕组（根据需要可设多个二次绕组）同绕在一个铁芯上，铁芯为地电位。我国在35kV及以下电压等级均采用单级式。

(2) 串级式电压互感器。一次绕组分成几个匝数相同的单元串接在相与地之间，每一单元有各自独立的铁芯，具有多个铁芯，且铁芯带有高电压；二次绕组（根据需要可设多个二次绕组）除在最末一个与地连接的单元。目前我国在66～220kV电压等级常用此种结构型式。

8. 组合式互感器

由电压互感器和电流互感器组合并形成一体的互感器称为组合式互感器，也有把与GIS组合电器配套生产的互感器称为组合式互感器。

二、电压互感器基本概念

1. 电压互感器工作原理

一次设备的高电压，不容易直接测量，将高电压按比例转换成较低的电压后，再连接到仪表或继电器中去，实现这种转换的设备称为电压互感器，用TV表示。

电压互感器实际上就是一种降压变压器，它的两个绕组在一个闭合的铁芯上，一次绕组匝数很多，二次绕组匝数很少。一次侧并联地接在电力系统中，一次绕组的额定电压与所接系统的母线额定电压相同。二次侧并联连接仪表、保护及自动装置的电压绕组等负荷，由于这些负荷的阻抗很大，通过的电流很小；因此，电压互感器的工作状态相当于变压器的空载情况。

电压互感器的一次绕组的额定电压与所接系统的母线额定电压相同，二次有2个、3个或4个绕组，供保护、测量及自动装置用。基本二次绕组的额定电压采用100V。为了和一相电压设计的一次绕组配合，也有采用$100/\sqrt{3}$V的。如互感器用在中性点直接接地系统，辅助二次绕组的额定电压为100V；如用在中性点不接地系统中，则为100/3V。因此，选择绕组匝数的目的就是在系统发生单相接地时，开口三角端出现100V电压。

2. 电压互感器与普通变压器相比的特点

电压互感器实质上也是一种变压器。电压互感器和普通变压器在原理上的主要区别是，电压互感器一次侧作用于一个恒压源，它不受互感器二次负荷的影响，不像变压器通过大负荷时会影响电压，这和电压互感器吸取功率很微小有关。此外，由于电压互感器二次侧的负荷阻抗很大，使互感器总是处于类似于变压器的空载状态，二次电压基本上等于二次电动势值，且取决于恒定的一次电压值；因此，电压互感器用来辅助测量电压，而不会因二次侧接上几个电压表就使电压降低。但这个结论只适用于一定范围，即在准确度所允许的负荷范围内。如果电压互感器的二次负荷增大超过该范围，实际上也会影响二次电压，其结果是误差增大，测量失去意义。

电压互感器的结构和工作原理与变压器相同，它的2（3、4）个绕组是绕在一个闭合的铁芯上，一次绕组匝数较多，并联在被侧的线路中，二次绕组匝数较少，接在高阻抗的测量仪表或继电器上。它可以做成单相的，也可以做成三相的。

3. 电压互感器二次接线

电压互感器的选择与配置，除应满足所接系统的额定电压外，其容量和准确等级还应满足测量表计、保护装置及自动装置的要求。

电压互感器的接线方法是根据其用途、所接系统的特点而定的。一般接线方式有 Vv、YNynd、Yyn 和 Dyn 等。

4. 电压互感器铭牌符号的意义

电压互感器铭牌上常标有下列技术数据。

(1) 型号。由 3～4 个拼音字母及数字组成。字母表示出电压互感器的绕组型式、绝缘种类、铁芯结构及使用场所等；字母后面的数字，表示电压等级（kV）。型号中字母的含义及排列顺序如表 3-1 所示。

表 3-1 电压互感器字母含义及排列顺序

序 号	分 类	代表意义	字 母
1	用途	电“压”互感器	J
2	相数	“单”相	D
		“三”相	S
3	线圈外绝缘介质	变压器油	—
		空气（“干”式）	G
		浇“注”成型固体	Z
		“气”体	Q
4	结构特征及用途	带剩余“零序”绕组	X
		三柱带“补”偿绕组	B
		“五”柱三绕组	W
		“串”级式带剩余（零序）绕组	C
		有测量和保护“分开”的二次绕组	F
5	油保护方式	带金属膨胀器	—
		不带金属膨胀器	N

(2) 变压比。常以一、二次绕组的额定电压标出。变压比 $K=U_{N1}/U_{N2}$。

(3) 容量。包括额定容量和最大容量。所谓额定容量，是指在负荷功率因数 $\cos\varphi=0.8$ 时，对应于不同准确度等级的负荷（伏安）。而最大容量则指满足绕组发热条件下，所允许的最大负荷（伏安）。当电压互感器按最大容量使用时，其准确度将超出规定值。

(4) 误差等级。即电压互感器变比误差的百分值。通常分为 0.2、0.5、1 这 3 级，使用时根据负荷需要来选用。

(5) 接线组别。表明电压互感器一、二次线电压的相位关系。通常三相电压互感器的接线组别均为 Yyn0-12。

5. 电压互感器电压比误差和相角误差

(1) 电压比误差。电压比误差就是测量二次侧电压折算到一次侧的电压值与一次电压的实际值之间的差（以百分比数表示），它主要是受漏阻抗的影响所致。

(2) 相角误差。相角误差就是一次侧电压相量 $\dot{U}_1$ 与转过 180°的二次侧电压向量 $-\dot{U}_2$ 在相位上不一致，相角误差主要是因铁损而产生。

(3) 影响误差的因素。电压互感器的比差和角差 δ 不仅与一、二次绕组的阻抗及空载电流有关，而且与二次负荷的大小和功率因数都有关系。当二次侧接近于空载运行时，电压互感器的误差最小。因此，为了使测量尽可能准确，应使电压互感器的二次负荷降低到最小；即不宜连接过多的仪表和保护，以免电流过大引起较大的漏抗压降，影响互感器的准确度。

6. 电压互感器准确度等级

(1) 电压互感器的准确级，是指在规定的一次电压和二次负荷变化范围内，负荷功率因数为额定值时，电压误差（含相位误差）的最大值。

电压互感器的准确度等级（也就是铭牌上标的“误差等级”）通常分为 0.2、0.5、1、3 这 4 个等级（即指电压互感器比差的百分值）：0.5 和 1 级一般用于发配电设备的测量和保护；计量电能表根据用户的不同，采用 0.2 级或 0.5 级；3 级则用于非精密测量。用于保护的准确级有 3P、6P。

我国电压互感器准确度等级和误差限值标准，如表 3-2 所示。

表 3-2　电压互感器的准确度等级和误差限值

准确级	误差限值		一次电压变化范围	频率、功率因数及二次负荷变化范围
	电压误差（±%）	相位误差（±′）		
0.1	0.1	5	$(0.8\sim1.2)\ U_{N1}$	$(0.25\sim1)\ S_{N2}$ $\cos\varphi_2=0.8$ $f=f_N$
0.2	0.2	10		
0.5	0.5	20		
1	1.0	40		
3	3.0	不规定		
3P	3.0	120	$(0.05\sim1)\ U_{N1}$	
6P	6.0	240		

(2) 电压互感器准确等级和容量有着密切的关系。由于电压互感器误差随着二次负荷的变化而变化，所以同一台电压互感器对应于不同的准确级便有不同的容量（实际上是电压互感二次绕组所接测量及继电保护、自动装置的功率）。通常，额定容量是指对应于最高准确级的容量。

铭牌上的“最大容量”是指由热稳定（最高工作电压下长期工作时允许发热条件）确定的极限容量。

7. 电压互感器极性

与电流互感器一样，电压互感器也有一定的极性。按照规定，电压互感器的一次绕组的首端标为 A，尾端标为 X；二次绕组的首端标为 a，尾端标为 x。在接线中，A 与 a 以及 X 与 x 均称为同极性端。

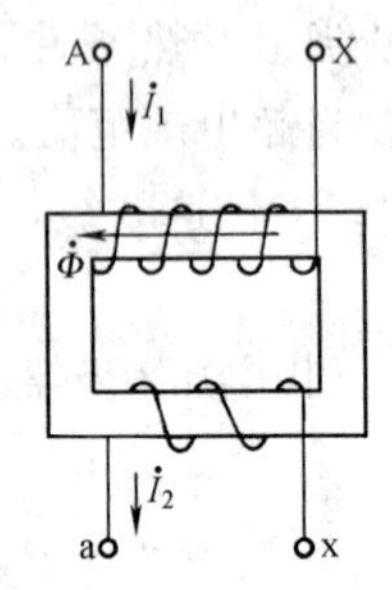

图 3-1　电压互感器的极性标志（减极性）

假定一次电流 $\dot{I}_1$ 从首端 A 流入，从尾端 X 流出时，二次电流 $\dot{I}_2$ 是从首端 a 流出，从尾端 x 流入，这样的极性标志称为减极性，如图 3-1 所示；反之，为加极性。通常使用的电压互感器均为减极性标志。

与电流互感器一样，电压互感器的极性错误，同样会引起继电保护装置的错误动作或者影响电能计量的正确性。因此，电压互感器的极性必须正确。电压互感器极性的判断方法与电流互感器相同。

三、电容式电压互感器

1. 概述

电容式电压互感器（简称 TVC），总体上可分为电容分压器和电磁单元两大部分。电容分压器由高压电容 C_1 及中压电容 C_2 组成，电磁单元则由中间变压器、补偿电抗器及限压装置、阻尼器等组成。电容分压器 C_1 和 C_2 都装在瓷套内，从外形上看是一个单节或多节带瓷套的耦合电容器。电磁单元目前都将中间变压器、补偿电抗及所有附件都装在一个铁壳箱体内，外形有圆形的也有方形的。早期产品常将电阻型阻尼器放在电磁单元油箱之外成为一个单独附件。

根据电容分压器和电磁单元的组装方式，可分为叠装式（一体式）和分装式（分体式）两大类。叠装式是电容分压器叠装在电磁单元油箱之上，电容分压器的下节底盖上有一个中压出线套管和一个低压端子出线套管，伸入电磁单元内部将电容分压器中压端与电磁单元相连。有的产品还在下节电容器瓷套上开一个小孔，将中压端引出，以供测试电容和介损之用。分装式产品的特点是，电容分压器中压端与电磁单元的连接是在外部进行，这类产品的分压电容器下节电容必须在瓷套上开孔将中压端引出，电磁单元也对应将高压端用套管引出，以便相互连接。所谓分体并不一定是电容分压器与电磁单元分开安装，如有些制造厂仍然是将电容分压器叠装在电磁单元油箱上面，用绝缘子支撑，且分压器下节底盖不安装中压和低压端子套管。

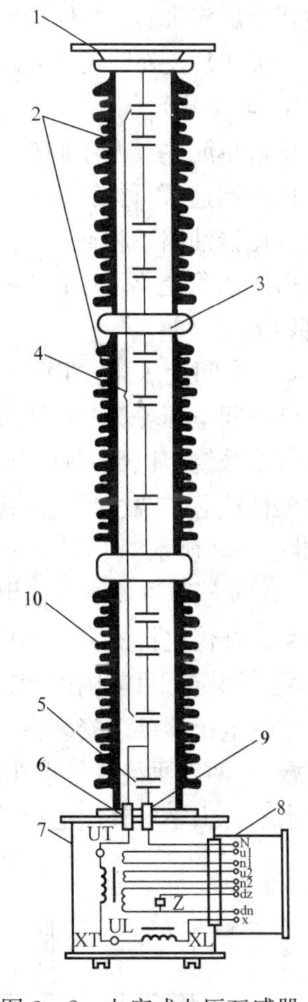

图 3-2 电容式电压互感器典型结构原理图

1—防晕环；2—耦合电容器；3—屏蔽罩；4—高压电容 C_1；5—中压电容器 C_2；6—中压套管；7—电磁单元油箱；8—二次接线端子盒；9—低压套管；10—分压电容器；UT～XT—中间变压器一次绕组；UL～XL—补偿电抗器绕组；Z—阻尼器

目前国内常见电容式电压互感器的大都采用叠装式结构，其典型结构原理如图 3-2 所示。

2. 电容分压器

电容分压器由单节或多节耦合电容器（因下节需从中压电容处引出抽头形成中压端子，也称分压电容器）构成，互感器结构原理图中耦合电容器则主要由电容芯体和金属膨胀器（或称扩张器）组成。由电容分压器从电网高电压抽取一个中间电压，送入中间变压器。

（1）电容芯体。电容芯体由多个相串联的电容元件组成，如 $110/\sqrt{3}$kV 耦合电容器早期由 104 个电容元件串联，近期已减少到 80～90 多个元件串联。每个电容元件是由铝箔电极和放在其间的数层电容介质卷绕后压扁，并经高真空浸渍处理而成。芯体通常是通过 4 根电工绝缘纸板拉杆压紧，近期也有些产品取消绝缘拉杆而直接由瓷套两端法兰压紧。

电容介质早期产品为全纸式并浸渍矿物油，由于存在高强场下易析出气体以及局部放电性能差等缺点，20 世纪 80 年代以后的产品都采用聚丙烯薄膜与电容器纸复合并浸渍有机合成绝缘介质体系。国内常见的一般为二膜三纸或二膜一纸，浸渍剂主要是十二烷基苯（AB），也用二芳基乙烷（PXE），聚丙烯薄膜的机械强度高，电气性能好，耐电强度高，是油浸纸的 4 倍，介质损耗则降为后者的 1/10；加之合成油的吸气性能好，采用膜纸复合介质后可使 TVC 电气性能大大改善，绝缘强度提高，介损下降，局部放电性能改善，电容量增大；同时由于薄膜与油浸纸的电容温度特性互补，合理的膜纸搭配可使电容器的电容温度系数大幅度降低，一般可达到 $\alpha_c < -5\times10^{-5}$ K^{-1}，有利于提高 TVC 的准确度，增大额定输出容量和提高运行可靠性。

（2）膨胀器。电容器内部充以绝缘浸渍剂，随着温度的变化，浸渍剂体积会发生变化。早期产品是在每节瓷套内部上端充以干燥氮气以作补偿，由于该结构缺点较多，目前产品均已改用金属膨胀器，并保持内部为微正压（约 0.1MPa）。膨胀器由薄钢板焊接而成，分内置式（外油式）及外置式（内油式）两种，结构与电磁式电压互感器所用金属膨胀器类似。

3. 电磁单元

电磁单元主要由中间变压器、补偿电抗器、阻尼器及限压装置等组成，电磁单元铁壳油箱内各制造厂可能充以不同的浸渍剂，如变压器油、电容器油、十二烷基苯等，但都与电容分压器油路不相通，在油箱顶部都留有一定空气层（或充以氮气）以作补偿绝缘油因温度造成体积变化之用；并可避免电磁单元发热的热量，直接传至电容单元，引起高、中压电容形成温差。

（1）中间变压器。TVC 的中间变压器实际上相当于一台 20～35kV 的电磁式电压互感器，将中间电压变为二次电压。但其参数应满足 TVC 的特殊要求，如高压绕组应设调节绕组以增减绕组匝数，铁芯磁密取值应较低，以适应防铁磁谐振要求等。铁芯采用外轭内铁式三柱铁芯，绕组排列顺序为芯柱—辅助绕组—二次绕组—高压绕组。中间变压器外形图如图 3-3 所示。

（2）补偿电抗器。补偿电抗器的作用是补偿容抗压降随二次负荷变化对 TVC 准确级的影响。补偿电抗器常采用山字形或 C 形铁芯，铁芯具有可调气隙，在误差调完后再用纸板填满并固定。目前国内制造厂均已采用固定气隙，绕组设调节抽头以作调节电感之用。

补偿电抗器可以安装在高电位侧（接在中压变压器之前），也可以在低电位侧（接在接地端）。两者匝绝缘要求相同，但主绝缘要求不同，前者对地要求达到分压器中压端的绝缘水平。山字形补偿电抗器外形图如图 3-4 所示。

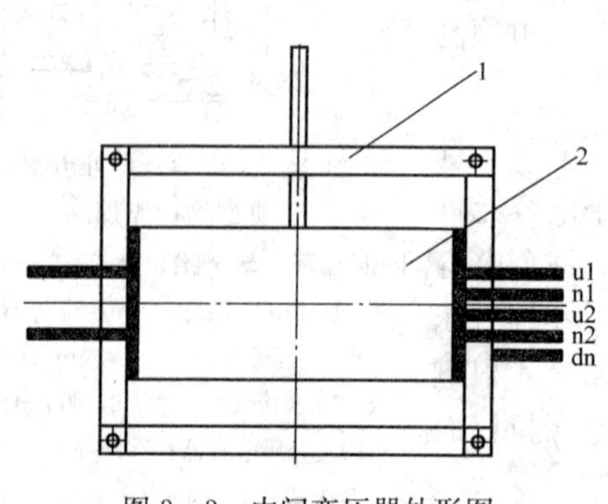

图 3-3　中间变压器外形图

1—铁芯；2—绕组

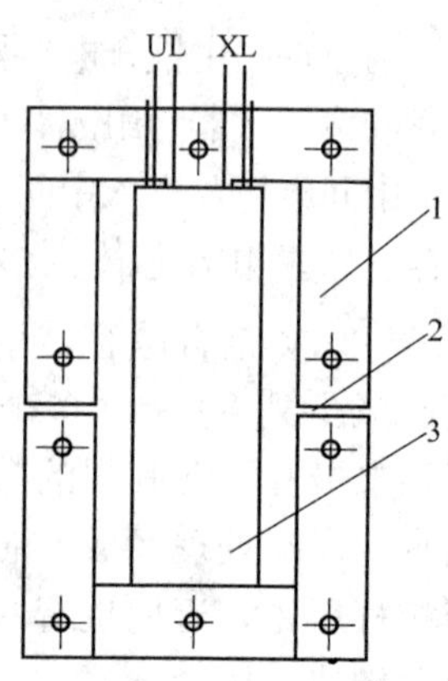

图 3-4　山字形补偿电抗器外形图

1—铁芯；2—气隙；3—绕组

(3) 阻尼器。TVC 使用的阻尼器基本上常采用电阻型、谐振型和速饱和型三种。

1) 电阻型阻尼器。这是早期产品常用的阻尼器，其结构就是一个简单的电阻由 RXY 线绕披釉电阻构成，其阻值及功率应达到设计要求，一般以钢板作为外壳安装在离 TVC 不远的地方。安装处所应注意通气流畅、散热良好，并防止雨水浸入。纯电阻型阻尼器目前已逐渐被淘汰。

2) 谐振型阻尼器。谐振型阻尼器采用电感 L 与电容 C 并联后再与电阻 R 串联而成，电感 L 用山字形带气隙的硅钢片铁芯中柱套上绕组制成。为使电感 L 在正常运行时与发生分次谐波谐振时电感值接近相等，应使电感 L 在额定运行条件下磁密较低，气隙的选取也应适当。阻尼电阻常用 Cr2ONi80 电阻丝绕制而成。

3) 速饱和型阻尼器。速饱和阻尼器是由速饱和电抗器与电阻相串联构成，电抗器是采用坡莫合金环形铁芯，绕上绕组构成。坡莫合金是具有良好饱和特性的材料，正常电压下（$1.2U_{N1}$ 以下）运行时，通过电抗器的电流很小，一旦发生分类谐振，铁芯立即饱和，电流猛增而消除谐振。

(4) 过电压保护器件。

1) 补偿电抗器两端的限压器。补偿电抗器两端的电压在正常运行时只有几百伏，当 TVC 二次侧发生短路和开断过程中，补偿电抗器两端电压将出现过电压，必须加以限制才能保证安全。限压元件除了降低电抗器两端电压（一般产品按补偿电抗器额定工况下电压 4 倍考虑）外，还能对阻尼铁磁谐振起良好的作用。常见的限压元件有间隙加电阻、氧化锌阀片加电阻或不加电阻、补偿电抗器设二次绕组并接入间隙和电阻等几种，大部分产品均将限压器安装在电磁单元油箱内，间隙常用绝缘管作外壳，内装电极和云母片。也有部分产品将限压器安装在油箱外的二次出线板上。

2) 中压端限压元件。因限压元件经常出现故障，目前要求 TVC 中压端不设限压元件，因为电磁单元足以承受过电压的作用。但也有一些产品在中压端装有限压元件，这些厂家不仅仅是用限压器来限压，而往往是借助于它达到消除铁磁谐振的要求。常见的中压端限压元件有避雷器和放电间隙两种，一般均装在电磁单元油箱内部。当用于分体式 TVC 时，间隙也可装于空气中，接于中压端与地之间，其放电电压取中间电压的 4 倍。

4. 电气原理图

电容式电压互感器的电气原理，如图 3-5 所示。

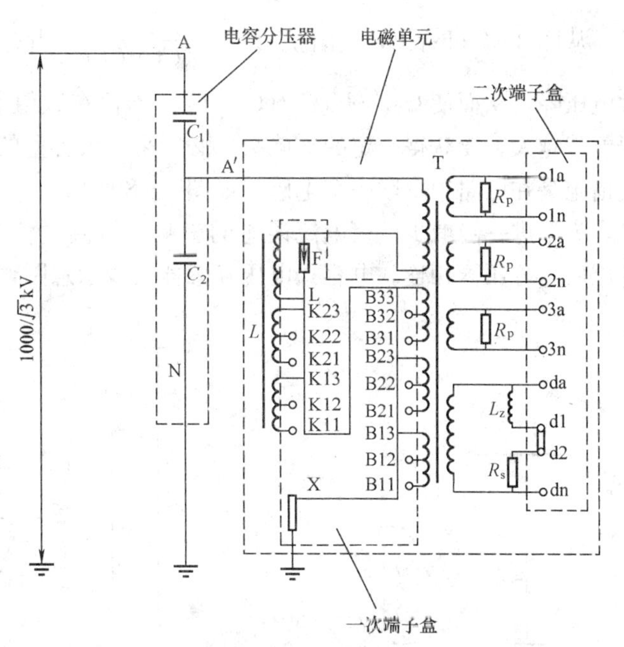

图 3-5 电容式电压互感器的电气原理图

C_1—高压电容；C_2—中压电容；T—中间变压器；L—补偿电抗器；L_z—速饱和电抗器；F—保护用避雷器；R_s、R_p—阻尼电阻；1a、1n—主二次 1 号绕组；2a、2n—主二次 2 号绕组；3a、3n—主二次 3 号绕组；da、dn—剩余电压绕组

5. 电容式电压互感器的工作原理

电容式电压互感器采用电容分压原理，如图 3-6 所示。图中，U_1 为电网电压；Z_2 表示测量、继电保护及自动装置等绕组负荷。因此

$$U_2 = U_{C2} = \frac{C_1}{C_1 + C_2}U_1 = K_U U_1 \tag{3-1}$$

式中：K_U 为分压比，$K_U = \frac{C_1}{C_1 + C_2}$。

由于 U_2 与一次电压 U_1 成比例变化，故可以测出相对地电压。

为了分析互感器带上负荷 Z_2 后的误差，可利用等效电源原理，将图 3-6 画成图 3-7 所示的等值电路。

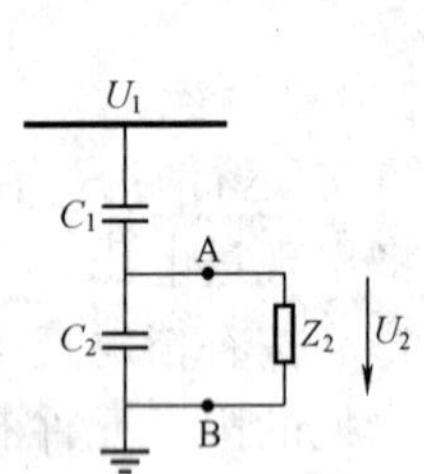

图 3-6　电容式电压互感器电容分压原理

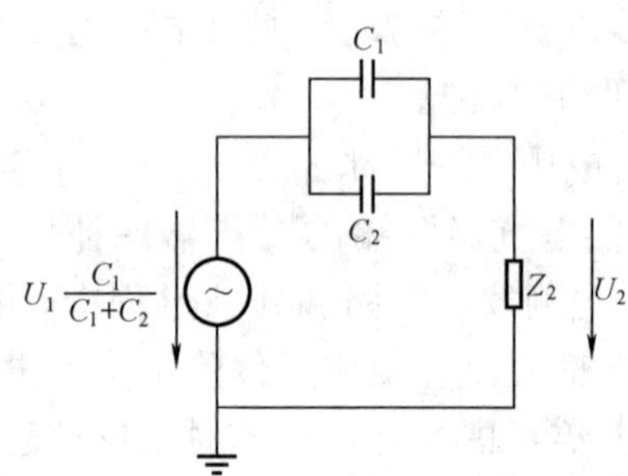

图 3-7　电容式电压互感器电容分压等值电路

从图 3-7 可看出，内阻抗 $Z_i = \frac{1}{j\omega(C_1 + C_2)}$，当有负荷电流流过时，在内阻抗上将产生电压降，从而使 U_2 与 $U_1C_1/(C_1 + C_2)$ 不仅在数值上而且在相位上有误差，负荷越大，误差就越大。要获得一定的准确级，必须采用大容量的电容，这是很不经济的。合理的解决措施是在电路中串联一个电感，如图 3-8 所示。

为了进一步减少负荷电流误差的影响，将测量仪表经中间电磁式电压互感器（TV）升压后与分压器相连。电容式电压互感器接线示意图，如图 3-9 所示。

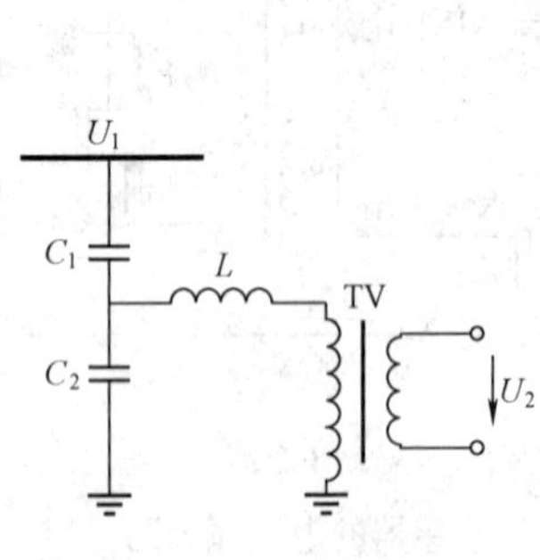

图 3-8　串联电感电路

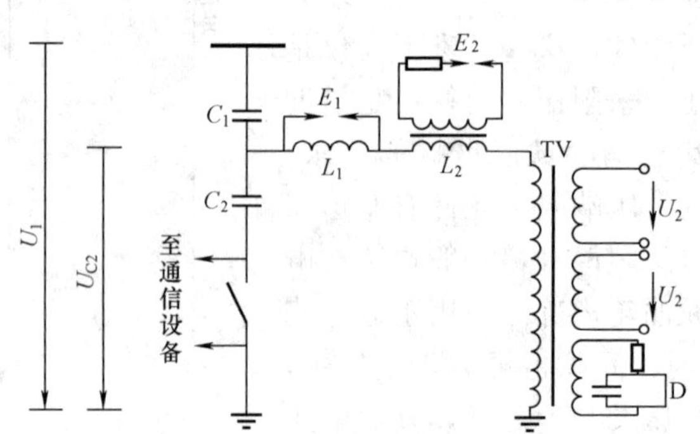

图 3-9　电容式电压互感器接线示意图

6. 型号、端子标志及铭牌参数

(1) 型号。电容式电压互感器型号组成方法如下：

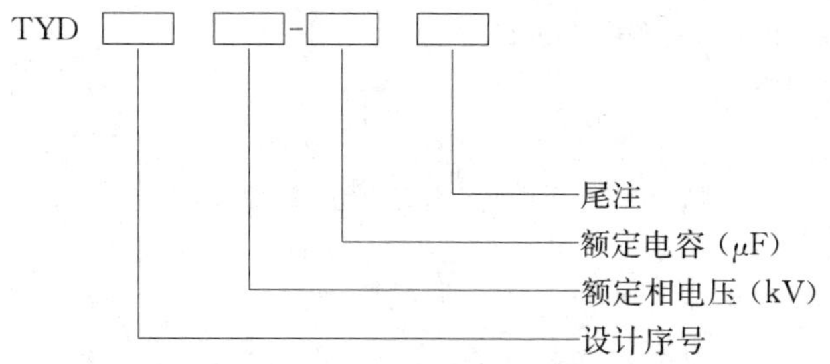

其中，T 为成套装置；YD 为电容式电压互感器。尾注字母表示：H 为防污型（Ⅲ级）；TH 为湿热带型；G 为高原型；F 为中性点非有效接地系统用（无此字母为中性点有效接地系统用）。老产品曾采用 YDR-□ 作为 TVC 的型号（其中，Y 为电压互感器；D 为单相；R 为电容式；方框表示系统电压值）。

(2) 端子标志。国家标准《电容式电压互感器》(GB/T 4703—2007) 对电容式电压互感器的端子标志作了规定，具体内容如图 3-10 所示。

互感器的高电压端子和低电压端子分别用大写字母 U 和 N 表示。互感器的二次端子分别用小写字母 u 和 n 表示。剩余电压绕组的端子分别用复合字母 du 和 dn 表示，互感器的中压电压端子用 U′表示。在实际应用中，具有多个二次绕组时，也有将测量绕组的二次端子用 u1、n1 表示，保护二次绕组端子用 u2 、d 表示。

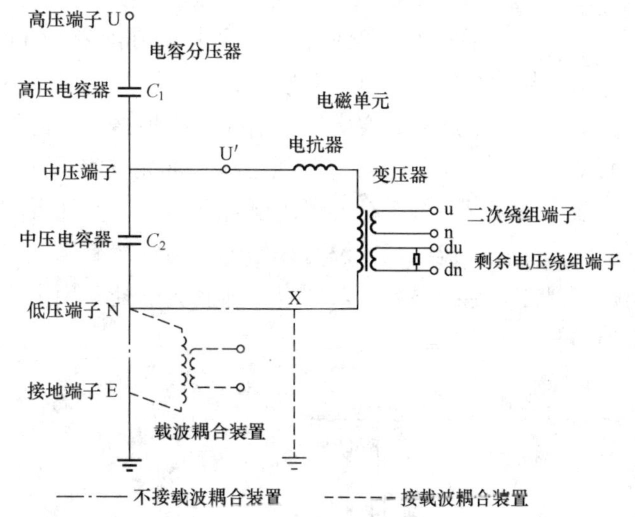

图 3-10 电容式电压互感器典型电路图

(3) 铭牌参数。GB/T 4703—2007 对互感器的铭牌参数作了规定，其内容如下：

1) 互感器的名称。

2) 型号。

3) 额定电压因数及允许运行时间。

4) 额定频率 (Hz)。

5) 额定一次电压 U_{N1} (kV)。

6) 额定二次电压 (V)。

7) 额定输出及相应准确等级（如 100VA，0.5 级）。当有两个及以上分开的二次绕组时，应标明每个二次绕组的额定电压、额定输出和相应准确级。

8) 剩余电压绕组的输出 (VA)。

9) 热极限输出 (VA)。

10) 额定绝缘水平 (kV)。额定绝缘水平以“额定短时工频耐受电压或额定操作冲击耐受电压/额定雷电冲击耐受电压”表示。例如 395/950，也可以加标设备的最高电压，如 252/395/950。

11) 高电压端子和低电压端子之间的额定电容 $C_N = C_1C_2/(C_1+C_2)$。

12）电容分压器中的电容器单元的编号。

13）额定开路中间电压（kV）。

14）实测分压比。

注：13）和 14）仅当互感器装配完成后中间电压端子仍能触及时才需标出。

15）互感器的编号。

16）温度类别。

17）所能适应的大气污秽程度等级（Ⅰ级的产品可以不标）。

18）制造年月。

19）总质量（kg）。

20）制造厂的名称及商标。

21）标准的代号。

22）电容分压器应有符合 JB/T 8169—1999 规定的标志。

四、SF_6 气体绝缘电压互感器

SF_6 气体绝缘电压互感器在 GIS 中应用较多。SF_6 电压互感器采用单相双柱式铁芯，器身结构与油浸单级式电压互感器相似，层间绝缘采用有纬聚酯黏带和聚酯薄膜，一次绕组截面采用矩形或分级宝塔形。引线绝缘根据互感器是配套式（应用于 GIS 中）还是独立式而不同，配套式互感器的引线绝缘设置静电均压环以均匀电场分布从而减小互感器高度，独立式互感器过去有的采用电容型绝缘（与油浸单级式电压互感器相似）。目前国内制造厂为简化制造工艺，没有采用电容型绝缘结构，单纯依靠高压引线与其他附件的 SF_6 间隙来保证其绝缘强度。对器身内金属尖端处采用屏蔽方法均匀电场，SF_6 电压互感器结构如图 3-11 所示。

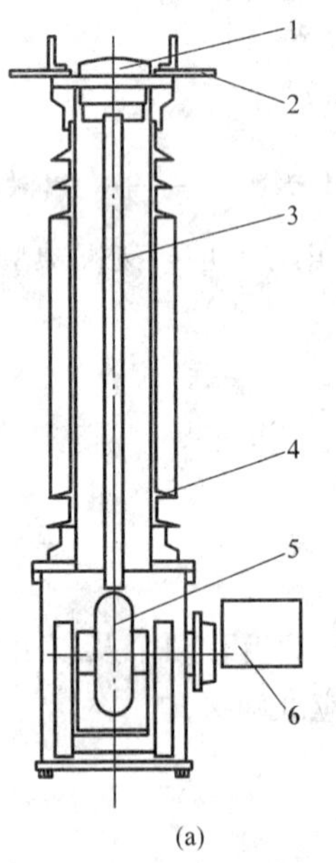

(a)

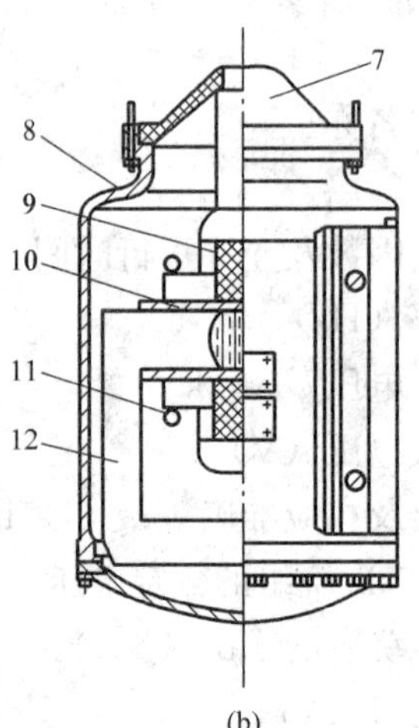

(b)

图 3-11　SF_6 电压互感器结构图

(a) 独立式；(b) GIS 配套式

1—防爆片；2—一次出线端子；3—高压引线；4—瓷套；5—器身；6—二次出线；7—盆式绝缘子；8—外壳；9—一次绕组；10—二次绕组；11—电屏；12—铁芯

独立式 SF_6 互感器需有充气阀、吸附剂、防爆片、压力表、气体密度继电器等，以保证其安全运行。

目前我国生产的 SF_6 气体绝缘电压互感器大都呈电容特性，避免了铁磁谐振发生。

五、光电式互感器

光电式互感器是电子式互感器的一种，是利用光电子技术和电光调制原理，用玻璃光纤来传递电流或电压信息的新型互感器；与传统电磁式互感器采用电磁耦合原理，用金属导体来传递电流或电压信息的互感器完全不同。

（一）光电式互感器的优点

与传统电磁式互感器比较，光电式互感器具有以下优点。

(1) 绝缘性能优良。光电式互感器是将高电压侧的电流或电压信息变换为光信息后，通过绝缘性能优良的玻璃光纤而传输到低电位侧的，绝缘结构简单，可靠性高。

(2) 不含铁芯，不存在磁饱和问题。现代光电式互感器，不采用铁芯做磁耦合，因而避免了磁饱和而引起的一系列问题（如电压互感器的铁磁谐振问题，电流互感器的大电流磁饱和问题以及二次开路问题等）。

(3) 动态响应好。光电式互感器动态响应范围大，一个测量通道既可测量小电流（如数十安），也可测量大电流（如数千安），可以同时满足计量和继电保护的要求。由于动态响应快，还可以满足暂态保护特性的要求。

(4) 频率响应范围宽。现代光电式互感器的测量频率很宽，可以测量工频，也可以测量谐波，还可以测量系统故障时含有的直流分量和高频分量的暂态数据。

(5) 抗电磁干扰性能好。因为光电式互感器无磁耦合和电量传输，因而消除了电磁干扰对互感器性能的不良影响。

(6) 体积小、质量轻、造价低。据报道，我国某高校近期研制成功的一台无源光纤110kV 电压互感器，与同电压等级的电磁式电压互感器相比，其体积小一倍以上，质量不足同类产品的一半，造价比 SF_6 传统型电磁电压互感器低 1/2 左右。

(7) 适应电力系统计量与继电保护向数字化、微机化和自动化发展的需要。

(8) 为无油化产品，消除了因充油装置可造成的易燃、易爆等灾难性事故的危险。

（二）光电式电压互感器分类

目前，各国研制的光电式电压互感器的传感方式大体分为有源型和无源型两种。

(1) 有源型光电式电压互感器。有源型的高压侧电压信号通过采样后将电压信号传递到发光二极管变成光信号，再由光纤传递到低电位侧，进行逆变换成电信号后放大输出。由于二极管的发光强度与施加电压成比例，所以信号输出也与施加电压成比例。这种型式的互感器的传感头部分需要供电电源，发光元件还存在耐冲击性能差及强度随老化而发生变化等问题需要解决。

(2) 无源型光电式电压互感器。某些晶体物质（如常用的 BGO）具有光电效应，在没有外电场作用下，其各向同性，光率体为一圆球体。在电场作用下，透过该物质的光会产生双折射现象，这种现象称为泡克尔斯（Pockels）效应。其双折射快慢轴之间的相位差与被测量电压 U 成正比，即

$$\varphi=\frac{2\pi}{\lambda}n^3r_{41}L\frac{U}{d}=\frac{\pi U}{U_\pi} \tag{3-2}$$

式中：U_π 为半波电压，$U_\pi=\frac{\lambda d}{2n^3r_{41}L}$；$\lambda$ 为光波长；n 为晶体的折射率；L 为晶体透光方向

的长度；d 为沿施加电压方向晶体厚度；r_{41} 为晶体材料的电光系数。

当输入光强为 I_0 时，输出光强 I 为

$$I=\frac{I_0}{2}(1+\sin\varphi)$$

当 $\varphi \ll 1$ 时，$\sin\varphi \approx \varphi$，故

$$I=\frac{I_0}{2}(1+\varphi)=\frac{I_0}{2}\left(1+\frac{\pi U}{U_\pi}\right)$$

上式表明，输出光强与被测电压成正比；因此只要测出输出光强 I，便可得到被测电压 U 。具有代表性的电光晶体，如表 3-3 所示。

表 3-3　　电　光　晶　体

分　类	晶　体　名　称	分　类	晶　体　名　称
锂系化合物	$LiTaO_3$，$LiNbO_3$	铋系化合物	$Bi_4Ge_3O_{12}$，$Bi_4Si_3O_{12}$，$Bi_{12}GeO_{20}$，$Bi_{12}SiO_{20}$
化合物半导体	ZnTe，GaAs		

由于铋系化合物（简称为 BGO 及 BSO）理论上没有自然双折射，并且电阻率很高，因而得到广泛应用。

无源型互感器的传感头部分不需要供电电源，结构较简单，且完全消除了电磁元件、无磁饱和问题、高电压侧无电子器件、无温度稳定性问题，互感器运行寿命长，故为各国近年来研制的主要传感方式。

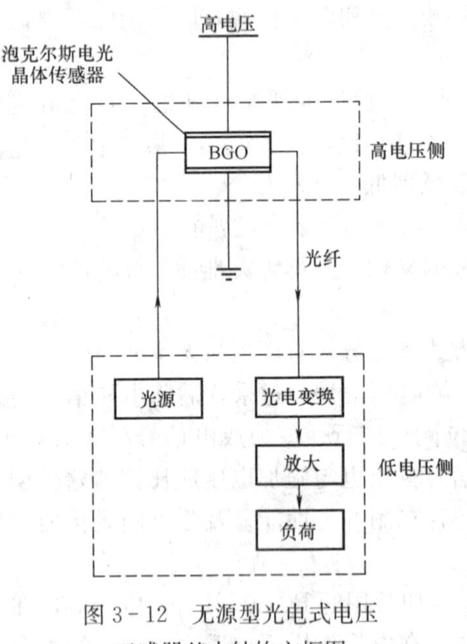

图 3-12　无源型光电式电压互感器基本结构方框图

（三）无源型光电式电压互感器基本结构

无源型光电式电压互感器的结构方框图，如图 3-12 所示。

光电式电压互感器主要由高压部分、光纤电压传感器和光电探测器三大部分组成。

（1）高压部分，包括高压绝缘套管、SF_6 绝缘气体等。被测高电压加到上电极，下电极接地，泡克尔斯电光效应晶体处于电场中。

如高电压由电容分压器按一定分压比，降低到光纤电压传感器所能承受的较低电压（如 5kV 左右），称为电容分压型。如将高电压（如 110kV 及以上）直接加在泡克尔斯晶体上，则称为无分压型。后一种型式结构简单，有取代前一种型式的趋势。

（2）光纤电压传感器，包括泡克尔斯电光效应晶体（如 BGO 等），包括光信号变换的光学元件和传输光信号的光纤，其光电测量电压原理图如图 3-13 所示。

来自光源的光经光纤传送至传感头，经准直透镜将光传送至起偏器变成线偏振光，透过 1/4 波片后，变成圆偏振光，入射到 BGO 晶体；由于受电场的作用，通过 BGO 晶体的光产生双折射，使入射的圆偏振光变成椭圆偏振光，经检偏器检测后，变成幅度受电压调制的线偏振光，最后经光纤传递到光电探测器。

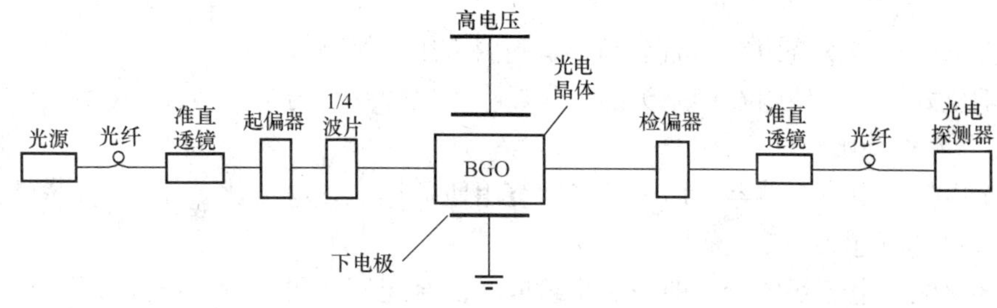

图 3-13　光电测量电压原理图

(3) 光电探测器，包括光电转换器、模拟信号处理电路、数字信号处理电路、光源驱动电路、电源和控温器等。

第三节　电 流 互 感 器

一、电流互感器分类

1. 按用途分

(1) 测量用电流互感器（或电流互感器的测量绕组）。在正常电压范围内，向测量、计量装置提供电网电流信息。

(2) 保护用电流互感器（或电流互感器的保护绕组）。在电网故障状态下，向继电保护等装置提供电网故障电流信息。

2. 按绝缘介质分

(1) 干式电流互感器。由普通绝缘材料经浸漆处理作为绝缘。

(2) 浇注绝缘电流互感器。用环氧树脂或其他树脂混合材料浇注成型的电流互感器。

(3) 油浸式电流互感器。由绝缘纸和绝缘油作为绝缘，一般为户外型，目前我国在各种电压等级均常用到。

(4) 气体绝缘电流互感器。主绝缘由 SF_6 气体构成。

3. 按电流变换原理分

(1) 电磁式电流互感器。根据电磁感应原理实现电流变换的电流互感器。

(2) 光电式电流互感器。通过光电变换原理实现电流变换的电流互感器。

4. 按安装方式分

(1) 贯穿式电流互感器。用来穿过屏板或墙壁的电流互感器。

(2) 支柱式电流互感器。安装在平面或支柱上，兼做一次电路导体支柱用的电流互感器。

(3) 套管式电流互感器。没有一次导体和一次绝缘，直接套装在绝缘的套管上的一种电流互感器。

(4) 母线式电流互感器。没有一次导体但有一次绝缘，直接套装在母线上使用的一种电流互感器

5. 按一次绕组匝数分

(1) 单匝式电流互感器。大电流互感器常用单匝式。

(2) 多匝式电流互感器。中、小电流互感器常用多匝式。

6. 按二次绕组所在位置分

(1) 正立式。二次绕组在产品下部，是国内常用结构型式。

(2) 倒立式。二次绕组在产品头部，是近年来比较新型的结构型式。

7. 按二次绕组所在位置分

(1) 单电流比电流互感器。即一、二次绕组匝数固定，电流比不能改变，只能实现一种电流比变换的互感器。

(2) 多电流比电流互感器。即一次绕组或二次绕组匝数可改变，电流比可以改变，可实现不同电流比变换。

(3) 多个铁芯电流互感器。这种互感器有多个各自具有铁芯的二次绕组，以满足不同精度的测量和多种不同的继电保护装置的需要。为了满足某些装置的要求，其中某些二次绕组具有多个抽头。

8. 按保护用电流互感器技术性能分

(1) 稳定特性型。保证电流在稳态时的误差，如 P、PR、PX 级等。

(2) 暂态特性型。保证电流在暂态时的误差，如 TPX、TPY、TPZ、TPS 级等。

9. 按使用条件分

(1) 户内型电流互感器。一般用于 35kV 及以下电压等级。

(2) 户外型电流互感器。一般用于 35kV 及以上电压等级。

二、电流互感器的基本概念

1. 电流互感器的工作原理

把大电流按规定比例转换为小电流的电气设备，称为电流互感器，用 TA 表示。电流互感器有两个或者多个相互绝缘的绕组，套在一个闭合的铁芯上。一次绕组匝数较少，二次绕组匝数较多。

电流互感器的作用是把大电流按一定比例变为小电流，提供给各种仪表、继电保护及自动装置用，并将二次系统与高电压隔离。电流互感器的二次侧电流为 1A 或 5A。它不仅保证了人身和设备的安全，也使仪表和继电器的制造简单化、标准化，降低了成本，提高了经济效益。

电流互感器的结构和基本原理，如图 3－14 所示。它由铁芯、一次绕组、二次绕组、接线端子及绝缘支持物组成。它的铁芯是由硅钢片叠加而成的。电流互感器的一次绕组与电力系统的线路相串联，能流过较大的被测量电流 I_1，它在铁芯内产生交变磁通，使二次绕组感应出相应的二次电流。若忽略励磁损耗，一、二次绕组有相等的安匝数，即 $I_1N_1=I_2N_2$（其中，N_1 为一次绕组的匝数，N_2 为二次绕组的匝数）。电流互感器的电流比 $k=I_1/I_2=N_2/N_1$。电流互感器的一次绕组直接与电力系统的高压线路相连接，因此电流互感器的一次绕组对地必须采用与线路的高压相应的绝缘支持物，以保证二次回路的设备和人身安全。二次绕组与仪表、接地保护装置的电流绕组串接成二次回路。

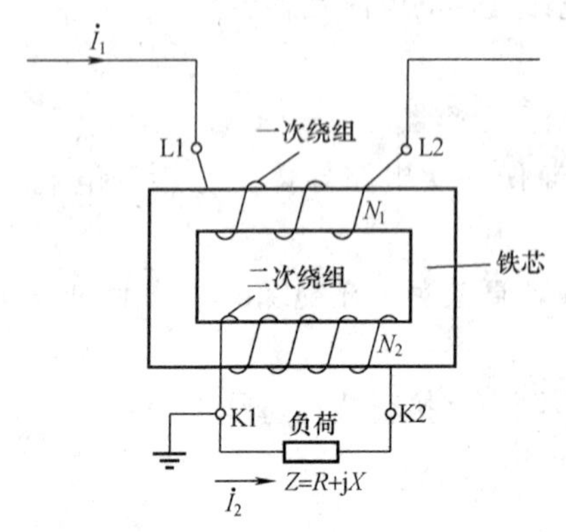

图 3－14 电流互感器的结构与基本原理图

2. 电流互感器与普通变压器相比的特点

与普通变压器比较，其原理有以下特点：

（1）电流互感器二次回路所串的负荷是电流表、继电器等器件的电流绕组，阻抗很小，因此，电流互感器的正常运行情况相当于二次短路的变压器的状态。

（2）变压器的一次电流随二次电流的增减而增减，可以说是二次起主导作用；电流互感器的一次电流由主电路负荷决定，而不由二次电流决定，故是一次起主导作用。

（3）变压器的一次电压决定了铁芯中的主磁通，又决定了二次电动势；因此，一次电压不变，二次电动势也基本不变。而电流互感器则不然，当二次回路的阻抗变化时，也会影响二次电动势，这是因为电流互感器的二次回路是闭合的；在某一定值的一次电流作用下，感应二次电流的大小取决于二次回路中的阻抗（可想象为一个磁场中短路匝的情况）。当二次阻抗大时，二次电流小，用于平衡二次电流的一次电流就小，用于励磁的电流就多，则二次电动势就高；反之，当二次阻抗小时，感应的二次电流大，用于平衡二次电流的一次电流就大，用于励磁的电流就小，则二次电动势就低。所以，这几个量是互成因果关系的。

（4）电流互感器之所以能用来测量电流（即二次侧即使串上几个电流表，其电流值也不减少），是因为它是一个恒流源，且电流表的电流绕组阻抗小，串进回路对回路电流影响不大。它不像变压器，二次侧一加负荷，对各个电量的影响都很大。但这一点只适应用于电流互感器在额定负荷范围内运行，一旦负荷增大超过允许值，也会影响二次电流，且会使误差增加到超过允许的程度。

3. 零序电流互感器的工作原理

零序电流互感器是一种零序电流过滤器，它的二次侧反映一次系统的零序电流。这种电流互感器将三相的导体（母线或电缆）用一个铁芯包围住，二次绕组绕在同一个封闭的铁芯上。

正常情况下，由于一次侧三相电流对称，其相量和为零，铁芯中不会产生磁通，二次绕组中没有电流。当系统中发生单相接地故障时，三相电流之和不为零（等于 3 倍的零序电流），因此在铁芯中出现零序磁通，该磁通在二次绕组感应出电动势，二次电流流过继电器，使之动作。

实际上由于三相导线排列不对称，它们与二次绕组间的互感彼此不相等，零序电流互感器的二次绕组中会有不平衡电流流过。

零序电流互感器一般有母线型和电缆型两种。

4. 电流互感器二次接线

电流互感器的使用一般有以下五种接线方式：使用两个电流互感器时有 V 形接线和差形接线；使用三个电流互感器时有星形接线，三角形接线，零序接线。

5. 电流互感器的二次绕组串联或并联接线

同相套管上的电流互感器，根据需要其二次绕组可采用串联或并联接线。

（1）电流互感器二次绕组串联接线：电流互感器两套相同的二次绕组串联时，其二次回路内的电流不变；但由于感应电势 E 增大 1 倍，所以，在运行中如果因继电保护装置或仪表的需要而扩大电流互感器的容量时，可采用二次绕组串联的接线方法。

电流互感器二次绕组串联后，其电流比不变，但容量增加 1 倍，准确度不降低。试验证明：有些双绕组的电流互感器，虽然两个二次绕组的准确等级和容量不同，但二次绕组仍可串联使用；串联后误差符合较高等级的标准，容量为二者之和，电流比与原来相同。

（2）电流互感器二次绕组并联接线：电流互感器二次绕组并联时，由于每个电流互感器的电流比没有变，因而二次回路内的电流将增加 1 倍。为了使二次回路内的电流维持原来的额定电流（1A 或 5A），则一次电流应较原来的额定电流降低 1/2。所以，在运行中如果电流互感器的电流比过大，而实际电流较小时，为了较准确地测量电流，可采用二次绕组并联接线。

电流互感器二次绕组并联后，其一次额定电流应为原来的 1/2，电流比减少为原来的 1/2，而容量不变。

6. 电压互感器铭牌符号的意义

电流互感器的铭牌数据的意义如下：

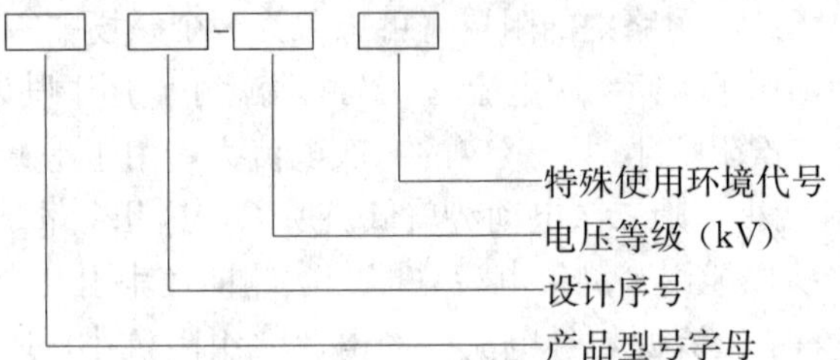

产品型号均以汉语拼音字母标示，字母的代表意义及排列顺序，如表 3-4 所示。

表 3-4　　型号字母代表意义及排列顺序

序　号	分　类	代表意义	字　母
1	用途	电流互感器	L
2	结构形式	套管式（装“入”式）	R
		支“柱”式	Z①
		线“圈”式	Q
		贯穿式（“复”匝）	F
		贯穿式（“单”匝）	D
		“母”线型	M
		“开”合式	K
		倒立式	V
		“链”型	A②
3	绕组外绝缘介质	变压器油	—
		空气（“干”式）	G
		“气”体	Q
		“瓷”	C③
		浇“注”成型固体	Z
		绝缘“壳”	K
4	结构特征及用途	带有“保”护级	B
		带有“保”护级（暂“态”误差）	BT④
5	油保护方式	带金属膨胀器	—
		不带金属膨胀器	N

注　当对正常产品采用大容量或加强绝缘时，应在产品型号字母后加“J”表示。

① 以瓷箱做支柱时，不表示。

② 电容器，不表示。

③ 主绝缘为瓷绝缘时表示，外绝缘为瓷箱式时不表示。

④ 只使用于套管式互感器。

(1) 型号。由 2～4 位拼音字母及数字组成。通常它能表示出电流互感器的绕组/形式、绝缘种类、导体的材料及使用场所等。横线后面的数字表示绝缘结构的电压等级（kV）。

(2) 变流比。常以分数形式标出，分子表示一次绕组的额定电流（A），分母表示二次绕组的额定电流（A）。例如变流比为 2000/1，则表示电流互感器的一次侧额定电流为 2000A，二次侧为 1A，变流比为 2000 倍。

(3) 误差等级。是指一次电流为额定电流时，电流互感器变比的百分值。通常分为 0.2、0.5、1、3、10 这 5 个等级。使用时应根据负荷的要求来选用。例如，电能计量装置一般选用 0.5 级，而继电保护装置则选用 3 级。

(4) 容量。电流互感器的容量是指它允许带的负荷功率 S_2（即伏安数）。除了用伏安数来表示之外，也可以用二次负荷的欧姆值 Z_2 来表示。由于 $S_2=I_2^2Z_2$，且 I_2 是定值，因此两者之间可以相互换算。

(5) 热稳定及动稳定倍数。指电力系统故障时，电流互感器承受由短路电流引起的热作用和电动力作用而不致受到破坏的能力。热稳定的倍数，是指热稳定电流（即 1s 内不致使电流互感器的发热超过允许限度的电流）与电流互感器额定电流之比；动稳定倍数是电流互感器所能承受的最大电流的瞬时值与其额定电流之比。

7. 电流互感器的误差

在理想的电流互感器中，励磁损耗电流为零，由于一次绕组和二次绕组被同一交变磁通所交链，则在数值上一次绕组和二次绕组的安匝数相等，并且一次电流和二次电流的相位相同。但是，在实际的电流互感器中，由于有励磁电流存在，所以一次绕组与二次绕组的安匝数不相等，并且一次电流与二次电流的相位也不相同。因此实际的电流互感器通常有变比误差（以下简称比差）和相位角误差（以下简称角差）。

(1) 比差 $\Delta I\%$。

$$\Delta I\% = \frac{KI_2 - I_{N1}}{I_{N1}} \times 100\% \tag{3-3}$$

式中：K 为电流互感器的电流比，$K=I_{N1}/I_{N2}$；I_2 为二次电流实测值；I_{N1} 为电流互感器的一次额定电流值。

(2) 角差 δ。是指二次电流相量旋转 180°以后，与一次电流相量间的夹角 δ。并且规定二次电流相量超前于一次电流相量，角差 δ 为正，反之为负。δ 的单位为分（′）。

影响电流互感器的误差的因数有：

(1) 电流互感器的角差主要由铁芯的材料和结构来决定。若铁芯损耗小，磁导率高，则角差的绝对值就小；采用带形硅钢片卷成圆环铁芯互感器的角差小。因此，高精度的电流互感器多采用优质硅钢片卷成的圆环形铁芯。

(2) 二次回路阻抗 Z（即负荷）增大会使误差增大，这是因为在二次电流不变的情况下，Z 增大，将使感应电势 E_2 增大，从而磁通 Φ 增加，铁芯损耗则会增加，因此使误差增大。负荷功率因数的降低则会使比差增大，而角差减小。

(3) 一次电流的影响。当系统发生短路故障时，一次电流急剧增加，致使电流互感器工作在磁化曲线的非线性部分（即饱和部分），这样比差和角差都将增加。

8. 电流互感器的准确等级

电流互感器准确等级就是互感器变比误差的百分值。互感器在一次额定电流下，二次负荷越大则变比误差和角误差就越大；当一次电流低于电流互感器额定电流时，互感器的变比误差和角误差也就随着增大。在某一准确级工作时的标称负荷，就是互感器二次在这样负荷欧姆值之下，互感器变比误差不超过这一准确等级所规定的数值。

根据使用要求，常用电流互感器分为0.2、0.5、1、3、10这5个准确等级。

9. 电流互感器的极性

所谓极性，即铁芯在同一磁通作用下，一次绕组和二次绕组将感应出电动势，其中两个同时达到高电位的一端或同时为电位低的那一端都称为同极性端。而对电流互感器而言，一般采用减极性标示法来定同极性端，即先任意选定一次绕组端头作为始端，当一次绕组电流 i_1 瞬时由始端流进时，二次绕组电流 i_2 流出的那一端就标为二次绕组的始端；这种符合瞬时电流关系的两端称为同极性端。

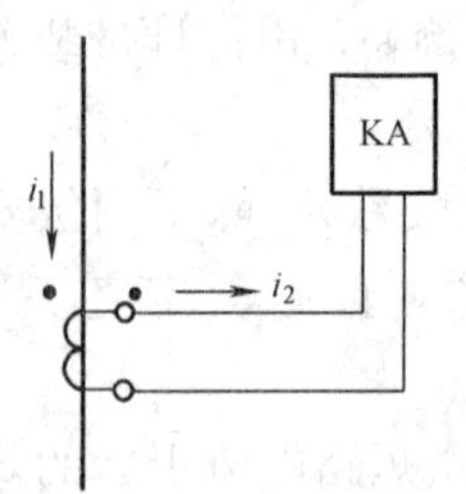

图3-15 电流互感器的极性

在连接继电保护（尤其是差动保护）装置时，必须注意电流互感器的极性。

通常，用同一种符号“·”来表示绕组的同极性端，如图3-15所示。

10. 电流互感器的10%误差曲线

10%误差曲线主要是用于选择继电保护用的电流互感器，或者根据已给的电流互感器选择二次电缆的截面。电力系统正常运行时，电流互感器的励磁电流成分很小，比差也很小；但当系统发生短路故障时，一次电流很大，铁芯饱和，电流互感器的误差要超过其所标的准确等级所允许的数值，而继电保护装置正是在这个时候需要正确动作。因此，对供保护用的电流互感器提出了一个最大允许误差值的要求，即比差不超过10%（角差不超过7°）。在10%误差曲线以下时，才能保证角差小于7°。

11. 电流互感器的末屏接地

在220kV及以上的电流互感器或者60kV以上的套管式电流互感器中，为了改善其电场分布，使电场分布均匀，在绝缘中布置一定数量的均压极板——电容屏，最外层电容屏（末屏）必须接地。如果末屏不接地，则因在大电流作用下，其绝缘电位是悬浮的，电容屏不能起均压作用，在一次通有大电流后，将会导致电流互感器绝缘电位升高，从而烧毁电流互感器。

三、油浸式电流互感器

油浸式电流互感器都是户外式产品。按主绝缘结构不同，它可分为纯油纸绝缘的链型结构和电容型油纸绝缘结构。我国生产的66kV及以下电流互感器多采用链型绝缘结构，而110kV及以上电流互感器则主要采用电容型绝缘结构；其中，正立式互感器采用U形（一次）电容结构，倒立式互感器则采用吊环形（二次）电容结构。

高压电流互感器一次绕组大都由能够并联或串联的两个线段组成，可得到两个电流比。一般有2～6个二次绕组，其中1～2个作为计量和测量用，其余的作为保护用（P级）；有些二次绕组也设有抽头，以便从二次侧改变电流比。

油浸式电流互感器外形结构，如图3-16所示。

1. 电容型绝缘结构电流互感器

正立式电容型绝缘结构的主绝缘全部都包扎在一次绕组上，若为倒立式结构，则主绝缘全部包扎在二次绕组上。正立式结构一次绕组常采用U形，倒立式结构二次绕组常采用吊环形。

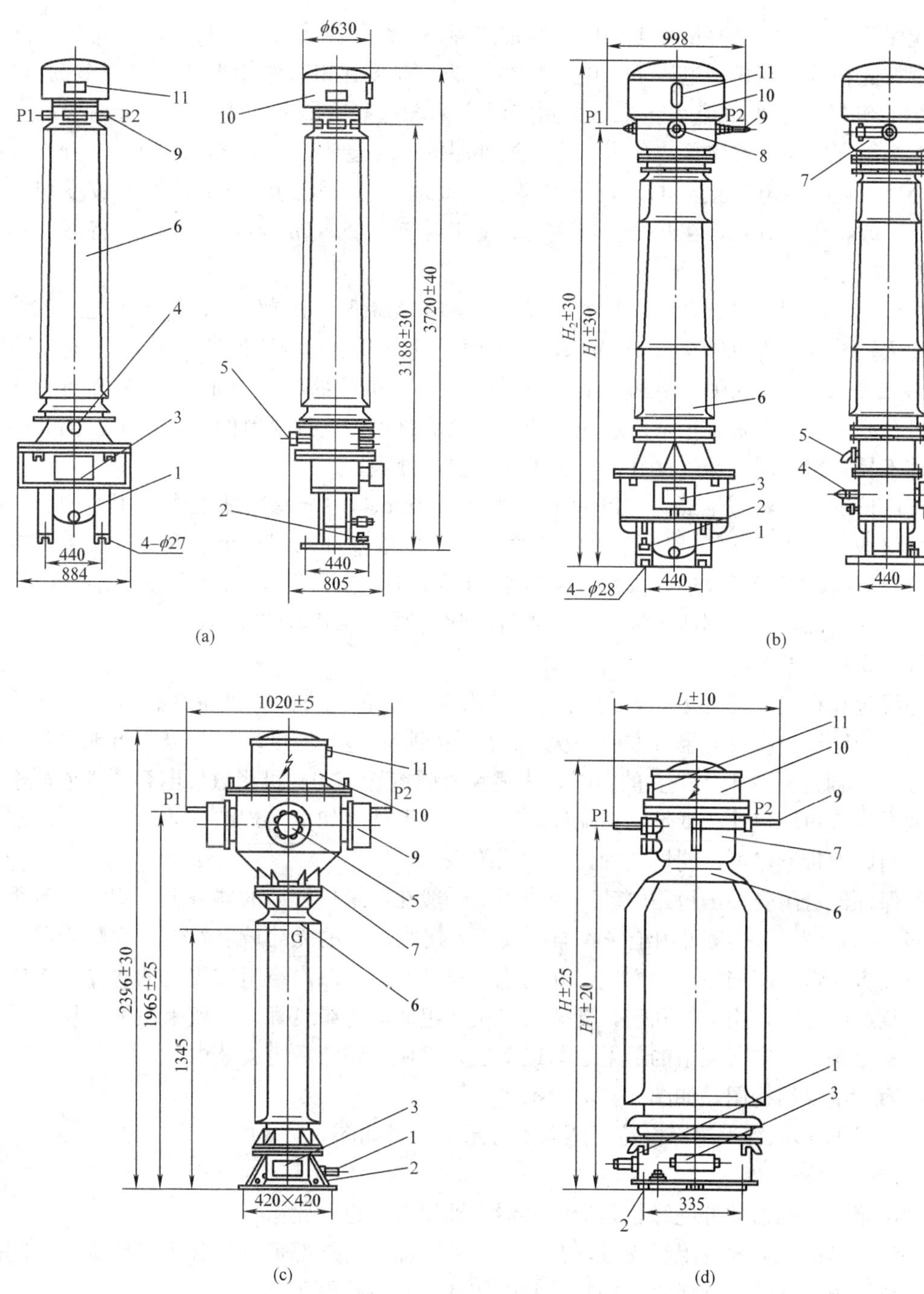

图 3-16　油浸式电流互感器外形结构图

(a) LB-220W 型（2×800 及以下瓷套打孔型）电流互感器；(b) LB-220W 型（2×1000 及以上带储油柜型）电流互感器；(c) LVB-110 型电流互感器；(d) LCWD2P-110 型电流互感器

1—放油活门；2—接地板（螺钉）；3—出线盒；4—末屏接地装置；5—压力释放装置；6—瓷套；7—储油柜；8—油面视察孔；9—二次接线端子；10—膨胀器；11—油位监视窗

为了充分利用材料的绝缘特性，在绝缘内设有导电或半导电的电屏，把油纸绝缘分为很多绝缘层，每一对电屏连同绝缘层就是一个电容器。为了保证电压在电屏之间均匀分布，应使每对电屏间电容量基本相同，通常按等厚绝缘原则来设计，即各相邻电屏之间绝缘厚度彼此相等。在相同电压下，电容型绝缘的总厚度比链型绝缘要薄，可以节约材料，因而在110kV及以上电流互感器中得到广泛应用。这些电屏又称为主屏．最内层的电屏与一次绕组高压作电气连接，称为零屏，最外层的电屏接地，称为末屏或地屏。倒立式结构则相反，最外层电屏接高电压，最内层电屏接地。电容型绝缘电屏端部是极不均匀电场，为了改善电场分布，在两个主屏端部设置几个较短的端屏（也称副屏），将端部绝缘屏间厚度减小。

绝缘包扎所用材料有高压电缆纸、皱纹纸、电容器纸、半导体纸、铝箔、绝缘收缩带等。常用铝箔厚度为0.007～0.01mm，为了便于真空干燥和浸渍处理，主屏铝箔要打孔，孔径为1.2～2mm，孔中心距和行距为8mm，但各主屏端部约300mm范围内和所有端屏均不打孔。半导体纸是近年来广泛使用的新型电屏材料，这种材料的基体是纸，因此柔韧性好，不易开裂，同时透气性好，易于干燥和浸油处理。

国内传统的电容型绝缘，主屏间绝缘厚度为4mm，主屏总数随工作电压而增加，如110kV级取6个主屏，220kV级取10个主屏，主屏端部都采用4个端屏。近年来，有不少厂家对此结构进行了改进，采用少主屏多端屏结构，如只设3～4个主屏，端屏数量随工作电压而增加，便于制造和提高产品质量。常见如500kV电流互感器，设4个主屏，30个端屏，采用半导体纸。

绝缘包扎在包纸机上进行，包扎纸带采用1/2叠包扎方式，纸带绕行方向应交叉进行，每段绝缘至少应改变绕行方向一次。U形底部随着包扎厚度增加，也会出现内弧纸带超过1/2叠而外弧少于1/2叠的情况；为避免外弧绝缘减弱，可用数层电容器纸或严格半叠的两层剪口角环包扎在纸带的稀疏处，对其他变形处（如倒立式结构的吊环形圆环部位以及三角区地带）也可作同样处理，以加强绝缘。

为保证器身耐受冲击短路电动力的作用，一般在绝缘包扎后的器身上，相隔一定距离绑上多层绑扎带；绑扎带可用绝缘收缩带或环氧树脂浸渍的无纬玻璃丝带。为防止器身扭转，可在绑扎带之间加绝缘垫木块，并用绝缘螺杆紧固。二次绕组按规定的次序和方向套入一次绕组两腿上，用支架固定，支架与二次绕组间应绝缘良好，一般采用酚醛层压纸板做成的绝缘条加在二次绕组的最上层与最下层，都刷以清漆后再去氢烘干。

电容型绝缘结构图，如图3－17所示。

正立式U形电容型绝缘电流互感器器身组装图，如图3－18所示。

2. 互感器外绝缘

油浸绝缘互感器的外绝缘也是油的容器，即瓷套（也称瓷箱）。

外绝缘是高压对地的绝缘支撑，其有效高度，即套管外部带电部分到接地部分之间的直线距离，由互感器外绝缘雷电冲击试验电压和工频试验电压决定。

外绝缘的伞裙数量及伞形，对户内产品应满足凝露工频耐压试验及污秽等级爬电距离要求，对户外产品应满足工频湿试电压和环境污秽等级下爬电距离的要求。

套管的机械强度则应满足标准规定的承受静载荷的要求，包括风和覆冰而增加的载荷，同时应能承受一定的内部压力。

对油浸式互感器，通常瓷套的上端与储油柜相连接，下端则与下油箱或底座相连接。其固定方式多采用卡持式结构，利用压圈或压块对瓷套卡台进行压紧密封。密封件采用环状抗油橡胶垫，目前一般采用限位密封。

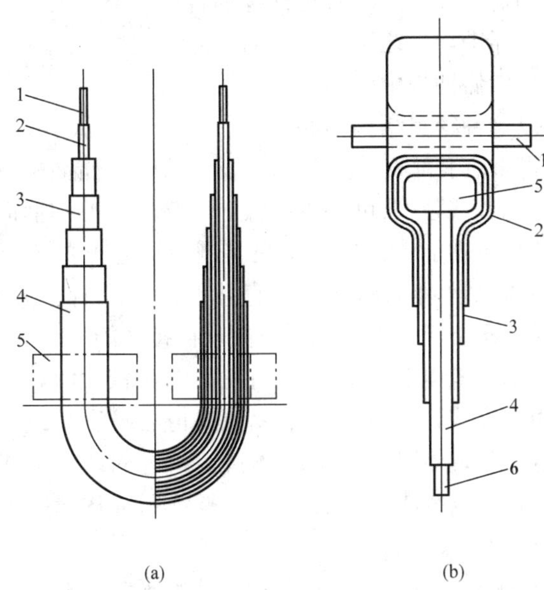

图 3－17　电容型绝缘结构图

(a) U 形电容型绝缘；(b) 吊环形（倒立式）电容型绝缘

1—一次导体；2—高压电屏；3—中间电屏；

4—地电屏；5—二次绕组；6—支架

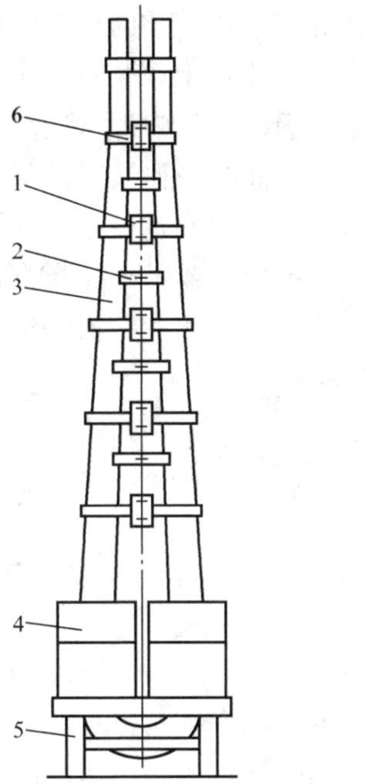

图 3－18　正立式 U 形电容型绝缘电流互感器器身组装图

1—绝缘夹板；2—绝缘垫板；3—一次绕组；

4—二次绕组；5—支架；6—绑带

3. 储油柜与膨胀器

用以调节互感器中油的体积随油温的变化而增大或缩小，其形式有：

(1) 带有胶囊的储油柜。目前在 35kV 及以下的互感器中，仍采用传统的储油柜带胶囊结构，其结构示意图如图 3－19 所示。

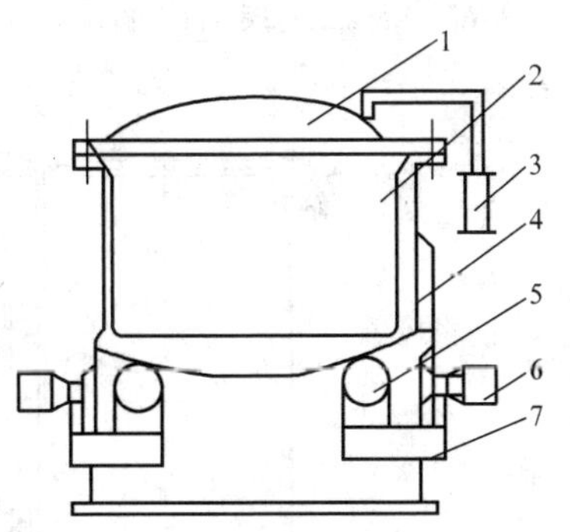

图 3－19　带胶囊的储油柜结构示意图

1—储油柜盖；2—胶囊；3—吸湿器；

4—储油柜；5—串并联导电杆；

6—二次端子；7—连接片

储油柜一般采用铸铝件作为外壳，以减少因涡流引起的局部过热。外形为圆桶形，下部有一次绕组的引出端子。如果一次电流变比换接为内部换接方式，则在储油柜的靠近底部装置一块平放的电木板，把一次绕组的出线头都连到该板上，以实现串联或并联换接。如采用外部换接方式，则在储油柜的侧面引出 4 个端子，其中 2 个端子（P1、P2）供引出线路连接用，另外 2 个端子（C1、C2）供换接一次绕组电流比使用。4 个端子中只有输出端子（P2）必须与储油柜接成等电位，其余输入端子及其他两个端子均应与储油柜绝缘。当 P1（1）与 C1（2）和 C2（1′）与 P2（2′）分别相连时为并联，C2（1′）与 C1（2）相连时为串联，如图 3－20 所示。

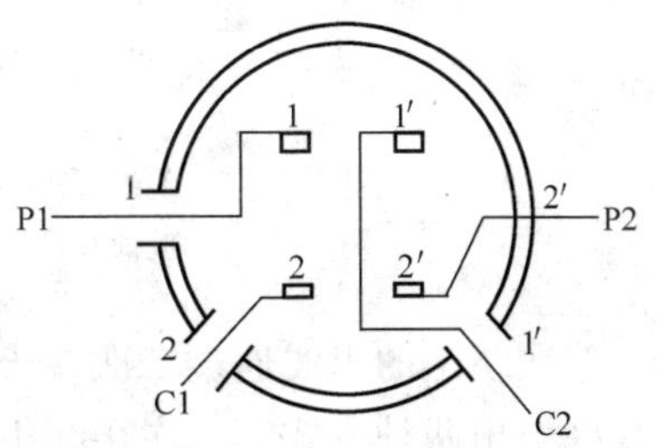

图 3－20　串并联外部换接图

内部换接的优点是储油柜壁只需要引出两个端子；

缺点是换接电流比时要打开储油柜的上盖才能操作，因此不适宜于全密封结构。

储油柜的上部装有一个耐油橡胶做成的盆形胶囊，以避免绝缘油直接与空气接触，当油温上升时，胶囊底部因受油的浮力而向上浮动，反之则向下浮动。

储油柜的一侧装有玻璃管式油标，以显示储油柜中的油面。

由于胶囊在运行中容易老化开裂，所以这种密封结构不够理想。

（2）带有金属膨胀器的储油柜。即在储油柜上部安装金属膨胀器，这时的储油柜只具有一次绕组引出和一次绕组串、并联换接功能，膨胀器可完成绝缘油的膨胀缓冲和油面位置的显示功能。目前，有很多制造厂生产的正立式互感器已取消了储油柜，直接在绝缘瓷管上开孔，完成一次绕组的引出和串、并联换接功能。

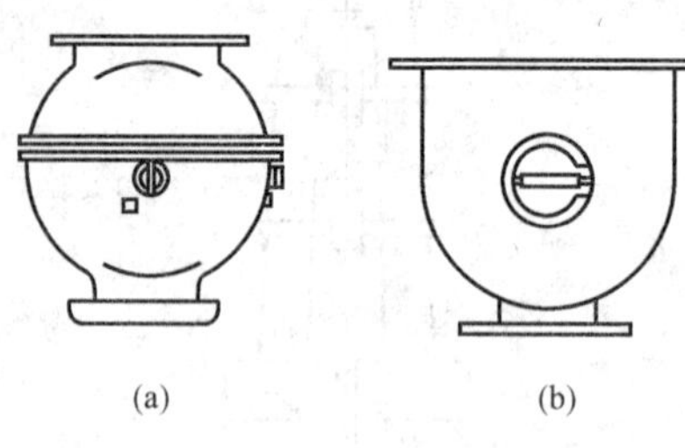

图 3－21　倒立式电流互感器储油柜

（a）仿器身形储油柜；（b）半仿器身形储油柜

倒立式电流互感器，当一次电流较大时，往往采用贯穿式，这样储油柜设计成仿器身形状或半仿器身形状，器身可用绝缘体挤紧。这种结构形式的优点是可以减小产品体积，节省绝缘油用量，如图 3－21 所示。

目前我国常用的金属膨胀器有波纹式膨胀器、盒式膨胀器和串组式膨胀器三种。

4．油箱与底座

油箱和底座是固定和安装互感器器身的基础。正立式电容型电流互感器一般都采用油箱，油箱有一定的容积，能容纳一定数量的绝缘油；倒立式电流互感器和其他非电容型电流互感器一般都采用底座，上部为平面，不能容纳绝缘油，只起底座作用。在油箱或底座的上部都装有二次线引出端子、放油塞、接地螺栓和铭牌等，如图 3－22 所示。

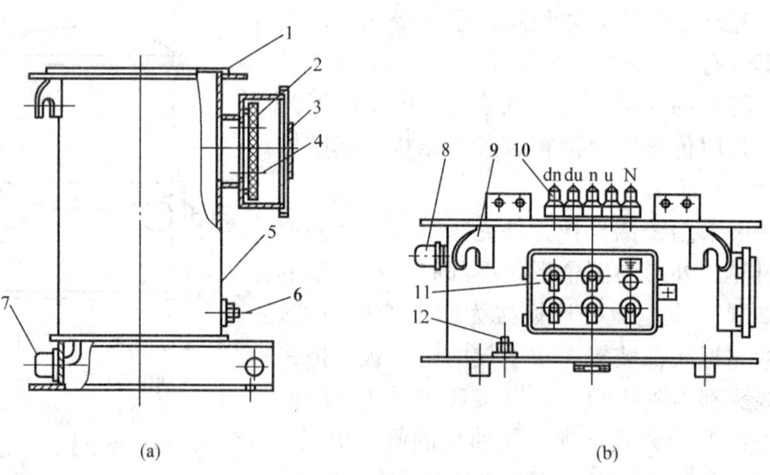

图 3－22　油箱与底座结构图

（a）油箱结构；（b）底座结构

1—限位环；2—绝缘板；3—二次接线盒；4—接线柱；5—油箱；6、12—接地螺栓；7、8—放油塞；9—吊环；10—二次引线绝缘子；11—二次出线盒

二次绕组的出线通过二次端子引出，目前有通过小套管引出和通过固定在绝缘板上的接线柱引出两种方式。二次接线板一般用环氧玻璃布板加工而成，接线板开孔，应留有二次接线柱抗扭转定位装置，以防装配接线中接线柱过度扭转而破坏密封。为适应电力部门

检测介损的需要，电容屏末屏引出端子应加强绝缘，采用小瓷套引出。

放油塞设置在互感器集油的最低位置，要求通过放油塞可把互感器内部的油放净。放油塞应有双重密封，油塞与互感器内部应保证密封良好，油塞外部应有一个罩盖，以防止油塞与空气直接接触，保持内部清洁。此外，油塞还应便于油中溶解气体色谱分析取样，以保证抽取油样的准确性。罩盖也必须保持良好密封，并作为防止产品渗漏的第二道屏障。

四、SF_6 气体绝缘电流互感器

SF_6 气体绝缘互感器是在 20 世纪 70 年代开始研制并推广应用的，最初在组合电器（GB）上配套使用，后来逐步发展为独立式 SF_6 互感器。SF_6 气体绝缘互感器用 SF_6 气体间隙作主绝缘，为全封闭结构。

1. SF_6 气体绝缘互感器一些特殊问题

（1）SF_6 气体纯度，应符合表 3－5 的要求。

表 3－5　　SF_6 气体纯度指标

指标名称	指　标	指标名称	指　标
纯度（SF_6）	≥99.8%（质量分数）	酸度（以 HF 计）	≤0.3μg/g
空气（N_2+O_2）	≤0.05%（质量分数）	可水解氟化物（以 HF 计）	≤1.0μg/g
四氟化碳（CF_4）	≤0.05%（质量分数）	矿物油	≤10μg/g
湿度（H_2O）	≤8μg/g	毒性	生物试验无毒

HF、SF_4、SO_2 等杂质本身或与水分作用后的生成物，对绝缘和金属材料都有很大的腐蚀性，水分凝露在绝缘表面会使闪络电压大大降低，因此应对 SF_6 新气的纯度要求严格。

（2）电场特性。SF_6 互感器绝缘介质为 SF_6 气体或气—膜复合介质。由于 SF_6 气体绝缘强度受电场影响很大，在极不均匀电场下的击穿电压比均匀电场下降低很多倍，因此在设计 SF_6 绝缘结构时，常采用带电体和壳体之间为同轴圆柱体的短间隙的稍不均匀电场结构，运行中不允许出现电晕。为了在较不均匀电场中，提高击穿电压和消除电晕，对有尖角或曲率半径小的电极常加以屏蔽。屏蔽罩与电极电气上连接，通常做成薄的导电球形或圆柱形，屏蔽罩的尺寸较大，罩表面附近电场较均匀，从而提高了电晕电压和击穿电压。

（3）对绝缘材料的要求。SF_6 互感器中用的固体绝缘材料，必须具有耐 SF_6 电弧分解物作用的能力。常用绝缘材料耐 SF_6 分解物的能力见表 3－6。

表 3－6　　绝缘材料耐 SF_6 分解物的能力

无机材料		有机材料					
		单元素体		多元素体		组合体	
瓷	△	聚乙烯	○	环氧玻璃	×	环氧树脂＋SiO_2	△
滑石	△	聚酯树脂	○	硅有机玻璃	×	环氧树脂＋$CaCO_3$	○
锆石瓷	△	环氧树脂	○	酚醛层压板	△	环氧树脂＋Al_2O_3	○
氧化铝	○	聚氯乙烯	○	低基酚醛树醋层压管	△		
		聚四氟乙烯	○				

注　表中符号○、△、×分别表示良、稍差、不良。

由表 3－6 可见，无机材料耐 SF_6 电弧分解物侵蚀的能力因成分不同而异，其中含 SiO_2 的瓷器、玻璃极易受侵蚀；高分子材料大部分耐 SF_6 电弧分解物侵蚀的性能较好。因充填环氧树脂的材料不同，环氧树脂制品的耐 SF_6 电弧分解物侵蚀的性能有很大差异。

(4) 压力特性。为提高 SF_6 气体的电气强度，除改善电场分布外，提高 SF_6 气体的工作压力也是一个有效途径；但只有在保证电场相当均匀的条件下，提高气压才能达到有效目的，互感器中 SF_6 常用额定压力为 0.4～0.5MPa。试验表明，在 0.35MPa 压力时，互感器达到与油浸纸绝缘互感器相同的绝缘性能。根据规定，制造厂对 SF_6 互感器均规定了报警压力（如 0.35MPa），其设计计算确定、耐压试验和局部放电测量等均应在报警压力下进行。

(5) 其他影响因素。电极表面状态影响击穿电压，电极表面越粗糙，则击穿电压越低，因此对用于 SF_6 气体绝缘中的电极表面加工光洁度应有一定要求。SF_6 气体绝缘必须考虑灰尘及导电微粒的影响；在工频电压下，导电微粒受电场作用而移动，使击穿电压降低，因此在装配和维修时，要特别注意清洁。

(6) 密封要求。为保证 SF_6 气体绝缘互感器正常运行，标准规定年漏气量不得大于 1%。为提高密封效果，要有良好的密封结构；外壳焊接要保证无微孔、无裂纹，密封接触面要提高加工光洁度（0.6 左右）；应采用限位密封，保证密封件的压缩比，或采用动密封；密封件材料要求抗老化性能好，耐热、耐寒性能强，对电弧分解物有耐腐蚀性，渗透率低等特性，现一般选用三元乙丙橡胶制品。

运行中的密封监视装置有密度监视和压力监视两种，当互感器气体密度或压力在规定温度下降到一定程度时，监视装置动作发出补气信号，以保证互感器内 SF_6 气压符合要求。

(7) 气体含水量管理。在运行中不可避免会出现由于产品内外温差造成水分压差，使外界潮气进入产品内部。虽有较可靠的密封，但在运行中定期检测 SF_6 气体中的含水量，以保证可靠运行是必要的。按规定，新安装的 SF_6 互感器在充入 SF_6 气体后，24h 检测气体含水量不得大于 150μL/L，定期检测 SF_6 气体中的含水量不应超过 300μL/L。

(8) 吸附措施。虽然一般认为非常纯的 SF_6 气体是无毒的稳定化合物，它只是一种窒息性气体。但若 SF_6 气体纯度不够，就会含有 SF_4、HF、SO_2 等杂质，而这些杂质都是有毒的；SF_6 气体经过放电后产生的分解物 SOF_2、SO_2F_2、SF_4、SOF_4 等均属剧毒物质。这些化合物的毒性主要表现为吸入中毒，造成肺脏的伤害；这些生成物与水汽接触后容易水解，生成 SO_2 及氢氟酸 HF，对金属及绝缘材料都有很大的腐蚀性。为此，必须采取措施控制有害物质的浓度，以免对操作人员的健康产生影响。目前在产品内部装有用以吸附 SF_6 分解气体和水分的吸附剂，常用的吸附剂有分子筛和活性氧化铝等，吸附剂放入无纺布袋内。

2. 配套式 SF_6 电流互感器

配套式 SF_6 电流互感器串接在母线上，与 GIS 的其他部分连接，如图 3－23 所示为 110kV GIS 用配套式 SF_6 电流互感器结构。母线作为一次绕组，主绝缘是外壳内的 SF_6 气体及盆形绝缘子，一次绕组（即母线）只有一匝，所以 GIS 的电流值较大时，互感器的准确级可以提高，额定二次输出也可以增加。当电流较小时，互感器准确度将降低，额定二次输出也将减小。

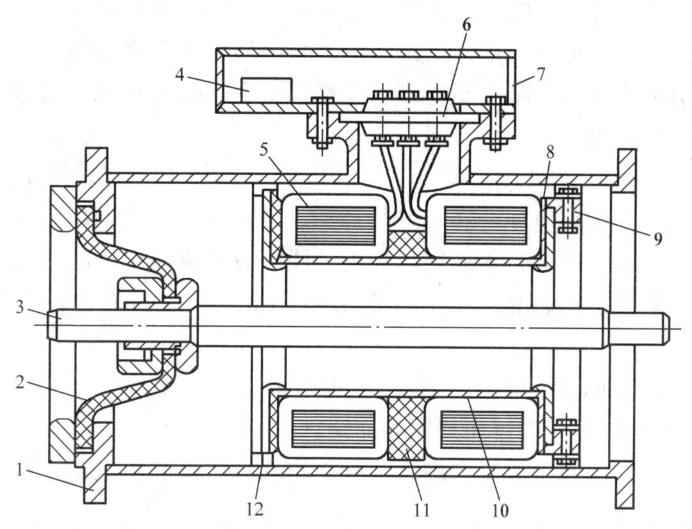

图 3-23 110kV GIS 配套式 SF_6 电流互感器结构图

1—GIS 外壳；2—盆式绝缘子；3—一次导体；4—二次接线柱；5—二次绕组和铁芯；6—二次小瓷套；7—二次接线盒；8—玻璃胶布垫；9—止推螺钉；10—圆筒；11—玻璃胶布垫；12—黄铜止推垫圈

配套式 SF_6 电流互感器结构很简单，铁芯及二次绕组固定在外壳的内壁上，二次绕组内腔置放金属薄圆筒，外壳内腔两端置放有圆角的金属圈；两者组合后成为屏蔽体，与二次绕组及接地件等电位，使高压电场内绝缘介质单一，并起均压作用，以提高其绝缘强度。外壳上有二次出线端子接线板，以供引出二次引线。

配套式 SF_6 电流互感器，可以将一次绕组母线及外壳两端的一次接线端子的盆形绝缘子等全部装配好，产品内部充以规定压力的 SF_6 气体后进行出厂试验，合格后抽出部分气体使产品内部有一定正压时供货。也可以不装配一次绕组母线及外壳两端的一次接线端子的盆式绝缘子，在外壳两端装上临时盖板，充以规定压力的 SF_6 气后进行部分出厂试验，合格后抽出 SF_6 气体，充以一定压力的 N_2 气体使产品内部有一定的正压供货，现场安装时再除去临时盖板，装上母线及盆式绝缘子，然后充入规定压力的 SF_6 气体。

3. 独立式 SF_6 气体绝缘电流互感器

独立式 SF_6 气体绝缘电流互感器常采用倒立式结构，外形与倒立式油浸式互感器相似，由头部（金属外壳）、高压绝缘套管和底座组成，如图 3-24 所示。

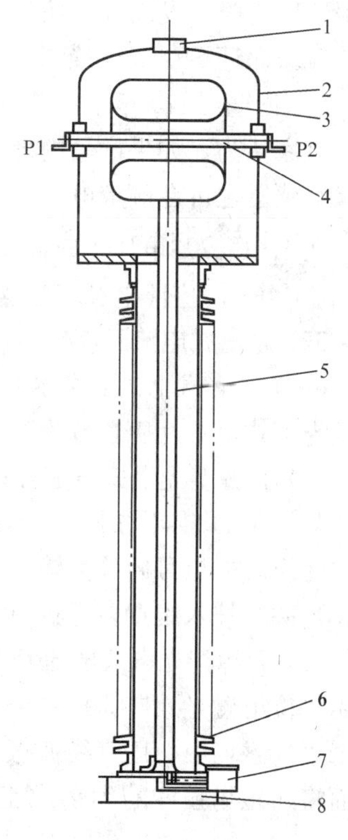

图 3-24 独立式 SF_6 气体绝缘电流互感器结构图

1—防爆片；2—壳体；3—二次绕组及屏蔽筒；4—一次绕组；5—二次出线管；6—套管；7—二次端子盒；8—底座

外壳常由铝铸件或锅炉钢板做成，内装有由一、二次绕组及铁芯构成的器身。一次绕组可为 1～2 匝，当采用两匝时，一般采用内铜（或铝）杆外铜（或铝）管或双铜（或铝）杆并行的形式。一次导杆为直线型，从二次绕组几何中心穿过。处于高电位的头部外壳置于高压绝缘套管的上部。二次绕组绕在环形铁芯上，装入接地的屏蔽外壳中。二次屏蔽外壳由环氧树脂浇注的绝缘柱或盆式绝缘子支撑。二次绕组引出线通过屏蔽金属套管引至互感器底座接线盒的二次端子，二次引线屏蔽管装在高压绝缘套管内。

一次绕组与二次绕组之间、二次绕组与高电位头部外壳之间采用了同轴圆柱体形结构，其间充满了 SF_6 气体，电场分布均匀较理想。外壳下法兰及高压套管上法兰连接处与二次绕组出线屏蔽管间电场分布不均匀，为板一棒电极；故在设计时，有的厂家采用电容锥结构，有的厂家采用了过渡内屏蔽，使此处电场得以改善，成为较均匀的同轴圆柱形电场。

一次绕组当采用两匝时，可接成串联或并联，得到两个电流比。二次绕组铁芯可自由组合，常见为5～6个铁芯，根据用户需要而定。

高压绝缘套管有的用硅橡胶复合绝缘套管，也有的用高强度电瓷套管。套管爬电距离根据环境污秽条件而定。

为了防爆，在产品头部外壳的顶部装有防爆片，爆破压力一般取0.7～0.8MPa。为了监视 SF_6 气体压力是否符合技术要求，在底座设有阀门和自动温度补偿的（温度变化、压力指示不变）SF_6 气体压力表及 SF_6 密度继电器。当 SF_6 漏气达到一定程度，内部压力达到报警压力时，发出补气信号。

厂家保证 SF_6 气体绝缘互感器在额定气压下的年泄漏率不超过1%，在额定气压下运行，互感器至少10年不需要维修。

厂家认为，如果产品内部气体压力降至与外部大气压相等（即零表压）时，SF_6 气体绝缘互感器也可在额定电压下运行。制造厂家对 SF_6 电流互感器进行过 SF_6 气体零表压试验，在 $1.3U_m//\sqrt{3}$ 电压下时间为5min。但电网公司反事故措施对此要求较严格，当表压低于0.35MPa时应停电补气，含水量若超过 $300\mu L/L$ 时应及时退出运行。

五、光电式电流互感器

（一）光电式电流互感器的分类

光电式电流互感器分为有源型、无源型和全光纤型三种。

（1）有源型光电式电流互感器。高压侧电流信号通过采样线圈（Rogowski 线圈）、积分环节、A/D 转换与 E/D 转换，将信号变成光信号；光信号由光纤传递到低电位侧，进行逆变换成电信号后放大输出。这种型式的电流互感器传感头高压侧电子器件需要电源供电，是一个技术难点，需进行研究解决。

（2）无源型光电式电流互感器。无源型的传感头部分不需要供电电源，传感部分一般利用法拉第磁光效应原理制成。将某种具有法拉第效应的元件（如铅玻璃）放在由一次电流产生的磁场中，用直线偏振光沿磁场方向入射法拉第效应元件，则通过此元件的光的偏振面将随磁场强度的大小成正比地旋转，这种效应称为法拉第效应，其旋转角 θ 的计算式为

$$\theta = VHL \tag{3-4}$$

式中：V 为维尔德（Verdet）常数；H 为磁场强度（A/m）；L 为法拉第元件光路长度。

当输入光强为 I_0 时，则输出光强 I 为

$$I = \frac{I_0}{2}(1 + \sin 2\theta)$$

当 $2\theta \ll 1$ 时，$\sin 2\theta \approx 2\theta$，故

$$I=\frac{I_0}{2}(1+2\theta)=\frac{I_0}{2}(1+2VHL)$$

上式表明，输出光强正比于磁场强度（即电流大小），因而只要测得光强 I，即可得出一次电流值。

无源型光电式电流互感器的结构较简单，最有希望用于电力系统的测量和继电保护，为当前较为常见的结构方式。

具有代表性的法拉第效应材料，如表 3－7 所示。其中，反磁性材料相对强磁性材料，虽然灵敏度较差，但是受温度影响不大，所以具有适用性。

表 3－7　　法拉第效应材料

分　类	材料名称
强磁性	铽铁（Tby），铁榴石（IG），钇铁石榴石（YIG）
反磁性	铅玻璃，硼硅无铅玻璃 $Bi_4Si_3O_{12}$，$Bi_4Ge_3O_{12}$
顺磁性	FR－5 玻璃

（3）全光纤型光电式电流互感器。全光纤电流互感器实际上也是无源型，但结构比前述无源型还简单；其传感头是由光纤本身制成的，在被测电流的导体上用光纤绕上几圈，即构成传感器，其他部分则与无源型完全一样。这种结构比前述无源型更易于制造，精度易满足要求，可靠性也比较高，但是这种结构的光纤应采用特殊的光纤——零双折射的具有保偏性能的光纤；这种光纤与前述有源型和无源型所采用的普通光纤不同，制造比较困难，质量难以保证，且价格昂贵，目前有少数国家在研制。

（二）无源型光电式电流互感器基本结构

无源型光电式电流互感器的基本结构方框图，如图 3－25 所示。

无源型光电式电流互感器由以下三大部组成。

（1）高压部件，包括高压绝缘套管、SF_6 绝缘气体等。光纤电流传感头安装在高压侧一次电流导线附近的磁场中，图 3－25 所示为回转积分式结构，在导体周围配置法拉第元件，利用积分法进行测量，原理上可使其他导体磁场的影响为最小。

（2）光纤电流传感器，包括具有法拉第磁光效应的晶体（如铅玻璃等）、光信号变换的光学元件和传输光纤等，其原理如图 3－26 所示。

来自光源的光，经光纤传送到高压侧，经起偏器变成直线偏振光，入射具有法拉第效应的磁光元件；由于被测电流磁场沿光路方向作用，偏振光的偏振面以 θ 角进行旋转；经检偏器检测后，变成幅度受电流调制的线偏振光，然后经光纤传递到光电探测器。

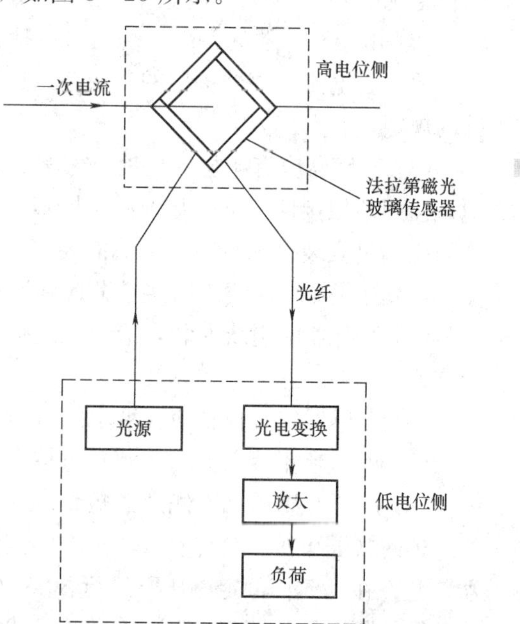

图 3－25　无源型光电式电流互感器基本结构方框图

(3) 光电探测器，与光电式电压互感器相似。

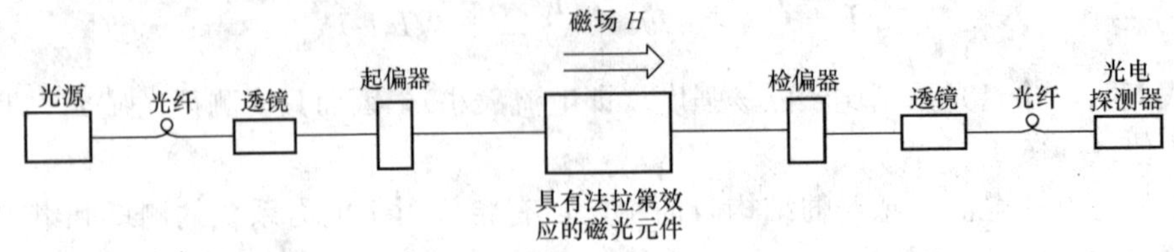

图 3-26　光电测量电流原理图

第四节　互感器运行规定

一、电压互感器的运行规定

1. 温升极限

在 1.2 倍额定电压因数下，各类互感器的温升极限为：

(1) 绕组的平均温升应不超过 65℃。

(2) 储油柜的油顶层应不超过 55℃。

(3) 对于 110～500kV 中性点有效接地系统的互感器，在 1.2 倍额定电压因数下的温升试验结束后，立即施加 1.5 倍额定电压，历时 30s，各绕组的温升应不超过 75℃。

(4) 对于 66kV 中性点非有效接地系统的互感器，在 1.2 倍额定电压因数下的温升试验结束后，立即施加 1.9 倍额定电压，历时 8h，各绕组的温升应不超过 75℃。

2. 互感器的日常维护

(1) 互感器应有标明基本技术参数的铭牌标志，互感器技术参数必须满足装设接地点运行工况的要求。

(2) 电压互感器的各二次绕组（包括备用）均必须有可靠的保护接地，且只允许有一个接地点。电流互感器备用的二次绕组应短路接地。接地点的布置应满足有关二次回路设计的规定。

(3) 互感器应有明显的接地符号标志，接地端子应与设备底座可靠连接，并从底座接地螺栓用两根接地引下线与地网不同点可靠连接。接地螺栓直径应不小于 12mm，引下线截面应满足安装接地点短路电流的要求。

(4) 互感器二次绕组所接负荷应在准确等级所规定的负荷范围内。

(5) 互感器的引线安装，应保证运行中一次端子承受的机械负载不超过制造厂规定的允许值。

(6) 互感器安装位置应在变电站（所）直击雷保护范围内。

(7) 停运半年及以上的互感器，按有关规定试验检查合格后方可投运。

(8) 电压互感器二次侧严禁短路。

(9) 电压互感器允许在 1.2 倍额定电压下连续运行；中性点有效接地系统中的互感器，允许在 1.5 倍额定电压下运行 30s；中性点非有效接地系统中的电压互感器，在系统无自动切除对地故障保护时，允许在 1.9 倍额定电压下运行 8h。

(10) 电磁式电压互感器一次绕组 N（X）端子必须可靠接地，电容式电压互感器的电容分压器低压端子（N、J）必须通过载波回路线圈接地或直接接地。

(11) 中性点非有效接地系统中，作单相接地监视用的电压互感器，一次中性点应接地。为防止谐振过电压，应在一次中性点或二次回路装设消谐装置。

(12) 电压互感器二次回路，除剩余电压绕组和另有专门规定者外，应装设快速开关或熔断器。主回路熔断电流一般为最大负荷的 1.5 倍，各级熔断器熔断电流应逐级配合，自动开关应经整定试验合格方可投入运行。

(13) 电容式电压互感器的电容分压器单元、电磁装置、阻尼器等在出厂时，均应经过调整误差后配套使用，安装时不得互换。运行中如发生电容分压器单元损坏，更换时应注意重新调整互感器误差；互感器的外接阻尼器必须接入，否则不得投入运行。

(14) 66kV 及以上电磁式油浸互感器应装设膨胀器或隔膜密封，应有便于观察的油位或油温压力指示器，并进行试验合格，并有最低和最高限值标志。运行中全密封互感器应保持微正压力，充氮密封互感器的压力应正常。互感器应标明绝缘油牌号。

3. SF_6 互感器

(1) 运行中应巡视检查气体密度表工况，产品年漏率应小于 1%。

(2) 若压力表偏出绿色正常压力区（表压小于 0.35MPa）时，应引起注意，并及时按制造厂要求停电补充合格的 SF_6 新气，控制补气速度约为 0.1MPa/h。一般应停电补气，个别特殊情况需要带电补气时，应在厂家指导下进行。

(3) 要特别注意充气管路的除潮干燥，以防充气 24h 后检测到的气体含水量超标。

(4) 如气体压力接近闭锁压力，则应停止运行，着重检查防爆片有无微裂泄漏，并通知制造厂及时处理。

(5) 补气较多时（表压小于 0.2MPa），应进行工频耐压试验（试验电压为出厂试验值的 80%～90%）。

(6) 运行中应监测 SF_6 气体含水量不超过 300μL/L；若超标时应尽快退出，并通知厂家处理。充分发挥 SF_6 气体质量监督管理中心的作用，应做好新气管理、运行及设备的气体监测和异常情况分析，监测应包括 SF_6 压力表和密度继电器的定期校验。

4. 互感器的操作

(1) 严禁用隔离开关或摘下熔断器的方法拉开有故障的电压互感器。

(2) 停用电压互感器前应注意下列事项：

1) 防止自动装置的影响，防止误动、拒动。

2) 将二次回路主熔断器或自动开关断开，防止电压反送。

5. 新更换或检修后互感器投运前检查项目

(1) 检查一、二次接线相序、极性是否正确。

(2) 测量一、二次绕组绝缘电阻。

(3) 测量熔断器、消谐装置是否良好。

(4) 检查二次回路有无短路。

6. 互感器必须有良好的接地的部位

(1) 分级绝缘的电磁式电压互感器一次绕组的接地引出端子、电容式电压互感器，应按制造厂的规定执行。

(2) 电容式电压互感器的一次绕组末屏引出端子，铁芯引出接地端子。

(3) 互感器的外壳。

(4) 备用的电流互感器二次绕组端子，应短路后接地。

(5) 倒装式电流互感器二次绕组的金属导管。

7. 电压互感器二次不许短路

电压互感器二次约有100V电压，其所通过的电流，由二次回路阻抗的大小来决定。电压互感器本身的阻抗很小，如二次短路时，二次通过的电流增大，造成二次熔断器熔断，影响表计指示及引起保护误动，如熔断器容量选择不当，极易损坏电压互感器。

8. 电压互感器二次必须接地

电压互感器二次接地属保护接地。为防止一、二次绝缘损坏击穿，高电压串到二次侧来，对人身和设备造成危险，二次必须接地。

变电站的电压互感器二次侧一般采用中性点接地。一般电压互感器可以在配电装置端子箱内经端子牌接地。发电厂的电压互感器都采用二次b相接地，也有b相和中性点共存的。

9. 电压互感器允许的运行方式

电压互感器在额定容量下可长期运行，但在任何情况下，都不允许超过最大容量运行。电压互感器由于二次侧绕组的负荷是高阻抗仪表，电流很小，接近于磁化电流，一、二次绕组中的漏抗压降也很小，所以它在运行时接近于空载情况。因此，二次绕组绝不能短路，否则会出现很大的短路电流，使绕组严重发热甚至烧毁。

10. 电压互感器正常运行时应注意的事项

(1) 电压互感器二次禁止短路和接地，禁止用隔离开关拉合异常电压互感器。

(2) 电压互感器允许在最高工作电压（比额定电压高10%）下连续运行。

(3) 绝缘电阻的测量。6kV及以上电压互感器一次侧用1000～2500V摇表测量，其值不低于50MΩ；二次侧用1000V摇表测量，其值不低于1MΩ。

(4) 电压互感器停电时，应注意对继电保护、自动装置的影响，防止误动、拒动。

(5) 两组电压互感器二次并列操作时，必须在依次并列情况下进行。

(6) 新投入或大修后的可能变动的电压互感器必须核相。

(7) 电压互感器的操作应按以下顺序进行。停电操作时，先断开二次回路（断二次小开关或取熔断器），再拉开一次侧隔离开关；送电操作时，先合一次侧隔离开关，再合二次回路（合二次小开关或装熔断器）。

11. 两台电压互感器并列运行时应注意的事项

在双母线接线方式中，每组母线接一台电压互感器。若由于负荷需要，两台电压互感器在低压侧并列运行（倒母线），此时应先检查母线断路器是否合上；如未合上，则应先合上母联断路器后，再进行低压侧的并列；否则，由于电压互感器从低压侧反充电（见图3-27），空载励磁电流大（串级互感器二次匝数少，阻抗低，电流实测为15～20A），加上母线充电电流，容易引起电压互感器二次低压熔断器熔断或自动空气开关跳闸，致使保护装置失去电源。

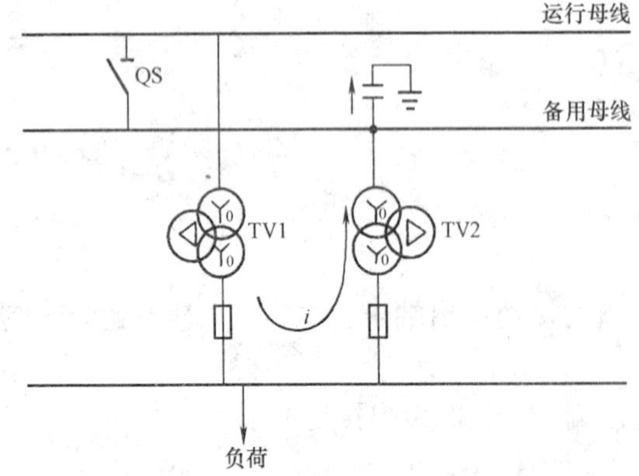

图3-27 两台电压互感器并列运行

12. 10kV不接地系统中允许单相接地运行规定

一般来说10kV非接地系统允许单相接地运行1～2h；这是因为在中性点不直

接接地系统中发生单相接地时，由于故障点的电流很小，而且三相之间的线电压仍然保持对称，对负荷的供电没有影响；因此，在一般情况下都允许再运行1～2h，而不必立即跳闸。但是在单相接地以后，其他两相的对地电压要升高1.72倍。如果长期运行，对于某些在额定电压下磁通就饱和的电压互感器，会因严重饱和而使电压互感器烧坏。

由上分析可以看出，若10kV系统发生预告信号应立即去检查，防止10kV系统长期带接地点运行。

13. 双母线接线方式的电压互感器二次电压的切换

双母线上的各元件的保护测量回路，是由两组电压互感器供给的，切换有两种方式。

(1) 直接切换。电压互感器二次引出线分别串于所在母线电压互感器隔离开关和线路隔离开关的辅助触点中。在线路倒母线时，根据母线隔离开关的拉合来切换电压互感器电源。

(2) 间接切换。电压互感器二次引出线不通过母线隔离开关的辅助触点直接切换，而是利用母线隔离开关的辅助触点控制切换中间继电器进行切换。通过母线隔离开关的拉、合，启动对应的中间继电器，达到电压互感器电源切换的目的。

切换后应注意下列事项：

(1) 母线隔离开关的位置指示器是否正确（监视辅助触点是否切换）。

(2) 电压互感器断线信号是否出现。

(3) 有关有功、无功功率表是否正常。

(4) 切换时中间继电器是否动作。

(5) 母差保护上的隔离开关位置指示灯是否正常。

14. 大修或新更换的电压互感器的核相

大修或新更换的互感器（含二次回路更动）在投入运行前应核相（定相）。

所谓定相，就是将电压互感器一次侧接在同一电源上，测定它们的二次侧电压相位是否相同。若相位不正确，会造成如下结果：

(1) 破坏同期的正确性；

(2) 倒母线时，两母线的电压互感器会短时并列运行，此时二次侧会产生很大的环流，造成二次侧熔断器熔断，使保护装置误动或拒动。

15. 电压互感器在送电前应做的准备工作

在送电前，应做好以下准备工作。

(1) 应测量其绝缘电阻，二次侧绝缘电阻不得低于1MΩ，一次侧绝缘电阻每千伏不低于1MΩ。

(2) 完成定相工作（即要确定相位的正确性）。如果一次侧相位正确而二次侧接错，则会引起非同期并列。此外，在倒母线时，还会使两台电压互感器短路并列，产生很大的环流，造成二次侧熔断器熔断（或小开关跳开），引起保护装置电源中断，严重时会烧坏电压互感器二次绕组。

(3) 电压互感器送电前的检查：

1) 检查绝缘子应清洁、完整，无损坏及裂纹。

2) 检查油位应正常，油色透明不发黑，无渗、漏油现象。

3) 检查二次回路的电缆及导线应完好，且无短路现象。

4) 检查电压互感器外壳应清洁，无渗漏油现象，二次绕组接地牢固。

准备工作结束后，可进行送电操作：投入一、二次侧熔断器（或小开关），合上其出口隔离开关，使电压互感器投入运行，检查二次电压正常；然后投入电压互感器所带的继电保护及自动装置。

16. 电压互感器停用时应注意的事项

双母线接线方式中，如一台电压互感器出口隔离开关、电压互感器本体或二次侧电路需要检修时，则需要停用电压互感器。如在其他接线方式中，电压互感器随母线一起停用。在双母线接线方式中，方法有两种，一是双母线改单母线，然后停用互感器；二是合上两母线隔离开关，使电压互感器并列，再停其中一组。通常采用第一种方法。电压互感器停用操作顺序如下：

(1) 先停用电压互感器所带的保护及自动装置，如装有自动切换或手动切换装置时，其所带的保护及自动装置可不停用。

(2) 取下二次侧熔断器或断开二次侧小开关，以防止反充电，使一次侧充电。

(3) 断开电压互感器出口断路器，取下一次侧熔断器或拉开一次侧隔离开关。

(4) 进行验电，用电压等级合适而且合格的验电器，在电压互感器各相分别验电。验明无误后，装设好接地线，悬挂标示牌，经过工作许可手续，便可进行检修工作。

17. 更换运行中的电压互感器及其二次线时应注意的事项

对运行中的电压互感器及其二次线需要更换时，除应执行有关《安全工作规程》的规定外，还应注意以下几点：

(1) 个别电压互感器在运行中损坏需要更换时，应选用电压等级与电网运行电压相符、变比与原来的相同、极性正确、励磁特性相近的电压互感器，并需经试验合格。

(2) 更换成组的电压互感器时，除注意上述内容外，对于二次与其他电压互感器并列运行的，还应检查其接线组别并核对相位。

(3) 电压互感器二次线更换后，应进行必要的核对，防止造成错误接线。

(4) 电压互感器及二次线更换后必须测定极性。

二、电流互感器的运行规定

1. 温升极限

当电流互感器的一次电流等于额定连续热电流（即额定扩大连续电流）且带有相当于额定电流输出的负荷（阻抗值），其功率因数为 0.8（滞后）～1 时，绕组平均温升 65K，顶层油和金属温升 55K。

2. 日常维护

(1) 电流互感器二次侧严禁开路，备用的二次绕组也应短接接地。

(2) 电流互感器允许在设备最高电流下或额定连续电流下长期运行。

(3) 电容型电流互感器一次绕组的末（地）屏必须可靠接地。

(4) 倒立式电流互感器二次绕组屏蔽罩的接地端子必须可靠接地。

(5) 三相电流互感器一相在运行中损坏，更换时要使选用的电流等级、电流比、二次绕组、二次额定输出、准确等级、准确限值系数等技术参数相同。保护绕组伏安特性无明显差别的互感器，并进行试验合格，以满足运行要求。

3. 电流互感器允许运行方式

电流互感器在运行中不得超过额定容量长期运行，如果过负荷运行，会使误差增大，表计指示不正确；会使铁芯饱和，造成互感器误差增大。另外，磁通密度增大后，会使铁芯和二次绕组过热，绝缘老化加快，甚至造成损坏等。

电流互感器在运行时，它的二次侧电路应始终是闭合的。当要从运行的互感器上拆除电流表等仪表时，应先将二次绕组短路，然后方能把电流表等仪表的接线拆开，以防开路运行。

在运行时，二次绕组的一边应该和铁芯同时接地运行，以防一、二次绕组间因绝缘损坏而击穿时，二次绕组窜入高电压，危及仪表、继电器及人身安全。

4. SF_6 户外电流互感器正常运行时的注意事项

(1) 二次侧禁止开路。

(2) 二次侧只允许有一处接地。

(3) SF_6户外电流互感器运行压力值应在规定范围内。

(4) 电流互感器正常应检查以下项目：

1) 各电气连接部分无发热、断股及松动；

2) 瓷套表面清洁，无破损，无裂纹及放电痕迹；

3) 本体无异常声音；

4) SF_6 温度表示应在正常区域。

5. 电流互感器二次接地

电流互感器二次接地属于保护接地，可防止一次绝缘击穿，二次串入高压威胁人身安全，损坏设备。

对二次侧接地的要求有：

(1) 电流互感器的二次侧只允许一点接地，不许多点接地。若发生两点接地，则可能引起分流使电气测量的误差增大或影响继电保护装置的正确动作。

(2) 电流互感器二次回路的接地点应在端子 K2 处。直流法、交流法测定极性接线分别如图 3-28、图 3-29 所示。

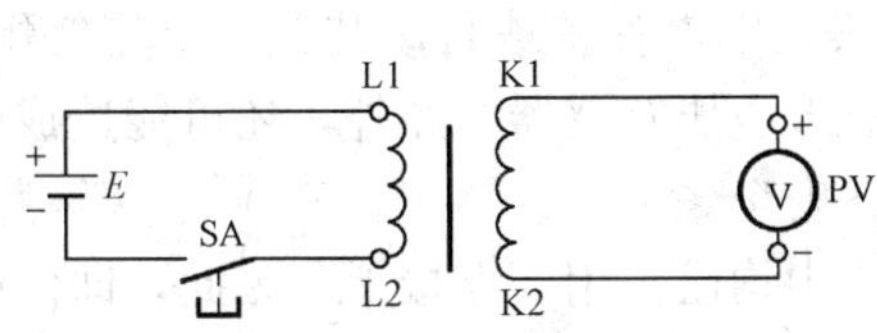

图 3-28 直流法测定极性接线图

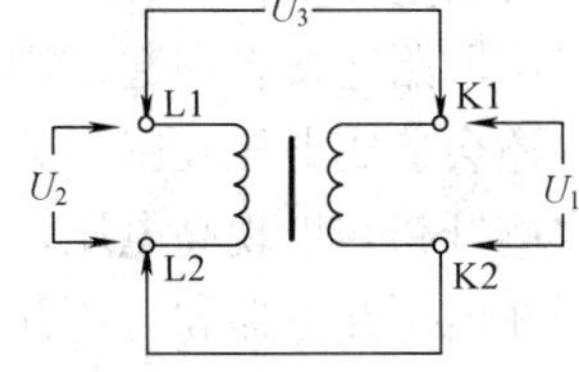

图 3-29 交流法测定极性接线图

(3) 对于低压电流互感器，由于其绝缘裕度大，发生一、二次绕组击穿的可能性极小，因此其二次绕组不接地。由于二次侧不接地也使二次系统和计量仪表的绝缘能力提高，大大地减少了由于雷击造成的仪表烧毁事故。

6. 在运行中的电流互感器二次回路上进行工作或清扫时应注意的事项

在运行中的电流互感器二次回路上进行工作或清扫时，除应按照《安全工作规程》的要求填写工作票外，还应注意以下各项：

(1) 工作中绝对不准将电流互感器二次回路开路。

(2) 根据需要可在适当地点将电流互感器二次侧短路。短路应采取短路片或专用短路线，禁止采用熔丝或用导线缠绕。

(3) 禁止在电流互感器与短路点之间的回路上进行任何工作。

(4) 工作中必须要有人监护，使用绝缘工具，并站在绝缘垫上。

（5）值班人员在清扫二次线时，应穿长袖工作服，戴线手套，使用干燥的清洁工具，并将手表等金属物品摘下。工作中必须小心谨慎，以免损坏元件或造成二次回路断线。

7. 更换电流互感器及其二次线时应注意的事项

对电流互感器及其二次线进行更换时，除应执行有关《安全工作规程》规定外，还应注意以下几点：

（1）个别电流互感器在运行中损坏需要更换时，应选用电压等级不低于电网额定电压、变比与原来的相同、极性正确、伏安特性相近的电流互感器，并需经试验合格。

（2）因容量变化而需要成组地更换电流互感器的，除应注意上述内容外，应重新审核继电保护定值以及计量仪表倍率。

（3）更换二次电缆时，应考虑电缆的截面、芯数等必须满足最大负荷电流和回路总负荷阻抗不超过互感器准确等级允许值的要求，并对新电缆进行绝缘电阻测定，更换后，应进行必要的核对，防止错误接线。

（4）新换上的电流互感器或更改后的二次接线，在运行前必须测定大、小极性。

8. 采用两组电流互感器的和电流供保护使用而一台电流互感器上有工作时应注意的事项

采用两组电流互感器并联接线方式供双回线路的后备过电流保护时，当其中任一条线路发生短路故障时保护均动作，使两组断路器同时跳闸。如一台互感器上有工作时，可在两组互感器并联点上将运行的电流互感器短路，防止开路；将停用的TA引线跳开，防止停用的电流互感器试验通电时，电流窜入另一组引起保护装置误动；同时，应将停用的电流互感器所供保护的跳闸连接片停用。

9. 电压互感器与电流互感器二次侧不允许连接

电压互感器的二次回路中，相间电压一般为100V，相对地（零线）也有$100/\sqrt{3}$V的电压，接入该回路的是测量仪表、继电保护或自动装置的电压绕组。而电流互感器的二次回路中，接的是测量仪表、继电保护及自动装置的电流绕组。如果将电压互感器与电流互感器的二次回路连接在一起，则可能将测量仪表、继电保护或自动装置的电流绕组烧毁；严重时，还会造成电压互感器熔丝熔断，甚至烧毁电压互感器。此外，还可能造成电流互感器二次侧开路，出现高电压，威胁人身和设备安全。

由于在电压互感器和电流互感器的二次回路中均已采用一点接地，因此，即使电压互感器和电流互感器的二次回路中有一点连接也会造成上述事故，所以它们的二次回路在任何地方（接地点除外）都不允许连接。

第五节　互感器巡视

一、例行巡视和检查项目及要求

（1）对各种值班方式下的巡视时间、次数、内容要作出明确的规定。

（2）例行检查巡视分为正常巡视、全面巡视、熄灯巡视。

（3）正常巡视：

1）有人值班变电站的互感器，每天至少一次，每周至少进行一次夜间巡视；

2）无人值班变电站内的互感器每周两次巡视检查。

二、正常巡视检查项目和要求

（1）设备外观完整无损。

(2) 一、二次引线接触良好，接头无过热，各连接引线无发热、变色。

(3) 外绝缘表面清洁、无裂纹及放电现象。

(4) 金属部位无锈蚀，底座、支架牢固，无倾斜。

(5) 架构、遮栏、器身外涂漆层清洁、无爆皮掉漆。

(6) 无异常振动、异常声音及异味。

(7) 瓷套、底座、阀门和法兰等部位应无渗漏油现象。

(8) 电压互感器端子箱熔断器和二次空气小开关正常。

(9) 电流互感器端子箱引线无松动、过热、打火现象。

(10) 油色、油位正常，油色透明不发黑，且无严重渗、漏油现象。

(11) 防爆膜有无破裂。

(12) 吸湿器硅胶是否受潮变色。

(13) 金属膨胀器膨胀位置指示正常，无漏油。

(14) 各部位接地可靠。

(15) 电容式电压互感器二次（包括开口三角形电压）无异常波动。

(16) 安装有在线监测的设备应有维护人员每周对在线监测数据查看一次，以便及时掌握电压互感器的运行状况。

(17) 二次端子箱应密封良好，二次线圈接地线牢固良好。内部应保持干燥、清洁。

(18) 检查一次保护间隙应清洁良好。

(19) 干式电压互感器有无流胶现象。

(20) 中性点接地电阻、消谐器及接地部分是否完好。

(21) 互感器的标示牌及警告牌是否完好。

(22) 测量三相指示应正确。

(23) SF_6 互感器压力指示表指示是否正常，有无漏气现象，密度继电器是否正常。

(24) 复合绝缘套管表面是否清洁、完整，无裂纹、无放电痕迹、无老化迹象，憎水性良好。

三、特殊巡视

1. 巡视周期

(1) 在高温、大负荷运行前。

(2) 大风、雾天、冰雹及雷雨后。

(3) 设备变动后。

(4) 设备新投入运行后。

(5) 设备经过检修、改造或长期停运，重新投入运行后。

(6) 设备发热、系统冲击及内部有异常声音等。

(7) 设备缺陷近期有发展时、法定节假日、上级通知有重要供电任务时。

(8) 站长应每月进行一次巡视。

2. 巡视的项目

除正常巡视项目外，应注意的情况还有：

(1) 大负荷期间用红外测温设备检查互感器内部、引线接头发热情况。

(2) 大风扬尘、雾天、雨天外绝缘有无闪络。

(3) 冰雪、冰雹天气外绝缘有无损伤。

第六节　互感器验收

一、新互感器的验收项目及要求

(1) 产品的技术文件应齐全。

(2) 互感器器身外观应整洁，无锈蚀或损伤。

(3) 包装及密封应良好。

(4) 油浸式互感器油位正常，密封良好，无渗油现象。

(5) 电容式电压互感器的电磁装置和谐振阻尼器的封铅应完好。

(6) 气体绝缘互感器的压力表指示正常。

(7) 本体附件齐全无损伤。

(8) 备品备件和专用工具齐全。

二、互感器安装、试验完毕后的验收

1. 一般要求

(1) 一、二次接线端子应连接牢固，接触良好，标志清晰。

(2) 互感器器身外观应整洁，无锈蚀或损伤。

(3) 互感器基础安装面应水平。

(4) 建筑工程质量符合国家现行的建筑工程施工及验收规范中的有关规定。

(5) 设备应排列整齐，同一组互感器的极性方向应一致。

(6) 油绝缘互感器油位指示器、瓷套法兰连接处、放油阀均应无渗油现象。

(7) 金属膨胀器应完整无损，顶盖螺栓紧固。

(8) 具有吸湿器的互感器，其吸附剂应干燥，油封油位正常。

(9) 互感器的呼吸孔的塞子带有垫片时，应将垫片取下。

(10) 电容式电压互感器必须根据产品成套供应的组件编号进行安装，不得互换。各组件连接处的接触面应除去氧化层，并涂以电力复合脂。

(11) 具有均压环的互感器，均压环应安装牢固、水平，且方向正确。具有保护间隙的，应按制造厂规定调好距离。

(12) 设备安装用的紧固件，除地脚螺栓外，应采用镀锌制品并符合相关要求。

(13) 互感器的变比、分接头的位置和极性应符合规定。

(14) 气体绝缘互感器的压力表值正常。

(15) 互感器的下列部位应接地良好：

1) 电压互感器的一次绕组的接地引出端子应接地良好。电容式电压互感器 TVC2 的低压端接地（或接载波设备）良好。

2) 电容型绝缘的电流互感器，其一次绕组末屏的引出端子、铁芯接地端子、互感器的外壳接地良好。

3) 备用的电流互感器的二次绕组端子应先短路后接地。

2. 交接试验项目齐全、试验结果符合要求（根据不同设备选择以下试验项目）

(1) 绝缘电阻。

(2) 绝缘介质损耗。

(3) 绝缘油的试验。

（4）油中溶解气体的色谱分析。

（5）交流耐压试验。

（6）空载电流测量。

（7）误差的测量。

（8）局部放电测量。

（9）密封检查。

（10）电容式电压互感器中间电磁单元的试验。

（11）电容式电压互感器分压器的试验。

（12）SF_6 气体的含水量测量。

（13）SF_6 气体的泄漏试验。

（14）SF_6 气体的密度继电器校验

（15）SF_6 气体的压力表校验及监视。

3. 互感器竣工资料的验收

（1）互感器订货技术合同。

（2）产品合格证明书。

（3）安装使用说明书。

（4）出厂试验报告。

（5）安装、试验调试记录。

（6）交接试验报告。

（7）变更设计的技术文件。

（8）备品配件和专用工具移交清单。

（9）监理报告。

（10）安装竣工图纸。

4. 互感器验收和审批

（1）互感器整体验收的条件：

1）互感器及附件安装调试完毕；

2）交接试验合格，施工图、竣工图、各项调试或试验报告、监理报告等技术资料和文件已整理完毕；

3）施工单位自检合格，缺陷已消除；

4）现场已清理干净。

（2）互感器整体验收的要求和内容：

1）项目负责单位应在工程竣工前15天通知有关单位准备工程竣工验收，并组织相关单位、监理单位配合。

2）验收单位应组织验收小组进行验收。在验收中检查发现的施工质量问题，应以书面形式通知相关单位并限期整改。验收合格后的工程或设备方可投入生产运行。

3）在投产设备保质期内发现质量问题，应由建设单位负责处理。

（3）审批。验收结束后，将验收报告交启动委员会审核批准。

三、检修后设备的验收

1. 验收项目和要求

（1）所有缺陷一一消除并验收合格。

(2) 一、二次接线端子应连接牢固，接触良好。
(3) 油浸式互感器无渗漏油，油标指示正常。
(4) 气体绝缘互感器无漏气，压力指示与规定相符。
(5) 极性关系正确，电流比换接位置符合运行要求。
(6) 三相相序标志正确，接线端子标志清晰，运行编号完备。
(7) 互感器需要接地的各部位应接地良好。
(8) 金属部件油漆完整，整体擦洗干净。
(9) 预防事故措施符合相关要求。
(10) 竣工资料：
1) 缺陷检修记录；
2) 缺陷消除后质检报告；
3) 检修报告；
4) 各种试验报告。
2. 试验项目
(1) 绝缘电阻测量。
(2) 绝缘介质损耗因数测量。
(3) 绝缘油的试验。
(4) 油中溶解气体的色谱分析。
(5) 交流耐压试验。
(6) 空载电流测量。
(7) 误差的测量。
(8) 局部放电测量。
(9) 密封检查。
(10) 极性检查。
(11) 电容式电压互感器中间电磁单元的试验。
(12) 电容式电压互感器分压器的试验。
(13) SF_6 气体的含水量测量。
(14) SF_6 气体的泄漏试验。
(15) SF_6 气体的密度继电器检验。
(16) SF_6 气体的压力表校验及监视。
3. 验收和审批
(1) 互感器整体验收的条件：
1) 互感器及附件已检修调试完毕；
2) 交接试验合格，各项调试或试验报告等技术资料和文件已整理完毕；
3) 施工单位自检合格，缺陷已消除；
4) 场地已清理干净。
(2) 互感器整体验收的内容要求：
1) 项目负责单位应提前通知验收单位准备工程竣工验收并组织检修单位配合；
2) 验收单位应组织验收小组进行验收。在验收中检查发现的施工质量问题，应以书面形式通知有关单位并限期整改。验收合格后的工程或设备方可投入生产运行。

(3) 审批。验收结束后，将验收报告交启动委员会审核批准。

四、投运前设备的验收内容

1. 一般要求

(1) 构架基础符合相关基建要求。

(2) 设备外观清洁完整，无缺陷。

(3) 一、二次接线端子应连接牢固，接触良好。

(4) 油浸式互感器无渗漏油，油标指示正常。

(5) 气体绝缘互感器无渗漏气，压力指示与规定相符。

(6) 极性关系正确，接线端子标志清晰，运行编号完备。

(7) 三相相序标志正确，电流比换接位置符合运行要求。

(8) 互感器需要接地的各部位应接地良好。

(9) 反事故措施符合相关要求。

(10) 保护间隙的距离应符合规定。

(11) 油漆应完整，相色应正确。

(12) 验收时应移交详细技术资料和文件：

1) 变更设计的证明文件。

2) 制造厂提供的产品说明书、试验记录、合格证件及安装图纸等技术文件。

3) 安装技术记录、器身检查记录、干燥记录。

4) 竣工图纸完备。

5) 试验报告并且试验结果合格。

2. 互感器投运前验收的条件

(1) 互感器及附件工作已结束，人员已退场，场地已清理干净。

(2) 各项调试、试验合格。

(3) 施工单位自检合格，缺陷已消除。

3. 互感器投运前验收的内容

(1) 项目负责单位应通知运行维护单位进行验收并组织相关单位配合。

(2) 在验收中检查发现缺陷，应要求相关单位立即处理，验收合格后方可投入生产运行。

第七节 互感器检修

互感器的检修分为大修、小修和临时性检修，目前除小修外，其他检修均无固定周期，而是根据设备运行情况和预防性试验结果确定。

一、检修分类

(1) 大修：一般指对互感器解体，对内、外部件进行的检查和修理。对于220kV及以上互感器宜在修试工厂和制造厂进行；SF_6互感器不允许现场解体，如果必须解体，应返厂检修；电容式电压互感器和电容器都不能在现场检修或补油，必要时应返厂修理。

(2) 小修：一般指对互感器不解体进行的检查与修理，在现场进行。

(3) 临时性检修：指针对发现的异常现象进行的临时性检查与修理。

二、检修周期

(1) 小修周期：结合预防性试验和实际运行情况进行，1～3 年一次；在污秽严重的场合，应根据具体情况适当缩短小修周期。

(2) 大修周期：大修没有固定的检修周期，应根据互感器预防性试验结果、在线监测结果进行综合分析判断，认为必要时进行。

(3) 临时性检修周期：在运行中发现危急缺陷时应进行检修。

三、检修项目

1. 小修项目

(1) 油浸式互感器。

1) 外部检查及清扫；

2) 检查维修膨胀器、储油柜、吸湿器；

3) 检查紧固一次和二次引线连接件；

4) 渗漏油处理；

5) 检查紧固电容屏型电流互感器及油箱式电压互感器末屏接地点，电压互感器 N (X) 端接地点；

6) 必要时进行零部件修理与更新；

7) 必要时调整油位；

8) 必要时加装金属膨胀器；

9) 必要时进行绝缘油脱气处理；

10) 瓷套检查；

11) 必要时补漆；

12) 绝缘电阻测量；

13) 试验。

(2) 固体绝缘互感器。

1) 外部检查及清扫；

2) 检查紧固一次和二次引线连接件；

3) 检查铁芯及夹件；

4) 必要时补漆。

(3) SF_6 气体绝缘互感器。

1) 外部检查及清扫；

2) 检查气体压力表、阀门及密度继电器；

3) 必要时检漏和补气；

4) 必要时对气体进行脱水处理；

5) 检查紧固一次与二次引线连接件；

6) 回收的 SF_6 气体应进行含水量试验；

7) 检查一次引线连接，如有过热，应清除氧化层，涂导电膏或重新紧固；

8) 检查一次接线板，如有松动应紧固或更换；

9) 清除复合绝缘套管的硅胶伞裙外表积污；

10) 更换防爆片应在干燥、清洁的室内进行；

11) 必要时补漆。

(4) 电容式电压互感器。

1) 外部检查及清扫;

2) 瓷套检查;

3) 分压电容器本体密封检查;

4) 检查紧固一次和二次引线及电容器连接件;

5) 电磁单元渗漏油处理，必要时补油;

6) 必要时补漆;

7) 试验。

2. 大修项目

(1) 油浸式互感器。

1) 外部检查及修前试验;

2) 瓷套外部清扫;

3) 修补破损瓷裙;

4) 渗漏油检查：包括储油柜、瓷套、油箱、底座有无渗漏，油位计、瓷套的两端面、一次引出线、二次接线板、末屏及监视屏引出小瓷套、压力释放阀及放油阀等部位有无渗漏;

5) 油位或盒式彭胀器的油温压力指示检查;

6) 二次接线板的绝缘、外壳接地端子是否可靠接地;

7) 检查接地端子是否松动;

8) 金属膨胀器的检修;

9) 排放绝缘油;

10) 一、二次引线连线柱瓷套分解检修;

11) 吊起瓷套或吊起器身，检查瓷套及器身（内部）;

12) 小套管的检修;

13) 储油柜检修;

14) 油箱、底座的检查;

15) 二次接线板检查;

16) 更换全部密封胶垫;

17) 油箱清扫和除锈;

18) 压力释放装置检修与试验;

19) 绝缘油处理或更换;

20) 吸湿器（如有）检修，更换干燥剂;

21) 必要时进行器身干燥;

22) 总装配;

23) 真空注油;

24) 密封试验;

25) 绝缘油试验及电气试验;

26) 喷漆。

(2) SF_6 气体绝缘互感器。

1) 外部检查及修前试验;

2）一、二次引线连接紧固件检查；
3）回收并处理 SF_6 气体；
4）必要时更换防爆片及其密封圈；
5）必要时更换二次端子板及其密封圈；
6）更换吸附剂；
7）必要时更换压力表、阀门或密度继电器；
8）补充 SF_6 气体；
9）电气试验；
10）金属表面喷漆。
(3) 电容式电压互感器。
1）外部检查及修前试验；
2）检查电容器套管，测量电容值及介质损耗因数；
3）电磁单元渗漏油检查；
4）必要时进行电磁单元绝缘干燥；
5）电磁单元绝缘油处理；
6）中压变压器一、二次绕组检查；
7）避雷器或放电间隙检查；
8）补偿电抗器检查；
9）二次接线板检查；
10）油箱检查；
11）更换密封胶垫；
12）电磁单元装配；
13）电磁单元注油或充氮；
14）电气试验；
15）喷漆。

第八节 互 感 器 试 验

一、油浸式电压互感器的试验项目

(1) 检修前的试验项目。
1）绝缘电阻试验；
2）绕组和支架的 $\tan\delta$；
3）油中溶解气体色谱分析。
(2) 检修中的试验项目。铁芯夹紧螺栓绝缘电阻。
(3) 检修后的试验项目。
1）绝缘试验；
2）绕组和支架的 $\tan\delta$；
3）油中溶解气体色谱分析；
4）空载电流测量；
5）密封试验；

6）连接组别和极性；

7）电压比；

8）绝缘油击穿电压试验；

9）外施感应耐压试验；

10）局部放电测量（有条件时）。

二、电容式电压互感器的试验项目

（1）检修前的试验项目。

1）绝缘电阻试验；

2）绕组 $\tan\delta$；

3）油中溶解气体色谱分析。

（2）检修中的试验项目。铁芯夹紧螺栓绝缘电阻。

（3）检修后的试验项目。

1）绝缘试验；

2）电容分压器和电磁单元的 tgnδ；

3）油中溶解气体色谱分析；

4）空载电流测量；

5）密封试验；

6）连接组别和极性；

7）电压比；

8）绝缘油击穿电压试验；

9）准确度试验；

10）铁磁谐振试验（必要时）。

三、油浸式电流互感器的试验项目

（1）检修前的试验项目。

1）绕组及末屏的绝缘电阻试验；

2）一次绕组 L 端或 P 端对储油柜绝缘电阻测量；

3）$\tan\delta$ 及电容量的测量；

4）油中溶解气体色谱分析；

5）本体内绝缘油试验；

6）变比测量。

（2）检修中的试验项目。

1）密封检查：无漏油；

2）金属膨胀器检查：无渗漏，油位正确。

（3）检修后的试验项目。

1）绕组及末屏的绝缘电阻试验；

2）一次绕组 L 端或 P 端对储油柜绝缘电阻测量；

3）$\tan\delta$ 及电容量的测量；

4）油中溶解气体色谱分析；

5）本体内绝缘油试验；

6）变比测量；

7）交流耐压试验；

8）局部放电测量（有条件时）；

9）极性检查。

四、SF_6 电流互感器的试验项目

（1）含水量测量。

（2）SF_6 气体泄漏试验。

（3）耐压试验。

（4）SF_6 气体密度继电器检验。

（5）SF_6 气体压力表校验。

第九节　互感器异常运行及故障处理

一、电压互感器的故障处理

（一）电压互感器常见的故障及异常运行

电压互感器常见的故障及异常运行有：

（1）本体有过热现象。

（2）内部声音不正常或有放电声。

（3）互感器内或引线出口处有严重喷油、漏油或流胶现象（可能属内部故障，由过热引起）。

（4）严重漏油至看不到油面（严重缺油使内部铁芯曝露于空气中，当雷击线路或有内部过电压时，会引起内部绝缘闪络烧坏互感器）。

（5）内部发出焦臭味、冒烟、着火（说明内部发热严重，绝缘已烧坏）。

（6）内部故障。

（7）套管严重破裂，套管、引线与外壳之间有火花放电。

（8）电压互感器二次小开关连续跳开（内部的故障可能很大）。

（9）电压互感器铁磁谐振。

（10）电容式电压互感器二次输出电压低或高或波动。

（11）电压互感器二次短路。

（12）电压互感器二次回路断线。

（13）高压侧熔断器熔断。

（14）电容式电压互感器内部电容击穿。

（15）电容式电压互感器电容元件故障。

（16）电容式电压互感器内电磁元件故障。

（17）电容式电压互感器电容单元漏油。

（18）电压互感器预防性试验不合格。

（19）电容式电压互感器二次引线绝缘脱落。

（20）电容式电压互感器爆炸。

（二）电压互感器故障处理的原则

电压互感器故障处理的原则有：

（1）立即汇报调度，申请停电处理。

(2) 隔离故障电压互感器，500kV 侧可立即用相应出线断路器停电，220kV 侧将故障电压互感器母线空出，用母联断路器、分段断路器停电串断（禁止用隔离开关就地拉合故障电压互感器），故障侧隔离开关可遥控时，可遥控拉开高压隔离开关进行隔离。35kV 电压互感器，停电按主变压器 35kV 总断路器的方法停电。

(3) 二次回路禁止同故障电压互感器二次回路并列。

(4) 电压互感器故障时，应将可能误动的保护停用。

(5) 不得将故障电压互感器所在母线的差动保护停用。

(6) 电压互感器着火，切断电源后，用干粉、1211 灭火器灭火。

需要特别注意的是，当电压互感器出现以下情况时应立即停用：

(1) 电压互感器高压侧熔断器连续熔断两三次。

(2) 电压互感器发热，温度过高（当电压互感器发生层间短路或接地时，熔断器可能不熔断，造成电压互感器过负荷而发热，甚至冒烟起火）。

(3) 电压互感器内部有"噼啪"声或其他噪声（这是由于电压互感器内部短路，接地或夹紧螺钉未上紧所致）。

(4) 电压互感器内部引线出口处有严重喷油、漏油现象。

(5) 电压互感器内部发出焦臭味且冒烟。

(6) 绕组与外壳之间或引线与外壳之间有火花放电，电压互感器本体有单相接地。

（三）异常运行的处理

1. 电磁式电压互感器

(1) 三相电压指示不平衡，一相降低，另两相正常，线电压不正常，或伴有声、光信号，可能是互感器高压或低压熔断器熔断；若是新投运的互感器有可能变比不相等，应及时处理。

(2) 在中性点不接地系统中，一相电压降低，另两相电压升高或指针摆动，可能是单相接地故障或基频谐振，或负荷较轻时，三相对地电容电流不平衡引起；如三相电压同时升高，并超过线电压，则可能是分频或高频谐振，应采取措施。

(3) 在中性点直接接地系统中，当母线倒闸操作时，出现相电压升高并以低频摆动，一般为串联谐振现象。若无任何操作，突然出现相电压升高或降低，则可能是互感器内部绝缘故障；如串级式电压互感器可能是绝缘支架击穿或一次绕组间或匝间短路（上绕组故障，U_2 升高，最下绕组故障，U_2 降低），上述两种情况均应立即退出运行，进行检查。

(4) 在中性点直接接地系统中，电压互感器投运时出现电压指示不稳，可能是高压绕组端接触不良，应立即退出运行，进行检查。

2. 电容式电压互感器

(1) 三相电压不平衡，开口三角有较高电压，设备有异常响声并发热，可能是阻尼回路不良引起自身谐振现象，应立即停止运行。

(2) 二次输出为零，可能是中压回路开路或短路，电容单元内部连接断开，或二次接线短路。

(3) 二次输出电压高，可能是电容器 C_1 有元件损坏，或电容单元低压末端接地。

(4) 二次电压输出低，可能是电容器 C_2 有元件损坏，二次过负荷或未接载波回路；如果是速饱和电抗器型阻尼器，有可能是参数配合不当。

3. 高压侧熔断器熔断的处理

电压互感器一次侧熔断器熔断应立即向调度汇报，停用可能会误动的保护及自动装置；取下低压熔断器，拉开电压互感器隔离开关，做好安全措施，检查电压互感器外部有无故障，更换一次侧熔断器，恢复运行；如多次熔断则可判断为电压互感器内部故障，这时应申请停用该互感器。

造成电压互感器高压侧熔断器熔断的原因可能有以下几个方面：

(1) 电压互感器内部绕组发生匝间、层间或相间短路及一相接地等现象。

(2) 电压互感器一、二次绕组回路故障，可能造成电压互感器过流。若电压互感器二次侧熔断器容量选择不合理，也有可能造成一次侧熔断器熔断。

(3) 当中性点不接地系统中发生一相接地时，其他两相对地电压升高$\sqrt{3}$倍；或由于间歇性电弧接地，可能产生数倍的过电压。过电压会使互感器严重饱和，使电流急剧增加而造成熔断器熔断。

(4) 系统发生铁磁谐振。

(5) 由于电压互感器过负荷运行或长时期运行后，熔断器接触部位锈蚀造成接触不良。

4. 充油式互感器渗漏油的处理

(1) 互感器本体渗漏油若不严重，并且油位正常，应加强监视。

(2) 互感器本体渗漏油严重，并且油位未低于下限，但一时又不能停电检修，应加强监视，增加巡视的次数；若低于下限，则应将电压互感器停运。

(3) 互感器严重漏油应申请调度进行停电处理。

5. 电压互感器铁磁谐振

(1) 铁磁谐振的危害。电压互感器铁磁谐振常发生在中性点不接地的系统中。电压互感器铁磁谐振将引起电压互感器铁芯饱和，产生电压互感器饱和过电压。任何一种铁磁谐振过电压的产生都对系统电感、电容的参数有一定要求，而且需要有一定的“激发”。电压互感器铁磁谐振常受到的“激发”有两种：第一种是电源对只带电压互感器的空母线突然合闸；第二种是发生单相接地。在这两种情况下，电压互感器都会出现很大的励磁涌流，使电压互感器一次电流增大十几倍，诱发电压互感器过电压。

电压互感器铁磁谐振可能是基波（工频）的，也可能是分频的，甚至可能是高频的。经常发生的是基波和分频谐振。根据运行经验，当电源向只带有电压互感器的空母线突然合闸时易产生基波谐振，其现象是两相对地电压升高，一相降低，或是两相对地电压降低，一相升高；当发生单相接地时易产生分频谐振，其现象是三相电压同时升高或依次轮流升高，电压表指针在同范围内低频（每秒一次左右）摆动。

电压互感器发生谐振时其线电压指示不变。

电压互感器发生铁磁谐振的直接危害是：

1) 由于谐振时电压互感器一次绕组通过相当大的电流，在一次熔断器尚未熔断时可能使电压互感器绕组烧坏。

2) 造成电压互感器一次熔断器熔断。

电压互感器发生铁磁谐振的间接危害是：当电压互感器一次熔断器熔断后，将造成部分继电保护和自动装置的误动作，从而扩大了事故。

(2) 铁磁谐振的处理。

1）当只带电压互感器的空载母线上产生电压互感器基波谐振时，应立即投入一个备用设备，改变电网参数，消除谐振。

2）当发生单相接地产生电压互感器分频谐振时，应立即投入一个单相负荷。由于分频谐振具有零序分量性质，故此时投三相对称负荷不起作用。

3）谐振造成电压互感器一次熔断器熔断，谐振可自行消除。但可能带来继电保护和自动装置的误动作，此时应迅速处理误动作的后果；如检查备用电源开关的联投情况，若没有联投应立即手动投入，然后迅速更换一次熔断器，恢复电压互感器的正常运行。

4）发生谐振尚未造成一次熔断器熔断时，应立即停用有关失压容易误动的继电保护和自动装置。母线有备用电源时，应切换到备用电源，以改变系统参数消除谐振；如果用备用电源后谐振仍不消除，应拉开备用电源开关，将母线停电或等电压互感器一次熔断器熔断后谐振便会消除。

5）由于谐振时电压互感器一次绕组电流很大，应禁止用拉开电压互感器隔离开关或直接取下一次侧熔断器的方法来消除谐振。

6. 电压互感器二次小开关跳闸的处理

（1）电压互感器二次小开关的作用。电压互感器小开关实际上是一种过流脱扣保护，当电压互感器二次回路出现短路故障或电压互感器本身二次绕组出现匝间及其他故障时，快速自动断开小开关。

（2）电压互感器小开关跳闸的原因：

1）电压互感器二次回路有短路现象。

2）电压互感器本身二次绕组出现匝间及其他故障。

3）电压互感器小开关本身机械故障造成脱扣。

（3）电压互感器二次有多个小开关，当发出二次小开关跳闸信号时，应首先查明是哪一个小开关跳闸，然后对照二次图纸查明该回路所带负荷情况，其负荷主要有：继电保护和自动装置的电压测量回路，故障录波器的录波启动回路，测量和计量回路以及同步回路等。

（4）当电压互感器二次小开关跳闸或熔断器熔断时，应特别注意该回路的保护装置动作情况；必要时应立即停用有关保护，并查明二次回路是否短路或故障，经处理后再合上电压互感器二次小开关或更换熔断器，加用有关保护。

（5）若故障录波器回路频繁启动，可将录波器的电压启动回路暂时退出（屏蔽）。

（6）如果是测量和计量回路，运行人员应记录其故障的起止时间，以便估算电量的漏计。

（7）同步回路二次小开关跳闸，不得进行该回路的并列操作。

（8）如经外观检查未发现短路点，在有关保护装置停用的条件下，允许将小开关试合一次。如试合成功，可加用保护；如试合不成功，应进一步查出短路点，予以排除。

（9）若属双母线（或双母线分段）电压互感器的小开关跳闸，值班人员必须立即将运行在该母线上各单元有关保护停用；然后向调度汇报，并申请调度试合一次电压互感器小开关；试合不成功应通知专业人员进行处理，必要时可申请倒母线。

7. 电压互感器应退出运行的情况

（1）瓷套出现裂纹或破损。

（2）互感器有严重放电，已威胁安全运行时。

(3) 互感器内部有异常响声、异味、冒烟或着火。

(4) 金属膨胀器异常膨胀变形。

(5) 压力释放装置（防爆片）被冲破。

(6) 树脂浇注电压互感器出现表面严重裂纹、放电。

(7) 互感器本题或引线端子严重过热。

(8) 电流互感器末屏开路，二次开路，电压互感器接地端子 N（X）开路，二次短路，不能消除。

(9) 充油式互感器严重漏油。

(10) 电容式电压互感器电容单元出现渗漏油。

(11) SF_6 气体绝缘互感器严重漏气，其压力低于规定值。

(12) 经红外测温检查发现内部有过热现象。

(四) 二次交流电压回路断线的处理

1. 二次交流电压回路断线的原因

(1) 电压互感器高、低压侧的熔断器熔断或小开关跳闸。

(2) 电压切换回路松动或断线、接触不良。

(3) 电压切换开关接触不良。

(4) 双母线接线方式，出线靠母线侧隔离开关辅助触点接触不良（常发生在倒闸过程中）。

(5) 电压切换继电器断线或触点接触不良、继电器损坏、端子排线头松动、保护装置本身问题等。

2. 二次交流电压回路断线的处理

(1) 电压切换回路辅助触点和电压切换开关接触不良所造成的电压回路断线现象主要发生在操作后，母线电压互感器隔离开关辅助触点切换不良牵涉该母线上所有回路的二次电压回路，线路的母线隔离开关辅助触点切换不良只涉及影响到本线路取用电压量的保护。这些问题在操作后即可发现。

检查隔离开关辅助触点切换是否到位，若属隔离开关辅助触点切换不到位，可在现场处理隔离开关的限位触点；若属隔离开关本身辅助触点行程问题，应请专业人员对辅助触点进行调整或更换。在倒母线的过程中，若发现“交流电压断线”信号，在未查明原因之前，不应继续操作，应停止操作，查明原因。

(2) 若“交流电压断线”、保护“直流回路断线”、“控制回路断线”同时报警，说明直流操作电源有问题，操作熔断器熔断或接触不良。此时，线路的有功、无功表计误指示（或监控系统显示不正确）。处理方法是，退出失压后会误动的保护，更换直流回路熔断器（或试合小开关），若无问题再加用保护。

(3) 对于其他原因引起的交流电压回路断线，运行人员未查出明显的故障点，则按以下方法处理：①向调度汇报；②停用失压后会误动的保护（启动失灵）及自动装置；③通知专业人员进行处理；④故障处理完毕后，申请加用已停用的保护及自动装置。

(4) 处理时应注意防止交流电压回路短路，若发现端子线头、辅助触点接触有问题，可自行处理，不可打开保护继电器，防止保护误动作；若属隔离开关辅助触点接触不良，不可采用晃动隔离开关操作机构的方法使其接触良好，以防带负荷拉隔离开关，造成母线短路或人身事故。

3. 某一段母线电压回路断线

(1) 原因：①电压互感器二次熔断器熔断或接触不良（或二次开关跳闸）；②电压互感器一次（高压）熔断器熔断；③电压互感器一次隔离开关辅助触点未接通、接触不良（多在操作后发生），回路端子线头有接触不良之处，若高压熔断器熔断一相或两相时，二次开口三角出电压，母线接地信号可能报警；④电压互感器一次侧隔离开关因机构箱内受潮使隔离开关分闸回路接通，造成一次侧隔离开关自分（在500kV变电站曾经出现过电压互感器隔离开关自分，造成电压互感器失压、保护误动的事故）。

(2) 处理：①先将可能误动的保护和自动装置退出，根据出现的现象判断故障；②在二次熔断器或二次小开关两端，分别测量相电压和线电压判别故障，互感器二次串有一次隔离开关的辅助触点，还应在触点两端分别测量电压；③若二次熔断器或端子线头接触不良，可拨动底座夹片使熔断器接触良好，或上紧端子螺钉，装上熔断器后投入所退出的保护及自动装置；④二次熔断器熔断（或二次小开关跳闸），更换同规格熔断器，重新投入试送一次，成功后投入所退出的保护及自动装置，若再次熔断（或再次跳闸），应检查二次回路中有无短路、接地故障点，不得加大熔断器容量或二次开关的动作电流值，不易查找时，汇报调度和有关上级，由专业人员协助查找；⑤若属一次隔离开关辅助触点问题，可汇报调度，先使一次母线并列后，合上电压互感器二次联络连接片，投入所退出的保护及自动装置再处理问题，无上述条件，可先将一次隔离开关辅助触点临时短接，若不能自行处理，应汇报上级派人处理；⑥若属一次隔离开关自分（此时失压后误动的保护已动作，有关断路器已跳闸），应立即将电压互感器一次隔离开关电动操作交流电源熔断器取下（或小开关断开），将失压后可能误动的保护（启动失灵）及自动装置退出，手动合上电压互感器一次侧隔离开关，经检查正常后，再加用已停用的保护及自动装置；⑦若高压熔断器熔断，应退出可能误动的保护（启动失灵）及自动装置，拔掉二次熔断器（或断开二次小开关），拉开一次隔离开关，更换同规格熔断器；检查电压互感器外部有无异常，若无异常可试送一次；试送正常，投入所退出的保护及自动装置；若再次熔断，说明互感器内部故障，可使一次母线并列后，合上电压互感器二次联络连接片，投入所退出的保护及自动装置，故障互感器停电检修。

与电压互感器二次联络时，必须先断开故障电压互感器二次，防止向故障点反充电。

必须注意，电压互感器高压熔断器熔断，若同时系统中有接地故障，不能拉开电压互感器一次隔离开关。接地故障消失以后，再停用故障电压互感器。

二、电流互感器的故障处理

(一) 电流互感器常见的故障及异常运行

(1) 过热现象。

(2) 内部故障。

(3) 内部有臭味、冒烟。

(4) 内部有放电声或引起与外壳之间有火花放电现象。干式电流互感器外壳开裂。

(5) 内部声音异常。电流互感器二次阻抗很小，正常工作在近于短路状态，一般应无声音。电流互感器的故障，伴有异常声音或其他现象，原因有：铁芯松动，发出不随一次负荷变化的“嗡嗡”声。

(6) 充油式电流互感器严重漏油。

(7) 外绝缘破裂放电。

(8) 套管严重破裂，套管、引线与外壳之间有火花放电。

(9) 套管闪络。

(10) 二次回路开路。

(11) 电流互感器爆炸。

(12) 试验参数不合格（介损超标、色谱超标）。

（二）异常运行的处理

1. 电流互感器运行声音异常

电流互感器在运行中发生声音异常的原因有：

(1) 铁芯松动，发出不随一次负荷变化的“嗡嗡”声；此外半导体漆涂刷的不均匀形成内部电晕以及夹铁螺钉松动等也会使电流互感器产生较大声响。

(2) 某些离开叠层的硅钢片，在空载或轻负荷时，会有一定的“嗡嗡”声。

(3) 二次回路开路。

电流互感器运行声音异常的处理：

(1) 在运行中，若发现电流互感器有异常声音，可从声响、表计指示及保护异常信号等情况判断是否二次回路开路；若是，则可按二次回路开路的处理方法进行处理。

(2) 若不属于二次回路开路故障，而是本体故障，应转移负荷并申请停电处理。

(3) 若声音异常较轻，可不立即停电；但必须加强监视，同时向上级调度及主管部门汇报，安排停电处理。

2. 电流互感器过负荷

电流互感器不允许长时间过负荷运行。电流互感器过负荷一方面可使铁芯磁通密度达到饱和或过饱和，使电流互感器误差增大，测量不准确，不容易掌握实际负荷；另一方面由于磁通增大，使铁芯和二次绕组过热、绝缘老化快甚至出现损坏等情况。

当发现电流互感器过负荷时，应立即向调度汇报，设法转移负荷或减负荷。

（三）电流互感器内部故障的处理

(1) 立即汇报调度，申请停电处理。

(2) 隔离故障电流互感器：500kV 侧可立即对相应出线断路器停电；220kV 系统若采用双母线带旁路的接线方式时可用旁路带运行，若没有旁路则直接将该线路停电。

(3) 隔离故障电流互感器，在未停电之前，禁止在故障的电流互感器二次回路上工作。

(4) 故障的电流互感器停电后，应将该电流互感器的二次侧所接保护及自动装置停用。

(5) 电流互感器着火，切断电源后，用干粉、1211 灭火器灭火。

(6) 故障的电流互感器在停电前应加强监视。

特别注意，电流互感器在以下情况应立即停用：

(1) 电流互感器发热，温度过高，甚至冒烟起火。

(2) 电流互感器内部有“噼啪”声或其他噪声。

(3) 电流互感器内部引线出口处有严重喷油、漏油现象。

(4) 电流互感器内部发出焦臭味且冒烟。

(5) 绕组与外壳之间或引线与外壳之间有火花放电，电流互感器本体有单相接地。

（四）电流互感器二次回路开路的处理

电流互感器一次电流的大小与二次负荷的电流无关。互感器正常工作时，由于阻抗很小，接近于短路状态，一次电流所产生的磁化力大部分被二次电流所补偿，总磁通密度不大，二次绕组电势也不大。当电流互感器开路时，阻抗 Z_2 无限增大，二次绕组电流等于零，二次绕组磁化力等于零，总磁化力等于原绕组的磁化力（$I_0N_0=I_1N_1$）。也就是一次电流完全变成了励磁电流，使电流互感器的铁芯骤然饱和；此时铁芯中的磁通密度可高达 1.8T 以上。

1. 引起电流互感器二次回路开路的原因

（1）交流电流回路中的试验接线端子，由于结构和质量上的缺陷，在运行中发生螺杆与铜板螺孔接触不良，造成开路。

（2）电流回路中的试验端子连接片，由于连接片胶木头过长，旋转端子金属片未压在连接片的金属片上，而误压在胶木套上，造成开路。

（3）检修工作中失误，如忘记将继电器内部触头接好，或误断开了电流互感器二次回路，或对电流互感器本体试验后未将二次接线接上等。

（4）二次线端子触头压接不紧，回路中电流很大时，发热烧断或氧化过热而造成开路。

（5）室外端子箱、接线盒受潮，端子螺钉和垫片锈蚀过重，接触不良或造成开路。

（6）二次回路的过渡端子氧化后松动。

2. 电流互感器二次开路的现象

电流互感器二次回路开路时，对于不同的回路分别产生下列现象：

（1）由负序、零序电流启动的继电保护和自动装置频繁动作，但不一定出口跳闸（还有其他条件闭锁），有些继电保护则可能自动闭锁（具有二次回路断线闭锁功能）。

（2）有功、无功功率表指示不正常，电流表三相指示不一致，电能表计量不正常。

（3）监控系统相关数据显示不正常。

（4）电流互感器存在有“嗡嗡”的异常响声。

（5）开路故障点有火花放电声、冒烟和烧焦等现象，故障点出现异常的高电压。

（6）电流互感器本体有严重发热，并伴有异味、变色、冒烟现象。

（7）继电保护及自动装置发生误动或拒动。

（8）仪表、电能表、继电保护等冒烟烧坏。

3. 电流互感器二次开路的后果

由于铁芯的严重饱和，将产生以下后果：

（1）由于磁通饱和，电流互感器的二次侧产生数千伏的高压，而且磁通的波形变成平顶波，使二次产生的感应电势出现尖顶波，对二次绝缘构成威胁，对于设备和运行人员产生危险。

（2）由于铁芯的骤然饱和，铁芯损耗增加，电流互感器严重发热，可能损坏绝缘。

（3）将在铁芯中产生剩磁，使电流互感器的比差和角差增大，影响计量的准确性。

实际上，有时发现电流互感器的二次开路后，并没有发生异常现象。其主要是因为一次负荷回路中没有负荷电流或负荷很轻；这时的励磁电流很小，铁芯没有饱和，因此就不会发生异常现象。

电流互感器开路时，产生的电势大小与一次电流大小有关。

4. 电流互感器二次开路的处理

(1) 当电流互感器二次回路开路时，首先要防止二次绕组开路而危及设备与人身安全。

(2) 电流互感器二次回路开路后，应查明开路位置并设法将开路处进行短路；如果不能进行短路处理时，可向调度申请停电处理。在进行短接处理过程中，必须注意安全；应注意开路的二次回路有异常的高电压，应戴绝缘手套，使用合格的绝缘工具，在严格监护下进行。

(3) 发现电流互感器二次开路，应先分清故障属哪一组电流回路、开路的相别、对保护有无影响。汇报调度，停用可能误动的保护。

(4) 尽量减小一次负荷电流。若电流互感器严重损伤，应转移负荷，停电检查处理。

(5) 尽快设法在就近的试验端子上，将电流互感器二次短路，再检查处理开路点。短接时，应使用良好的短接线，并按图纸进行。短接时应在开路点的前级回路中选择适当的位置短接。

(6) 若短接时发现火花，说明短接有效。故障点就在短接点以下的回路中，可以进一步查找；若短接时无火花，可能是短接无效。故障点可能在短接点以下的回路中，可以逐点向前变换短接点，缩小范围。

(7) 在故障范围内，应检查容易发生故障的端子及元件，检查回路有工作时触动过的部位。

(8) 对检查出的故障，能自行处理的（如接线端子等外部元件松动、接触不良等），可立即处理，然后投入所退出的保护。若不能自行处理故障（如继电器内部故障）或不能自行查明故障，应汇报上级派人检查处理，或经倒运行方式转移负荷，停电检查处理。

（五）电流互感器爆炸的处理

电流互感器爆炸的事故在系统中确实存在，特别是充油电流互感器爆炸事故较多见。充油电流互感器爆炸的后果一般较为严重，除本线路（或间隔）的保护动作、线路或元件设备停电之外，其爆炸的碎片将会造成相临设备故障，爆炸后的油若流入电缆沟将可能造成沟内电缆起火。因此，充油电流互感器爆炸事故往往会发展成复合型的故障，跳闸的断路器可能不止一台。

由于目前变电站都趋向于少人（220kV 及以上电压等级的变电站）或无人值班，在设备爆炸着火时，不可能有很多的运行人员到现场灭火，因此，运行人员应当：

(1) 在第一时间内向各级调度汇报。

(2) 在第一时间内拨打当地 119（或 110），特别强调地址、电气设备起火。

(3) 迅速隔离故障。

(4) 严密监视站内其他设备的运行情况。

(5) 切断电源后，尽最大可能用干粉、1211 灭火器灭火。

(6) 做好防止油流入电缆沟的措施。

第四章

无 功 补 偿 装 置

第一节 无功补偿的基本概念

在电力系统正常运行中，无功功率是表征电源与储能元件间的瞬间能量交换。正常运行方式下的发电机都被认为是发出无功功率，那么人们约定凡是无功功率方向与其相同的都被认为是在发出无功功率，称为无功电源，反之称为无功负荷。

输电系统无功补偿是电力工业常用的方法。电力系统必须向各种各样的负荷提供电力，因为向用户收费是根据所用有功功率和相应时间，而且输电线路是用来输送有功功率的，所以有功功率总是受到关注。但是电力负荷所需无功功率也必须通过电网输送，在电力系统中通常是通过无功补偿满足这些无功需求，常用的补偿方式是靠近负荷加装并联电容器。

并联电容器向连接点提供无功功率，与补偿点相连的所有线路都将受到不可控制的影响；所以尽管并联设备是一种很好的电压控制方式，但对通过系统的纵向潮流没有明显的控制作用。串联电容器则提供了控制电网纵向特性的手段，同时提供了无功功率，这种补偿形式在某种情况是非常有效的。串联电容器可减小输电线路电抗，这通常是采用串补的主要原因，它提高了电力系统的稳定性，并有助于控制线路电压降。因为串联电容器是无源的，它无需外部控制或调度员操作就可以发挥作用。

在超高压电网中，由于电压等级高，输电线路长，其分布电容对无功功率平衡有较大的影响。当传送功率较大时，线路电抗中消耗的无功功率将大于电纳中产生的无功功率，线路为无功负荷；而当传输功率较小（小于自然功率）时，电纳中产生的无功功率大于电抗中的损耗，线路为无功电源。但在实际运行中，按线路最小运行方式配置的补偿度约为70%的并联电抗器是长期投运的，这对线路传输功率较大时的无功功率平衡是不利的。另一方面，无功功率的产生基本上没有损耗，而无功功率沿着电力网的传输却会引起较大的有功功率损耗和电压损耗，故无功功率不宜长距离输送。所以一般在500kV枢纽变电站主变压器低压侧安装无功补偿装置，来满足无功功率的就地平衡，使其平衡在系统额定电压运行水平。所以，无功补偿对于平衡超高压电网中无功功率起着非常重要的作用。

一、无功功率平衡

电网的无功平衡是电网运行中的一个重要问题。所谓无功平衡就是指在电网运行的每一时刻，电网中各无功电源所发出的无功功率要等于电网中各个环节上的无功功率损耗和用户所消耗的无功功率（即无功负荷）之和。无功功率平衡直接关系到电网的运行电压水平，电网的无功功率平衡是维持电网电压水平的首要条件。电网无功电源的配置与电网调压措施的实施是一个密不可分的整体，二者相辅相成。当电网无功电源充足时，电网运行电压就高；当电网无功电源不足时，电网运行电压就低。因此，各级调度、运行人员必须加强对管辖范围内的各级运行电压的监视和调整工作。

在电力系统中，由于无功功率不足，会使系统电压及功率因数降低，从而损坏用电设备，严重时会造成电压崩溃，使系统瓦解，造成大面积停电。另外，功率因数和电压的降低，还会使电气设备得不到充分利用，造成电能损耗增加，效率降低，从而限制了线路的送电能力，影响电网的安全运行及用户的正常用电。

在电力系统中除发电机是无功功率的电源外，线路的电容也产生部分无功功率。在上述两种无功电源不能满足电网无功功率的要求时，则需要加装无功补偿设备。

无功补偿设备可分为有源和无源两类。

(1) 无源补偿装置。有并联电抗器、并联电容器和串联电容器。这些装置可以是固定连接式的或开闭式的。无源补偿设备仅用于特性阻抗补偿和线路的阻抗补偿，如并联电抗器用于输电线路分布电容的补偿以防止空载长线路末端电压升高；并联电容器用来产生无功以减小线路的无功输送，减小电压损失；串联电容器可用于长线路补偿（减小阻抗）等。

(2) 有源补偿装置。通常为并联连接式，用于维持末端电压恒定。能对连接处的微小电压偏移作出反应，准确地发出或吸收无功功率的修正量。如饱和电抗器作为内在固有控制，而同步补偿器和可控硅控制的补偿器用外部控制的方法实现。

二、无功补偿的原则

目前，我国无功补偿并联电容器的安装形式有三种：集中补偿、分散补偿和就地补偿。集中补偿是在变电站内集中安装并联电容器组进行补偿的方式，因为电容器连接在变压器母线上，是目前使用最广泛的补偿方式。分散补偿是在线路不同位置安装补偿设备，可使线路首端电压差距小，补偿效果好，但维护和操作困难，实际中采用的较少。就地补偿就是将0.4、6、10kV电压等级的电容器与电动机并联，两者同时投切，主要用于5kV及以上的电动机无功补偿，特别是年运行小时比较大，电压偏低，距离变压器比较远的情况。

无功补偿的基本原则是在电网无功平衡的基础上实现。

(1) 分层、分区和就地平衡。

(2) 能灵活地投入、退出无功功率补偿设备及其运行容量，即应具备灵活的可调性。保证系统各枢纽变电站的电压在正常和事故后均能满足规定的要求，避免经长线路或多级变压器传送无功功率。

(3) 能够获得较好的经济效益。

三、无功补偿设备的作用

(1) 改善功率因数。要尽量避免发电机降低功率因数运行，同时也防止从远方向负荷输送无功引起电压和功率损耗。应在用户处实行低功率因数限制，即采取就地无功补偿措施。

(2) 改善电压调节。负荷对无功需求的变化，会引起供电点电压的变化；对这种变化若从电源端（发电厂）进行调节，会引起一些问题，而补偿设备就起着维持供电电压在规定范围内的重要作用。

(3) 调节负荷的平衡性。当正常运行中出现三相不对称运行时，会出现负序、零序分量，将产生附加损耗，使整流器波纹系数增加，引起变压器饱和等；经补偿设备就可使不平衡负荷变成平衡负荷。

无功补偿装置是利用高压并联电容器来产生无功功率，利用高压并联电抗器从系统吸收无功功率。目前，在500kV及以上的变电站都采用断路器投切的无功补偿装置。

断路器投切无功补偿装置的基本结构，如图4-1所示。

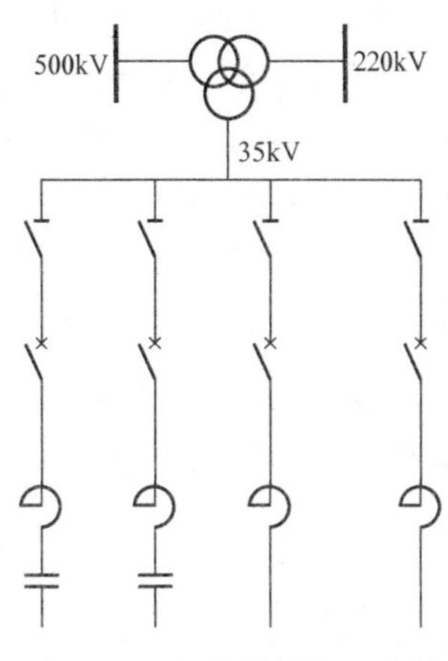

图4-1 断路器投切无功补偿装置的基本结构

利用断路器来实现电容器、电抗器的投切，特别是对于电容器，由于其投切时的暂态过程比较严重，为限制投入产生的涌流，一般在电容器前面串联一个电抗值较小的电抗器，同时此电抗器与电容器组成串联谐振滤波器，以消除系统特征谐波。为防止在切除时断路器重燃，要求断路器有较强的灭弧能力；一般多采用电压等级相对额定电压高的SF_6或真空断路器。

另外，由于$Q=U^2/X_C$，当连接点电压下降时，它所产生的无功功率将减少，电容器无功输出的减少将导致电压继续下降；这说明断路器投切无功补偿装置的调节性能比较差。为此，一般均采用多组等容量的安装方式来改善其电压性能。

无功补偿装置有高压并联电容器、串联电抗器、氧化锌避雷器、放电线圈、电流互感器、接地开关、支柱绝缘子、连接母线、钢构架等组成。

第二节 电 容 器

电力电容器按接线方式不同可分为电压补偿（串联补偿）和无功补偿（并联补偿）。前者从补偿电抗角度改善电网电压，后者从补偿无功因素角度来改善电网电压，由此可达到以下效益：

(1) 减少线路能量损耗。

(2) 减少线路压降，改善电压质量，提高系统稳定性。

(3) 提高供电能力。

采用高压并联补偿电容器具有以下优点：

(1) 不论采用分散还是集中的补偿方式，均能较好地满足就地补偿的要求。

(2) 由于制造技术的提高，既可以采用小容量补偿，也可以采用大容量分组、多组补偿的方式。特别是使用了微机自动控制（VQC）投、切电容器组，配合以变压器自动调整运行电压的措施后，不仅使补偿容量调节灵活，同时提高了设备运行的安全性，而且产生了很好的社会效益和经济效益。

(3) 一次性投资低、工程量小、建设周期短、维护方便。

(4) 若与并联电抗器结合使用，既可作为无功电源，也可作为无功负荷，起到双向调节无功功率和电压的作用。

一、电容器的接线方式

目前正在运行的集合式并联电容器主要有0.6、10、35、66kV和110kV（1000kV特高压变电站）几种电压等级，广泛应用在10～1000kV变电站。无功补偿电容器组的接线方式基本上有两种，即三角形接线和中性点不接地星形接线方式（含单星形和双星形两种）。

三角形接线的优点是不受三相电容器容抗不平衡的影响，可补偿不平衡负荷，可形成$3n$次谐波通道，对消除$3n$次谐波有利；缺点是当电容器等发生短路故障时，短路电流大，可选用的继电保护方式少。故一般只选用可补偿不平衡负荷时的 $3n$ 次交流滤波器和用于 6kV 及以下的小容量并联电容器组。

星形接线的优点是设备故障时短路电流较小，继电保护构成也方便，而且设备布置清晰；缺点是对 $3n$ 次谐波没有通路。故广泛用于 6kV 及以上并联电容器组。特别应注意的是：Y 接线的中性点不能接地，以免单相接地时对通信线路构成干扰。

并联电容器的额定电压与电网的额定电压相同时，应采用三角形接线，这样作用在每相电容器上的电压为额定电压，能达到电容器的铭牌容量，无功出力大，补偿效果好。若按星形接线，作用在每相电容器上的电压只有额定电压的 $1/\sqrt{3}$，无功出力只有三角形接法时的 1/3（无功出力 $Q=U^2/X_C$），不能达到电容器的铭牌容量。

只有当并联电容器的额定电压为电力网额定电压的 $1/\sqrt{3}$时，才采用星形接线。此时作用在电容器上的电压为额定电压，无功出力不会降低。如 6kV 电容器接入 10kV 系统只能采用星形接线，否则电容器将击穿，无法运行。

当然中性点不接地的星形（Y）接线的各相电容器之间，并联电容器和串联电容器的各串段之间，为防电容器较小的电容器过电压，电容量的差应尽可能小，一般不得超过每相额定容量的 5%。

二、并联电容器种类

常用的并联电容器按其结构不同，可分为单台铁壳式、箱式、集合式、半封闭式、干式和充气式等多类品种。

1. 单台铁壳式并联电容器

这类电容器量大面广，单台容量一般是 50、100、200 、334kvar 等多种，现在还有更大容量（例如 500kvar 及以上容量）的产品问世，一般 100kvar 以上容量的产品带有内熔丝。这种产品一旦损坏，用户可以很快用备品自行更换，及时让装置恢复运行，因此采用此类产品时投运率高。加之可以配置外熔断器，保护相对比较完善。目前 220kV、特别是 330kV 及以上电压等级变电站大多采用单台铁壳式并联电容器。也有越来越多的人为了提高电容器的防锈防腐能力，要求用不锈钢板代替普通钢板生产电容器。即使如此，也有的还要在其表面喷涂防紫外线漆；这样的防护层即可防锈防腐蚀，又可大大减少紫外线辐射对电容器温升的负面效应，从而延长电容器的使用寿命。

这种款式的电容器中，我国二三十年间一直以内熔丝电容器为主，即电容器内部每个元件上都配装一根小熔丝。近几年来出现了无熔丝电容器，是一种既无内熔丝、也无外熔丝的电容器。20 世纪 70 年代以前，国内生产的全纸电容器与早期的纸膜复合电容器，由于当时内熔丝还处在研究阶段，不可能采用到产品中去，保护电容器的专用外熔断器也是从 1980 年起才开始研制。电容器出现内部元件击穿后，全依靠电磁式继电器来保护，所以当时的电容器都是完全的无熔丝电容器。随后内外熔丝的相继应用，使我国的无熔丝电容器消失了约 30 年。此间虽然也一直存在无内熔丝电容器，但要配置外熔丝后才允许使用。

无熔丝全膜电容器有与前不同的新含义，越过了晶体管继电器、集成电路继电器阶段，直接进入了微机保护时代。我国无熔丝电容器内部元件的连接方式，有以下三种：

(1) 传统的占主导地位的元件先并联后串联的方式。内部并联元件数量比较少，不宜配置内熔丝的小容量电容器（例如 100kvar 以下），一直沿用这种接线方式。

(2) 内部元件先串联后并联的方式，即最近又被重新倡导的一种接线方式。

(3) 内部元件既有串联成分，也有并联成分，但与上述两种接线方式不同，串中有并，并中有串，属于混合连接方式。这样的接法没有统一的格式，需要根据设计时对单台容量大小与保护上的要求而定。

这类电容器不宜用于10kV级电容器成套装置。先串后并的元件接线方式虽然在三者中相对来说好一些，其单台容量也不宜做得大于100kvar。无熔丝电容器的优点是结构简单，损耗与制造成本较低。

2. 箱式并联电容器

该产品外形和中小型变压器相似，内部为去掉铁壳的单台电容器芯子，按设计要求若干个串并联、预留散热油道、抽空脱气后注满合格的油而成。这种产品单台容量较大（500kvar及以上），内部出现损坏元件后，一旦炭黑析出并扩散，则基本无法修理了。

3. 集合式并联电容器

该产品按其结构分，有半密封和全密封两大类。储油柜加干燥过滤器的，入口处无论有无油封，属于前者；无储油柜而在箱体内部用其他方式来补偿油位冷热变化的，属于后者。目前研发的一种电动调容产品，运行实践表明不太可靠，它的活动触点在油里面，久而久之很容易出现接触不良，可能产生局部过热，加上在两个端子间转接瞬间会产生相位问题，可能引发麻烦，因此可采用断电后用开关手动调容的方法。

这种产品优点突出，缺点也突出。其主要优点是安装方便、维护工作量小、节省占地面积。而其缺点主要是给用户带来不便，它的维护工作量虽小，但对它的观察很不直观，不能放松对其容量变化的关注；特别是在有谐波的场所，对其容量的变化必须时刻注意。随着运行时间的推移，内熔丝可能会逐步动作，从而引发三相电容量失衡，这一故障很难在现场修复，返厂修理又费时间，影响电容器的投运率。再者因此引起的并补装置串联电抗百分率的变化，大到一定程度时会远离预定目标，甚至带来麻烦。特别是选取4.5%电抗百分率的并联补偿装置，应事先做好预案，一旦这个百分率出现下滑向4%靠近时，要有可靠的应对措施。更值得注意的是，电容器高压出线套管下端（在油中）对地闪络或击穿时，对地保护有“死区”。《并联电容器装置设计规范》（GB 50227—1995）及相关国家行业标准均对此没有针对性措施；一旦发生这类事故，只能待其发展到元件损坏而出现不平衡电压或电流后，才能迫使后备继电保护动作。运行实践表明已有这类事故发生，而且都是恶性事故。因此在投运该类产品时，应考虑对此问题加以防范。其实这类事故的起因是对地绝缘失效，在保护上存在盲区造成的。后备保护动作是事故已经扩大，导致集合式电容器严重损坏，产生了不平衡电压或电流后的补救措施，现有保护不能对这类恶性事故起到预防作用。

近年来并联补偿装置实际运行的统计数据表明，集合式电容器的年损坏率大约是单台铁壳式电容器的4倍，有些地区还要高一些；加上现场无法维修等因素，近年来这类产品的市场份额呈现出明显的下降趋势。

4. 半封闭式并联电容器

半封闭式并联电容器是将单台电容器套管对套管卧放在特制的钢架上，然后封闭其导电部分（地电位部分不封闭）而成的组装体。可多层布放、向高空发展以节省占地面积。这种产品对电容器单元的浸渍工艺要求较高，最好要装外熔丝，否则难以保证运行安全。该类产品由ABB公司生产，国内亚热带地区有他们的产品，已安全运行10多年。国产的早期出过一些问题，也有人主张禁止使用，但改进后的产品已有10年以上安全运行记录。

5. 干式并联电容器

这类产品是将低压金属化膜技术移植过来，若干个元件串、并联后制成高压电容器，因而仍具有自愈特性，而且符合产品无油化的发展方向。无油电容器不会像人们期待的那样不燃烧，电容器内部的聚丙烯基膜在条件具备时仍会着火。另外，自愈式电容器也不能万无一失，每次局部击穿后都能可靠自愈。实践证明不“自愈”（即自愈失效）的概率是存在的，因此这种产品设计时必须要有切实的防火措施和特殊的保护措施，方能确保安全运行。

6. 充气式并联电容器

这类产品目前实际上是油气并存，即将集合式产品箱体内的油换成气体，内部的单台铁壳产品仍然是油浸的。由于气体导热性能不及液体，所以这类产品在这一方面要有特别措施，以便散热可靠。热管技术是其中常用的一种。但是，这类产品的实际表现不尽如人意；其原因之一是气体的泄漏无法及时自动报警，同时还要给断路器发出跳闸信号，以便适时切除电容器，防止气体泄漏导致绝缘水平下降引起恶性事故。

三、电容器结构

电容器主要由箱壳和器身组成，其中充满液体介质作浸渍剂。高压电容器基本结构如图 4-2所示。电容器对外是一个封闭的箱体。电容器有无内放电电阻，有无内部熔丝，均可从标牌上查出。

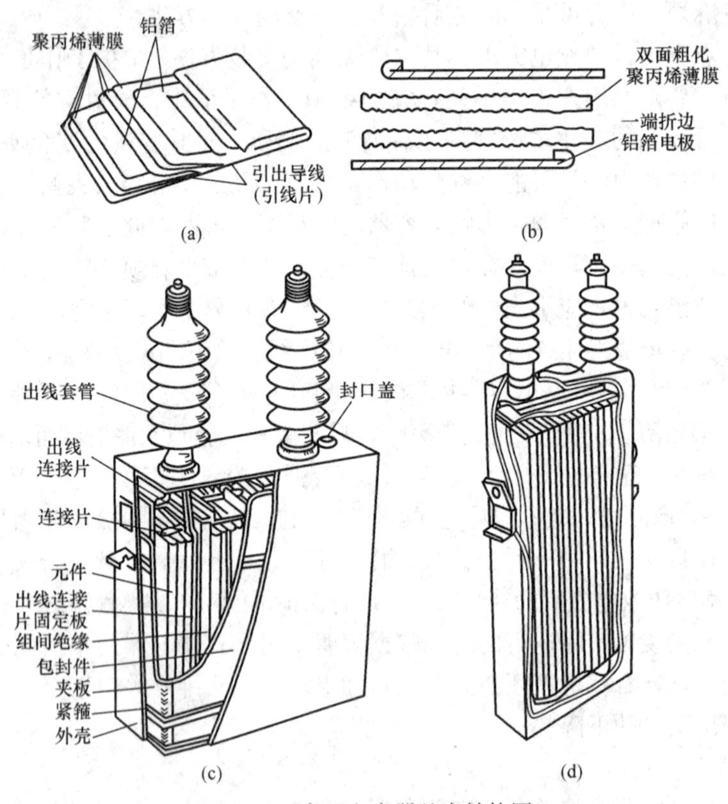

图 4-2　高压电容器基本结构图

(a) 全膜元件结构图；(b) 全膜元件介质结构示意图；(c) 有内熔丝、小元件立放电容器结构图；(d) 无内熔丝、大元件立放电容器结构图

(1) 电容器元件以膜纸复合或全膜作介质，以铝箔做极板卷绕而成。

(2) 器身。器身由一个或多个芯子组成。芯子由若干元件和其他零部件叠压而成。元件可接成不同的电气连接，以适应不同的电压和容量。

(3) 箱壳。箱壳由薄钢板或不锈钢板密封焊接而成。箱壳通过变形对其内部液体介质体积随温度的变化进行补偿。正常的油补偿，外壳两侧厚度的增加应不超过电容器厚度15%。箱盖上有出线套管。箱壳两侧焊有吊攀，供搬运和安装使用。

(4) 液体介质。电容器的液体介质可以是二芳基乙烷、苄基甲苯、苯基乙烷或其他液体介质。

(5) 电容器放电装置。

并联电容器组在脱离电网时，应在短时内将电容器上的电荷放掉，以防止再次合闸时产生大电流冲击和过电压。对单只电容器采用并联电阻（或放电线圈）进行自放电，对密集型电容器采用并在电容器两端的放电线圈。放电线圈一般设有二次绕组，供测量和保护用。

电容器中的液体介质是无毒的或毒性甚微，对人体无害，但有一定的气味，会对环境造成一定的影响。用户对漏油产品应妥善处理，损坏、破裂的电容器不可随便丢弃，可采用焚烧等办法处理。

四、电容器保护

1. 电容器的保护类型

电容器的保护包括外壳连接、熔断器保护及继电保护等。

(1) 外壳连接。金属外壳的电容器有固定电位的端子。该端子能承受对壳击穿时的故障电流。

(2) 熔断器保护。没有内熔丝的电容器建议单独装设专用熔断器，有内熔丝的电容器建议取消外熔丝。

(3) 继电保护。对于电容器组，根据装设容量、网络构成等具体情况，可考虑下面几种继电保护。

1) 过电压保护，使电容器组内单元的电压升高不超过 $1.10U_N$。

2) 过电流保护，使流过电容器的电流不超过 $1.30I_N$。

3) 失压保护，当母线电压低于某一值或母线失压时，自动切出电容器组，防止电容器组与变压器同时投切或电容器带剩余电荷投入运行。

4) 为使故障电容器及时隔离出来，根据电容器组的接线方式可采用开口三角电压保护、中性线不平衡电流保护、相电压差动保护和桥式电流差动保护等。

(4) 其他保护。为限制大气过电压和操作过电压，可采用氧化锌避雷器保护。

采用零序电流平衡保护应当注意的问题：零序电流平衡保护，是在两组星形接线的电容器组中性点连线上，安装一组零序电流互感器。正常情况下，因为两组电容器每相台数相等，容抗相当，中性线上不应有零序电流流过。实际因三相电压不平衡，每相台数虽然相等，但电容不一定完全相等；所以，在正常情况下，中性线上仍有一个不平衡电流 I_{unb} 存在。当电容器内部发生故障，例如某一相中有一台电容器部分元件击穿、三相容抗不相等，中性点间出现电压，中性线上就有零序电流 I_0 流过。为了保证保护装置在正常的不平衡电流作用下不动作，而在故障情况下又能可靠地启动，并要求有足够的灵敏度，要求采用零序保护的电容器组每相的个数要相等。

2. 电容器内（外）熔断器保护

电容器内（外）装有熔断器（熔丝），其作用是在电容器内部出现故障时熔断。

(1) 内熔丝电容器的特点。

1) 内熔丝以最小的容量为代价实现故障隔离。

2) 内熔丝放电电流耐受能力较高，对周围影响小。

3）内熔丝灭弧机理和介质较理想，可以实现“不重燃”开断。

4）内熔丝电容器运行维护费用低。

5）内熔丝无安装要求，不受气候影响，分散性小，动作可靠性更高。

6）内熔丝“自愈式”保护，延长电容器使用寿命。

（2）内、外熔丝电容器故障后不同点。内熔丝电容器内部短路，局部击穿，其电容值减小，阻抗值增大；外熔丝电容器内部短路，局部击穿，其电容值增大，阻抗值减小。

（3）内、外熔丝电容器组保护整定原则。

1）内熔丝电容器组保护整定原则：按照单台电容的最大负荷电流整定。

2）外熔丝电容器组保护整定原则：按照电容器组可能出现的最大不平衡电流整定。

五、电容器的型号

根据《电力电容器产品型号编制方法》(JB/T 7114—1993)，电容器型号的具体规定如下。

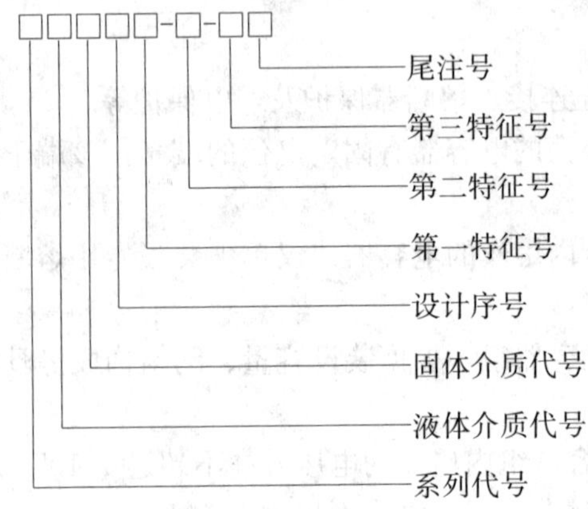

系列代号：并联电容器系列代号 B。

液体介质代号：A—书基甲苯、B—异丙基联苯、C—蓖麻油、D—氮气、F—二芳基乙烷、G—硅油、K—空气、L—SF_6、S—石蜡、W—烧基苯、Y—矿物油、Z—菜子油。以上为目前还在使用的几种，也有个别已使用的新液体介质（如 SAS—40）尚无给定代号。

固体介质代号：M—全膜介质（金属化膜电容器在 M 后加 J，集合式电容器在 M 后加 H）、F—膜纸复合介质、全纸介质元代号，现已淘汰。

设计序号：1（可略去）。

第一特征号：表示额定电压（kV）（分子表示线电压，分数值表示相电压）。

第二特征号：表示额定容量（kvar）。

第三特征号：表示相数，1—单相，3—三相。

尾注号：W—户外型，G—高原型，户内无字母。

六、并联电容器组的合闸涌流和操作过电压

用断路器投、切电容器组，通常存在两大问题。第一个问题就是涌流。在电力电容器组和电源接通后的很短的时间里，流过电容器的电流称为合闸涌流。这一暂态电流由工频和高频两部分组成，其幅值远高于稳态工频电流，这一电流的幅值与波形均随时间相应地衰减，一般持续 10μs 左右。这个涌流同样要流经投、切电容器组的断路器，过大的涌流对相关的电气设备可能会造成不良的影响。第二个问题就是断路器的重燃。电容器组自电网中由断路器退出时，即切断了电容性负荷，一旦断路器的断口间发生重燃，就要产生重燃过电压，有时重燃过电压会达到很高的数值，危害电容器和其他相关的电气设备。

1. 对电容器组投切的断路器技术要求

(1) 无弹跳。

1) 合闸弹跳不应大于2ms；

2) 分闸弹跳应小于断口间距的25%。

(2) 无重燃。

1) 优先采用无重燃的SF_6断路器；

2) 优先采用高序号的真空断路器；

3) 对于容量不大，投切不频繁的装置，方可采用少油断路器。

(3) 满足容性负荷投切。

1) 具有权威部门的型式试验报告；

2) 在出厂前应通过容性负荷30次连续投切无重击穿老炼检验；

3) 现场进行35次电容器组投切试验。

(4) 机械、电气特性检测。

1) 日常定期的检测；

2) 装置保护动作后的检测。

断路器在开断容性电流过程中，出现重击穿会引起电容器的严重破坏。

禁止选用序号小于12的真空断路器投切电容器组。

2. 电容器组的操作过电压

(1) 合闸过电压。主要为非同期合闸过电压、合闸时触头弹跳过电压。

(2) 分闸时电源侧有单相接地故障或无单相接地故障的单相重击穿过电压。

(3) 分闸时两相重击穿过电压。

(4) 断路器操作一次产生的多次重击穿过电压。

(5) 其他与操作电容器组有关的过电压。

通常分闸操作的过电压是主要的，其中分闸过电压又主要出现在单相重击穿时，两相重击穿和一次操作时发生多次重击穿的几率均很小。

操作过电压的主要限制措施：

(1) 加装避雷器，通常选用电容器组专用的无间隙氧化锌避雷器。

(2) 加装过电压阻尼装置。可限制：

1) 降低操作波陡度。

2) 降低操作波幅度。合闸过电压一般不超过1.5倍；重燃过电压一般不超过2.2倍。

3) 缩短操作波过程。一般仅维持10～20ms，且不再重燃。

七、高次谐波及其对并联电容器补偿装置的影响

高次谐波电压叠加在基波电压上不仅使电容器的运行电压有效值增大，而且使其峰值电压增加更多，致使电容器因过负荷而发热，并可能发生局部因放电而损坏。高次谐波电流叠加在电容器基波电流上使电容器电流增大，增加了电容器的温升，导致电容器过热损坏。电容器对电网高次谐波电流的放大作用十分严重，一般可将5～7次谐波放大2～5倍，当系统参数接近谐波谐振频率时，高次谐波电流的放大可达10～20倍。因此，不仅须考虑谐波对电容器的影响，还须考虑被电容器放大的谐波损坏电网设备，影响电网安全运行。

谐波对电容器寿命的影响有：

(1) 电压波形畸变，峰值升高。

(2) 实际容量增大，电容器内部介质的温升增高，热老化加剧，实际寿命缩短。

(3) 合成电流增大。电容器内部载流导体上（特别是某些接触不良的连接部分或接线端子）产生的铜损随之增大，温升增高，局部过热，影响电容器的寿命。

(4) 谐振可能导致电容器直接失效。

第三节　电　抗　器

按应用的场合和命名，干式空心电抗器可分为以下几类：

(1) 限流电抗器。

(2) 串联电抗器。

(3) 并联电抗器。

(4) 滤波电抗器。

(5) 启动电抗器。

(6) 分裂电抗器。

(7) 阻尼（波）电抗器。

(8) 平波电抗器。

干式空心电抗器的特点有：

(1) 干式空心电抗器为无油结构，杜绝了油浸式电抗器的漏油、易燃等缺点，保证了运行的安全。

(2) 没有铁芯，不存在铁磁饱和，电感值的线性度好。

干式空芯电抗器由于没有铁芯，其磁导率 $\mu_0=1$，因此其电抗值是常数，它不随外加电压的变化而变化。干式空芯电抗器通常采用多层绕组并联的筒形结构，各个包封之间的聚酯支撑条形成自然通风气道，便于空气对流形成自然冷却，散热性好，热点温度低。绕组选用小截面圆导线多股平行绕制，可使涡流损耗和漏磁损耗明显减少。每根导线表面都用多层绝缘性能良好的聚酯薄膜进行半叠绕包（匝间耐压不低于 2500V），使之具有很高的绝缘强度。绕组外部用浸渍环氧树脂的玻璃纤维缠绕、严密包封，并经高温固化，使之具有很好的整体性；其机械强度高、耐受短时电流冲击的能力强，满足动、热稳定的要求。采用机械强度高的铝质的星形接线架，涡流损耗小，可以满足对线圈分数线匝的要求。所有的导线引出线圈采用氩弧焊焊接在星形接线臂上，不用螺钉紧固的连接方式，提高了运行的可靠性。电抗器的整个内外表面上都涂有抗紫外线、防老化的特殊防护层涂料，其附着力强，能耐受户外恶劣的气候条件。电抗器的工作寿命期可常达 30 年之久。干式空芯电缆的重量轻、体积小、运输方便、安装灵活（三相垂直布置和三相水平布置均可）、运行安全、噪声低微，不需经常维护，户外露天使用可大大减少基建投资。根据用户要求，其电感量还可以做成可调式，调节范围可达 5%或更大。

在电力系统中常用的干式空心电抗器的类型如下。

(1) 串联电抗器。其作用有：

1) 降低电容器组的涌流倍数和频率。当接入电容器组容抗量 5%的串联电抗器后，合闸的最大涌流可限制在 5 倍额定电流以下，振荡持续时间缩短至几个周波。

2) 可与电容结合起来对某些高次谐波进行调谐，滤掉这些谐波，提高供电质量。

3）与电容器结合起来调谐也可抑制高次谐波，保护电容器。

4）电容器本身短路时，可限制短路电流，外部短路时也可减少电容对短路电流的助增作用。

5）减少非故障电容向故障电容的放电电流。

6）降低操作过电压（即重燃过电压）。在并联电容器补偿装置中与并联电容器串联，用以抑制谐波电流和限制合闸涌流。

（2）限流电抗器。串联在电力系统的相关部位上，在系统发生故障时，用以限制短路电流，将短路电流限制在允许的范围内。

（3）并联电抗器。并联连接在110～500kV变电站的中、低压侧，通过主变压器向系统输送感性无功功率，用以补偿输电线路的容性电流，防止轻负荷时线路端电压升高，维持输电系统的电压稳定。

（4）滤波电抗器。与并联电容器组串联使用，组成调谐回路，吸收和分流指定的高次谐波，保证电网供电质量。

第四节　电容器串联补偿

串联电容补偿（串补）就是在输电线路上串联电容以补偿线路的电抗，使线路的总电抗减小，从而加强线路两端的电气联系，缩小两端的相角差，使输电线路获得较高的稳定限额，并提高线路的传输功率。可控串补通过改变晶闸管的触发角实现对串联阻抗的控制，使整个输电线的参数可动态调节。在输电线路中应用常规串补和可控串补装置，可以降低线路阻抗和改善无功平衡，从而可灵活调节线路潮流、突破瓶颈限制、增加输送能力，充分利用现有电网资源，并抑制电力系统低频振荡和次同步谐振，提高电力系统稳定性。同时，串联电容补偿也是提高输电系统稳定极限以及经济性的有效手段之一，在许多发达国家得到推广应用。

串联电容补偿由于涉及补偿，因此就存在一个补偿度的问题，一般把串联电容器容抗 X_C 和线路感抗 X_l 的比值称为补偿度 K_C，即 $K_C=X_C/X_l$。根据补偿度的大小，共有三种补偿方式，当 $K_C<1$ 时为欠补偿，当 $K_C=1$ 时为完全补偿，当 $K_C>1$ 时为过补偿。

一、串联电容补偿在电网中的作用

（1）改善远距离输电线路的静态稳定输送容量。高压输电线路的静态稳定输送功率为

$$P=U_1U_2\sin\delta/X_l \tag{4-1}$$

式中：U_1、U_2 分别为线路两端的电源电压；δ 为线路两端电源电压的相角差；X_l 为线路阻抗。

式（4-1）中 U_1U_2/X_l 为线路的极限输送功率，即静态稳定极限。对于输电线路来说，提高 U_1U_2/X_l 的值，就可以提高输电线路的稳定极限。为此对式（4-1）中的分子部分，一般采用诸如快速励磁、强励等许多已在实际运行中被证明行之有效的措施来提高动态过程中的电源电压；相反对分母部分，则可用串联电容的办法使分母减小成为 X_l-X_C，从而提高输电线路的极限输送功率。

（2）提高电力系统运行的稳定性。提高电力系统静态稳定与暂态稳定的最常用也是最基本的一条，就是加强电网间的电气联系，使系统内各元件在电气结构上更加紧密；采用串联电容补偿，以电容的容抗去补偿输电线路的感抗，就能达到等值的缩短电气距离的目的，从而提高了电力系统的运行稳定性。

（3）调整输电电网电压。与应用于高压电网时的作用不同，当串联电容用于较低电压

等级的电网中时，它的主要目的不是提高电网的稳定性，而是为了进行电压调节；这一点在供电电压为 35kV 及以下的线路上，特别是负荷波动大、负荷功率因数又很低的配电线路上尤为突出。串联电容不仅能够提高电压，而且它的调压效果随无功负荷的大小而变化，即无功负荷大时调压效果大，无功负荷小时调压效果小；因此它特别适合于电弧炉、电焊机、电气牵引等负荷波动较大的重负荷线路的调压。

（4）经济实用，性价比高。串联电容补偿技术不仅在技术上具有优势，而且其经济效益也十分明显，同输电线路相比，它的造价要低廉得多，可以有效地节省电力基建工程的总成本，串补提高输电系统的输送功率所带来的效益，一般在几年内便可收回串补装置的投资，且采用串补装置在一定程度上还可减少输电线路对周边环境的电磁污染。

二、串联电容补偿的分类

按照保护电容器设备的不同，串联电容补偿装置一般可以分为固定式（FSC）和动态（或称可调、可变）式（TCSC）两种。目前国内所采用的串补设备均为固定式。

（1）固定式串补又可以分为以下几种：

1）旁路间隙＋旁路断路器。

2）双旁路间隙＋旁路断路器。

3）金属氧化物变阻器（MOV）＋旁路断路器。

4）旁路间隙＋金属氧化物变阻器（MOV）＋旁路断路器。

（2）动态式串补是一种由晶闸管（可控硅）控制，可大范围平滑调节输电线路补偿阻抗的串联补偿装置，它的显著优点是：由于采用了电子式开关操作，理论上可无限次操作而无磨损；可达到非常快速的控制（ms 级）；串补程度既可断续调节也可连续调节。

按照基本阻抗的调节方式，动态式串补可以分为以下三种。

1）晶闸管阻断方式：TCSC，相当于常规串补。

2）晶闸管切换电抗器方式（旁路方式）：晶闸管恒定导通，电容与电感并联呈小感抗，主要用于绝缘保护和限制故障电流。

3）晶闸管相控方式（微调控制方式）：通过对触发脉冲的控制，可以平滑调节容抗或感抗。目前这种动态控制技术主要处于试验研发阶段，在国内电力系统中尚未采用。

三、串联电容器的试验

串联电容器的试验分为厂家试验和现场试验。

（一）厂家试验

厂家试验又分为型式试验（设计试验）、例行试验（生产试验）和特殊试验。

（二）现场试验

现场试验又分为两种：充电前试验（投运前试验）和充电后试验。

1. 充电前试验

串补生产厂家通常要进行检验以确认所有已安装的串补设备能正常运行。正如试验名称所意味的那样，这些试验在电力系统对串补装置充电前进行。推荐进行下列检验：

（1）检验旁路断路器和隔离开关。

（2）检查平台。

（3）测量电容器单元和电容器单元组的电容。

（4）测量容抗和初始不平衡度。

（5）如使用火花间隙，做火花间隙的高压试验。

(6) 如使用限压器，进行限压器检查。

(7) 检验限流阻尼设备。

(8) 检验分流器或电流互感器。

(9) 检验超高压信号联络。

(10) 光纤系统衰减试验。

(11) 继电保护、控制设备及平台对地通信设备功能试验。

2. 充电后试验

充电后试验的基本目的是：

(1) 验证作为串补设备基础的电力系统模拟研究的有效性。

(2) 验证电力系统元件，如发动机、线路断路器、线路继电保护、变压器、并联电抗器、电力线载波等，可以正常运行。

(3) 验证不存在持续谐振现象，如非同步谐振、铁磁谐振等。

(4) 研究系统对扰动的反应，如线路故障、甩负荷、主要设备切除等。

充电试验的内容有：

(1) 平台绝缘的耐压试验。

(2) 低负荷试验。

(3) 高次谐波试验。

(4) 大负荷试验。

(5) 热视检查。

(6) 输电线路分级故障试验。

(7) 其他试验。

四、串联电容器的运行

串联电容器的运行在这里主要指串联电容器装置的接入、退出及正常运行，下面以带隔离开关的串联电容器组为例进行介绍，其单线接线如图 4-3 所示。

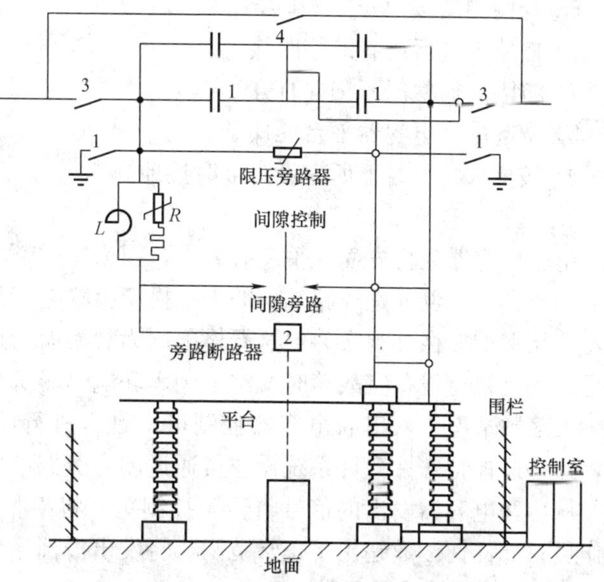

图 4-3　带隔离开关的串联电容器组单线接线图

1—接地开关；2—旁路断路器；
3—串联隔离开关；4—旁路隔离开关

1. 串联电容器的接入

停电后串联电容器在当地恢复运行时，应按下述步骤进行（图 4-3 标出了串联电容器装置各设备的编号）。

(1) 起始接线方式：

1) LOCAL/REMOTE（本地/远方）转换开关处于 LOCAL（本地）位置。

2) 旁路隔离开关（4 号）合。

3) 串联隔离开关（3 号）分。

4) 接地开关（1 号）合。

5) 旁路断路器（2 号）合。

(2) 接入程序：

1) 拆除连到平台部件所有临时接地。

2）移开平台的所有梯子。

3）关闭并锁上隔离栅栏门。

4）拆出所有超高压设备的临时接地。

5）打开旁路两侧的接地开关（1号）。

6）闭合两侧的串联隔离开关（3号）。

7）打开旁路隔离开关（4号）。

8）打开旁路断路器（2号）。

9）将LOCAL/REMOTE（本地/远方）转换开关切换到REMOTE（远方）位置。（旁路断路器操作现在可以在电力部门的控制室进行。）

2. 串联电容器的退出

串联电容器在当地退出运行时，应按下述步骤进行。

（1）起始接线方式：

1）LOCAL/REMOTE（本地/远方）转换开关处于REMOTE（远方）位置。

2）旁路隔离开关（4号）分。

3）串联隔离开关（3号）合。

4）接地开关（1号）分。

5）旁路断路器（2号）分。

（2）退出程序：

1）将LOCAL/REMOTE（本地/远方）转换开关切换到LOCAL（本地）位置。（现在旁路断路器操作只能在本地用旁路断路器控制盘进行。）

2）合旁路断路器（2号）。

3）合旁路隔离开关（4号）。

4）分两侧的串联隔离开关（3号）。

5）合两侧的接地开关（1号）。

6）按要求进行所有的临时接地。

7）将隔离栅栏门开锁并打开。

8）架起串联电容器平台的梯子。

9）按要求将平台上所有设备临时接地。

3. 串联电容器正常运行

串联电容器运行方面几乎没有要求，因为串联电容器设计为正常运行情况下无需运行人员干预。一个例外是线路端部的人工投切串联电容器站。那里操作人员需要接近串联电容器，从保护栅栏外观察，但这严格限制为观察而不是操作。除计划巡视外，唯一需要做的是，一旦知道设备有故障时，派人到串联电容器所在地点。

大多数情况下，串联电容器控制可在远方进行，通常是在电力部门的控制室。一般地，这一遥控特殊性允许系统操作员通过闭合旁路断路器（2号）将串联电容器旁路。此外，从串联电容器发出的信号将传至控制室，将串联电容器的状态（旁路/未旁路）通知操作员；如任何读数超出了正常范围，将发出报警信号。

五、串联电容器的维护

为保证串联电容器装置可靠运行，必须按维护说明进行计划维护；不这样做可能导致运行中断，从而使串联电容器装置不能达到预期的可用率。

超高压串联电容器装置维护分为两类：发生严重故障时采取的紧急措施和定期维护。

串联电容器装置的维护要求很简单，因为电容器组几乎完全是静态设备。

正常的例行维护可很方便地由维护人员通过人工操作设施进行。通常，报警通过SCL－DA系统从串联电容器传送到人工操作设施上，在该设施处的人员很容易注意到可能存在的持续故障。

1．维护核查单

大部分运行串联电容器组的电业部门都制订了维护核查单供维护人员使用。核查单特别要包括下述内容。

（1）串联电容器装置全面维护和事故抢修所需备件、专用工具、清扫设备及各种补给的清单。

（2）确保将全面运行装置安全转换为停电、接地以供检修的装置的详细步骤。

（3）规定将串联电容器从停电状态转换为全面运行状态的相反步骤。

（4）按现行安全规程制订的确保维修工作安全进行的安全说明。它应说明维修人员如何正确进行设备接地，设立警告标志，以及在高压试验时用栅栏将试验区隔离。

（5）说明电容器组停电、接地和避免误触高压设备的检查程序。

（6）进行维护工作的工作清单，以及事先印好的记录观测量的试验记录表。

（7）测量电容器组部件所需的仪器清单，包括被测量的正常范围，明确确定设备处于临界或失效状态需要更换的要求。

2．得到报警后应采取的行动

串联电容器装置装备有远方信号设备。它可将报警信号传送到规定的人工操作设施。当继电保护动作或其他事故导致报警时，信号会传送到人工操作设施。按报警的紧迫程度，可采取如下行动。

（1）严重警报：立即处理。

（2）非严重警报：可以推迟到下一次负荷较轻时处理。维修监督人应参照适当的说明对警报作出反应。

3．定期维护

建议对串联电容器装置进行定期维护检查。定期维护的时间估计每年每个电容器组不超过40h。

定期维护的时间通常计划在春季或秋季，在天气情况较好，最好是负荷较轻时进行。维护检查维护类型有：

（1）主回路和平台。

1）检查主回路，包括所有的连接点。紧固所有松弛的连接点。所有锈蚀的平台钢件都要补漆或作冷镀处理。

2）在有污秽问题的地区，要检查并清扫所有支柱绝缘子和悬式绝缘子。

3）导线接头和线夹等热点，可用红外光敏测量设备检测。应在串联电容器组通电并带负荷电流时进行红外测量。

（2）电容器。按厂家的维护说明对电容器架和电容器单元进行检查、清扫和维护。要特别注意有故障的电容器、断了的熔丝、脏污绝缘子和松弛的连接点。电容器单元的连接点应使用力矩扳手检查。

应通过测量电容值来检查电容器组各内电容器单元的状态。建议每年测量一相的所有电容器，这样每三年就可以全部测量整个电容器组。对于不进行电容器单元测量的相，应进行整相电容值测量。无论电容器是带外部熔丝的还是内部熔丝的，都应这样做。如果电容值用便携式“钳形电容电桥”测量，则测量时应拆除各单元的连接。

要拆掉有故障和泄漏的电容器单元，拆掉的电容器单元要焚烧处理。注意以多氯联苯为液体介质的电容器单元要特殊储存和处理，地方或国家环境保护法对此有规定。

(3) 火花间隙回路。按有关的维护要求检查、清扫和维护火花间隙，包括触发回路。

(4) 限流阻尼设备。按有关的维护要求检查、清扫和维护放电限流阻尼电抗器和阻尼电阻（如果有的话）。

(5) 限压器。按有关的维护要求检查、清扫和维护 ZnO 限压器单元。旁路限压器单元包括几组并联的电阻片元件，它们是精心配合的，以求均匀分担电流。由于电阻片元件会随持续使用而老化，它们的特性也会变化，因此不提倡单独更换元件。因此，一开始就要安装备用单元，而简单地将故障限压器单元退出。

(6) 旁路断路器。按有关的维护要求检查、清扫和维护旁路断路器，包括操动机构。

(7) 隔离开关和接地开关。按有关的维护要求检查、清扫和维护旁路隔离开关、串联隔离开关和接地开关，包括操动机构。

(8) 信号联络线。信号联络线可能是机械的、气动的、磁的或光学的。按照有关的维护要求检查、清扫和维护信号联络线。

(9) 仪用互感器/变换器。按照有关的维护要求检查、清扫和维护仪用互感器或变换器。

(10) 继电保护和控制设备。对继电保护和控制设备，包括接线箱和电缆，进行功能试验，从平台的主设备一直做到旁路断路器和隔离开关（如果允许的话），以及控制室的报警和指示。如使用了光纤，还应做光纤连续性和衰减试验。检查和紧固所有的端子螺钉。

(11) 交流和直流辅助电源设备。按有关的维护要求检查、清扫和维护交直流辅助电源、盘和端子箱（如果有的话）。

4. 带电设备的外观检查

某些电业部门对串联电容器进行定期检查时，不将电容器退出运行；这一过程严格限制为用望远镜进行外观检查。然而，也可以使用声音探测设备及红外光敏测量设备。所有设备都应仔细检查，以确认有元明显损坏的迹象，如电容器单元液体介质泄漏，绝缘子损坏，电晕严重，接头发热，以及可能需要更严密检查的其他迹象等。

5. 安全要求

维护工作的安全要求应遵循电业部门的正常规程。要注意串联电容器设备正常情况下处于线电位，即所有三相都具有相对地电压。维护人员接近串联电容器设备之前，必须先做好如下的安全措施：

(1) 旁路断路器须处于闭合位置。

(2) 旁路隔离开关须处于闭合位置。

(3) 串联隔离开关须处于分开位置。

(4) 接地开关须处于闭合位置。

(5) LOCAL/REMOTE（本地/远方）转换开关须处于 LOCAL（本地）位置。

(6) 入口和出口连接点需要时须做临时接地。

如使用梯子到达串联电容器设备，则上述措施未完成之前，梯子不得升至平台。设备接地和架起梯子之后，电容器单元仍可能残留电荷。因此，在接触任何电容器单元和导线前，绝对必须用接地工具将它们短路。

串联电容器装置做低压测量时，如测量电容值，必须首先按上述说明将装置接地。此后方允许打开旁路断路器（如需要的话）。串联电容器装置做高压测量时，必须首先按上述说明将装置接地。必须遵守适用于现场高压测量的安全规程。测量区域周围要按试验区进行封锁并作出警告标志。如做不到满意的 封锁，则应加人员警卫。

应按电业部门规程实行串联电容器装置的准入和钥匙控制。

第五节　无功补偿装置的运行与维护

一、电容器及干式电抗器的运行规定

（一）电容器的运行规定

1. 电容器在运行中应注意的事项

电容器在运行中应注意的事项有：

（1）电容器允许在额定电压±5%波动范围内长期运行，电容器的过电压倍数及运行持续时间如表 4-1 所示，应尽量避免在低于额定电压下运行。

表 4-1　　电力电容器过电压倍数及运行持续时间

过电压倍数（U_g/U_N）	持续时间	说　明
1.05	连续	
1.10	每 24h 中有 8h 连续	
1.15	每 24h 中有 30min 连续	系统电压调整与波动
1.20	5min	轻负荷时电压升高
1.30	1min	

（2）电容器允许在不超过额定电流的 30%运况下长期运行。三相不平衡电流不应超过±5%。

（3）电容器运行室温度最高不允许超过 40℃，外壳温度不允许超过 50℃；户外电容器组应使电容器小面朝阳光照射时间长的方向。

（4）电介质温度低于下限温度或温度由热到冷急剧变化时，电容器容易产生局部放电，使介质劣化，此时应注意避免进行投切操作。

（5）发现电容器外壳膨胀、接头严重过热、严重漏油，电容器外壳示温蜡片融化脱落、套管闪络放电或有火花时，应立即将故障电容器退出运行。

（6）当保护装置动作，不准强送。

（7）电容器在合闸投入前必须放电完毕，禁止电容器带电荷投入运行。

（8）电容器外壳接地要良好，每月要检查放电回路及放电电阻完好。

（9）电容器正常运行时，应保证每季度进行一次红外线成像测温，运行人员每周进行一次测温，以便于及时发现设备存在的隐患，保证设备安全、可靠运行。

（10）电容器组保护或外熔丝熔断后，应检查所连电容器是否损坏。未经检测核实确无故障，不得再投运，避免电容器带伤投运而引起爆炸起火。

(11) 极对壳绝缘损坏形成的弧光过电压，易引起另两相高倍的过电压并闪落，最终形成三相对地短路。

2. 电压对电容器寿命的影响

(1) 在高电场的作用下，电容器的介质会加速发生电老化。

(2) 电压升高还会加速电容器的热老化。随着电压的升高，电容器的实际容量和发热量随电压的平方迅速增大，从而使电容器内部介质的最热点温度升高。

(3) 当电压一旦超过电容器的起始局部放电电压，其内部介质就会受到严重损伤，在几分钟到几小时内电容器就可能失效。

3. 影响电容器正常运行的因素

(1) 运行温度影响。电容器运行温度是保证电容器安全运行和达到正常使用寿命的重要条件之一。

电容器的介质依照材料和浸渍的不同，都有规定的最高允许温度。例如，对于用矿物油浸渍的纸绝缘，最高允许温度为65～70℃，通常可用试温蜡片贴在外壳上进行监视，监视温度为60℃；对于用氯化联苯浸渍时，则最高温度允许值为90～95℃，正常监视外壳温度为80℃。

此外，温度过低也同样对电容器不利；低温下会使电容器介质游离，电压下降，甚至可能凝固（如氯化联苯电容器低于－25℃时）；如此时投入运行，会因中心温度升高快，体积膨胀可能引起开裂。

如果在严寒季节退出运行，则可能使内部产生真空。故对YL型电容器规定－25～40℃的范围。

(2) 运行电压对电容器的影响。电容器的无功功率与电压平方成正比，因此电压变动时对电容器容量会有影响。此外，运行电压升高，会使电容器温度增加，寿命缩短，电压过高会造成电容器损坏。

(3) 电压波形畸变和升高对电容器影响。在配电网中由于整流负荷等的影响，常使部分网络中高次谐波电流增加，并使受端母线电压波形畸变。并联电容器将使母线电压高次谐波成分增加，由于容抗$X_C=1/2\pi fC$，高次谐波的存在将使容抗下降，产生较大的高次谐波电流，使电容器组严重过流。

谐波的限制，通常采用裂相整流的方法或者采用在电容器回路中串联小电抗的办法。

(二) 干式电抗器的运行规定

干式电抗器在运行中应注意的事项：

(1) 干式电抗器噪声、振动无异常。

(2) 干式电抗器温度无异常变化。

(3) 使用断路器投切并联电抗器组。

(4) 各组并联电抗器及断路器轮换投退，延长使用寿命。

(5) 对于干式电抗器及其电气连接部分每季度应进行带电红外线测温和不定期重点测温。红外测温发现有异常过热，应申请停运处理。

(6) 户外干式电抗器表面应定期清洗，5～6年重新喷涂憎水绝缘材料。

(7) 发现包封表面有放电痕迹或油漆脱落，以及流（滴）胶、裂纹现象，应及时处理。

(8) 定期检查防雨罩是否安装牢固、有无破损，观察包封表面憎水性能、是否裂化。

二、电容器及干式电抗器的检修项目

1. 电力电容器的检修项目

(1) 连接电容器金具检查。

(2) 固定金具检查。

(3) 电容器本体检修。

(4) 外观检查。

(5) 瓷质部件检查。

(6) 导电杆检查。

(7) 电容器接地检查。

(8) 电容器编号检查。

(9) 电容器铭牌检查。

(10) 连接母线检查。

(11) 熔断器检修。

(12) 放电线圈检修。

2. 干式电抗器的检修项目

(1) 检查电抗器上下汇流排是否有变形裂纹现象。

(2) 检查电抗器线圈至回流排引线是否存在断裂、松焊现象。

(3) 检查电抗器包封与支架间紧固带是否有松动、断裂现象。

(4) 检查接线头接触是否良好，有无烧伤痕迹。

(5) 检查紧固件有无松动现象。

(6) 检查器身及金属件有无过热现象。

(7) 检查防护罩及防雨隔栅有无松动和破损。

(8) 检查支座绝缘及支座是否紧固并受力均匀。

(9) 检查通风道及器身的清洁情况。

(10) 检查电抗器包封间导风撑条是否完好牢固。

(11) 检查表面涂层有无龟裂脱落、变色。

(12) 检查包封表面憎水性能。

(13) 检查铁芯有无松动及是否有过热现象。

(14) 检查导电回路接触是否良好。

(15) 检查绝缘性能是否良好。

(16) 检查绝缘子是否完好和清洁。

三、电容器及干式电抗器的巡视

(一) 电容器的巡视

1. 电容器正常巡视检查的项目

(1) 检查瓷绝缘有无裂纹、放电痕迹，表面是否清洁。

(2) 母线及引线是否过紧过松，设备连接处有无松动、过热。

(3) 设备外壳涂漆是否变色，变形，外壳无鼓肚、膨胀变形，接缝无开裂、渗漏油现象，内部无异常声，外壳温度不超过50℃。

(4) 电容器编号正确，各接头无发热现象。

(5) 熔断器、放电回路完好，接地装置、放电回路是否完好，接地引线有无严重锈蚀、断股。熔断器放电回路及指示灯是否完好。观察电压表、电流表、温度表的读数并记录。

(6) 电容器室干净整洁，照明通风良好，室温不超过40℃或低于−25℃。门窗关闭严密。

(7) 串联电抗器附近无磁性杂物存在；油漆无脱落、线圈无变形；无放电及焦味；油电抗器应无漏油。

(8) 电缆挂牌是否齐全完整，内容正确，字迹清楚。电缆外皮有无损伤，支撑是否牢固，电缆和电缆头有无渗油漏胶，发热放电，有无火化放电等现象。

2. 电容器必须进行特殊巡视的情况

(1) 环境温度超过规定温度时应采取降温措施，并应每2h巡视一次。

(2) 户外布置的电容器装置雨、雾、雪天每2h巡视一次。狂风、暴雨、雷电、冰雹后应立即巡视一次。

(3) 设备投运后72h内，每2h巡视一次，无人值班的变电站每24h巡视一次。

(4) 电容器断路器故障跳闸应立即对电容器的断路器、保护装置、电容器、电抗器、放电线圈、电缆等设备全面检查。

(5) 系统接地、谐振异常运行时，应增加巡视次数。

(6) 重要节假日或按上级指示增加巡视次数。

(7) 每月结合运行分析进行一次鉴定性的巡视。

3. 电容器特殊巡视的项目

(1) 雨、雾、冰雹天气应检查瓷绝缘有无破损裂纹、放电现象，表面是否清洁，冰雪融化后有无悬挂冰柱，桩头有无发热；建筑物及设备构架有无下沉倾斜、积水、屋顶漏水等现象；大风后应检查设备和导线上有无悬挂物，有无断线；构架和建筑物有无下沉倾斜变形。

(2) 大风后检查母线及引线是否过紧过松，设备连接处有无松动、过热。

(3) 雷电后检查瓷绝缘有无裂纹、放电痕迹。

(4) 环境温度超过或低于规定温度时，检查示温蜡片是否齐全或融化，各接头有无发热现象。

(5) 断路器故障跳闸后应检查电容器有无烧伤、变形、移位等，导线有无短路；电容器温度、声响、外壳有无异常。熔断器、放电回路、电抗器、电缆、避雷器等是否完好。

(6) 系统异常（如振荡、接地、低周或铁磁谐振）运行消除后，应检查电容器有无放电，温度、声响、外壳有无异常。

4. 电容器定期检查项目

(1) 观察熔断器的动作；电容器的渗漏、外壳的变色、鼓包和破裂。

(2) 观察地面油迹。

(3) 观察电气连接过热情况。

(4) 检查断路器分闸和合闸回路是否良好。

(5) 检查是否有放电痕迹。

(6) 检查闭锁装置是否有效；警告标志是否正确易读。

(7) 检查松动的连接、磨损的导线。

(8) 检查熔断器有无过热或其他损坏的迹象。

(9) 检查电流/电压互感器、控制/保护回路和断路器的整定和动作是否正确。

(10) 检查设备外表是否腐蚀严重。

(11) 测量单台电容器的电容量，并与原先的记录相比较。

(12) 清洁绝缘子、熔断器和套管，防止污闪。

(13) 检查绝缘子和套管是否破裂，是否渗漏。

(二) 干式电抗器的巡视

1. 低压电抗器（66kV 以下）正常巡视检查的项目

(1) 设备外观完整无损，防雨帽完好，无异物。

(2) 引线接触良好，接头无过热，各连接引线无发热、变色。

(3) 外包封表面清洁、无裂纹，无爬电痕迹，无油漆脱落现象，憎水性良好。

(4) 撑条无错位。

(5) 无动物巢穴等异物堵塞通风道。

(6) 支柱绝缘子金属部位无锈蚀，支架牢固，无倾斜变形，无明显污染情况。

(7) 运行声音正常，无异常振动、噪声和放电声。

(8) 接地可靠，周边金属物无异常发热现象。

(9) 场地清洁无杂物，无杂草，无磁性物体。

(10) 电抗器室内空气是否流通，有无漏水，门栅关闭是否良好。

(11) 二次端子箱应关好门，封堵良好，无受潮。

每次发生短路故障后要进行特殊巡视检查：检查电抗器是否有位移，支持绝缘子是否松动扭伤，引线有无弯曲，水泥支柱有无破碎，有无放电声及焦臭味。

2. 低压电抗器必须进行特殊巡视的情况

(1) 在高温、低温天气运行前。

(2) 大风、雾天、冰雪、冰雹及雷雨后。

(3) 设备变动投运后。

(4) 设备新投入运行后。

(5) 设备经过检修、改造或长期停运后重新投入运行后。

(6) 异常情况下的巡视。主要是指设备发热、系统电压波动、本体有异常振动和声响。

(7) 设备缺陷近期有发展时，法定休假日、上级通知有重要供电任务时。

(8) 电抗器接地体改造之后。

(9) 站长应每月组织进行一次综合性巡视。

3. 低压电抗器特殊巡视的项目

(1) 投运期间用红外测温设备检查电抗器包封内部、引线接头发热情况。

(2) 大风扬尘、雾天、雨天外绝缘有无闪络，表面有无放电痕迹。

(3) 冰雪、冰雹外绝缘有无损伤，本体无倾斜变形，无异物。

(4) 电抗器接地体及围网、围栏有无异常发热，可对比其他设备检查，积雪融化较快、水汽较明显等进行判断。

(5) 电抗器存在一般缺陷且近期有发展时变化情况。

(6) 故障跳闸后，未查明前不得再次投入运行；应检查保护装置是否正常，干式电抗器线圈匝间及支持部分有无变形、烧坏等现象。

四、电容器的验收

1. 电容器的验收项目

(1) 电容器在安装投运前及检修后，应进行以下检查：

1）套管到电杆应无弯曲或螺纹损坏；

2）引出线端连接用的螺母、垫圈应齐全；

3）外壳应无明显变形，外表无锈蚀，所有接缝不应有裂缝或渗油。

（2）电容器的布置与接线应正确，电容器组的保护回路应完整。

（3）三相电容器的误差允许值应符合规定。

（4）外壳应无凹凸或渗油现象，引出端子连接牢固。

（5）熔断器熔体的额定电流应符合设计规定。

（6）放电回路应完整且操作灵活。

（7）电容器外壳及构架的接地应可靠，其外部油漆应完整。

（8）电容器室内的通风装置应完好。

（9）电容器瓷套无破损和裂纹。

（10）电容器及构架无锈蚀，清洁。

（11）电容器的修、试、校合格，记录完整，结论清楚。

（12）缺陷处理时，应根据缺陷内容进行验收。

（13）交接时应提供下列资料：

1）改变设计的证明材料；

2）制造厂提供的产品说明书、试验记录、合格证及安装图纸技术文件；

3）调试试验记录；

4）安装技术记录；

5）备品、备件清单。

（14）串联电抗器应按其编号进行安装，并应符合下列要求：

1）三相垂直排列时，中间一相线圈的绕向与上下两相相反；

2）垂直安装时各相中心线应一致；

3）设备接线端子与母线的连接，在额定电流为1500A及以上时，应采取非磁性技术材料制成的螺栓，而且所有磁性材料的部件应可靠牢固。

（15）串联电抗器在验收时还应检查：

1）支柱应完整、无裂纹，线圈应无变形。

2）线圈外部的绝缘漆应完好。

3）油浸铁芯电抗器的密封性能应足以保证最高运行温度下不出现渗漏。

4）电抗器的风道应清洁无杂物。

2. 低压电抗器安装过程中的验收项目

（1）设备安装应符合有关设备安装规范和厂家技术要求。

（2）电抗器应按其编号进行安装，并应符合厂家技术要求。

（3）电抗器重量应均匀地分配于所有支柱绝缘子上，应固定可靠。

（4）设备接线端子与母线的连接，应符合规范的要求，其额定电流为1500A及以上时，应采取非磁性金属材料制成的螺栓。

（5）电抗器间隔内，所有组件的零部件，必须选用不锈钢螺栓。

（6）电抗器线圈的支柱绝缘子的接地应符合下列要求：

1）上下重叠安装时，底层的所有支柱绝缘子均应接地，其余支柱绝缘子不接地；

2）每柱单独安装时，每相支柱绝缘子均应接地；

3）支柱绝缘子的接地线不得构成闭合环路。

3. 低压电抗器投运前的验收项目

（1）干式电抗器包封完好，无起皮、脱落。

（2）支持绝缘子完整无裂纹、无破损，表面清洁无积尘。

（3）电抗器风道无杂物，场地平整清洁。

（4）引线、接头、接线端子等连接牢固完整。

（5）户外电抗器的防雨罩安装牢固。

（6）包封表面和支柱绝缘子按照“逢停必扫”原则进行清扫。

（7）安全围栏安装牢固，接地良好，围栏门应可靠闭锁。

（8）干式电抗器的出厂和现场电气试验项目及数据合格。

（9）干式电抗器保护经传动试验合格。

（10）测量、计量等二次回路及装置合格。

（11）交接资料和技术文件齐全。

4. 混凝土电抗器、干式电抗器、滤波器和阻波器的验收项目

（1）支柱应完整、无裂纹，线圈应无变形。

（2）线圈外部的绝缘漆应完好。

（3）支柱绝缘子的接地应良好。

（4）混凝土支柱的螺栓应拧紧。

（5）混凝土电抗器的风道应清洁无杂物。

（6）各部位油漆应完整。

（7）各种试验数据符合规定要求，试验数据完整，结论清楚并有记录。

（8）引线、接头、接点墩子连接牢固、完整。

（9）瓷绝缘子无破损，金具完整。

（10）处理缺陷工作应按缺陷内容的要求验收。

（11）阻波器内部的电容器和避雷器外观应完整，连接良好，固定可靠。

（12）交接资料和文件应当齐全：

1）变更设计的证明文件；

2）制造厂提供的产品说明书、试验记录、合格证件及安装图纸等技术文件；

3）调整试验记录；

4）安装技术记录；

5）备品、备件清单。

五、电容器操作

1. 电容器投入或退出运行的规定

（1）正常情况下电容器的投入与退出，必须根据系统的无功分布及电压情况来决定，并按当地调度规程执行。一般根据厂家规定，当母线超过电容器额定电压的 1.1 倍，电流超过额定电流的 1.3 倍，应将电容器退出运行。

（2）电容器的投入与切除，600kvar 以下可以使用负荷断路器，600kvar 以上应使用油断路器或空气断路器。

（3）投入变压器或并联电抗器时，应先投变压器或并联电抗器，带上正常负荷后投电容器装置；切除时，则按相反顺序，以避免装置与系统产生电流谐振而损坏。

2. 新装电容器投入运行前的检查项目

(1) 电容器完好，试验合格。

(2) 电容器布线正确，安装合格，三相电容之间的差值不超过一相总电容的50%。

(3) 各部件连接严密可靠，电容器外壳和架构应有可靠的接地。

(4) 电容器的各附件及电缆试验合格。

(5) 电容器组的保护与监视回路完整并全部投入。

(6) 电容器的断路器状态符合要求。

3. 操作电容器时应注意的事项

(1) 当全站停电时，应先拉开电容器断路器，后断各出线断路器，送电时相反。事故情况下，全站无电后必须将电容器拉开。这是因为变电站无负荷后，母线电压可能较高，可能超过电容器允许电压，对绝缘不利。此外，无负荷空投电容器可能产生电容器与变压器参数谐振导致过流保护动作。

(2) 电容器断路器跳闸或熔断器熔断后不可强送电，因为可能为内部故障引起，强送会引起事故扩大。

(3) 电容器组切除3~5min后才可合闸。这是因为电容器再次切除后需要1min左右的放电时间，只有放电完了，电容器不带电荷合闸才不会引起过电压。

六、电容器的异常及故障处理

(一) 电容器常见故障及异常运行

电容器常见故障及异常运行有：

(1) 渗漏油。

(2) 外壳膨胀。

(3) 电容器爆炸。

(4) 温升过高。

(5) 瓷绝缘表面闪络。

(6) 异常声响。

(7) 接头过热或熔化。

(8) 电容器过电流。

(9) 电容器过电压。

(10) 电容器套管破裂或放电。

(11) 电容器三相电流不平衡。

(二) 电容器异常运行及处理

1. 电容器渗油

电容器是全密封的设备，若密封不严则空气、水分和杂质就有可能侵入油箱内部，危害极大。

电容器渗油在运行中是经常见的，特别是在南方的夏季，更为严重。渗漏油会使浸渍剂减少，元件易受潮从而导致局部击穿。

(1) 渗油的原因。

1) 搬运、安装、检修时造成的法兰或焊接处损伤。

2) 接线时拧螺钉过紧，瓷套焊接处损伤。

3) 制造中的缺陷。

4）长期运行中的外壳锈蚀可能引起渗漏油。

5）温度急剧变化。

6）设计不合理，如使用硬排连接，由于膨胀冷缩，极易拉断电容器套管。

（2）处理。如渗油不严重，可不申请停电处理，只需要按照缺陷管理制度上报缺陷，但必须随时监视；若渗油严重，必须申请停电进行处理。

2. 电容器温度过高

（1）温度过高的原因。

1）环境温度过高，电容器布置过密。

2）高次谐波电流影响。

3）频繁投切电容器，反复受过电压作用。

4）介质老化，介质损耗增加。

5）过负荷。

6）电容器冷却条件变差。

（2）处理。运行中必须严密监视和控制环境温度，或采取冷却措施以控制温度在允许范围内，如控制不住则应停电处理。在高温、大负荷的情况下，应定时对电容器进行温度检测。

3. 电容器运行电压过高

（1）运行电压过高的主要原因。

1）电网负荷的变化。

2）电网电压的波动也会引起电压高。

3）电容器在操作过程中产生电压高。

（2）处理。

1）当电网电压超过电容器额定电压 1.1 倍时，应将电容器退出运行。

2）若在操作过程中引起操作电压升高，并由过电压信号报警，则应将电容器断开。

4. 电容器外壳膨胀

（1）电容器外壳膨胀的原因。

1）运行电压过高。

2）断路器重燃引起的操作过电压。

3）电容器本身质量差。

4）周围环境温度过高。

（2）处理。发现外壳膨胀，应采取强力通风以降低电容器温度；膨胀严重的电容器应立即申请停电处理。

（三）电容器故障处理

1. 电容器断路器跳闸后处理

（1）电容器断路器跳闸后不允许强送，过流保护动作跳闸应查明原因，否则不允许再投入运行。

（2）根据保护动作情况进行分析判断，顺序检查电容器断路器、电流互感器、电力电缆、电容器有无爆炸、严重过热鼓肚及喷油，检查接头是否过热或熔化、套管有无放电痕迹。

（3）若发现上述情况应进行停电处理，隔离故障电容器并进行三相平衡后方可送电；若无以上情况，电容器断路器跳闸是由外部故障造成母线电压波动所致，经 15min 后方可送电，否则应进一步对保护做全面通电试验，对电流互感器做特性试验。

(4) 如果仍查不出故障原因，就需要拆开电容器组，逐台进行试验，未查明原因之前不得试送。

(5) 在检查处理电容器故障前，应先断开断路器并拉开隔离开关，然后验电装设接地线，使电容器充分放电。

(6) 由于故障电容器可能发生引线接触不良，内部断线或熔丝熔断，有一部分电荷可能未放出来；所以在接触故障电容器前，应戴绝缘手套，用短路线将故障电容器的两极短接，方可动手拆卸。对双星形接线电容器的中性线及多个电容器的串接线，还应单独放电。

2. 电容器爆炸处理

在没有装设内部元件保护的高压电容器组中，当电容器发生极间或极对外壳击穿时，与之并联的电容器组将对之放电，当放电能量散不出去时，电容器可能爆破。爆炸后可能会引起其他设备故障甚至发生火灾。防止爆炸的办法，除加强运行中的巡视检查外，最好安装电容器内部元件保护装置。(近几年来，装有内部保护的电容器在系统中也发生了爆炸事故。)

电容器无论是单只还是多只爆炸，相应的保护应动作，电容器断路器跳闸。运行人员应迅速隔离故障，若有接地开关时，应合上接地开关；若无接地开关，必须人工放电。

若电容器爆炸，断路器未跳闸，运行人员应立即断开该断路器，然后隔离故障。

3. 电容器应退出运行的情况

(1) 电容器发生爆炸。

(2) 接头严重发热或电容器外壳示温蜡片熔化。

(3) 电容器套管发生破裂并有闪络放电。

(4) 电容器严重喷油或起火。

(5) 电容器外壳明显膨胀，有油质流出或三相电流不平衡超过5%以上，以及电容器或电抗器内部有异常声响。

(6) 当电容器外壳温度超过55℃，或室温超过40℃，采取降温措施无效时。

(7) 密集型并联电容器压力释放阀动作时。

4. 全站无压的处理

当全站无压后，必须将电容器的断路器断开。这是因为，全站无压后，一般情况下所带馈线断路器均断开，因而来电后，母线负荷为零，电压较高；电容器的断路器如不事先断开，在较高的电压下会突然充电，有可能造成电容器严重喷油或鼓肚。同时，因为母线没有负荷，电容器充电后，大量无功向系统倒送，致使母线电压升高；即使是将各路负荷送出，负荷恢复到停电前还需要一段时间，母线仍可能维持在较高的电压水平上，超过了电容器允许连续运行的电压值(一般制造厂家规定电容器的长期运行电压不应超过额定电压1.1倍)。此外，当空载变压器投入运行时，其充电电流在大多数情况下以3次谐波电流为主；这时，如电容器电路和电源侧的阻抗接近于共振条件，其电流可达电容器额定电流的2～5倍，持续时间为1～30s，可能引起过流保护动作。

鉴于以上原因，当全站无压后，必须将电容器的断路器断开；来电后，根据母线电压及系统无功补偿情况最后投入电容器。

第五章

断　路　器

第一节　断路器基本知识

一、高压开关基本概念

高压开关是指额定电压 1kV 及以上，主要用于开断和关合导电回路的电器。高压开关设备是高压开关与其相应的控制、测量、保护、调节装置以及辅件、外壳和支持等部件及其电气和机械的联结组成的总称。是电力系统一次设备中唯一的控制和保护设备；是接通和断开回路，切除和隔离故障的重要控制设备。

高压开关设备主要包括高压断路器、负荷开关、隔离开关、接地开关、熔断器、重合器、分段器、交流金属封闭开关设备（开关柜）、预装式变电站、气体绝缘金属封闭开关设备（GIS）、组合电器等。

（1）断路器：能够关合、承载、开断运行回路正常电流，并能在规定时间内关合、承载及开断规定的过负荷电流（包括短路电流）的开关设备。交流高压断路器是电力系统中最重要的开关设备，它担负着控制和保护的双重任务。如果断路器不能在电力系统发生故障时迅速、准确、可靠地切除故障，就会使事故扩大，造成大面积的停电或电网事故。因此，高压断路器的好坏、性能是决定电力系统安全的重要因素，高压断路器的发展也直接影响到电力系统的发展。

（2）隔离开关：在分闸位置时，触头间有符合规定要求的绝缘距离和明显的断开标志；在合闸位置时，能承载正常回路条件下的负荷电流及在规定时间内异常条件下（例如短路）的电流的开关设备。当回路电流“很小”时，或者当隔离开关每极的两接线端之间的电压在关合和开断前后无显著变化时，隔离开关具有关合和开断回路电流的能力。

（3）接地开关：用于将回路接地的一种机械式开关装置。在异常条件下（如短路），可在规定时间内承载规定范围内的异常电流；但在正常回路条件下，不要求承载电流。某些接地开关可有关合短路电流的能力。接地开关可与隔离开关组装在一起。

（4）负荷开关：能在正常的导电回路条件或规定的过负荷条件下关合、承载、开断电流；也能在异常的导电回路条件下（如短路），在规定时间承载电流的开关设备。如果需要，也可具有关合短路电流的能力。

（5）重合器：能够按照规定的顺序，在导电回路中进行开断和重合操作，并在其后自动复位、分闸闭锁或合闸闭锁的自具（不需要外加能源）控制保护功能的开关设备。可以自动按照设定的动作循环进行关合操作且有自具功能的断路器，操作顺序由本身自带的控制器完成，自备电源。一般动作顺序由电流—时间曲线确定。

(6) 分段器：一种能够自动判断线路故障和记忆线路故障电流开断的次数，并在达到整定的次数后在无电压或无电流下自动分闸的开关设备。分段器自动进行故障隔离，一般没有灭弧功能。某些分段器可具有关合短路电流（自动重关合功能）及开断、关合负荷电流的功能，但无开断短路电流的功能。

(7) 金属封闭开关设备（Metal - enclosed Switchgear）：除进出线外，其余完全被接地金属外壳封闭的开关设备。它包括铠装式金属封闭开关设备、间隔式金属封闭开关设备和箱式金属封闭开关设备。铠装式金属封闭开关设备是指主要组成部件（如每一台断路器、互感器、母线等）分别装在接地的用金属隔板隔开的隔室中的金属封闭开关设备。间隔式金属封闭开关设备与铠装式金属封闭开关设备一样，其某些元件也分装在单独的隔室内，但具有一个或多个符合一定防护等级的非金属隔板。箱式金属封闭开关设备是指除铠装式、间隔式金属封闭开关设备以外的金属封闭开关设备。

(8) 气体绝缘金属封闭开关设备（GIS，Gas Insulated Metal-enclosed Switchgear）：为封闭式组合电器。至少有一部分采用高于大气压的气体（不采用处于大气压下的空气）作为绝缘介质的金属封闭开关设备。

(9) 组合电器（GIS，Gas Insulated Switchgear）是将 SF_6 断路器和其他高压电器元件（主变压器除外），按照所需要的电气主接线安装在充有一定压力（0.3～0.4MPa）的 SF_6 气体金属壳体内所组成的一套变电站设备称为气体绝缘变电站，有时也可称为气体绝缘开关设备全封闭组合电器。

(10) 复合电器（HGIS，Hybrid GIS ）是一种新型的组合电器，它将断路器、一个或多个隔离开关、TA、TV 以及它们的控制系统组合在一起。这种组合装置能够方便用于室内或室外安装，它是一个独立完整的进、出线间隔，是由以上多个模块组装到一起且各相均有自己的独立气室。

HGIS 是介于 GIS 和敞开式开关设备之间的组合电器；例如汇流母线采用敞开式，而其他电器采用 GIS；是一种混合技术气体绝缘开关设备。

(11) 信息技术（智能）开关设备（ITS，Information Technology Switchgear）是将断路器、隔离开关、接地开关、光电式电压电流互感器布置在一个外壳内的复合高压开关设备，应用了相位控制装置、复合传感技术、数字在线监测技术和网络技术的高压开关设备。

二、断路器的分类

1. 按灭弧介质的不同分类

(1) 油断路器：指触头在变压器油（断路器油）中开断，利用变压器油（断路器油）作为灭弧介质的断路器。

(2) 压缩空气断路器：以压缩空气作为灭弧介质和绝缘介质的断路器，弧所用的空气压力一般在 1013～4052kPa（10～40atm）的范围内。

(3) SF_6 断路器：以 SF_6 气体作为灭弧介质，或兼作绝缘介质的断路器。

(4) 真空断路器：指触头在真空中开断，利用真空作为绝缘介质和灭弧介质的断路器，真空断路器需求的真空度在 10^{-4}Pa 以上。

另外还有磁吹断路器、固体产气断路器等类型。

2. 按装设地点的不同分类

(1) 户外式：是指具有防风、雨、雪、污秽、凝露、冰及浓霜等性能，适于安装在露天使用的高压开关设备。

(2) 户内式：是指不具有防风、雨、雪、污秽、凝露、冰及浓霜等性能，适于安装在建筑物内使用的高压开关设备。

3. 按断路器的总体结构和其对地的绝缘方式不同分类

(1) 绝缘子支持型（又称绝缘子支柱式、支柱式）。这一类型断路器的结构特点是安置触头和灭弧室的容器（可以是金属筒也可以是绝缘筒）处于高电位，靠支持绝缘子对地绝缘，它可以用串联若干个开断元件和加高对地绝缘的方法组成更高电压等级的断路器。

(2) 接地金属箱型（又称落地罐式、罐式）。其特点是触头和灭弧空装在接地金属箱中，导电回路由绝缘套管引入，对地绝缘由 SF_6 气体承担。

4. 按断路器在电力系统中工作位置的不同分类

(1) 发电机断路器。它主要用来切断发电机母线的短路故障。发电机断路器主要有 3 种类型：少油型、压缩空气型和 SF_6 型。少油型用于短路电流较小的回路，另两种断路器的开断能力很强。

(2) 输电断路器。工作于 35kV 及以上的输电系统中的断路器，这类断路器要求能进行自动重合闸，而且由于系统稳定的需要应有较短的开断时间和自动重合闸的无电流间隔时间（0～2s)。此外输电断路器还要求有切断近区故障和空载长线的能力，如果是作为联络用断路器则还需要考虑失步开断能力。

(3) 配电断路器。工作于 35kV 以下的配电系统中，其额定电压为 6～10kV，额定电流为 200～1250A，额定开断电流小，从保证供电的可靠性出发。这类断路器仍有自动重合闸要求，又因它对系统稳定的影响较小，自动重合闸的无电流间隔时间可以取得大些（0～5s)，对开断时间的要求也可适当放宽。

5. 按 SF_6 高压断路器的灭弧室结构特点分类单压式 SF_6 断路器

(1) 定开距型。定开距灭弧室的构造是两个固定的金属喷嘴保持不变的开距，动触桥与绝缘材料制成的压气室一起运动，当动触桥金属离开喷嘴时，压气室内的高压力气体经电弧、喷嘴向外排出。

(2) 变开距型。变开距就是灭弧室内的触头开距，随压气室向下运动而逐渐加长，绝缘喷嘴通常采用聚四氟乙烯材料，

6. 按照断路器所用操作能源能量形式的不同分类操动机构

(1) 手动机构：指用人力合闸的机构。

(2) 直流电磁机构：指靠直流螺管电磁铁合闸的机构。

(3) 弹簧机构：指用事先由人力或电动机储能的弹簧合闸的机构。

(4) 液压机构：指以高压油推动活塞实现合闸与分闸的机构。

(5) 液压弹簧机构：指用碟簧作为贮能介质、液压油作为传动介质。

(6) 气动机构：指以压缩空气推动活塞使断路器分、合闸的机构。

(7) 电动操动机构：用电子器件控制的电动机去直接操作断路器操动杆。

7. 按照 SF_6 高压断路器的灭弧特点分类

(1) 自能式：包括旋弧式和热膨胀式，在中压领域普遍使用，灭弧原理都是利用电弧自身的能量来熄灭电弧。旋弧式是利用电弧电流流过线圈产生的磁场，电弧在磁场的驱动下高速旋转，电弧在旋转的过程中不断接触新鲜 SF_6 气体，受到冷却，熄灭电弧。热膨胀式是利用电弧本身的能量，加热灭弧室压气缸内 SF_6 气体，建立高压力，形成压力差，从而达到灭弧的目的。自能式断路器存在临界开断电流，大电流灭弧能力强而在小电流时难以熄弧。因此一般需要装设辅助助推装置。

(2) 压气式：利用预压缩行程压缩 SF_6 气体，在喷口打开时吹弧；有预压缩过程，需要较大操作功和较长的故障切除时间。该类型 SF_6 高压断路器技术最为成熟，性能也最为稳定，开断时间短，开断能力强。可以配用液压、气动、弹簧等各种操作机构，相比自能式断路器而言，其所需要的操作功较大，一般配用液压或者气动机构。目前制造厂生产量最大、系统中使用量最多的仍然是液压机构。

(3) 混合式：混合吹弧方式有多种形式，如旋弧＋热膨胀，压气＋热膨胀，压气＋旋弧，旋弧＋热膨胀＋助吹。混合吹弧能提高灭弧效能，增大开断电流，减少操作功，避免出现临界电流难以开断情况，在 SF_6 断路器的发展应用上有重大意义，尤其在中压领域应用非常丰富，在高压、超高压领域也有大量应用。现在的超高压断路器也大都应用了一些自能灭弧原理，提高了开断效率，降低了操作功。

三、电网运行对交流高压断路器的要求

(1) 绝缘部分能长期承受最大工作电压，还能承受短时过电压。

(2) 长期通过额定电流时，各部分温度不超过允许值。

(3) 断路器的跳闸时间要短，灭弧速度要快。

(4) 能满足快速重合闸的要求。

(5) 断路器的遮断容量要大于电网的短路容量。

(6) 在通过短路电流时，应有足够的动稳定性和热稳定性，尤其不能出现因电动力作用而不能自行断开。

(7) 断路器具备一定的自保护功能，防跳功能。如：失灵保护、防止非全相合闸功能、合分时间自卫功能、重合闸功能等。

(8) 断路器的监视回路、控制回路应能与保护系统、监控系统可靠接口。

(9) 断路器的使用寿命能够满足电力系统要求，包括机械寿命和电气寿命。

(10) 高压断路器还要保证在一般的自然环境条件下能够正常运行，且保证一定的使用寿命。

四、断路器主要技术参数的含义

1. 高压断路器的主要参数

(1) 额定电压。

(2) 额定频率。

(3) 额定绝缘水平。

(4) 额定电流和温升。

(5) 额定短时耐受电流。

(6) 额定短路持续时间。

(7) 额定峰值耐受电流。

(8) 额定短路开断电流。

(9) 额定短路电流开断次数的规定。

(10) 断路器机械寿命的规定。

(11) 额定短路关合电流。

(12) 额定瞬态恢复电压（出线端故障）。

(13) 额定操作顺序。

(14) 额定近区故障特性。

(15) 额定失步开断电流。

(16) 额定线路充电开断电流。

(17) 额定电缆充电开断电流。

(18) 额定单个电容器组开断电流。

(19) 额定背对背电容器组开断电流。

(20) 额定单个电容器组关合涌流。

(21) 额定背对背电容器组关合涌流。

(22) 额定小感性开断电流。

(23) 额定时间参量。

(24) 操动机构、控制回路及辅助回路的额定电源电压。

(25) 操动机构、控制回路及辅助回路的额定电源频率。

(26) 操作和灭弧用压缩气体源的额定压力。

(27) 额定异相接地的开合试验。

(28) 噪声及无线电干扰水平。

2. 断路器主要电气性能参数的含义

(1) 额定电压。指高压断路器所在系统的最高电压。额定电压的标准值如下：①范围Ⅰ。额定电压 252kV 及以下的为 3.6kV～7.2kV～12kV～24kV～40.5kV～72.5kV～126 kV～252kV。②范围Ⅱ。额定电压 252kV 及以上的为 363kV～550kV～800kV。

(2) 额定频率。额定频率的标准值为 50Hz。

(3) 额定电流。额定电流是在规定的使用和性能条件下能持续通过的电流的有效值。

(4) 额定短时耐受电流（热稳定电流）。是指在规定的使用条件下，在规定的短时间内，断路器设备在合闸状态下能够承载的电流的有效值。断路器的额定短时耐受电流等于其额定短路开断电流。

(5) 额定短时持续时间（t_k）。是指断路器设备在合闸状态下能够承载的额定短时耐受电流的时间间隔。550～800kV 断路器设备的额定短路持续时间为 2s，252～363kV 断路器设备的额定短路持续时间为 3s，126kV 及以下断路器设备的额定短路持续时间为 4s。

(6) 额定峰值耐受电流。是指在规定的使用条件下，断路器设备在合闸状态下能够承载的额定短时耐受电流的第一个大半波的电流峰值。额定峰值耐受电流等于额定短路关合电流，且应等于 2.5 倍额定短时耐受电流的数值。按照系统的特性，可能需要高于 2.5 倍额定短时耐受电流的数值。

(7) 额定短路开断电流。是指在《高压开关设备管理规范》的使用和性能条件下，断路器所能开断的最大短路电流。

(8) 额定短路关合电流。是指在规定的使用和性能条件下，断路器关合操作时，在电流出现后的瞬态过程中，流过断路器一极的电流的第一个大半波的峰值。断路器的额定短路关合电流是与额定电压和额定频率相对应的。

3. 断路器主要机械性能参数的含义

(1) 分闸时间。是指断路器分闸时间是指从接到分闸指令开始到所有极弧触头都分离瞬间的时间间隔。

(2) 合闸时间。是指从接到合闸命令开始到最后一极弧触头接触瞬间的时间间隔。在以前的有关标准中，合闸时间又称为固合时间。

(3) 合分时间：是指合闸操作中，某一极触头首先接触瞬间和随后的分闸操作中所有极弧触头都分离瞬间之间的时间间隔。合分时间又称金属短接时间。

对 126kV 及以上短路器合—分时间应不大于 60ms，推荐不大于 50ms。

(4) 断路器（三相）分闸时间。是指分闸操作中，从分闸命令开始到最后分闸相的首先分闸断口的分闸时刻时间间隔。

(5) 断路器（相）分闸时间。是指分闸操作中，从分闸命令开始到该相首先分闸断口的分闸时刻时间间隔。

(6) 断路器（断口）分闸时间。是指分闸操作中，从分闸命令开始到分闸断口的刚分时刻的时间间隔。

(7) 合闸时间（断路器）。是指合闸操作中，从合闸命令开始到最后合闸相的最后合闸断口合上的时间。

(8) 合闸时间（相）。是指合闸操作中，从合闸命令开始到最后合闸断口合上的时间。

(9) 合闸时间（断口）。是指合闸操作中，从合闸命令开始到断口刚合上的时间。

(10) 合闸同期（断路器）。是指合闸操作中，最先和最后合闸相合闸时刻之间的时间差值。

(11) 合闸同期（相）。是指合闸操作中，最先和最后合闸断口合闸时刻之间的时间差值。

(12) 分闸同期（断路器）。是指分闸操作中，最先和最后分闸相分闸时刻之间的时间差值。

(13) 分闸同期（相）。是指分闸操作中，最先和最后分闸断口分闸时刻之间的时间差值。

(14) 额定开断时间。是指断路器接到分闸命令开始到断路器开断后，三相电弧完全熄灭的时间，包括分闸时间和燃弧时间。

(15) 关合—开断时间。是指合闸操作中第一极触头出现电流时刻到随后的分闸操作时燃弧时间终了时刻的时间间隔。关合—开断时间可能随着预击穿时间的变化而不同。

(16) 额定操作顺序规定。断路器操作顺序有以下两种可选择的额定操作顺序：

1) 0—t—CO—t'—CO。t=3min，对应于不用作快速自动重合闸的断路器。t=0.3s，对应于用作快速自动重合闸的断路器（无电流时间）。t'=3min［用作快速自动重合闸的

断路器时也可采用 $t'=15s$（当额定电压≤40.5kV）或 $t'=1min$]。

2）CO—t''—CO。$t''=15s$，对应于不用作快速自动重合闸的断路器。

其中：O 代表一次分闸操作；CO 代表一次合闸操作后紧跟一次分闸操作；t 、t'、t'' 为连续操作之间的时间间隔。

五、断路器型号及其含义

1. 国产断路器型号及其含义（见图 5－1）

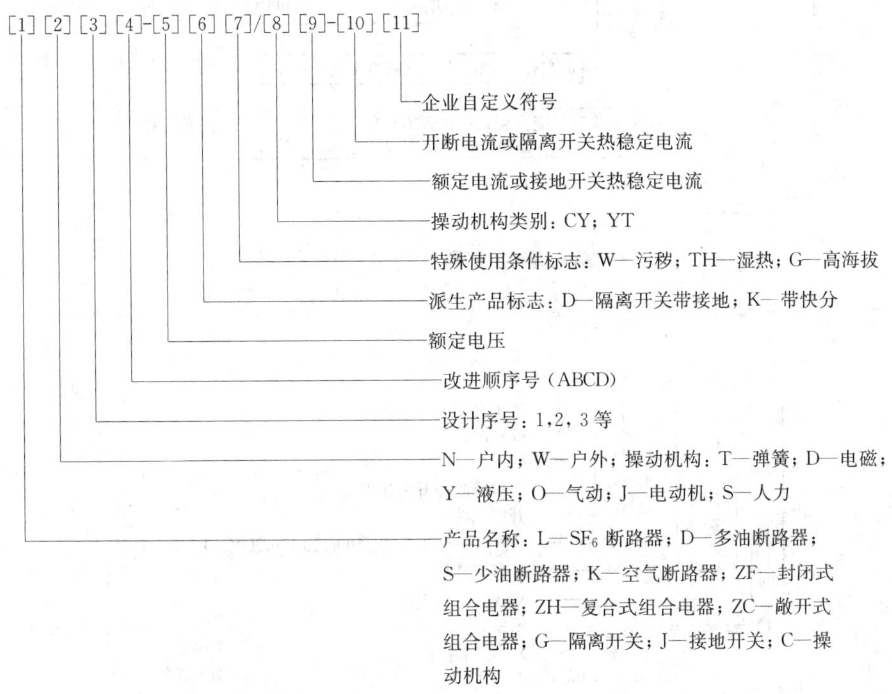

图 5－1 国产断路器型号及其含义图

2. ABB 公司所产断路器型号及其含义（见图 5－2）

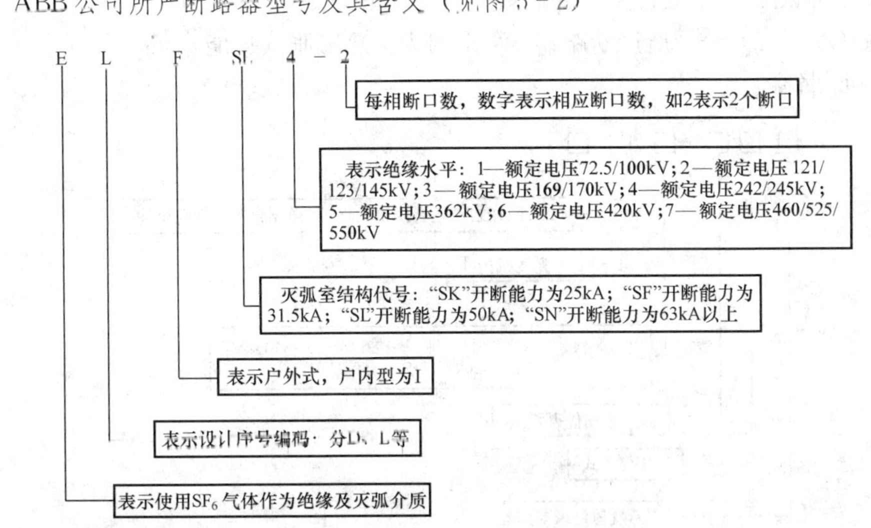

图 5－2 ABB 公司所产断路器型号及其含义

3. Siemens 公司所产断路器型号及其含义（见图 5-3）

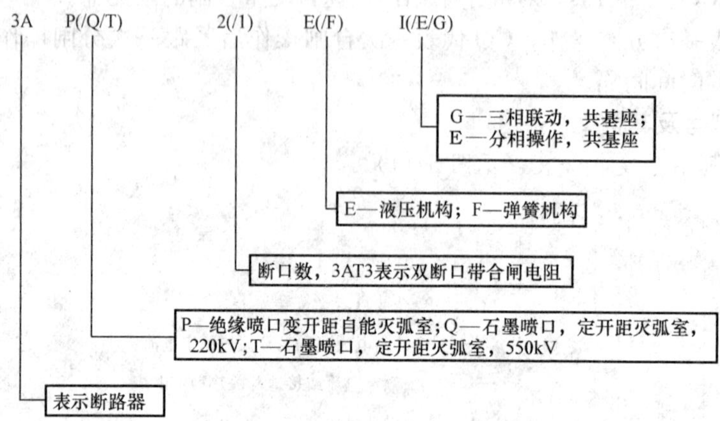

图 5-3 Siemens 公司所产断路器型号及其含义

4. 日立公司所产高压断路器型号及其含义（见图 5-4）

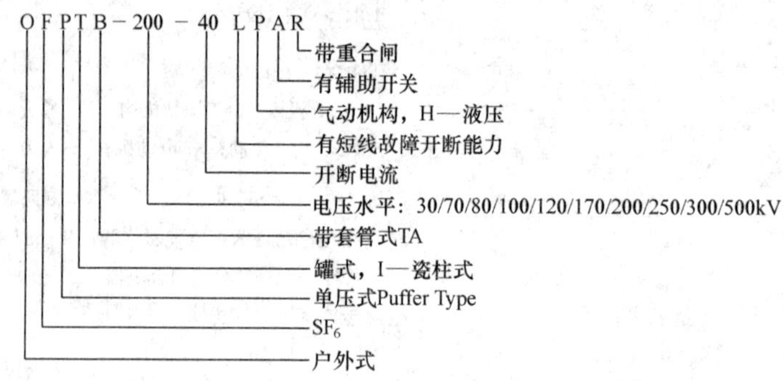

图 5-4 日立公司所产断路器型号及其含义

5. Areva（Alstom）公司所产断路器型号及其含义（见图 5-5）

Areva（Alstom）公司所产断路器 FX 系列为：热膨胀（自能），GL 系列为新一代灭弧室的 SF_6 断路器。

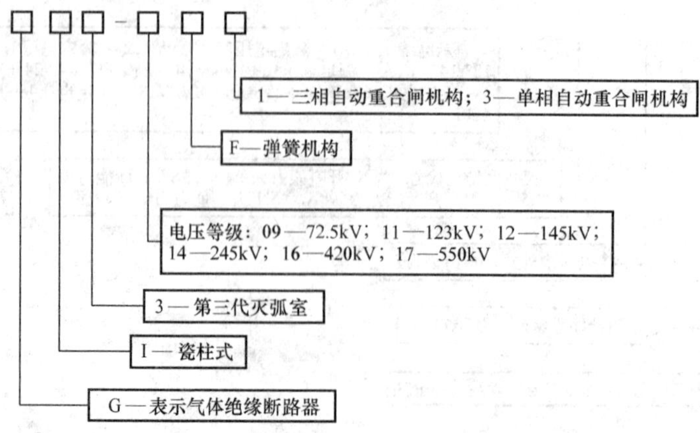

图 5-5 Areva（Alstom）公司所产断路器型号及其含义

第二节　高压 SF_6 断路器

一、SF_6 气体的特性

(1) 物理性质。SF_6 为无色、无味、无毒、不易燃烧的惰性气体，具有优良的绝缘性能，且不会老化变质，比重约为空气的 5.1 倍，在标准大气压下，－62℃时液化。

(2) 化学性质。SF_6 是一种极不活泼的惰性气体，具有很高的化学稳定性。在一般情况下，根本不发生化学变化，与氧气之类的各种气体、水分以及碱性之类的各种化学药品均不反应。所以，在常规使用情况下，完全不会使材料劣化；但是在高温和放电的情况下，就有可能发生化学变化，便会产生含有 S 或 F 的有毒物质，即可与各种材料起反应。

(3) 灭弧性能。

1) SF_6 气体是一种理想的灭弧介质，它具有优良的灭弧性能，SF_6 气体的介质绝缘强度恢复快，约比空气快 100 倍，即它的灭弧能力为空气的 100 倍。

2) 弧柱的电导率高，燃弧电压很低，弧柱能量较小。

3) SF_6 气体的绝缘强度较高。

(4) 传热性能。SF_6 气体的热传导性能较差，其导热系数只有空气的 2/3。但 SF_6 气体的比热容是氮气的 3.4 倍，因此其对流散热能力比空气大得多。可见，SF_6 气体的实际导热能力比空气好，接近于氦、氢等热传导较好的气体，因此 SF_6 断路器的温升问题不会比空气断路器的严重。

(5) SF_6 气体具有优良的绝缘性能，在同一气压和温度下，SF_6 气体的介质强度约为空气的 2.5 倍；而在三个大气压时，就与变压器油的介质强度相近。

(6) SF_6 气体具有负电性，即有捕获自由电子并形成负离子的特性。这是其具有高的击穿强度的主要原因，因此也能够促使弧隙中绝缘强度在电弧熄灭后能快速恢复。

二、SF_6 气体的灭弧特性及原理

(1) SF_6 分子中完全没有碳元素，这是作为灭弧介质的优点之一。

(2) SF_6 气体中没有空气，这可以避免触头氧化，大大延长了触头的电寿命。

(3) SF_6 在电弧作用下所形成的全部化学杂质在电弧熄灭后极短的时间内又能重新合成，这样既可消除对人体的危害，又可保证处于封闭中的 SF_6 气体的纯度和灭弧能力。

(4) SF_6 是一种最好的电负性气体，能很快地吸附自由电子而结合成带负电的离子，又容易与正离子复合成中性粒子，去游离能力强。

(5) SF_6 气体的分解温度（2000K）比空气（主要是氮气）的分解温度（7000K 左右）低，而所需要的分解能高；因此，SF_6 气体分子分解时吸收的能量多，对弧柱的冷却作用强。

(6) SF_6 气体中电弧的熄灭原理和空气电弧、油中电弧是不同的，不是依靠气流等熵冷却作用，而主要是利用 SF_6 气体特异的热化学性和强电负性等特性，因而使 SF_6 气体具有强的灭弧能力。对于灭弧来说，提供大量新鲜的 SF_6 中性分子，并使之与电弧接触是有效的方法。

三、SF_6 断路器的特点

(1) 断口电压高，适合应用于高压、超高压和特高压领域，结构更简单，可靠性更高，体积小，无火灾危险。

(2) 开断能力强，开断性能好。目前 SF_6 断路器可以开断 80～100kA 的短路电流，开断时间短。由于 SF_6 气体具有强负电性，离解温度低，离解能大，电弧在 SF_6 气体中可以形成有利于熄弧的"电弧弧柱结构"，熄弧时间短，一般 5～15ms；同时，对其他类型断路器反应较为沉重的开断任务，如反相开断、近区故障、空载长线路、空载变压器等开断性能也很好。开断小的感性电流时截流电流值小，操作过电压低。

(3) 寿命长，可以开断 20～40 次额定短路电流而不用检修，额定负荷电流可以开断 3000～6000 次，机械寿命可达 10 000 次以上。现在的产品一般可以做到 20～30 年不用检修。

(4) 品种多、系列性好，有瓷柱式（GCBP）和罐式（GCBT）两大系列，以 SF_6 断路器为基础，发展了 GIS、HGIS 等多种产品。

(5) SF_6 断路器没有燃烧危险。SF_6 气体不燃烧，也不支持燃烧，运行更安全；不含碳分子，在电弧反应中没有炭或碳化物生成；绝缘和灭弧性能好；允许开断次数多；检修周期长。

(6) SF_6 气体在 1997 年全球变暖京都议定书中被列为受限制的温室气体，世界上每年有一半左右的 SF_6 气体是用于高压开关设备，控制和减少使用 SF_6 气体是高压开关设备应用中的一项重要任务。在没有更好的替代物之前，提高 SF_6 高压开关设备的断口电压、降低漏气率、减少废气排放、进行回收利用是减低 SF_6 使用量的重要措施。

四、SF_6 高压断路器灭弧室及灭弧过程

ABB 公司所产 GIS 用断路器灭弧室结构图如图 5-6 所示，自能式断路器灭弧室结构及灭弧原理图如图 5-7 所示。以上两种为典型 SF_6 断路器灭弧室结构。SF_6 断路器的灭弧室要求：

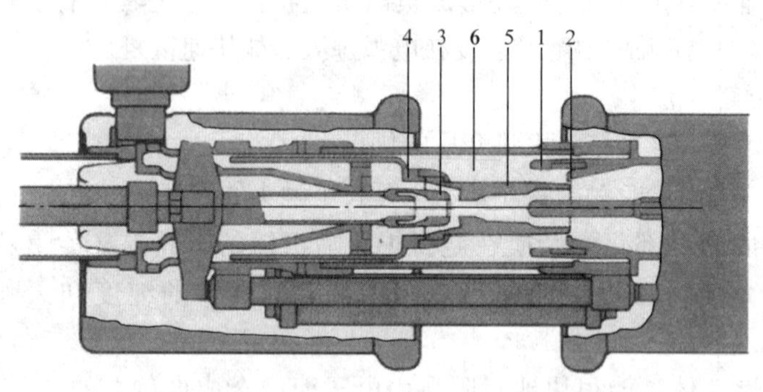

图 5-6 ABB 公司所产 GIS 用断路器灭弧室结构图

1—静主触头；2—静弧触头；3—动弧触头；4—动主触头；5—喷口；6—SF_6 气体

(1) 在最有利的距离（电弧熄灭后能保持绝缘的距离）和最有利的时间（电流的第一个，最多第二个过零点）熄灭电弧。

(2) 在最有利的开距和第一个零点时，保证吹弧时的压力为音速。这两点要求灭弧室的动触头在灭弧时要有足够的速度，操动机构能够提供足够大的操作功。

(3) 为了充分发挥 SF_6 气体绝缘性强和灭弧能力强的优势，提高断路器的断口电压和短路开断能力，应该尽量提高灭弧室（包括灭弧过程中）的电场均匀性。如 Siemens 公司的定开距灭弧室就特别注意灭弧室的电场均匀性，但过分强调电场均匀性会提高操作功。

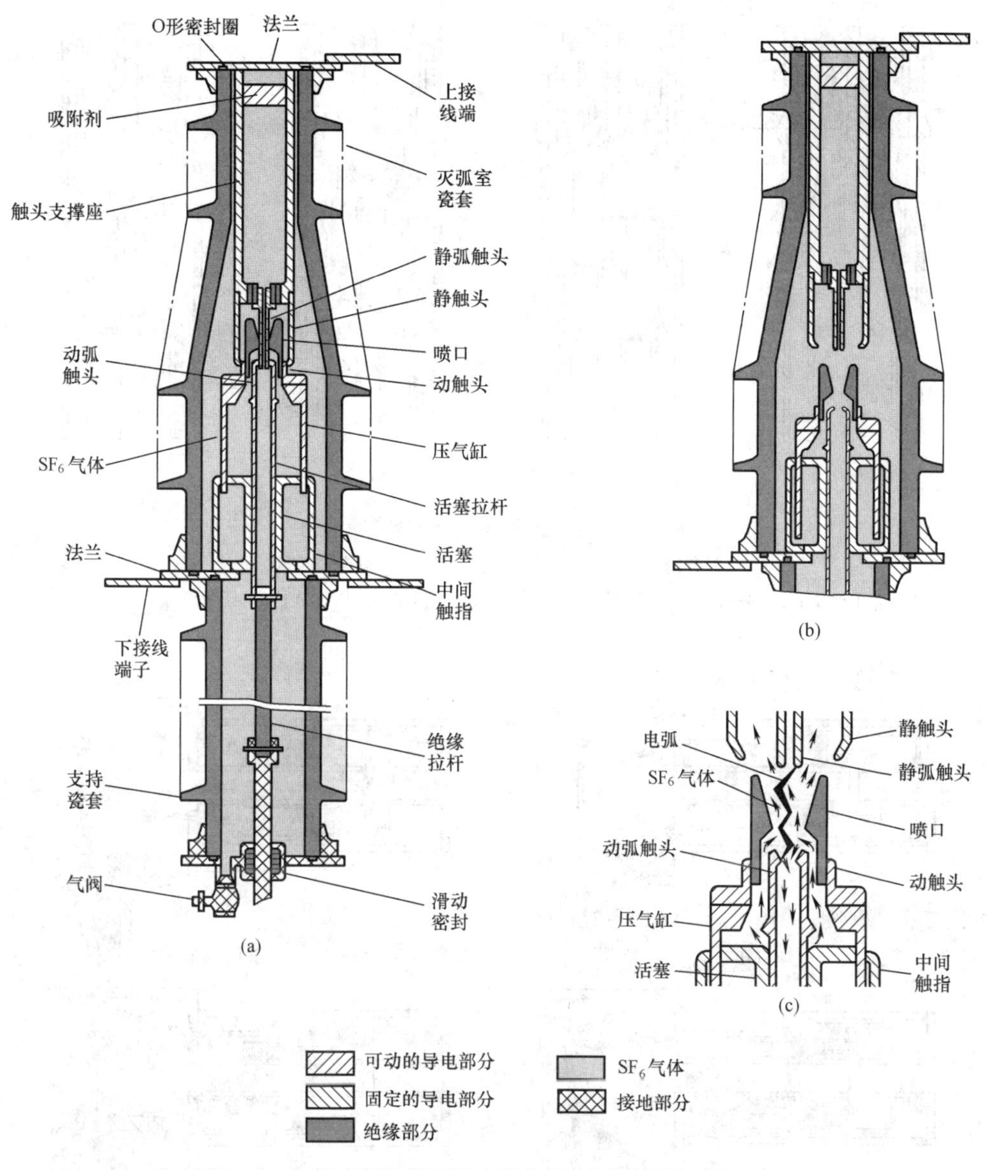

图 5-7　自能式断路器灭弧室结构及灭弧原理图（变开距）

(a) 合闸位置示意图；(b) 分闸位置示意图；(c) 灭弧过程示意图

（4）灭弧室的电流回路、灭弧触头既要保证正常运行长期通过的足够大的负荷电流，又要保证能开断足够大的故障电流，一般 SF_6 断路器的通流触头（主触头）和灭弧触头分开设计。

触头结构，对于一般变开距灭弧室，主触头采用独特的整体自力型触头，无触头弹簧，电接触稳定可靠。弧触头采用整体烧结的铜钨触头，铜钨块不会脱落，喷口一般使用聚四氟乙烯材料，抗电弧烧蚀能力强，灭弧室内零部件减少到了最少，因此工作特性稳定可靠。而对于 Siemens 公司的定开距灭弧室，为了加强触头的抗烧蚀能力和提高灭弧室内电场均匀性，触头有部分是石墨。图 5-8、图 5-9 分别是变开距和定开距灭弧室开断过程示意图。

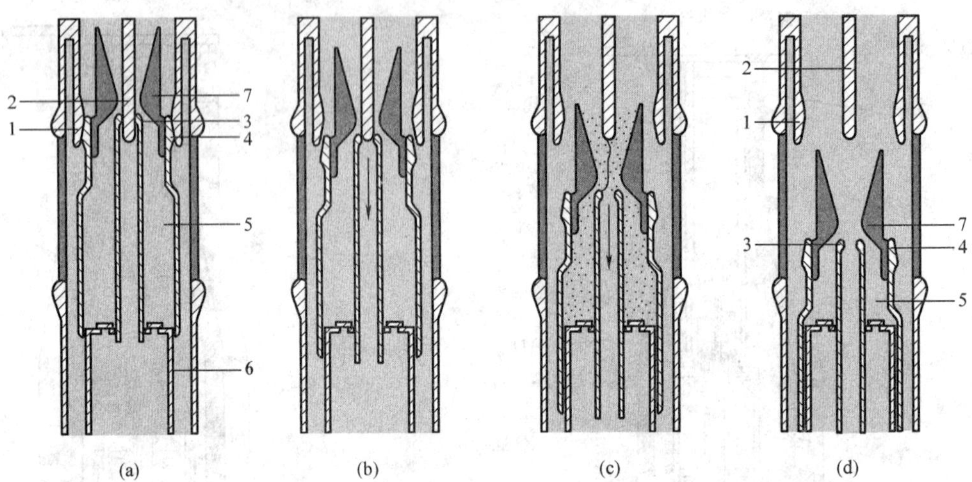

图 5-8　变开距灭弧室开断过程示意图

(a) 合闸状态；(b) 开始分闸；(c) 灭弧；(d) 分闸状态

1—静主触头；2—静弧触头；3—动弧触头；4—动主触头；5—压气缸；6—压气活塞；7—喷口

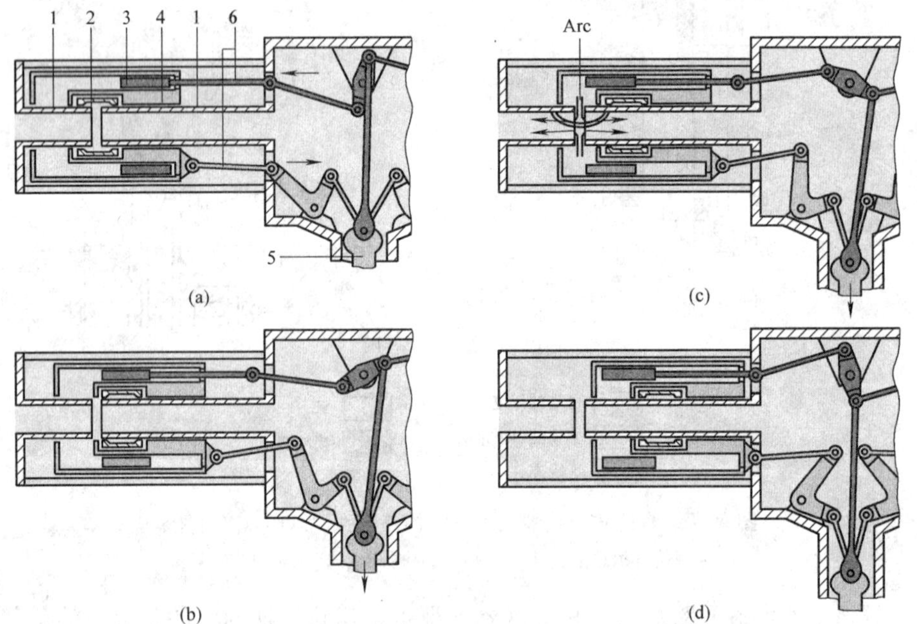

图 5-9　定开距灭弧室开断过程示意图

(a) 合闸状态；(b) 开始分闸；(c) 灭弧；(d) 分闸状态

1—触头；2—滑动触头（动触头）；3—压气活塞；4—压气缸；5—绝缘拉杆；6—连杆

五、高压断路器主要附件

（一）绝缘子支柱

绝缘子支柱在瓷柱式高压断路器中起机械支撑作用，承担对地绝缘和机械传动作用。一般由多节瓷柱组成，绝缘拉杆下部有直动密封组件，中部和上部有导向元件。瓷柱有两类，一类是瓷柱与灭弧室不连通的；另一类是瓷柱与灭弧室气体连通形成一个气室的。

（二）并联电容器

并联电容器（也称均压电容）和并联电阻（也称合闸电阻）都是与断路器灭弧室断口相并联的、改善断路器工作特性的重要附件。一般在有两个及两个以上灭弧室断口的断路器需要装设并联电容，在330kV及以上电压等级的电网中，根据断路器操作时线路过电压的水平和电网的结构确定是否要装设合闸电阻。330kV及以上电压等级的多断口断路器可能既装设并联电容器，又装设合闸电阻。

1. 多断口装设并联电容器

断路器在采用多断口结构后，每个断口在开断位置的电压分配和开断过程中的电压分配是不均匀的，取决于断路器断口电容和断路器对地电容的大小。由于每个断口的工作条件不同，加在每个断口上的电压相差很大，甚至相差近1倍，为了充分发挥每个灭弧室的作用，降低灭弧室的成本，应尽量使每个断口上的电压分配基本相等。通常在每个断口上并联一个适当容量的电容器，用以改善在不同工作条件下每个断口的电压分配。同时，为了降低断路器在开断近区故障时灭弧断口的恢复电压上升速度，提高断路器开断近区故障的能力。

2. 并联电容器的作用

并联电容器在高压断路器中的主要作用有：

(1) 在多断口断路器中，改善断路器在开断位置时各个断口的电压分配，使之尽量均匀，并且使开断过程中每个断口的恢复电压尽量均匀分配，以使每个断口的工作条件接近相等。

(2) 在断路器的分闸过程时电弧过零后，降低断路器触头间隙的恢复电压的上升速度，提高断路器开断近区故障的能力。

断路器断口上的并联电容，应该能够耐受2倍的断路器额定电压2h，其绝缘水平应该与断路器断口间的耐受电压水平相同。

（三）并联电阻

在超高压和特高压电网中，由于这一等级电网设备的绝缘水平（即允许过电压水平）为2.0pu，在正在建设的特高压电网中，为进一步降低设备绝缘方面的造价，节约成本，特高压电网允许的过电压水平进一步降低到1.7pu。因此在超高压和特高压电网中需要采取措施抑制断路器操作时产生的过电压。包括在330～550kV断路器上装设的合闸电阻，也包括在特高压断路器中装设的分闸电阻和特高压隔离开关上装设的限制重击穿过电压的并联电阻。

断路器的操作是大部分操作过电压的起因。提高断路器的灭弧能力和动作的同期性，加装合闸电阻是限制操作过电压的有效措施。降低工频稳态电压，加强电网建设，合理装设高抗，合理操作，消除和削弱线路残余电压，采用同步合闸装置，使用性能良好的避雷器等也是限制操作过电压的有效办法。但是，断路器装设合闸电阻仍是限制断路器操作过电压最可靠、最有效的方法。

1. 并联电阻的作用

并联电阻的作用是降低断路器操作过电压和隔离开关操作时的重击穿过电压。一般由碳化硅电阻片叠加而成，有的是金属无感电阻，阻值为［(400～600)±5%］Ω，属中值电阻。合闸电阻的提前接入时间为7～12ms，合闸电阻的热容量要求在1.3倍额定相电压下合闸3～4次。合闸电阻为瞬时工作，不能长期通过大电流。一般用于接通和断开合闸电阻的断口不具备灭弧功能。合闸电阻结构图如图5-10所示（辅助断口与合闸电阻在同一瓷套内，图中为合闸状态）。

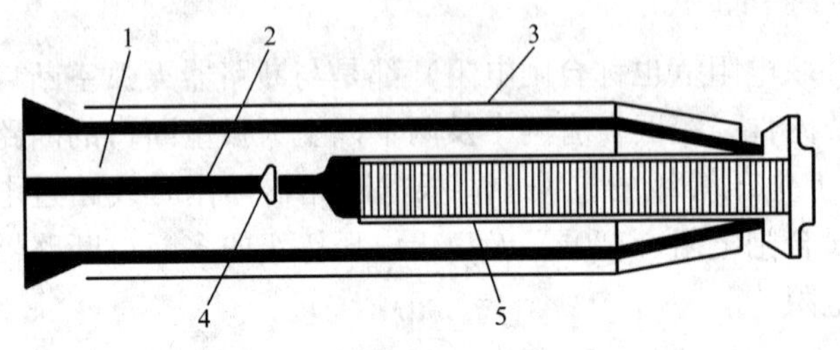

图5-10　合闸电阻结构图

1—触指；2—电阻动触头；3—合闸电阻瓷套；4—电阻静触头；5—合闸电阻

2. 合闸电阻工作原理

合闸电阻按照工作原理可分为3类：

(1) 先合后分式。合闸电阻相当于串联在灭弧室断口的两侧，辅助断口与灭弧室在同一个瓷套内。开断时，主断口灭弧过程完成后分开合闸电阻，合闸电阻相当于串联，合闸时合闸电阻先接入。

该类型断路器的合闸电阻在断路器合闸后，被导电系统所短接。在分闸后恢复断开状态，并准备下一次合闸。

(2) 瞬时接入式。断路器的合闸电阻在合闸和分闸状态时，其合闸电阻都是断开的，仅在断路器的合闸过程中，合闸电阻辅助断口合上。合闸电阻先接入；合闸过程中，合闸电阻辅助触头的复归弹簧被压缩，然后断路器主断口合上，将合闸电阻短接；此时合闸电阻辅助触头在复归弹簧的作用下迅速分开，回到合闸之前状态，为下一次合闸作准备。断路器合闸运行时，合闸电阻是断开的。对这些类型的断路器，要注意在断路器合分操作时合闸电阻的退出时间与主断口的配合关系，一般应保证合闸电阻提前主断口5ms以上分闸。

(3) 随动式。合闸电阻提前合、提前分，与主断口同时动作。与第二种不同的地方就是在断路器合闸以后合闸电阻辅助断口并不分开，而是等到分闸时电阻断口提前分闸。而此时整个电路被主断口短路，不存在灭弧问题。

3. 合闸电阻与断路器主断口的常用连接方式

合闸电阻与断路器主断口的常用连接方式如图5-11所示。

(1) 图5-11 (a) 的合闸过程：合闸时先合辅助断口S2，投入合闸电阻，再合主断口S1，主断口合闸后将合闸电阻短接。合闸电阻的配置每断口一个。

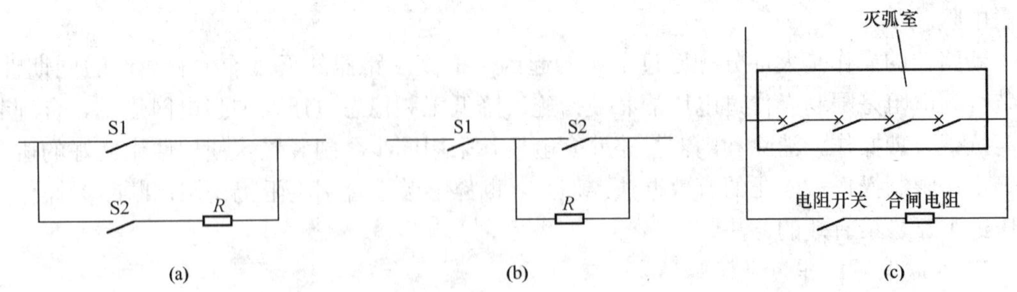

图5-11　合闸电阻与断路器主断口的常用连接方式

(a) 方式一；(b) 方式二；(c) 方式三

(2) 图 5－11（b）的合闸过程：合闸时先合主断口 S1，投入合闸电阻，再合辅助断口 S2，辅助断口合闸后将合闸电阻短接。合闸电阻的配置每断口一个。

(3) 图 5－11（c）的合闸过程与图 5－11（a）相同，所不同的是将每相的所有主断口与合闸电阻相并联。

4. 合闸、分闸电阻的操作方式

双断口合闸、分闸电阻的电气原理图如图 5－12 所示。断路器每断口配置一个电阻。

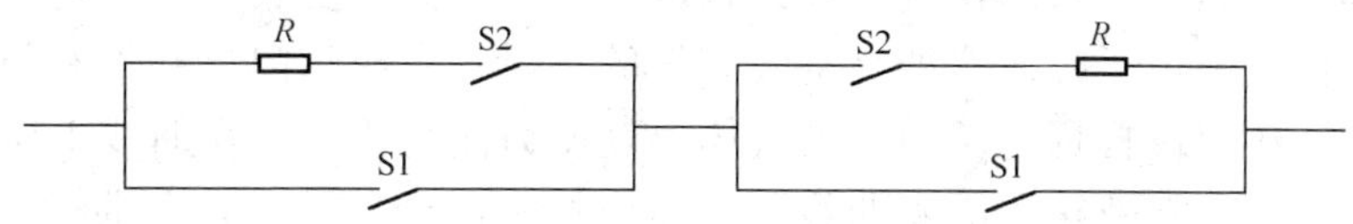

图 5－12　双断口合闸、分闸电阻的电气原理图

(1) 合闸时，带有辅助断口的合闸电阻提前约 10ms 投入，即先合 S2，再合 S1。

(2) 分闸时，带有辅助断口的合闸电阻滞后 30ms 退出，即先分 S1，再分 S2。

分闸电阻在分闸时的通电时间分析图如图 5－13 所示。由图 5－13 可知，在分闸时电阻体通过电流的时间最短为 15s，最长为 35s，平均为 25s。

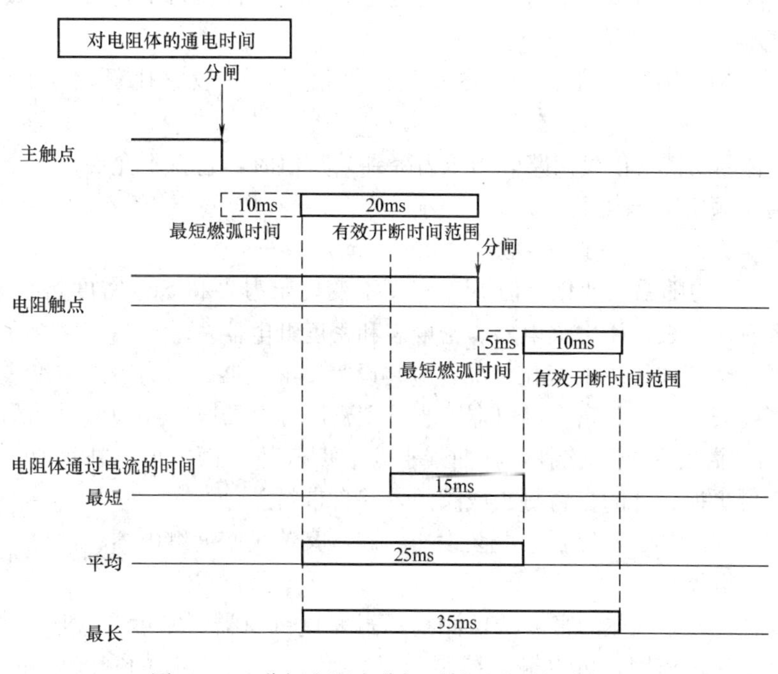

图 5－13　分闸电阻在分闸时的通电时间分析图

（四）同步合闸控制装置

对于限制合闸过电压，有些厂家还开发了同步合闸控制装置，根据合闸线路两端的电压波形瞬时值，并根据断路器的动作时间、环境温度、操动机构的储能情况等，在适当的时候发出断路器操作命令，从而使合闸振荡过程尽量减弱，降低操作过电压水平。

（五）SF_6 断路器的气体监视装置

SF_6 断路器的绝缘和灭弧能力在很大程度上取决于 SF_6 气体的密度和纯度，所以对

SF_6 气体的监测十分重要。

1. 对 SF_6 的监视要求

(1) 每个封闭压力系统（隔室）应设置密度监视装置，制造厂应给出补气报警密度值，对断路器室还应给出闭锁断路器分、合闸的密度值。低气（液）压和高气（液）压闭锁装置应整定在制造厂指明的合适的压力极限上（或内）动作。

(2) 密度监视装置可以是密度表，也可以是密度继电器。压力（或密度）监视装置应装在与本体环境温度一致的位置，并设置运行中可更换密度表（密度继电器）的自封触头或阀门。在此部位还应设置抽真空及充气的自封触头或阀门，并带有封盖。当选用密度继电器时，还应设置真空压力表及气体温度压力曲线铭牌，在曲线上应标明气体额定值、补气值曲线。在断路器隔室曲线图上还应标有闭锁值曲线，各曲线应用不同颜色表示。

(3) 密度监视装置可以按 GIS 的间隔集中布置，也可以分散在各隔室附近。当采用集中布置时，管道直径要足够大，以提高抽真空的效率及真空极限。

(4) 密度监视装置、压力表。自封触头或阀门及管道均应有可靠的固定措施。

(5) 应防止内部故障短路电流发生时在气体监视系统上可能产生的分流现象。

(6) 气体监视系统的接头密封工艺结构应与 GIS 的主件密封工艺结构一致。

2. SF_6 气体闭锁信号装置设置

(1) SF_6 气体压力降低信号，也称补气报警信号，一般它比额定工作气体压力低5%～10%。

(2) 分、合闸闭锁及信号回路。当压力降到某数值时，它就不允许进行合闸和分闸操作，一般该值比额定工作气压低 8%～15%。

3. SF_6 气体压力监测装置的类型

SF_6 气体的压力随温度变化，但 SF_6 密度不变。压力表和 SF_6 密度是起监视作用的。一般监测装置有压力表、压力继电器、密度表和密度继电器。

为了监视 SF_6 气体压力的变化情况，应装设密度继电器、压力表或密度表，密度监视装置可以是密度表也可以是密度继电器，当选用密度继电器时，还应装设压力表。应附有“SF_6 气体压力—温度曲线”铭牌，在曲线上应表明气体的额定值、补气值、闭锁值，应设置在运行中可更换表计的自封触头或阀门，并自带封盖。

一般生产厂家的 SF_6 断路器，既装设压力表，又装设密度继电器；部分厂家只装设密度表（兼密度继电器）。

SF_6 断路器对 SF_6 气体的密度的监测是通过密度继电器、密度表或压力表来实现的，密度继电器具备保护作用，可以输出控制和报警信号。SF_6 气体的密度表和密度继电器，只有在断路器退出运行时，即 SF_6 断路器的内部温度和环境温度一致时，才能够准确地测量 SF_6 气体的密度值；而当向 SF_6 断路器充入 SF_6 气体时或断路器投入运行后，其测量值就不一定准确。由于密度表是根据环境温度进行补偿的，对于负荷电流带来的内部温升则不起作用。

密度监视装置按工作原理分为：有指针和刻度或数字的密度表；带电触点或能实现控制功能的密度继电器。按结构形式分为：弹簧管式；波纹管式；数字式。按安装方式分为：径向安装；轴向安装；其他方式安装。

(1) 密度继电器。密度继电器或密度型压力开关，又称温度补偿压力继电器，它只反

映 SF_6 气体密度的变化。正常情况下，即使 SF_6 气体密度不变（即不存在渗漏），其压力也会随着环境温度的变化而变化。因此，如果用普通压力表来监视 SF_6 气体的泄漏，就分不清是由于真正存在泄漏还是由于环境温度变化而造成 SF_6 气体压力变化。故，对于 SF_6 断路器必须用只反映密度变化的密度继电器来保护。

密度继电器的测量情况及注意事项与 SF_6 气体密度表相同，控制和报警警号输出原理与压力继电器类似。密度继电器具有控制和保护作用。

(2) 压力表。压力表按结构原理可分为弹簧管式压力表、活塞式压力表、数字式压力表等多种形式。SF_6 断路器常用的是弹簧管式压力表，测量范围为－0.1～1.0MPa，准确度等级为 1.0 级，最大允许基本误差为±1%，SF_6 断路器的 SF_6 气体额定压力一般在 0.4～0.7MPa（表压）之间，因此最大允许基本误差为 ±0.01MPa。液压操动机构和压缩空气操动机构的压力表测量范围比较高，使用的也是一般的压力表，准确度等级一般在 1.0～1.5 级，最大允许基本误差为±1%～±1.5%。

在对 SF_6 断路器的 SF_6 气体压力表的压力值运用“SF_6 气体压力—温度曲线”进行压力修正时，应以断路器内的温度作为修正温度，而不能以环境温度作为修正温度，因为 SF_6 压力表的测量传感器在 SF_6 断路器内部，主要受到内部温度的影响，内部温度和外部环境温度并不完全一致，有时甚至有较大差距。在运行中，尽管 SF_6 断路器在安装时严格按照厂家的产品说明书进行操作，但是在夏季高温时安装的 SF_6 断路器投入运行后，其压力表指示值（折算到 20℃）高出额定压力很多，在高温和大负荷情况下，压力表测量出的压力值偏差达 20% 以上。对这些现象要正确认识和处理，不能盲目认为压力表有问题。

运行中的断路器 SF_6 气体压力存在误差的主要原因有：一是安装时进行 SF_6 气体压力—温度修正换算，采用了环境温度作为修正温度而带来压力偏差；二是负荷电流通过断路器触头等导流回路时产生热量，加热 SF_6 气体使温度升高而带来压力升高偏差。内部温度升高（简称“温升”）是运行中 SF_6 压力表误差的一个重要原因。

在 SF_6 断路器投入运行巡视中，不仅应检查、记录 SF_6 气体的压力和环境温度，而且要注意检查当时的负荷情况和温度升高情况。通过与过去的记录进行比较，可以大概判断出断路器内部的温度是否过高，以及断路器导电回路的接触电阻是否超标等。在停电时，根据压力表指示值和环境温度，可以比较准确测量 SF_6 气体压力。

(3) 压力继电器。主要用在断路器的液压操动机构或者压缩空气操动机构上，带有多对电触点，用于控制断路器操动机构电动机的启动、停止，以及断路器分闸、合闸、重合闸闭锁和发出报警信号等。压力继电器各触点的动作值是预先设定的，它的动作只与被测介质的压力有关，而与其温度无关。当压力发生变化时，出现不同压力值时，对应的行程开关电触点动作，实现利用压力发出相关控制信号和命令。

安全阀也是断路器的液压操动机构或者压缩空气操动机构配备元件之一，是压力继电器的另外一种形式。不同的是安全阀没有电触点。它是电动机油泵或空气压缩机系统故障情况下引起压力过高时的一种安全保护装置，当油压或气压超过规定最高压力值时，其内部机构装置动作，泄压至规定压力值时，安全阀自动关闭。是液压操动机构或者压缩空气操动机构的重要保护元件。

(4) 密度表。国内外还没有关于密度表的统一技术标准，其结构原理也就是在弹簧式压力表的基础上，装了一个按照环境温度变化而伸缩的双金属片作为温度补偿装置，使弹簧管和双金属片随环境温度变化的伸缩的增量相等且方向叠加，密度表的读数不随环境的变化而变化，但对负荷等原因引起的内部温升没有补偿作用，误差较大。一般使用压力单位，并另外配压力表。目前已有完全补偿的密度表和密度继电器。

使用 SF_6 密度表一般应注意：①密度表只有在 SF_6 断路器退出运行，且断路器内外温度达到平衡之后，才能够准确测量出 SF_6 气体的密度（或压力）值。②密度表中起温度补偿作用的双层金属带只能够补偿由于环境温度变化引起的密度（或压力）读数变化，而不能够补偿由于内部温升引起的密度（或压力）读数变化。③密度表的主要作用是监视 SF_6 气体是否漏气，只有在断路器退出运行，且断路器内外温度达到平衡之后，才能够根据密度（或压力）的变化，判断是否漏气。④SF_6 断路器在运行时，如果断路器的负荷电流较大，由于温升的作用，密度表的读数就会偏大，这是正常现象；如果此时密度表的读数仍是对应于20℃时的额定压力，那么就可能有漏气现象。⑤根据密度表在断路器上的安装位置不同，其读数也会出现偏差，因为环境温度一般是没有阳光照射下的空气温度，如果密度表安装在断路器的背光侧，密度表的读数就会大一些；反之如果密度表装在断路器向阳一侧，经阳光照射后的温度就高些，读数就会小一些。⑥断路器运行时，密度表读数的误差大小，取决于断路器的负荷电流和回路电阻所引起的温升大小；运行经验表明，负荷电流越大，误差越大，误差可达0%～20%，对这种情况要正确分析和处理。

（六）净化装置

在每一相 SF_6 断路器或 HGIS、GIS 等高压开关设备中都装设有净化装置。不同厂家、不同结构的断路器，净化装置的安装位置也不相同，有的安装在灭弧室的上部，有的安装在灭弧室的下部，其主要由过滤罐和吸附剂组成。净化装置的作用是吸附 SF_6 气体中的水分子和 SF_6 气体、水分及其他物质与高温电弧反应后生成的某些化合物，主要作用是吸附 SF_6 气体中的水分子。有两种吸附方式：

（1）静吸附。其固体吸附剂和被净化气体同置于一个容器内，靠气体的自然扩散与固体吸附剂接触进行吸附，这种吸附剂主要用在 SF_6 断路器、HGIS、GIS 等设备中。

（2）动吸附。强制需要净化的气体通过固定的吸附剂床，或将吸附剂与气体连续地逆向或者同向送入吸附剂床。

一般 SF_6 高压开关设备中的 SF_6 气体净化都采用静吸附的方法；对 SF_6 气体回收处理装置中的 SF_6 气体净化则采用动吸附的方法。工业上一般使用的吸附剂有：活性炭、分子筛、氧化铝、硅胶等。

一般吸附剂应满足以下要求：①具有良好的机械强度；具有足够的平衡吸附能量。②对水分和多种杂质有足够的吸附能力。③具有耐受高温和电弧冲击的能力。④吸附剂的成分中不含导电性和介电常数低的物质，以防粉尘影响 SF_6 气体的绝缘性能。

一般 SF_6 高压开关设备中使用的吸附剂主要是分子筛和氧化铝。

（七）压力释放等保护装置

当 GIS 内部母线管或元件内部等出现故障时，如不及时切除故障，外壳将被电弧烧穿。如果电弧能量使 SF_6 气体的压力上升过高，还可能造成外壳爆炸。因此 GIS 和 SF_6 断路器除装设完善的保护装置外，还应装设快速接地开关或其他压力释放装置。快速接地开关是由故障电流作为启动能量的，只要故障电流达到动作值，快速接地开关就会合闸，启动断路器跳闸，切除故障。对于 SF_6 气室较大的 GIS，由于气体压力升高缓慢，气体压力升高幅度也较小，使用压力释放装置已起不到保护作用，应装设快速接地开关。对于 SF_6 气室较小的 GIS 或者支柱式 SF_6 断路器，由于气体压力升高速度较快，气体压力升高幅度较大，压力释放装置对其较为敏感，使用压力释放装置的可靠性也较高。

压力释放装置分为以下两类：一类是以开启和闭合压力表示其特征的，称为压力释放阀，一般组装在 GIS 或罐式断路器上；另一类是开启后不能再闭合的，称为防爆膜，一般装在支柱式 SF_6 断路器上。

对压力释放装置的要求如下：①当外壳与气源采用固定连接时，所采用的压力调节装置不能可靠地防止过压力时，应装设压力释放阀，以防止万一压力调节措施失效时外壳内部的压力过高，其压力升高不应超过设计压力的 10%。②当外壳与气源不是采用固定连接时，应在充气管道上装设压力释放阀，以防止压力升高超过设计压力的 10%，此阀也可以装设在外壳本体上。③一旦压力释放阀动作，在压力降低到设计压力的 75%之前，压力释放阀应能够可靠地重新关闭。④当采用防爆膜压力释放装置时，其动作压力与外壳设计压力的管理应配合好，以减少防爆膜不必要的爆破。⑤防爆膜应能够保证在使用年限内不会老化开裂。制造厂应提供压力释放装置的压力释放曲线。⑥压力释放装置的布置和保护罩的位置，应能够确保排除压力气体时，不危及巡视通道上运行人员的安全。SF_6 断路器的防爆膜一般装设在灭弧室瓷套顶部的法兰处。⑦若气室的容积足够大，在内部故障电弧发生的允许时限内，压力升高为外壳所承受能力允许时，且没有爆炸危险，可以不装设压力释放装置。

第三节　典型敞开式 SF_6 断路器结构与运行维护

一、3AT3 EI 型 SF_6 断路器

（一）3AT3 EI 型 SF_6 断路器的技术特点

3AT3 EI 型 SF_6 断路器由西门子（杭州）高压有限公司制造，它具有以下特点：

(1) 3AT3 EI 型断路器是一种采用 SF_6 气体作为绝缘和灭弧介质的压气式高压断路器，三相设计为户外式。

(2) 每相断路器为单柱式双断口，双断口灭弧单元由两个灭弧室、两只均压电容器、两只合闸电阻和一个中间驱动机构组成。

(3) 每相都装有液压操动机构，以使断路器适用于单相的和三相的自动重合闸。

(4) 在每相断路器的控制箱中，SF_6 气体密度由一密度继电器监控，压力由压力表显示。

(5) 安装在断路器基架上的控制箱中，装有用于断路器控制和监测的设备。

(6) 与操动机构箱相连的辅助开关箱中，有断路器分、合闸位置显示。

(7) 在额定电流下操作 3000 次或 12 年后进行检查（不需打开气室），在额定电流下操作 6000 次或运行 25 年进行维修（需要打开气室）。

（二）3AT3 EI 型 SF_6 断路器主要技术参数

(1) 额定电压：550kV。

(2) 额定电流：3150A。

(3) 额定短路开断电流：50kA。

(4) 额定短路关合电流：2.5×50kA。

(5) 额定热稳定电流（3s）：50kA。

(6) 额定短路持续时间：3s。

(7) 工频耐受电压：620kV（对地），800kV（断口）。

(8) 雷电冲击耐受电压：1550kV。

(9) 额定操作顺序：O—0.3s—CO—180s—CO。

(10) 固有分闸时间：17ms。

(11) 开断时间：37ms。

(12) 额定合闸时间：80ms。

(13) 每相合闸电阻值：450Ω。

(14) SF_6 额定值（20℃）：0.7MPa。

(15) SF_6 告警值：（20℃）：0.64MPa。

(16) 闭锁断路器（20℃）：0.62MPa。

(17) 液压机构额定油压（20℃）：32～37.5MPa。

(18) 油泵启动（20℃）：（32±0.3）MPa。

(19) 自动重合闸闭锁（20℃）：30.8MPa。

(20) 合闸闭锁（20℃）：（27.8±0.3）MPa。

(21) 分闸闭锁（20℃）：（26.3±0.3）MPa。

(22) 液压机构氮气予压力（20℃）：20MPa。

(23) 安全阀动作压力（20℃）：37.5MPa。

(24) 氮气泄漏至发生总闭锁继电器设置时间：（35.5MPa）3h。

（三）断路器合闸电阻的合闸时间

合闸电阻的合闸时间是指从电阻的辅助断口合拢到主断口触头合拢之间的时间。这里必须就机械的和电气的合闸时间加以区别：

(1) 机械合闸时间（无电压），指从辅助断口中触头的电流接触到主断口中触头的电流接触的时间。

(2) 电气合闸时间（在运行电压下），指从辅助断口中预放电电弧出现的时刻到主断口的接触件之间预放电电弧出现的时间。

(3) 在机械设置合闸时间时，只取决于断路器的运行状态（液压压力，SF_6 压力），电气合闸时间还将受到辅助断口和主断口的燃弧时间的影响。所以，电气的和机械的合闸时间是不同的。

(4) 燃弧时间取决于断口的构造、SF_6 压力、辅助断口的操作速度以及电压的瞬时的高度（根据相位、合闸时刻、合闸情形）。

(5) 在操作架空线（空载的）时，缩短设置的合闸时间通常会导致较高的过电压，延长设置的合闸时间会造成电阻的过负荷。

（四）3AT3 EI 型断路器总体结构

3AT3 EI 型断路器总体结构图如图 5－14 所示。

3AT3 EI 型断路器由以下部分构成：断路器基架、控制箱、液压储能筒、液压操动机构、传动箱、辅助开关箱、绝缘子、操动杆、驱动箱、灭弧室、接线板、均压环、均压电容、合闸电阻。

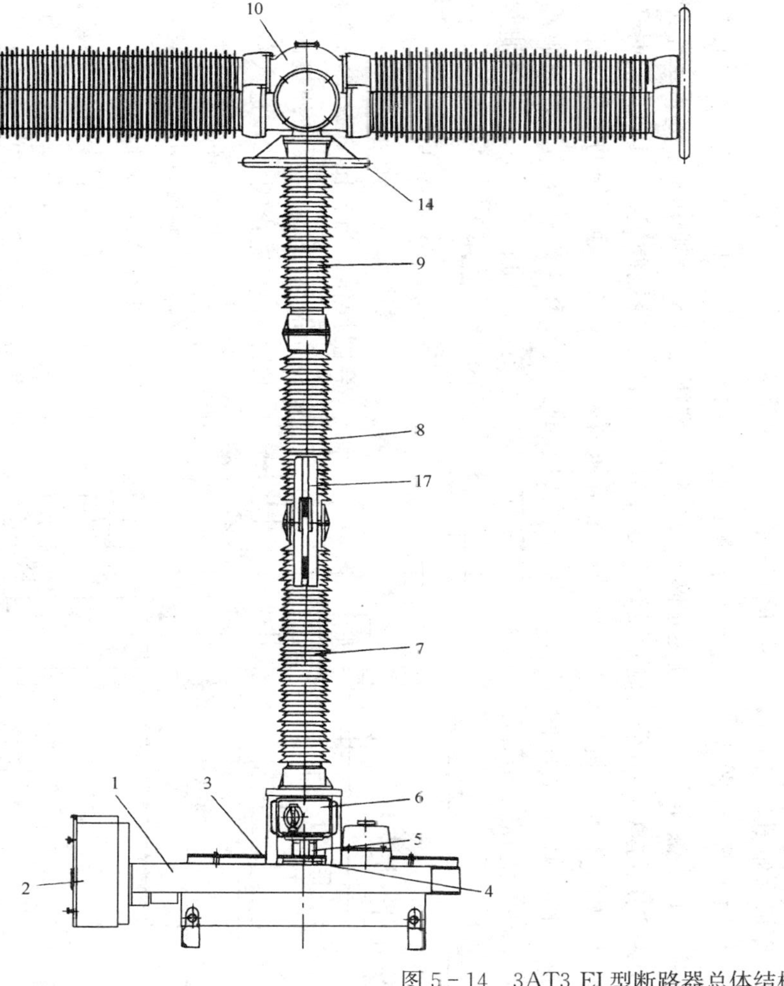

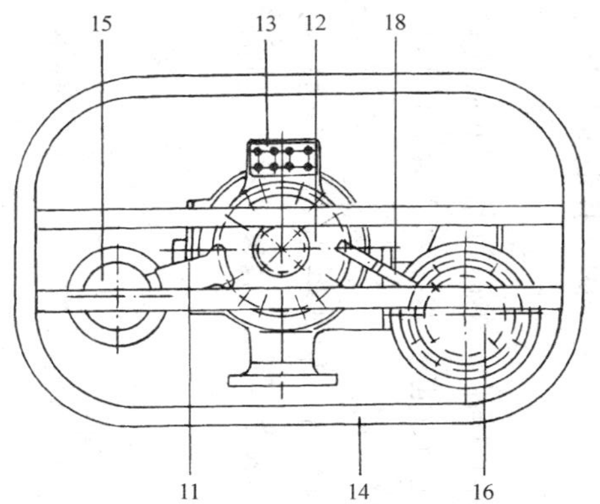

图 5-14　3AT3 EI 型断路器总体结构图

1—基架；2—控制箱；3—液压储能筒；4—液压操动机构；5—传动箱、6—辅助开关箱；7、8、9—绝缘子；10—驱动箱；11—支架；12—灭弧室；13—接线板；14—均压环；15—均压电容；16—合闸电阻；17—操动杆；18—连杆

（五）3AT3 EI 型断路器的液压操动机构

1. 3AT3 EI 型断路器的液压操动机构组成部件

（1）液压操动机构。

1）液压缸：差动活塞在液压缸内的运动由阀块控制，阀块由主阀和控制阀组成。活塞杆将活塞的运动经传动杆和极柱的操动杆传输到灭弧室。

2）油箱：油箱是双层结构，装有开关操作所需要的液压油，在运行状态下从视孔玻璃可看液压油及油位。投运时，在接入控制电压后，或在每次断路器操作之后，液压油将在油泵的打压下从油箱经过一只滤油器自动地打入液压储能筒。

3）阀块：主阀和控制阀、合闸脱扣器以及一只或两只分闸脱扣器组成。此阀块与液压缸无管道连接。主阀和控制阀为中心阀，主阀通过球形锁紧系统，在无压状态下也能牢固保持在所处的最终位置。

（2）液压锁定器。

（3）液压储能筒。

（4）控制单元。

2. 3AT3 EI 型断路器液压机构的工作原理

液压回路由液压监控Ⅰ、控制箱Ⅱ、断路器基架Ⅲ、操动机构Ⅳ构成。3AT3 EI 液压回路控制原理图如图 5－15 所示，液压机构如图 5－16 所示。

液压机构建压（见图 5－15）：液压机构的油箱（12）中的液压油经过滤器（13），被油泵（6）压入液压系统，通过逆止阀（5），进入储压器（8），其中一路进入工作缸的常高压侧液压缸（11）（分闸侧）及装有分合闸阀（14）的控制阀组件（10），同时还进到液压闭锁器（15）（机械防慢分），另一路到压力表（1），在液压系统的高压回路上还装有安全阀（4）及泄压阀（3）。在压力表（1）的旁边装有一外接压力表测量触点（2）。安全阀、泄压阀及液压闭锁器均设有回油管到油箱，回油管上装有一个放油阀（9）。在储压器、工作缸及液压闭锁器上均设有排气阀。

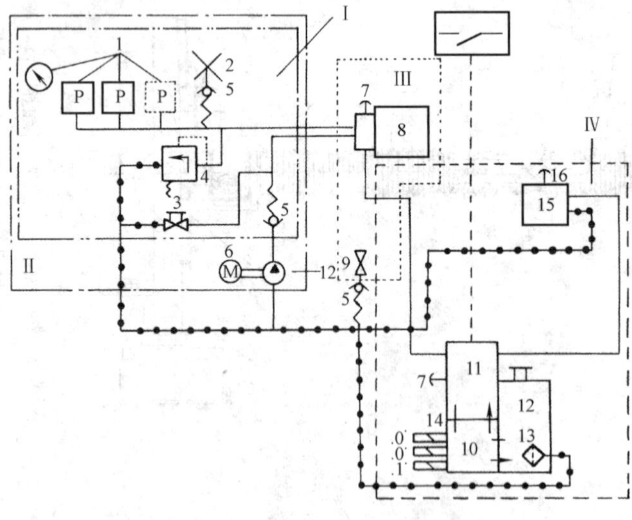

图 5－15　3AT3 EI 液压回路控制原理图

1—压力开关和压力表；2—测量触点；3—泄压阀；4—安全阀；5—逆止阀；6—油泵；7—排气阀；8—液压储压筒；9—放油阀；10—阀块；11—液压缸；12—油箱；13—滤油器；14—合闸脱扣器和分闸脱扣器；15—液压闭锁器；16—排气阀

液压机构（见图 5－16）的合闸操作：当合闸电磁铁动作，打开钢球 H1，高压油通过阀扣 K1、K2、逆止阀 F2，进入分闸一级阀 F1 的下部，推动锥阀 Z1、Z2，封闭阀口 K4、K6，锥阀推动钢球 H2、H3，打开阀 K5、K7，储压器的高压油通过阀口 K5 进入工作缸的合闸侧，推动工作缸的活塞向上运动，断路器合闸。钢球 H1 下部的高压油通过阀口 K7 进入，形成自保持，使锥阀 Z1、Z2 保持不动，合闸电磁铁、钢球 H1、F2 复位，阀口 K1、K2 封闭。

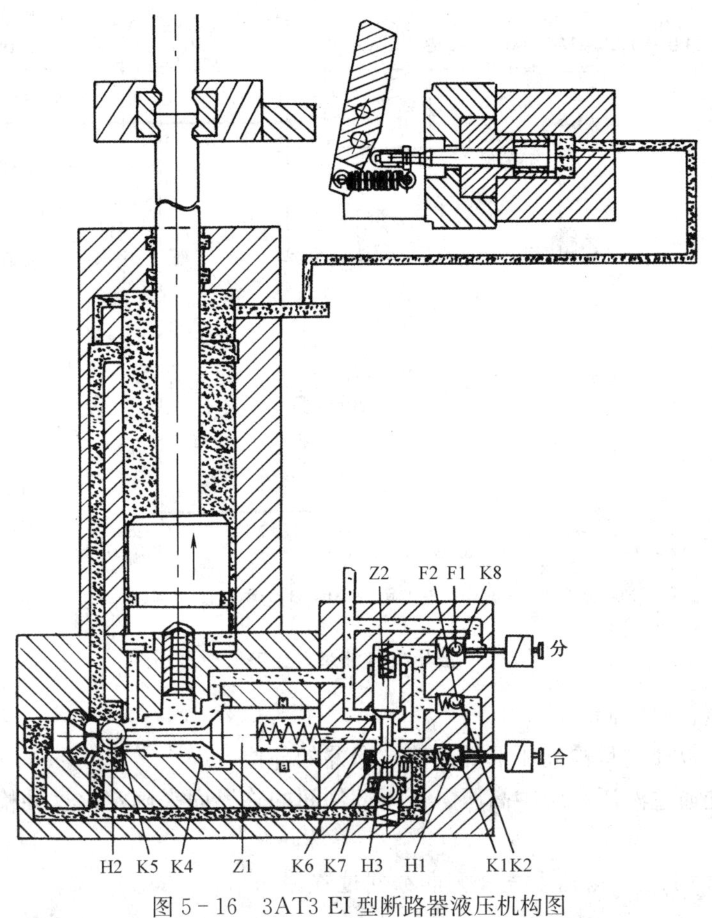

图 5-16　3AT3 EI 型断路器液压机构图

分闸操作：当分闸电磁铁动作，打开钢球 F1，阀口 K8 打开，维持锥阀 Z1、Z2 不动作的高压油通过阀口 K8 泄回到低压油箱，锥阀 Z1、Z2 失去了保持回路的高压油，在弹簧的作用下复位，打开阀口 K4、K6，封闭阀口 K5、K7，这时工作缸合闸侧的高压油通过阀口 K4 泄回到低压油箱，在工作缸分闸侧的常高压油的作用下，工作缸的活塞向下运动，断路器分闸。

锥阀 Z1、Z2 为中心阀，由于其钢球锁定装置，使得锥阀 Z1、Z2 即使液压机构失压至零，其位置也不会改变。

3. 3AT3 EI 型断路器液压油泵的打压过程

液压机构油泵打压的电气原理图如图 5-17 所示。

当液压机构的压力降至预先设定的压力值时（32.0bar），压力开关的一对触点接通，油泵控制继电器 K15 及 K9 动作。油泵启动，随着压力升高，压力开关中的触点接通，由 K15 的延时触点使打压回路保持一段时间后，再断开（时间整定为 3～5s）。K9 上的一对触点接到计数器，记录打压次数。

4. 3AT3 EI 型断路器液压机构打压时间间隔规定

3AT3 EI 型断路器液压机构打压时间间隔不应小于 1h，如果时间间隔小于 1h 时，说明液压机构存在着外部泄漏或不正常的内部泄漏。

5. 液压机构外部泄漏和内部泄漏的检查

3AT3 EI 型断路器液压机构可能泄漏的部位有：安全阀、泄压阀、传动活塞、控制

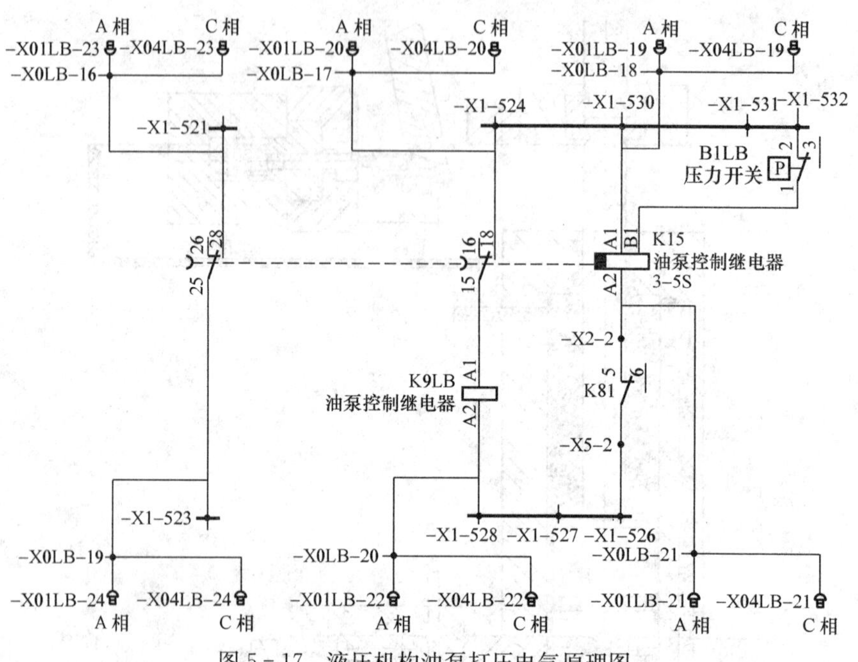

图 5-17 液压机构油泵打压电气原理图

阀、液压锁定器、氮气储压筒。

外部泄漏可以通过目检高压部件来确定泄漏的部位。

内部泄漏处通过液压系统中高压、低压部件间的临界面来确定，这种检查可以通过监听流动声完成。

（六）3AT3 EI 型断路器电气合闸和分闸过程

1. 合闸过程

断路器合闸操作。断路器合闸操作控制回路图如图 5-18 所示。图中，S8 为就地/

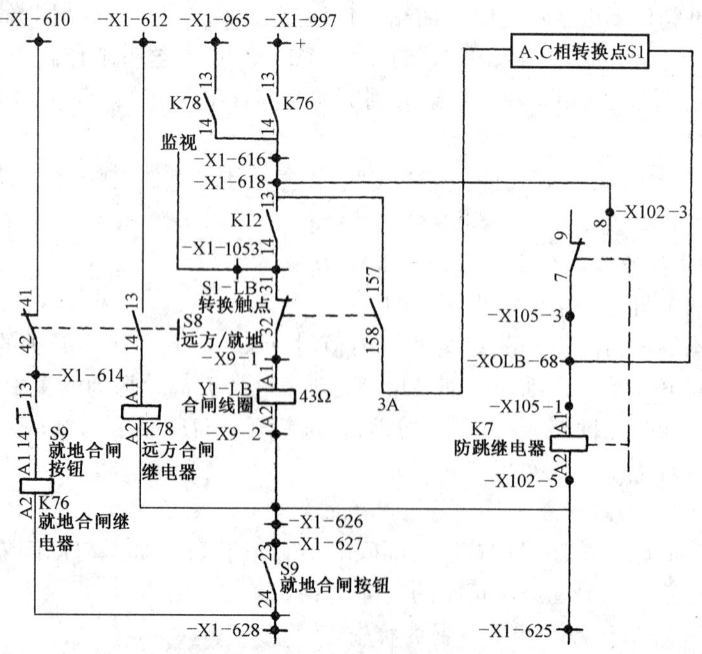

图 5-18 断路器合闸操作控制回路图

远方手柄；S9 为就地合闸按钮；S1 为转换开关；K78 为远方合闸继电器；K76 为就地合闸继电器；K7 为防跳继电器；Y1－LB 为合闸线圈。

当 S8 选择远方时，主控合闸信号通过 S8 的一对触点，启动合闸继电器 K78，－X1－965、“＋”，通过 K78 的一对触点、合闸闭锁 K12 的一对触点、转换开关 S1 的一对触点、合闸线圈 Y1、到－X1－625（－）。合闸电磁铁动作打开液压阀，断路器合闸。S1 转动，切断合闸回路，接通分闸回路。

当 S8 选择就地时，按动 S9 就地合闸按钮，启动就地合闸继电器 K76，－X1－997、“＋”，通过 K76 一对触点，合闸闭锁 K12 的一对触点，转换开关 S1 的一对触点，合闸线圈 Y1，到－X1－625、(QA－)。合闸线圈动作打开液压阀，断路器合闸。S1 转动，切断合闸回路，接通分闸回路。

合闸监视回路：由断路器保护屏的“＋”，通过发光二极管、分压电阻接到转换开关 S1 上，通过 S1、Y1 到“－”，用于监视转换开关及合闸线圈的回路情况。由于分闸电阻的作用，分到 Y1 上的电压很小，电流也很小，不会启动液压阀。

防跳回路：当断路器处于合闸位置时，由于某种原因，分合闸命令同时发出，K78 启动，QA＋经过一对转换触点，与另外两相的触点串联，启动 K7 防跳继电器，由 K7 本身的一对触点提供自保持。K7 动作，合闸闭锁继电器 K12 动作，切断合闸回路。K78 不复归，K12 闭锁不解除。分闸命令通过分闸闭锁继电器 K10、辅助开关 S2、分闸线圈 Y2、阻尼元件 *RC* 回路到达 QA－，分闸电磁铁动作，打开液压阀，断路器分闸。因为合闸闭锁继电器 K12 动作闭锁合闸，断路器不能合闸；紧接着分闸，然后由于防跳回路的作用，断路器不能合闸。

2. 断路器分闸操作

断路器分闸操作电气控制回路图如图 5－19 所示。图中，S3 为就地分闸按钮；S 为转换开关；S8 为远方/就地手柄；K77 为就地分闸继电器；Y2－LB 为分闸线圈。

当 S8 选择远方时，主控分闸信号分别通过 S8 的三对触点，通过分闸闭锁 K10 的三对触点、辅助开关 S2 的三对触点、分闸线圈 Y2（A、B、C）、阻尼元件 *RC* 回路，到“－”。分闸电磁铁动作打开液压阀，断路器分闸。S2 转动，切断分闸回路，接通合闸回路。主控制室远方操作，只能启动第一套分闸。

当 S8 选择就地时，按动 S3 就地分闸按钮，启动就地分闸继电器 K77，－X1－591（＋）通过 K77 三对触点，通过分闸

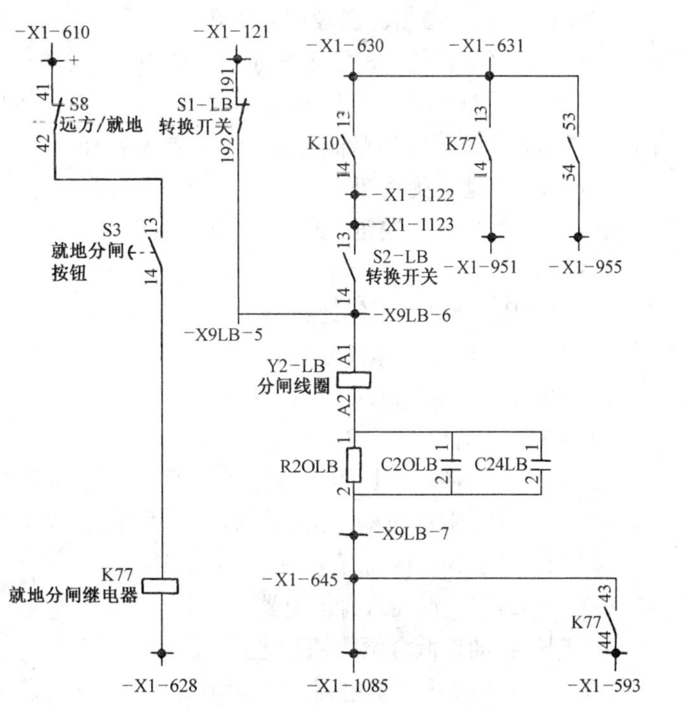

图 5－19　断路器分闸操作控制回路图

闭锁 K10 的三对触点、辅助开关 S2 的三对触点、分闸线圈 Y2（A、B、C）、阻尼元件 *RC* 回路，到-X-1085（—）。分闸电磁铁动作打开液压阀，断路器分闸。（分闸 2 无就地分闸回路）S2 转动，切断分闸回路，接通合闸回路。

分闸监视回路：由断路器保护屏的“＋”，通过发光二极管、分闸电阻接到转换开关 S1 上，通过 S1、Y2 或 Y3、*RC* 到“－”，用于监视转换开关及分闸线圈的回路情况。由于分压电阻的作用，分到 Y2 上的电压很小，电流也很小，不会启动液压阀。

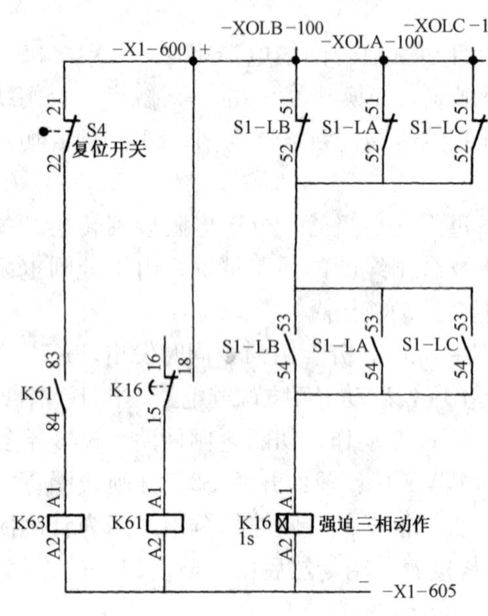

图 5-20　3AT3 EI 型断路器三相不一致电气控制回路图

3. 3AT3 EI 型断路器三相不一致的动作过程

3AT3 EI 型断路器三相不一致电气控制回路图如图 5-20 所示。

三相的转换开关 S1 中的三个常闭触点并联，另外三个常开触点并联，然后两组串联，当三相位置不一致时，三相不一致继电器 K16 动作，延时触点滞后 1s 后动作，启动强迫三相动作继电器 K61、K63，由 K61 的一对触点提供自保持，K63 向主控制室发三相不一致信号。断路器三相不一致时，保护在保护屏的位置继电器上检测到，发出三跳命令。

信号复归需将复位开关 S4 转动至“I”位，然后复位即可。

（七）3AT3 EI 型断路器控制箱内各小开关、按钮、继电器的作用

（1）S4：复位开关，若需要复位信号将 S4 开关转至“I”位。

（2）S8：“就地/远方”控制开关，在“就地”位置时则断路器可在就地控制箱中操作，在“远方”位置时断路器必须在主控制室操作。

（3）S9：就地合闸按钮。

（4）S3：就地分闸按钮。

（5）S10：门灯开关。

（6）P1LB：断路器操作计数器（B 相）。

（7）P4LB：液泵动作计数器（B 相）。

（8）F1LB：油泵电源开关（B 相）。

（9）F3LB：总电源开关。

（10）B2LB：液压机构压力监控器（压力开关）（B 相）。

（11）B1LB：液压机构压力监控器（压力开关）（B 相）。

（12）BL4B：SF_6 压力开关。

（13）K81：N_2 泄漏告警继电器。

（14）K2：油压低合闸闭锁继电器。

（15）K5：SF_6 闭锁继电器。

（16）K4：自动重合闸闭锁继电器。

(17) K3：油压低分闸闭锁继电器。

(18) K103：油泵总闭锁 2。

(19) K105：SF_6 总闭锁 2。

(20) K7LB：防跳继电器。

(21) K9LB：油泵控制继电器（B 相）。

(22) K10：分闸总闭锁继电器。

(23) K12：合闸总闭锁继电器。

(24) K61：强迫三相动作继电器。

(25) K63：强迫三相动作继电器。

(26) K77：就地分闸继电器。

(27) K26：分闸总闭锁 2。

(28) K182：N_2 泄漏。

(29) K76：就地合闸继电器。

(30) K78：远方合闸继电器。

(31) K14：N_2 总闭锁继电器

(32) K15LB：断路器打压控制继电器（B 相）。

(33) K16：三相不一致动作继电器。

(34) K82：N_2 总闭锁。

(35) F3：加热器。

(36) S10LB：行程开关。

（八）3AT3 EI 型断路器在运行时闭锁信号和整定值

3AT3 EI 型断路器闭锁信号控制原理图如图 5-21。其闭锁信号有：

(1) 油压低合闸闭锁。当液压机构压力降至预先设定的压力值（27.8MPa）时，压力开关的一对触点接通，油压低合闸闭锁继电器 K2 动作，合闸总闭锁继电器 K12 动作，切断合闸回路，实现闭锁合闸。

(2) 油压低分闸闭锁。当压力机构的压力降至预先设定的压力值时（26.3MPa），压力开关的一对触点接通，油压低分闸闭锁继电器 K3 动作，分闸总闭锁继电器 K10 动作，切断分闸回路，实现分闸闭锁。

(3) SF_6 压力低分、合闸闭锁。当本体中的 SF_6 压力降至预先设定的压力值时（0.62MPa），密度继电器的一对触点接通，向主控制室发出 SF_6 泄漏告警信号；SF_6 闭锁继电器 K5 动作，分闸总闭锁继电器 K10 动作，切断分闸回路，同时合闸总闭锁继电器 K12 动作，切断合闸回路，实现闭锁分、合闸。

(4) N_2 压力低分、合闸闭锁。当液压机构打压时，压力升至预先设定的压力值时（35.5MPa），压力开关的一对触点接通，N_2 泄漏告警继电器 K81 动作，向主控制室发出 N_2 泄漏告警，由 K81 的一对触点形成自保持，还切断油泵打压控制继电器 K15 及 K9，油泵停止打压；同时合闸总闭锁继电器 K12 动作，切断合闸回路。此时运行人员应到现场检查，因 K81 的动作，使 N_2 总闭锁继电器 K14 动作，由 K81 的一对触点形成自保持，K14 延时启动触点（整定为 3h），时间到后，K14 的延时触点断开，分闸总闭锁 K10 动作，切断分闸回路，实现闭锁分、合闸。

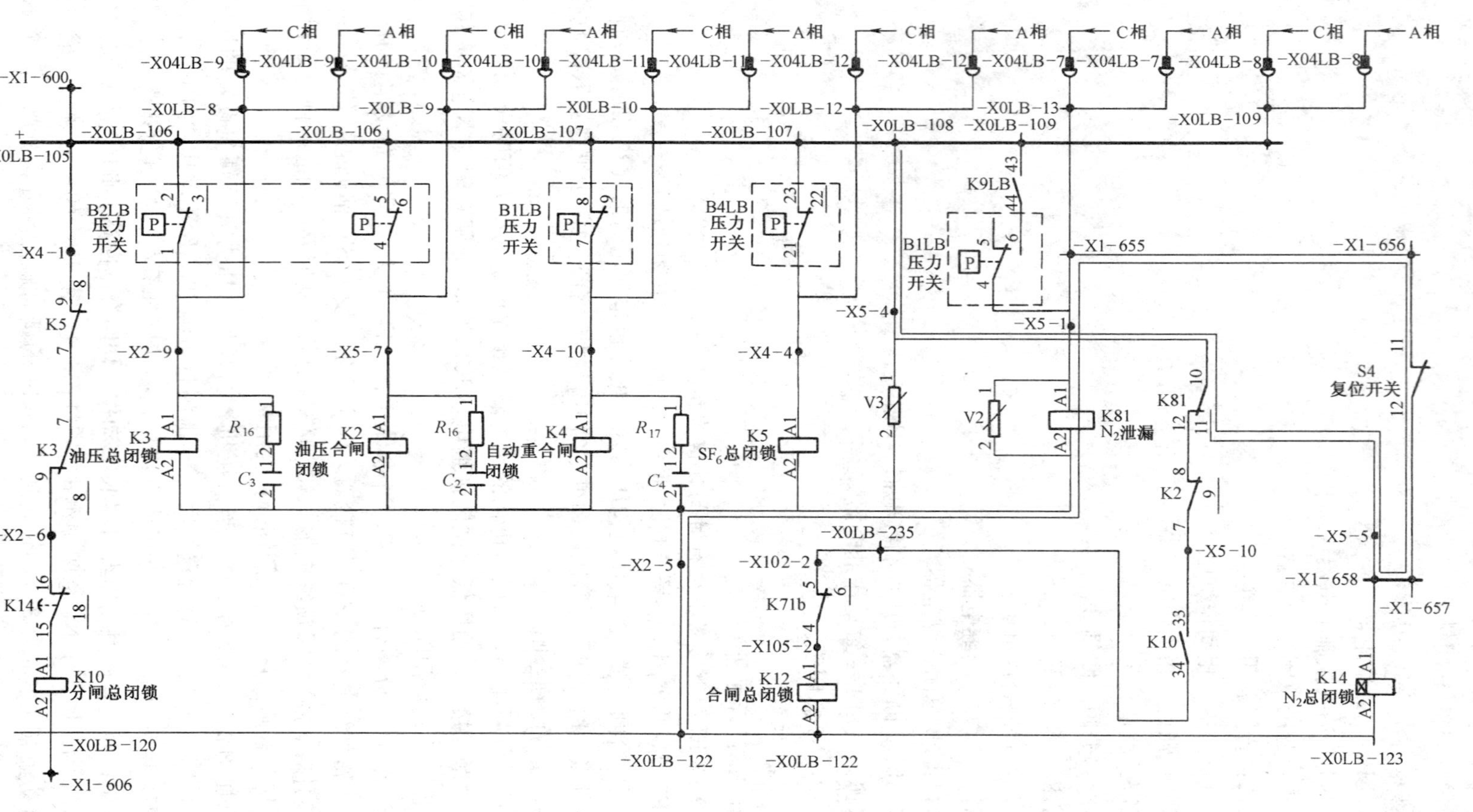

图5-21　3AT3 EI型断路器闭锁信号控制原理图

(5) 自动重合闸闭锁。当液压机构压力降至预先设定的压力值（30.8MPa）时，压力开关的一对触点接通，自动重合闸闭锁继电器 K4 动作，闭锁重合闸，同时向主控制室发出自动重合闸闭锁信号。

二、LW10B－252（H）型 SF_6 断路器

LW10B－252（H）型 SF_6 断路器是在 LW6 系列 SF_6 断路器的技术基础上，进一步发展、创新，自行开发成功的新产品。该产品不仅继承了 LW6 系列断路器结构紧凑、灭弧室小巧、操作功小、性能稳定可靠、使用寿命长、综合技术经济指标高的优点，而且液压操动机构采用了管状二级阀结构，减少了液压阀的级数，简化了结构，大大减少了渗漏油的可能性。

（一）LW10B－252（H）型 SF_6 断路器的特点

(1) LW10B－252（H）/4000－50 型 SF_6 断路器是 252kV 电压等级低气压型单断口结构。

(2) 采用单柱单断口型式，灭弧断口不带并联电容器。

(3) 液压操动机构采用了进口控制阀，液压管路全部内置，结构新颖，外观简洁、紧凑，无渗漏。

(4) SF_6 气体作为灭弧和绝缘介质，采用单压式变开距灭弧室结构，用以切断额定电流和故障电流，转换线路，实现对高压输电线路和电气设备的控制和保护，每极均有一套独立的液压系统，可分相操作，实现单相自动重合闸；通过电气联动也可三相联动操作，实现三相自动重合闸。

(5) 断路器的额定短路开断达 26 次，机械寿命为 3000 次，检修间隔期长。

(6) 每极断路器均装有指针式密度控制器，用于监视 SF_6 气体的泄漏，其指示值不受环境温度的影响。

(7) 液压机构操作油压由压力开关自动控制，可恒定保持在额定油压而不受环境温度影响，同时，机构内的安全阀可免除过压的危险。

(8) 液压机构具有失压后重建压力时不慢分的功能。

(9) 液压机构装有两套彼此独立的分闸控制线路，可以应用两套继电保护以提高运行的可靠性。

(10) 断路器可带电补充 SF_6 气体而无需退出运行。

(11) 断路器操作噪声低。

(12) 液压操动机构几乎无外露管路，减少了漏油环节。

（二）LW10B－252 型 SF_6 断路器主要技术参数（见表 5－1）

表 5－1　　主要技术参数

序号	项目	单位	参数	
			LW10B－252/3150－40	LW10B－252/3150－50
1	额定电压	kV	252	
2	额定电流	A	3150	
3	额定频率	Hz	50	
4	额定短路开断电流	kA	40	50
5	额定失步开断电流	kA	10	12.5

续表

序号	项目		单位	参数	
				LW10B-252/3150-40	LW10B-252/3150-50
6	近区故障开断电流（L90/L75）		kA	36/30	45/37.5
7	额定线路充电开合电流（有效值）		A	160	
8	额定短时耐受电流		kA	40	50
9	额定短路持续时间		s	3	
10	额定峰值耐受电流		kA	100	125
11	额定短路关合电流		kA	100	125
12	额定操作顺序			O—0.3s—CO—180s—CO	
13	分闸速度		m/s	9±1	
14	合闸速度		m/s	4.6±0.5	
15	分闸时间		ms	≤32	
16	开断时间		周波	2.5	
17	合闸时间		ms	≤100	
18	分闸同期性		ms	≤3	
19	合闸同期性		ms	≤5	
20	储压器预充氮气压力（15℃）		MPa	17+1.0	15±0.5
21	额定油压		MPa	28±1.0	26±1.0
22	额定 SF_6 气压（20℃）		MPa	0.4	0.6
23	SF_6 气体年漏气率		%	≤1	
24	SF_6 气体含水量		ppm（V/V）	≤150	
25	SF_6 气体重量		kg/台	25	27
26	每台断路器重量		kg	1800×3	
27	保温加热器电源		V	AC 220	
28	断路器机械寿命		次	3000	
29	额定绝缘水平	工频耐压 1min（有效值）	kV	断口间 415/460（干、湿试）	
				极对地 360/395（干、湿试）	
		雷电冲击耐压 1.2/50/μs（峰值）	kV	断口间 950/1050	
				极对地 850/950	

注 1. 分、合闸速度指断路器单分、单合时的速度值，其定义如下：①分闸速度—触头刚分点至分闸后 90mm 行程段的平均速度；②合闸速度—触头刚合点至合闸前 40mm 行程段的平均速度。

2. 当海拔高度要求在 2000m 时，产品的额定绝缘水平按表 5-1 中斜线上方的数据；当海拔高度要求不超过 1800m 时，产品的额定绝缘水平按表 5-1 中斜线下方的数据。

（三）LW10B-252（H）SF_6 断路器结构与原理

LW10B-252 型 SF_6 断路器为瓷柱式结构，根据用户的要求，支柱瓷套可分为双节和单节两种；接线方式又可分为上接线板对准前门（X型）和下接线板对准前门（M型）两种型式，高进低出或低进高出均可。

每台断路器由三个独立的单极组成，断路器单极主要由灭弧室、支柱、液压操动机构及密度继电器组成。单极剖面图如图5－22所示。

1. LW10B－252（H）SF_6断路器本体

(1) 灭弧室结构。

整个灭弧室由三部分组成。灭弧室结构图如图5－23所示。

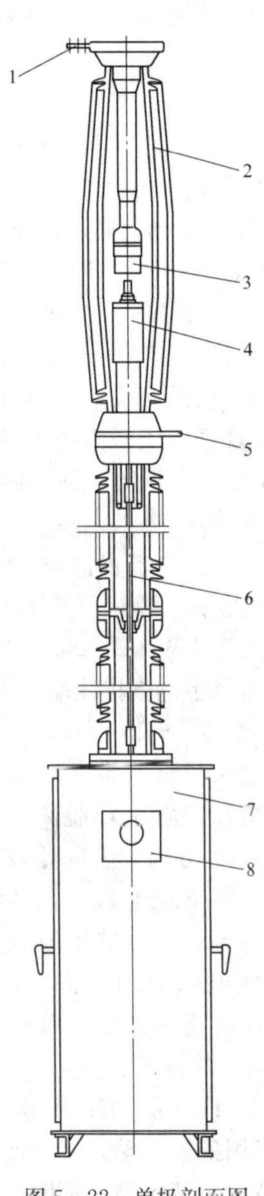

图5－22　单极剖面图

1—上接线板；2—灭弧室瓷套；3—静触头；4—动触头；5—下接线板；6—绝缘拉杆；7—机构箱；8—密度继电器

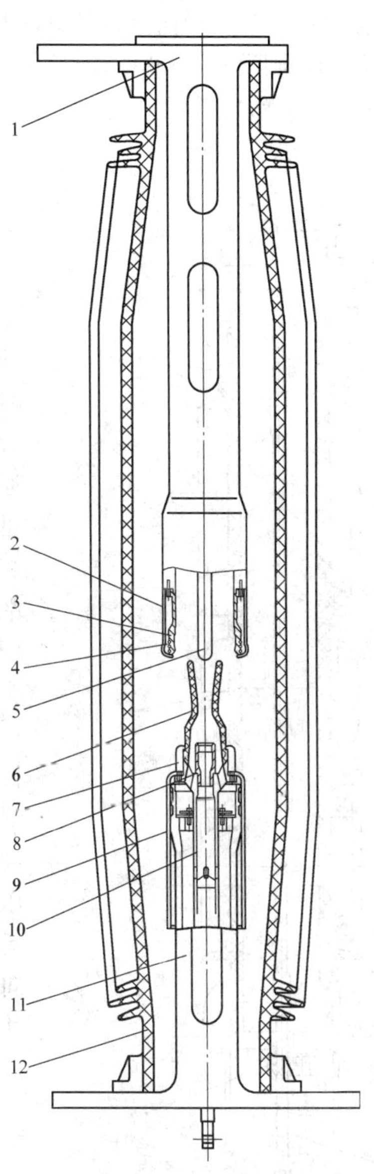

图5－23　灭弧室结构图

1—静触头座；2—均压罩；3—触指；4—触指弹簧；5—静弧触头；6—喷管；7—动触头环；8—动弧触头；9—压气缸；10—动触头；11—缸体；12—瓷套装配

1）动触头装配：由喷管、动触头环、动弧触头、压气缸、动触头、缸体组成。

2）静触头装配：由静触头座、均压罩、触指、触指弹簧、静弧触头组成。

3）灭弧室装配由鼓形瓷套及铝合金法兰组成。

（2）支柱。支柱结构图如图 5-24 所示，支柱主要由两节支柱瓷套、绝缘拉杆、隔环、导向盘、导向套、支柱下法兰、密封座、拉杆及充气接头组成。支柱装配不仅是断路器对地绝缘的支撑件，同时也起着支撑灭弧室的作用，上、下两节支柱瓷套的尺寸相同但机械强度不同，下节瓷套破坏弯矩 5600kg・m，上节瓷套为 3500kg・m。两瓷套连接处装有隔环及导向盘，导向盘上压有导向套，隔环上有检漏孔。如果断路器采用单节支柱瓷套，则没有 4～6 项。

2. 本体工作原理

（1）合闸过程。

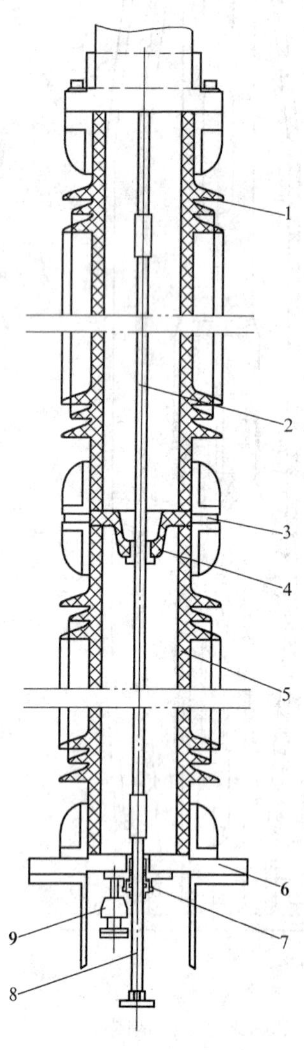

图 5-24　支柱结构图

1—上节支柱瓷套；2—绝缘拉杆；3—隔环；4—导向盘；5—下节支柱瓷套；6—支柱下法兰；7—密封座；8—拉杆；9—充气触头

1）图 5-23 所示位置为分闸位置，当断路器合闸时，工作缸活塞杆向上运动，通过拉杆（图 5-24 中 8）、绝缘拉杆（图 5-24 中 2）带动灭弧室拉杆向上移动，使动触头（10）、压气缸（9）、动弧触头（8）、喷管（6）同时向上移动，运动到一定位置时，静弧触头首先插入动弧触头中，即弧触头首先合闸，紧接着动触头环插入主触指中主导电回路接通。压气缸快速向上移动的同时灭弧室内 SF_6 气体迅速进入压气缸内。

2）合闸时电流通路。电流由静触头座（1）的端子进入，经静触头座、触指（3）、动触头环（7）、压气缸（9）（对于 LW10B-252/CYT 为动触头）、缸体（11）及缸体上的下接线端子引出。

（2）分闸过程。如图 5-23 所示，工作缸活塞杆向下运动，通过绝缘拉杆、带动动触头系统向下移动，首先主触指和动触头环脱离接触，然后动、静弧触头（5 和 8）分离。若断路器带有高电压，此时将在弧触头间出现电弧。在动触头向下运动时，压气缸内的 SF_6 气体被压缩后通过喷管向电弧区域喷吹，使电弧冷却和去游离而熄灭，并使断口间的介质强度迅速恢复，以达到开断额定电流及各种故障电流的目的。

3. LW10B-252（H）SF_6 断路器液压机构

液压操动机构采用集成块模式，由连接座、辅助开关、动力元件装配、储压器、密度继电器、压力表组成。其结构图如图 5-25 所示。

液压元件有：油箱、油泵电动机、油压开关、工作缸、辅助开关、油压表、储压器、信号缸、控制阀、分闸电磁铁、合闸电磁铁。液压操动机构的原理图如图 5-26 所示。

(1) 油压开关。油压开关上边装有 5 支微动行程开关，其触点分别控制电动机的启动、停止；分闸闭锁信号的发出及解除；合闸闭锁信号的发出及解除；重合闸闭锁信号的发出及解除。

(2) 储压器。每相断路器均配两只相同的储压器。其下部预先充有高纯氮，工作时油泵将油箱中的油压入储压器上部进一步压缩氮气，从而储存了能量供开关分、合闸使用。

(3) 工作缸。工作缸是开关的动力装置，它通过支柱里的绝缘拉杆和灭弧室里的动触头相连，带动断路器做分、合闸运动。

(4) 控制阀。该液压操动机构的控制阀为进口件，其最大特点是动作速度快、稳定、可靠，具有失压防慢分功能。

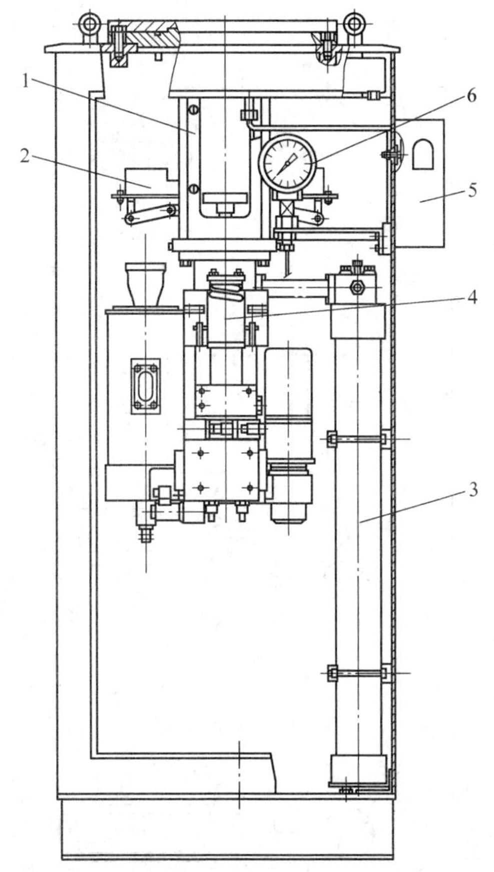

图 5-25　液压操动机构结构图

1—连接座；2—辅助开关；3—储压器；4—动力元件装配；5—密度继电器；6—压力表

控制阀系统由一级阀、二级阀和分、合闸电磁铁构成。分、合闸电磁铁的结构完全相同，一级阀的结构也相同，因其所在的位置不同而起到了不同的作用。一级阀下部的调节螺钉用于调整电磁铁阀杆的动作行程（该行程在出厂时已设定好，只在特殊情况下才需要重新设定和调整）。

该控制阀可以通过调整“合闸速度调节螺杆”和“分闸速度调节螺杆”来调整断路器的分、合闸速度。

(5) 油泵。高压油泵选用轴向柱塞泵。它的工作原理是借助柱塞在阀座中作往复运动，造成封闭容积的变化，不断地吸油和压油，将油注入储压器中直至工作压力，转轴转一周，两只柱塞各完成一个吸油—排油的工作循环。

高压油泵在机构中的作用：

1) 从预充氮压力储能到工作压力；

2) 断路器分、合闸操作或重合闸操作后，由油泵立即补充耗油量，储能至工作压力；

3) 补充液压系统的微量渗漏，保持系统压力稳定。

(6) 电动机。本机构所配电动机为交、直流通用型，额定电压为 DC/AC 220V。

一般液压操动机构的分油泵电动机都是短时工作制，不能长期连续工作。为了防止电动机过热，断路器每小时只能进行 20 个分、合闸操作。

碳刷会随着电动机的旋转而磨损。使用约 5 年后应检查电动机的碳刷。当其长度小于

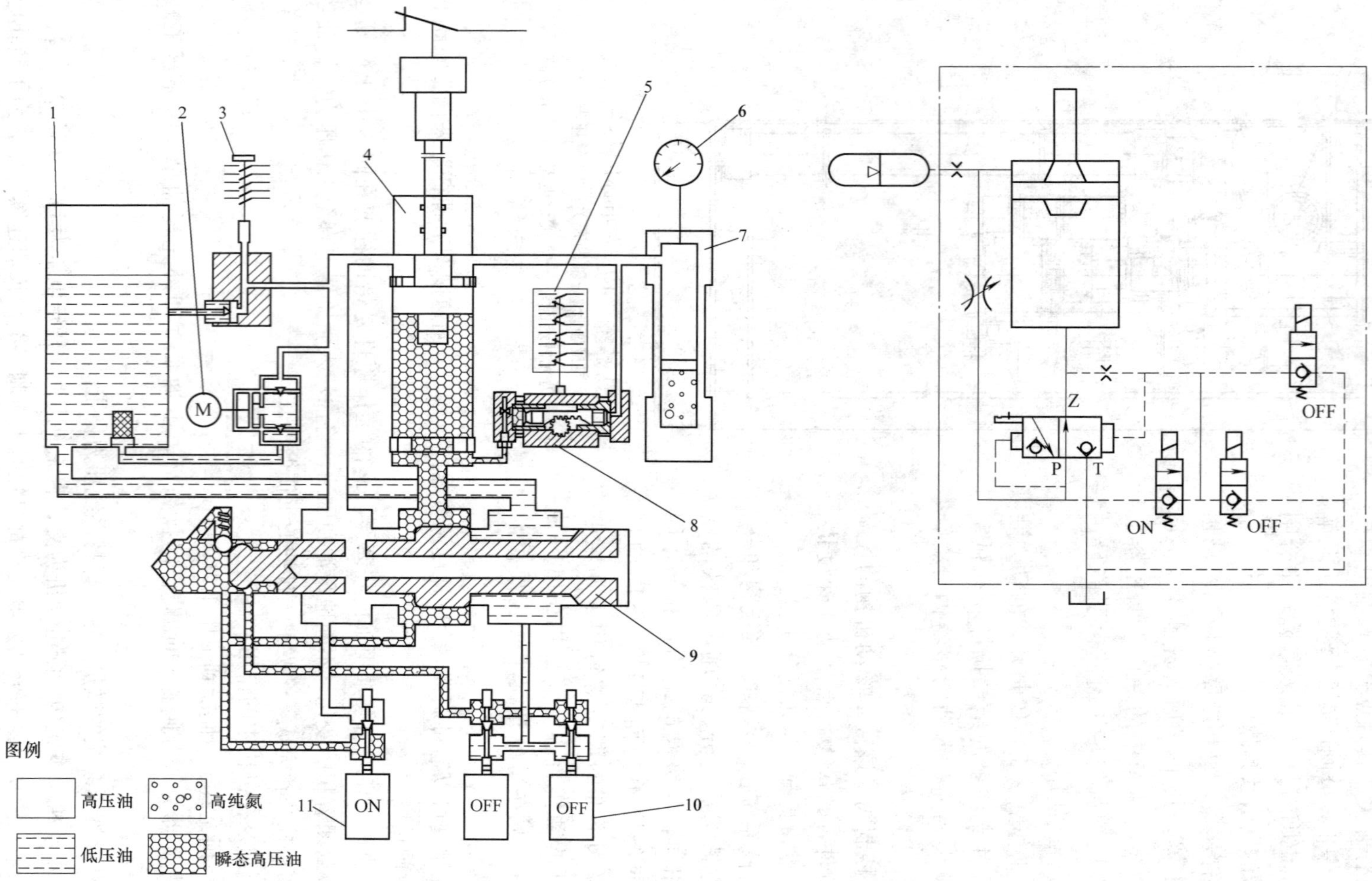

图 5-26　液压操动机构原理图

1—油箱；2—油泵电动机；3—油压开关；4—工作缸；5—辅助开关；6—油压表；7—储压器；8—信号缸；9—控制阀；10—分闸电磁铁；11—合闸电磁铁

10mm 时应予以更换。

断路器在正常工作时，除分、合闸操作后油泵需启动补压外，因温差造成安全阀开启卸压和液压系统渗漏也需要油泵启动补压，每天的补压次数为 5～7 次。

(7) 辅助开关。辅助开关采用的是 F6 系列的辅助开关，由多节组合而成的动、静触头全封闭在透明的塑料座内，每节含两对触头，同一节中对角形成一对常开（或常闭）回路。

辅助开关的静触头的接触采用圆周滑动压接方式，触头间的压力由单独设置的压簧产生，使通流性能提高，每节动触头与聚碳酸酯压制成一个整体，使得动作稳定。

辅助开关上的 10 对常开、10 对常闭触点引到面板的接线端子上供用户使用。

(8) 信号缸。由于采用信号缸作辅助开关的信号转换驱动元件，使得断路器合一分时间可调。

(9) 控制面板。控制面板分为固定面板和活动面板两部分，面板上装有各种电气控制元件和接线端子，用以接受命令实现对断路器的控制和保护。为操作方便，供操作用的小型断路器、近远控转换开关、近控操作按钮及提供给用户的接线端子都装在活动面板上。

(10) 指针式密度继电器。密度继电器由三通接头、球阀和密闭的指示仪表、电触点、温度补偿装置、定值器和接线盒等部分组成。

密度继电器的工作原理是当 SF_6 气室处于某压力时，如果因环境温度变化引起了 SF_6 气体压力的变化，则仪表内的温度补偿元件将对其变化量进行补偿，使仪表指示值不变；只有当气体泄漏而造成压力下降时，仪表的指示才随之发生变化。当压力降至报警值时，一对电触点接通，输出报警信号；当压力继续下降，达到闭锁值时，另一对电触点闭合输出闭锁信号。

与三通接头相连的球阀具有隔离密度继电器与本体的作用，如需检查或更换密度继电器，只需将球阀阀门关闭，然后将密度继电器从三通接头上取下即可。

(11) 压力表。压力表主要由油压表、球阀等组成。压力表是液压机构的重要组成部分之一，它主要用于测量、监视液压系统的压力值。压力表下方的球阀具有隔离液压系统与油压表的功能，如果发现液压系统有异常，需检查或更换油压表，只需将球阀阀门关闭，然后将油压表取下即可。

4. 液压机构工作原理

(1) 液压系统储压过程。接通电源，电动机（M）带动油泵转动，油箱中的低压油经油泵，进入储压器上部，压缩下部的氮气，形成高压油。由于储压器的上部与工作缸活塞上部及控制阀、信号缸、油压开关相连通，因此，高压油同时进入图 5－26 中所示的高压区域，当油压达到额定工作压力值时，油压开关的相应触点断开，切断电动机电源，完成储压过程。

在储压过程中或储压完成后，如果由于温度变化或其他意外原因使得油压升高达到油压开关内安全阀的开启压力时，安全阀将自动泄压，把高压油放回到油箱中，当油压降到规定的压力值时，安全阀自动关闭。

(2) 液压系统合闸过程。如图 5－26 所示，分闸位置时，工作缸活塞上部处于高油压状态，活塞下部与油箱连通处于零压状态。

1) 合闸电磁铁接受命令后，打开合闸一级阀的阀口，高压油经一级阀进入二级阀阀杆左端空腔，使阀杆左端处于高油压状态，油压力推动阀杆向右运动，封住分闸阀口，打开合闸阀口。这样，工作缸活塞下部与低压隔离，与高压连通。由于工作缸活塞下部的受力面积大于上部，因此对活塞杆产生一个向上的力，推动活塞向上运动实现合闸。

2）工作缸活塞下部进入高压油的同时，信号缸左端也进入高压油，推动信号缸活塞向右运动并带动辅助开关转换，切断合闸命令，分闸回路接通。同时，主控室内的合闸指示信号接通。

3）合闸电磁铁断电后，合闸一级阀阀杆在复位弹簧的作用下复位，阀口关闭。此时二级阀阀杆左端通过节流孔与高压油连通自保持为高压状态，使阀芯仍然紧密封住分闸阀口，实现了合闸保持。

4）二级阀具有防慢分功能。如图5－26所示，钢球在弹簧力的作用下，顶在阀杆的锥面上，对阀杆产生一个附加力。这样，当系统压力较低甚至为零，液压系统提供的合闸保持力较小时，钢球对阀杆仍然有一个较大的锁紧力，使阀杆在液压系统由零压开始打压时，二级阀仍然保持合闸位置，因此，具有可靠的防慢分功能。

（3）液压系统分闸过程。如图5－26所示，合闸位置时，工作缸活塞上下部均处于高油压状态。

1）分闸电磁铁接受命令后，打开分闸一级阀的阀口，这样，二级阀阀杆左端的油腔经分闸一级阀与低压油油箱相通，油腔压力降为零。此时作用在阀杆上向右的推力仅为弹簧力，而液压系统对阀杆向左的推力要大得多；因此，阀杆便向左运动，关闭合闸阀口，开启分闸阀口，工作缸下部的液压油与低压油箱连通，压力降为零。这样，工作缸活塞在上部油压作用下向下运动，实现分闸。

2）工作缸活塞下部压力降为零的同时，信号缸活塞左端压力也降为零，活塞在右端常高压推动下向左运动，带动辅助开关转换，切断分闸命令，合闸回路接通。主控室内的分闸指示信号接通。

3）分闸电磁铁断电后，分闸一级阀阀口关闭，二级阀的阀杆左端通过节流孔与油箱连通，处于低压状态。

4）由于辅助开关是由信号缸带动实现转换的，而信号缸转换的快慢可以通过节流孔很方便地实施控制，因此断路器的合—分时间也就可以方便地进行调节，保证满足产品技术条件的规定和用户的要求。

（4）慢合。断路器处于分闸位置，把液压系统的压力放至零表压，用手向上推动操纵杆至合闸位置，然后电动机打压，断路器就慢合。

（5）慢分。断路器处于合闸位置，把液压系统的压力放至零表压，用手向下拉操纵杆至分闸位置，然后电动机打压，断路器就慢分。

断路器必须在退出运行不承受高电压时，才允许进行慢合、慢分操作，此种操作只在调试时进行。

（四）LW10B－252（H）型断路器控制柜内主要元件的作用

（1）SPT——远、近控选择开关。

（2）SB1～SB3——分、合闸开关。

（3）SB4——主、副分闸选择开关。

（4）R_1、R_2——分闸回路电阻。

(5) KD1——SF_6 报警触点。

(6) KD2、KD3——SF_6 闭锁触点。

(7) PC1——断路器动作计数器。

(8) PC2——电动机打压计数器。

(9) QF——小型断路器。

(10) KM——接触器。

(11) KT——电动机打压时间继电器。

(12) Q——辅助开关。

(13) K1——主分闸电磁铁线圈。

(14) K2——副分闸电磁铁线圈。

(15) K3——合闸电磁铁线圈。

(16) KP3——低油压合闸闭锁开关。

(17) KP1——低油压分闸闭锁开关 1。

(18) KP2——低油压分闸闭锁开关 2。

(19) KP4——低油压重合闸闭锁开关。

(20) KP5、KP6——油泵电动机控制开关。

(21) L1～L3——线圈保护器。

(22) KL1——非全相保护中间继电器。

(23) KL2——非全相保护延时继电器。

(24) S——温、湿度控制器。

(25) HL——照明灯泡灯座。

(26) EHK——保温加热器。

(27) EHD——驱潮加热器。

(28) M——油泵电动机。

(29) X——三孔两相插座。

(30) KF——防跳跃中间继电器。

(31) XB——连接片。

(32) KB1～KB5——闭锁继电器。

(五) 运行注意事项及常见故障处理

1. 运行注意事项

(1) 在断路器不动作时，油泵每天打压最多不超过 20 次，否则应与厂家联系（确定油泵电动机的启动次数时，应扣除分、合闸操作引起的油泵启动次数）。

(2) 运行中应监视油标中的油位，若油位接近下限，应及时补油。

(3) SF_6 气体正常压力为 0.6MPa（20℃时）。当 0.52MPa 时告警要求补气；0.50MPa 时闭锁分合闸。

(4) 出现大量 SF_6 气体泄漏时，一般人员应迅速撤至闻不到刺激性气味的地方（上风侧），工作人员必须使用呼吸防毒面具，并穿戴好保护工作服。

(5) 正常运行时断路器的主回路电阻不大于 $100\mu\Omega$，其 SF_6 气体中含水量不大于 150ppm。

2. 常见故障及原因分析

(1) 同期不合格。

1) 管路中存在气体；

2) 电磁铁调整不当；

3) 主储压器预充压力低。

(2) 拒合与拒分。

1) 辅助开关转换不良；

2) 电磁铁线圈引线断开或接触不良；

3) 一级阀顶杆弯曲或卡死；

4) 合阀保持回路大量泄漏；

5) 高压保持油路不通，合后又分；

6) 电气控制接线松动；

7) 远控（或近控）信号引入。

(3) 油泵长时间打不上油压。

1) 放油阀或控制阀关闭不严或合闸二级阀处于半分半合状态；

2) 油箱中油面过低或油箱内部有渗漏；

3) 油泵柱塞内有气体；

4) 柱塞配合间隙太大，泄漏过大；

5) 吸油阀泄漏；

6) 液压油较脏，柱塞研死；

7) 安全阀不严。

(4) 油压过低。

1) 控制电动机启动触点损坏；

2) 储压器漏氮气。

(5) 油泵发热伴有响声。

1) 油泵柱塞研死；

2) 柱塞配合太紧而“胀死”；

3) 吸油管内无油或气泡太多。

(6) 分合闸时间过长。

1) 电磁铁行程偏大；

2) 管道内有气体；

3) 一级阀顶杆有卡滞现象。

(7) 液压机构外部泄漏。

1) 常高压接头处密封泄漏；

2) 低压接头处密封泄漏；

3) 压力组件活塞杆处泄漏；

4) 油泵外壳泄漏。

(8) 液压系统内部泄漏。

1) 锥阀密封线有损伤；

2) 阀口线上有杂质；

3）一级阀顶杆有卡滞现象。

第四节 罐式 SF_6 断路器

一、LW56－550/Y4000－63 型罐式 SF_6 断路器

（一）LW56－550/Y4000－63 型罐式 SF_6 断路器的技术特点

LW56－550/Y4000－63 型罐式 SF_6 断路器是户外三相交流 50Hz 超高压输变电设备。适用于发电厂、变电站各种接线方式下投、切负荷电流，切断故障电流和转换线路，实现对输变电线路及电气设备的控制和保护。

该断路器采用具有优良灭弧性能和高绝缘强度的 SF_6 气体作为灭弧和绝缘介质，采用压气式的灭弧结构，具有外形小、绝缘水平高、开断能力强、型式试验项目齐全、安全可靠、检修周期长、安装维修方便等优点。

（二）LW56－550/Y4000－63 型罐式 SF_6 断路器的主要参数

1. LW56－550/Y4000－63 型罐式 SF_6 断路器的基本参数

（1）额定电压：550kV。

（2）额定频率：50Hz。

（3）额定电流：4000A。

（4）额定短路开断电流：63kA。

（5）额定短路关合电流（峰值）：171kA。

（6）额定操作顺序：O—0.3s—CO—180s—CO。

（7）额定短时耐受电流：63kA。

（8）额定短路持续时间：3s。

（9）额定峰值耐受电流：171kA。

（10）近区故障开断电流：47.3，56.7kA。

（11）额定失步开断电流：15.75～25kA。

（12）额定线路充电开断电流：500A。

（13）开合并联电抗器：150MVA。

（14）开合空载变压器：840MVA。

（15）并联开断电流分配比：10/90；30/70；50/50（%）。

（16）额定短路开断电流下不需检修开断次数：20 次。

（17）机械寿命：5000 次。

（18）每极断口数：2。

（19）每极辅助断口电阻值：（425±21.25）Ω。

（20）每一断口并联电容量：600（2×300）pF。

（21）SF_6 气体年漏气率：不大于 0.5%/年。

（22）SF_6 气体水分含量：出厂时不大于 150μL/L；运行时不大于 300μL/L。

（23）允许温升值：导体及触头连接处温升不大于 65K；壳体可触及部位温升不大于 30K。

（24）主回路电阻值：断路器两盆式绝缘子的嵌件间不大于 75μΩ；断路器两接线端子之间不大于 150μΩ。

(25) 分闸时间：15～24ms。

(26) 合闸时间：48～60ms。

(27) 开断时间：40ms。

(28) 合闸电阻提前接入时间：8～11ms。

(29) 分—合时间：出厂时不大于0.3s；运行时不小于0.3s。

(30) 合—分时间：出厂时不大于40ms；运行时不小于40ms。

2. LW56-550/Y4000-63型罐式SF_6断路器的SF_6气体压力整定值

LW56-550/Y4000-63型罐式SF_6断路器的SF_6气体压力整定值（20℃，表压）如下。

(1) 额定充气压力：(0.6±0.02) MPa。

(2) 压力降低报警压力：(0.52±0.02) MPa。

(3) 压力降低报警解除压力：(0.52±0.02) MPa。

(4) 压力降低闭锁压力：(0.5±0.02) MPa。

(5) 压力降低闭锁解除压力：(0.5±0.02) MPa。

3. AHMA-8型弹簧液压机构油压参数值（见表5-2）

表5-2　AHMA-8型弹簧液压机构油压参数值

项　目	对应的碟簧压缩量（mm）	项　目	对应的碟簧压缩量（mm）
安全阀动作压力	66±0.5	合（合分）闸闭锁压力	32.5±1
额定压力（停泵压力及最高压力）	65±0.5	合闸闭锁报警压力	33±1.5
泵启动压力	63	分闸闭锁压力	19.5±1
重合闸闭锁压力	61±1	分闸闭锁报警压力	20±1.5
重合闸闭锁报警压力	61.5±1.5		

(三) LW56-550/Y4000-63型罐式SF_6断路器的结构

1. 总体结构

LW56-550型罐式SF_6断路器是断路器和电流互感器构成的复合电器，由三个可以独立操作的单极和一个汇控柜组成，每个断路器单极都配有各自的弹簧液压机构。LW56-550型罐式SF_6断路器的总体结构图如图5-27所示。

(1) 单极结构。断路器单极结构图如图5-28所示。每个单极有一个罐体，罐内装有三个串联的断口，其中两个为主断口，另一个为合闸电阻断口，合闸电阻与合闸电阻断口并联，合闸时合闸电阻的提前接通时间为8～11ms，防止产生合闸过电压。主断口两端安装有并联电容器，保证两个主断口的电压分布均匀。在罐的斜上方安装有进出线套管。在罐体和瓷套管的连接处外装环形测量及保护用电流互感器。

断路器使用的操动机构为AHMA-8型弹簧液压操动机构。液压弹簧操动机构安装在罐体的一端，通过绝缘拉杆与内部的灭弧室运动系统相连接，直接带动灭弧室中的压气缸及动触头运动，从而实现断路器的分、合闸操作。

(2) 套管主要是由瓷套管、导电杆、均压环、屏蔽罩、接线端子及电流互感器等元件

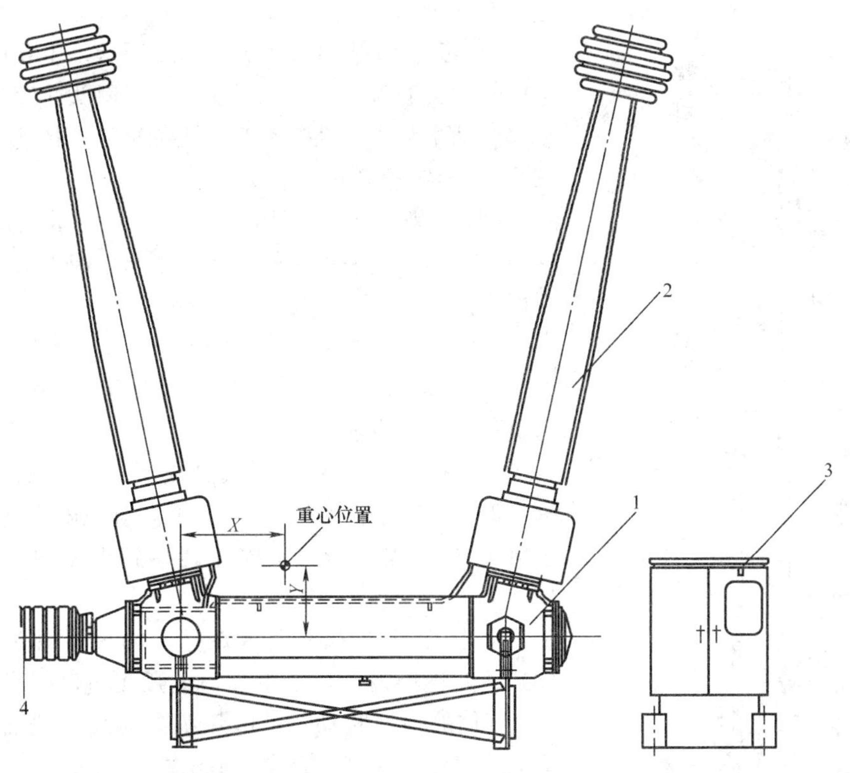

图 5-27　LW56-550 型罐式 SF_6 断路器的总体结构图

1—灭弧室；2—套管；3—汇控柜；4—液压弹簧操动机构

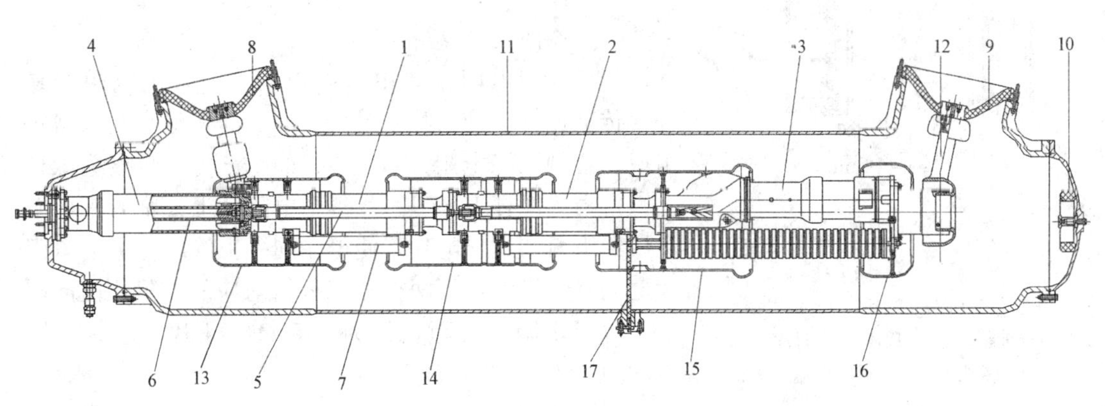

图 5-28　断路器单极结构图

1、2—灭弧室；3—合闸电阻装配；4—支撑绝缘筒；5、6—绝缘拉杆；7—并联电容器；8、9—盆式绝缘子；10—吸附剂；11—罐体；12—导体；13～16—屏蔽罩；17—运输绝缘杆

构成。套管结构图如图 5-29 所示。

(3) 电流互感器主要包含有环形电流互感器、橡胶衬垫、固定支架、固定螺栓等零件。

(4) 汇控柜里装有继电器、小型断路器、转换开关、计数器、按钮、端子排、接触器、热继电器等二次控制和油泵电动机、加热器控制、保护电器元件。

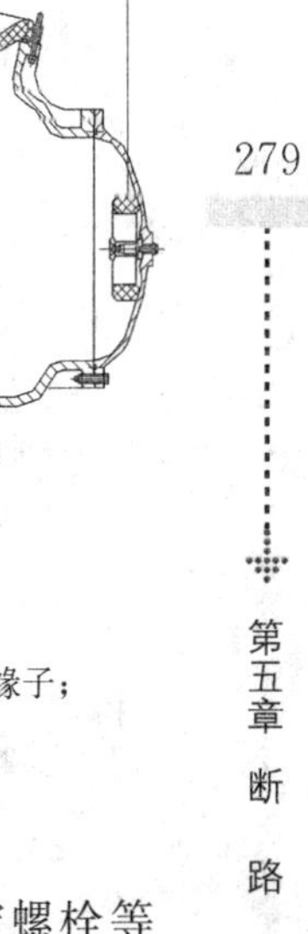

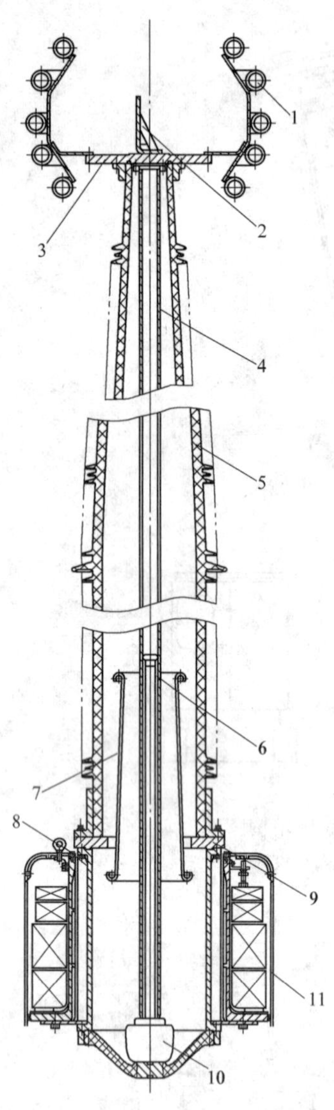

图 5-29　套管结构图

1—均压环；2—接线端子；3—上法兰；4—导电杆；5—瓷套管；6—导向杆；7—屏蔽罩；8—罐体；9—过渡法兰；10—触头；11—套管式电流互感器

2. 灭弧室结构

(1) 灭弧室结构图如图 5-30 所示。主要由支撑绝缘筒装配、静触座、静主触头、静弧触头、喷口、辅助喷口、动主触头、动弧触头、压气缸、支持筒（压气活塞)、和导气管等元件组成。

(2) 灭弧原理。断路器灭弧室采用压气式灭弧原理，灭弧室内有一个压气活塞用来产生熄灭触头之间电弧所需的高压 SF_6 气体。

开断操作过程的示意图如图 5-31 所示。

1) 图 5-31 (a) 表示断路器处于合闸位置。正常的负荷电流在主触头 (1、4) 之间流过。

2) 图 5-31 (b) 表示随着分闸运动开始，在压气缸 (5) 中的 SF_6 气体开始被压缩，静主触头 (1) 与动主触头 (4) 首先分离，电流转移到灭弧触头 (2) 与 (3) 上。

3) 图 5-31 (c) 表示在分开的灭弧触头 (2) 与 (3) 之间逐渐发展成的电弧，电弧在喷口 (7) 内受到 SF_6 气体的强烈吹动。被电弧游离的气体被轴向的上、下双喷气流迅速带走，在交流电弧电流自然过零熄灭后一个极短的时间内，弧隙迅速地恢复它的介电强度，阻断了电弧的再起，即熄灭了电弧。

4) 图 5-31 (d) 表示断路器处于分闸位置的状态。

3. 合闸电阻的结构

(1) 合闸电阻主要由合闸电阻片，合闸电阻绝缘杆，传动连杆，动、静主触头，动、静弧触头及弹簧等组成。合闸陶瓷电阻片（共 74 片）安装在两根绝缘杆上（每根绝缘杆上 37 片)。每个电阻片上下都有聚四氟乙烯绝缘板和铜导电片，使得在同一根绝缘杆上的电阻片之间是绝缘的，而两根绝缘杆上对应的电阻片彼此串联。每个电阻片的阻值约为 5.75Ω，74 片电阻片串联后的阻值为 (425±21.25) Ω。

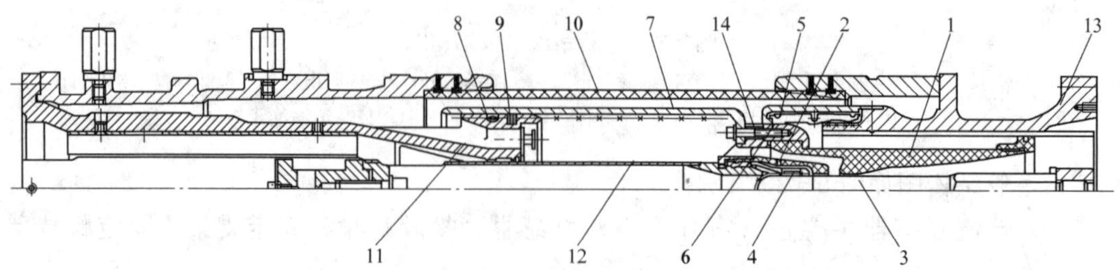

图 5-30　灭弧室结构图

1—喷口；2—辅助喷口；3—静弧触头；4—动弧触头；5—静主触头；6—动主触头；7—压气缸；8—弹簧触指；9—导向环；10—支撑绝缘筒装配；11—支持筒（压气活塞)；12—导气管；13—静触座；14—气缸座

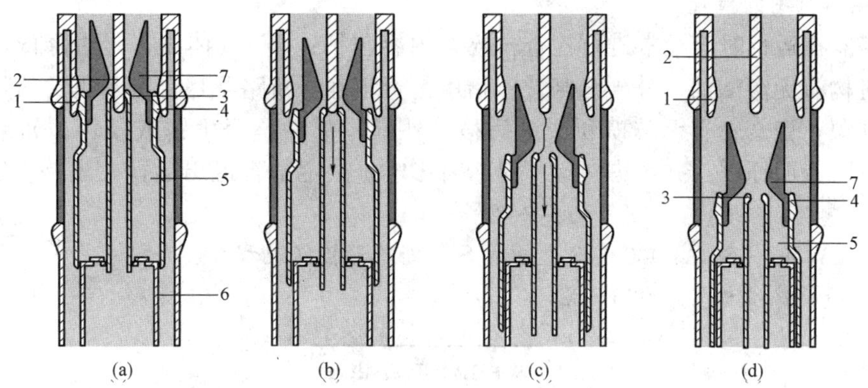

图 5-31 断路器的灭弧室的开断操作过程

(a) 合闸位置；(b) 分闸开始；(c) 灭弧；(d) 分闸位置

1—静主触头；2—静弧触头；3—动弧触头；4—动主触头；5—压气缸；6—压气活塞；7—喷口

(2) 根据合闸电阻片的通流能力，该断路器在额定电压下允许连续合闸 4 次，每次间隔 3min。

该断路器允许在不成功自动重合闸操作后，隔 3min 送电一次（包含反相时的送电操作）；如果送电不成功，下一次操作必须在 1h 以后进行。

(四) LW56-550/Y4000-63 型罐式 SF_6 断路器运行注意事项

1. 投运前的检查项目

断路器投入运行前必须进行下列项目的测量及试验，并应满足相应的技术要求。

(1) SF_6 气体密度继电器特性检查。应在关闭断路器气体阀门的情况下做试验。

(2) 测主回路电阻。回路电阻在合闸位置测量，不大于 150$\mu\Omega$（两接线端子间）。

(3) 对地绝缘电阻：

1) 用 5000V 兆欧表测量断路器在合闸状态时，主回路对地之间的绝缘电阻应大于 2000MΩ。

2) 用 5000V 兆欧表测量断路器在分闸状态时，接线端子之间的绝缘电阻应大于 2000MΩ。

(4) 操作试验。断路器在额定的操作电压、碟簧压缩量及 SF_6 气压下，进行分、合和自动重合闸操作，用示波器测量时间、速度。

(5) 检查电气线路。

1) 防跳试验：断路器分别处于分、合位置，分合闸操作信号同时送入，断路器应不产生跳跃并最终处于分闸位置。

2) 非全相试验：当断路器三相分、合闸位置不一致时，应延时（时间大于单相重合闸无电流时间）引起断路器三相分闸并发出信号。

3) 检查防慢分、慢合功能：断路器处于合闸或分闸位置，将液压操动机构压力降至零点后，重新打压，断路器不得出现慢分、慢合现象。

(6) 耐压试验：断路器在现场安装、调试完成后，应进行耐压试验。施加电压值为额定绝缘水平的 80%。试验时 SF_6 气体压力为额定压力，电流互感器的端子必须可靠短接。耐压试验应根据国家标准的规定进行。

2. 在运行中的检查

断路器在运行时应经常进行检查，检查内容包括：SF_6 气体压力是否降低，液压弹簧操动机构有无渗漏油，分、合闸位置指示是否正确，断路器是否有不正常的噪声及其他异常现象，瓷套管有无破损和严重污秽，外部零部件是否生锈或损坏。如果发现问题，应及时查明原因，并考虑对运行是否有影响，决定是否退出运行，还是在定期检查时处理。

（五）LW56－550/Y4000－63 型罐式 SF_6 断路器检修流程

1. 一般检修流程（见图 5－32）

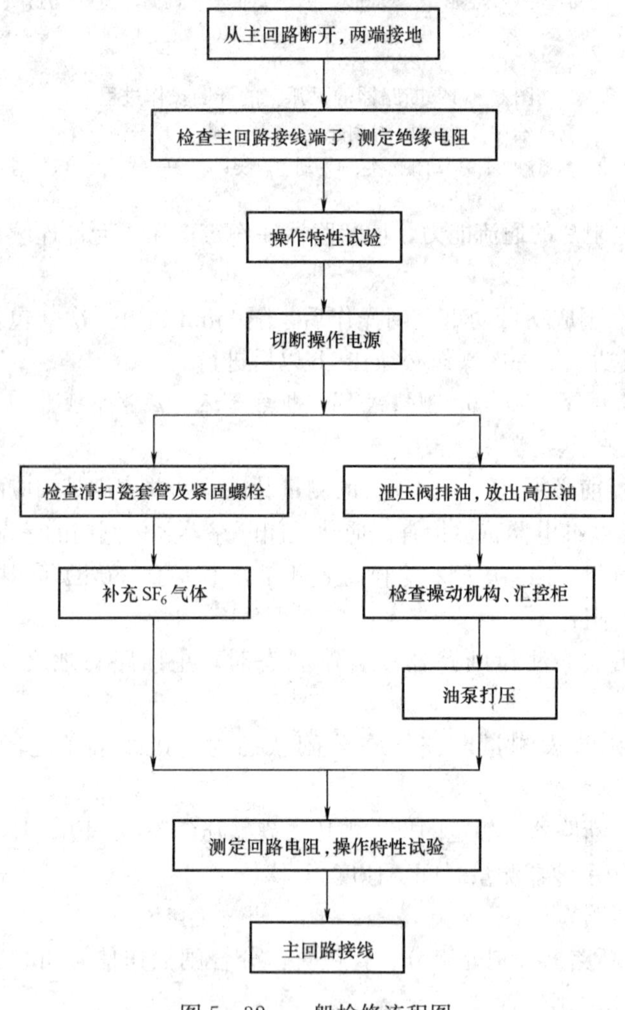

图 5－32　一般检修流程图

2. 全面检修流程（见图 5－33）

二、LW13－(363) 550 型罐式 SF_6 断路器

LW13－(363) 550 罐式 SF_6 断路器为户外三极交流高压电器设备，用于输电线路中，作为电力系统的控制和保护电器。其灭弧过程如图 5－7（c）所示。在灭弧室中充有 0.5MPa 的 SF_6 气体，在断路器分闸时，利用压气缸内产生的高压气流熄灭电弧。

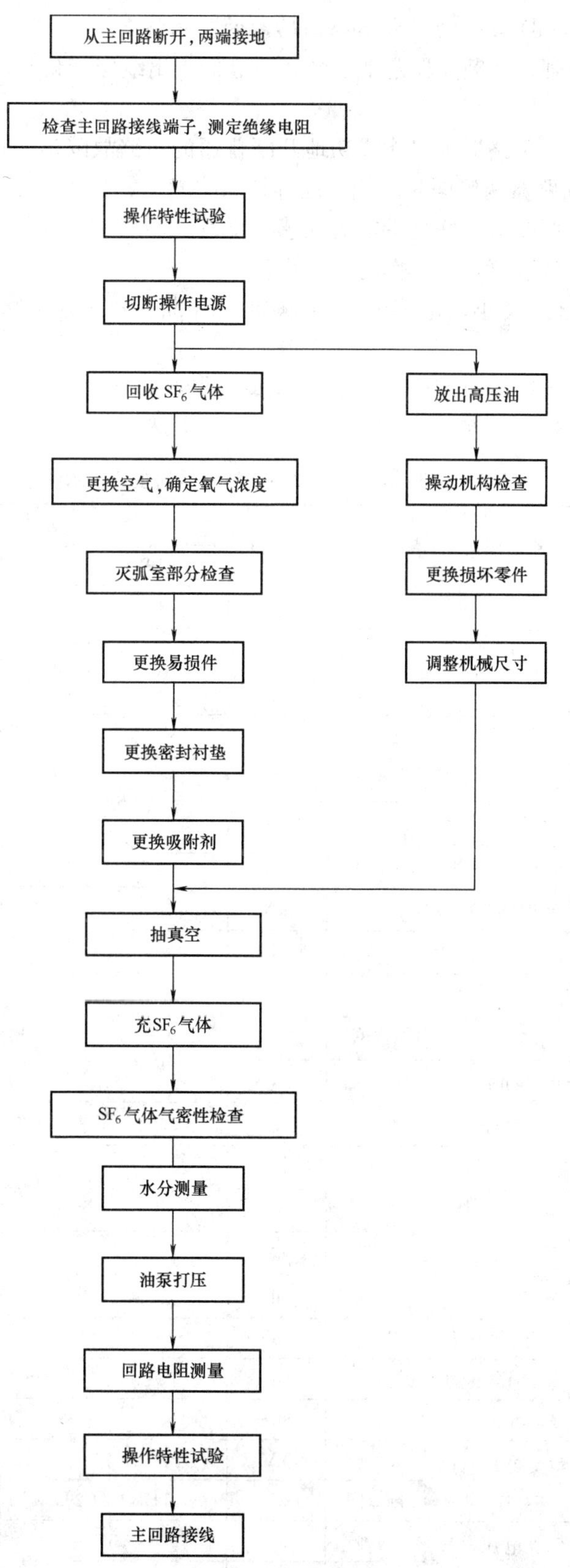

图 5-33　全面检修流程图

（一）LW513-(363) 550 型罐式 SF_6 断路器的技术特点

（1）抗地震能力强。此断路器落地安装，重心低，出线瓷套粗壮，具有抗烈度为 9°的地震能力。

（2）灭弧能力强。断路器不仅能成功地开断普通的短路故障，而且能成功地开断失步状态、近区故障、断路器两侧同时两相接地等特殊故障。

（3）断路器每极两断口串联自带电流互感器绕组。

（4）灭弧室与大气隔离，故操作时噪声小。

（5）主触头的烧损很小，电寿命长，满容量开断 20 次不检修，故灭弧室检修周期长。

（二）LW513-(363) 550 型罐式 SF_6 断路器的参数

1. LW513-(363) 550 型罐式 SF_6 断路器的主要技术参数（见表 5-3）

表 5-3　　LW513-(363) 550 型罐式 SF_6 断路器的主要技术参数

<table>
<tr><th rowspan="2">序号</th><th rowspan="2" colspan="2">名称</th><th rowspan="2">单位</th><th colspan="2">技术要求</th></tr>
<tr><th>LW13-363</th><th>LW13-550</th></tr>
<tr><td>1</td><td colspan="2">额定电压</td><td>kV</td><td>330</td><td>500</td></tr>
<tr><td>2</td><td colspan="2">最高工作电压</td><td>kV</td><td>363</td><td>550</td></tr>
<tr><td>3</td><td colspan="2">额定频率</td><td>A</td><td colspan="2">2000，2500，3150，4000</td></tr>
<tr><td>4</td><td colspan="2">额定频率</td><td>Hz</td><td colspan="2">50</td></tr>
<tr><td>5</td><td colspan="2">额定短路开断电流</td><td>kA</td><td colspan="2">40　50　63</td></tr>
<tr><td>6</td><td colspan="2">热稳定电流（3s）</td><td>kA</td><td colspan="2">40　50　63</td></tr>
<tr><td>7</td><td colspan="2">额定动稳定电流（峰值）</td><td>kA</td><td colspan="2">100　125　160</td></tr>
<tr><td>8</td><td colspan="2">额定短路关合电流（峰值）</td><td>kA</td><td colspan="2">100　125　160</td></tr>
<tr><td>9</td><td colspan="2">固有分闸时间</td><td>s</td><td colspan="2">≤0.02</td></tr>
<tr><td>10</td><td colspan="2">全开断时间</td><td>s</td><td colspan="2">≤0.04</td></tr>
<tr><td>11</td><td colspan="2">合闸时间</td><td>s</td><td colspan="2">≤0.10</td></tr>
<tr><td>12</td><td colspan="2">重和闸无电流间隔时间</td><td>s</td><td colspan="2">0.30</td></tr>
<tr><td>13</td><td colspan="2">重合闸金属短接时间</td><td>s</td><td colspan="2">0.35～0.055</td></tr>
<tr><td>14</td><td colspan="2">合闸不同期性</td><td>ms</td><td colspan="2">≤4</td></tr>
<tr><td>15</td><td colspan="2">分闸不同期性</td><td>ms</td><td colspan="2">≤3</td></tr>
<tr><td>16</td><td colspan="2">每相并联电阻值</td><td>Ω</td><td colspan="2">400±20</td></tr>
<tr><td>17</td><td colspan="2">每断口并联电容值</td><td>pF</td><td colspan="2">530±10%</td></tr>
<tr><td rowspan="3">18</td><td rowspan="3">SF_6</td><td>额定工作压力（20℃）</td><td>MPa</td><td colspan="2">0.50</td></tr>
<tr><td>额定补气压力（20℃）</td><td>MPa</td><td colspan="2">0.45</td></tr>
<tr><td>额定闭锁压力（20℃）</td><td>MPa</td><td colspan="2">0.40</td></tr>
<tr><td rowspan="2">19</td><td rowspan="2">雷电冲击耐受电压（峰值）</td><td>对地</td><td>kV</td><td>1175</td><td>1675</td></tr>
<tr><td>断口间</td><td>kV</td><td>1175+AC295</td><td>1675+AC450</td></tr>
<tr><td rowspan="2">20</td><td rowspan="2">操作冲击耐受电压（峰值）</td><td>对地</td><td>kV</td><td>950</td><td>1175</td></tr>
<tr><td>断口间</td><td>kV</td><td>950+AC295</td><td>1175+AC450</td></tr>
</table>

续表

序号	名称		单位	技术要求	
				LW13-363	LW13-550
21	Lmin 工频耐受电压（有效值）	对地	kV	510	680
		断口间	kV	510+AC147	680+210
22	SF_6 零表压 5min 工频耐压		kV	$1.3\times363/\sqrt{3}$	$1.2\times550/\sqrt{3}$
23	主回路电阻		μΩ	230	250
24	断路器 SF_6 气体水分含量		ppm(V/V)	150（刚投运时）	
25	SF_6 年漏气率		—	<1%	
26	额定操作顺序			O—0.3s—CO—180s—CO	
27	端子静压力	水平纵向	N	1500	2000
		水平横向	N	1000	1500
		垂直方向	N	1250	1500
28	机械寿命		次	3000	
29	每极断路器总重量		kg	6000	8000

2. 断路器气动操动机构的压力参数（见表 5-4）

表 5-4　　断路器气动操动机构的压力参数

序号	项目	单位	技术要求
1	额定操作空气压力	MPa	1.50
2	最高操作空气压力	MPa	1.65
3	压缩机启动压力	MPa	1.45
4	压缩机停止压力	MPa	1.55
5	断路器闭锁操作空气压力	MPa	1.20
6	断路器解除闭锁空气压力	MPa	1.30
7	重合闸闭锁空气压力	MPa	1.43
8	重合闸解除闭锁空气压力	MPa	1.46
9	安全阀动作压力	MPa	1.70～1.80
10	安全阀复位压力	MPa	1.45～1.55

（三）结构及工作原理

LW513-(363) 550 型罐式 SF_6 断路器为三极分装式，罐式双断口结构。配用气动操动机构，可进行单极操作或同电气连接实现三极联动。

每极的灭弧室罐、充气套管、气动操动机构组成电气控制、SF_6 气体密度控制系统和压缩空气供给单元均置于操动机构箱内。

空气机装于断路器的 B 极机构箱中。断路器分闸操作依靠压力 1.5MPa 的压缩空气进行，合闸操作依靠在分闸过程中储能的合闸弹簧进行。

1. 单极断路器

单极断路器的内部视图如图 5-34 所示。

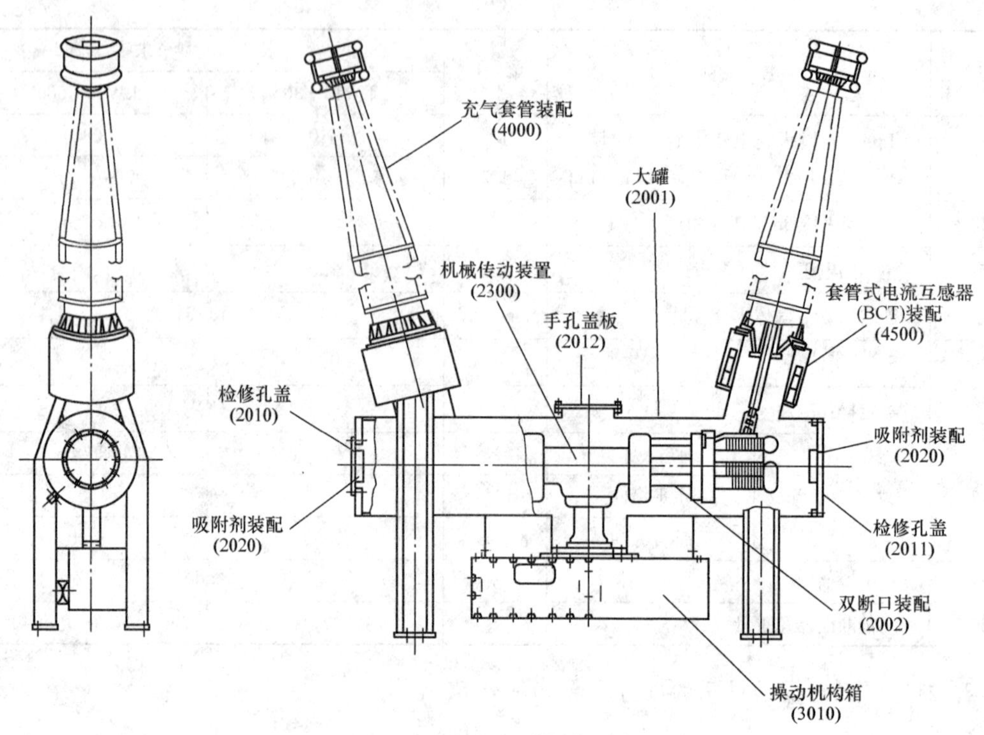

图 5-34 单极断路器的内部视图

单极断路器（A 相、B 相或 C 相）包括有大罐（2001）、双断口装配（2002）、充气套管装配（4000）、套管式电流互感器（BCT）装配（4500）、操动机构箱（3010）和其他部件。

在 20℃时，大罐（2001）内充 0.5MPa 的 SF_6 气体。

大罐（2001）两端的两个手孔用来装配双断口组件（2002）以及检查断口上的弧触头和喷口。

两个手孔的盖上（2011）分别装有吸附剂（2020）。

大罐（2001）顶上的一个手孔用于工厂装双断口组件和机械传动装置（2300）。所以，在现场正常安装及检修时，这个手孔盖板（2012）是不打开的。

2. 双断口断路器

大罐（2001）和双断口装配（2002）的剖视图如图 5-35 所示。

双断口装配（2002）包括机械传动装置（2300），灭弧室装配（2003，2004）以及其他部件。

双断口装配（2002）中合闸电阻装配（2240）的电阻值和均压电容器装配（2169，2170）的电容量示意图如图 5-36 所示。

3. 空气操动机构

空气操动机构（3000）在断路器操动机构箱（3010）中，如图 5-35 所示。机构通过机械传动装置（2300）与断路器相连，其中包括绝缘拉杆装配、拐臂（2330）和直动轴密封装配（2320）等。

4. 主要部件

（1）双断口配置。灭弧室装配（2003）的结构图如图 5-37 所示。并联电容器的装配

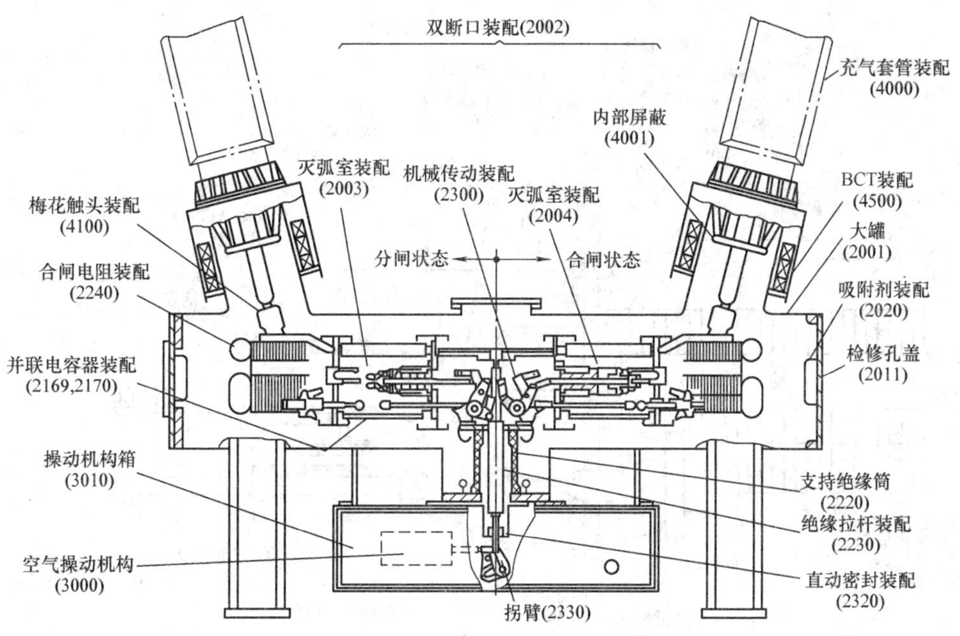

图 5－35　大罐和双断口装配的剖视图

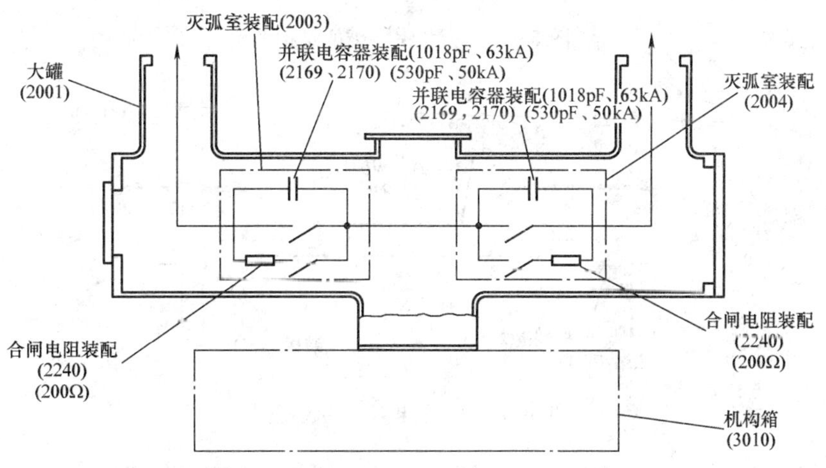

图 5－36　合闸电阻装配的电阻值和均压电容器装配的电容量示意图

图如图 5－38 所示。

1）机械传动装配（2050）：①连接法兰（2055）、中间触头（2080）；②活塞（2070）；③电阻触头支持件（2254）、电阻中间触头（2253）；④绝缘支撑棒（2160、2161）、法兰（2140）。

2）活塞杆（2150）、汽缸座（2065）：①压气缸（2060）；②动主触头（2110）；③喷口座（2135）；④动弧触头（2120）；⑤喷口（2130）。

3）合闸电阻导杆（2252），合闸电阻动触头（2251）。

4）法兰（2140）：①静触头座（2095）：屏蔽罩（2201）、静主触头（2090）；②弧触头座（2105）、静弧触头（2100）；③绝缘子（2270）：合闸电阻装配（2261）、合闸电阻活塞缸装配（2262）、合闸电阻静触头（2263）；④屏蔽罩（2202）。

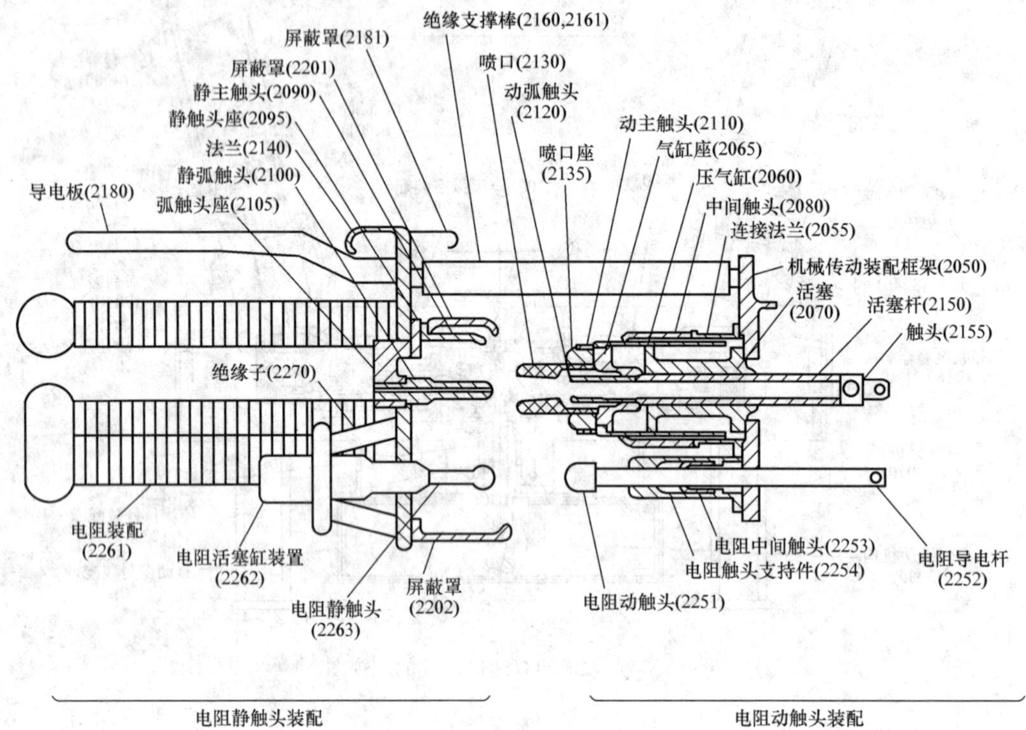

图 5-37 灭弧室装配的结构图

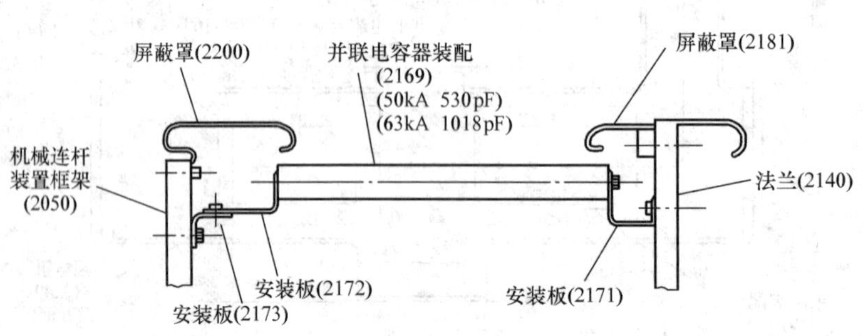

图 5-38 并联电容器的装配图

5）负荷电流路径（参看图 5-37、图 5-38）：机械连杆装配框架（2050）—连接法兰（2055）—中间触头（2080）—压气缸（2060）—动主触头（2110）—静主触头（2090）—静触头座（2095）—法兰（2140）—导电板（2180）—触头（4100）。

（2）合闸操作。灭弧室装配（2003），（2004）和合闸电阻装配（2261）的合闸操作图如图 5-39 所示。电阻动触头（2251）走了其总行程的 3/4（约 110mm）时，与电阻静触头（2263）接触，约 10ms 后，动弧触头（2120）才与静弧触头（2100）接触。因此，电阻触头合闸要比载流触头合闸提前约 10ms。

（3）分闸操作。图 5-40 所示为灭弧室装配（2003、2004）和合闸电阻装配（2261）的分闸操作。

灭弧室运动时，电阻触头、主触头和弧触头依次分闸。灭弧室一开始运动，电阻动触头（2251）立即与电阻静触头（2263）分离。在电阻活塞缸装配（2262）中的弹簧

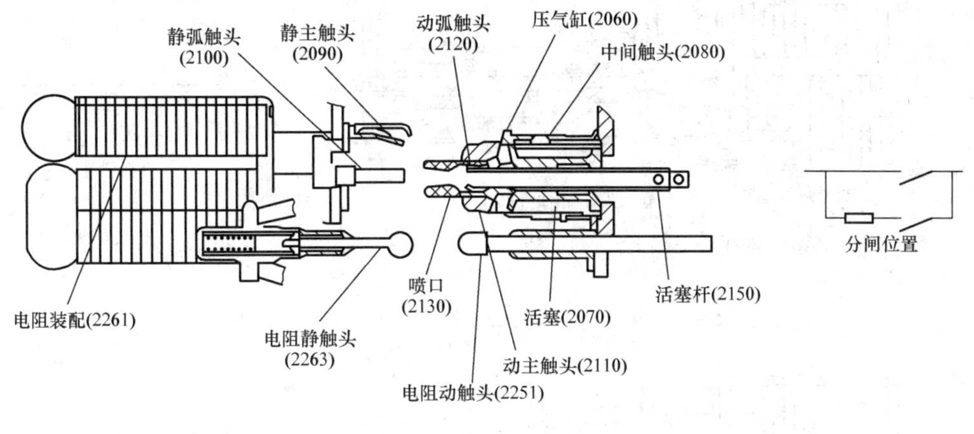

(a)

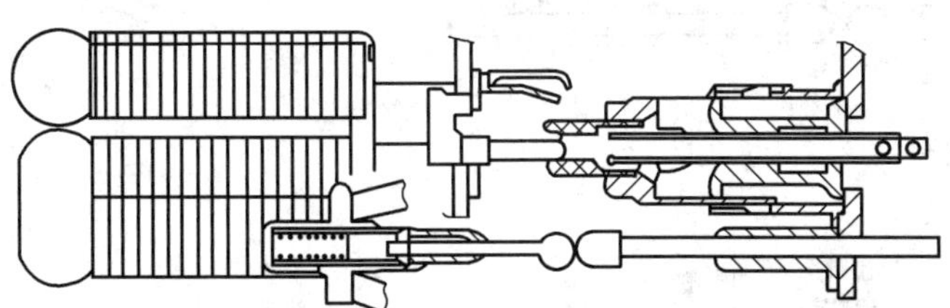

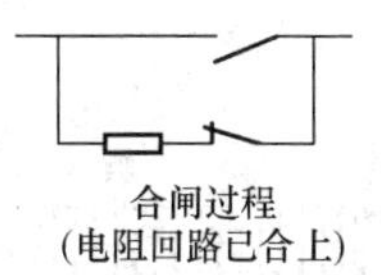

(b)

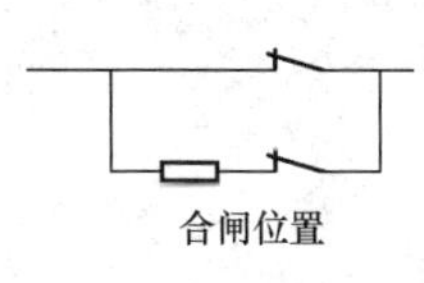

(c)

图 5－39　灭弧室装配和合闸电阻装配的合闸操作图

(a) 分闸位置；(b) 合闸过程；(c) 合闸位置

(2290) 力作用下，电阻静触头 (2263) 缓慢地回到分闸位置。电阻触头分开到足够的距离后动主触头 (2110) 才与静主触头 (2090) 分离。最后，动弧触头 (2120) 与静弧触头 (2100) 分离。电弧立即在弧触头间形成。

压气缸 (2060) 的分闸运动，将压气室中的 SF_6 气体压缩。这种被压缩的 SF_6 气体流经喷口 (2130) 形成气吹，将喷口的电弧冷却，并最终使之熄火。

5. 空气操动机构

LW513－(363) 550 型罐式 SF_6 断路器配有的 CQ7－Ⅰ空气操动机构，CQ7－Ⅰ空气操动机构如图 5－42 所示。操动机构包括一个由活塞 (3122) 和压气缸 (3126) 带动的传动装置，一个用来控制压缩空气进入气缸的圆柱阀 (3322)，一个由电信号激励的合闸线圈

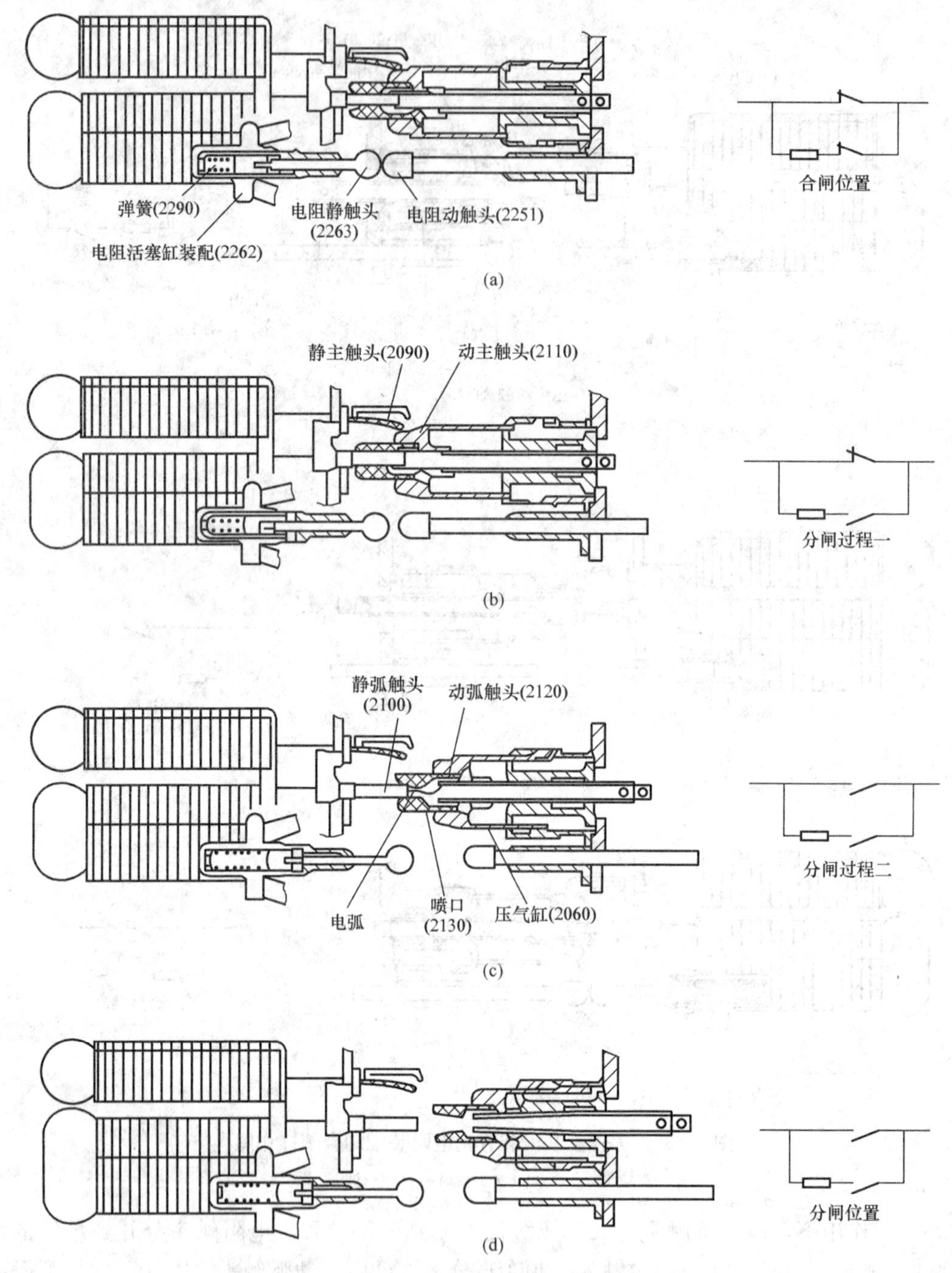

图 5-40　灭弧室装配与合闸电阻装配的分闸操作

(a) 合闸位置；(b) 分闸过程一；(c) 分闸过程二；(d) 分闸位置

(3280) 与分闸线圈 (3380)，一个合闸弹簧 (3120)、一个油缓冲器 (3118)，一个分闸保持挚子 (3226)、一个脱扣挚子 (3212) 及其他部件。

(1) 分闸过程。分闸力是由储存在储气罐 (3090) 中的压缩空气供给的。

打开圆柱阀 (3322)，压缩空气进入气缸 (3126)，气缸内的活塞 (3122) 向下运动，使触头分开，如图 5-41 (b) 所示。

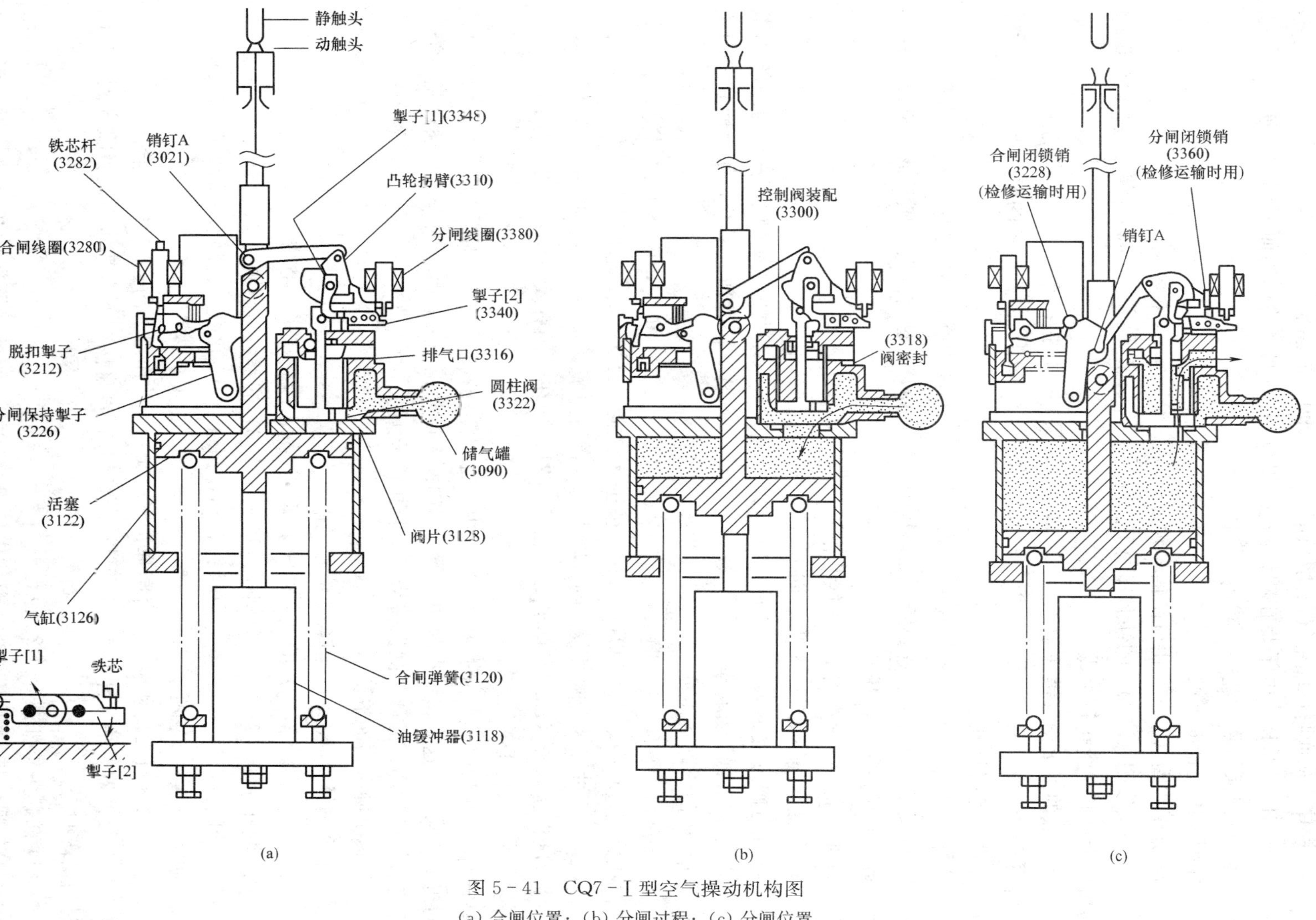

图 5-41　CQ7-Ⅰ型空气操动机构图
(a) 合闸位置；(b) 分闸过程；(c) 分闸位置

在合闸位置时，圆柱阀（3322）被凸轮拐臂（3310）压在最低端，且由挚子［1］（3348）锁住，从而将压缩空气封闭柱储气罐（3090）中。

挚子［1］（3348）由于装在圆柱阀（3322）上的弹簧的作用而受到一个逆时针的扭矩，但其同时又被挚子［2］（3340）锁住。

详细分闸过程如下：

1）分闸线圈（3380）由分闸信号励磁。

2）分闸线圈（3380）的铁芯杆向下运动，撞击挚子［2］（3340）。挚子［2］（3340）是由 2 个杆和 4 个销钉组成。

标白点的一个销钉销住挚子［1］（3348），另一个连接两个杆。标黑点的 3 个销钉分别将两杆固定在机架上。挚子［2］（3340）的右杆在分闸线圈铁芯杆的撞击下将顺时针转动，左杆则逆时针转动。

这样，挚子［1］（3348）与挚子［2］（3340）间的啮合就被释放了。

3）如图 5-41（b）、（c）所示，当挚子［1］（3348）被解脱时，圆柱阀（3322）便不受约束从而靠弹簧力打开。

4）储气罐（3090）中的压缩空气流入气缸（3126）。

5）压缩空气使活塞（3122）向下运动，带动触头分闸。

6）在分闸过程的末期，圆柱阀（3322）又被与活塞（3122）连接一起的凸轮拐臂（3310）压回最低端并被挚子［1］（3348）销住。这样，圆柱阀（3322）便返回到合闸位置，气缸中的压缩空气通过排气口（3316）排除。

7）最后，销钉 A（3021）被分闸保持挚子（3226）锁住，断路器被保持在分闸状态。在分闸过程中，合闸弹簧（3120）被压缩储能，为下一次的合闸做好了准备。

（2）合闸过程。合闸过程中的合闸力是由合闸弹簧（3120）供给的。

分闸保持挚子（3226）解脱后，活塞（3122）在合闸弹簧（3120）的作用下向上运动，带动触头合上。

在分闸位置时，保持挚子（3226）由于合闸弹簧（3120）力的作用，受到一个逆时针的扭矩。同时，这个扭矩在脱扣挚子尾部端面上产生正压力，其力的作用线通过脱扣挚子固定轴的摩擦圆，因此分闸保持挚子被脱扣挚子锁住。

详述合闸过程如下：

1）合闸线圈（3280）由合闸信号励磁。

2）合闸线圈（3280）的铁芯杆向下运动，撞击脱扣挚子（3212）。

3）脱扣挚子（3212）与分闸保持挚子（3226）的啮合被解脱。

4）分闸保持挚子（3226）逆时针转动，销钉 A（3021）与分闸保持挚子（3226）解脱，如图 5-41（a）所示。

5）活塞（3122）和触头在合闸弹簧（3120）力的作用下向上运动从而合闸。

（3）缓冲器。油缓冲器（3118）与活塞（3122）直接相连。其作用是吸收合闸、分闸时的操作冲击。

（4）防跳装置如图 5-42 所示。

1）分闸保持挚子（3226）锁住销钉 A（3021）使断路器保持在分闸位置。销钉 A（3021）与操动杆连接在一起，合闸弹簧的反力作用在其上，这样销钉 A（3021）便给分闸保持挚子（3226）一个逆时针的扭矩，但同时分闸保持挚子（3226）还被脱扣挚子

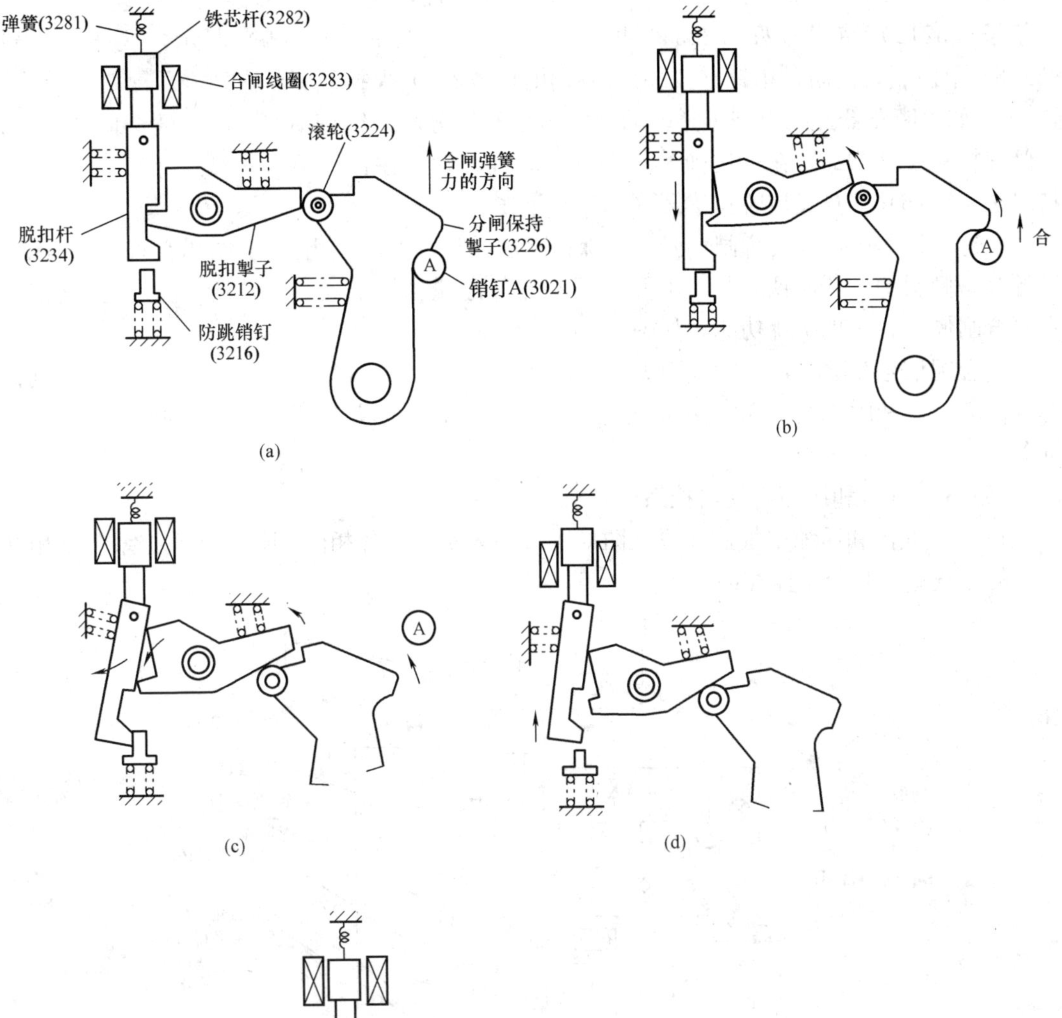

图 5-42　防跳装置

(a) 分闸；(b) 励磁合闸一；(c) 励磁合闸二；(d) 不被励磁合闸；(e) 励磁分闸

(3212) 通过滚轮 (3224) 锁住。

2) 当合闸线圈 (3283) 被合闸信号励磁时，铁芯杆 (3282) 带动脱扣杆 (3234) 撞击脱扣挚子 (3212)，使它逆时针方向转动，解脱了对分闸保持挚子 (3226) 的约束。分闸保持挚子 (3226) 便在合闸弹簧的反力作用下逆时针转动，销钉 A (3021) 被解脱，断路器合闸。同时，铁芯杆 (3282) 通过脱扣杆 (3234) 压下防跳销钉 (3216)。

3）滚轮（3224）推动脱扣挚子（3212）的回转面，使其进一步逆时针转动。从而脱扣挚子（3212）使脱扣杆（3234）顺时针转动，如图 5－42（b）所示，从防跳销钉（3216）上滑脱，而防跳销钉（3216）使脱扣杆（3234）保持倾斜状态。

4）如果断路器此时得到了意外的分闸信号开始分闸，销钉 A（3021）便会向下运动，分闸保持挚子（3226）在复位弹簧作用下顺时针转动锁住销钉 A（3021）。然后，分闸保持挚子（3226）本身又被脱扣挚子（3212）锁住。

在这一过程中，只要合闸信号一直保持，脱扣杆（3234）由于防跳销钉（3216）的作用始终是倾斜的，从而铁芯杆（3282）便不能撞击脱扣挚子（3212），因此，断路器不能重复合闸操作，实现防跳功能，如图 5－42（e）所示。

当合闸信号解除时，合闸线圈失磁，铁芯杆（3282）通过小弹簧（3281）返回，则铁芯杆（3282）和脱扣杆（3234）均处于图 5－42（a）的状态，为下次合闸操作做好了准备。

（5）SF_6 气体和压缩空气监控系统。

1）SF_6 气体和压缩空气监控系统图如图 5－43 所示。各相的 SF_6 气体监控系统是相互独立的，气室也是分别监控的。

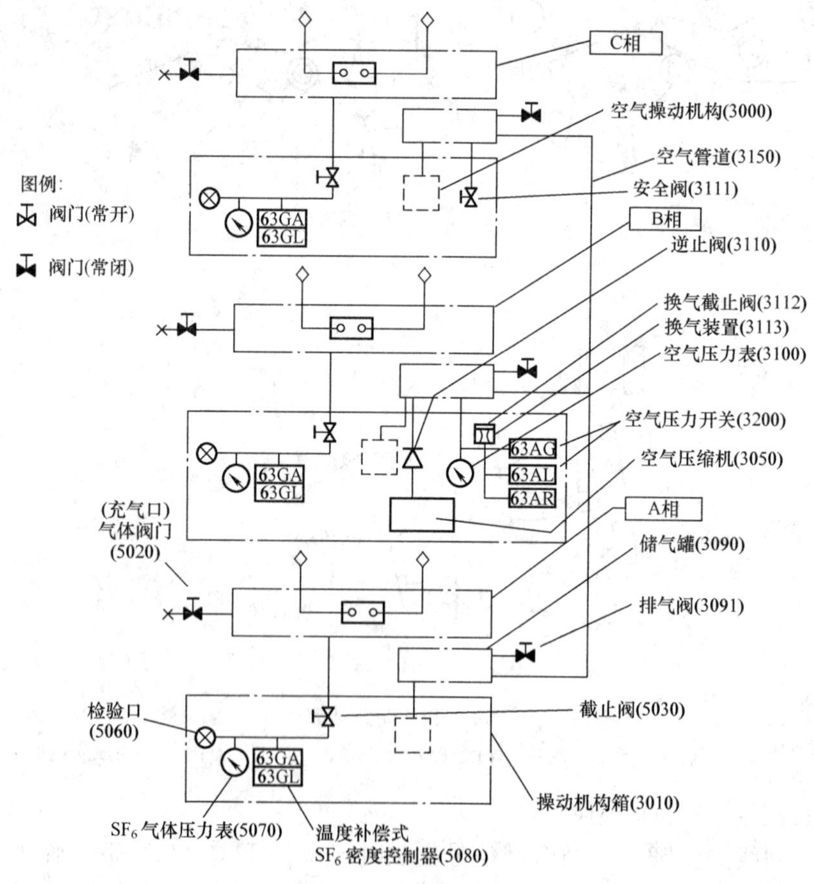

图 5－43　SF_6 气体和压缩空气监控系统图

SF_6 气体监控系统包括下列部分：①温度补偿式 SF_6 密度控制器（5080）；②SF_6 气体压力表（5070）；③带有保护盖的充气阀门（5020）；④检验口（5060）；⑤截止

阀（5030）。

2）温度补偿式 SF_6 密度控制器（5080）是用来监控断路器的 SF_6 气体密度的。其原理图如图 5-44 所示，结构图如图 5-45 所示。

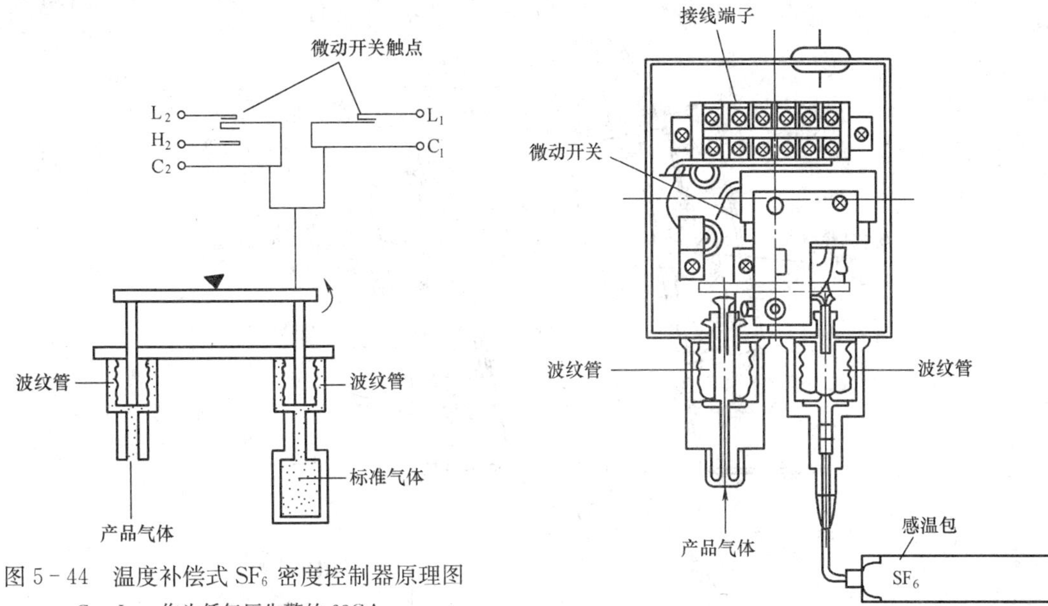

图 5-44 温度补偿式 SF_6 密度控制器原理图

C_1-L_1—作为低气压告警的 63GA；

C_2-L_2—作为低气压闭锁的 63GA

图 5-45 温度补偿式 SF_6 气体压力开关结构图

每相断路器气室的 SF_6 气体密度监控如下：①充气告警（第一告警），当 SF_6 气压低于 0.45MPa（4.5kg/cm²，20℃）时；②闭锁告警（第二告警），当 SF_6 气压低于 0.4MPa（4.0kg/cm²，20℃）时。

3）压缩空气监控系统图如图 5-43 所示。断路器每相均有一个空气操动机构（3000）和储气罐（3090）。三相储气罐间通过空气管道（3150）连接起来。三相共用一个压缩空气监控系统。

空气压缩机（3050）和包括有空气压力表（3100）、空气压力开关（3200）的压缩空气监控系统通常装在 B 相的机构箱中。空气压力开关 63AG 用于控制空压机的启动。当压缩空气压力低于 1.45MPa（14.5kg/cm²）时，触点闭合；高于 1.55MPa（15.5kg/cm²）时触点打开。

空气压力开关 3AL 用于断路器操作闭锁控制。当压缩空气压力低于 1.20MPa（12kg/cm²）时，触点闭合。高于 1.30MPa（12kg/cm²）时，触点打开。

逆止阀（3110），用于防储气罐压缩空气倒流于空压机中。

安全阀（3111），用于防止储气罐压缩空气压力高于最高工作压力。

换气装置（3113）使储气罐中的压缩空气有一定的泄漏，以使空气压缩机能够定期地工作，以防长期不运转产生锈蚀、卡塞。

换气装置截止阀（3112）在压缩空气漏气检验时用来关闭换气装置（3113）。

空气压力开关 63AR 用于断路器重合闸闭锁控制。当压缩空气泄漏压力低于 1.45MPa 时，63AR 的一对常开触点闭合，给主控制室的中合闸操作回路发出重合闸闭锁信号。

(6) 套管式电流互感器（BCT）装配（4500）图如图 5 - 46 所示。

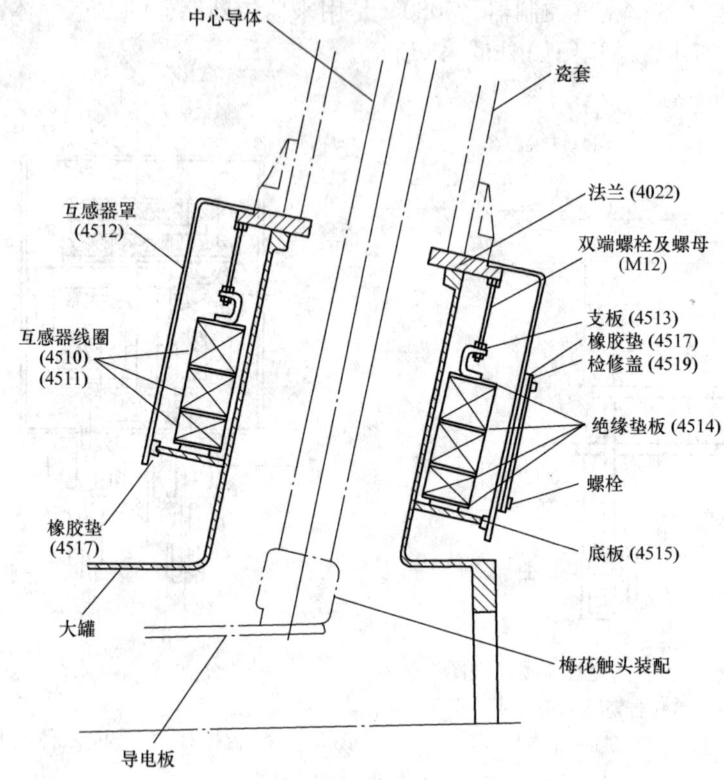

图 5 - 46　套管式电流互感器（BCT）装配图

套管式电流互感器装配（4500）包括互感器线圈（4510、4511），互感器罩（4512）、法兰（4022），绝缘垫板（4514），支板（4513），橡胶垫（4517）及其他零件。

法兰（4022）和互感器罩（4512）间的装配面要用防水密封胶来密封（接合面及螺栓上都应抹防水密封胶）。

(7) 操动机构箱（3010）内的布置图如图 5 - 47 所示，包括以下设备：

1) 空气操动机构（3000）；

2) 空气压力表（3015）；

3) SF_6 气体压力表（5070）；

4) 计数器（3161）；

5) 分合位置指示器（3030）；

6) 辅助开关（3040）；

7) 温度补偿式 SF_6 密度控制器（5080）；

8) 空气压力开关（3016）；

9) 空气压缩机（3050）；

10) 控制继电器（3090）；

11) 加热器（3045）。

(四) 操作

1. 操作前注意事项

(1) 真空压力表的指示应为 0.5MPa（20℃）。

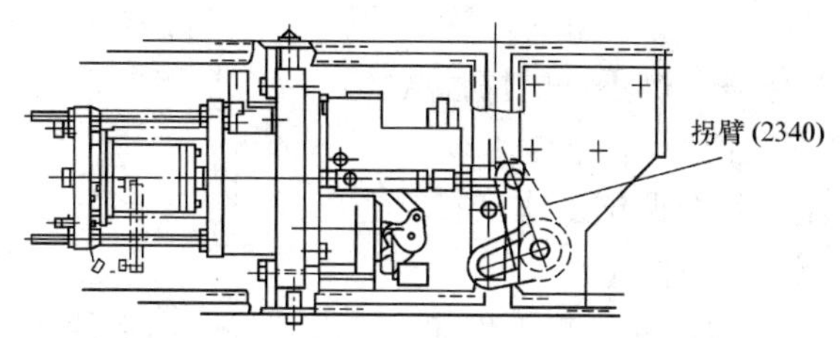

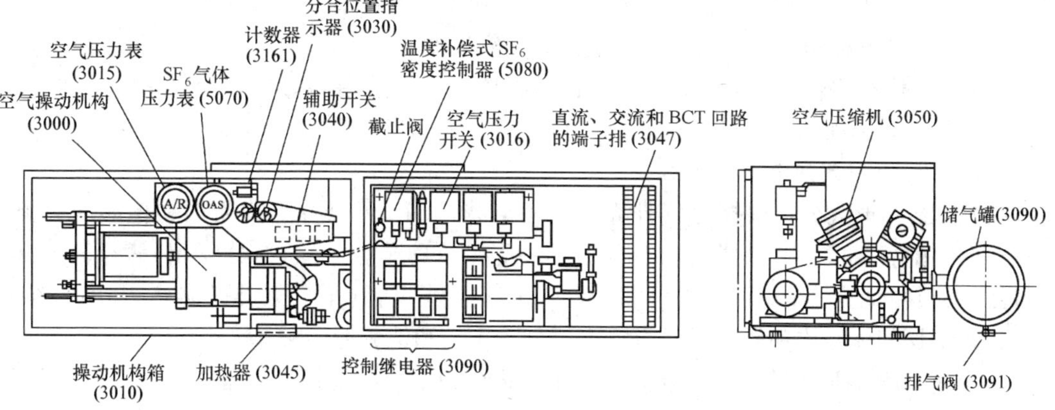

图 5－47　操动机构箱内布置图

注：空气压力表（3015）、空气压力开关（3016）和空气压缩机（3050）仅装B相。

（2）空气压力表的指示应为1.5MPa。

（3）拆除启动操动机构的合闸闭锁销和分闸闭锁销。

（4）直流电源电压应正常，合上操动机构箱内的电源开关。

（5）分、合指示器的指示位置，SF_6 和空气的阀门位置应正确。

2. 电控操作

在现场电动操作时，将就地—远方开关43LR选择在就地位置，操作分、合开关就可使断路器进行分、合操作。

3. 手动操作

当现场无控制电源，而断路器的操动机构空气压力正常时，可用手动按动分、合闸电磁铁上铁芯杆上的按钮，使断路器分、合闸操作。

第五节　GIS　和　HGIS

一、GIS

（一）GIS的主要特点

与常规电器相比，GIS在结构性能上有以下特点：

（1）由于采用 SF_6 气体作为绝缘介质，导电体与金属地电位壳体之间的绝缘距离大大缩小，因此GIS的占地面积和安装空间只有相同电压等级常规电器的百分之几到20%左右。电压等级越高，占地面积比例越小，如对420kV变电站，GIS与敞开式设备占地面积之比为1∶8。

(2) 全部电气元件都被封闭在接地的金属壳内，带电体不暴露在空气中（除了采用架空引出线的部分），运行中不受自然条件影响，其可靠性和安全性比常规电器好得多。

(3) SF_6 气体是不燃不爆的惰性气体，所以 GIS 属防爆设备，适合在城市中心地区和其他防爆场合安装使用。

(4) GIS 主要组装调试工作已在制造厂内完成，现场安装和调试工作量较小，因而可以缩短变电站安装周期。

(5) 只要产品的制造和安装调试质量得到保证，在使用过程中除了断路器需要定期维修外，其他元件几乎无需检修，因而维修工作量和年运行费用大为降低。

(6) GIS 设备结构比较复杂，要求设计制造安装调试水平高。

(7) GIS 价格比较贵，变电站建设一次性投资大。但选用 GIS 后，变电站的土地和年运行费用很低，因而从总体效益讲，选用 GIS 有很大的优越性。

(二) SF_6 全封闭组合电器的分类

(1) 按结构形式分：根据充气外壳的结构形状，GIS 可以分为圆筒形和柜形两大类。依据主回路配置方式，第一类还可分为单相一壳型（即分相型）、部分三相一壳型（又称主母线三相共筒型）、全三相一壳型和复合三相一壳型四种；第二大类又称 C-GIS，俗称充气柜，依据柜体结构和元件间是否隔离可分为箱型和铠装型两种。

分相式 GIS 的最大特点是：相间影响小，运行中不会出现相间短路故障，而且带电部分与接地外壳间采用同轴电场结构，电场的均匀性问题较易解决，制造也较方便；但是，钢外壳中感应电流引起的损耗大，外壳数量及密封面较多，增加了制造成本及漏气的几率，其占地面积和体积也较大。

三相共箱式 GIS 的结构紧凑，外形尺寸和外壳损耗都较小；但是，其内部电场为三维电场，电场均匀度问题是个难点，相间影响大，容易出现相间短路。

(2) 按绝缘介质分：可以分为全 SF_6 气体绝缘型（F-GIS）和部分气体绝缘型（H-GIS）两类。前者是全封闭的，而后者则有两种情况：一种是除母线外，其他元件均采用气体绝缘，并构成以断路器为主体的复合电器；另一种则相反，只有母线采用气体绝缘的封闭母线，其他元件均为常规的敞开式电器。

(3) 按主接线方式分：常规的有单母线、双母线、单（双）母线分段、3/2 断路器接线、桥型和角型等多种接线方式。

(4) 按安装场所分：有户内型和户外型。

(三) GIS 的主要组成元件

GIS 由断路器（QF）、过渡元件、隔离开关（QS）、接地开关（ES）、电压互感器（TV）、电流互感器（TA）、避雷器（F）、母线（BUS）、进出线套管（BSG）、电缆连接头及密度监视装置等部件组成。

GIS 的外壳为金属筒，导电杆和绝缘件封闭在内部并充入一定压力的 SF_6 气体。SF_6 气体作为绝缘和灭弧介质。

(1) 断路器。断路器是 GIS 的中心元件，由灭弧室及操动机构组成。灭弧室封闭在充有一定压力的 SF_6 气体壳体内。断路器按灭弧原理可分为：压气式、热膨胀式和混合式。所配操动机构有液压、气动、弹簧及液压弹簧机构。

GIS 中的断路器与其他电器元件必须分为不同的气室，其原因主要有：

1) 由于断路器气室内 SF_6 气体压力的选定要满足灭弧和绝缘两方面的要求，而其他

电器元件内 SF_6 气体压力只需考虑绝缘性能方面的要求，两种气室的 SF_6 气压不同，所以不能连为一体。

2）断路器气室内的 SF_6 气体在电弧高温作用下可能分解成多种有腐蚀性和毒性的物质，在结构上不连通就不会影响其他气室的电器元件。

3）断路器的检修几率比较高，气室分开后要检修断路器时不会影响到其他电器元件的气室，因而可缩小检修范围。

（2）隔离开关。隔离开关由绝缘子壳体和不同几何形状的导体构成最佳布置。铜触头用弹簧加载，使隔离开关具有高的电性能和高的机械可靠性。隔离开关必须精心设计和试验，使之能开断小的充电电流，而不会产生太高的过电压，否则会发生对地闪络。隔离开关和接地开关的操动机构对大多数 GIS 为同一设计。其主要特点是电动或手动操作，电气连锁以防误操作，且终端位置可机械连锁。

与敞开式隔离开关不同，在 GIS 中隔离开关中带有电阻，用以降低隔离开关操作时的操作过电压。

（3）接地开关（快速接地开关）。通常用的接地开关有两种型式：故障检修用接地开关和快速关合接地开关。故障检修用接地开关用于变电站内作业，只有在高压系统不带电情况下方可操作。快速接地开关可在全电压和短路条件下关合。快速关合操作靠弹簧合闸装置来实现，快速接地开关应具有关合 2 次额定短路电流的能力。

（4）电压互感器。大多数电压互感器为感应型。

（5）电流互感器。在单相式 GIS 中，电流互感器的铁芯位于壳体外侧，确保壳体和导体之间的电场完全不受干扰。壳体内的返回电流被绝缘层隔断。在三相共筒 GIS 设计中，电流互感器的铁芯一般在壳体内。

（6）避雷器。SF_6 避雷器的主要元件如同普通避雷器，但它结构很紧凑。火花间隙元件密封，与大气隔绝。整个避雷器用干燥压缩气体绝缘，使性能高度稳定。在 SF_6 避雷器中，金属接地部分与带电部分靠得很近；因此，要特别注意补偿电压沿避雷器元件的非线性分布。

（7）套管。架空线或所有空气绝缘件用空气/SF_6 气体套管连至 GIS。这些套管使用电容均压，并被间隔绝缘子分成两个独立的隔室。被瓷绝缘子包围的间隙，充有略高于大气的 SF_6 气体。当电瓷受损时，这就将风险减至最小。在间隔绝缘子开关设备侧的气隙中，亦充同样压力的 SF_6 气体。充油电容器套管亦可用于高压，即将 GIS 直接连至变压器。

（8）电缆终端。各种类型的高压电缆，均可通过电缆终端盒连至 SF_6 开关设备。它包括带连接法兰的电缆终端套管、壳体及带有插接头的间隔绝缘子。气密套管将 SF_6 气室与电缆绝缘介质分开。连至 GIS 的一个完整 XLPE 电缆终端，具有尺寸小且热特性更好的优势。

（9）母线。各间隔通过各自封闭的母线直接连通，或通过延伸模块连接。有的做成母线模块，包括一个三公位开关，也可以和一个母线侧的接地开关（插入式）的功能组合。

GIS 的母线筒结构有下列三种形式：

1）全三相共体式结构。不仅三相母线，而且三相断路器和其他电器元件采用共箱筒体。

2）不完全三相共体式结构。母线采用三相共箱式，而断路器和其他电器元件采用分箱式。

3）全分箱式结构。包括母线在内的所有电器元件都采用分箱式筒体。

GIS 导体一般为铝管，其直径和壁厚取决于电压和额定电流。铜弹簧触指构成触头插座，铜插件构成触头插头。触头表面镀银，并将触头焊到铝导体上。导体系统连同支持绝缘子必须精心设计，使之能耐受正常工作和短路条件下的电、热和机械负荷。

（四）其他设备

1. GIS 壳体型式

GIS 壳体型式可以分为三相共筒式和单相式，采用三相共筒式具有以下优点：

（1）所需要的壳体少，节约材料。

（2）采用三相共体，对于断路器、隔离开关、接地开关等需要三相联动的设备省去了复杂的连接，提高了可靠性，节约了成本。

（3）整个筒体体积减小，SF_6 使用量减少，密封面和结合面减少，减小了漏气几率。

（4）三相共筒结构，在罐体上基本无电磁感应电流流过。相应的涡流损耗也几乎没有。目前发展趋势是三相共筒化。

2. GIS 接地

GIS 壳体对整个 GIS 构成整体和接地、屏蔽体。壳体材料有铝合金和钢两种，钢材料的优点是强度高，缺点是存在环流和涡流损耗，加工不易成型。现在新的 GIS 壳体材料都朝铝合金方向发展。

GIS 系密集型布置结构方式，对其接地问题要求很高，一般要采取下列措施：

（1）接地网应采用铜质材料，以保证接地装置的可靠和稳定；而且所有接地引出线端都必须采用铜排，以减小总的接地电阻。

（2）由于 GIS 各气室外壳之间的对接面均设有盆式绝缘子或者橡胶密封垫，两个筒体之间均需另设跨接铜排，且其截面需按主接地网截面考虑。

（3）在正常运行，特别是电力系统发生短路接地故障时，外壳上会产生较高的感应电势。为此要求所有金属筒体之间要用铜排连接，并应有多点与主接地网相连，以使感应电势不危及人身和设备（特别是控制保护回路设备）的安全。

一套 GIS 外壳需要几个点与主接地网连接的问题，要由制造厂根据订货单位所提供的接地网技术参数来确定。

3. 绝缘支撑件

在 GIS 中要用到很多固体绝缘支撑件，有盆式、锥体等形状。固体绝缘材料在压缩的 SF_6 气体中会使电场分布畸变。绝缘件影响 GIS 绝缘短时特性，绝缘件的老化也影响了系统的电压梯度分布。

4. 气隔

GIS 内部相同压力或不同压力的各电器元件的气室间设置的使气体互不相同的密封间隔称为气隔。设置气隔有以下好处：

（1）可以将不同 SF_6 气体压力的各电器元件分隔开。

（2）特殊要求的元件（如避雷器等）可以单独设立一个气隔。

（3）在检修时可以减少停电范围。

（4）可以减少检修时 SF_6 气体的回收和充放气工作量。

(5) 有利于安装和扩建工作。

（五）GIS 设备中的水分

1. GIS 设备中的水分来源

(1) GIS 设备在制造、运输、安装、检修过程中都可能接触水分，水分会浸入到设备的各个元件里去。

(2) GIS 设备的绝缘件带有 0.1%～0.5%μL/L 的水分，在运行过程中，慢慢地向外释放。

(3) GIS 设备中的吸附剂本身就含有水分。

(4) SF_6 气体中含有水分，但作为新气要进行干燥处理，使其含水量在规程规定的范围内。

2. 水分对 GIS 设备的危害

(1) 水分引起对设备的化学腐蚀。

(2) 水分在电器设备中除了对绝缘件和金属部件产生腐蚀作用之外，还在它的表面产生凝结水，附在绝缘件的表面而造成延面闪络。从物理学上知道，当水分由液态变为固态后，对电器绝缘材料的危害性可以大大减少，即水变为冰之后，它对电器设备绝缘危害减少。

3. 减少 GIS 中水分的措施

(1) 严格控制新的 SF_6 气体的含水量，不能超过规程规定的标准。

(2) 改善 GIS 设备密封材料的质量，严格遵守安装密封环的工艺过程。

(3) 在 GIS 设备中放置吸附剂，并应具备下列条件：

1）吸附剂放在低温环境中，可以提高其吸水能力；

2）吸附剂应有良好的吸附 SF_6 分解物的能力；

3）吸附剂与 SF_6 气体分解物反应时，不得产生二次有害物质；

4）吸附剂在工作时，不粉化、不潮解。

(4) GIS 设备尽量使用室内式布置，可以控制室内的温度、湿度，减少产生水分的机会，避免灰尘和其他杂质侵入到设备里去。

（六）GSR－500R2B 型 550kV 分箱式断路器的结构和工作原理

GSR－500R2B 型分箱式断路器是一种压气式气体断路器，配油压操动机构，操作油压为 31.5MPa。断路器由内装有灭弧室的罐体和操动机构组成。单相 GSR－500R2B 断路器如图 5－48 所示。GSR－500R2B 断路器轴向剖视图如图 5－49 所示。灭弧室（A－200）如图 5－50 所示。

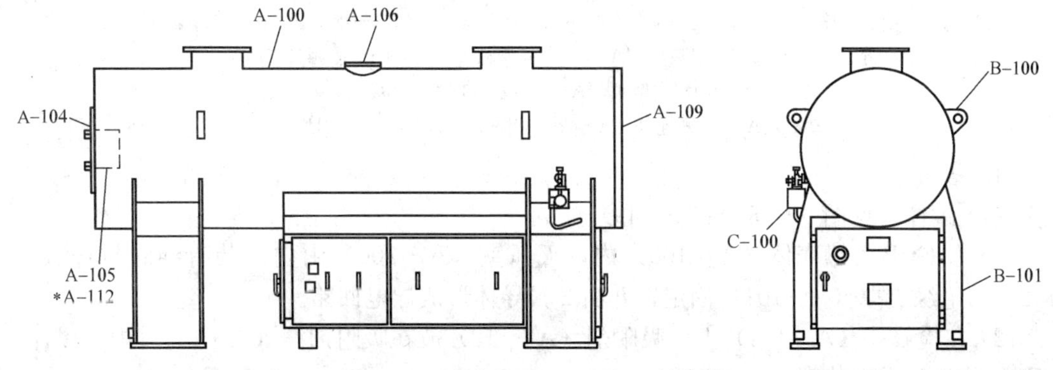

图 5－48　单相 GSR－500R2B 断路器

A－100—气罐壳体；A－104—检修孔；A－105—吸附剂筐；A－106—手孔；A－109—端盖；*A－112—吸附剂；B－100—吊耳；B－101—支柱；C－100—气体压力密度继电器

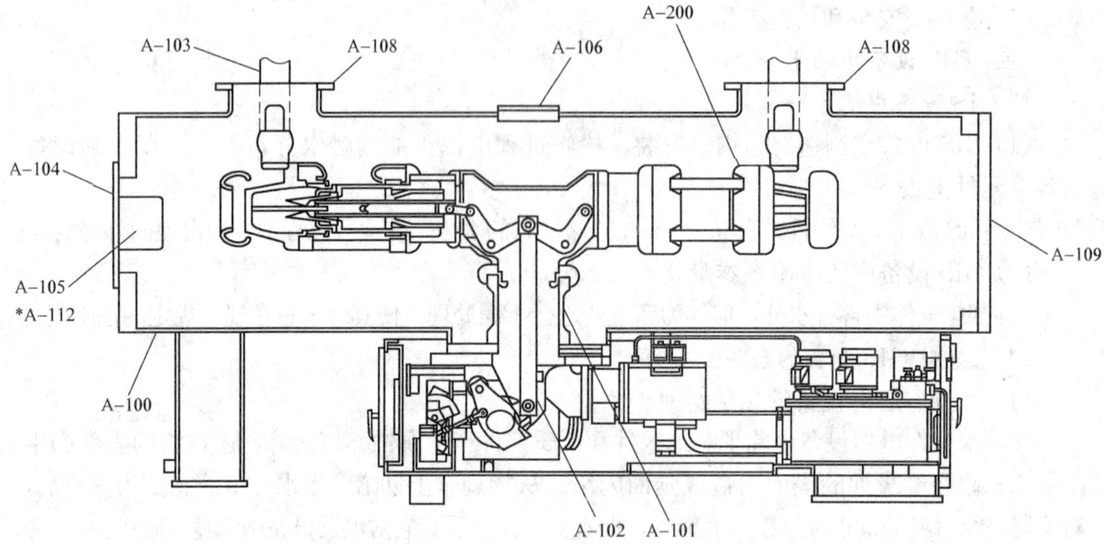

图 5-49　GSR-500R2B 断路器轴向剖视图

A-100—气罐；A-101—绝缘支撑；A-102—绝缘拉杆；A-103—连接导体；A-104—检修孔；A-105—吸附剂筐；A-106—手孔；A-108—法兰；A-109—端盖；*A-112—吸附剂；A-200—灭弧室

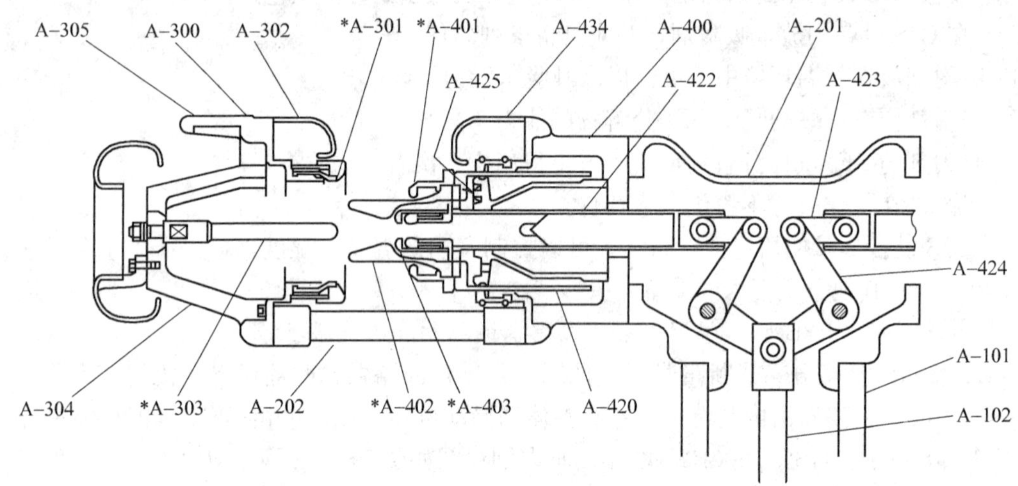

图 5-50　灭弧室

A-101—绝缘支撑；A-102—绝缘拉杆；A-201—拐臂盒；A-202—绝缘管；A-300—静触头装配；*A-301—静触指；A-302—屏蔽环；*A-303—静弧触头；A-304—静触头座；A-305—接线板；A-400—动触头装配；*A-401—主触头；*A-402—喷口；*A-403—动弧触头；A-420—压气缸；A-422—驱动杆；A-423—连杆；A-424—拐臂；A-425—逆止阀片；A-434—屏蔽环

1. 结构

(1) 罐体（见图 5-48 和图 5-49）。

1) 在 GCB 气罐壳体（A-100）内，灭弧室（A-200）由内部装有绝缘拉杆（A-102）的绝缘支撑（A-101）固定，并由 2 根导体形成导电回路。

2) 在检修孔（A-104）上，吸附剂（A-112）放在吸附剂筐（A-105）内，以保持 SF_6 气体处于干燥状态。

3) 与隔离开关相连接的两个法兰内应装入连接导体（A-103）；气罐上装有 4 个吊耳（B-100）和 4 根支柱（B-101）。

4）气体压力密度继电器（C－100）安装到三通气阀上。

（2）灭弧室（见图 5－49 和图 5－50）。

1）两个灭弧室（A－200）沿水平方向布置，由内部装有绝缘拉杆（A－102）的绝缘支撑（A－101）固定。

2）静触头装配（A－300）包含有静触指（静主触头）（*A－301）、屏蔽环（A－302）、静弧触头（弧触头）（*A－303）、静触头座（A－304）和与外部导体相连的接线板（A－305），其中静触头座由内部装有并联电容器的绝缘管（A－202）予以支撑。

3）压气缸（A－420）与驱动杆（A－422）相连，驱动杆由位于拐臂盒（A－201）中的连杆（A－423）和拐臂（A－424）带动。

（3）操动机构箱。操作结构图、驱动单元（B－200）、储压器（B－300）和 N_2 气体充气和泵单元（B－400）分别如图 5－51～图 5－54 所示。

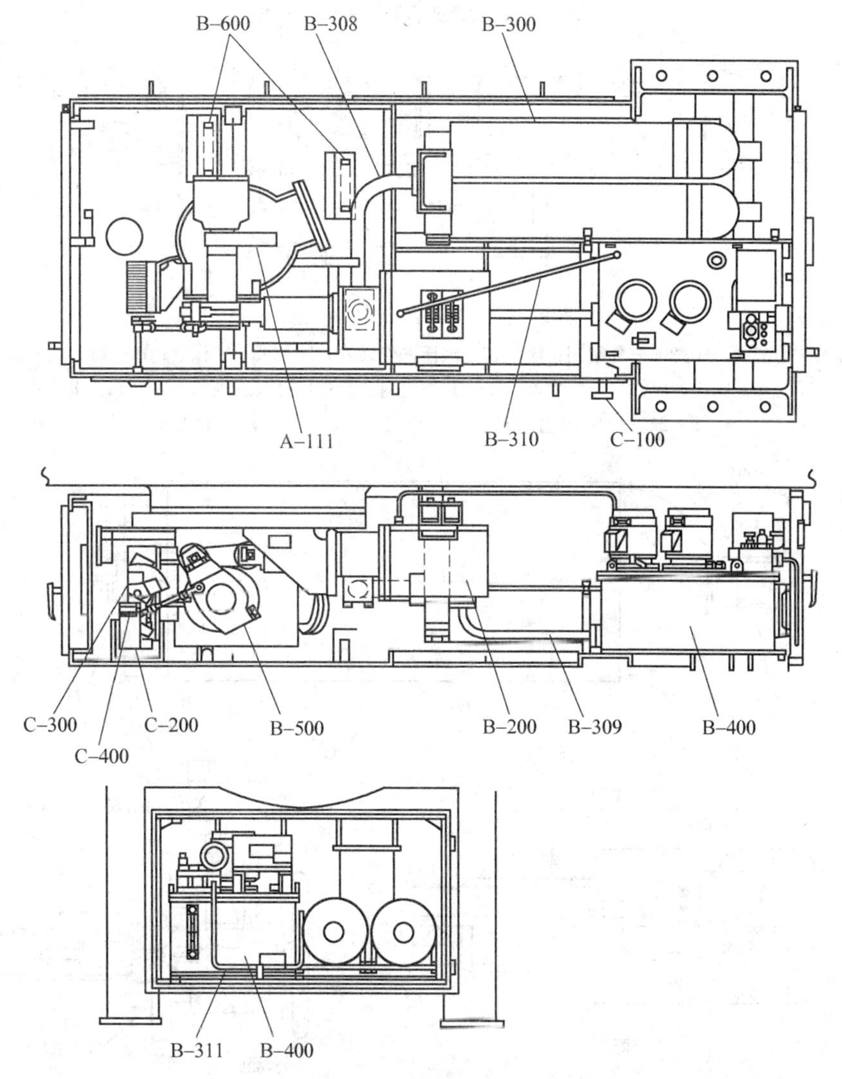

图 5－51　操作结构图

A－111—主拐臂；B－200—驱动单元；B－300—储压器；B－308—高压管；B－309—低压管；B－310—通气管；B－311—高压管；B－400—油泵单元；B－500—传动拐臂；B－600—加热器；C－100—气体压力密度继电器；C－200—辅助开关；C－300—分合闸指示器；C－400—操作计数器

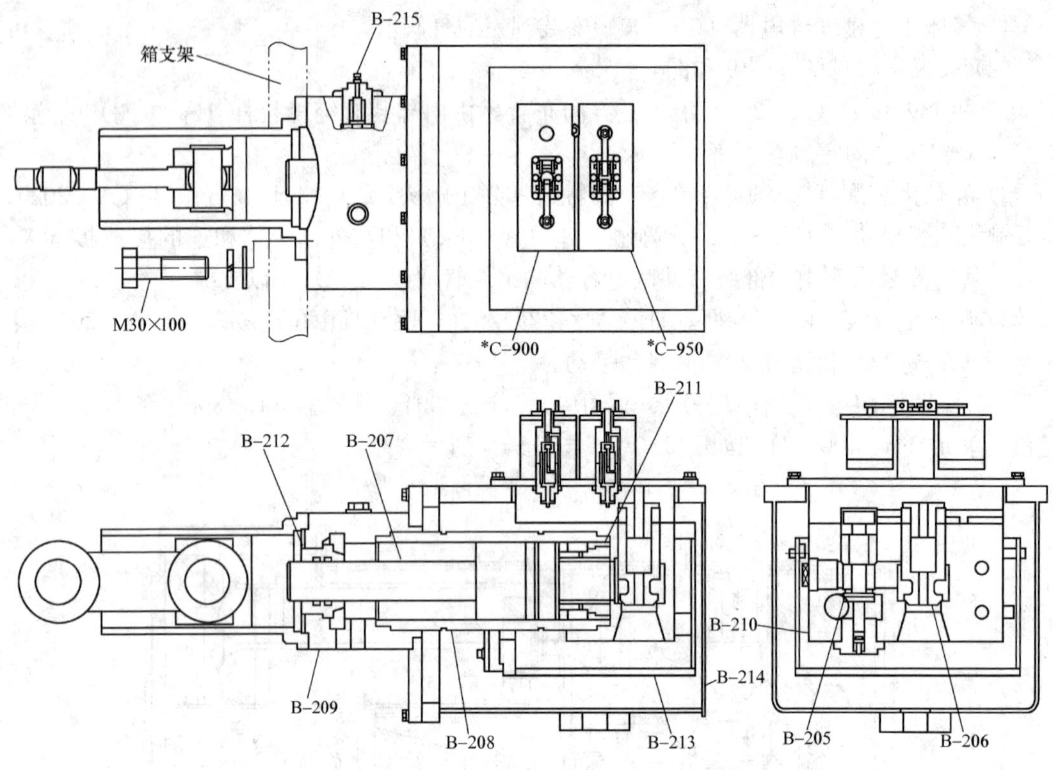

图 5-52　驱动单元（B-200）

B-205—合闸阀；B-206—分闸阀；B-207—液压操作活塞；B-208—工作缸；B-209—工作缸体；B-210—阀块；B-211—缓冲器；B-212—密封法兰；B-213—内罩；B-214—外壳；B-215—锁扣装置；*C-900—合闸线圈；*C-950—分闸线圈

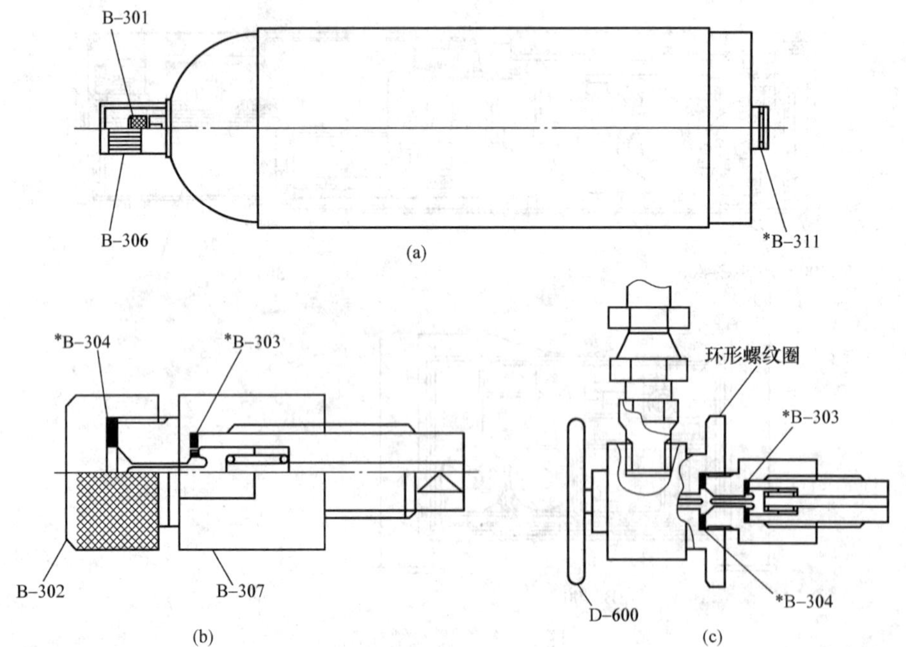

图 5-53　储压器（B-300）和 N_2 气体充气

(a) 储压器（B-300）；(b) 气阀装配（*B-301）；(c) N_2 气体监测仪（D-600）(可选择)

B-301—气阀装配；B-302—端盖；*B-303、*B-304—密封垫；B-306—保护罩；B-307—阀体；*B-311—O形圈

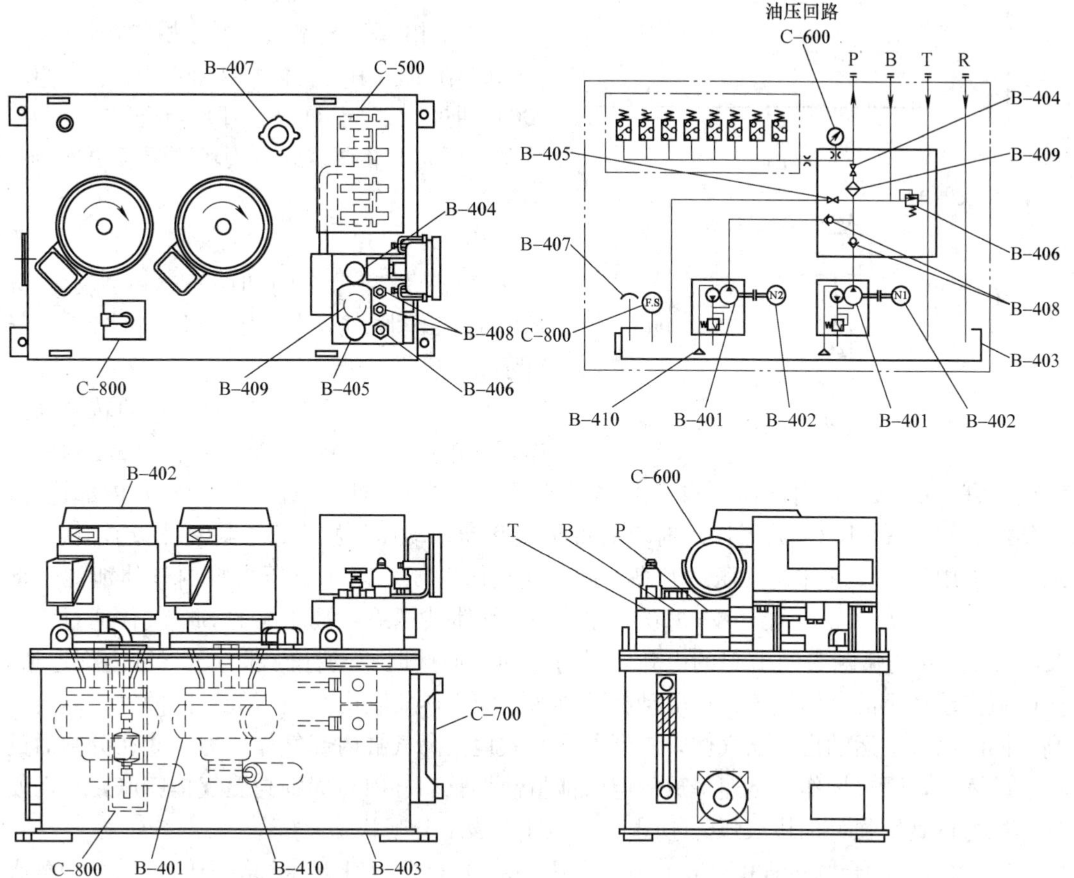

图 5－54　泵单元

B－401—液压油泵；B－402—油泵电动机；B－403—油箱；B－404—充油阀（常开）；B—405 放油阀（常闭）；B－406—安全泄压阀；B－407—通气孔盖；B－408—逆止阀；B－409—线性过滤器；B－410—滤油器；C－500—油压开关；C－600—油压表；C－700—油位仪；C－800—油位开关

1）操动机构箱包含油压操动机构，有驱动单元（操作缸）（B－200），油位仪（C－700），油位开关（C－800）等。储压器（B－300）、油泵单元（B－400）以及起控制、监视、显示作用的仪器，包含辅助开关（C－200）、分合闸指示器（C－300）、操作计数器（C－400）、油压开关（C－500）、油压表（C－600）。

2）以上元件全部放置在机构箱内，允许单相操作。

3）机构箱内安装有加热器（B－600），防止凝露。

（4）油压操动机构。

1）油压操动机构包括以下三个部分：①驱动单元（B－200）是一个由线圈、换向阀、控制阀、合闸阀、分闸阀、活塞和缸体组成的块式结构，如图 5－52 所示；②储压器（B－300），如图 5－53 所示；③油泵单元（B－400）是由液压油泵（B－401）、油泵电动机（B－402），油压开关（C－500）及其他放置在油箱（B－403）内的元件组成的一个单元，如图 5－54 所示。

2）上述三部分用油管 B－308、B－309 和 B－311 进行连接，如图 5－51 所示。

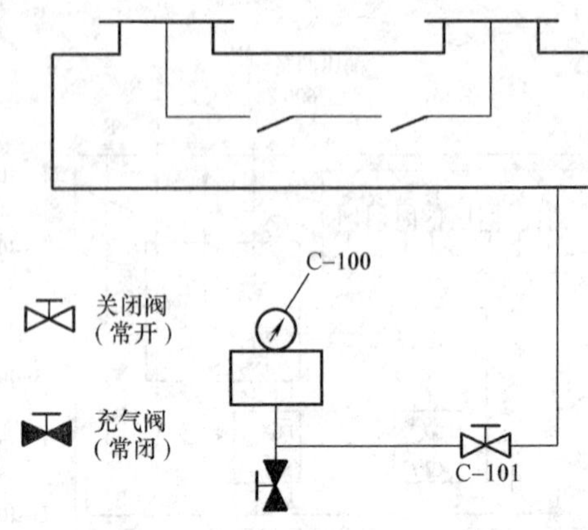

图 5-55　SF_6 气体系统图

C-100—气体密度继电器；C-101—三通阀

(5) SF_6 气体系统图如图 5-55 所示。

1) 单相 SF_6 气体系统可分相独立监控。

2) 在每相中，气体压力密度继电器（C-100）通过三通阀（C-101）与壳体相连接，并在工厂内安装调试好，现场不需要再次进行调试。

2. 工作原理

(1) 灭弧室操作图如图 5-56 所示。灭弧室的工作原理，如图 5-50 和图 5-56 所示。

1) 开断。①拐臂（A-424）的转动通过连杆（A-423）传递给驱动杆（A-422）。②驱动杆（A-422）内部通过自身的排气孔（A-435）与压气缸（A-420）内部连通。当绝缘拉杆（A-102）向下运动时，通过机械联动带动压气缸（A-420）运动，从而压缩压气缸中的 SF_6 气体使其压力升高。此时逆止阀关闭，以防止压力缸内气体泄漏。动主触头首先打开，压气缸（A-420）内的 SF_6 气体被压缩，被压缩的 SF_6 气体通过喷口（A-402）吹向弧触头间引起的电弧，进行熄弧。而此时驱动杆内部与压气缸内部连通，热电弧流动产生的高温气体通过驱动杆的排气孔流入压气缸内，使压气缸内的气体温度升高，同时压气缸运动也压缩气体，二者共同有效地提高气缸内部气体压力。③在分闸后的一段时间内，通过操作，迅速释放的电弧能量使得驱动杆内与周围高温气体膨胀，从而使气体压力得到增强，加快灭弧。④图 5-56（d）表示分闸状态。

2) 关合。①合闸过程中，逆止阀片（A-425）打开以补充压气缸中的负压；②触头接触前，电弧在动弧触头（*A-403）和静弧触头（*A-303）之间预燃，首先是弧触头闭合，接着主触头闭合，然后继续运动直至合闸位置。

(2) 单相油路系统图如图 5-57 所示，单相油路系统防跳回路图如图 5-58 所示。操动机构的工作原理，如图 5-57（a）、(b）所示。

1) 合闸操作。①当接到合闸命令后，合闸线圈（C-900）得电，合闸导向阀打开；②控制阀(B-204) 上部的高压油通过合闸导向阀流进低压缸内，控制阀向上移动；③储压器中的高压油流向主阀（B-205、B-206）右边，合闸阀（B-205）打开；④高压油流向工作缸（B-208）的“a”室中，使液压操作活塞（B-207）向合闸方向（左侧）运动；⑤互锁阀（B-203）下部的压力较大时，互锁阀向上移动，关闭合闸导向阀和控制阀之间的主通道。

2) 分闸操作。①当收到分闸命令后，分闸线圈（*C-950）得电，分闸导向阀（B-202）打开；②控制阀下部的高压油流进低压缸内，控制阀向下移动；③合闸阀右侧的高压油流进低压缸，分闸阀（B-206）打开；④工作缸“a”室中的高压油迅速释放，液压操作活塞借助于“a”室与“b”室的压力差以及“b”室的持续加压，迅速运动到分闸方向（右侧）；⑤互锁阀下侧的压力降低，在一段滞后的时间后，互锁阀向下移动，为进行合闸操作做准备。

3) 防跳操作，如图 5-58 所示。①分闸状态（准备合闸）；②合闸操作同项 1)，在 52b（GCB 的 b 触点）和 X-b（辅助继电器 b 触点）处于闭合期间，当收到一个合闸命令

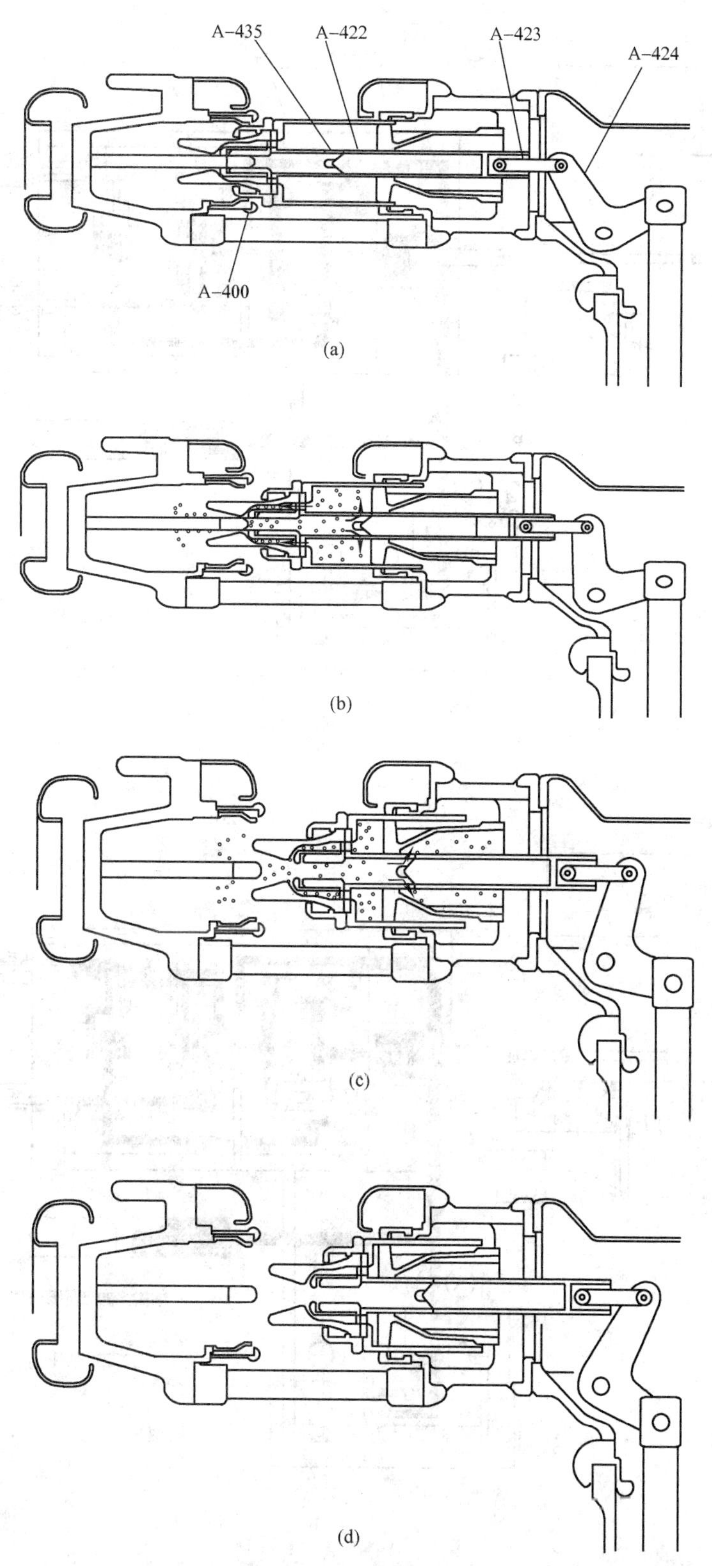

图 5 - 56　灭弧室操作图

(a) 合闸位置；(b) 分闸状态（初始位置）；(c) 分闸状态（较后位置）；(d) 分闸状态

A - 400—静触头装配；A - 422—驱动杆；A - 423—连杆；A - 424—拐臂；A - 435—排气孔

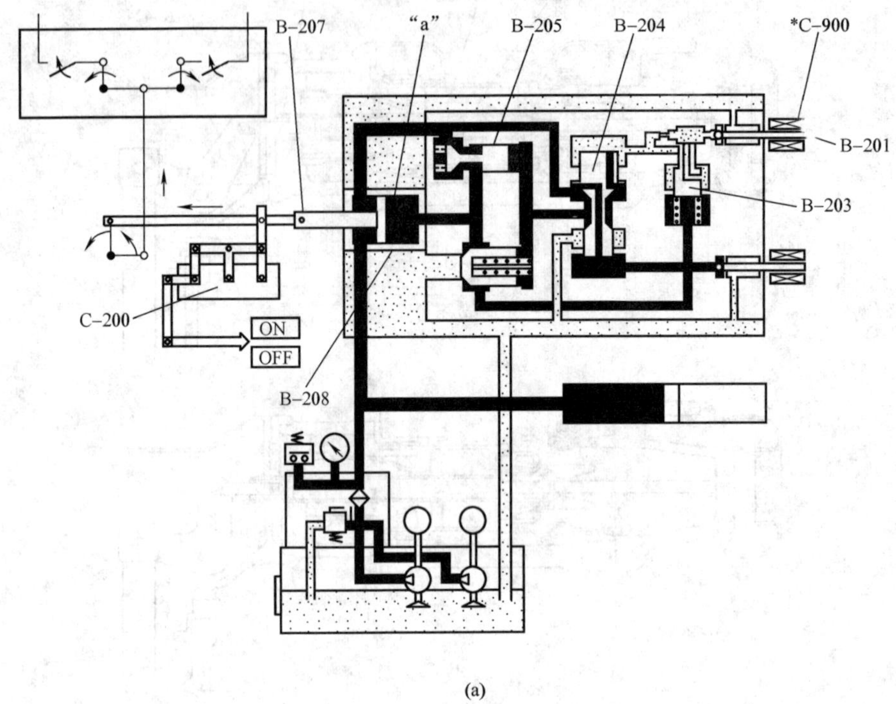

(a)

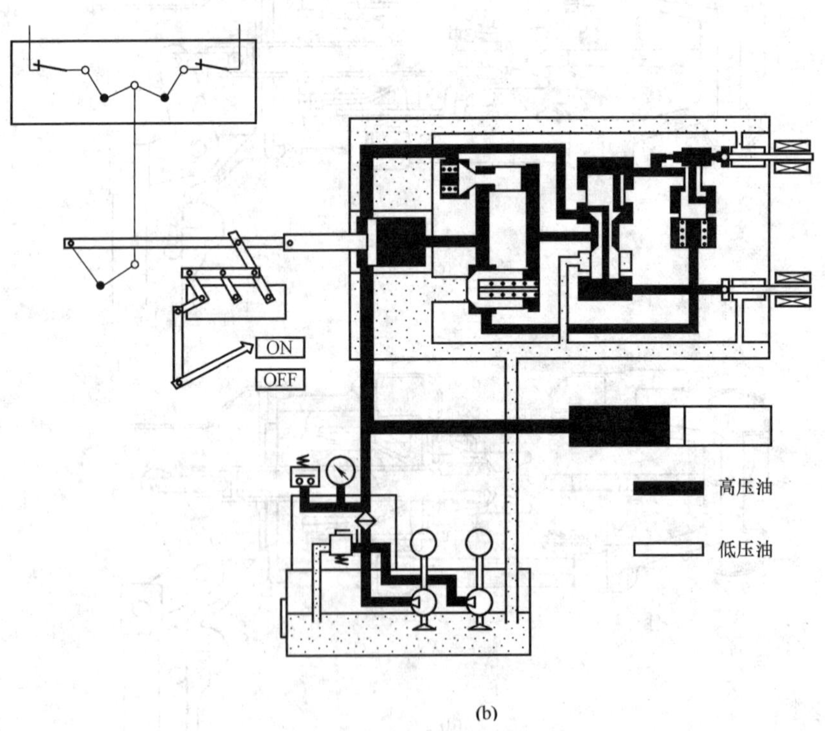

(b)

图 5-57 单相油路系统图（一）

(a) 合闸状态；(b) 合闸位置

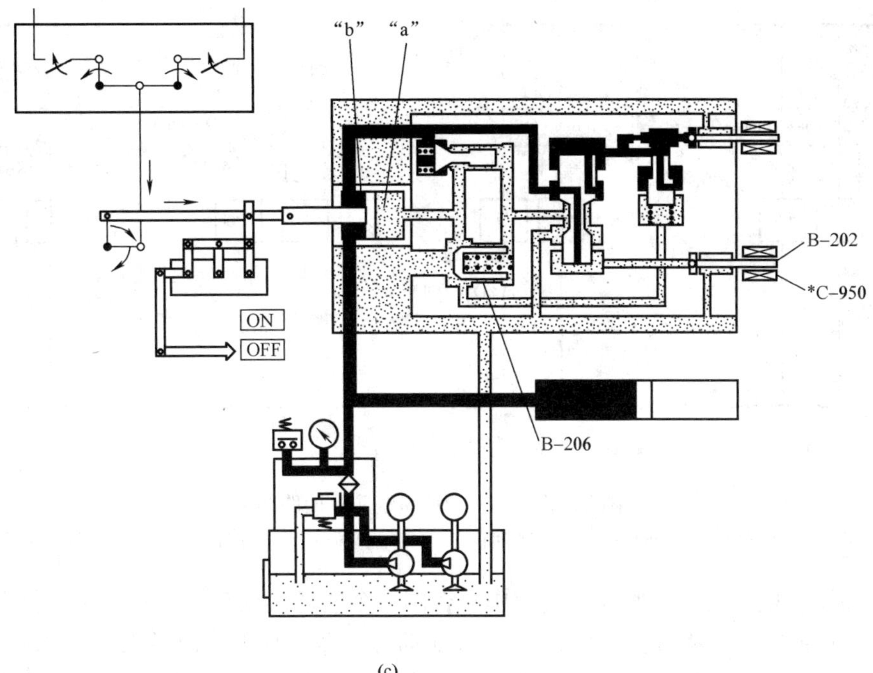

(c)

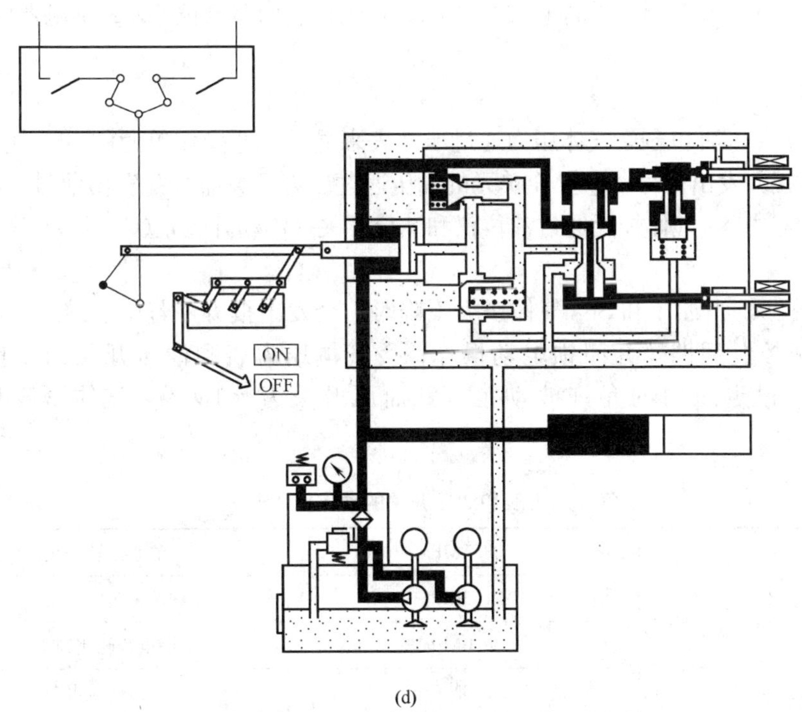

(d)

图 5-57　单相油路系统图（二）

(c) 分闸状态；(d) 分闸位置

B-201—合闸导向阀；B-203—互锁阀；B-204—控制阀；B-205—合闸阀；B-207—液压操作活塞；B-208—工作缸；C-200—辅助开关；*C-900—合闸线圈；B-202—分闸导向阀；B-206—分闸阀；*C-950—分闸线圈

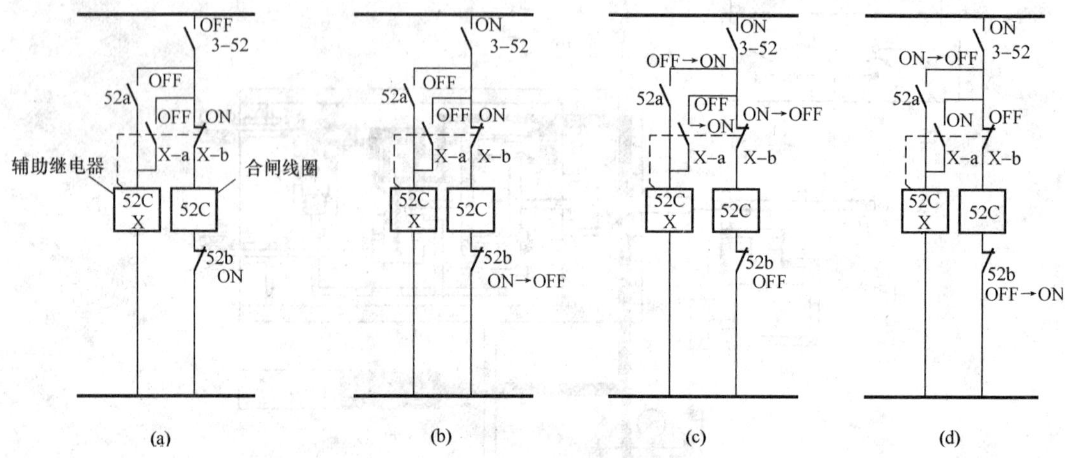

图 5－58　单相油路系统防跳回路图

(a) 分闸位置；(b) 合闸状态；(c) 合闸位置；(d) 分闸状态

时，合闸线圈受电；③在合闸操作过程中，合闸命令通过触点 52b 中断；④当触点 52b 断开时，52a（GCB 的 a 触点）闭合，52CX（辅助继电器）受电，而后 X－a（辅助触点 a）动作，X－b 断开；⑤合闸操作期间，若 52a 仍处于闭合状态，当收到一个分闸命令时，分闸线圈受电，分闸操作同项 2)；⑥当分闸操作完成后，即使连续发出合闸指令，合闸操作也不可能执行，除非 52CX 继电器停止受电，因为合闸控制回路已被 52CX 继电器的 X－b 触点切断。

(3) 监控与保护。

1) 监控：① 液压油和 SF_6 气体压力通过压力表来显示；②操作单元的 SF_6 气体压力通过密度开关监视并发出信号；③操作单元的油压通过压力开关监视并发出信号；④油箱中的油位和储压器中 N_2 气体损耗通过油位仪和油位开关（浮动开关）（C－500）进行监视并发出信号。

2) 压力调整：①当油压和 SF_6 气体压力下降时，会发出报警，若压力继续下降，通过压力开关切断控制回路，并闭锁电动操作；②气体压力表和油压开关的动作值如表 5－5 所示；③设定压力的允许波动范围，油压开关为±1MPa，气体密度开关为±0.02MPa。

表 5－5　　气体压力表和油压开关的动作值

油压开关（C－500）	33.5MPa	油泵运转停止
	31.5MPa	油泵运转开始
	30.0MPa	重合闸闭锁
	27.5MPa	发出低压报警
	27.0MPa	合闸闭锁
	25.5MPa	分闸闭锁
气体密度开关（C－100）	0.525MPa	发出低压报警
	0.5MPa	分闸命令闭锁

3）非全相保护装置：①如果三相操作不同步，经过一定时间的延迟后，断路器所有相全部分闸，相间异步延迟时间（标准数值）如表5-6所示；②相间异步检测回路（该回路由辅助开关触点“a”和“b”经一系列并联后构成），该回路通过激发可靠的分闸线圈控制三相的开断；③表5-6列出了从出现相间不同步到最后开断的标准延迟时间，该时间由时间继电器进行调控。

表5-6　相间异步延迟时间（标准数值）

状　态	延迟时间（s）
单相高速自动重合闸状态	2
其他状态	0.5

3. 550kV分箱式隔离、接地开关的结构和工作原理

550kV分箱式隔离、接地开关大多数设备是由一个隔离开关和一个或两个接地开关组合后封装在一个充有SF_6气体的接地壳体内。对于GIS用隔离、接地开关三相共用一台操动机构，通过拐臂、连杆进行三相机械操作；对于H-GIS用隔离、接地开关由于相间距离较大，一相一台操动机构，通过拐臂、连杆进行单相操作。不论是GIS还是H-GIS，其隔离开关和快速接地开关均采用弹簧储能的操动机构，普通接地开关采用电动机构。下面以550kV H-GIS的一个典型隔离、接地开关为例进行介绍。

（1）本体的结构和工作原理。单相隔离、接地开关的典型布置图如图5-59所示。由

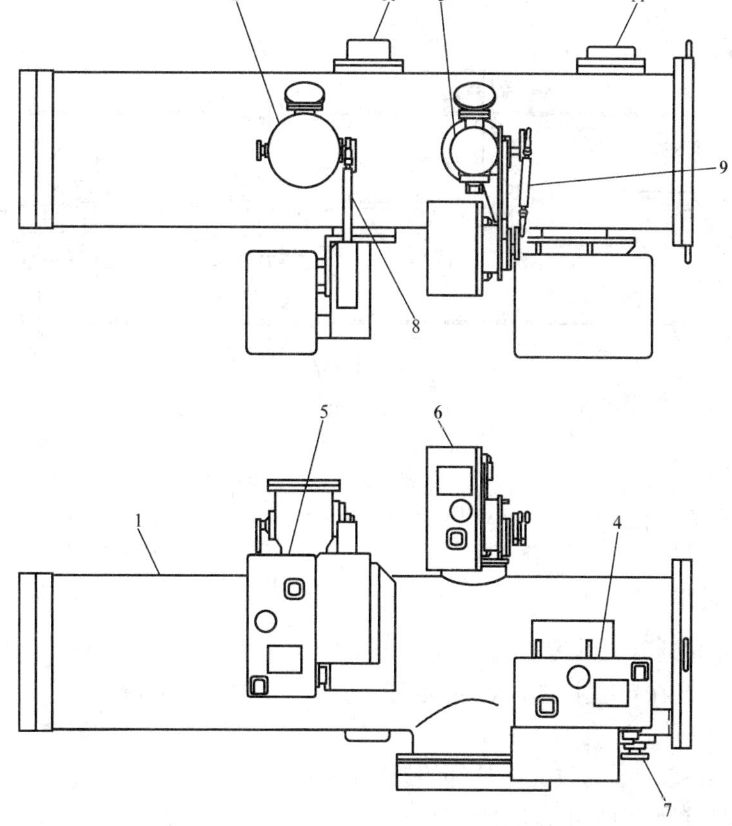

图5-59　单相隔离、接地开关的典型布置图

1—隔离开关（DLP-500RC）；2—接地开关（EAP-500C）；3—接地开关（EBM-500C）；4、6—QS的操动机构；5、7—EAP的操动机构；8—EBM的操动机构；9—QS的传动单元；10—吸附剂；11—压力释放装置

一组隔离开关（DLP－500RC）和两组接地开关（EAP－500C，EBM－500C）组成。在壳体的外面，每组开关都配有一个驱动壳体内开关触杆进行往复运动的操动机构，它把操动机构的操作功传递给开关设备。

DLP 型隔离开关和 EAP 型快速接地开关采用弹簧储能的操动机构，数秒钟的储能时间之后即可快速地完成操作。EBM 型接地开关通过电动机驱动操动机构进行电动操作，它需要一段时间完成操作。

每套设备都配有保持 SF_6 气体干燥的吸附剂和防止因内部故障造成壳体爆破的压力释放装置。

单相隔离、接地开关的剖面图如图 5－60 所示。具有压力的 SF_6 气体充入接地的壳体（D－1）内作为绝缘介质。承受高电压并通过电流的电气触头单元（D－2 和D－3）由绝缘隔板（D－9 和 D－10）支撑。隔离开关的动触杆（D－4）装在触头（D－3）内。动触杆在操作时将穿过触头（D－2）和（D－3），从而将电气回路接通/断开。机构箱的操作功通过连杆机构、传动机构（D－5）、绝缘拉杆（D－6）传递到动触杆。

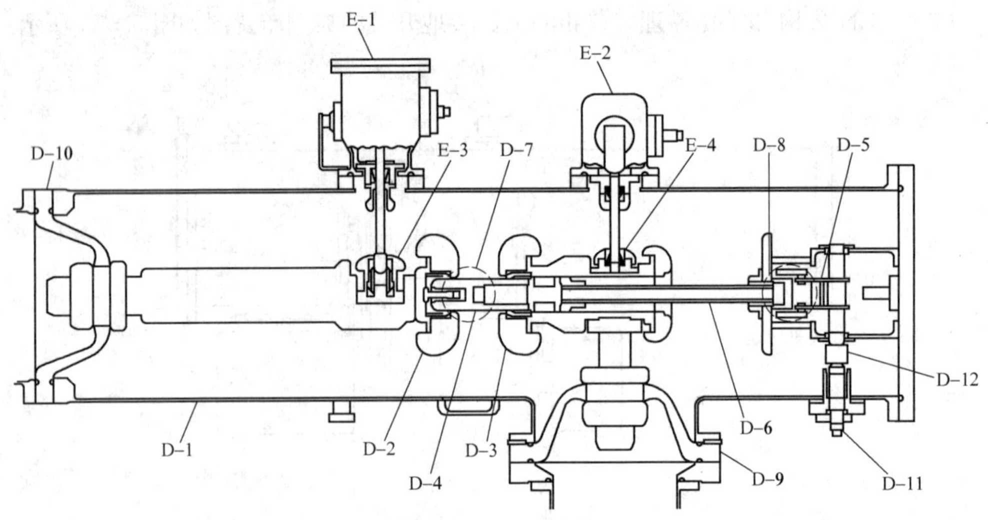

图 5－60　单相隔离、接地开关的剖面图

D－1—壳体；D－2、D－3—电气触头；D－4—动触杆；D－5—传动机构；D－6—绝缘拉杆；D－7—吸附剂；D－8—压力释放装置；D－9、D－10—绝缘隔板；D－11—轴封；D－12—轴；E－1—EAP 传动机构；E－2—EBM 传动机构；E－3—EAP 静触头；E－4—EBM 静触头

EAP 型快速接地开关的传动机构剖面图如图 5－61 所示。当安装在传动机构上的动触杆（E－12）插入装在导体上的 EAP 静触头（E－3）和 EBM 静触头（E－4）中时，将使主回路接地。该单元上装有隔离端子（E－15）用于将主回路与壳体隔离后测量主回路电阻等。通常，该绝缘端子通过壳体外部的接地板接地。

（2）操动机构的结构和工作原理。

1）弹簧储能的操动机构。DLP 型隔离开关和 EAP 型快速接地开关均采用电弹簧储能的操动机构，操动机构通过手动或电动释放弹簧的储能带动开关设的备触头运动。

QS（DLP 型）和 ES（EAP 型）电动储能弹簧操动机构的外形如图 5－62 所示，其结构如图 5－63 所示，操作程序如图 5－64 所示。

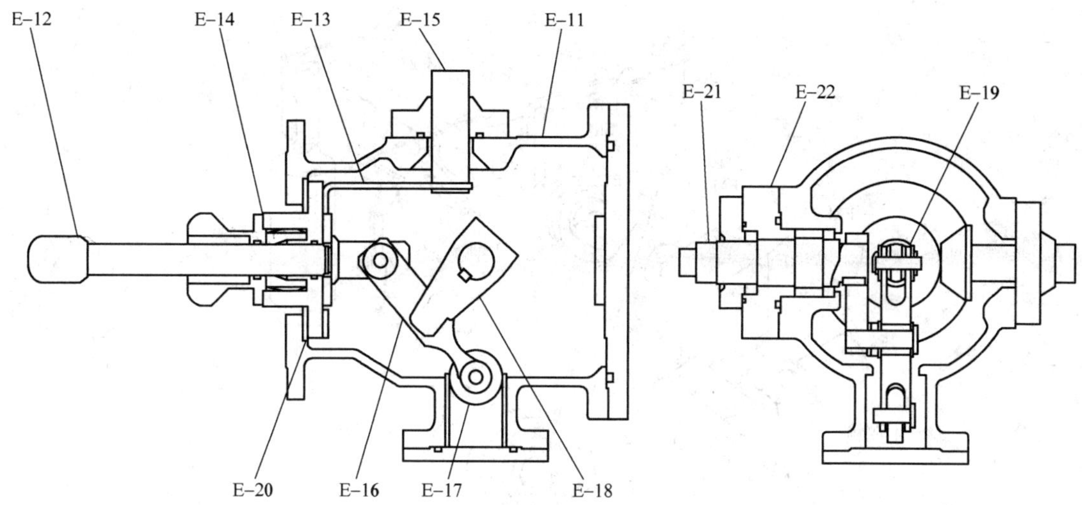

图 5-61　EAP 型快速接地开关的传动机构剖面图

E-11—壳体；E-12—动触杆；E-13—板；E-14—触头单元；E-15—隔离端子；E-16—连杆；E-17—导轮；E-18—拐臂；E-19—绝缘垫圈与轴套；E-20—绝缘板；E-21—轴；E-22—轴封

该操动机构的运行方式：电动机旋转使弹簧压缩至连杆的死点位置，而驱动动触头杆的主轴因连杆过死点，弹簧释放能量而高速旋转，从而带动动触头进行快速的分、合操作。

电动机（EM-21）的高速旋转通过齿轮箱（EM-23）减速，并通过一级耦合凸轮（EM-32 和 EM-33）使弹簧（EM-37）储能。弹簧被压缩到死点，释放能量。然后主轴（EM-25）通过二级耦合凸轮（EM-33 和 EM-35）释放能量而快速旋转。

旋转的主轴除带动设备触头的动作外，还带动辅助开关（EM-29）、操作计数器（EM-31）和分合指示器（EM-30）同时动作。

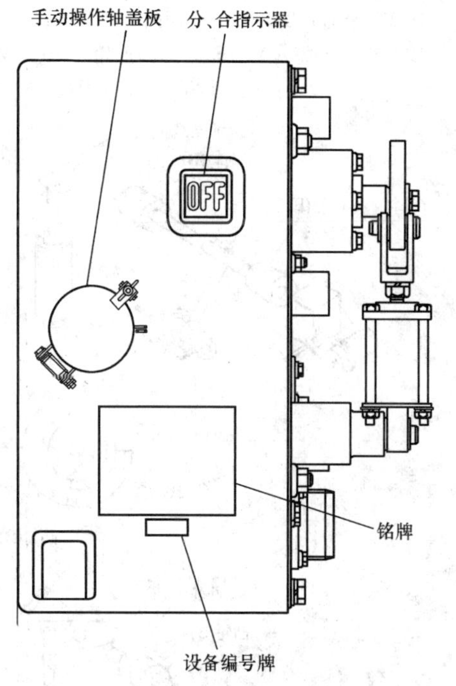

图 5-62　QS-ES（EBM 型）电动储能弹簧操动机构外形图

2）电动操动机构。EBM 型普通接地开关采用电动机构，电动机构既可以采用电动低速操作，也可以手动进行操作。QS-ES（EBM 型）电动储能弹簧操动机构的外形如图 5-62 所示，ES（EBM 型）电动操动机构的结构图如图 5-65 所示。

该操动机构的操作方式如下：电动机的旋转经齿轮及蜗轮/蜗杆减速后，带动主轴旋转，旋转的主轴驱动壳体内 EBM 的动触杆做往复运动。

操作原理图的说明参考图 5-65。电动机（EM-1）的旋转经齿轮（EM-2）、蜗杆（EM-3）和蜗轮（EM-4）减速并传递到主轴（EM-5）。由于这种结构，主轴可避免被其他外力

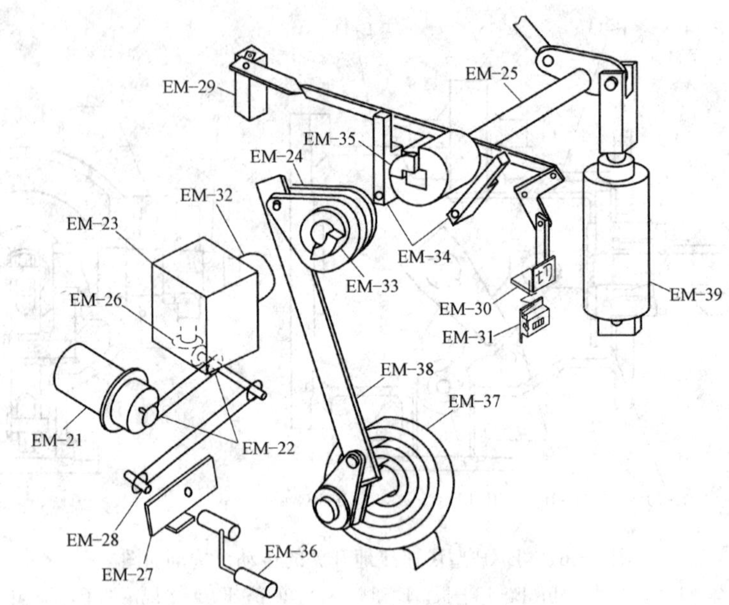

图 5-63　QS（DLP 型）和 ES（EAP 型）电动储能弹簧操动机构结构图

EM-21—电动机；EM-22—链齿轮；EM-23—齿轮箱；EM-24—拐臂；EM-25—主轴；EM-26—伞齿轮；EM-27—挡板；EM-28—手柄插座；EM-29—辅助开关；EM-30—分、合指示器；EM-31—操作计数器；EM-32—凸轮（A）；EM-33—凸轮（B）；EM-34—锁扣机构；EM-35—凸轮（C）；EM-36—手柄；EM-37—弹簧；EM-38—拉杆；EM-39—缓冲器

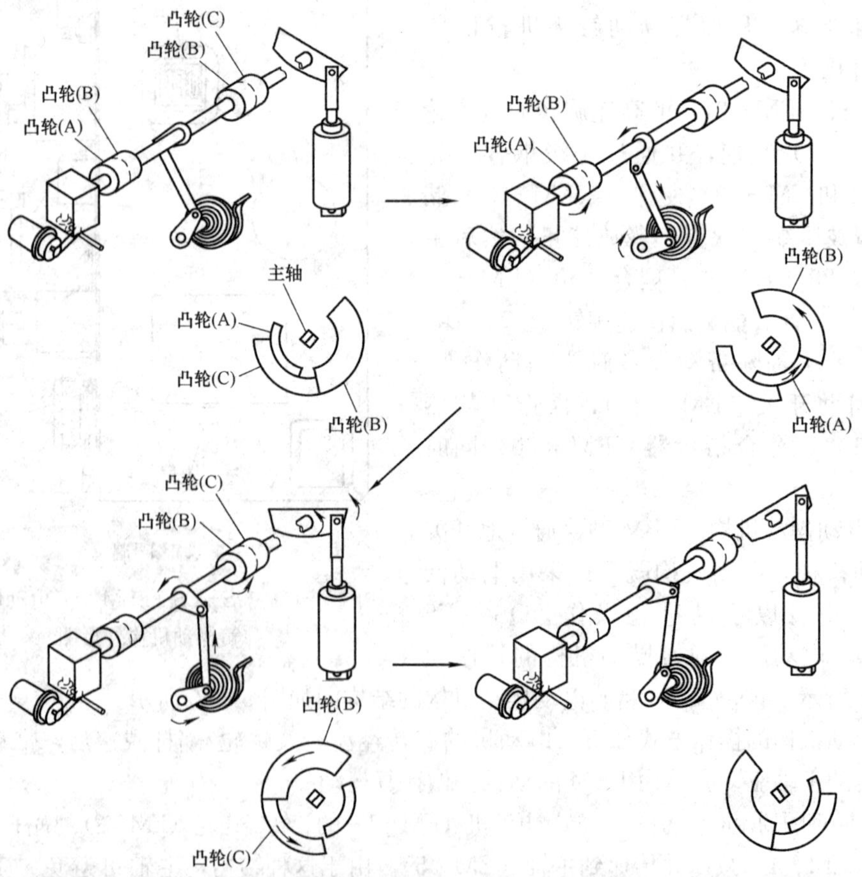

图 5-64　QS（DLP 型）和 ES（EAP 型）电动储能弹簧操动机构操作程序图

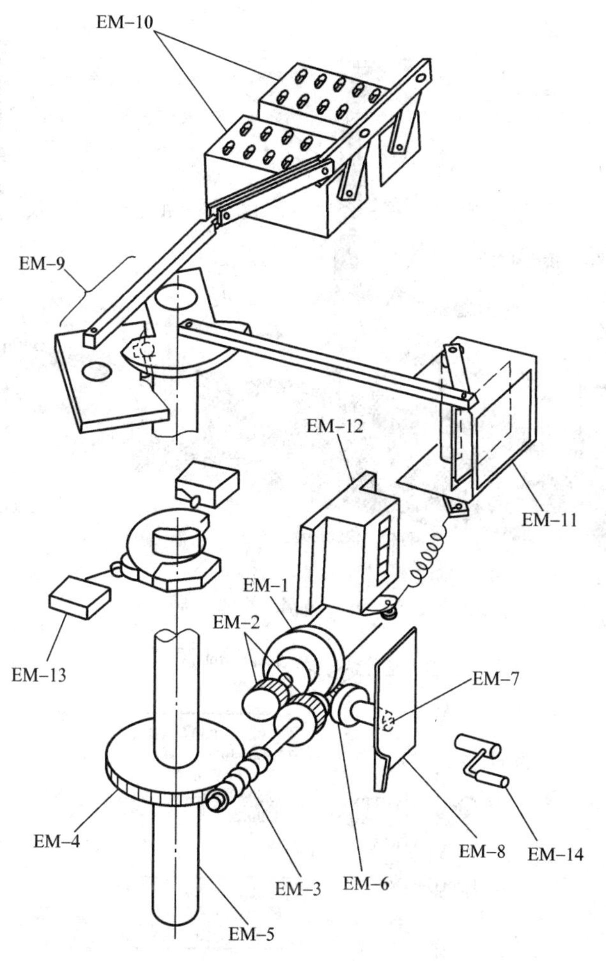

图 5-65 ES（EBM 型）电动操动机构结构图

EM-1—电动机；EM-2—齿轮；EM-3—蜗杆；EM-4—蜗轮；EM-5—主轴；EM-6—伞齿轮；
EM-7—手柄插座；EM-8—挡板；EM-9—棘轮机构；EM-10—辅助开关；
EM-11—分、合指示器；EM-12—操作计数器；EM-13—限位开关；EM-14—手柄

驱动。主轴的旋转被棘轮机构（EM-9）转换为间歇动作驱动辅助开关（EM-10）和分、合指示器（EM-11）进行切换操作。

二、HGIS

（一）HGIS 复合电器的基本构成及气室划分

1. 基本构成

HGIS 由罐式 SF_6 断路器（QF）、隔离开关（QS）、接地开关（ES）和快速接地开关（FES）以及电流互感器（TA）等元件组成。按用户不同的主接线需求将有关元件连成一体并封闭于金属壳体之内，充 SF_6 气体绝缘，与架空母线配合使用。HGIS 整体布局图如图 5-66 所示。

按用户不同的主接线需求（3/2 断路器接线、单母线接线、双母线接线和双母线双断路器接线等）将有关元件连成一体并封闭于金属壳体之内，充 SF_6 气体绝缘，与架空母线配合使用。它的基本一次元件与 GIS 元件是基本公用的。HGIS 典型 3/2 断路器接线如图 5-67 所示。

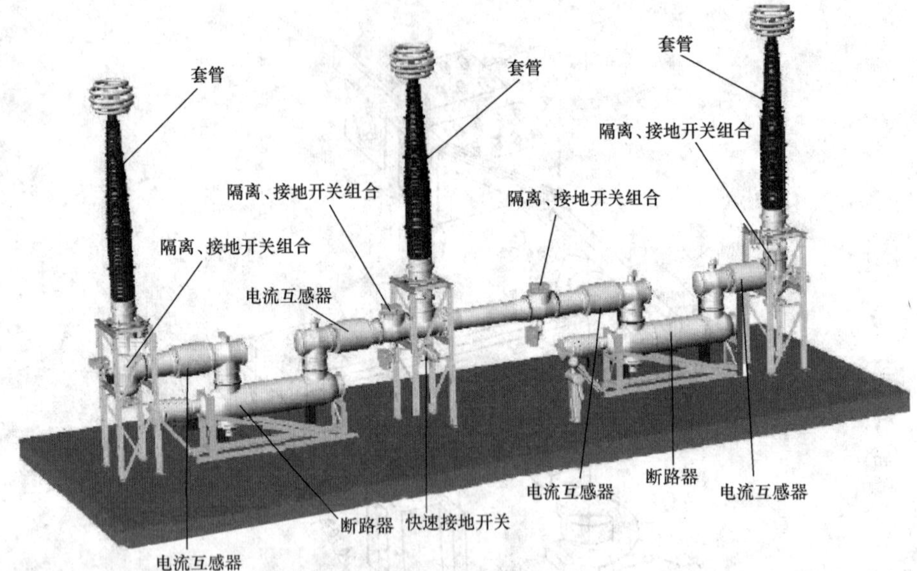

图 5-66 HGIS 整体布局

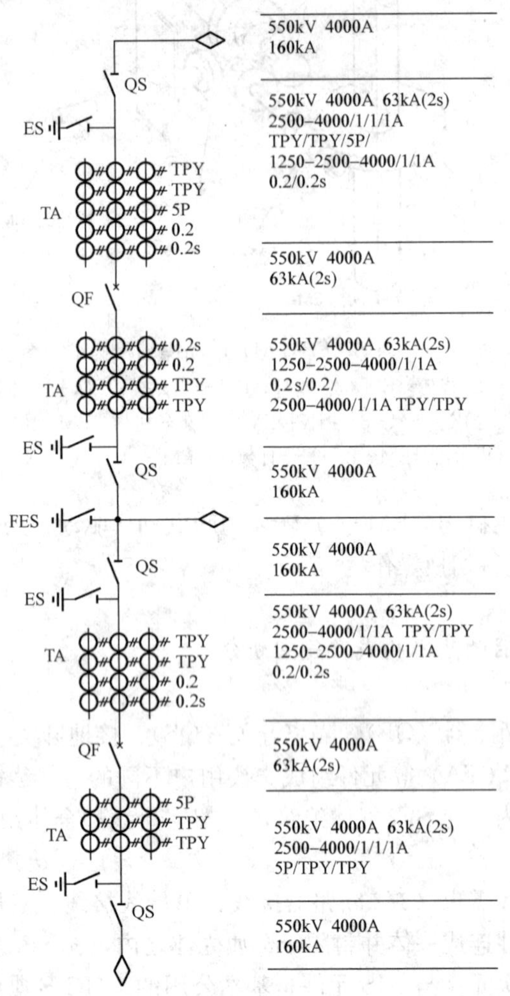

图 5-67 HGIS 典型 3/2 断路器接线

2. HGIS 气室的划分

典型 3/2 接线方式 HGIS 气室划分如图 5-68 所示，设备中的断路器、电流互感器、隔离开关、母线和套管均采用单独气室。周围空气温度为 20℃时的气体压力（相对值）如下。

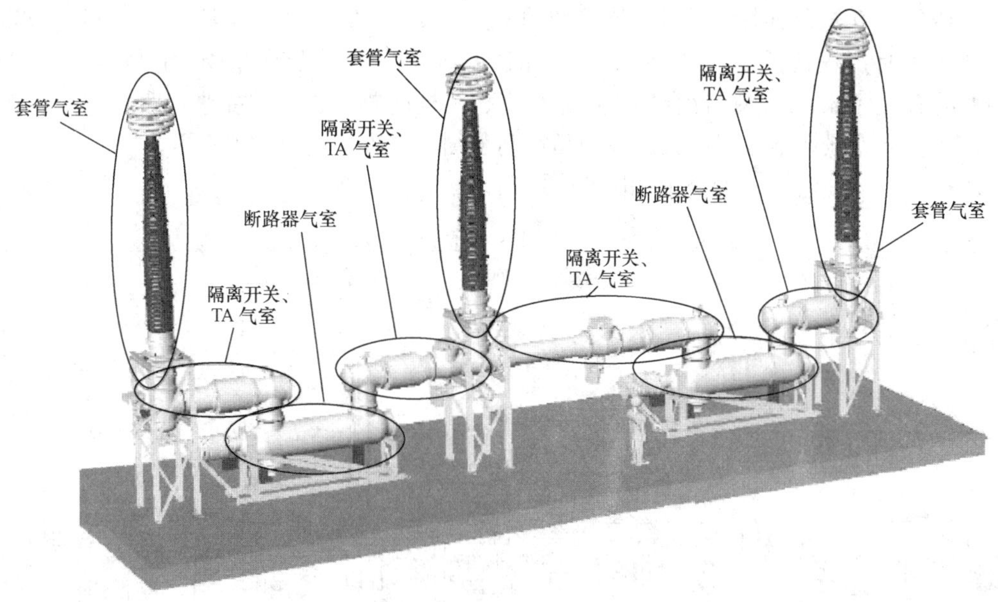

图 5-68　典型 3/2 接线方式 HGIS 气室划分

（1）断路器隔室。

最高运行压力：0.65MPa；

额定压力：0.6MPa；

最低运行压力：0.5MPa；

气体损失报警压力：0.55MPa；

闭锁（或跳闸）压力：0.5MPa。

（2）其他设备气隔（套管、隔离、母线）。

额定压力：0.5MPa；

最低运行压力：0.4MPa；

气体损失报警压力：0.45MPa。

（二）HGIS 使用时需要关注的两个问题

（1）QS 开合母线充电电流能力的问题。

500kV HGIS 的间隔宽度一般为 20～30m，而 500kV GIS 的间隔宽度一般为 5～8m，HGIS 的敞开式母线长度远比 GIS 母线长，母线空载电流大，因此其开合的母线充电电流值也远比 GIS 的大，应按 DL/T 486—2000《交流隔离开关和接地开关订货条件》的规定值 2A 来要求，这与 GB 1985—2004《高压交流隔离开关和接地开关》的规定值 0.5A 有较大的出入。

（2）QS 开合母线转换电压的问题。

基于同样的情况，GIS 的隔离开关开合母线转换电压的能力应比 GIS 的高，应选用 GB 1985—2004《高压交流隔离开关和接地开关》中的高档数值 100V，而不适宜采用低档数值 40V。

（三）ZHW－550 复合电器

ZHW－550 复合电器，它是在 ZF8－550 GIS 和原有 HGIS 的基础上进行技术融合和优化设计后所得的，用于超高压、大容量封闭式气体绝缘组合电器。

ZHW－550 复合电器的样机严格按照 IEC 62271－102、IEC 62271－103、GB 1985—2004 的有关标准进行了相关型式试验，产品性能达到了技术规范的规定和要求，符合 IEC 和国家的有关标准。产品设计合理、可靠性高、结构简单、紧凑、抗地震性好、安装周期短、耐污秽能力强和维修周期长。该产品达到了国际先进、国内领先水平。

ZHW－550 复合电器的外形如图 5－69 所示。

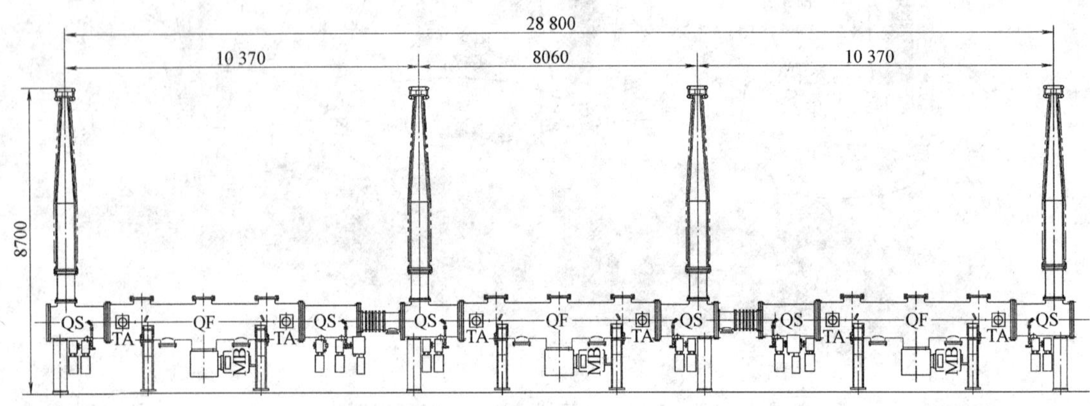

图 5－69　ZHW－550 复合电器外形

1．主要技术参数

（1）额定电压：550kV。

（2）额定电流：4000A。

（3）额定频率：50Hz。

（4）额定短路开断电流：63kA。

（5）额定短时耐受电流（3s）：63kA。

（6）额定峰值耐受电流：160kA。

（7）额定短时工频耐受电压（有效值）。

1）对地：740kV；

2）断口：（740＋318）kV。

（8）额定雷电冲击耐受电压。

1）对地：1675kV；

2）断口：（1675＋450）kV。

（9）额定操作冲击耐受电压。

1）对地：1175kV；

2）断口：（1175＋450）kV。

（10）SF_6 气体压力（在 20℃时）。

1）断路器。

额定压力：0.50MPa；

报警压力：0.45MPa；

闭锁压力：0.40MPa。

2）其他元件。

额定压力：0.40MPa；

一级报警压力：0.35MPa；

二级报警压力：0.30MPa。

2. SF_6 气体系统

SF_6 气体系统如图 5－70 所示。

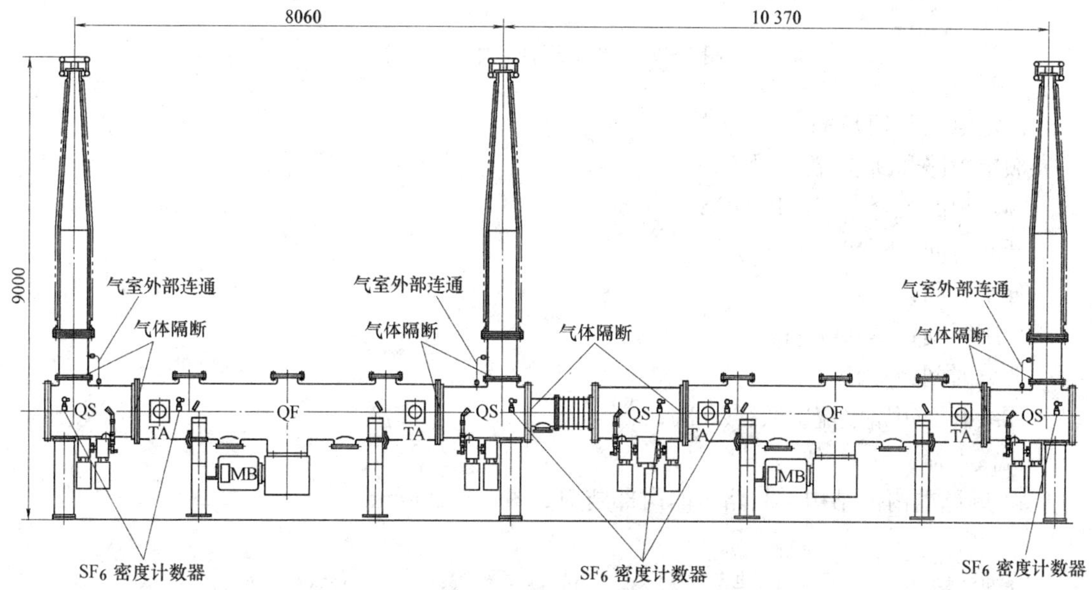

图 5－70　SF_6 气体系统

（1）SF_6 气体系统按照设备各元件的执行功能设计。

（2）考虑事故、检修和扩建涉及的范围来设计气隔。

（3）SF_6 气体系统采取分散监控，取消了复杂的管路系统，减少了漏气环节。

（4）采用 DILO 公司的自封触头，接口统一，充放气简单。

（5）采用 WIKA 公司的表计监控，安全可靠。

（6）表计带温度补偿，观察方便。

（7）SF_6 气体泄漏率低，年泄漏小于 0.5%。

3. 主要元件

主要部分由断路器和电流互感器单元、隔离开关和接地开关单元、进出线套管组成，断路器的主要组成部分如图 5－71 所示。

（1）断路器及电流互感器单元。ZHW－550 复合电器中最关键的元件断路器采用批量生产的 ZF8－550 GIS 中的断路器，TA 装于断路器壳体两端内，属内装式无故障电流互感器。该断路器最大短路电流开断能力 63kA，配液压弹簧机构，在荷兰 KEMA 试验站通过型式试验并取得试验合格证。

1）断路器主要技术参数。

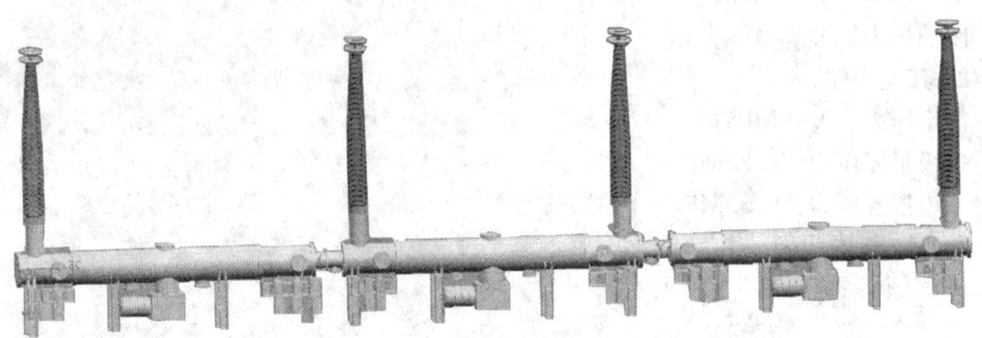

图 5-71　断路器的主要组成部分

额定电流：4000A；

额定短路开断电流：63kA；

额定短路关合电流：160kA；

开断时间：≤40ms；

分闸时间：≤30ms；

合闸时间：≤100ms；

合分时间：≤50ms；

连续开断短路电流次数：20 次；

机械寿命：5000 次。

2）断路器内部结构。断路器的内部结构如图 5-72 所示。

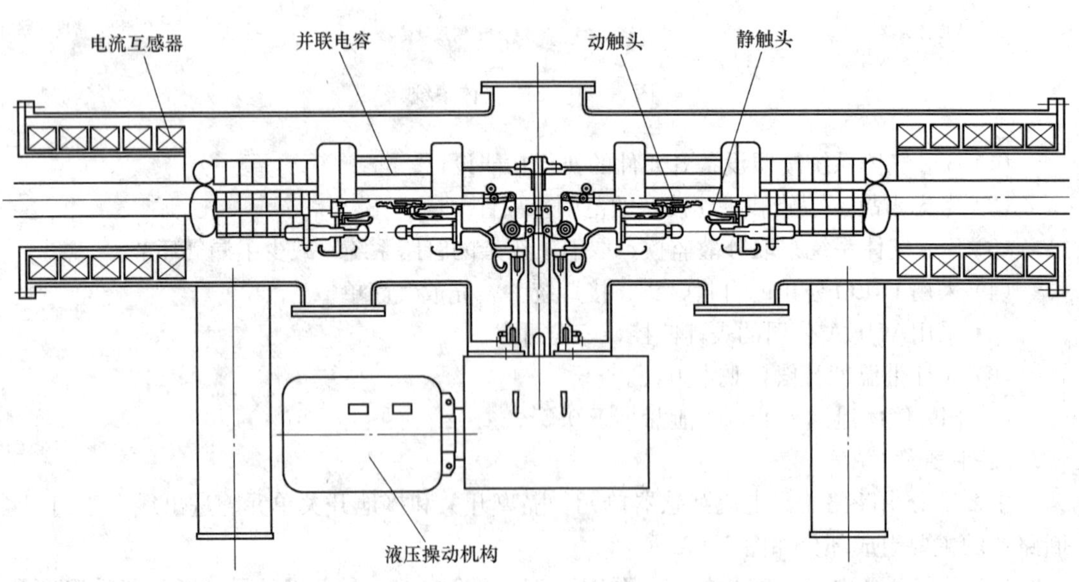

图 5-72　断路器的内部结构

3）断路器的特点：①采用卧式结构；②采用高可靠性、功率大的操动机构，弹簧储能，液压传动；③双断口，断口间带并联电容；④63kA 的开断能力；⑤SF_6 作为灭弧介质，采用压气式灭弧结构；⑥增设微粒陷阱；⑦喷口上游区结构独特，有效利用触头的堵塞效应；⑧拉法尔喷管的应用，提高缓冲气缸内的压力和开断后气体密度恢复特性；⑨小径缓冲气缸的应用，利用电弧的解析技术，实现缓冲气缸的最佳化（有效利用电弧能源）；⑩采用质量轻和强度高的绝缘拉杆；⑪开断容性电流时不会产生重燃和击穿；⑫开断感性电流时不会产生过高的过电压。

断路器导电回路采用独特的整体自力型触头，无触头弹簧，依靠材料自身弹力保证其对导电元件压紧力，电接触稳定可靠。弧触头采用整体烧结的铜钨触头，灭弧室内零部件做到了最少程度，因此工作特性稳定可靠。母线及隔离开关等元件的导电的连接采用梅花触头或表带型触指结构，技术性能成熟稳定。

GIS 的金属壳体（圆筒）采用冷翻边工艺，使垂直相交二筒的焊缝不在相贯线上，改善了内部电场的分布。

盆式绝缘子、绝缘筒、绝缘拉杆、绝缘台等为自制件。每件制品都要进行工频耐压和局放试验，局放量低于 IEC 标准要求。

4）断路器操动机构：液压弹簧操动机构。

（2）电流互感器。

1）装于断路器壳体两端内，属内装式无故障电流互感器。

2）包含测量级线圈及保护级线圈数只，测量精度高，可做到 0.2s 级。

3）电流互感器线圈采用环氧浇注型，对保证气室含水量不超标有着重要作用。

4）电流互感器测量级线圈及保护级线圈处于地电位。

（3）隔离开关、接地开关、快速接地开关。

1）550kV HGIS 用接地开关、快速接地开关附装于隔离开关上，隔离开关及接地开关的触头封闭在 SF_6 气体绝缘的壳体内，已在 GIS 产品上广泛使用。隔离开关断口设计合理，具有切合母线转换电流的能力及开断母线充电电流的能力，通过了开断母线充电电流 2A 的型式试验。

2）FES 具有关合短路 63kA 电流的能力，通过了开合容性感应电流 50kV、50A，开合感性感应电流 50kV、200A 的型式试验。

3）ES 配电动机构，FES 配电动弹簧机构。

4）隔离开关外壳上有观察窗，可以方便的观察到 QS、ES、FES 的触头位置。

5）机械寿命 5000 次。

（4）SF_6 充气瓷套管如图 5－73 所示。瓷套采用大小伞结构，瓷套外绝缘具有耐受Ⅰ、Ⅱ、Ⅲ级污秽等级的能力，耐污秽能力强，适于中国国情。经数百只瓷套运行考核，其外绝缘十分可靠，雨雾天气无外闪发生。瓷套内屏蔽设计先进，使瓷套直径较小、质量轻、抗震能力强度。

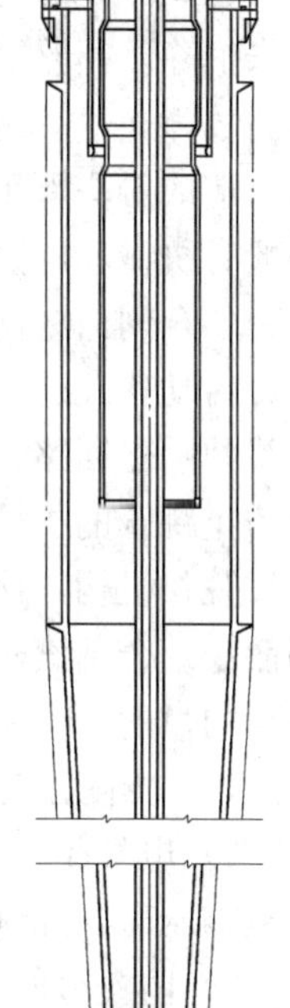
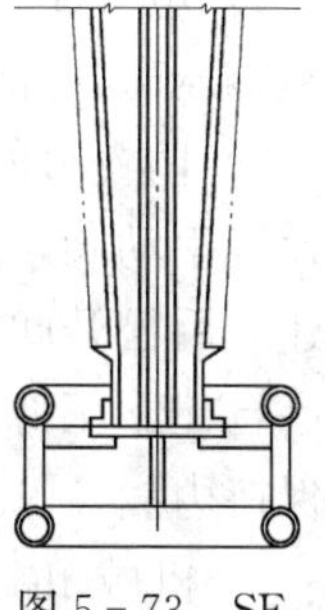

图 5－73　SF_6 充气瓷套管

内充 SF_6 气体。装有旋压（一体化）超长屏蔽罩改善了电场分布。

瓷套管的外绝缘配置满足Ⅳ污秽区要求，爬电比距为 31mm/kV，爬电距离 17 050mm，并考虑了直径修正系数。瓷套的伞裙为不等距的大小伞结构，并设置断水裙。瓷套管直线距离 5000mm。

第六节　操　动　机　构

一、断路器对操动机构的要求

高压断路器的分合闸动作是靠操动机构来完成的，因此断路器的工作性能，特别是动作特性直接取决于操动机构，高压断路器对操动机构的主要要求有：

（1）动作可靠、稳定，制动迅速。断路器操动机构在接到动作命令后，动作必须准确可靠；动作时间和分合闸速度满足该断路器标称的技术指标；多次动作的动作参数应具备很好的重复性，分散性在规定范围内。

（2）足够的操作能量、满足断路器开断、关合要求；特别是在关合短路故障时，存在很大的阻碍断路器合闸的电动力，如果不能关合到底，以致下次开断难以完成，将严重烧伤触头和喷口，或者导致灭弧室爆炸；因此要求操动机构必须有足够大的操作功来克服此电动力，应迅速、可靠完成合闸任务。提供足够大操作功，使动作参数如分、合闸时间、速度满足规定要求。断路器在完全储能状态，并不需要再次储能时，对于具备重合闸功能的断路器，储能保证操动机构完成一次重合闸操作或者两次合分操作。

（3）防跳跃功能。当断路器关合有故障电路时，断路器将自动分闸。若此时合闸命令还未解除，断路器分闸后将再次合闸，接着又会分闸。这样，断路器可能多次关合和开断短路故障，这一现象就称为跳跃。出现跳跃现象时，断路器多次反复关合和开断故障电流，造成触头严重烧伤，甚至引起断路器爆炸事故。因此，断路器必须具备防跳跃功能，一般有机械和电气两种方法。电气方法一般是通过在控制回路中装设防跳继电器来实现，在分、合闸命令同时施加的情况下，防跳跃继电器使分闸优先。防跳跃继电器由分闸命令直接启动，并通过继电器的触点使防跳跃继电器保持在励磁状态，它们的触点完全切断合闸线圈励磁回路，使断路器不能合闸，直到合闸命令解除为止。装设自由脱扣装置是常用的防止跳跃的机械方法，如 CD2-40 机构，当断路器关合在故障时，跳闸铁芯顶杆打开四联杆脱扣机构，使执行五联杆中的合闸滚轮偏离合闸铁芯顶杆，即使合闸铁芯继续执行合闸命令，合闸滚轮沿合闸铁芯顶杆外侧下滑实现自由脱扣，而不会再次合闸，达到了防止跳跃的目的。

（4）防慢分功能。一般指液压机构有下面几种闭锁方式。

1）电气闭锁：当断路器和隔离开关处在合闸位置时，如果操动机构油压非常低，或降至零压时，控制回路自动切断油泵电动机电源，禁止启动打压。

2）防慢分阀：有三种方法，一是将二级阀活塞锁住或加防慢分装置。二是在三级阀处设置手动阀，油压降至零压时，将手动阀拧紧，使油压系统保持在合闸位置；当油压重新建立后松开此手动阀。三是设置管状差动锥阀，该阀无论开关在分、合闸位置，只要系统一旦建立压力，不管压力有多大，该管状差动锥阀都将产生一个为维持在分、合闸位置的保持力。

3）机械闭锁装置。利用机械手段将工作缸活塞杆维持在合闸位置，待机械故障处理完毕后方可拆除机械支撑。

（5）连锁功能。分、合闸位置闭锁，保证断路器在合闸位置时合闸回路断开而不能通电，在分闸位置时分闸回路断开而不能通电；高、低气（油）压闭锁，或弹簧到位闭锁，保证断路器只有在操动机构处在合格的气（油）压范围内才能动作，或者在合闸弹簧拉紧后才能合闸；断路器和隔离开关之间连锁，利用断路器的辅助开关触点和隔离开关的操动机构之间设立电磁连锁，保证断路器只有在分闸位置时才能操作隔离开关。

（6）缓冲功能。断路器的分合闸速度很快，在合闸和分闸到底的时候要使高速运动触头平稳地停止下来，减少在制动时的巨大冲击力的破坏作用，需要在操动机构上装设缓冲装置。比较典型的有油缓冲装置和弹簧缓冲装置。

（7）具备重合闸、三相不一致、失灵保护等功能。断路器在断路器分闸后接到重合闸命令时应能可靠重合闸。

（8）与保护及监控系统的接口功能。操动机构的控制回路以及监控装置能够与保护、监控系统接口。保护能够控制断路器操作，监控信号能够完全传送到变电站监控系统。

（9）足够的使用寿命。一般应保证与断路器本体相同的使用寿命，并且应保证断路器可靠操作3000次以上。

（10）使用环境要求、环保要求，具备防火、防小动物、驱潮功能。

（11）断路器的操动机构还应满足各种使用环境的要求，对于外界温度，特别是液压和气动机构应具备自保护和补偿功能，因为液压机构和气动机构的动作特性受温度影响比较大。

二、几种操动机构的特点

断路器的操动机构是决定断路器操作性能的重要部分，造价约占整个断路器的1/3，断路器操动机构的发展与断路器本身灭弧技术的进步以及社会工业发展水平密切相关，断路器从油断路器到空气断路器、SF_6断路器，断路器的灭弧性能大大提高；SF_6断路器从双压式和单压式，发展到自能式和混合式，断路器所需要的操作功逐步减小。随着电力系统对节能和环保问题的高度重视，操动机构从手动操动机构、电磁操动机构、液压操作机构、压缩空气操动机构，到弹簧机构和数字电动操动机构，操动机构也逐步发展和进步，大量先进技术应用到传统的操动机构中来。

在126～550kV高压断路器中，配用的操动机构主要有：液压、气动、弹簧。如126kV的断路器和GIS主要是自能式灭弧断路器，一般配弹簧机构。252kV高压开关设备灭弧方式有单压式、自能式和混合式三种，三种机构都有使用。363～550kV断路器、HGIS、GIS主要灭弧方式有压气式或混合式，三种类型机构也都有使用。对于需要操作功较大的定开距灭弧室的高压开关设备，一般配用液压操动机构；对于特高压使用的HGIS等也需要很大操作功，也配用液压操动机构。用户根据自身的维护经验，在操动机构的选用上也有不同要求，在我国南方地区比较倾向液压操动机构和弹簧操动机构；而在北方地区则更多使用气动操动机构和弹簧操动机构。现在液压弹簧机构也在我国大量使用。各种操动机构的特点比较如表5-7所示。

三、国产操动机构型号命名规定

国产操动机构型号命名规定如图5-74所示。

表 5-7　各种操动机构的特点比较

型　式	主要优点	主要缺点	备　注
手动操动机构	(1) 结构简单，价廉。 (2) 不需要电源作合闸能源	(1) 不能遥控和自动合闸。 (2) 合闸能力小。 (3) 就地操作，不安全	用于 10kV 以下小容量断路器
电磁操动机构	(1) 结构简单，加工容易。 (2) 运行经验多	(1) 需要大功率的直流电源。 (2) 耗费材料多	原来 110kV 以下油断路器多采用此机构，在真空断路器上开始采用永磁机构
液压操动机构	(1) 不需要大功率的直流电源。 (2) 暂时失去电源也能操作。 (3) 合闸操作中，机构输出特性与断路器输入特性配合较好。 (4) 功率大，动作快，操作平稳	(1) 加工精度要求高。 (2) 渗漏问题突出。 (3) 价格较贵	用于需要操作功比较大的高压开关设备
气动操动机构	(1) 不需要大功率的直流电源。 (2) 暂时失去电源也能操作	(1) 需要空气压缩机。 (2) 对大功率机构，结构笨重	排水问题突出，在高压断路器中使用较多
弹簧操动机构	(1) 需求电源容量小。 (2) 暂时失去电源也能操作。 (3) 交直流电源均可使用	(1) 对弹簧材料、工艺要求高。 (2) 合闸操作中，机构输出特性与断路器输入特性配合较差。 (3) 检测难度大	适合自能式断路器及需要操作功小的断路器
电动操动机构	(1) 结构简单，动作可靠。 (2) 数字技术与电动机控制技术结合，技术先进	(1) 依赖数字技术，抗干扰要求高。 (2) 输出功率较小	适合操作功小的开关设备，在 ABB 公司的开关设备中有应用

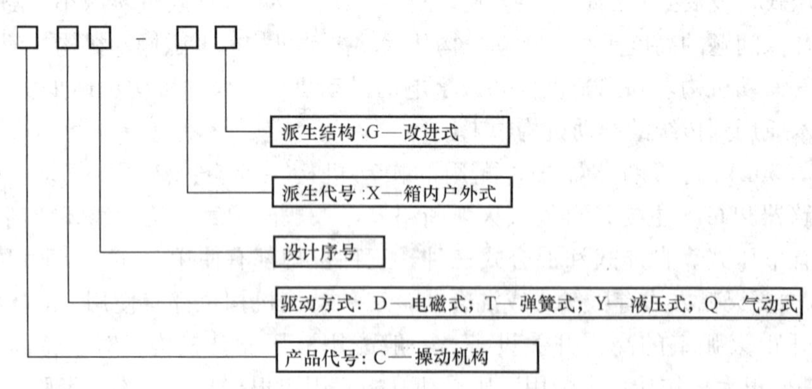

图 5-74　国产断路器操动机构命名规定

四、典型的断路器操动机构

(一) 液压操动机构

1. 液压操动机构工作原理

液压操动机构利用液体不可压缩原理，以液压油作为传递介质，将高压油送入工作缸两侧来实现断路器的分合闸。

在ABB、西门子公司开发的新型集成化液压操动机构中，采用先进的液压技术和密封技术，外部无配油管，元件小型化，各主要部件集成化，减少了泄漏点，使液压机构达到几乎完全密封的境界。实现了机构无外漏，操作噪声低的目标。西门子液压操动机构如图5-75所示。

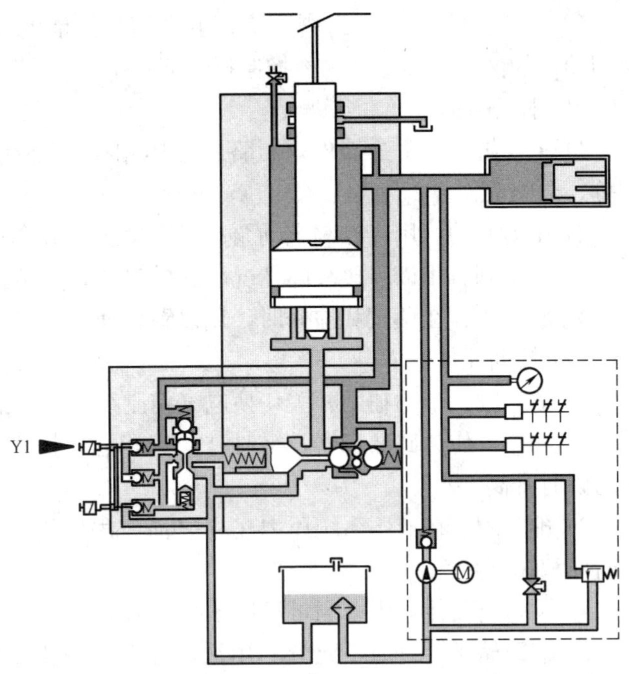

图5-75 西门子液压操动机构（分闸状态）

注：深色表示高压油，浅色表示低压油。

2. 断路器对液压操动机构的其他要求

(1) 应具有监视压力变化的装置，当液压高于或低于规定值时应发出信号并切换相应控制回路的触点。

(2) 应给出各报警或闭锁压力的定值（停泵、启泵、压力异常的告警信号及分、合闸闭锁）及其行程；安全阀动作失灵时应给出信号。

(3) 应装设安全阀和液压油过滤装置。

(4) 应具有保证传动管路充满传动液体的装置和排气装置；防止断路器在运行中慢分的装置，以及附加的机械防慢分装置。

(5) 应具有能根据温度变化自动投切的加热装置，液压机构的电动机和加热器均应有断线指示装置。

(6) 液压机构的保压时间应不小于24h。

(7) 液压操动机构的机构箱里应装设温度表。

3. 液压操动机构的闭锁方式

(1) 电气闭锁。

(2) 防慢分阀。

(3) 机械闭锁。

4. 液压操动机构的组成元件及作用

液压操动机构由储能、控制、操作、辅助和电气等5个元件组成。

(1) 储能元件。

1) 储能器：由活塞分开，上部一般充氮气。当电动机驱动油泵时，油从油箱抽出送至储能器下部，从而压缩氮气而储存能量。当操作时，气体膨胀释放能量，通过液压油传递给工作缸，从而转变成机械能。

2) 消振容器：用以消除油泵打压时的压力波动。

3) 滤油容器：保证进入高压油液无杂质。

4) 手力泵：在调整、检测及电动泵发生故障或无电源时升压或补压。

5）油泵：将油从油箱送至储能器，从而储存能量。

（2）控制单元。是一组阀系统。主要作为储能元件与操作元件的中间连接，给出分、合闸动作的液压脉冲信号，去控制操作元件。

（3）操作元件。

1）工作缸：借助连接件与断路器本体相连，受控制元件控制，最终驱动断路器，实现分、合闸动作。

2）压力开关：用以控制电动泵启动、停止、分合闸闭锁。

3）安全阀：用以释放故障情况引起的过压，以免损坏液压零件。

4）放油阀：在调试和检修时，用以释放油压。

（4）辅助元件。

1）信号缸：带动辅助开关切换电气控制线路，有的还带动分合闸指示器及计数器。

2）油箱：作为储油容器，平时与大气相通；操作时因工作缸排油，将会使它的内部压力瞬时升高。

3）排气阀：在液压系统压力建立之前，用以排尽工作缸、管道内气体，以免影响动作时间和速度特性。

4）压力监测器：用来测量液压系统压力值。

5）辅助储压器：为了充分利用液压能量，减少工作缸分闸排油时的阻力，以提高分闸速度。

（5）电气元件。

1）分合闸线圈：分别用以操作电磁阀（一级阀）。

2）加热器：在外界低温时用以保持机构箱内温度，防止油液冻结和驱散箱内潮气，它有手动和自动两种。

3）微动开关：作为分、合闸闭锁触点和油泵启动、停止用触点，同时给主控室转换信号，以起到监控作用。

（二）液压弹簧操动机构

1. 液压弹簧操动机构介绍

液压弹簧操动机构为ABB公司专业生产，在我国平开、西开等厂家的部分断路器上也配备该系列操动机构，它主要有1986年研制出的AHMA系列和1992年研制的HMB-8系列，可配在126～550kV的SF_6高压断路器。AHMA型与HMB型两种机构原理基本相同，都采用集装结构，无外接管路，结构紧凑。最大的差别是AHMA型所有元件装于铸造缸体内，围绕缸体成圆形布置；而HMB型则为集成模块结构，布置灵活方便。现有液压弹簧操动机构工作缸活塞行程可以通过改变工作缸缸体内孔深度、活塞杆长度来适当调整。

ABB公司HMB-8型液压弹簧操动机构（合闸状态）如图5-76所示，其结构示意图如图5-77所示。

HMB-8型液压弹簧操动机构发挥了液压机构对大小功率适应性强的优势和碟簧储能的优势，为真正免维护创造了条件。相对螺旋弹簧，碟簧的出力特性较硬，运动特性变化小，而且部分弹簧失效，其他部分仍可以继续工作。HMB-8型液压弹簧操动机构的主要特点是：弹簧储能，不受温度变化影响；液压油传递能量；工作缸与活塞无磨损；无外部管路连接；可靠性高等。

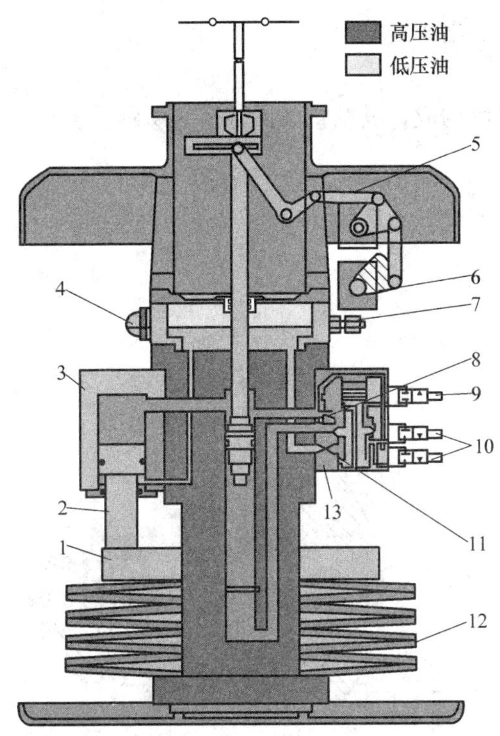

图 5-76　ABB公司 HMB-8 型液压弹簧操动机构（合闸状态）

1—支撑环；2—储压活塞；3—储压缸；4—油标；5—辅助开关传动件；6—辅助开关；7—低压油触头；8—合闸节流螺钉；9—合闸控制阀；10—分闸转换阀；11—分闸节流螺钉；12—碟簧；13—控制单元（旋转 90°）

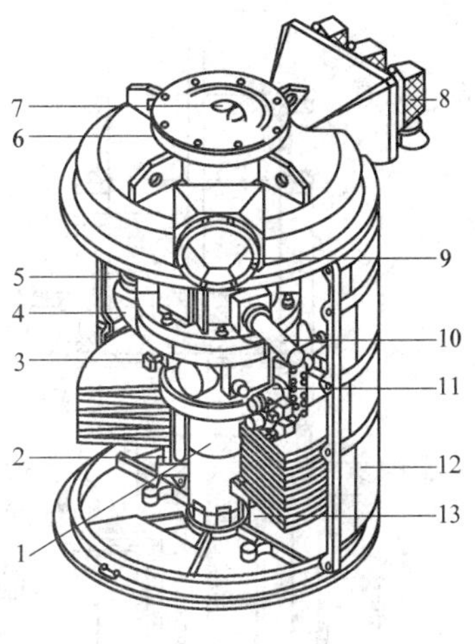

图 5-77　ABB公司 HMB-8 型液压弹簧操动机构结构示意

1—高压区；2—螺杆；3—泄压螺钉；4—油泵；5—马达；6—连接法兰；7—连接头；8—插塞式触头；9—断路器位置指示器；10—油压计；11—启动阀；12—外壳；13—碟形弹簧组

2. 液压弹簧操动机构的特点

液压弹簧操动机构用碟簧作为储能介质、液压油作为传动介质，使其结构小巧紧凑，易获得高压力。

(1) 液压系统的压力基本不受环境温度变化的影响。

(2) 排除了氮气泄漏或油氮互渗引起压力变化的可能性。

(3) 碟簧刚度大、单位体积材料的变形能较大，所以可以将液压系统工作压力定得较高，减少系统损耗、提高效率、减小整体体积。

(4) 具有变刚度特性，选择适当的内截锥高度 h 与钢板厚度 s 的比值，可得到非常适宜液压机构储能用的渐减型特性，当 h/s 接近 1.4 时，力值在一定位移范围内变化最小。

(5) 采用不同的组合方式，可以得到不同的弹簧数值特性。对合增大位移，叠合增大力值，复合则同时增大位移和力值。

(6) 可在支撑面和叠合面间采用圆钢丝支撑并涂润滑油减少摩擦。

(7) 在储能电动机到油泵的传动中，啮合的圆锥齿轮材料分别为钢和工程塑料，优点是传动噪声小，无需润滑。

(8) 防慢分可靠。液压弹簧操动机构采用了钢球斜面阀系统和拐臂连杆两套防慢分装置，机构一旦出现失压意外，能可靠的防止断路器出现慢分。

3. 液压碟簧操动机构的组成

液压碟簧操动机构由以下 5 个相对独立的模块构成，其结构如图 5-78 所示。

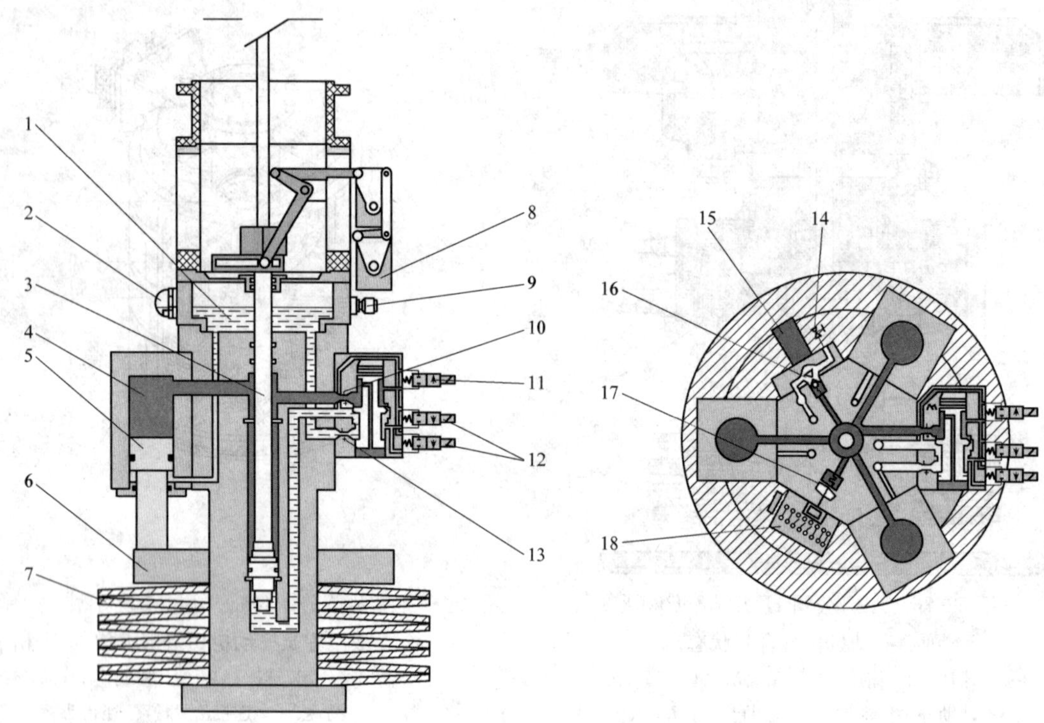

图 5-78　液压碟簧操动机构结构

1—低压油箱；2—油位指示器；3—工作活塞杆；4—高压油腔；5—储能活塞；6—支撑环；7—碟簧；8—辅助开关；9—注油孔；10—合闸节流阀；11—合闸电磁阀；12—分闸电磁阀；13—分闸节流阀；14—排油阀；15—储能电动机；16—柱塞油泵；17—泄压阀；18—行程开关

(1) 储能模块。

(2) 监测模块。

(3) 控制模块。

(4) 充压模块。

(5) 工作模块。

(三) 弹簧机构

弹簧机构的工作原理是利用电动机对合闸弹簧储能，并由合闸掣子保持。在断路器合闸时，利用合闸弹簧释放的能量操作断路器合闸，与此同时对分闸弹簧储能，并由分闸掣子保持，断路器分闸时利用分闸弹簧释放能量操作断路器分闸。

1. 弹簧操动机构的优缺点

(1) 优点：

1) 需要的电源容量小。

2) 暂时失去电源也能操作。

3) 交直流电源均可使用。

4) 弹簧机构具有成套性强，不需要配置其他附属设备。

5）不受环境温度影响，性能稳定，运行可靠。

6）没有油等污染问题，环保防火。

（2）缺点：

1）对弹簧材料、结构、工艺要求高。

2）合闸操作中，机构输出特性与断路器输入特性配合较差。

3）检测难度大。

2. 断路器对弹簧操动机构的其他要求

（1）应在机构上装设显示弹簧储能状态的指示器。

（2）当弹簧储足能量时，应能满足断路器额定操作循环下操作的要求。

（3）保证在断路器使用寿命期内，弹簧的力矩特性在额定操作循环条件下满足关合和开断断路器额定短路电流所需要的额定机械特性；弹簧应采取有效的防腐措施。

（4）对于利用合闸弹簧对分闸弹簧进行储能的操动机构，结构上应能保证在分闸弹簧储能未足时不能进行分闸操作。

（5）弹簧操动机构应保证低温条件下可操作。典型的弹簧操动机构有 ABB 公司的 HMB－8 型液压弹簧操动机构（采用蝶簧）和 ABB 公司的纯弹簧操动机构 BLK 系列（采用卷簧）。FK3－X 为 AREVA 公司第三代弹簧操动机构（采用螺旋弹簧）。

西门子公司一般给 220kV 及以上的定开距单压式 SF_6 断路器配操作功较大的液压操动机构，而给自能式的 3AP 系列 SF_6 断路器配弹簧操动机构。西门子公司 3AP 断路器所配弹簧操动机构如图 5－79 所示。整个操动机构在一个铝壳箱中，合闸和分闸弹簧在机构

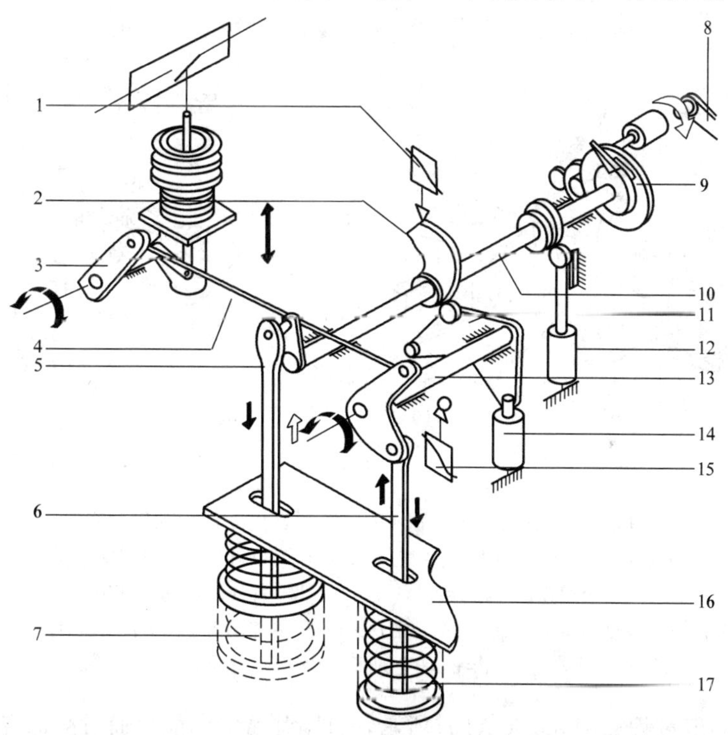

图 5－79　西门子 3AP 断路器所配弹簧操动机构

1—合闸脱扣；2—凸轮盘；3—拐臂机构；4—操动杆；5—合闸弹簧连接杆；6—分闸弹簧连接杆；7—合闸弹簧；8—手动摇把；9—储能机构；10—储能轴；11—辊子杠杆；12—合闸缓冲器；13—操作轴；14—分闸缓冲器；15—分闸脱扣；16—操动机构外壳；17—分闸弹簧

内的布置易于观察。整个操动机构可靠性很高。

下面以AREVA公司FK3-4弹簧操动机构为例说明弹簧操动机构动作过程（见图5-80）。FK3-4弹簧操动机构主轴通过一个缸体与断路器电极连接。缓冲器与杠杆连接。在处于合闸位置时，主轴通过杠杆靠在分闸锁销上。带辊柱的杠杆靠在合闸凸轮上。分闸弹簧通过链条带动杠杆，弹簧是压力螺线式的。在合闸轴上放置有惰轮、合闸凸轮与电动机限位开关啮合的凸轮。合闸弹簧通过链条驱动惰轮，这个弹簧是压力螺线式。储能的合闸弹簧在惰轮上产生旋转力矩。

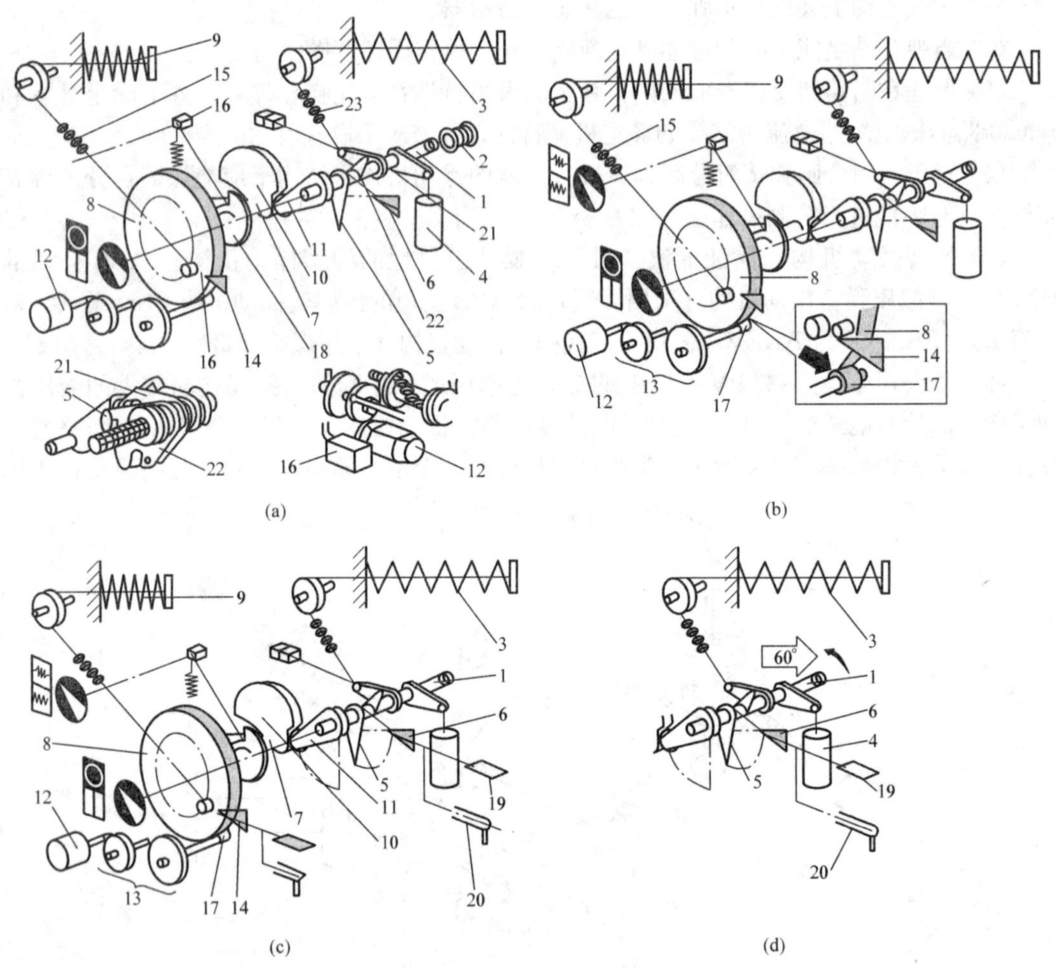

图5-80　AREVA公司FK3-4弹簧操动机构动作过程

(a) 结构；(b) 合闸弹簧储能过程；(c) 合闸操作；(d) 分闸操作

1—机构主轴；2—缸体；3—分闸弹簧；4—缓冲器；5、21、22—杆杠；6—分闸锁销；7—合闸轴；8—惰轮；9—合闸弹簧；10—合闸凸轮；11—辊柱；12—电动机；13—减速齿轮；14—合闸锁销；15、23—链条；16—限位开关；17—齿轮；18—凸轮；19—分闸线圈；20—分闸杠杆

合闸弹簧储能过程如图5-80（b）所示，合闸弹簧的储能是通过减速齿轮和电动机来实现的。当电动机受电时，它便立即通过惰轮上的减速齿轮和链条给合闸弹簧储能；储能完成后，齿轮处于惰轮的无齿段上，并且减速齿轮可以在不引起合闸锁销拉紧的情况下停下来。

合闸操作如图 5 - 80（c）所示，当接通合闸线圈或操作手动合闸杆杠杆时，合闸锁销便释放惰轮，合闸轴受到储能的合闸弹簧的作用而产生 180°的旋转。凸轮又通过带辊柱的杠杆使主轴旋转，旋转 60°后，杠杆便靠在分闸锁销上。同时，分闸弹簧又通过链条储能，链条由于杠杆的旋转而被带动，安装在齿轮上的飞轮避免了减速齿轮和电动机惰轮上的齿轮驱动。

分闸操作如图 5 - 80（d）所示，当接通分闸线圈或手动操作分闸杠杆时，分闸锁销便释放杠杆。主轴由于已经储能的分闸弹簧作用而产生了 60°的顺时针方向旋转，使断路器到达分闸位置。缓冲器吸收了过剩的能量，以便平稳完成行程。

（四）气动操动机构

压缩空气操动机构是以压缩空气作为分闸动力源，合闸是靠储能后的合闸弹簧完成，机械性能稳定。特点是结构简单，动作可靠，易损元件少，不存在慢分慢合问题，机械寿命长，机构缓冲性能好，具备防跳跃措施，自备小型空气压缩机，减少设备投资和检修工作量。

断路器对气动操动机构的其他要求：

（1）在压缩机出口应装设气水分离装置和自动排污阀，保证进入储气罐的压缩空气是清洁和干燥的。

（2）应装设气体压力监视装置，在压缩空气的压力达到上限值或下限值前应能发出报警信号，超过规定值时应能实现闭锁。

（3）空压机系统应装设安全阀。

（4）储气罐进气孔应装逆止阀。在规定的压力范围内，储气罐容量应能保证断路器进行 O—t—CO—t'—CO 操作顺序的要求，其机械特性应符合规定。当三相分别带有一个储气罐时，各储气罐之间的分相管路应设控制阀门进行隔离。

（5）在可能结冰的气候条件下使用时，气动机构及其连接管路应有可自动投切的加热装置，防止凝结水在压缩空气通道中结冰。

（6）储气罐应有防锈措施，导气管、控制阀体等压缩空气回路部件应采用防腐材料。

（7）在结构上应保证气源在分（或合）操作完成后才断开。

（8）压缩空气操动机构的额定气压从下列标准值中选取：0.5、1.0、1.5、2.0、2.5、3、4MPa。

CQ7 型气动操动机构如图 5 - 81 所示。该气动机构由活塞和气缸组成，还包括控制压缩空气补给的控制阀、分合闸电磁铁、缓冲器、分闸保持掣子、脱扣器等其他部件。气动机构的动力由压缩空气罐内的压缩空气提供。

分闸操作：断路器的合闸位置由合闸掣子保持，在分闸信号发出后，分闸电磁铁带电，铁芯向下运动，撞击分闸掣子，掣子在铁芯的撞击下右侧的连杆顺时针旋转，左侧的连杆逆时针旋转。控制杆和掣子的约束解开，控制阀打开，压缩空气罐内的压缩空气进入气缸，压缩空气推动活塞向下运动，断路器分闸。分闸后控制阀关闭，气缸内的气体排出。分闸位置被分闸掣子保持，合闸弹簧储能。

合闸操作：气动机构的合闸功从合闸弹簧取得。合闸信号发出，合闸线圈通过电流，合闸电磁铁动作，铁芯撞击脱扣器，分闸保持掣子打开，活塞在合闸弹簧的驱动下完成合闸。

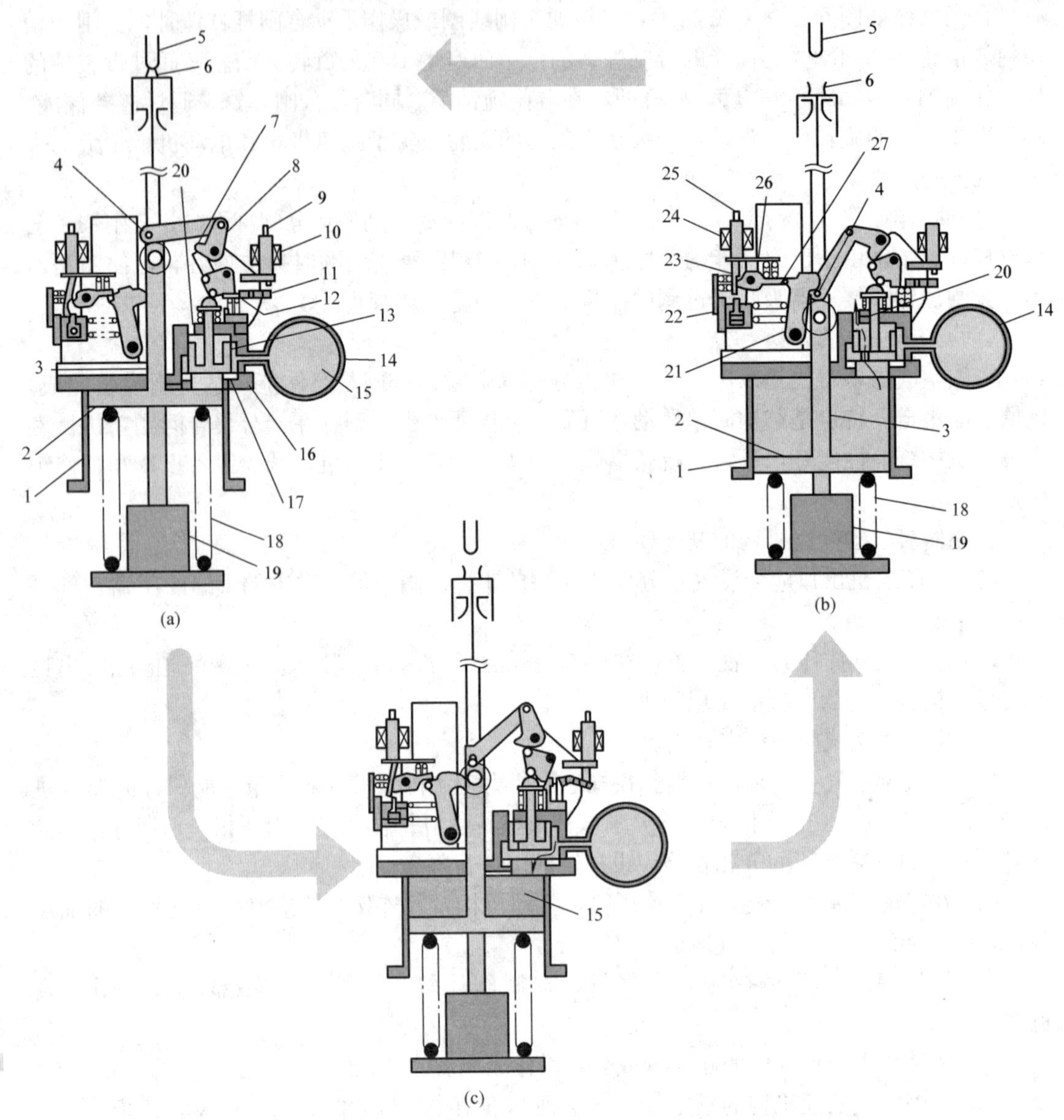

图 5-81　CQ7 气动操动机构

1—压气缸；2—活塞；3—活塞拉杆；4—轴销 A；5—静触头；6—动触头；7—控制杆；8—凸轮；9—分闸活塞；10—分闸线圈；11—分闸掣子；12—分闸阀；13—控制阀；14—压缩空气罐；15—压缩空气；16—控制阀；17—阀座；18—合闸弹簧；19—缓冲器；20—排气口；21—保持掣子；22—防打压销子；23—防打压杆；24—合闸线圈；25—合闸活塞；26—合闸掣子；27—滚轮

（五）电动操动机构

电动操动（Motor Drive）机构是利用先进的数字技术与简单、可靠、成熟的电动机相结合，ABB 公司 2002 年推出。其基本原理是用一台电子器件控制的电动机去直接操动断路器的操动杆，取代传统的能量传输方式（如链条、液态流体、压缩空气、阀门和管道等）。电动操动机构主要包括能量缓存单元、充电单元、变换器单元、控制单元、电动机与解算器单元以及输入输出单元等。电动机由能量缓存单元经变换器供电，能量缓存单元由充电单元（电源单元）来充电。能量缓存器由一组电解电容器组成，电容器的数量根据使用情况而确定。基于微处理器的控制单元控制速度和监视，电动操动机构的动作通过输入输出单元来实现。电动操动机构结构简单、动作可靠，在罐式、支柱式、PASS等开关设备上都有应用，国内还没有运行经验。

第七节　断路器检修

高压断路器检修主要是指断路器设备在何种条件下应该实施检修工作。

一、检修的分类

（1）大修：对设备的关键零部件进行全面解体的检查、修理或更换，使之重新恢复技术标准要求的正常功能。

（2）小修：对设备不解体进行的检查与修理。

（3）临时性检修：针对设备在运行中突发的故障或缺陷而进行的检查与修理。

二、检修依据

应根据设备的状况、运行时间并参照设备安装使用说明书中推荐的实施检修的条件等因素，决定是否应该对交流高压断路器进行检修。

（1）对于实施状态检修的设备，应根据对设备全面的状态评估结果来决定对断路器设备进行相应规模的检修工作。

（2）对于未实施状态检修的设备，一般应结合设备的预防性试验进行小修，但周期一般不应超过3年；断路器满足大修的条件如表5－8所示。

表5－8　断路器满足大修的条件

序号	断路器类型	电寿命	机械寿命	运行时间
1	SF_6断路器	累计故障开断电流达到设备技术条件中的规定	机械操作次数达到设备技术条件中的规定	12～15年（推荐）
2	少油断路器	累计故障开断电流达到设备技术条件中的规定	机械操作次数达到设备技术条件中的规定	6～8年（推荐）
3	真空断路器	累计故障开断电流达到设备技术条件中的规定	机械操作次数达到设备技术条件中的规定	8～10年（推荐）

（3）临时性检修：针对运行中发现的危急缺陷、严重缺陷及时进行检修。

三、检修前的检查和试验

为了解高压断路器检修前的状态以及为检修后试验数据进行比较，在检修前，应对被检高压开关设备进行检查和试验。断路器检修前的检查和试验项目如下。

1. 断路器检修前的检查项目

（1）外观检查。

（2）渗漏检查。

（3）瓷套检查。

（4）压力指示。

（5）动作次数。

（6）储能器检查等。

2. 断路器检修前的试验项目

(1) 断路器开距、接触行程（超行程）测量。

(2) 断路器主回路电阻测量。

(3) 断路器机械特性试验。在额定操作压力和额定操作电压下，分别测量断路器三相的合闸时间、合闸速度、分闸时间、分闸速度、同相断口间的同期及三相间的同期以及辅助开关动作时间与主断口的配合等。

(4) 断路器的低电压动作试验。在额定操作压力状态下，分别测量并记录断路器合闸、分闸最低动作电压。

(5) 断路器液压（气动）机构的零起打压时间及补压时间试验。

四、检修项目

(一) SF_6 断路器的检修项目

1. 瓷套（柱式断路器）或套管（罐式断路器）的检修

(1) 均压环。

(2) 检查瓷件内外表面。

(3) 检查主接线板。

(4) 检查法兰密封面。

(5) 对柱式断路器并联电容器进行检查。

2. 灭弧室的检修

(1) 检查零部件的磨损和烧损情况。

(2) 检查弧触头和喷口零部件的磨损和烧伤情况。

(3) 检查绝缘拉杆、绝缘件表面情况。

(4) 检查合闸电阻片外观，测量每极合闸电阻限值。

(5) 检查合闸电阻动、静触头的情况。

(6) 检查罐式并联电容器的紧固件是否松动。

(7) 检查压气缸等部件内表面。

3. SF_6 气体系统检修

(1) 更换 SF_6 充放气逆止阀密封圈，对顶杆和阀心进行检查。

(2) 对管路接头进行检查并进行检漏。

(3) 对 SF_6 密度继电器的整定值进行校验，按检修后现场试验项目标准进行。

(二) 真空断路器的检修项目

(1) 测量真空灭弧室的真空度。

(2) 测量真空灭弧室的导电回路电阻。

(3) 检查真空灭弧室电寿命标志是否到达。

(4) 检查触头的开距及超行程。

(5) 对真空灭弧室进行分闸状态下耐压试验。

(三) 少油断路器的检修项目

1. 灭弧单元及导电系统

(1) 检查排气阀。

(2) 检查压油活塞。

(3) 检查灭弧片烧损情况。
(4) 检查玻璃钢筒壁及螺纹。
(5) 检查、清洗动触杆。
(6) 中间触头和灭弧单元基座的检修。
(7) 铝帽及灭弧瓷套单元基座的检修。
(8) 灭弧室并联电容器检查。

2. 中间机构箱

(1) 检查连板、拐臂及主轴等。
(2) 中间机构箱上封垫的调整。

3. 支持瓷套及绝缘拉杆

(1) 检查支持瓷套内、外表面及结合面。
(2) 检查绝缘拉杆及两端金具。

(四) 液压操动机构的检修项目

1. 储压筒

(1) 检查储压筒内壁及活塞表面。
(2) 检查活塞杆。
(3) 检查逆止阀。
(4) 检查铜压圈、垫圈。
(5) 组装及充氮气。

2. 阀系统

(1) 检修分、合闸电磁铁。
(2) 检修分、合闸阀。
(3) 检修高压放油阀(截流阀)。
(4) 检查安全阀。

3. 工作缸

(1) 检查缸体、活塞及塞杆。
(2) 检查管触头。
(3) 组装工作缸。

4. 油泵及电动机

(1) 检修油泵。
(2) 检修电动机。

5. 油箱及管路

(1) 清洗油箱及滤油器。
(2) 清洗、检查及连接管路。

6. 加热和温控装置

(1) 检查加热器。
(2) 检查温控装置。

7. 其他部件

(1) 检查机构箱。
(2) 检查传动连杆及其他外露零件。

(3) 检查辅助开关。
(4) 检查压力开关。
(5) 检查分合闸指示器。
(6) 检查二次回路。
(7) 校验油压表。
(8) 检查操作计数器。
(五) 气动操动机构的检修项目
(1) 储压罐。
1) 检查、清洗储气罐。
2) 清洗密封面，更换所有密封件。
(2) 电磁阀系统。
1) 分、合闸电磁铁的检修。
2) 分闸一、二级阀的检修。
3) 主阀体的检修。
4) 检查安全阀。
(3) 工作缸。
(4) 检查缸体、活塞及活塞杆。
(5) 组装工作缸。
(6) 缓冲器的检修和传动部分的检查。
(7) 合闸弹簧的检查。
(8) 压缩机及电动机。
1) 压缩机的检修。
2) 气水分离器及自动排污阀的检修。
3) 电动机的检修。
(9) 压缩空气管路的检查及清洗管路。
(10) 加热器及温控装置检查。
(11) 其他部位。
1) 检查机构箱。
2) 检查传动连杆及其他外露零件。
3) 检查辅助开关。
4) 检查压力开关。
5) 检查分合闸指示器。
6) 检查二次接线。
7) 校验气压表(空气)。
8) 检查操作计数器。
(六) 弹簧操动机构的检修项目
(1) 检查机构箱。
(2) 检查清理电磁铁口板、掣子。
(3) 检查传动连杆及其他外露零件。
(4) 检查辅助开关。

(5) 检查分、合闸弹簧。

(6) 检查分、合闸缓冲器。

(7) 检查分、合闸指示器。

(8) 检查二次接线。

(9) 检查储能开关。

(10) 检查储能电动机。

（七）电磁操动机构的检修项目

(1) 检查机构箱。

(2) 检查清理电磁铁。

(3) 检查传动连杆及其他外露零件。

(4) 检查辅助开关。

(5) 检查分闸弹簧。

(6) 检查分、合闸指示器。

(7) 检查二次接线。

(8) 检查合闸接触器。

五、断路器检修后的调整及试验

1. 灭弧室部分

触头行程及插入行程。

2. 本体与机构的连接

(1) 调整、测量机构工作缸行程。

(2) 调整、测量分闸时间的尺寸。

(3) 调整合闸保持弹簧。

(4) 调整分闸缓冲器。

(5) 调整引弧距。

3. 储能器

氮气预充压力的调整。

4. SF_6 气体系统

(1) 调整并校验密度继电器动作值。

(2) SF_6 气体中微水测量。

(3) SF_6 气体泄漏测量。

5. 机构压力表与压力开关

校验压力表，调整压力开关动作值。

6. 安全阀

调整并校验安全阀。

7. 控制线圈

(1) 合闸线圈直流电阻和绝缘电阻。

(2) 分闸线圈直流电阻和绝缘电阻。

8. 机械特性

(1) 合闸时间（ms）。

(2) 合闸速度（m/s）。

(3) 合闸三相不同期（ms）。

(4) 分闸时间（ms）。

(5) 分闸速度（m/s）。

(6) 分闸三相不同期（ms）。

(7) 合—分闸时间（ms）。

(8) 辅助开关动作时间。

(9) 合闸弹跳与分闸反弹。

(10) 合闸电阻提前投入时间。

9. 低电压动作特性

(1) 分闸线圈。

(2) 合闸线圈。

10. 操作试验

(1) 就地操作。

(2) 远方操作。

(3) 机构补压及零起打压时间。

(4) 防止失压慢分试验。

11. 主回路

回路电阻测量。

12. 绝缘试验

(1) 绝缘电阻：

1) 控制回路对地。

2) 辅助回路对地。

3) 电动机线圈对地。

4) 主回路及绝缘拉杆。

(2) 泄漏电流测量。

(3) 1min 工频耐压：

1) 主回路合闸对地。

2) 主回路分闸断口间。

3) 控制回路对地。

4) 辅助回路对地。

5) 电动机绕组对地。

(4) 电容器的绝缘电阻、电容量及介质损耗测量。

(5) 绝缘油试验。

六、检修记录及总结报告

高压断路器检修后的总结报告应包括以下内容：

(1) 设备检修前的状况。

(2) 检修的工程组织。

(3) 检修项目及检修方案。

(4) 检修质量情况。

(5) 检修过程中发现的缺陷、处理情况及遗留问题。

（6）检修前、后的试验和调整记录。

（7）应总结的经验、教训。

七、检修后断路器的投运

断路器在检修后，在投运前应进行以下工作：

（1）对所有紧固件进行紧固。

（2）接好断路器引线，接线端子及导线对断路器不应产生附加拉伸和弯曲应力。

（3）对所有相对转动、相对移动的零件进行润滑。

（4）金属件外表除锈、着漆。

（5）清洁现场，清点工具。

（6）整体清扫工作现场。

（7）安全检查。

（8）投运。

第八节　断路器试验

高压开关设备的试验分为厂家进行的型式试验和出厂试验，以及用户进行的交接试验和预防性试验等四类。

一、高压开关设备试验类型

1. 型式试验

型式试验是指全面验证高压开关设备及其操动机构和辅助设备是否符合国家标准和产品技术标准（条件）规定，能否鉴定和定型生产的试验。型式试验通常是在新产品开发、转厂试制、产品生产多年（如8～10年）后抽检，以及材料和工艺更改（仅相应项目）而进行的试验。除首创新产品开发需要进行全面型式试验外，转厂试制产品等型式试验按照行业规定可以减少一些不必要的重复试验项目。所有型式试验应在新的、清洁的试品上进行，且可以在不同时间和地点分别试验各种项目。提供试品的数量除真空断路器有规定外一般不作限制，但是提供多个试品时应有同一性，而且都必须符合产品技术条件及产品图样的规定和要求。

高压开关设备的型式试验内容又可以分为以下几个大类，其每一类试验的考核目的不同。

（1）绝缘试验。考核试品的绝缘强度和绝缘介质的绝缘性能。

（2）机械试验。考核试品的机械强度和动作可靠性。

（3）短时耐受电流和峰值耐受电流试验。考核试品的热容量和在电动力作用下的机械强度。

（4）短路开断及关合能力试验。考核试品在短路条件下的开断及关合能力。

（5）主回路电阻测量和温升试验。考核试品的长期载流能力。

（6）辅助回路和辅助开关的试验。考核试品二次回路的可靠性。

（7）密封试验、外壳防护等级和内部电弧试验。考核试品的密封性能和防护能力。

（8）无线电干扰试验（110kV及以上产品）。考核试品对周围无线电信号干扰水平。

（9）环境试验。考核试品在各种环境下的性能。

2. 出厂试验

出厂试验是高压开关制造厂按照产品技术条件的要求，对批量生产的产品在出厂前进行的试验。出厂试验的目的是为了确保产品质量。同时，在出厂试验过程中能够揭示出厂前产品在材料、结构制造与装配等方面可能存在的差错和缺陷，以便及时修正，而这种试验不会损伤产品性能和可靠性（非破坏性试验）。

出厂试验主要包括以下项目：

（1）主回路绝缘试验（一般为干燥状态下的工频耐压试验）。

（2）辅助和控制回路的绝缘试验。

（3）主回路电阻测量。

（4）密封试验。

（5）结构和外观检查。

（6）机械操作和机械特性试验。

（7）订货规格检查和包装质量检查。

其余出厂试验项目按产品技术条件规定。高压开关设备的出厂试验由企业法人授权的企业质检部门进行，并出具产品检验合格证书，产品才能出厂。

3. 高压开关设备的交接试验和预防性试验

交接试验是电力部门在高压开关设备安装调试完成后进行的试验，以确定安装调试是否符合要求，能否投运。

预防性试验，按照国家相关规程，定期对设备进行的试验，以发现缺陷，确定该设备能否继续运行或计划检修。新安装的高压开关设备投运前要进行交接试验，大修、小修和维护后的高压开关设备要进行预防性试验。

二、高压开关设备试验规定

1. 高压断路器型式试验项目（见表5-9）

表5-9　高压断路器型式试验项目

序号	试验项目	试验内容
1	绝缘试验	（1）工频电压试验。 （2）雷电冲击电压试验。 （3）操作冲击电压试验。 （4）作为状态检查的电压试验。 （5）人工污秽试验和凝露试验。 （6）局部放电试验
2	机械试验	（1）机械特性试验。 （2）机械寿命试验
3	回路电阻测量	
4	温升试验	
5	短时耐受电流和峰值耐受电流试验	
6	出线端短路条件下的关合和开断试验	（1）出线端故障的试验方式1、2、3、4、5。 （2）额定短路开断电流下的连续开断能力（电寿命）试验
7	容性电流开合试验	（1）线路充电电流开合试验（$U_r \geqslant 72.5kV$）。 （2）电缆充电电流开合试验（$U_r \leqslant 40.5kV$）

续表

序　号	试 验 项 目	试 验 内 容
8	无线电干扰电压试验	
9	EMC 试验	
10	密封试验	
11	辅助和控制回路的附加试验	
12	近区故障试验	适用于直接与架空线连接的、额定电压 72.5kV 及以上且额定短路开断电流超过 12.5kA 的三极断路器
13	失步关合和开断试验	适用于有额定失步开断能力的断路器
14	单相和异相接地故障试验	适用于中性点对地绝缘系统中的断路器
15	临界电流开合试验	适用于具有临界电流的断路器
16	容性电流开合试验	(1) 线路充电电流开合试验（$U_r \geq 72.5$kV)。 (2) 电缆充电电流开合试验（$U_r \leq 40.5$kV)。 (3) 单个电容器组开合试验。 (4) 背对背电容器组开合试验
17	感性电流的开合试验	(1) 并联电抗器开合试验。 (2) 感应电动机开合试验
18	环境试验	(1) 低温试验和高温试验。 (2) 湿度试验。 (3) 严重冰冻条件下的操作验证试验。 (4) 端子静负荷试验。 (5) 淋雨试验
19	防护等级验证	(1) IP 代码的检验。 (2) 机械撞击试验
20	耐受地震试验	
21	噪声水平测试	

2. 高压断路器的出厂试验项目（见表 5-10）

表 5-10　　高压断路器出厂试验项目

序　号	试 验 项 目	试 验 内 容
1	主回路的绝缘试验	(1) 短时工频电压干试验。 (2) 有机绝缘部件的局部放电试验或直流泄漏电流试验
2	辅助回路和控制回路的试验	(1) 辅助和控制回路的检查及电路图和接线图的一致性验证。 (2) 功能试验。 (3) 电击防护的验证。 (4) 绝缘试验（工频试验）
3	主回路电阻的测量	
4	密封试验	

续表

序号	试验项目	试验内容
5	机械特性和机械操作试验	(1) 机械操作试验。 (2) 机械特性试验：分闸时间、合闸时间、分—合时间、合—分时间、分闸不同期性、合闸不同期性、合闸弹跳（真空断路器的）、分闸反弹（真空断路器的）、机械行程特性曲线、合闸电阻的提前投入时间和退出时间、辅助开关的切换与主断口动作时间的配合等
6	设计检查与外观检查	检查设计与外观，以证明产品符合买方的技术要求

3. 高压断路器现场交接试验的试验项目（见表 5-11）

表 5-11　　高压断路器现场交接试验项目

序号	试验项目	试验内容
1	设计检查与外观检查	检查设计与外观，以证明产品符合买方的技术要求
2	气体试验	SF_6 气体或 SF_6 混合气体中微量水分的测量
3	主回路的绝缘试验	(1) 短时交流耐压试验（对定开距柱式、带合闸电阻的柱式和罐式 SF_6 断路器以及真空断路器）。 (2) 断口并联电容器试验（绝缘电阻、电容量和 $\tan\delta$）
4	辅助和控制设备的试验	(1) 辅助和控制回路的检查及电路图和接线图的一致性验证。 (2) 功能试验：连锁、防跳跃、非全相保护、防慢分功能、气体密度继电器及压力表校验、机构压力表和压力开关整定值校验、机械安全阀的检查、液压（气动）机构操作压力降检查、油泵（气泵）补压和零起打压运转时间的检查。 (3) 分合闸线圈的直流电阻。 (4) 绝缘试验（绝缘电阻测试、工频试验）
5	主回路电阻的测量	
6	密封试验	(1) SF_6 断路器气体泄漏率。 (2) 液压或气动机构的密封
7	机械特性和机械操作试验	(1) 机械特性试验：分闸时间、合闸时间、分—合时间、合—分时间、三相分闸不同期性、三相合闸不同期性、合闸弹跳（真空断路器的）、分闸反弹（真空断路器的）、机械行程特性曲线、合闸电阻的提前投入时间和退出时间、辅助开关的切换与主断口动作时间的配合。 (2) 机械操作试验（包括分合闸电磁铁的低电压动作特性）
8	套管式电流互感器的试验	
9	合闸电阻的阻值检查	

4. SF_6 高压断路器和 GIS 预防性试验项目、周期和要求（见表 5－12）

表 5－12　　SF_6 高压断路器和 GIS 预防性试验项目、周期和要求

序号	项　目	周　期	要　求	说　明
1	SF_6 气体泄漏试验	（1）大修后。 （2）必要时	年漏气率不大于 1%或按制造厂要求	（1）按 GB/T 11023—1989 方法进行。 （2）对电压等级较高的断路器以及 GIS，因体积大可用局部包扎法检漏，每个密封部位包扎后历时 5h，测得的 SF_6 气体含量（体积分数）不大于 30×10^{-6}
2	辅助回路和控制回路绝缘电阻	（1）1～3 年。 （2）必要时	绝缘电阻不低于 2MΩ	采用 500V 或 1000V 兆欧表
3	耐压试验	（1）大修后。 （2）必要时	交流耐压或操作冲击耐压的试验电压为出厂试验电压值的 80%	（1）试验在 SF_6 气体额定压力下进行。 （2）对 GIS 试验时不包括其中的电磁式电压互感器及避雷器，但在投运前应对它们进行试验电压值为 U_m 的 5min 耐压试验。 （3）罐压断路器的耐压试验方式：合闸对地；分闸状态两端轮流加压，另一端接地。建议在交流耐压试验的同时测量局部放电。 （4）对瓷柱式定开距型断路器只做断口间耐压试验
4	辅助回路和控制回路交流耐压试验	大修后	试验电压为 2kV	耐压试验后的绝缘电阻不应降低
5	断口间并联电容器的绝缘电阻、电容量和 $\tan\delta$	（1）1～3 年。 （2）大修后。 （3）必要时	（1）对瓷柱式断路器和断口同时测量，测得的电容值和 $\tan\delta$ 与原始值比较，应无明显变化。 （2）罐式断路器（包括 GIS 中的 SF_6 断路器）按制造厂规定。 （3）单节电容器按电容器的规定	（1）大修时，对瓷柱式断路器应测量电容器和断口并联后整体的电容值和 $\tan\delta$，作为该设备的原始数据。 （2）对罐式断路器（包括 GIS 中的 SF_6 断路器），必要时进行试验，试验方法按制造厂规定
6	合闸电阻值和合闸电阻的投入时间	（1）1～3 年（罐式断路器除外）。 （2）大修后	（1）除制造厂另有规定外，阻值变化允许范围不得大于±5%。 （2）合闸电阻的有效接入时间按制造厂规定校核	罐式断路器的合闸电阻布置在罐体内部，只有解体大修时才能测定
7	断路器的速度物性	大修后	测量方法和测量结果应符合制造厂规定	制造厂无需求时不测
8	断路器的时间参量	（1）大修后。 （2）机构大修后	除制造厂另有规定外，断路器的分、合闸同期性应满足下列要求： （1）相间合闸时间不同期不大于 5ms。 （2）相间分闸时间不同期不大于 3ms。 （3）同相各断口间合闸时间不同期不大于 3ms。 （4）同相各断口间分闸时间不同期不大于 2ms	

续表

序号	项　目	周　期	要　求	说　明
9	分、合闸电磁铁的动作电压	(1) 1～3年。 (2) 大修后。 (3) 机构大修后	(1) 操动机构分、合闸电磁铁或合闸接触器端子上的最低动作电压应在操作电压额定值的30%～65%之间。 (2) 在使用电磁机构时，合闸电磁铁线圈通流时的端电压为操作电压额定值的80%（关合电流峰值等于及大于50kA时为85%）时应可靠动作。 (3) 进口设备按制造厂规定	
10	导电回路电阻	(1) 1～3年。 (2) 大修后	(1) 敞开式断路器的测量值不大于制造厂规定值的120%。 (2) 对GIS中的断路器按制造厂规定	用直流压降法测量，电流不小于100A
11	分、合闸线圈直流电阻	(1) 1～3年。 (2) 大修后	应符合制造厂规定	
12	SF_6气体密度监视器（包括整定值）检验	(1) 1～3年。 (2) 大修后。 (3) 必要时	按制造厂规定	
13	压力表校验（或调整），机构操作压力（气压、液压）整定值或校验，机械安全阀校验	(1) 1～3年。 (2) 大修后	按制造厂规定	对气动机构应校验各级气压的整定值（减压阀及机械安全阀）
14	操动机构在分闸、合闸、重合闸下的操作压力（气压、液压下降值）	(1) 大修后。 (2) 大修后	应符合制造厂规定	
15	液（气）压操动机构的泄漏试验	(1) 1～3年。 (2) 大修后。 (3) 必要时	按制造厂规定	应在分、合闸位置下分别试验
16	油（气）泵补压及零起打压的运转时间	(1) 1～3年。 (2) 大修后。 (3) 必要时	应符合制造厂规定	
17	液压机构及采用差压原理的气动机构的防失压慢分试验	(1) 1～3年。 (2) 大修后	按制造厂规定	
18	闭锁、防跳跃及防止非全相合闸等辅助控制装置的动作性能	(1) 大修后。 (2) 必要时	按制造厂规定	

5. GIS型式试验项目（见表5-13）

表5-13 GIS型式试验项目

序号	试验项目	试验内容
1	绝缘试验	(1) 工频电压试验。 (2) 雷电冲击电压试验。 (3) 操作冲击电压试验。 (4) 并联绝缘体人工污秽试验和湿耐压试验。 (5) 局部放电试验。 (6) 户内产品的凝露试验
2	操作和机械寿命试验	(1) 机械特性试验。 (2) 机械操作试验。 (3) 机械寿命试验。 (4) 接触区试验。 (5) 端子静态机械负荷试验。 (6) 隔离开关与接地开关连锁性能试验
3	回路电阻测量	
4	温升试验	
5	短时耐受电流和峰值耐受电流试验	
6	无线电干扰电压试验	
7	EMC试验	
8	密封试验	
9	辅助和控制回路的附加试验	
10	接地开关短路关合性能试验	
11	极限温度下的操作试验	
12	位置指示装置正确功能试验	
13	隔离开关母线转换电流开合能力试验	
14	接地开关感应电流开合能力试验	
15	金属封闭开关设备的隔离开关的母线充电电流开合能力试验	
16	隔离开关开合小的电容性电流和电感性电流的试验	
17	环境试验	(1) 低温试验和高温试验。 (2) 湿度试验。 (3) 淋雨试验。 (4) 严重冰冻条件下的操作验证试验
18	防护等级验证	(1) IP代码的检验。 (2) 机械撞击试验
19	耐受地震试验	
20	噪声水平测试	

6. GIS 出厂试验项目（见表 5-14）

表 5-14　GIS 出厂试验项目

序号	试验项目	试验内容
1	主回路的绝缘试验	(1) 绝缘电阻试验。 (2) 短时工频电压试验。 (3) 363kV 及以上操作冲击耐压试验。 (4) 有机绝缘部件的局部放电试验或直流泄漏电流试验
2	辅助回路和控制回路的试验	(1) 辅助和控制回路的检查及电路图和接线图的一致性验证。 (2) 功能试验。 (3) 电击防护的验证。 (4) 绝缘试验（工频试验）
3	主回路电阻测量及触指接触压力测量	
4	密封试验	
5	机械试验	(1) 机械操作试验。 (2) 机械特性试验。 (3) 隔离开关与接地开关连锁性能试验
6	设计检查与外观检查	检查设计与外观，以证明产品符合买方的技术要求

7. GIS 现场交接试验项目（见表 5-15）

表 5-15　GIS 现场交接试验项目

序号	试验项目	试验内容
1	设计检查与外观检查	设计与外观检查用以证明产品符合买方的技术要求
2	气体试验	SF_6 气体或 SF_6 混合气体中微量水分的测量
3	主回路的绝缘试验	(1) 绝缘电阻试验。 (2) 短时交流耐压试验
4	辅助和控制设备的试验	(1) 辅助和控制回路的检查及电路图和接线图的一致性验证。 (2) 气体密度继电器及压力表校验、机构压力表和压力开关整定值校验、机械安全阀的检查、液压（气动）机构操作压力降检查、油泵（压缩机）补压和零起打压运转时间的检查。 (3) 人力操作的操作力矩检查。 (4) 分合闸线圈的直流电阻。 (5) 绝缘试验（绝缘电阻测试、短时交流耐压试验）。 (6) 分、合闸脱扣器的低电压特性
5	主回路电阻的测量	
6	密封试验	SF_6 气体泄漏率
7	机械特性和机械操作试验	(1) 机械特性试验（分闸时间、合闸时间、三相分闸不同期性、三相合闸不同期性）。 (2) 机械操作试验，包括隔离开关与接地开关闭锁及连锁性能试验
8	探伤试验	
9	电磁兼容性的现场测量	根据需要而定

第九节　断路器巡视

1. SF_6 封闭组合电器（GIS）和复合式组合电器（HGIS）的正常巡视检查项目

（1）检查确认标志牌的名称、编号齐全、完好。

（2）检查确认外观无变形、无锈蚀及油漆脱落现象、连接无松动；传动元件的轴、销齐全无脱落、无卡涩；箱门关闭严密；无异常声音、气味。

（3）注意辨别外壳、扶手端子等处温升是否正常，有无过热变色，有无异常气味。

（4）检查确认气室压力在正常范围内，并记录压力值。

（5）检查确认闭锁装置完好、齐全、无锈蚀，气体压力表无生锈和损坏，SF_6 气体管路和阀门无变形，以及导线绝缘完好。

（6）检查确认合、分位置指示器与实际运行方式相符。

（7）检查动作计数器的指示状态和动作情况。

（8）检查确认套管完好、无裂纹、无损伤、无放电现象。

（9）检查确认避雷器在线监测仪指示正确，并记录泄漏电流值和动作次数。

（10）检查确认带电显示器指示正确。

（11）检查确认防爆装置防护罩无异常，其释放出口无障碍物，防爆膜无破裂。

（12）检查确认汇控柜指示正常，无异常信号发出；操动切换手柄与实际运行位置相符；控制、电源开关位置正常；连锁位置指示正常；柜内运行设备正常；封堵严密、良好；加热器及驱潮电阻正常。

（13）检查确认法兰、接地线、接地螺栓表面无锈蚀、压接牢固。

（14）检查确认设备室通风系统运转正常，氧量仪指示大于18%，SF_6 气体含量不大于1000mL/L。无异常声音、异常气味等。

（15）检查操动机构连板、连杆有无脱落下来的开口销、弹簧、挡圈等连接部件。

（16）检查压缩空气系统和油压系统中储气（油）罐、控制阀、管路系统密封是否良好，有无漏气、漏油痕迹，油压和气体是否正常。

（17）检查操作计数器记录的数字是否正常。

（18）检查确认基础无下沉、倾斜。

2. SF_6 断路器正常巡视检查项目

（1）检查确认标志牌的名称、编号齐全、完好。

（2）检查确认套管及绝缘子无断裂、裂纹、损伤、放电闪络痕迹和脏污现象。

（3）检查确认合、分位置指示器与实际运行方式相符。

（4）检查确认软连接及各导流触点压接良好，无过热变色、断股现象。

（5）检查断路器各部分通道有无异常（漏气声、振动声）及异味，通道连接头是否正常。

（6）检查断路器的运行声音是否正常，断路器内无噪声和放电声。

（7）检查确认控制、信号电源正常，无异常信号发出，控制柜内的“远方—就地”选择开关是否在远方的位置。

（8）检查确认 SF_6 气体压力表或密度表在正常范围内，并记录压力值。

（9）检查确认端子箱电源开关完好、名称标志齐全、封堵良好、箱门关闭严密。

(10) 检查确认各连杆、传动机构无弯曲、变形、锈蚀，轴销齐全。

(11) 检查确认接地螺栓压接良好，无锈蚀。

(12) 检查确认机构箱内的加热器按规定投入或退出。

(13) 检查确认液压机构油箱的油位正常，无渗漏油现象。

(14) 检查确认气动机构的气体压力正常。

(15) 检查确认油泵的打压次数正常。

(16) 检查确认操作计数器记录的数字正常。

(17) 检查确认基础无下沉、倾斜。

3. 少油断路器正常巡视检查项目

(1) 检查确认标志牌的名称、编号齐全、完好。

(2) 检查确认本体无油迹、无锈蚀、无放电、无异常现象。

(3) 检查确认套管及绝缘子无断裂、裂纹、损伤、放电闪络痕迹和脏污现象。

(4) 检查确认引线连接部位无发热变色现象，金具无异常。

(5) 检查确认断路器各部位有无渗漏油现象，放油阀应关闭紧密，无渗漏。

(6) 检查确认断口油位在正常范围内，油色正常。

(7) 检查确认分、合位置指示器与机械、电气指示位置一致。

(8) 检查确认连杆、转轴、拐臂无裂纹、变形。

(9) 检查确认端子箱电源开关完好、名称标注齐全、封堵良好，无锈蚀和严重受潮现象，各熔断器和小开关无熔断和自动跳闸，箱门关闭严密。

(10) 检查确认接地螺栓压接良好，无锈蚀。

(11) 检查确认液压机构油位正常，压力指示正常，箱内无渗漏油现象，活塞杆及微动开关（压力开关）位置正常，油泵打压次数在规定范围内。

(12) 检查确认弹簧机构储能正常。

(13) 加热器应能根据环境温度变化按照规定投、退。

(14) 检查操作计数器记录的数字是否正常。

(15) 检查确认基础无下沉、倾斜。

4. 空气断路器正常巡视检查的项目

(1) 检查确认压缩空气的压力正常。

(2) 空气系统的阀门、法兰、通道及储气筒的放气螺钉等应无明显漏气。如有漏气，可以听到嘶嘶的响声，同时耗气量增加，空气压力降低。

(3) 断路器的环境温度，应不低于5℃，否则应投入加热器。

(4) 检查充入断路器内的压缩空气的质量是否合格，要求其最大相对湿度应不大于70%。

(5) 各触头接触处接触是否良好，有无过热现象。

(6) 检查瓷套管有无放电痕迹和脏污。

(7) 检查绝缘拉杆，是否完整，有无断裂现象。

(8) 空压垫及其管路系统的运行，应符合正常运行方式，空压机运转时应正常，无其他异常的声音。此外，空压机缸外壳强度不得超过允许值，各级气压应正常，且应定期开启各储压罐的放油水阀门，检查有无水排除。在排污时，直到水排空为止。

(9) 检查运转中的空压机定期排污装置是否良好，排污电磁阀能否可靠开启和关闭及电磁线圈有无过热现象。

(10) 检查操作计数器记录的数字是否正常。

5. 真空断路器正常巡视检查的项目

(1) 检查确认标志牌的名称、编号齐全、完好。

(2) 检查确认灭弧室无放电、无异音、无破损、无变色。

(3) 检查确认绝缘子无断裂、裂纹、损伤、放电闪络痕迹和脏污现象。

(4) 检查确认绝缘拉杆完整、无裂纹现象，各连杆应无弯曲现象，断路器在合闸状态时，弹簧应在储能状态。

(5) 检查确认各连杆、转轴、拐臂无变形、无裂纹，轴销齐全。

(6) 检查确认引线连接部位接触良好，无发热变色现象。

(7) 检查确认分、合位置指示器与运行工况相符。

(8) 检查操作计数器记录的数字是否正常。

(9) 检查确认端子箱电源开关完好、名称标注齐全、封堵良好、箱门关闭严密。

(10) 检查确认接地螺栓压接良好，无锈蚀。

(11) 检查确认基础无下沉、倾斜。

6. 高压开关柜正常巡视检查的项目

(1) 检查确认标志牌的名称、编号齐全、完好。

(2) 检查确认外观无异常声音，无过热、无变形。

(3) 检查确认表计指示正常。

(4) 检查确认操作方式切换开关正常在“远控”位置。

(5) 检查确认操作手柄及闭锁位置正确、无异常。

(6) 检查确认高压带电显示装置指示正确。

(7) 检查确认位置指示器指示正确。

(8) 检查确认电源小开关位置正确。

7. 液压操动机构正常巡视检查的项目

(1) 检查确认机构箱开启灵活无变形、密封良好，无锈迹、无异味、无凝露等，二次接线及端子排应无松动和异常现象。

(2) 检查确认计数器动作正确并记录动作次数。

(3) 检查确认储能电源开关位置正确。

(4) 检查确认机构压力表指示正常。

(5) 检查确认油箱油位在上下限之间，无渗（漏）油。

(6) 检查确认油管及触头无渗油。

(7) 检查确认油泵正常、无渗漏。

(8) 检查确认行程开关无卡涩、变形。

(9) 检查确认活塞杆、工作缸无渗漏。

(10) 检查确认加热器（除潮器）正常完好，投（停）正确。

8. 弹簧操动机构正常巡视检查的项目

(1) 检查确认机构箱开启灵活无变形、密封良好，无锈迹、无异味、无凝露等，二次接线及端子排应无松动和异常现象。

(2) 检查确认储能电源开关位置正确。

(3) 检查确认储能电动机运转正常。

(4) 检查确认行程开关无卡涩、变形。

(5) 检查确认分、合闸线圈无冒烟、异味、变色。

(6) 检查确认弹簧完好，正常。

(7) 检查确认二次接线压接良好，无过热变色、断股现象。

(8) 检查确认加热器（除潮器）正常完好，投（停）正确。

(9) 检查确认储能指示器指示正确。

9. 电磁操动机构正常巡视检查项目

(1) 检查确认机构箱开启灵活无变形、密封良好，无锈迹、无异味、无凝露等，二次接线及端子排应无松动和异常现象。

(2) 检查确认合闸电源开关位置正确。

(3) 检查确认合闸保险检查完好，规格符合标准。

(4) 检查确认分、合闸线圈无冒烟、异味、变色。

(5) 检查确认合闸接触器无异味、变色。

(6) 检查确认直流电源回路端子无松动、锈蚀，操作直流电压正常。

(7) 检查确认二次接线压接良好，无过热变色、断股现象。

(8) 检查确认加热器（除潮器）正常完好，投（停）正确。

10. 气动操动机构正常巡视检查项目

(1) 检查确认机构箱开启灵活无变形、密封良好，无锈迹、无异味，二次接线及端子排应无松动和异常现象。

(2) 检查确认压力表指示正常，并记录实际值。

(3) 检查确认储气罐无漏气，按规定放水。

(4) 检查确认触头、管路、阀门无漏气现象。

(5) 检查确认空压机运转正常，油位正常。

(6) 检查确认计数器动作正常并记录次数。

(7) 检查确认加热器（除潮器）正常完好，投（停）正确。

11. 断路器的特殊巡视

(1) 断路器在下列情况必须进行特殊巡视。

1) 设备新投运及大修后，巡视周期相应缩短，72h以后转入正常巡视。

2) 遇有下列情况，应对设备进行特殊巡视：①设备负荷有显著增加；②设备经过检修、改造或长期停用后重新投入运行；③设备缺陷近期有发展；④恶劣气候、事故跳闸和设备运行中发现可疑现象；⑤法定节假日和上级通知有重要供电任务期间。

(2) 断路器特殊情况下的巡视项目。

1) 大风天气：引线摆动情况及有无搭挂杂物。

2) 雷雨天气：瓷套管有无放电闪络现象。

3) 大雾天气：瓷套管有无放电，打火现象，重点监视污秽瓷质部分。

4) 大雪天气：根据积雪融化情况，检查接头发热部位，及时处理悬冰。

5) 温度骤变：检查注油设备油位变化及设备有无渗漏油等情况。

6) 节假日时：监视负荷并增加巡视次数。

7) 高峰负荷期间：增加巡视次数，监视设备温度，触头、引线触头，特别是限流元件触头有无过热现象，设备有无异常声音。

8）短路故障跳闸后：检查断路器的位置是否正确，各附件有无变形，触头、引线触头有无过热、松动现象，油断路器有无喷油，油色及油位是否正常，测量合闸熔丝是否良好，断路器内部有无异音。

9）设备重合闸后：检查设备位置是否正确，动作是否到位，有无不正常的声响或气味。

10）严重污秽地区：瓷质绝缘的积污程度，有无放电、爬电、电晕等异常现象。

11）断路器异常运行。

12）新投运的断路器。

12．断路器在操作时应重点检查的项目

（1）根据电流、信号及现场机械指示检查断路器的位置。

（2）有表计（实时监控）的断路器应逐相检查电流、负荷和电压情况。

（3）检查动力机构。

（4）发现异常情况时，应立即通知操作人员和专业人员，并进行有关的处理。

13．断路器切断故障电流跳闸后（包括重合闸）应检查的项目

（1）检查引线及触点有无烧伤和短路现象。

（2）检查瓷套有无破损、裂纹或闪络。

（3）检查 SF_6 气体压力是否正常。

（4）检查各连接处有无渗、漏油现象。

（5）检查分合闸电气和机械指示装置三相是否一致和正确。

（6）检查操动机构压力是否正常，有无渗漏油等异常情况。

（7）检查按重合闸装置方式动作，如果不正确，应查明原因。

（8）检查断路器操作计数器动作是否正确。

（9）检查少油断路器断口有无喷油现象。

第十节　断路器操作

一、一般规定

（1）断路器投运前，应检查接地线是否全部拆除，防误闭锁装置是否正常。

（2）上一步操作前应检查控制回路、辅助回路控制电源、液压回路是否正常，确认储能机构已储能，即具备运行操作条件。

（3）检查确认油断路器油位、油色正常；真空断路器灭弧室无异常；SF_6 断路器气体压力在规定范围内；各种信号正确、表计指示正常。

（4）停运超过 6 个月的断路器，在运行方式执行操作前应通过远方控制方式进行试操作 2～3 次，无异常后方能按操作票拟订的方式操作。

（5）操作前，检查相应隔离开关和断路器的位置，应确认继电保护和机动装置已按规定投入；操作后，分、合位置指示正确，三相一致。

（6）操作控制手柄时，不能用力过猛，以防损坏控制开关；不能返回太快，以防时间短断路器来不及合闸。操作中应同时监视有关电压、电流、功率等表计的指示及红绿灯的变化。

(7) 操作开关柜时，应严格按照规定的程序进行，防止由于程序错误造成闭锁、二次插头、隔离挡板和接地开关等元件损坏。

(8) 断路器（分）合闸动作后，应到现场确认本体和机构分、合指示器以及拐臂、传动杆位置，保证开关确已正确（分）合闸。同时检查断路器本体有、无异常。

(9) 用旁路断路器代其他断路器运行时，应先将旁路断路器保护按所带设备保护定值整定并投入。确认旁路断路器三相均已合上后，方可拉开被代断路器，最后拉开被代断路器两侧隔离开关。

(10) 断路器操作时，若远方操作失灵，厂站规定允许进行就地操作时，应同时进行三相操作，不应进行分相操作。

(11) 操作过程中，应同时监视有关电压、电流、功率等表计（实时显示）正常，以及断路器控制手柄指示灯的变化（常规变电站）。

(12) 断路器合闸后应进行的检查。

1) 检查红灯亮，机械指示是否在合闸位置。

2) 检查送电回路的电流表、功率表及计量表是否正确。

3) 检查监控系统监视的位置。

4) 电磁机构电动合闸后，立即检查直流盘合闸电流表指示，若有电流指示，说明合闸线圈有电，应立即拉开合闸电源，检查断路器合闸接触器是否卡阻，并迅速恢复合闸电源。

5) 弹簧操动机构，在合闸后应检查弹簧是否储能。

(13) 断路器分闸后应进行的检查。

1) 检查确认绿灯亮，机械指示在分闸位置；

2) 检查表计指示是否正确。

3) 检查监控系统显示位置。

(14) 断路器检修后恢复运行时，操作前应确保为保证人身安全所设置的安全措施已拆除。

二、异常操作的规定

(1) 电磁机构严禁用手动杆或千斤顶带电进行合闸操作。

(2) 无自由脱扣的机构，严禁就地操作。

(3) 液压（气压）操动机构，如因压力异常导致断路器分、合闸闭锁时，不准擅自解除闭锁进行操作。

(4) 一般情况下，凡能够电动操作的断路器，不应就地手动操作。

三、故障情况下的操作规定

(1) 断路器运行中，由于某种原因造成油断路器严重缺油或 SF_6 断路器气体压力异常，发出闭锁操作信号，应立即断开故障断路器的控制电源。断路器机构压力突然到零，应立即断开打压及断路器的控制电源，并及时处理。

(2) 对于真空断路器，如发现灭弧室内有异常，应立即汇报，禁止操作，按调度命令停用断路器跳闸连接片。

(3) 油断路器由于系统容量增大，运行地点的短路电流达到断路器额定开断电流的80%时，应停用自动重合闸，在短路故障开断后禁止强送。

(4) 断路器故障开断次数仅比允许故障开断次数少一次时，应停用该断路器的自动重合闸。

(5) 分相操作的断路器发生非全相合闸时，应立即将已合上相拉开，重新操作合闸一次。如仍不正常，则应断开断路器的控制电源，查明原因。

(6) 分相操作的断路器发生非全相分闸时，应立即切断该断路器的控制电源，手动操作将拒动分闸，查明原因。

第十一节 断路器验收

一、高压开关设备的验收

(1) 新装和检修后的高压开关设备，在竣工投运前，运行人员应参加验收工作。

(2) 交接验收应按国家、电力行业和国家电网公司有关标准、规程和国家电网公司《预防高压开关设备事故措施》的要求进行。

(3) 运行单位应对开关设备检修过程中的主要环节进行验收，并在检修完成后按照相关规定对检修现场、检修质量和检修记录、检修报告进行验收。

(4) 验收时发现的问题，应及时处理；暂时无法处理，且不影响安全运行的，经本单位主管领导批准后方可投入运行。

二、高压开关设备的投运

(一) 投运前的准备

(1) 运行人员应经过培训，熟练掌握高压开关设备的工作原理、结构、性能、操作注意事项和使用环境等。

(2) 操作所需的专用工具、安全工器具、常用备品备件等。

(3) 根据系统运行方式，编制设备事故预案。

(二) 投运的必备条件

(1) 验收合格并办理移交手续。

(2) 设备名称、运行编号、标志牌齐全。

(3) 运行规程齐全、人员培训合格、操作工具及安全工器具完备。

三、高压开关设备在安装前的检查项目

在安装前，先应准备好相应的工器具及需要的安装材料，还应进行安装前的相关检查。

(1) 检查高压开关设备的装箱清单、产品合格证书、安全使用说明书、接线图及试验报告等相关技术文件是否齐全。

(2) 检查产品的铭牌数据、分合闸线圈额定电压、电动机规格数量是否与设计相符。

(3) 根据装箱清单，清点高压开关设备的附件及备件，要求数量齐全、无锈蚀、无机械损坏、瓷铁件应粘合牢固。

(4) 检查绝缘部件有无受潮、变形等，操动机构有无损伤，断路器有无漏气。

(5) 检查相关施工人员是否熟悉相应设备的技术性能和安装工艺，是否通过安全规程的考试，熟悉施工方案。

(6) 检查施工相关的机械、工器具及相关材料是否到位，现场施工场地是否具备施工条件。

对于不同的高压开关设备，还应检查设备的情况，如对 SF_6 断路器，应检查确认：

（1）断路器零部件齐全、清洁、完好。

（2）灭弧室或罐体和绝缘支柱内预充的 SF_6 气体的压力值及微水含量符合产品的技术要求。

（3）并联电容器的电容值、绝缘电阻、介损和并联电阻值符合厂家的技术要求。

（4）绝缘件表面应无裂纹、无脱落或损坏，绝缘拉杆端部连接应牢靠。瓷套表面应光滑，无裂纹或缺损，与法兰粘接应牢靠，表面有厂家的永久标记，对瓷套进行必要的安装前超声波探伤检查。

（5）传动机构等的零部件应齐全，组件用的螺栓、密封垫等规格符合产品要求，各零部件如轴承、铸件质量完好。

（6）密度表、密度继电器、压力表、压力继电器应通过相关检验合格。

（7）防爆膜应完好。

对于 GIS 还应增加以下检查项目：

（1）GIS 的所有部件应完整无损。

（2）各分隔气室 SF_6 气体的压力值和微水含量应符合产品的技术要求。

（3）接线端子、插接件及载流部分应光洁无锈蚀。

（4）支架和接地引线应无锈蚀和损伤。

（5）母线和母线筒内应平整、无毛刺。

四、断路器安装后的验收项目

（1）断路器应固定牢靠，外表清洁完整，动作性能符合规定。

（2）电气连接可靠且接触良好。

（3）油断路器应无渗、漏油现象，油位正常，SF_6 断路器气体漏气率和含水量应符合规定。

（4）断路器与其操动机构（或组合电器及其传动机构）的联动应正常，无卡阻现象，分合闸指示正确，调试操作时，辅助开关及电气闭锁装置应动作正确可靠。

（5）SF_6 断路器配备的密度继电器的报警、闭锁定值应符合规定，电气回路传动应正确。

（6）瓷套应完整无损、表面清洁，配备的并联电阻、均压电容的绝缘特性应符合产品技术规定。

（7）油漆应完整，相色标志正确，接地良好。

（8）竣工验收时按相关标准移交资料和文件。

（9）操动机构应配合断路器进行安装和检修调试，工作完毕后，进行下列检查：

1）操动机构固定牢靠，外表清洁完整。

2）电气连接应可靠且接触良好。

3）液压系统应无渗、漏油，油位正常；空气系统应无漏气；安全阀、减压阀等应动作可靠；压力表应指示正确。

4）操动机构箱的密封垫应完整，电缆管口、洞口应予封闭。

5）操动机构与断路器的联动应正常，无卡阻现象；分合闸指示正确；辅助开关动作应准确可靠；触点无电弧烧损。

6）油漆应完整，接地良好。

（10）油漆应完整，相色标志应正确，接地应良好。

(11) 机构箱内端子及二次回路应连接正确，元件完好。

(12) 空气断路器在操作时不应有剧烈振动。

五、断路器检修后验收的重点项目

(1) 检查确认大修项目和调试数据符合规程标准。

(2) 检查确认修后试验合格。

(3) 检查确认计划检修项目合格，所修缺陷确已消除。

(4) 检查确认断路器外观完好，本体和机构油位正常，无渗油或漏油，无遗留杂物。

(5) 检查确认瓷套和所有部件清洁完好，一、二次接线正确、牢固、完好。

(6) 检查确认 SF_6 气体和机构压力正常，微动开关位置与压力表指示相符。

(7) 检查确认远方和就地操作分合正常，位置指示正确，计数器动作正确。

(8) 检查确认压力降低时闭锁功能和信号正常。

(9) 检查确认油泵启动、运转和停止正常，热继电器整定正确。

(10) 检查确认电控箱、操作箱、液压机构箱清洁，所有部件和连接线良好，箱体密封完好，各种切换小开关位置正确，标志齐全，加热器完好。

(11) 操动机构的验收。

第十二节　断路器异常及故障处理

一、断路器常见故障、异常运行及应停电处理的情况

1. 断路器常见的故障及异常运行

(1) 机械部分故障。如：液压机构操作失灵、弹簧机构储能失灵、传动机构动作失灵或误动作。

(2) 二次回路故障。如：控制回路断线、继电器损坏、分（合）闸线圈烧坏等，造成断路器动作失灵或误动作，断路器辅助触点切换不良。

(3) 密封失效故障。如：渗油、漏油、漏气、液压机构渗油、液压机构内漏、液压机构油泵打压频繁、氮气消失、零压闭锁等。

(4) 绝缘破坏故障。如绝缘拉杆或绝缘介质击穿、外部绝缘闪络等。

(5) 触头或导电回路接触不良。

(6) 灭弧故障。如：断路器严重缺油，切断短路电流时，不能灭弧而造成断路器损坏甚至爆炸烧坏；断路器遮断容量不足，切断短路电流时，造成喷油着火；断路器动作速度达不到要求、灭弧室装配不符合要求等，也会影响断路器的灭弧能力。

(7) 瓷绝缘子缺陷。如有裂纹、破损、断裂、放电、污秽等。

(8) 并联电容。如放电、套管断裂、预防性试验部分参数不合格等。

(9) 合闸电阻。如放电、套管断裂、预防性试验部分参数不合格、合闸电阻在主触头合闸后不能退出、合闸电阻动作不可靠。

(10) SF_6 密度继电器失灵或不能正确动作。

(11) SF_6 气体含水量超标。

(12) 油断路器油位异常。

(13) 断路器触点发热。

(14) 断路器在操作中拒绝合闸、分闸。

(15) 断路器在运行中分、合闸闭锁。

(16) 断路器三相合闸不同期。

(17) 断路器在运行中偷跳。

(18) 断路器机构箱内加热器烧毁。

(19) 断路器预防性试验主要参数不合格。

(20) 其他故障。如：拉杆瓷绝缘子、支柱瓷绝缘子断裂，小动物造成短路，外力破坏等。

2. 断路器应申请停电处理的情况

(1) 套管有严重破损和放电现象。

(2) 断路器内部有爆裂声。

(3) 少油断路器灭弧室冒烟或内部有异常声响。

(4) 油断路器严重漏油，油位看不见。

(5) 空气断路器内部有异常声响或严重漏气，压力下降，橡胶吹出。

(6) SF_6 气室严重漏气或发出操作闭锁信号。

(7) 真空断路器出现真空损坏的“咝咝”声。

二、断路器（误）跳闸及误拉断路器的处理

1. 断路器跳闸的处理

(1) 断路器故障跳闸后，运行值班人员应从中央信号、事件打印、保护及自动装置动作情况及时分析断路器跳闸相别、保护的动作情况。

(2) 立即记录故障发生时间，停止音响信号，到现场检查断路器的实际位置，检查断路器间隔设备有无短路、接地、闪络、断线、瓷件破损、爆炸、喷油等现象，断路器操动机构有无异常，本体有无异常等。

(3) 将以上情况和当时的负荷情况及时向调度汇报，便于调度及时、全面地掌握情况，进行分析判断，等候调度命令再进行合闸，合闸后又跳闸亦应报告调度员，并检查断路器。

(4) 对故障分闸线路实行强送后，无论成功与否，均应对断路器外观进行仔细检查。

(5) 断路器故障分闸时发生拒动，造成越级分闸，在恢复系统送电时，应将发生拒动的断路器脱离系统并保持原状，待查清拒动原因并消除缺陷后方可投运。

(6) SF_6 断路器发生意外爆炸或严重漏气等事故，值班人员接近设备时要谨慎，对户外设备，尽量选择从上风位置接近设备；对户内设备应先通风，必要时要戴防毒面具和穿防护服。

(7) 打印故障录波报告及微机保护报告。

(8) 事故处理完毕后，变电站值班长要指定有经验的值班员做好详细的事故障碍记录、断路器跳闸记录等，并根据断路器跳闸情况、保护及自动装置的动作情况、事件记录、故障录波、微机保护打印以及处理情况整理详细的现场跳闸报告。

(9) 根据调度及上级主管部门的要求，将所整理的跳闸报告及时上报。

(10) 下列情况不得强送：

1) 线路带电作业时。

2) 断路器已达允许故障开断次数。

3) 断路器失去灭弧能力。

4）系统并列的断路器跳闸。

5）低频减负荷装置启动断路器跳闸。

2. 断路器误跳闸的处理

若系统无短路或直接接地现象，继电保护未动作，发生断路器自动跳闸，则称为断路器偷跳或误跳。

（1）断路器偷跳或误跳的原因：

1）保护误动或误整定。

2）电流、电压互感器回路发生故障。

3）二次绝缘不良。

4）直流系统发生两点接地。

5）合闸维持支架和分闸锁扣维持不住。

6）液压操动机构中分闸一级阀和逆止阀处密封不良。

（2）断路器误跳闸的特征：

1）在跳闸前测量、信号指示正常，无任何故障征兆，表示系统无短路故障。

2）跳闸后该断路器的电流表、有功、无功表指示为零（对某相跳闸后就进入非全相运行）。

3）跳闸后故障录波器不启动，微机保护均无事故波形。

（3）处理方法：

1）若由于人为误碰、误操作，或受机械外力、保护屏受外力振动而引起自动脱扣的偷跳或误跳闸，应排除断路器故障原因，立即申请送电。

2）对其他电气或机械部分故障，无法立即恢复送电的，则应联系调度及汇报上级主管部门，将偷跳的断路器转检修。

3. 误拉断路器的处理

（1）若误拉需检同期合闸的断路器，禁止将该断路器直接合上；应该检同期合上该断路器，或者在调度的指挥下进行操作。

（2）若误拉直馈线路的断路器，为了减小损失，允许立即合上该断路器；但若用户要求该线路断路器跳闸后间隔一定时间才允许合上时，则应遵守其规定。

三、断路器拒绝操作的处理

（一）断路器拒绝合闸的处理

1. 断路器拒绝合闸的原因

（1）合闸电源消失，如合闸熔断器，控制熔断器熔断或接触不良。

（2）就地控制箱内合闸电源小开关未合上。

（3）断路器合闸闭锁动作，信号未复归。

（4）断路器操作控制箱内“远方—就地”选择开关在就地位置。

（5）控制回路断线。

（6）同步回路断线。

（7）合闸线圈及合闸回路继电器烧坏。

（8）操作继电器故障。

（9）控制手柄失灵。

（10）控制开关触点接触不良。

(11) 断路器辅助触点接触不良。

(12) 操动机构故障。

(13) 直流电压过低。

(14) 直流接触器触点接触不良。

2. 断路器拒绝合闸的处理

(1) 若是合闸电源消失，运行人员可更换合闸回路熔断器或试投小开关。

(2) 若就地电控柜内合闸电源小开关在断开位置，应试合上断路器直流电源小开关。

(3) 将合闸闭锁信号复归，若不能复归则应通知专业人员进行检查。

(4) 若就地电控柜内"远方—就地"小开关在就地位置，应将其打至远方位置。

(5) 若直流母线电压过低，调节蓄电池组端电压，使电压达到规定值。

(6) 当故障造成断路器不能投运时，应按断路器合闸闭锁的方法进行处理。

(7) 检查 SF_6 气体压力、液压压力是否正常，弹簧机构是否储能。

(8) 对上述运行人员不能处理的问题，应按《高压开关设备管理规范》的要求向主管部门报缺陷，通知专业人员进行处理。

(二) 断路器拒绝分闸的处理

1. 断路器拒绝分闸的原因

(1) 分闸电源消失，如分闸熔断器、控制熔断器熔断或接触不良。

(2) 就地控制箱内分闸电源小开关未合上。

(3) 断路器分闸闭锁动作，信号未复归。

(4) 断路器操作控制箱内"远方—就地"选择开关在就地位置。

(5) 控制回路断线。

(6) 分闸线圈及分闸回路继电器烧坏。

(7) 操作继电器故障。

(8) 控制手柄失灵。

(9) 控制开关触点接触不良。

(10) 断路器辅助触点接触不良。

(11) 操动机构故障。

(12) 直流电压过低。

2. 断路器拒绝分闸的处理

(1) 若是分闸电源消失，运行人员可更换合闸回路熔断器或试投小开关。

(2) 试合就地控制箱内合闸电源（一般有两套跳闸电源）小开关。

(3) 将分闸闭锁信号复归，若不能复归则应通知专业人员进行检查。

(4) 将断路器操作控制箱内"远方—就地"选择开关放至远方位置。

(5) 若直流母线电压过低，调节储电池组端电压，使电压达到规定值。

(6) 当故障造成断路器不能投运时，应按断路器分闸闭锁的方法进行处理。

(7) 检查 SF_6 气体压力、液压压力是否正常，弹簧机构是否储能。

(8) 手动远方操作跳闸一次，若不成功，请示调度，隔离故障开关。

(9) 对上述运行人员不能处理的问题，应按《高压开关设备管理规范》的要求向主管部门报缺陷，通知专业人员进行处理。

(三) 断路器分合闸闭锁的处理

1. 断路器合闸闭锁的处理

(1) 因机构造成合闸闭锁的处理。

1) 如果是油泵电动机交流失压引起，运行人员应用万用表检查电动机三相交流电源是否正常，复归热继电器（热耦），使电动机打压至正常值；若是电动机烧坏或机构问题，应通知专业人员处理。

2) 如果弹簧机构未储能，应检查其电源是否完好；若属于机构问题，应通知专业人员处理。

(2) 因灭弧介质压力低造成分闸闭锁的处理。

1) 如果灭弧介质压力降低至合闸闭锁值，则应断开断路器的跳闸电源，通知专业人员补气至正常值。

2) 如果是保护动作引起合闸闭锁，则待查明原因后，复归保护动作信号解除闭锁，根据调度的命令进行处理。

3) 如果是 SF_6 或机构压力下降至分闸闭锁值且经检查无法使闭锁消除时，则应按下列情况进行处理：①申请停用单相重合闸；②断开断路器合闸电源小开关；③对于 220kV 系统，可用旁路断路器代运行，采用等电位拉开故障断路器两侧的隔离开关，或用母联串断故障断路器，即将非故障出线断路器倒换至另一母线，用母联断路器切除故障断路器。

4) 对于 3/2 接线方式合环运行的断路器，当出现合闸闭锁，经检查发现该断路器液压回路严重泄漏，为了防止压力继续下降到分闸闭锁值，可申请调度断开故障断路器。也可以在环网的情况下，请示该公司总工程师，解除故障断路器两侧隔离开关的闭锁条件，拉开故障断路器两侧的隔离开关。

(3) 因控制回路故障造成分闸闭锁的处理。

1) 若断路器就地控制箱内“远方—就地”控制开关置于就地位置或触点接触不良，则可将“远方—就地”控制手柄置远方位置或将手柄重复操作两次，若触点回路仍不通，应通知专业人员进行处理。

2) 若是控制回路问题，应重点检查控制回路易出现故障的位置，如同步回路、控制开关、合闸线圈、分相操作箱内继电器等，对于二次回路问题，一般应通知专业人员进行处理。

3) 某些保护动作闭锁未复归。

4) 合闸电源不正常或未投入，应尽快恢复。

2. 断路器分闸闭锁的处理

运行中断路器发“分闸闭锁”信号时，首先应查明分闸闭锁的原因，再进行处理。

断路器分闸闭锁的原因有：

(1) 液压机构压力下降至分闸闭锁压力。

(2) 分闸弹簧未储能。

(3) 气动机构压力下降至分闸闭锁压力。

(4) SF_6 压力低于分、合闸闭锁压力。

处理方法：

(1) 对由机构造成分闸闭锁的处理。

1) 如果是油泵电动机交流失压引起，运行人员应用万用表检查电动机三相交流电源是否正常，复归热继电器，使电动机打压至正常值；若是电动机烧坏或机构问题，应通知专业人员处理。

2）如果弹簧机构未储能，应检查其电源是否完好；若属于机构问题，应通知专业人员处理。

（2）对由灭弧介质压力低造成分闸闭锁的处理。

1）如果灭弧介质压力降低至合闸闭锁值，则应断开断路器的跳闸电源，通知专业人员补气至正常值。

2）如果是 SF_6 或机构压力下至分闸闭锁且经检查无法使闭锁消除时，则应按下列情况进行处理：①断开断路器跳闸电源小开关或取下跳闸电源熔断器；②停用单相重合闸；③取下断路器液压机构油泵电源熔断器或断开油泵电源小开关（以液压机构为例）；④220kV断路器故障时，可用旁路断路器代故障断路器运行（注意：当两台断路器并联运行后应断开旁路断路器的跳闸电源，拉开故障断路器两侧隔离开关，操作完后，将旁路跳闸电源小开关合上）；⑤对于 220kV 系统未装旁路断路器时，可倒换运行方式，用母联断路器串断故障断路器；⑥对于 3/2 接线母线的故障断路器在环网运行时，可用其两侧隔离开关隔离；⑦对于母线断路器，可将某一元件 2 条母线隔离开关同时合上，再断开母联断路器两侧的隔离开关；⑧对“Π”型接线，合上线路外桥隔离开关，使“Π”接线改成“T”接线，停用故障断路器。

（3）对由控制回路故障造成分闸闭锁的处理。

1）若是控制回路存在故障，应重点检查分闸线圈、分相操作箱继电器、断路器控制手柄，在确定故障后应通知专业人员进行处理。

2）若是断路器辅助触点转换不良，应通知专业人员进行处理。

3）若是“远方—就地”手柄位置在就地位置，应将手柄放在对应的位置，若是手柄辅助触点接触不良，应通知专业人员进行处理。

4）分闸电源不正常或未投入，应尽快恢复。

3. 断路器合闸闭锁的原因

（1）操动机构压力下降至合闸闭锁压力。

（2）合闸弹簧未储能。

（3）SF_6 压力低于分、合闸闭锁压力。

（4）500kV 断路器保护动作。

（5）500kV 线路并联电抗器保护动作。

（6）主变压器主保护动作闭锁 500kV 断路器合闸。

四、断路器出现非全相运行的处理

断路器在运行中出现非全相运行应根据断路器发生不同的非全相运行情况，分别采取以下措施：

（1）断路器因单相自动跳闸，造成两相运行时，如果相应保护启动的重合闸没有动作，可立即指令现场手动合闸一次，合闸不成功则应切开其余两相断路器。

（2）如果断路器是两相断开，应立即将断路器断开。

（3）如果非全相断路器采取以上措施无法断开或合上时，则通过调度立即将线路对侧断路器断开，然后在断路器机构箱就地断开断路器。

（4）也可以用旁路断路器与非全相断路器并联，将旁路断路器跳闸电源停用后，用隔离开关解环，使非全相断路器停电。

(5) 用母联断路器与非全相断路器串联，断开对侧线路断路器，用母联断路器断开负荷电流，线路及非全相断路器停电，再断开非全相断路器的两侧隔离开关，使非全相运行断路器停电。

(6) 如果非全相断路器所带元件（线路、变压器等）有条件停电，则可先将对端断路器断开，再按上述方法将非全相运行断路器停电。

(7) 如果发电机出口断路器非全相运行，应迅速降低该发电机有功、无功出力至零，然后进行处理。

(8) 母联断路器非全相运行时，应立即调整降低断路器电流，倒为单母线方式运行，必要时应将一条母线停电。

(9) 若非全相运行断路器拉不开，则立即将该断路器的功率降至最小，并采取如下办法处理：

1) 有条件时，由检修人员拉开此断路器。

2) 旁路断路器备用时，用旁路断路器代替。

3) 将所在母线的其他所有断路器倒至另一母线，最后拉开母联断路器。

4) 3/2 断路器接线方式，可用隔离开关远方操作，解本站组成的环，解环前确认环内所有断路器在合闸位置。

5) 特殊情况下设备不允许时，可迅速拉开该母线上所有断路器。

五、SF_6 断路器故障及处理

(一) SF_6 断路器常见的故障

SF_6 断路器常见的故障有：

(1) SF_6 断路器中 SF_6 气体水分值超标。一般可以采取以下三种方法加以处理：

1) 抽真空，充高纯氮气，干燥 SF_6 气体。

2) 外挂吸附罐。

3) 解体大修。

(2) 运行一段时间后，部分 SF_6 断路器发生频繁补气情况。一般来说，运行人员发现某一相（柱）的 SF_6 断路器发出频繁告警或闭锁信号时（一般 10 天左右一次），预示着该 SF_6 断路器年漏气率远远超过 1%。检修中为了缩短停电时间，一般采用合格的备品相（柱）替代运行中漏气相（柱），而利用其他不停电时间对漏气相（柱）进行处理。

(3) 500kV 断路器的合闸电阻投切机构失灵，不能有效地提高投入。造成这种情况的主要原因是投切机构可靠性不高。

(4) 操动机构超时打压。一般规定从储压筒预压力不超过 3～5min，因此出现长时间打压现象时，要检查高压放油阀是否关紧，安全阀是否动作，机构是否有内漏和外漏现象，油面是否过低，吸油管有无变形，油泵低压侧有无气体等，以保证有针对性地进行处理。

(5) 操动机构频繁打压。油泵频繁启动，除检查机构有无外漏，主要反映在阀门系统内部有明显泄漏。处理时可将油压升到额定压力后，切断油泵电源，将箱中油放尽，打开油箱盖，仔细观察何处泄漏。在查明原因后，将油压释放到零，并有的放矢地解体检查。另外，对液压油液需要进行过滤处理，以减少杂质影响。

(6) 在断路器调试过程中，分、合闸时间及周期性不满足要求。主要是通过调节分、

合闸电磁铁间隙及供排油阀来实现。

(7) 储能器中氮气压力低或进油。运行人员在巡视过程中比较直观地看到的是油压过低或过高现象。处理方法是将储能筒内部气体放尽后，卸下活塞内部密封圈，仔细检查密封圈的唇口和筒体内壁，对损坏的密封圈应予以更换，对筒壁有稍许拉毛的，可用砂条进行少许圆周向修磨，直到宏观上看不出沿轴向有拉毛痕迹为止，对严重拉毛的需要更换。

(8) 操动机构外部泄漏。当高压接头外泄时，特别是卡套式接头有泄漏时，应将油压降至零压后，用扳手小心检查、拧紧，看是否因操作振动而松动，若不是，则应拆下卡套仔细检查，必要时加以更换。

(二) SF_6 压力低的处理

1. 断路器 SF_6 压力低的原因

(1) SF_6 系统有漏气现象。

(2) SF_6 密度继电器失灵。

(3) 表计指示无误。

2. 断路器 SF_6 压力低的处理

(1) 定时记录 SF_6 压力值，并将表计的数值与当时环境温度折算到标准温度下的数值，判断压力值是否在规定的范围内，若压力降低，则说明有漏气现象。是否报缺陷，要根据《高压开关设备管理规范》的要求进行。

(2) 当 SF_6 密度继电器报警时，则说明有压力异常现象。

(三) SF_6 断路器本体严重漏气的处理

1. SF_6 断路器造成漏气的主要原因

(1) 瓷套与法兰胶合处胶合不良。

(2) 瓷套的胶垫连接处，胶垫老化或位置未放正。

(3) 滑动密封处密封圈损伤，或滑动杆光洁度不够。

(4) 管接头处及自动封阀处固定不紧或有杂物。

(5) 压力表，特别是接头处密封垫损伤。

2. SF_6 断路器造成漏气的处理

(1) 应立即断开该断路器的操作电源，在手动操作手柄上挂禁止操作的标示牌。

(2) 汇报调度，根据命令，采取措施将故障断路器隔离（可按分闸闭锁的处理方法进行处理）。

(3) 在接近设备时要谨慎，尽量选择从上风位置接近设备，必要时要戴防毒面具、穿防护服。

(4) 室内 SF_6 气体断路器泄漏时，除应采取紧急措施处理，还应开启风机通风 15min 后方可进入室内。

六、机构故障的处理

(一) 液压机构故障处理

1. 液压回路机构故障（超时打压）的处理

(1) 机构故障的信号来源：

1) 油泵电动机热继电器动作。

2) 油泵启动运转超过整定时间。

(2) 产生的原因：

1）油泵电动机电源断线，使电动机缺相运行。

2）电动机内部故障。

3）油泵故障。

4）管道严重泄漏。

（3）故障处理：

1）立即到现场检查，注意电动机是否仍然在运行。

2）立即断开油泵电源开关或熔断器，并监视压力表指示。

3）检查油泵三相交流电源是否正常，如有缺相（如熔断器熔断，熔断器接触不良，端子松动等），立即进行更换或检修处理。

4）检查电动机有无发热现象。

5）合上电源开关，这时油泵应启动打压恢复正常。如果三相电源正常，热继电器已复归，机构压力低需要进行补充压力，而电动机不启动或有发热、冒烟、焦臭等故障现象，则说明电动机已故障损坏；如果电动机启动打压不停止，电动机无明显异常，液压机构压力表无明显下降，则可判明油泵故障或机构油管内有严重漏油现象，应立即断开电动机电源。当确定是电动机或油泵故障时，可用手动泵进行打压。

6）发生电动机和油泵故障或管道严重泄漏时，应报紧急缺陷申请检修，并采取相应的措施。

2. 液压机构压力异常的处理

断路器液压机构上都装有压力表，当压力表指示的压力异常时应当进行以下分析处理。

（1）当压力不能保持，油泵启动频繁时，可能有两种原因。

1）油泵启动频繁，对液压机构外观检查有没有明显的漏油。若有，则说明是机构内漏（即高压油向低压泄漏），严重情况下，可以听到泄漏的声音。这时的处理方法有两种：①申请停电处理；②采取措施后带电进行处理。

2）油泵启动频繁，液压机构有明显的漏油，其油箱的油位低于下限，这时应视现场的情况，可按第一种情况进行处理。

3）油泵启动频繁，液压机构没有明显的漏油，压力不断降低，根据压力表所指示的压力，折算到当时的环境温度下核对是否在标准范围内。如果压力低则说明漏氮气；压力高则是高压油窜入氮气中。

（2）运行中液压机构压力表指示不断升高，说明高压油窜入氮气中。压力越高、时间越长，说明窜入到氮气中的高压油越多。压力升高会使断路器的动作速度加快，对断路器的灭弧不利，特别是对断路器机械部件不利，可能会导致某些断路器机械部件损坏。

（3）“打压超时”，应检查液压部分有无漏油，油泵是否有机械故障，压力是否升高超出规定值等。若液压异常升高，应立即切断油泵电源，并报缺陷。

3. 断路器液压机构突然失压的处理

装设液压机构的断路器在运行中突然失压，说明液压机构高压油路有严重喷油，导致有的机构在很短的时间内就出现了分、合闸闭锁信号。这时运行人员应当：

（1）立即断开油泵电动机电源，严禁人工打压。

（2）立即取下断路器的控制熔断器，严禁进行操作。

（3）汇报调度，根据命令，采取措施将故障断路器隔离。

(4) 利用断路器上的机械闭锁装置，将断路器锁紧在合闸位置上。

(5) 根据调度命令，改变运行方式（用旁路断路器代运行，或3/2断路器接线开环运行)，拉开隔离开关将断路器退出运行。拉开隔离开关时要短时断开已并联的旁路断路器的跳闸电源开关；500kV系统开环是否断开跳闸电源开关，可按调度命令执行。

(6) 申请紧急检修。

(二) 气动机构压力异常的处理

断路器气动操动机构上都装有压力表，正常运行时指示应在正常范围内，当压力过低或者过高时都会影响断路器的性能。

1. 引起气动机构常启动的主要原因

(1) 气动操动机构管道连接处漏气。

(2) 压缩机逆止阀被灰尘堵塞。

(3) 工作缸活塞磨损。

2. 处理

(1) 用听声音的方法确定漏气的部位。

(2) 对管道连接处漏气及活塞环磨损而造成的机构常启动，应申请将该断路器停电进行处理，防止在运行中发生大排气的情况。

(3) 断路器在送电操作时，在合闸后如果听到压缩机有漏气声，则压缩机逆止阀被灰尘堵住的可能性较大；可汇报调度对该断路器进行几次分、合操作，一般能够消除这种异常现象。

七、断路器合闸直流电源消失的处理

(1) 当断路器的合闸电源开关跳闸或断开时，将发出“合闸直流电源消失”信号，说明合闸回路有故障或合闸电源开关未合上。

(2) 合闸直流电源消失的处理：运行人员应检查合闸回路有无明显故障（如合闸继电器、合闸线圈等）或合闸电源开关未合上的原因。如果未发现明显异常现象，运行人员可将合闸直流电源开关试合一次，如果试合成功，说明已正常；如果再次跳闸，说明直流回路确有问题，应申请调度停用该断路器的重合闸，并通知专业人员进行处理。

第六章

母　　线

电气主接线是根据电能输送和分配的要求，表示主要电气设备相互之间的连接关系和本变电站（或发电厂）与电网的电气连接关系，通常用单线图表示。它对电网运行安全、供电可靠性、运行灵活性、检修方便及经济性等均起着重要的作用；同时也对电气设备的选择、配电装置的布置以及电能质量的好坏等都起着决定性的作用，同样也是运行人员进行各种倒闸操作和事故处理时的重要依据。

电网对变电站母线的要求是当母线满足以下要求时才能投运：

(1) 满足最大负荷工作电流及短路热稳定、动稳定要求，并校验合格。

(2) 母线电晕、电压校验应合格。

(3) 对于母线长、容量大、年平均负荷高的母线应按最佳电流密度进行选择。

(4) 各触点应连接牢固，温度不超过允许值。

集肤效应的概念：集肤效应又称趋肤效应，是当高压电流通过导体时，电流将集中在导体表面流通的现象。

考虑到交流电流的集肤效应，为了有效利用导体材料和便于散热，发电厂和变电站的大电流母线常做成槽型或菱形。另外，在高压输配电线路中，常用钢芯铝绞线代替铝绞线；这样即节省了铝导线，又增加了机械强度。

一、母线的作用

在进出线很多的情况下，为便于电能的汇集和分配，应设置母线；这是由于施工安装时，不可能将很多回进出线安装在一点上，而是将每回进出线分别在母线的不同地点连接引出。一般具有四个分支以上时，就应设置母线。

二、常用母线的形式

母线分硬母线和软母线两种。

（一）硬母线

1. 母线分类

母线按其形状不同可分为矩形母线、槽形母线、菱形母线、管形母线等多种。

(1) 矩形母线是最常用的母线，也称母线排。按其材质又有铝母线（铝排）和铜母线（铜排）之分。矩形母线的优点是施工安装方便，在运行中变化小，载流量大，但造价较高。

矩形母线平装与竖装时的额定电流是不同的，因此其散热也是不同的。竖放母线的散热条件较好，平装母线散热条件较差，所以平装母线比竖装母线的额定电流少5%～8%；

但是竖装母线受电动力的机械稳定性差些。

(2) 槽形和菱形母线均使用在大电流的母线桥及对热、动稳定配合要求较高的场合。

(3) 管形母线通常和插销隔离开关配合使用。目前采用的多为钢管母线，施工方便但载流容量较小。管型母线的特点：由于它扩充了直径，所以电抗小，与相同直径母线相比较，其所允许通过的工作电流要大得多。

2. 矩形截面和圆形截面母线的比较

在同样截面积下，矩形母线比圆形母线的周长要大，散热面大，因而冷却条件好。此外，当交流电流通过母线时，由于集肤效应的影响，矩形截面母线的电阻也要比圆形截面小一些。因此，在相同截面积和相同的允许发热温度下，矩形截面母线要比圆形截面母线允许的工作电流大。因此，35kV 以下的户内配电装置多采用矩形截面母线。在 35kV 以上的户外配电装置中，为防止产生电晕，多采用圆形截面母线。母线表面的曲率半径越小，则电场强度越大，矩形截面的四角易引起电晕现象，圆形截面无电场集中现象。为减小电场强度，增加母线直径，故在 110kV 及以上户外配电装置中采用钢芯铝绞线或管形母线。

3. 硬母线连接

硬母线一般采用压接或焊接。压接是用螺钉将母线压接起来，便于改装和拆卸。焊接是用电焊或气焊连接，多用于不需拆卸的地方。硬母线不准采用锡焊和绑接。铜铝母线连接时，应将铜母线镀锡或用锌皮做垫片，进行压接。

4. 硬母线装伸缩头的作用

物体都有热胀冷缩特性，母线在运行中会因发热而使长度发生变化。为了避免因热胀冷缩的变化使母线和支持绝缘子受到过大的应力并损坏，应在硬母线上装设伸缩接头。

(二) 软母线

软母线多用于室外。室外空间大，导线间距宽，而其散热效果好，施工方便，造价也较低。

不论选择何种母线，均应符合下述几个条件：

(1) 所选母线必须满足持续工作电流的要求。

(2) 对于全年平均负荷高、母线较长、输电容量也较大的母线，应按经济电流密度进行选择。

(3) 母线应按电晕电压校验合格。

(4) 按短路热稳定条件校验合格。

(5) 按短路动稳定条件校验合格。

三、母线接线方式

(一) 母线接线方式简介

1. 分类

(1) 单母线。单母线、单母线分段、单母线加旁路和单母线分段加旁路。

(2) 双母线。双母线、双母线分段、双母线加旁路和双母线分段加旁路。

(3) 三母线。三母线、三母线分段、三母线分段加旁路。

(4) 3/2 接线、3/2 接线母线分段。

(5) 4/3 接线。

(6) 母线—变压器—发电机组单元接线。

(7) 桥形接线。内桥形接线、外桥形接线、复式桥形接线。

(8) 角形接线（或称环形）。三角形接线、四角形接线、多角形接线。

(9) 环形接线。单环、多环。

(10) 线路—变压器组。

2. 单母线接线的特点

单母线接线具有简单清晰、设备少、投资小、运行操作方便且有利于扩建等优点，但可靠性和灵活性较差。当母线或母线隔离开关发生故障或检修时，必须断开母线的全部电源。

（二）双母线接线

双母线接线就是工作线、电源线和出线通过一台断路器和两组隔离开关连接到两组母线上，且两组母线都是工作线，而每一回路都可以通过母联断路器并列运行。

1. 优点

与单母线相比，双母线接线具有以下优点：

(1) 供电可靠、检修方便。

(2) 当一组母线故障时，只要将故障母线上的回路倒换到另一组母线，就可迅速恢复供电。

(3) 调度灵活或便于扩建。

2. 缺点

(1) 所用设备多（特别是隔离开关）。

(2) 配电装置复杂，经济性差。

(3) 在运行中隔离开关作为操作电器，容易发生误操作，且对实现自动化不便；尤其当母线系统故障时，须短时切除较多电源和线路，这对重要的大型电厂和变电站是不允许的。

3. 双母线带旁路及特点

双母线带旁路接线就是在双母线接线的基础上，增设旁路母线，如图 6-1 所示。其特点是具有双母线接线的优点，当线路（主变压器）断路器检修时，仍能继续供电；但旁路的倒换操作比较复杂，增加了误操作机会，也使保护及自动化系统复杂，投资费用较大。一般为了节省断路器及设备间隔，当出线达到 5 个回路以上时，才增设专用的旁路断路器；出线少于 5 个回路时则采用母联兼旁路母线的接线方式。

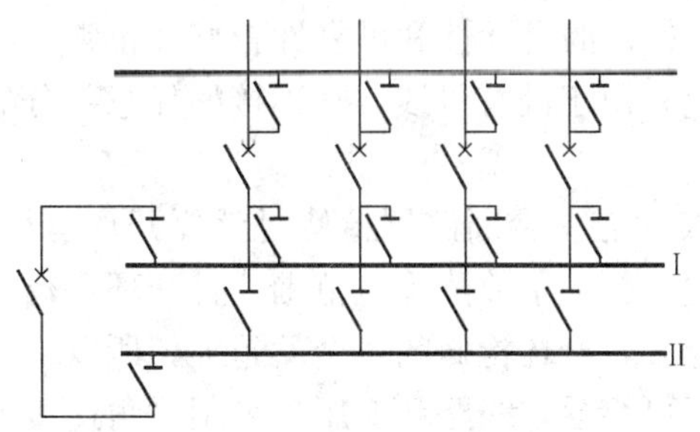

图 6-1 双母线带旁路的主接线

4. 双母线分段带旁路及特点

双母线分段带旁路接线就是在双母线带旁路接线的基础上，在母线上增设分段断路器。它具有双母线带旁路的优点，但投资费用较大，占地设备间隔较多。一般采用此种接线的原则为：

(1) 当设备连接的进出线总数为 12～16 回时，在一组母线上设置分段断路器。

(2) 当设备连接的进出线总数为 17 回时及以上时，在两组母线上设置分段断路器。

（三）3/2 (4/3) 断路器接线及特点

3/2 (4/3) 断路器接线就是在每 3 (4) 台断路器中间送出 2 (3) 回出线。在我国，

3/2断路器接线用于330kV及以上电压等级变电站的母线主接线。

1. 优点

(1) 运行调度灵活。正常时两条母线和全部断路器运行成多环状供电。

(2) 检修时操作方便，当一组母线停运时，回路不需要切换；任一台断路器检修，各回路仍按原接线方式运行，不需要切换。

(3) 运行可靠，每一回路由两台断路器供电，母线发生故障时，任何回路都不停电。

(4) 极限的情况下，在一条母线停电检修，另一条母线故障跳该母线上的所有断路器，也不影响送电（或两组母线同时故障）。

(5) 在环网运行的情况下，当任一台断路器出现故障（如分闸闭锁），可解除故障断路器两侧隔离开关的闭锁，用隔离开关开环。

2. 缺点

(1) 需要的设备较多，特别是断路器和电流互感器，投资大。

(2) 需要配置独立的断路器保护。

(3) 接入线路的保护采用和电流。

(4) 二次接线和机电保护复杂。

（四）桥形接线及特点

桥形接线采用4个回路、3台断路器和6个隔离开关，是接线中断路器数量较少、也是投资较省的一种接线方式，根据桥形断路器的位置又可分为内桥和外桥两种接线。由于变压器的可靠性远大于线路，因此电网中应用较多为内桥接线。为了在检修断路器时不影响线路和变压器的正常运行，有时在桥形外附设一组隔离开关，这就成了长期开环运行的四边形接线。

（五）多角形接线及特点

多角形接线就是将断路器和隔离开关相互连接，且每一台断路器两侧都有隔离开关，由隔离开关之间送出回路。

(1) 优点。多角形接线所用设备少、投资省，运行的灵活性和可靠性较好，正常情况下为双重连接，任何一台断路器检修都不影响送电；由于没有母线，在连接的任意部分故障时，对电网的运行影响都较小。

(2) 缺点。回路数受到限制，因为当环形接线中有一台断路器检修时就要开环运行，此时当其他回路发生故障，就会造成两个回路停电，扩大了故障停电范围；且开环运行的时间越长这一缺点就越大，而环中的断路器数量越多，开环检修的机会就越大，所以一般只采用四角（边）形接线和五角形接线。同时为了可靠性，线路和变压器采用对角连接原则。四边形的保护接线比较复杂，一、二次回路倒换操作较多。

（六）母线—变压器—发电机单元接线的特点

它具有接线简单，开关设备少，操作简便，易于扩建，以及因为不设发电机出口电压母线，发电机和主变压器低压侧短路电流有所减少等特点。

四、母线运行与维护

（一）对母线接头的接触电阻的要求

母线接头应紧密，不应松动，不应有空隙，以免增加接触电阻。接头的电阻值不应大于相同长度母线电阻值的1.2倍。

确定母线接头接触电阻的方法：对于矩形母线，一般先用塞尺检查接触情况，然后测量直流压降或用温升试验进行比较。如果母线接头的电压将不大于同长度母线的电压降，或其发热温度不高于母线温度时，即认为符合要求。

（二）母线接头在运行中允许温度的要求

母线接头允许运行温度为70℃（环境温度为25℃时），如其接触面有锡覆盖层时（如超声波搪锡），允许提高到85℃，闪光焊时允许提高到100℃。

判断母线发热有以下几种方法：

(1) 变色漆。

(2) 示温蜡片。

(3) 半导体点温计（带电阻测量）。

(4) 红外线测量仪。

(5) 紫外线测量仪。

(6) 利用雪天观察接头处雪的融化来判断是否发热。

（三）巡视检查项目

1. 正常巡视项目

(1) 检查导线、金具有无损伤，是否光滑，接头有无过热现象。

(2) 检查瓷套有无破损及放电痕迹。

(3) 检查间隔棒和连接板等金具的螺栓有无断损和脱落。

(4) 在晴天，导线和金具无可见电晕。

(5) 定期对接点、接头的温度进行检测。

(6) 当母线及导线异常运行时，运行人员应针对异常情况进行特殊巡视。

(7) 夜间闭灯检查无可见电晕。

(8) 导线上无异物悬挂。

2. 特殊巡视要求

(1) 在大风时，母线的摆动情况是否符合安全距离要求，有无异常飘落物。

(2) 雷电后瓷绝缘子有无放电闪络痕迹。

(3) 雷雨天时接头处积雪是否迅速融化和发热冒烟。

(4) 大气气候变化时，母线有无弛张过大，或收缩过紧的现象。

(5) 雾天绝缘子有无污闪。

（四）母线验收

(1) 金属构件加工、配置、螺栓连接、焊接等应符合国家现行标准的有关规定。

(2) 所有螺栓、垫圈、闭口销、锁紧销、弹簧垫圈、锁紧螺母等应齐全、可靠。

(3) 母线配置及安装架设应符合设计规定，且连接正确，螺栓紧固，接触可靠；相间及对地电气距离符合要求。

(4) 瓷件应完整、清洁；铁件和瓷件胶合处均应无损，充油套管应无渗油，油位应正常。

(5) 油漆应完好，相色正确，接地良好。

(6) 当线夹或引流线接头拆开后，再重新恢复时，许可人员应督促专业人员用力矩扳手按照厂家规定的要求进行安装。

(7) 检查所有试验项目是否合格，能否运行。

(8) 交接验收时，应提交下列资料和文件。

1）设计变更部分的实际资料和文件。

2）设计变更的证明文件。

3）制造厂提供的产品说明书、试验记录、合格证件、安装图纸等技术文件。

4）安装技术记录。

5）电气试验记录。

6）备品、备件清单。

（五）母线故障处理

1. 母线差动保护动作的原因

(1) 母线上设备引线接点松动造成接地。

(2) 母线绝缘子及断路器靠母线侧套管绝缘损坏或发生闪络。

(3) 母线上所连接的电压互感器故障。

(4) 连接在母线上的隔离开关支持绝缘子损坏或发生闪络故障。

(5) 母线上的避雷器及支持绝缘子等设备损坏。

(6) 各出线（主变压器断路器）电流互感器之间的断路器绝缘子发生闪络故障。

(7) 二次回路故障。

(8) 误拉、误合、带负荷拉、合隔离开关或带地线合隔离开关引起的母线故障。

(9) 母线差动保护误动。

(10) 保护误整定。

2. 处理母线跳闸故障应注意的问题

(1) 尽量不要用母联断路器试送母线。

(2) 在操作时要防止非同期合闸，对端有电源的线路必须联系调度处理。

(3) 受端无电源的线路，可不经联系送电。

(4) 本侧没有母线保护时，母线靠对端保护，在试送电前对端的重合闸应停用。

3. 母线故障跳闸的处理

(1) 利用备用电源或合上母线分段（或母联）断路器，先对失压的中、低压侧母线及其分路恢复供电，并优先恢复站用电。

(2) 对跳闸母线的母差保护范围内的设备，认真地进行外部检查。检查有无爆炸、冒烟、起火现象或痕迹，瓷质部分有无击穿闪络、破碎痕迹，配电装置上、导线上有无落物，设备上是否有人工作等。

(3) 若分析有明显的故障现象，应根据故障点能否用断路器或隔离开关隔离、能否及时消除，分别采取不同的措施：

1）若故障点能隔离或者消除的，应立即断开断路器或拉开隔离开关进行隔离或消除故障。检查母线绝缘良好，导线无严重损伤，再合上电源主进断路器，对母线充电正常后恢复供电，恢复系统之间的并列及正常运行方式。汇报上级，由检修人员处理设备故障。

2）若故障不能消除，且不能隔离，对于双母线接线，可将无故障部分全部倒至另一段母线上，恢复供电；故障设备的负荷可倒旁母带。单母线接线，只能将重要的负荷倒旁母带，尽量减小停电损失。无上述条件，只有停电检修以后，再恢复供电。

上述能够隔离的故障是指：电压互感器、电流互感器、避雷器、断路器及隔离开关（指靠断路器侧，非母线侧）等设备故障，即母线侧隔离开关以外的设备。能短时间内消除的故障是指：设备、母线上落物及梯子等用具倒在导电部位上，误操作造成弧光短路等，并且未造成母线绝缘损坏，未使导线严重烧伤、断线者。

（4）双母线运行，两条母线同时停电，若母联断路器未断开，应立即断开母联断路器，经检查排除故障后再送电，要尽快恢复无故障的母线运行。对故障母线不能恢复送电时，应将不能恢复的母线所带负荷倒至另一条母线运行。

（5）若未发现任何故障现象，站内设备未发现问题，分路中有保护信号掉牌，可能属外部故障，或因母差保护电流回路有问题以致误动作。应汇报调度，根据调度命令，暂时退出母差保护。将外部故障隔离以后，母线重新加入运行，恢复供电，恢复系统之间并列，恢复正常运行方式。汇报上级，由专业人员检查母差保护误动原因。

（6）对3/2接线方式的母线故障跳闸，若跳闸前，各串均为合环运行，则母线故障后，不影响对线路及变压器设备供电；但若在故障前，中断路器处于检修状态，母线故障跳闸将引起线路或变压器高压侧断路器跳闸。

线路断路器跳闸后，线路对侧断路器不能跳闸，这时应分为两种方式进行处理：

1）若母线确有故障一时恢复不了，则对侧断路器应断开，线路应转冷备用。

2）若故障母线经检查属于瞬时性或其他串设备造成，隔离故障后母线可以恢复送电，则该线路对侧断路器可以不断开。

（7）若未发现任何故障现象，站内设备无问题，跳闸时无故障电流冲击现象，母差保护动作信号不能复归。应检查母差保护出口继电器的触点位置、直流母线绝缘情况、保护装置无异常。

1）若有直流系统绝缘不良情况或母差保护出口继电器的触点仍在闭合，属直流二次回路问题造成的误动作。应根据调度命令，退出母差保护，母线投入运行，恢复供电，恢复系统之间的并列；然后再检查二次回路的问题，汇报上级，由专业人员处理。

2）若直流系统绝缘无问题，并且母差保护出口继电器的触点在打开位置。应检查测量母线绝缘（以防有较隐蔽的故障未被发现，再次向故障点送电），汇报调度；根据调度命令，退出母差保护，母线试充电正常以后，恢复供电，并恢复系统之间的并列；汇报上级，由专业人员检查母差保护交流回路有无问题。

在母差保护动作跳闸、母线失压的事故处理中，如果隔离故障时，必须将电压互感器停电，应将电压互感器一、二次都断开。一次母线并列以后，合上两段电压互感器二次联络，再恢复供电，防止保护失去交流电压。恢复供电的操作程序，应注意考虑系统之间并列操作方便，如：电压互感器一、二次断开以后，利用电源进线断路器对母线充电正常，再断开电源进线开关，合上母线分段（或母联）断路器，合上电压互感器二次联络，再利用并列装置合电源进线断路器，这样并列操作就方便了。反之，会因为电压互感器停电，无法利用并列装置合闸进行并列操作。

（8）当母线本身无保护装置时，或母线保护因某种原因已停用，母线故障时，其所接的线路断路器不会动作，而由对侧的断路器跳闸，这时应联系对侧进行处理。

4．造成母线失压事故的原因

（1）误操作或操作时设备损坏。

（2）母线及连接设备的绝缘子发生闪络事故，或外力破坏。

（3）运行中母线设备绝缘损坏。如母线、隔离开关、断路器、避雷器、互感器等发生接地或短路故障，使母线保护或电源进线保护动作跳闸。

（4）线路上发生故障，线路保护拒动或断路器拒跳，造成越级跳闸。线路故障时，线路断路器不跳闸，一般由失灵保护动作，使故障线路所在母线上断路器全部跳闸。未装失灵保护的，由电源进线后备保护动作跳闸，母线失压。

(5) 母差保护误动。

(6) 因上一级母线故障跳闸造成本级母线失压。

5. 母线失压的处理

(1) 根据事故前的运行方式、保护及自动装置动作情况、报警信号、事件打印、断路器跳闸及设备外状等情况判明故障性质，判明故障发生的范围和事故停电范围。若站用电失去时，先倒站用电，夜间应投入事故照明。

(2) 将失压母线上各分路断路器、变压器断路器断开，并将已跳闸断路器的操作手柄复位。注意，应首先断开电容器组断路器（装有电容器组时）。

(3) 若因高压侧母线失压，使中、低压侧母线失压。只要失压的中、低压侧母线无故障象征（如母差保护动作，使高压侧母线失压；失灵保护动作，高压侧母线失压，无变压器保护动作信号，在中、低压侧母线上，各分路无保护动作信号），就可以先利用备用电源，或合上母线分段（或母联）断路器，先在短时间内恢复供电，再处理高压侧母线失压事故。

(4) 采取以上措施以后，根据保护动作情况、母线及连接设备上有无故障、故障能否迅速隔离等不同情况，采取相应的措施处理。

(5) 若属于母差保护误动，本站无故障录波，微机打印报告也无故障波形，则应请示调度恢复对母线的送电。

(6) 若因上一级母线故障跳闸造成本级母线失压，则应通过调度与对侧取得联系，尽快恢复送电。

过电压及限制措施

第一节　雷电的基本概念

雷电是大自然中最宏伟和恐怖的气体放电现象，雷电放电对于现代航空、电力、通信、建筑等领域都有很大的影响。

雷电是由雷云放电引起的，关于雷云的聚集和带电至今还没有令人满意的解释，目前较普遍的看法是：热气流上升时冷凝产生冰晶，气流中的冰晶碰撞后分裂导致较轻的部分带负电荷并被风吹走形成大块的雷云；较重的部分带正电荷并可能凝聚成水滴下降，或悬浮在空中形成一些局部带正电的云区。整块雷云可以有若干个电荷中心。负电荷中心位于雷云的下部，离地为500～10 000m。它在地面上感应出大量的正电荷。

平时常见的雷，大多数是线状雷，其放电痕迹呈线形树枝状，有时也会出现带形雷、链形雷和球形雷等。云团与云团之间的放电称为空中雷，云团与大地之间的放电称为落地雷。实践证明，对电气设备经常造成危害的就是落地雷。

1. 雷电的特点

(1) 雷云中的场强极高。

(2) 雷云对地电位极高。

(3) 雷电放电的瞬间功率极大。

(4) 雷电的能量很小。

(5) 雷电的形状有线状、片状、球状。

2. 雷电的危害

雷电的危害主要表现在：雷电的机械效应、热效应、电磁效应、闪络放电。

3. 雷电参数

(1) 雷电通道波阻抗。主放电时，雷击闪电通道是一导体，故可看作和普通导体一样，对电流波呈现一定的阻抗。沿闪击通道运动的电压波幅值 U_0 与电流波幅值 I_0 间的比值 U_0/I_0，就称为雷电通道波阻抗 (Z_0)，在进行防雷计算时，可近似选取 300Ω。

(2) 雷电流波形。主放电时的电流波形如图 7-1

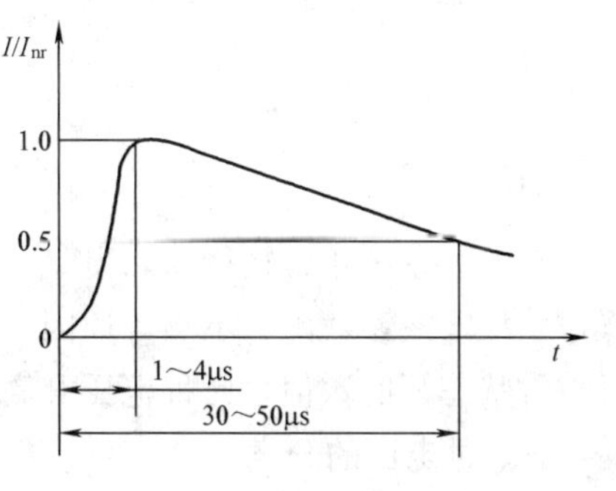

图 7-1　主放电时雷电流波形

所示，这种波形的电流（或电压）的表示方法是，绘出电流（或电压）的最大值，并以类似分数的形式，写出其波前、波长的数值等。根据实测，雷电流的波长约有半数为 40～50μs；波前长度大多数为 1～4μs。

(3) 雷电流的幅值（I）。雷电流一般是指雷击点接地电阻为零时通过被击点的电流，其幅值（kA）为

$$I = 2U_0/Z_0 \tag{7-1}$$

式中：U_0 为雷电压幅值（kV）；Z_0 为雷电通道波阻抗（Ω）。

当雷直接击中地面时，被击点的电阻很高（约可达 100Ω）。此时的雷电流只有 $R=0$ 时的 50%～70%。由于 $R=0$ 时的雷电流最大值一般不超过 200kA，当雷击地面时的 I_0 一般不超过 100～150A。

(4) 雷电流的极性。当雷云电荷为正时，所发生的雷云放电为正极性；反之电流极性为负。根据观察结果，75%～90%的雷电流是负极性的，其余为正极性，个别的雷电流还是振荡的。雷电流的极性可用磁钢棒测定。

4. 耐雷水平

雷击线路时，线路绝缘不发生闪络的最大雷电流幅值称为耐雷水平。

5. 雷击跳闸率

每百公里线路每年由雷击引起的跳闸次数称为线路的雷击跳闸率。

6. 雷电日和雷电小时

一日内可听到雷声，不论几次，都统计为一个雷电日。同样，一个小时内听到雷声就为一个雷电小时。用雷电小时衡量雷电活动情况更科学些。

一般 40 个雷电日以上的地区称为多雷区，少于 15 个雷电小时的地区，称为少雷区。

7. 我国雷电活动的规律

(1) 南方多于北方。也就是说越靠近赤道和热带地区，雷电活动越强；越往北，也就是气温较冷、雨量较少的地区，雷电活动就较弱。

(2) 山地多于平原。例如云贵高原、康藏高原等地区的雷电活动就比同纬度的其他地区强。此外，我国山地的雨量一般比平原多。

(3) 在其他条件相同时，土壤电阻率较高的地区，雷电活动也较弱。例如，西北和内蒙古等沙漠地区，雷电活动就比同纬度的其他地区若华北、东北等地少很多。

(4) 我国雷电活动移动的方向，在华北多自西北向东南；华中和西南是由东向西，夏季有从东方来者，华南方向比较不确定。

第二节　过　电　压

在电力系统正常运行时，电气设备的绝缘处于电网的额定电压下；但是，由于雷击、操作、故障或参数配合不当等原因，电力系统中某些部分的电压可能升高，有时会大大超过正常状态下的数值，此种电压升高称为过电压。

一、过电压的分类

过电压的分类如下：

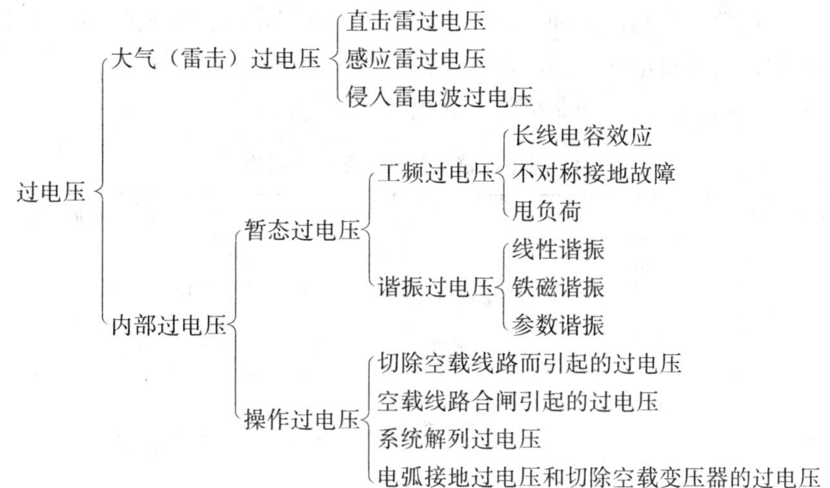

二、大气过电压

大气过电压是由于雷雨季节空中出现雷云时，雷云带有的电荷，对大地及地面上的一些导电物体都有静电感应，使地面和附近输电线路都会被感应出异种电荷，并由雷云电荷束缚着被感应的异种电荷。大气过电压可分为直击雷过电压、感应雷过电压和侵入雷电波过电压。

1. 直击雷过电压

雷电放电时，不是击中地面，而是击中输配电线路、杆塔或其他建筑物。大量雷电流通过被击物体，经被击物体的阻抗接地，在阻抗上产生电压降，使被击点出现很高的电位，被击点对地的电压叫直击雷过电压。

为了防止直击雷，往往在建筑物的顶部装设避雷针或避雷带。避雷针或避雷带都是经引下线连接到接地装置，而与大地间有良好连接的。这样，当建筑物上空附近出现有雷云时，地面上感应产生的负电荷，就会沿接地装置、引下线和避雷针或避雷带进入大气中，与雷云的正电荷中和，从而避免发生大规模的强烈放电现象，这就防止了雷击的发生。

2. 感应雷过电压

雷雨季节空中出现雷云时，雷云带有电荷，对大地及地面上的一些导电物体都会有静电感应，地面和附近输电线路都会感应出异种电荷。当雷云对地面或其他物体放电时，雷云的电荷迅速流入地中，输电线上的感应电荷不再受束缚而迅速流动，电荷的迅速流动产生感应雷电波，其电压也很高，这种情况下产生的就是感应雷过电压。

3. 侵入雷电波过电压

线路的导线上受到雷电直击或产生感应时，电磁波沿着导线以光速向发电厂升压站或变电站传递，从而使发电厂或变电站的设备上出现过电压，这种过电压就称为侵入雷电波过电压。

三、内部过电压

内部过电压是由于操作（合闸、拉闸）、事故（接地、断线等）或其他原因，引起电力系统的状态发生突然变化，出现从一种稳态转变为另一种稳态的过程，在这个过程中可能产生对系统有威胁的过电压。这些过电压是系统内部电磁能的振荡和积聚所引起的，所以称为内部过电压。内部过电压可分为工频过电压、谐振过电压、操作过电压。

内部过电压和大气过电压是较高的，它可能引起绝缘弱点的闪络，可能引起电气设备绝缘损坏，甚至烧毁。在超高压和特高压系统中，内部过电压成为反映绝缘水平的主要因素之一，因此限制内部过电压是超高压和特高压系统的重点。

内部过电压倍数及其主要限制措施，如表 7-1 所示。

表 7-1　　内部过电压倍数及其主要限制措施

<table>
<tr><th colspan="2">过电压名称</th><th>过电压倍数 K_0</th><th>限制措施</th></tr>
<tr><td colspan="2">合闸空载线路</td><td>2.2～2.8
（中性点直接接地）
3.5～4.0
（中性点非直接接地）</td><td>采用有中值或低值并联电阻的断路器</td></tr>
<tr><td colspan="2">切断空载变压器或电抗器</td><td><3.0
（中性点直接接地）
<4.0
（中性点非直接接地）</td><td>装设避雷器</td></tr>
<tr><td colspan="2">突然合空载变压器</td><td><2.0</td><td>—</td></tr>
<tr><td colspan="2">中性点不接地电力系统间歇性弧光接地</td><td>3.0～3.5</td><td>中性点装设消弧线圈</td></tr>
<tr><td>铁磁谐振</td><td>分频谐振
基频谐振
高频谐振</td><td><2.5
<3.2
<5.1</td><td>(1) 选用励磁特性较好的电磁式电压互感器或电容式电压互感器。
(2) 在电压互感器开口三角形侧加装一个电阻。
(3) 10kV 及以下母线上装设一组三相对地电容器。
(4) 改变运行方式</td></tr>
<tr><td colspan="2">参数谐振</td><td><3.0</td><td>避免在只带空载线路的变压器低压侧合闸</td></tr>
<tr><td colspan="2">断路器非同期动作</td><td>2.0～3.0
（出现在变压器中性点上）</td><td>变压器中性点加装高阻尼电阻</td></tr>
</table>

（一）工频过电压

电力系统中在正常或故障时可能出现幅值超过最大工作电压（相电压）、频率为工频或接近工频的电压升高，统称为工频电压升高或工频过电压。

工频电压升高本身对系统中正常绝缘的电气设备一般是没有危险的，但在超高压、远距离输电确定绝缘水平时起重要作用，主要原因有：

(1) 操作过电压的高频部分通常叠加在工频过电压之上，从而使操作过电压能达到很高的幅值。

(2) 工频电压升高的大小将影响过电压保护电器的工作条件和保护效果。如避雷器的额定电压是由工频电压升高决定的，若要求避雷器最大允许工作电压较高，则其残压也将提高，相应地被保护的绝缘设备强度亦相应提高。再如，断路器并联电阻因工频电压升高而使断路器操作时流过并联电阻的电流增大，并联电阻要求的热容量亦随之增大，造成低值并联电阻的制造困难。

(3) 工频电压升高持续时间长，对设备绝缘及其运行性能有重大影响。

几种重要的工频过电压是：空载长线路电容效应引起的工频过电压；不对称短路时正常相上的工频过电压；突然甩负荷引起的工频电压升高。

1. 空载长线路的电容效应引起的电压升高

空载长线路的电容效应引起的工频电压升高分析见本书第二章第二节。

2. 不对称短路引起的电压升高

不对称短路是输电线路中最常见的故障形式，在单相或两相不对称对地短路时，非故障相的电压一般来说将会升高；其中单相接地时非故障相的电压可达较高值，为此这里仅讨论单相接地故障时的电压升高问题。单相接地后，故障点三相电流和电压是不对称的，为计算非故障相电压升高的方便，可采用对称分量法，通过复合序网络进行分析。设线路A相故障接地，非故障相电压升高计算式为

$$U_B = U_C = \sqrt{3}\,\frac{\sqrt{\left(\frac{x_0}{x_1}\right)^2 + \left(\frac{x_0}{x_1}\right) + 1}}{\frac{x_0}{x_1} + 2} U_{A0} = KU_{A0} \tag{7-2}$$

其中

$$K = \sqrt{3}\,\frac{\sqrt{\left(\frac{x_0}{x_1}\right)^2 + \left(\frac{x_0}{x_1}\right) + 1}}{\frac{x_0}{x_1} + 2}$$

式中：U_{A0}为故障点故障前的相对地电压；K为接地系数；x_1、x_0分别为由故障点看进去网络的正序电抗和零序电抗。

接地系数K表示单相接地故障时，健全相的最高对地工频电压有效值与无故障时对地电压有效值之比。根据接地系数的表达式可画出图7-2中的接地系数K与x_0/x_1的关系曲线。在超高压电网中为了降低过电压值，将全部变压器中性点接地，其零序的电抗呈感性，因而x_0/x_1值较小（$x_0/x_1 = 1.5 \sim 2.5$）。这样，当系统发生单相接地故障时，非故障相电压升高一般在1.3倍的相电压（0.75倍线电压）以下。当线路末端发生接地时，故障点非故障相电压上升要比首端接地时高；这是因为，从末端看的K值比之从首端看去的K值要大些。当单相接地发生在近点远处时，系统零序电抗可小于正序电抗，即K值可能小于1，此时，故障点非故障相电压可能略低于相电压。

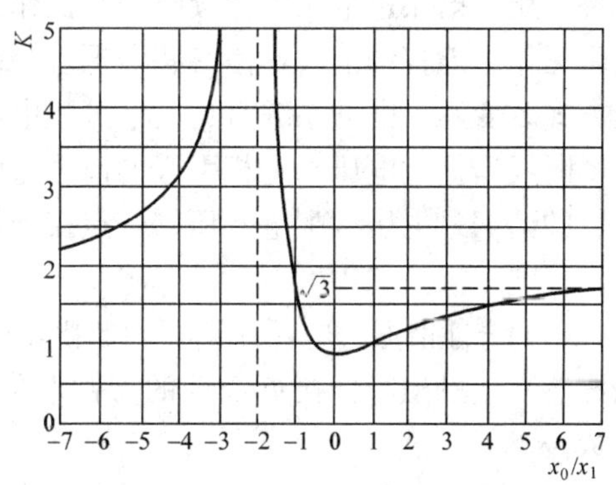

图7-2　接地系数K与x_0/x_1的关系曲线

3. 突然甩负荷引起工频电压升高

突然甩负荷引起工频电压升高的主要因素有以下三种：

(1) 线路输送大功率时，发电机的电势必然高于母线电压，甩负荷后，发电机的磁链不能突变，将在短暂时间内维持输送大功率时的暂态电势。跳闸前输送功率越大，则暂态电势越高，计算工频电压所用等值电势越大，工频电压升高就越大。

(2) 线路末端断路器跳闸后，空载线路仍由电源充电，线路越长，电容效应越显著，工频电压越高。

(3) 原动机的调速器和制动设备有惰性，甩负荷后不能立即收到调速效果，使发电机转速增加（飞逸现象），造成电势和频率都上升的结果，于是电网的工频电压升高就更严重。

综上所述，由于线路电容效应、不对称接地故障、发电机突然甩负荷而引起的工频电压升高，若不加以限制会达到较大的数值。这种暂态工频过电压对过电压保护和绝缘配合影响较大，其影响程度不超过正常运行工频电压的 1.3 倍，线路不超过 1.4 倍。500kV 空载变压器允许运行 1.3 倍工频电压，持续 1min；并联电抗器允许 1.4 倍工频电压，持续 1min。

4. 工频过电压的限制措施

工频过电压的限制措施有：

(1) 利用并联高压电抗器补偿空载线路的电容效应。

(2) 利用无功补偿装置起到补偿空载线路电容效应的作用。

(3) 变压器中性点直接接地可能降低由于不对称接地故障引起的工频电压升高。

(4) 发电机配置性能良好的励磁调节器或调压装置，使发电机突然甩负荷时能抑制容性电流对发电机的助磁电枢反应，从而防止过电压的产生和发展。

(5) 发电机配置反应灵敏的调速系统，使得突然甩负荷时能有效限制发电机转速上升造成的工频过电压。

(6) 线路中增设开关站，将线路长度减短。

(二) 谐振过电压

电网内各设备的构成元件都有电感、电容，从而组成了极为复杂的振荡回路。正常运行情况下一般不发生振荡现象，受到激发后，如电网发生故障或进行某种特定的操作时，局部网络发生振荡现象；其特征是某一个或几个谐波的幅值急剧上升，在电网某一部分造成过电压。谐振过电压的持续时间与操作过电压相比要长得多。谐振过电压受到有功负荷的阻尼作用能自动消失，但有些谐振现象能稳定存在，直至谐振条件遭到破坏，如电网接线方式改变等。电力系统常见的谐振过电压有：铁磁谐振过电压、凸极点及参数谐振过电压、断线谐振过电压、定相引起的谐振过电压、电压互感器与断路器均压电容或网络对地电容的谐振过电压、配电变压器一点接地引起的谐振过电压等。

1. 谐振过电压的种类

(1) 线性谐振过电压。谐振回路由不带铁芯的电感元件（如输电线路的电感，变压器的漏感）或励磁特性接近线性的带铁芯的电感元件（如消弧线圈）和系统中电容元件所组成。

(2) 铁磁谐振过电压。谐振回路由带铁芯的电感元件（如空载变压器、电压互感器）和系统的电容元件组成，因铁芯电感元件的饱和现象，使回路的电感参数是非线性的，这种含有非线性电感元件的回路在满足一定的谐振条件时，会产生铁磁谐振。

(3) 参数谐振过电压。由电感参数作周期性变化的电感元件（如凸极发电机的同步电抗在 $x_d \sim x_q$ 间周期变化）和系统电容元件（如空载线路）组成回路，当参数配合时，通过电感的周期性变化，不断向谐振系统输送能量，造成参数谐振过电压。

2. 限制谐振过电压的主要措施

(1) 提高断路器动作的同期性。由于许多谐振电压是在非全相运行条件下引起的，因此提高断路器动作的同期性，防止非全相运行，可以有效防止谐振电压的发生。

(2) 在并联高压电抗器中性点加装小电抗。用这个措施可以阻断非全相运行工频电压传递及串联谐振。

(3) 破坏发电机产生自励磁的条件，防止参数谐振过电压。

(4) 对电磁式电压互感器的开口三角形接线绕组中加装 $R\leqslant 0.4X_T$ 的电阻（X_T 为互感器在线电压下单相换算至辅助绕组的励磁电抗）。

(5) 选择消弧线圈位置时，尽量避免电网中一部分失去消弧线圈的可能性。

(6) 采取临时倒闸操作措施，如投入事先规定的某些线路或设备。

3. 变压器谐振过电压

由于变压器各段绕组的等值回路为电感、电容与电阻。这样的回路具有固定的自然谐振频率，从有关部门对 7 台多绕组与 5 台自耦降压变压器、9 台升压变压器的测定数据可知，该频率范围很宽，约为数千赫兹至几百千赫兹；且其中 60%以上都小于 100kHz，回路的 Q 值最高约为 30，衰减系数为 0.7～0.9，很小。此时，在受到某一特殊的激发后，如电网由于操作或故障引起过电压，且满足以下情况，就有可能在其局部绕组发生谐振过电压，并造成变压器故障。

(1) 引起变压器谐振过电压的原因。

1) 近区故障。

2) 从短路容量大的母线处向短路线路—变压器组充电。

3) 在断开带电抗器负荷的变压器时，断路器发生重燃。

4) 切断变压器励磁涌流。

(2) 防止变压器谐振过电压的措施。

1) 研究在高电压、大容量变压器内采用氧化锌避雷器以限制谐振过电压。

2) 尽量能改善保护变压器的避雷器性能，例如将带间隙的阀型避雷器改为氧化锌避雷器，并在满足选择避雷器的基本条件下，选用额定电压低一些的氧化锌避雷器。

3) 对高电压、大容量变压器尽可能不使用分接头，必要时也仅用调整范围不大的无励磁调压变压器。

4) 对单一的线路—变压器组的变电站，应特别加强变电站进线段的防雷保护。

5) 向线路—变压器组送电时，如变压器高压侧有断路器，则先向线路充电，后由该断路器向变压器充电。

6) 应避免操作仅带电抗器负荷的变压器，变压器三次绕组连接的电抗器应能自动投切。

7) 设计选型及整定变压器保护时，应避免因变压器充电励磁涌流而误动作。

4. 超高压电网中的谐振过电压

超高压变压器的中性点都是直接接地的，电网中性点电位已被固定，若无补偿设备，超高压电网中的谐振过电压是很少的，主要是电容效应的线性谐振和空载变压器带线路合闸引起的高频谐振。

但在超高压电网中往往有串联、并联补偿装置，这些集中的电容、电感元件使网络增添了谐振的可能性；主要有非全相切合并联电抗器的工频传递谐振，串、并补偿网络的分频谐振及带电抗器空长线的高频谐振等。

(三) 操作过电压

因电网内断路器的操作（如开断或合上某一线路或电器），致使电网参数发生变化而产生的电压升高，操作过电压的持续时间在 250～2500μs 之间。特点是具有随机性，但最不利情况下过电压倍数较高；因此，330kV 及以上超高压系统的绝缘水平往往由防止操作过电压决定。电网中较常见的操作过电压有：开断空载线路过电压、空载线路的合闸过电压、开断电容器组引起的过电压、开断高压电动机过电压、振荡解列过电压等。

1. 各种操作过电压产生的原因

(1) 切除空载线路时过电压的根源是电弧重燃，重燃的矛盾的两个方面是断路器的灭弧能力和触头间恢复电压。另一个影响过电压的重要因素是线路上的残余电压。

(2) 空载线路的合闸过电压是由于在合闸瞬间的暂态过程中，回路发生高频振荡造成的。

(3) 在中性点绝缘的电网中，发生单相金属接地将引起健全相的电压升高到线路电压。如果单相通过不稳定的电弧接地，即接地的电弧间歇性地熄灭和重燃，则在电网健全相和故障相上都会产生过电压，一般把这种过电压称为电弧接地过电压，它的产生实质上也是一个高频振荡的过程。

(4) 切除空载变压器引起的过电压的原因是当变压器空载电流 i_0（电感电流）突变"切断"时，变压器绕组的磁场能量 $Li^2/2$。就将全部转化为电场能量 $Li^2/2$，即对变压器等值电容充电，$L_T \frac{di}{dt}$可能达到很高的数值，这就是切除空载变压器引起过电压的实质。同样，切除电感负荷如电动机、电抗器等时，有可能在初切除的电容器和断路器上出现过电压。

(5) 电网解环引起的操作过电压。

2. 限制操作过电压的措施

(1) 保证电网运行中有足够数量的变压器中性点直接接地；对运行中中性点不直接接地的变压器，应在投、停时直接接地，然后在正常运行后断开变压器接地开关。

(2) 增大电网容量可降低过电压倍数。

(3) 选用灭弧能力强的高压断路器，以防止断路器内电弧重燃。

(4) 提高断路器动作的同期性。

(5) 用断路器的分闸电阻和合闸电阻限制操作过电压。

(6) 采用性能好的避雷器，如氧化锌避雷器。

(7) 采用同步合闸装置。

3. 空载线路合闸过电压分析

为了分析空载合闸过电压，假定断路器三相完全同期合闸，即线路上的暂态过程可以采用单相回路进行分析。为简单起见，线路用一集中参数电感和电容来近似表示。在合闸初瞬间的暂态过程中，电源电压通过系统等值电感 L_s 对空载线路的等值电容 C_T 充电，回路中将通过高频振荡过程。由于振荡频率很高（$f_0=1/2\pi\sqrt{L_sC_T}$）。可以认为在振荡初期电源电压为恒定值，故可用图 7-3 所示的等值电路来分析合闸过程。考虑到最严重情况，即电源电压 $e(t)$ 为幅值时合闸，此时可近似看作是合闸于直流电源 E_m 的振荡回路（直流电源 E_m 为电网工频相电压的幅值）。设线路等值电容初始值为 $-u_0$，则

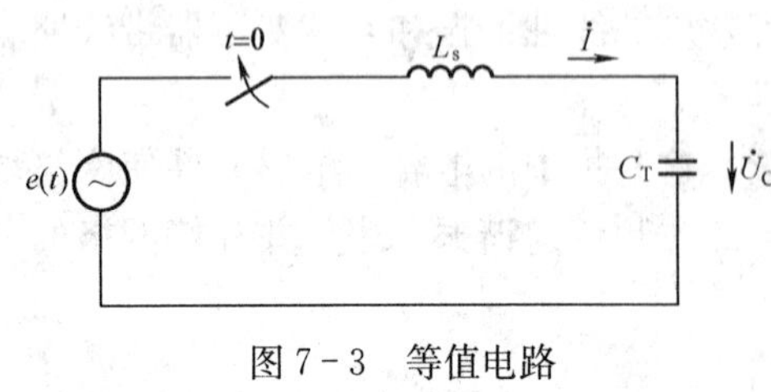

图 7-3 等值电路

$$L_s \frac{di}{dt} + u_C = E_m$$

$$i = C_T \frac{du_C}{dt}$$

于是得到
$$L_sC_T\frac{d^2u_C}{dt^2}+u_C=E_m$$
解之得
$$u_C=E_m+A\sin\omega_0t+B\cos\omega_0t \tag{7-3}$$
式中：A、B 为积分常数；$\omega_0=1/\sqrt{L_sC_T}$。

因初始条件 $t=0$ 时，$u_C=-u_0$，$i=C_T\frac{du_C}{dt}=0$，所以 $A=0$，$B=-(E_m+u_0)$。最后得到 $u_C=E_m-(E_m+u_0)\cos\omega_0t$。

当 $t=\frac{\pi}{\omega_0}$时，$\cos\omega_0=-1$，即合闸后 $t=\frac{\pi}{\omega_0}$时，u_C 达最大值
$$u_{C\cdot max}=2E_m+u_0 \tag{7-4}$$
空载线路合闸可以分为两种类型：

(1) 一是线路正常有计划操作性合闸。合闸前线路不存在接地故障，线路上也无残余电荷，即线路初始条件为零，$u_C|_{t=0}=0$。合闸后，线路上各点电压由零值过渡到考虑容升效应的工频稳态电压值，在此过渡过程中会出现合闸过电压，由式（7-4）可知，当 $u_0=0$ 时线路上最大空载线路合闸过电压为 $u_{C\cdot max}=2E_m$。因线路有损耗存在，所以实际过电压最大值一般小于 2 倍工频稳态电压，通常为（1.70～1.90）E_m。

(2) 第二种合闸操作是运行线路发生单相接地故障，由继电保护系统控制跳闸后，经一短促时间再重合，即自动重合闸操作。此时，非故障相线路的初始条件一般不为零（$u_0\neq0$）。

线路发生单相接地故障和自动重合闸操作示意图如图 7-4 所示，线路单相接地，断路器 QF2 先跳闸，线路成为带接地故障的空载线路。当断路器 QF1 动作时，触头流过电流过零时电流弧道开断，由于非故障相电流为容性，所以此时非故障相线路上将留有残余电压（$-u_0$）。大约 0.5s 以后 QF1 自动重合闸动作，于是线路上非故障相上各点电压将以 $-u_0$ 过渡到考虑电容效应的工频稳态电压值；由式（7-4）知，若 $u_0\approx E_m$，在此振荡过程中线路上出现的最大过电压值可达 $3E_m$。但由于线路存在损耗，并且在 QF1 跳合闸的 0.5s 时间差内，线路参与电荷通过其对地泄漏电导和并联电抗器（如果安装）将释放一部分，使 u_0 减小；所以实际振荡过程中出现的最大过电压倍数小于 $3E_m$。

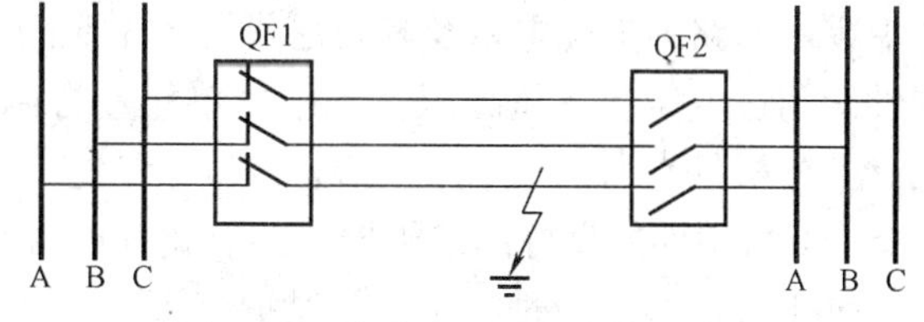

图 7-4　线路发生单相接地故障和自动重合闸操作示意图

4. 空载线路合闸过电压的限制

(1) 降低工频稳态电压。

在两端供电的线路上，最好实现断路器的连锁动作。先合系统电源容量较大的一端，后合容量较小的一端，减少因容升效应引起的工频电压升高。此外，合理地装设并联电抗器也是降低工频稳态电压的有效措施。

一般超高压电网建设初期，电源容量较小，线路较长，合闸过电压较严重。随着电网的发展，系统容量增大，出线增多，中间变电站逐步建立，线路被分割成若干不长的线路段，过电压有明显的下降。

(2) 采用带合闸电阻的断路器。

目前，采用带合闸电阻的断路器是限制合闸过电压的主要措施。采用带合闸电阻的断路器的接线图如图 7－5 所示，带并联电阻开关合闸时，辅助触头 QF2 先接通，电阻 R 对回路中的振荡过程起阻尼作用，使过渡过程中的过电压降低，电阻越大，阻尼作用越强，过电压也越低。经 1～1.5 个工频周期后，主触头 QF1 再合上，将合闸电阻短接，合闸操作至此完成。由此可见，整个合闸过程可以分为两个阶段；第一阶段，辅助触头 QF2 接通（QF1 未合）；第二个阶段 QF1 闭合。前第一阶段因主触头是与 R 的阻尼而被削弱，R 两端的电压将下降；后一阶段因主触头是与 R 并联的，故主触头两端的电位差和 R 上的电位差相等。若 R 上电位差较小，则主触头闭合回路中的振荡过程较弱，过电压也较低。很明显，R 两端的电位差越小，过电压也就越低，即 R 越小，过电压越低。从以上分析可以看出，为了降低过电压，两个触头动作阶段对 R 有不同的要求，辅助触头 QF2 合闸时要求 R 大，而主触头 QF1 闭合时则要求并联电阻小。研究结果表明，整个合闸过程最大过电压幅值通常出现在合闸第二阶段，合闸过电压的大小随合闸并联电阻值变化，呈 V 形曲线。图 7－6 所示为 500kV 断路器并联电阻与合闸过电压的关系曲线。一般 500kV 断路器并联电阻目前取 400Ω 左右，过电压可以限制在 2 倍以下。

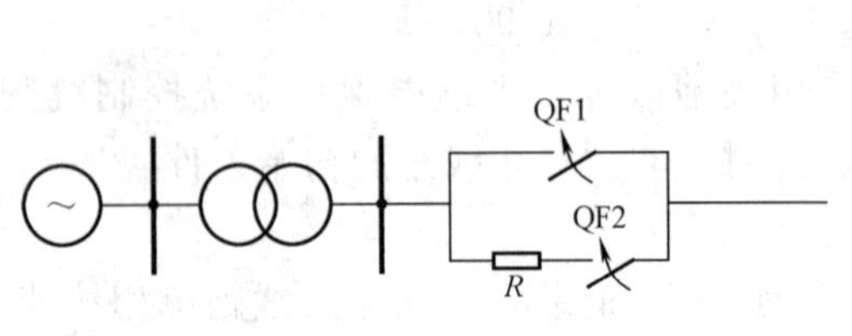

图 7－5　采用带合闸电阻的断路器的接线图

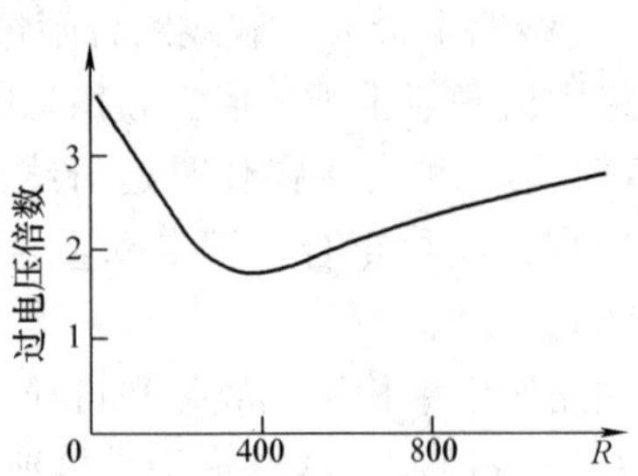

图 7－6　500kV 断路器并联电阻与合闸过电压的关系曲线

(3) 消除或降低线路的残余电压。采用单相自动重合闸能避免线路残余电压的影响，考虑零序回路的损耗电阻及其阻尼作用较正序的大，成功的单相重合闸过电压可能低于计划性合闸过电压。在超高压系统中，单相重合闸的成功率将由于潜供电流 I_j 的存在而降低。其分析见本书第二章第三节。

(4) 采用性能良好的避雷器（如氧化锌避雷器）作为操作过电压的后备。

采用避雷器保护时应注意其保护范围。如图 7－7 所示，避雷器的动作除能限制该处的过电压，另有一个反极性电压波 u_f 由此出发以光速 c 向线路远处传播，它走到何处，何处电压就得以降低。统计结果表明，操作过电压的波头一般在 1ms 左右，这相当于 300km 线路的传播时间。因此，即使线路长度为 300km，当线路终端过电压接近最大值（等于避雷器的动作电压）而避雷器动作后，反极性波还需 1ms 才能达到线路首端；此时，以原有上升速度而变化的首端过电压波形可能早已越过最大值，即在一般情况下，终端避雷器的动作并不能限制首端过电压的幅值。同样，接在线路首端的避雷器也不能限制终端过电压的幅值。一般来说，避雷器对操作过电压的保护范围（过电压不大于避雷器动作电压）为 100km 左右。因此，对于

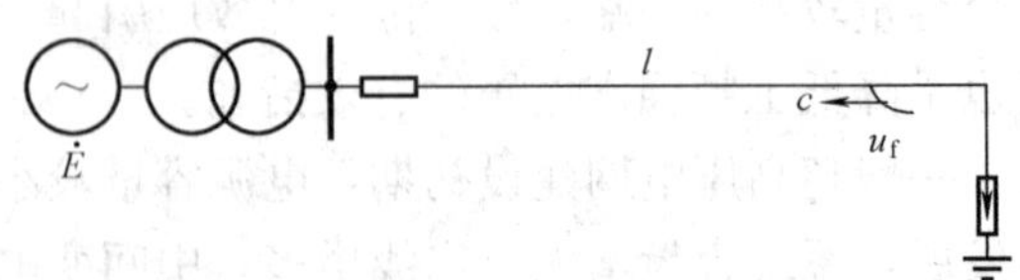

图 7－7　线路末端避雷器动作时的反极性波

500kV 超高压线路，为了限制全线过电压，需要在线路首末两端（不在母线上）同时设置避雷器。

(5) 采用同步合闸装置。通过专门装置，控制断路器在两端电位同极性时合闸，甚至要求在触头间电位差接近零时完成合闸操作，使合闸暂态过程降低到最弱的程度，基本消除这种合闸过电压。

第三节　变电站防雷措施

变电站是电力系统的中心环节，如果发生雷击事故，将造成大面积停电。变电站遭受雷害可能来自两个方面，一是直击于变电站，二是雷击线路向变电站入侵的雷电波。

为了防止直击雷对变电站设备的侵害，变电站装有避雷针或避雷线，但常用的是避雷针。为了防止进行波的侵害，按照相应的电压等级装设阀型避雷器、磁吹避雷器、氧化锌避雷器（目前多采用氧化锌避雷器）和与此相配合的进线保护段，即架空地线、管型避雷器或火花间隙，在中性点不直接接地系统装设消弧线圈，可减少线路雷击跳闸次数。为了防止感应过电压，旋转电动机还装设有保护电容器。为了可靠地防雷，所有以上设备都必须装设可靠的接地装置。

防雷设备的主要功能是引雷、泄流、限幅、均压。

防雷装置由接闪器、引下线和接地装置三部分组成。

(1) 接闪器是防直击雷保护中接受雷电流的金属导体，其形式可分为避雷针、避雷带(线)、避雷网。

1) 避雷针由避雷针针头、引流体和接地体三部分组成，可保护设备免受直接雷击。

2) 架空地线的主要作用是：①防止雷直击导线；②对塔顶雷击起分流作用，从而减低塔顶电位；③对导线有耦合作用，从而降低绝缘子串上的电压；④对导线有屏蔽作用，从而降低导线上的感应过电压。

3) 避雷网用于较重要的建筑物的防雷保护。

(2) 引下线又称引流器，它的作用是将接闪器承受的雷电流引到接地装置。

(3) 接地装置的主要作用有：

1) 将直击雷电流发散到大地中去的防直击雷接地。

2) 将引下线引流过程中对周围大型金属物体产生感应电势的防感应雷接地。

3) 防止高电位沿架空线侵入的放电间隙或避雷器接地。

一、避雷针

1. 避雷针的防雷原理

避雷针之所以能防雷，是因为在雷云先导发展的初始阶段，因其离地面较高，其发展方向会受一些偶然因素的影响而不“固定”。但当它离地面达到一定高度时，地面上高耸的避雷针因静电感应聚集了雷云先导性的大量电荷，使雷电场畸变，因而将雷云放电的通路由原来可能向其他物体发展的方向，吸引到避雷针本身，通过引下线和接地装置将雷电波放入大地，从而使被保护物体免受直接雷击。所以避雷针实质上是引雷针，它把雷电波引入大地，有效地防止了直击雷。

2. 避雷针的动作过程

避雷针由避雷针针头、引流体和接地体三部分组成。避雷针可保护设备免受直接雷击。

避雷针一般明显高于被保护物，当雷云放电临近地面时首先击中避雷针，避雷针的引流体将雷电流安全引入地中，从而保护了某一范围内的设备。避雷针的接地装置的作用是减小泄流途径上的电阻值，降低雷电冲击电流在避雷针上的电压降。

3. 避雷针（线、带、网）的接地要求

(1) 避雷针（线、带、网）的接地除应符合接地有关规定外，还应遵守下列规定：

1) 避雷针（带）与引下线之间的连接应采用焊接。

2) 避雷针（带）的引下线及接地装置使用的紧固件均应使用镀锌制品。当采用没有镀锌的地脚螺栓时应采取防腐措施。

3) 建筑物上的防雷设施采用多根引下线时，宜在各引下线距地面的 1.5～1.8m 处设置断接卡，断接卡应加保护措施。

4) 装有避雷针的金属筒体，当其厚度不小于 4mm 时，可做避雷针的引下线，筒体底部应有两处与接地体对称连接。

5) 独立避雷针及其接地装置与道路或建筑物出入口等的距离应大于 3m。当小于 3m 时，应采取均压措施或铺设卵石或沥青地面。

6) 独立避雷针（线）应设置独立的集中接地装置。当有困难时，该接地装置可与接地网连接，但避雷针与主接地网的地下连接点至 35kV 及以下设备与主接地网的地下连接点，沿接地体的长度不得小于 15m。

7) 独立避雷针的接地装置与接地网的地中距离不应小于 3m。

8) 配电装置的架构或屋顶上的避雷针应与接地连接，并应在其附近设集中接地装置。

(2) 建筑物上的避雷针或防雷金属网应和建筑物顶部的其他金属物体连接成一个整体。

(3) 装有避雷针和避雷线的构架上的照明灯电源线，必须采用直埋于土壤中的带金属防护层的电缆或穿入金属管的导线。电缆的金属护层或金属管必须接地，埋入土壤中的长度应在 10m 以上，方可与配电装置的接地网相连或与电源线、低压配电装置相连接。

(4) 发电厂和变电站的避雷线线档内不应有接头。

(5) 避雷针（网、带）及其接地装置，应采取自下而上的施工程序。首先安装集中接地装置，后安装引下线，最后安装接闪器。

二、避雷器

避雷器是一种能释放过电压能量限制过电压幅值的保护设备。使用时将避雷器安装在被保护设备附近，与被保护设备并联。在正常情况下避雷器不导通（最多只流过微安级的泄漏电流）。当作用在避雷器上的电压达到避雷器的动作电压时，避雷器导通，通过大电流，释放过电压能量并将过电压限制在一定水平，以保护设备的绝缘。在释放过电压能量后，避雷器恢复到原状态。

(一) 避雷器的分类

按发展的先后，目前使用的避雷器有五种，即保护间隙、管型避雷器（包括一般管型和新型）、阀型避雷器、磁吹阀式避雷器和氧化锌避雷器。其中保护间隙、管型避雷器和阀型避雷器只能限制雷过电压，而磁吹阀式避雷器和氧化锌避雷器既可限制雷过电压，也可限制内过电压。

(1) 保护间隙是最简单的避雷器。

(2) 管型避雷器也是一个保护间隙，但它在放电后能自动灭弧。

(3) 阀型避雷器。为了进一步改善避雷器的放电特性和保护效果，将原来的单个放电间隙分成许多短的串联间隙，同时增加了非线性电阻（这种非线性电阻阀片是用金刚砂SiC和结合剂烧结而成，称为碳化硅片），发展成阀型避雷器。

(4) 磁吹阀式避雷器因利用了磁吹式火花间隙，间隙的去游离作用增强，提高了灭弧能力，从而改进了它的保护作用。

(5) 氧化锌避雷器。氧化锌避雷器是在20世纪70年代出现的一种新型避雷器，它具有无间隙、无续流、残压低等优点。

磁吹阀式避雷器和氧化锌避雷器能在限制雷电过电压外，还具有限制电力系统内部过电压的能力。

氧化锌避雷器具有一系列突出的优点，已经成为取代阀型避雷器、磁吹阀式避雷器的新一产品，在电力系统广泛使用。

（二）对避雷器的基本要求

为了可靠地保护电气设备，使电力系统安全运行，任何避雷器必须满足下列要求：

(1) 避雷器的伏秒特性与被保护设备的伏秒特性要正确配合，即避雷器的冲击放电电压任何时刻都要低于被保护设备的冲击电压。

(2) 避雷器的伏安特性与被保护的电气设备的伏安特性要正确配合，即避雷器动作后的残压要比被保护设备通过同样电流时所能耐受的电压低。

(3) 避雷器的灭弧电压与安装地点的最高工频电压要正确地配合，使在系统发生一相接地的故障情况下，避雷器也能可靠地熄灭工频续流电弧，从而避免避雷器发生爆炸。

(4) 当过电压超过一定值时，避雷器产生放电动作，将导线直接或经电阻接地，以限制过电压。

（三）氧化锌避雷器

氧化锌阀片具有理想的伏安特性，在雷冲击电流作用下迅速动作，呈现小电阻使其残压足够低，从而使被保护电气设备不受雷电过电压损坏。而当冲击电流过后，工频电压作用下，避雷器阀片呈现很大电阻，使工频续流趋于零。

氧化锌避雷器的主要元件是氧化锌阀片，它是以氧化锌（ZnO）为主要材料，加入少量金属氧化物，在高温下烧结而成。

氧化锌阀片的微观结构主要由ZnO晶体和包围它的晶界层所组成。ZnO晶粒的平均直径约10μm，电阻率很小，为1～10Ω·cm。晶界层以Bi_2O_3为主，厚度约0.1μm，在低电场强度下，其电阻率为10^{10}～10^{14}Ω·cm。当场强降低时，电阻率又变大。ZnO阀片的非线性主要来源于晶界层。在大电流密度时，ZnO晶粒的电阻开始起作用，使非线性变坏。晶界层的相对介电常数为1000～2000，故其固有电容较大。

ZnO阀片的伏安特性可分为小电流压、非线性区和饱和区，如图7-8所示。在1mA以下的区域为小电流区，非线性系数α较高，为0.1～0.2。在该区域，电阻片具有明显的负温度系数，在-40～100℃范围内，约为-0.05%/℃。电流在1mA～3kA范围内时，通常为非线性区，用关系式$U=CI^{\alpha}$表示（式中$\alpha=0.01\sim0.04$，与理想值$\alpha=0$很接近）。在非线性区，电阻片具有很小的正温度系数，这有助于改善电阻片并联运行时的电流分布。在饱和区，ZnO晶粒开始起作用，随电压的增加电流增长不快。

氧化锌阀片具有很理想的非线性伏安特性，如图7-9所示为SiC、ZnO避雷器和理想避雷器的伏安特性的比较。假定 ZnO、SiC 电阻片在 10kA 下的残压基本相同，那么在相电压下，SiC 阀片将流过幅值 100A 左右的电流，因而必须用间隙加以隔离；而 ZnO 阀片在相电压下流过的电流数量级只有 10^{-5}A，所以省去隔离间隙。

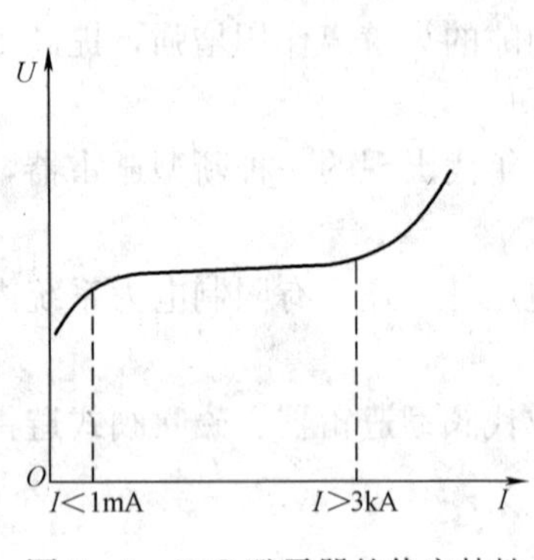

图 7-8 ZnO 避雷器的伏安特性

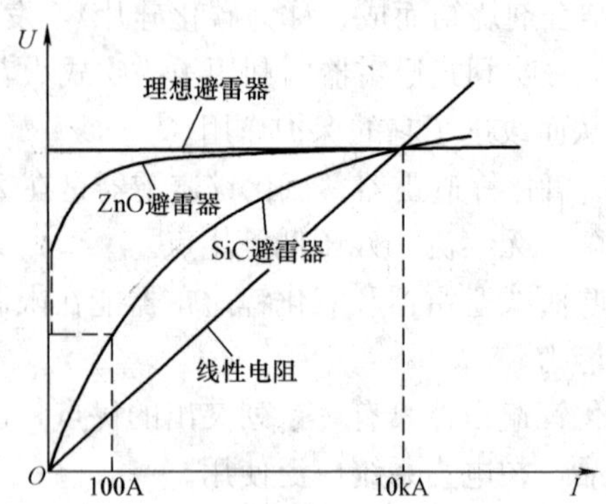

图 7-9 ZnO、SiC 避雷器和理想避雷器伏安特性的比较

1. 氧化锌避雷器的特点

(1) 结构简单，造价低，性能稳定。

(2) 串联火花间隙放电需要一定的延时，而氧化锌避雷器没有串联火花间隙，因而有效地改善了避雷器在陡波下的保护性能。

(3) 在雷电过电压下动作后，无工频续流，使通过避雷器的能量大为减少，从而延长了工作寿命。

(4) 氧化锌阀片通流能力大，提高了避雷器的动作负荷能力和电流耐受能力。

(5) 无串联火花间隙，可直接将阀片置于 SF_6 组合电器中或充油设备中。

2. 氧化锌避雷器主要电气参数

(1) 额定电压。是指施加到避雷器端子间的最大允许工频电压有效值，按照此电压所设计的避雷器能在所规定的动作负荷试验中确定的暂时过电压下正确动作。它不等于系统的标称电压。

(2) 持续运行电压。是指允许持久地施加在避雷器端子间的工频电压有效值。一般相当于避雷器额定电压的 75%～80%。

(3) 持续运行电流。是指在持续运行电压下通过避雷器的持续电流不超过规定值，该值由制造厂规定和提供，所提供值应包括全电流和阻性电流基波分量的峰值。

交接试验时，在系统运行电压下测量持续电流即运行电压下的交流泄漏电流，应不大于出厂试验值的 30%。

(4) 工频参考电压。是指避雷器在工频参考电流下测出的避雷器的工频电压最大峰值除以 $\sqrt{2}$。工频参考电流由制造厂确定，对于单柱避雷器，参考电流的典型范围为每平方厘米电阻片面积 0.05～1.0mA。工频参考电压不低于避雷器的额定电压值。

(5) 直流参考电压。是指直流参考电流下测出的避雷器的电压。直流参考电流的数值由制造厂规定，通常取 1～5mA，国内一般取 1mA。直流 1mA 参考电压值一般不小于避雷器额定电压的峰值。交接试验的直流参考电压不应大于出厂值的±5%。

(6) 0.75 倍直流参考电压泄漏电流。是指在 0.75 倍直流 1mA 参考电压下的泄漏电流不应大于 50μA。额定电压大于 216kV 时，泄漏电流由制造厂和用户协商规定。

(7) 标称放电电流。是用来划分避雷器等级的波形为 8/20μA 的雷电冲击电流峰值。对一定电压等级的电力系统和相应绝缘水平的线路而言，侵入变电站的雷电波作用于避雷器时，一般通过避雷器的放电电流峰值不应超过某一数值，这个数值定为标称放电电流。该放电电流在 66～110kV 为 5kA；220kV 系统为 10kA；330～500kV 系统为 10～20kA；对于 500kV 系统，当变电站装有两组及以上的避雷器时为 10kA，只有一组避雷器时则为 20kA。

(8) 残压。是指放电电流通过避雷器时，其端子间最大电压峰值。它分为三个类型：雷击冲击残压、操作冲击残压和陡波残压。

(9) 工频电压耐受时间特性。是指表明避雷器在运行中吸收了规定的操作过电压能量后，耐受暂时过电压的能力。当暂时过电压的幅值高于或低于避雷器额定电压而作用时间短于或长于 10s 时，可以用工频耐受时间特性曲线校核，该曲线必须由避雷器制造厂提供。

3. 氧化锌避雷器的型号含义

氧化锌避雷器的型号含义如下：

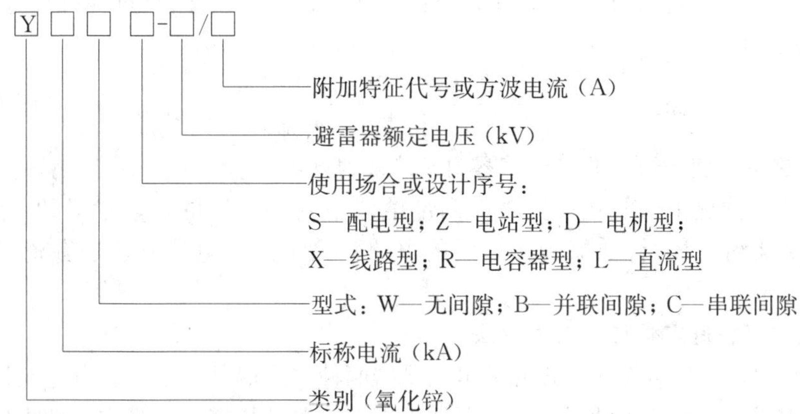

4. 氧化锌避雷器的分类

氧化锌避雷器按外壳材料分为瓷套式、罐式、复合外套式三大类；按适用系统可分为交、直流避雷器两大类；按使用场所分配电、电站、线路、并联补偿电容器、变压器和电动机中性点、发电机和电动机保护用六大类。

按其电压等级可分为：

(1) 66～800kV 罐式无间隙金属氧化物避雷器。

(2) 35～1000kV 瓷套式无间隙金属氧化物避雷器。

(3) 3～550kV 复合外套金属氧化物避雷器。

5. 氧化锌避雷器的结构

氧化锌避雷器的内部元件由中间有孔的环形氧化锌电阻片组成，孔中穿有一根有机绝缘棒，两端用螺栓紧固而成，内部元件装入瓷套内，上下两端各有一个压紧弹簧压紧。瓷套两端法兰各有一压力释放出来，以防瓷套爆炸和损坏其他设备。避雷器根据电压高低可用若干个元件组成，顶部装有均压环，底部装有绝缘基础，用来安装避雷器的动作计数器和动作电流幅值记录装置。

500kV 及以上电压等级的氧化锌避雷器，由于器身较高，杂散电容大，若不采取措施，避雷器整体电位降分布不均匀。因此，在避雷器顶端装设有均压环，多节避雷器各节并联装设不同数值的电容器，以改善其电位分布。为防止避雷器发生爆炸，避雷器均装设有压力释放装置。

6. 评价氧化锌避雷器性能优劣的指标

(1) 保护水平。ZnO 避雷器的雷电保护水平为雷电冲击残压和陡波冲击残陡压除以 1.15 中的较大者；操作冲击水平等于操作冲击残压。

(2) 压比。它是指氧化锌避雷器通过波形为 8/20μs 的标称冲击放电电流时的残压与起始动作电压之比，如在 10kA 下的压比为 U_{10kA}/U_{1mA}。压比越小，表示非线性越好，流过大电流时的残压越低，避雷器的保护性能越好。目前，此值为 1.6～2.0。

(3) 荷电率。它是氧化锌避雷器的最大持续运行电压峰值与起始动作电压的比值。荷电率越高说明避雷器稳定性越好，耐老化，能在靠近“转折点”长期工作。若荷电率等于极限制值 1，就说明避雷器不会老化。荷电率一般采用 45%～75%或更大。在中性点非有效接地系统中，因单相接地时健全相上的电压峰值较高，所以一般选用较低的荷电率。

(4) 保护比。其定义为标称放电电流下的残压与最大持续运行电压峰值的比值或压比与荷电率之比，即

$$\text{保护比} = \frac{\text{标称放电电流下的残压}}{\text{最大持续运行电压（峰值）}} = \frac{\text{压比}}{\text{荷电率}}$$

7. 在正常运行情况下氧化锌避雷器内部流过的电流

在正常运行情况下，氧化锌避雷器内部电流主要是容性的，数量级为 1mA 到几毫安。通过避雷器和 TBX 计数器到接地网的电流，除了内部电流外，还有瓷套外部的泄漏电流。

(四) 避雷器、避雷针记录放电方法

避雷器、避雷针用装设磁钢棒和放电记录器两种方法记录放电。放电记录器的基本原理是当雷电流通过避雷器入地时，对记录器内部电容器进行充电；当雷电消失后，电容器对记录器的线圈放电，记录放电次数。磁钢棒记录放电的基本原理是当雷电流通过避雷针入地时，磁钢棒被雷电流感应而磁化，记录雷电流数值。

三、Y1OW5 (Y2OW5)-420～468kV 氧化锌避雷器介绍

Y1OW5 (Y2OW5)-420～468kV 氧化锌避雷器是用于保护 500kV 变电站输变电设备免受大气过电压和操作过电压侵害的保护电器。

(一) 结构与原理

避雷器由主体元件、绝缘底座、接线盖板和均压环等组成，避雷器结构如图 7-10 所示。避雷器内部采用具有良好伏安特性的氧化锌电阻片为主要元件，当系统出现大气过电压或操作过电压时，氧化锌电阻片呈现低阻值，使避雷器的残压被限制在允许值以下，从而为电力设备提供可靠的保护；当避雷器运行在系统正常电压下时，由于氧化锌电阻片优异的非线性，呈现极高阻值，使避雷器流过的电流只有微安级。

避雷器采用微正压结构，内部充有高纯度干燥氮气或 SF_6 气体。其特点是在每个避雷器元件上装有一只自封阀，以便用户对产品的密封状态进行测试。自封阀也可作为用户现场补压的充气口。每台产品出厂时均用氦质谱仪进行过密封检漏测试。避雷器带有压力释

放装置，以便在异常情况下避雷器内部气压升高时，能及时释放内部压力，避免瓷套炸裂。避雷器由三节元件组成，为了改善电位分布，保证可靠运行，避雷器的顶部带有均压环，内部并联有均压电容器。

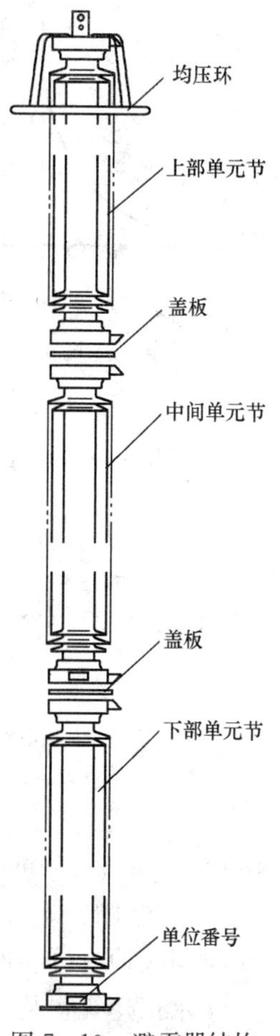

图 7-10　避雷器结构

（二）安装、定期检查

在安装投入运行前后和定期检查时，应对避雷器进行仔细的检查和测试，将测试结果记入专用手册，以便分析比较，并作为定期检查时参考。记录项目应包括检测的时间、温度、相对湿度、气压、产品编号、额定电压和测量数据等。具体检测项目为：

(1) 避雷器检测器检查。在投入运行时记录计数器及泄漏电流的初始值，以后应每月或雷电日后检查一次，如有问题与生产厂家联系。

(2) 避雷器检查。避雷器检查一般应每年进行 1 次。检查的重点是螺钉、螺母的松紧；瓷套是否脏污损坏；元件的腐蚀；高压引线和接地线的松紧程度。

(3) 绝缘电阻测量。绝缘电阻测量一般每年 1 次，用 5000V 绝缘电阻测量仪测量元件的绝缘电阻，其电阻值应在 30 000MΩ 以上，并和以前的数据进行比较。

(4) 持续电流测量。用阻性电流测量仪测量避雷器在持续运行电压下的阻性电流，以便对避雷器进行监视和分析比较。

(5) 用直流 1mA 测量装置（直流电压脉动部分应不超过 ±1.5%），测量避雷器或元件在直流 1mA 下的参考电压 U_{1mA} 和 0.75 倍 U_{1mA} 的电流值。

(6) 微正压检测。避雷器内充有高纯度干燥氮气或 SF_6 气体，压力为 0.03～0.05MPa（标准大气条件下测得）。在投用前及使用过程中都要进行检测。若内部压力低于 0.01MPa 时，应及时补充高纯度干燥氮气或 SF_6 气体。测量完成后应将自封阀的保护帽安装好。在污秽地区，除上述检测项目外，还要定期进行清洗，特别要清洗瓷套表面和带槽垫片的流水槽。

注：第 (3)、(4) 及第 (5) 项试验应选择晴朗天气进行；测量前瓷套表面要清洁或屏蔽，以减小测量误差。

第四节　变电站接地装置

变电站接地可分为工作接地、保护接地和防雷接地，以下介绍的是防雷接地。

一、"地"和接地装置基本概念

1. 电气设备中"地"的含义

当运行中的电气设备发生接地故障时，接地电流将通过接地体，以半球面形状向地中流散。地中电流和对地电压分布如图 7-11 所示。在距接地体越近的地方，由于半球面较小故电阻大，接地电流通过此处的电压降也较大，所以电位就高。反之，在远离接地体的地方，由于半球面大，故电阻就小，所以电位就低。

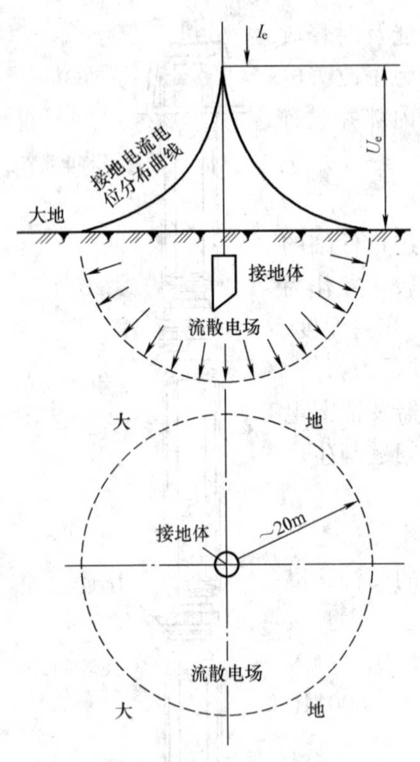

图 7-11 地中电流和对地电压分布图

试验证明：在离开单根接地体或接地点 20m 以外的地方，球面就相当大了，实际上已没有什么电阻存在，故该处的电位已近于零。这电位等于零的地方，称为电气上的“地”。所谓对地电压，即电气设备的接地部分，如接地外壳、接地线、接地体等，与零电位之间的电位差，称为电气设备接地时的对地电压。

2. 接地装置

电气设备的接地体和接地线的总称为接地装置。

接地体：埋入地中并直接与大地接触的金属导体。

接地线：电气设备金属外壳与接地体相连接的导体。

二、接地网及接地电阻

1. 变电站接地网的敷设原则

(1) 变电站的接地装置应充分利用以下自然接地体：

1) 埋设在地下的金属管道（易燃和有爆炸介质的管道除外）；

2) 金属井管；

3) 与大地有可靠连接的建筑物及构筑物的金属结构和钢筋混凝土基础；

4) 水工建筑物及类似建筑物的金属结构和钢筋混凝土基础；

5) 穿线的钢管，电缆的金属外皮；

6) 非绝缘的架空地线。

(2) 在利用了自然接地体后，接地电阻仍不能满足要求时，应装置人工接地体。对于大接地短路电流系统的发电厂和变电站则不论自然接地体的情况如何，均应装设人工接地体。

(3) 对变电站，不论采用何种形式的人工接地体，如井式接地、深钻式接地、引外接地等，都应敷设以水平接地体为主的人工接地网。降低接地电阻依靠大面积水平接地体，它既有均压、减小接触电势和跨步电势的作用，又有散流作用。

(4) 接地网的边缘经常有人出入的走道处，应铺设砾石、沥青路面或“帽檐式”均压带。但在经常有人出入的地方，结合交通道路的施工，采用高电阻率的路面结构层作为安全措施，要比埋设帽檐形辅助均压带方便，具体采用哪种方式应因地制宜。

2. 变电站对接地网的要求

(1) 接地网的结构是以深埋 0.6～0.8m 的水平接地体为主，有时加些垂直接地极（长 2.5～3m）。其结构主要是由工频对地短路的观点决定的，而连在它上面的防雷装置一般只需再加长 3～5 根集中接地极即可；这样，在一般土壤时，它呈现的冲击接地电阻为 1～4Ω。

(2) 在工频对地短路时，要保证流过接地网的电流 I 在地网上造成的电位升高 IR 不致太大，还应保证人员所受跨步电压和接触电压（取人手摸设备的 1.8m 高处，而人脚离设备的水平距离 0.8m）不超过 $250/\sqrt{t}$（t 为作用时间，单位为 s）。

（3）从保证安全出发，在中性点直接接地的系统中，要求接地电阻应满足

$$IR \leqslant 2000$$

3．变电站接地网和避雷针的接地电阻

（1）大电流接地系统的接地电阻，应符合 $R \leqslant 2000/I$，当 $I > 4000$A 时，可取 $R \leqslant 0.5\Omega$。小电流接地系统，当用于 1000V 以下设备时，接地电阻应符合 $R \leqslant 125R/I$；当用于 1000V 以上设备时，接地电阻 $R \leqslant 250/I$，但任何情况下不应大于 10Ω。上述式中 R 为考虑到季节变化的最大接地电阻（Ω）；I 为计算用的接地短路电流（A）。

（2）独立避雷针的接地电阻一般不大于 25Ω；安装在构架上的避雷针，其集中接地电阻一般不大于 10Ω。

4．接地装置的敷设要求

（1）为减少相邻接地体的屏蔽作用，垂直接地体的间距不宜小于其长度的 2 倍，水平接地体的间距不宜小于 5m。

（2）接地体与建筑物的距离不宜小于 1.5m。

（3）围绕屋外配电装置、屋内配电装置、主控制楼、主厂房及其他需要装设接地网的建筑物，敷设环形接地网。这些接地网之间的相互连接不应少于两根干线。对大接地短路电流系统的发电厂和变电站，各主要分接地网之间宜多根连接。

（4）接地线沿建筑物墙壁水平敷设时，离地面宜保持 250～300mm 的距离。接地线与建筑物墙壁之间应有 10～15mm 的间隙。

（5）接地线应防止发生机械损伤和化学腐蚀。与公路、铁道或化学管道等交叉的地方，以及其他有可能发生机械损伤的地方，对接地线应采取保护措施。

在接地线引进建筑物的入口处，应设标志。

（6）接地线的连接需要注意以下几点：

1）接地线连接处应焊接。

2）直接接地或经消弧线圈接地的主变压器、发电机的中性点与接地体或接地干线连接，应采用单独的接地线。

3）电力设备每个接地部分应以单独的接地线与接地干线相连接。

（7）接地网中均压带的间距 D 应考虑设备布置的间隔尺寸，尽量减少埋设接地网的土建工程量及节省钢材。视接地网面积的大小，一般可取 5m 或 10m。对 330kV 及 500kV 大型接地网，也可采用 20m 间距。但对经常需巡视操作的地方和全封闭电器则可局部加密（如取 $D=2\sim3$m）。

三、变电站接地

1．电气设备外露导体部分的接地

（1）电动机、变压器、电器、手携式或移动式用电器具等的金属底座和外壳。

（2）发电机中性点柜外壳、发电机出线柜外壳。

（3）电气设备传动装置。

（4）互感器的二次绕组。

（5）配电、控制、保护用的屏（柜、箱）及操作台等的金属框架和底座，全封闭组合电器的金属外壳。

（6）户内、外配电装置的金属构架和钢筋混凝土构架以及靠近带电部分的金属遮栏和

金属门。

(7) 交、直流电缆接线盒、终端盒和膨胀器的金属外壳和电缆的金属护层，可触及穿线的钢管、敷设线缆的金属线槽、电缆桥架。

(8) 金属照明灯具的外露导电部分。

(9) 在非沥青地面的居民区，不接地、经消弧线圈接地和电阻接地系统中无避雷线的架空电力线路的金属杆塔和钢筋混凝土杆塔，装有避雷线的架空线路的杆塔。

(10) 安装在电力线路杆塔上的开关设备、电容器等电气装置的外露导电部分及支架。

(11) 铠装控制电缆的金属护层，非铠装或非金属护套电缆闲置的1～2根芯线。

(12) 封闭母线金属外壳。

(13) 箱式变电站的金属箱体。

2. 变电站其他接地

在变电站内除了配电装置及电器设备外，还有金属遮栏、电缆接头盒的金属外壳、避雷器、避雷针、保护用放电间隙和输出、输入线路用的金属或钢筋混凝土的电杆以及架空地线等；在正常运行时不带电，但在事故情况下可能出现对地电压，因此必须接地。

安装在进出输电线路及室外配电装置构架上的绝缘子的金具，因为实际上人体接触不到，一般可不接地。控制电缆的金属外皮和其相连的电气设备的接地装置已有连接，而且有多点接触，已能满足接地要求，因此也不必接地。

如果露天油箱、油类设备构筑物、煤粉装置构筑物、易燃材料仓库、变压器修理间，以及水塔、烟囱等为金属屋顶或在屋顶上有金属结构时，必须将金属部分接地；否则要装避雷针，并将避雷针接地。

在变电站范围内的轨道，接地后可能引进比不接地更高的电压，所以也不必接地。

3. 电力电缆的接地

电力电缆的金属外皮及支撑电缆的金属支架、桥架都必须妥善接地。用作保护线的电缆桥架的最小金属截面积应如表7-2所示。

表7-2　　用作保护线的电缆桥架的最小金属截面积

在电缆桥架中任一电缆线路的最大熔断器的电流值、断路器电流脱扣器整定值或断路器接地故障保护继电器的脱扣电流值（A）	最小金属截面积（mm^2）	
	钢电缆桥架	铝电缆桥架
60	150	150
100	300	150
200	450	150
400	600	300
600	1000	300
1000		400
1200		600
1600		1000
2000		1200

在表7-2中的金属截面积，对于走线梯或走线型电缆桥架，系指两侧金属体面积之和；对于槽形电缆桥架，则为其槽形部分金属的总面积。

在一般情况下，钢制电缆桥架仅能用作保护装置电流600A及以下用电设备的接地线；铝制电缆桥架则只能用到2000A及以下。应将电缆桥架的各构件段和配件以及相互连接的线槽使用螺栓连接或进行跨接，保证其电气连接性。当电缆沿电缆沟敷设时，电缆沟边缘的保护角钢是最好的连续导体，适于用作接地线。

4. 防止电气接地装置腐蚀的措施

(1) 主接地网的防腐措施有：

1) 采用降阻防腐剂；

2) 采用导电涂料BD01和锌牺牲电极联合保护；

3) 采用无腐蚀性或腐蚀性小的回填土；

4) 采用圆断面接地体。

(2) 接地引下线防腐措施有：

1) 涂防锈漆或镀锌；

2) 采用特殊防腐措施。

(3) 电缆沟的防腐措施有：

1) 降低电缆沟的相对湿度，使其相对湿度在65%以下，以消除电化学腐蚀的条件；

2) 接地体采用防锈涂料；

3) 接地体采用镀锌处理；

4) 改变接地体周围的介质。

5. 在运行过程中的接地装置的管理

在运行过程中，接地线由于有时遭受外力破坏或化学腐蚀等影响，往往会有损失或断裂的现象发生。接地体周围的土壤也会由于干旱、冰冻的影响，而使接地电阻发生变化。因此，必须对接地装置进行定期的检查和试验。

接地装置外露部分的检查，必须与设备的小修及大修同时进行。这样，如遇有接地线有损伤或断线现象，可立即予以修复。而对那些不致马上形成事故的缺陷，如清除铁锈、涂漆以及调换截面不合乎要求的接地线等，可以按预定的检修计划进行修理。

接地装置试验期限的长短，视接地装置的不同作用而定。一般来说，防雷接地装置接地电阻的试验期限较长，工作接地和保护接地的试验期限较短。

6. 接地网的电阻不合规定的危害

接地网起着工作接地和保护接地的作用，如果接地电阻过大，则会有以下情况。

(1) 发生接地故障时，使中性点电压偏移增大，可能使健全相和中性点电压过高，超过绝缘要求的水平而造成设备损坏。

(2) 在雷击或雷电波袭击时，由于电流很大，会产生很高的残压，使附近的设备遭受到反击的威胁；并降低接地网本身保护设备（架空输电线路及变电站电气设备）带电导体的耐雷水平，使其达不到设计的要求而损坏设备。

7. 接地体的屏蔽效应

当多根接地体相互靠拢时，入地电流的流散相互受到排挤，影响各接地体的电流向大地呈半球形状散开，使得接地装置的利用率下降，这种现象称为接地体的屏蔽效应。因此，垂直接地体的间隔距一般不宜小于接地体长度的2倍，水平接地体的间距一般也不宜小于5m。

第五节　电力系统的绝缘配合

一、绝缘配合的基本概念

绝缘的作用是将电位不同的导体分隔开来。

绝缘配合就是根据设备所在系统中可能出现的各种电压，并考虑保护装置的特性和设备的绝缘性能，来确定设备必要的耐受强度，以便把作用于设备上的各种电压所引起的设备绝缘损坏和影响连续运行的概率，降低到在经济上和运行上能耐受的水平；也就是要在技术上正确处理各种电压、各种限压措施和设备绝缘耐受能力三者之间的配合关系，以及在经济上协调投资费、维护费和事故损失费（即可靠性）三者之间的关系。不会因绝缘水平取得过高，而使设备尺寸过大及造价过高，形成不必要的投入；也不会因绝缘水平取得过低，而使设备在运行中事故率增加，导致事故损失及维护费用过大。所以，电力系统绝缘配合是一个复杂的、综合性很强的技术经济问题。

电力系统中的绝缘，包括发电厂、变电站中电气设备绝缘和输配电线路的绝缘。从绝缘结构和特性区分，有外绝缘和内绝缘。外绝缘是指与大气直接接触的绝缘部件，一般是瓷或硅橡胶等表面绝缘和空气绝缘。外绝缘的耐受电压值与大气条件（气压、气温、湿度、雾、雨露、冰雪等）密切相关，沿面闪络和气隙击穿是外绝缘丧失绝缘性能的常见形式，但事后能恢复其绝缘性能，故属自恢复型绝缘。内绝缘是指不与大气直接接触的绝缘部件，其耐受电压值基本上与大气条件无关。一般地说，内绝缘是由固体、液体、气体等绝缘材料组成的复合绝缘。例如，变压器类设备的内绝缘主要是油纸绝缘，这类绝缘在过电压多次作用下，会因累积效应使绝缘性能下降；一旦绝缘被击穿或损坏，不能自动恢复原有的绝缘性能，故属非自恢复型绝缘。实际应用中，一台设备的绝缘结构总是由自恢复和非自恢复两部分组成，通常并不简单地把一台设备的绝缘说成是自恢复型或非自恢复型；仅当一台设备的非自恢绝缘部分发生沿面或贯穿性放电的概率可以忽略不计时，才可称其绝缘为自恢复型的，或者相反。

电力系统绝缘配合的本质是合理处置作用电压与绝缘强度的关系，而电力系统中各类作用电压与电力系统中性点运行方式相关，因而中性点运行方式将直接影响系统绝缘水平的确定。在中性点有效接地系统中，相对地绝缘承受的长期工作电压为运行相电压。而非有效接地系统允许带单相接地故障运行一定时间，此时最大工作电压为线电压。因此这两种系统中选用的避雷器参数是不相同的。有效接地系统中避雷器额定电压比非有效接地系统要低，残压也相对较低，故电气设备承受的雷电过电压也相对较低，约20%。对于操作过电压，在有效接地系统中，操作过电压是在相电压基础上产生的；而在非有效接地系统中，则可能在线电压基础上产生，故前者的过电压倍数比后者低20%～30%。因此，对同一电压等级的电力系统，若中性点非有效接地，则其绝缘水平要高于有效接地的系统。

电气设备绝缘水平由作用于绝缘上的最大工作电压、雷电过电压及操作过电压三者中最严重的一种所决定。为达到较佳的技术经济效果，在不同电压等级中对这些作用电压的处置是不同的。在220kV及以下系统中，要求把雷电过电压限制到低于操作过电压是不经济的；因此在这些系统中，电气设备的绝缘水平由雷电过电压决定。限制雷电过电压的措施主要是采用避雷器，避雷器的雷电冲击保护水平是确定设备绝缘水平的基础。对于输电线路，则要求达到一定的耐雷水平。由这样确定的绝缘水平在正常情况下能耐受操作过电压的作用，故 220kV 及以下系统一般不采用专门的限制内部过电压的措施。随着输变电电压的提高，操作过电压对绝缘的威胁将明显增大。在 330kV 及以上的超高压系统中，一般需采用专门的限压措施，如并联电抗器、带有并联电阻的断路器及金属氧化物避雷器等，将操作过电压限制至容许值。由于限制过电压措施和要求不同，绝缘配合的作法也不同。例如，俄罗斯等国主要用复合型磁吹避雷器及过电压限制器限制操作过电压，所以是按避雷器的操作过电压保护特性确定设备绝缘水平；美国、日本、法国等则主要通过改进断路器的性能，将操作过电压限制到预定的水平。避雷器是作为操作过电压的后备保护，实际上，设备绝缘水平是以雷电过电压下避雷器的保护特性为基础确定的。我国采用后一种作法。无论哪种作法，均以避雷器保护特性为基础。对于输电线路绝缘水平的选择，仍以保证一定的耐雷水平为目标。

随着限制过电压措施的不断完善，当过电压被限制到 1.7～1.8 倍或更低时，长时间工作电压就可能成为决定系统绝缘的主要因素。

在污秽地区，外绝缘强度受污秽影响而大大降低，污闪事故常在恶劣气象条件和工作电压下发生。所以，严重污秽地区电力系统外绝缘水平主要由系统最高运行电压所决定。

电力系统绝缘配合是不考虑谐振过电压的，因此在系统设计和运行中要求避免发生谐振过电压。

输电线路绝缘与变电站电气设备绝缘之间不存在配合问题。通常，为保证线路的安全运行，线路绝缘水平远高于变电站电气设备的绝缘水平。虽然多数过电压发源于线路，但高幅值的过电压波传入变电站时，将被站内的避雷器所限制，而站内设备绝缘是以避雷器保护水平为基础确定的。所以，线路过电压波不会威胁站内电气设备绝缘。

考虑到不同时期的电网结构不同，过电压水平不同，以及发生事故造成后果不同，对绝缘水平的确定也存在一定的差异。通常在电网发展初期，采用单回线路送电，系统联系薄弱，一旦发生故障，经济损失大。到了发展中、后期，系统联系加强，保护性能改善，设备损坏率减小，即使出现故障，经济损失亦会明显降低。因此，对同一电压等级，不同类型设备、不同地点，允许选择不同的绝缘水平；一般在电网建设初期选用较高的绝缘水平，发展到中、后期，可选用较低的绝缘水平。为了适应这种需要，国际电工委员会(IEC) 和我国国家标准对同一电压等级的设备，对应有几个绝缘水平以供选择。

二、绝缘配合的方法

电力系统绝缘配合，长期以来被广泛采用的方法是惯用法。惯用法要求设备绝缘的最低抗电强度高于可能作用于设备的预期过电压值，并留有一定的裕度。

应用惯用法时，先要确定设备安装点用作绝缘配合的过电压值，再根据运行经验乘以考虑各种影响过电压值的因素以及有一定裕度的配合系数，得出电气设备需具有的耐受电压值。于是，要求设备绝缘抗电强度务必不低于此耐受电压。由于实际的过电压值和绝缘强度都是随机变量，很难准确确定其上下限，为安全运行，采取留有较大裕度的办法解决。因此，惯用法确定的绝缘水平是偏严格的。

目前，惯用法中所采用的计算用雷电过电压是以避雷器残压为基础决定的。计算用最大操作过电压则按实测和模拟实验的结果统计归纳得出。我国相对地计算用最大操作过电压的倍数 K_0（以电网最高运行相电压幅值为基数）：66kV 及以下（低电阻接地系统除外）为 4.0；110kV 及 220kV 为 3.0；330kV 和 500kV 分别为 2.2 和 2.0。

随着系统额定电压的提高，在建设发展超高压、特高压远距离输电时，降低绝缘水平的经济效益越来越显著。若仍按上述惯用法将超高压、特高压系统的绝缘水平定得很高，或要求保护装置、保护措施有超常的性能，则在经济上要付出很大的代价，是不合理的。因而，换个想法，允许绝缘有一定的故障率，用技术经济综合指标确定系统绝缘的最佳设计方案，在 20 世纪 70 年代形成了一种新的绝缘配合方法——统计法。

采用统计法进行绝缘配合的前提是已知各种过电压和绝缘耐电强度的统计特性（概率密度、分布函数等）。

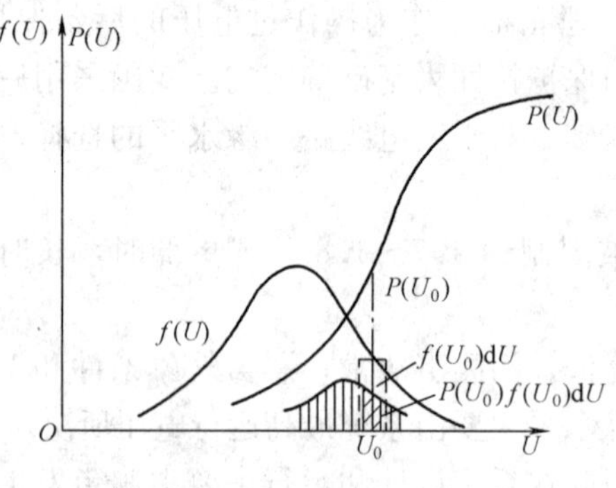

图 7－12　绝缘故障率的估算

设过电压幅值的概率密度函数为 $f(U)$，绝缘击穿（或闪络）概率分布函数为 $P(U)$，且 $f(U)$ 与 $P(U)$ 互不相关，绝缘故障率的估算如图 7－12 所示。

$f(U_0)\mathrm{d}U$ 为过电压在 U_0 附近 $\mathrm{d}U$ 范围内出现的概率，$P(U_0)$ 为过电压 U_0 作用下绝缘击穿（或闪络）的概率，这二者是相互独立的。因此，出现这样高的过电压并损坏绝缘的概率为 $P(U_0)f(U_0)\mathrm{d}U=\mathrm{d}R$，称 $\mathrm{d}R$ 为微分故障率，即图 7－12 中阴影部分 $\mathrm{d}U$ 区内的面积。

习惯上，过电压是按绝对值统计的（不分正、负极性，约各占一半），并根据过电压的含义，应有 $U>U_{ph\cdot m}$（最大运行相电压幅值），所以过电压 U 的范围是 $U_{ph\cdot m}\sim\infty$（或到某一最大值），故绝缘故障率 R 为

$$R=\int_{U_{ph\cdot m}}^{\infty}P(U)f(U)\mathrm{d}(U) \tag{7-5}$$

显然，R 值是图 7－12 中阴影部分的总面积。

在一定的过电压条件下，即 $f(U)$ 不变，若增加绝缘强度，$P(U)$ 曲线向右移动，阴影部分面积减小，即故障率减小，其代价是设备投资增大；若降低绝缘强度，$P(U)$ 曲线向左移动，阴影面积增大，故障率增大，设备维护及事故损失费增多，当然，相应地设备投资减少。因此，可用统计法按需要对敏感因素作调整，进行一系列试验设计与故障率的估算，根据技术经济比较，在绝缘投资和故障率之间协调，在满足预定故障率的前提下，选择合理的绝缘水平。

采用统计法进行绝缘配合时，安全裕度不再是一个带有随意性的量值，而是一个与绝缘故障率相联系的变数。

但应知道，在实际工程中严格采用统计法是相当繁复和困难的。如对非自恢复绝缘做放电概率的测定，耗资太大，无法接受；对一些随机因素（气象条件、过电压波形影响等）的概率分布有时并非已知，所以统计法虽是合理的，却难以实用。从而产生了简化统计法。

简化统计法是设定实际过电压的绝缘放电概率为正态分布规律，并已知其标准偏差。在此设定基础上，上述两条概率分布曲线就可分别用某一参考概率相对应的点来表示，此两点对应的值分别称为统计过电压和统计耐受电压。国际电工委员会绝缘配合标准推荐采用出现概率为 2% 过电压（即等于和大于此过电压的出现概率为 2%）作为统计过电压 U_s，推荐采用闪络概率为 10%，即耐受概率为 90%的电压作为绝缘统计耐受电压 U_W。于是，绝缘故障率就与这两个值有关，通过计算可得故障率 R，再根据技术经济比较，定出能接受的 R 值，选择相应的绝缘水平。

实际上，绝缘故障率 R 只取决于 U_W 与 U_s 之间的裕度，因此称它们的比值 $K_s=U_W/U_s$ 为统计安全系数。在过电压保持不变的条件下，提高绝缘水平，其 U_W 值增大，K_s 值也增大，故障率 R 会相应减小。

从形式上看，简化统计法中统计安全系数的表达与惯用法中最低绝缘强度与最大过电压之间的配合很相似。但惯用法没有引入参数的统计概念，不去估算绝缘故障率；或者说，惯用法是要求绝缘故障率很小，甚至可忽略不计，这是与统计法不同的。

目前，对各电压等级的非自恢复绝缘和降低绝缘的经济效益不显著的 220kV 及以下自恢复绝缘，仍一直沿用惯用法进行绝缘配合。只在某些超高压线路，有采用简化统计法进行绝缘配合的工程实例。

三、电气设备绝缘水平的确定

确定电气设备的绝缘水平即是确定其耐受电压试验值，包括：

（1）额定短时工频耐受电压，即 1min 工频试验电压；

（2）额定雷电冲击耐受电压，用全波雷电冲击电压进行试验，称为基本冲击绝缘水平（BIL）；

（3）额定操作冲击耐受电压，用规定波形（250/2500μs）操作冲击电压进行试验，称为操作冲击绝缘水平（SIL）。

针对作用于绝缘的典型过电压种类、幅值、防护措施以及绝缘的耐压试验项目、绝缘裕度等方面的差异，在进行电力系统绝缘配合时，按系统最高运行电压 U_m 值划分为以下两个范围。

（1）范围Ⅰ：3.5kV$\leqslant U_m \leqslant$252kV；

（2）范围Ⅱ：$U_m>$252kV。

即范围Ⅰ是系统标称电压为 3～220kV 的低、中、高压系统，范围Ⅱ是 330、500kV 的超高压（EHV）系统。

在范围Ⅰ的系统中，避雷器只是限制雷电过电压，在操作过电压作用时是不希望避雷器动作的，即要求正常绝缘能承受操作过电压。通常，除了型式试验要进行雷电冲击和操作冲击试验外，一般只做短时工频耐受电压。这是因为在某一程度上，操作或雷电冲击电压对绝缘的作用可用工频电压等效，且使试验工作方便可行。所以，短时工频耐受电压代表绝缘对操作过电压、雷电过电压总的耐受水平。

短时（1min）工频耐压试验所采用的试验电压值往往比电气设备额定相电压高出数倍。图 7-13 所示短时工频耐受电压的确定过程中，K_I、K_s 分别为雷电与操作冲击配合系数。配合系数是一个综合系数，主要考虑避雷器与被保护设备之间的距离、避雷器内部电感、避雷器运行中参数变化、设备绝缘老化（累积效应）、变压器工频励磁等因素的影响；β_I、β_s 分别为雷电与操作换算成等效工频的冲击系数，雷电冲击系数 β_I 通常可取 1.48，操作冲击系数 β_s 为 1.3～1.35（66kV 及以下取 1.3，110kV 及以上取 1.35）。

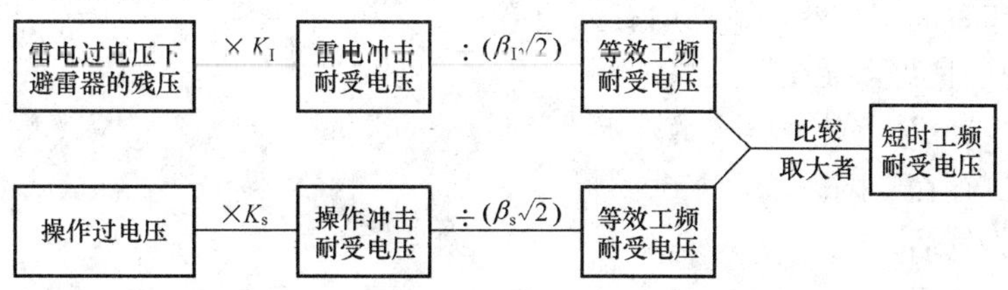

图 7-13　短时工频耐受电压的确定过程

额定雷电冲击耐受电压（BIL）计算式为

$$BIL = K_{I} U_{PI} \tag{7-6}$$

式中：U_{PI} 为标称雷电流下的避雷器残压；K_{I} 为雷电冲击配合系数，国际电工委员会（IEC）规定 $K_{I} \geqslant 1.2$，我国规定在电气设备与避雷器相距很近时取 1.25，相距较远时取 1.4。

额定操作冲击耐受电压（SIL）计算式为

$$SIL = K_{co} K_{0} U_{ph \cdot m} \tag{7-7}$$

式中：$U_{ph \cdot m}$略为系统最高相电压幅值；K_{0} 为计算用操作过电压倍数（可参考上节所列数值）；K_{co}为操作冲击配合系数，$K_{co}=1.15\sim1.25$。

对于范围Ⅱ电力系统（EVH），避雷器将同时用作限制雷电与操作过电压，这时计算最大操作过电压幅值取决于避雷器操作冲击电流残压 U_{PS}值。于是有

$$SIL = K_{co} U_{PS} \tag{7-8}$$

对范围Ⅱ电气设备，由于操作冲击波对绝缘作用的特殊性，以及不能肯定操作冲击电压与工频电压之间的等价程度，故特规定有其操作冲击耐受电压，而不能用工频耐受电压替代。

为统一规范，BIL 和 SIL 的值应从下列标准值中选取，不宜使用中间值，即 325、450、550、650、750、850、950、1050 、1175、1300、1425、1550、1675、1800、1950、2100、2250、2400、2550、2700kV。

第六节　防雷设备的运行维护

一、避雷器的巡视

1. 避雷器正常巡视检查的项目

（1）瓷套表面积污程度及是否出现放电现象，瓷套、法兰是否出现裂纹、破损。

（2）避雷器内部是否存在异常声响。

（3）与避雷器、计数器连接的导线及接地引下线有无烧伤痕迹或短股现象，放电记录器是否烧坏。

（4）避雷器放电计数器指示是否有变化，计数器内部是否有积水，动作次数有无变化，并分析何原因使之动作。

（5）检查避雷器引线上端引线处密封是否完好。因为密封不好进水受潮会引起故障。

（6）对带有泄漏电流在线监测装置的避雷器泄漏电流有无明显变化，泄漏电流表（mA）指示在正常范围内，并与历史记录比较无明显变化。

（7）避雷器均压环是否有松动、歪斜。

（8）带串联间隙的金属氧化物避雷器或串联间隙是否与原来位置发生偏移。

（9）低式布置的避雷器，遮栏内有无杂草。

（10）接地应良好，无松脱现象。

2. 避雷器必须进行特殊巡视的情况

（1）避雷器存在缺陷。

（2）阴雨天气后。

（3）大风沙尘天气。

(4) 每次雷电活动后或系统发生过电压等异常情况后。

(5) 运行15年以上的避雷器。

3. 避雷器特殊巡视检查项目

(1) 雷雨后应检查雷电记录器动作情况，避雷器表面有无放电闪络痕迹。

(2) 避雷器引线及引下线是否松动。

(3) 避雷器本体是否摆动。

4. 对运行中接地装置进行的安全检查

(1) 检查内容：

1) 检查接地线各连接点的接触是否良好，有无损伤、折断和腐蚀现象。

2) 对含有重酸、碱、盐或金属矿岩等化学成分的土壤地带，定期对接地装置的地下部分挖开地面进行检查，观察接地体腐蚀情况。

3) 检查分析所测量的接地电阻变化情况，是否符合规程要求。

4) 设备每次检查后，应检查其接地是否牢固。

(2) 检查周期：

1) 变电站的接地网一般每年检查一次。

2) 根据车间的接地线及零线的运行情况，每年一般应检查1～2次。

3) 各种防雷装置的接地线每年（雨季前）检查一次。

4) 对有腐蚀性土壤的接地装置，安装后应根据运行情况一般每5年左右挖开局部地面检查一次。

5) 手动工具的接地线，在每次使用前应进行检查。

5. 避雷器和避雷针在运行中应注意的事项

避雷器是用来保护变电站电气设备的绝缘免受大气过电压及操作过电压危害的保护设备。对运行中的避雷器应做下列工作：

(1) 每年投运的避雷器进行一次特性试验，并对接地网的接地电阻进行一次测量，电阻值应符合接地规程的要求，一般不应超过5Ω。

(2) 6～35kV的避雷器应于每年3月底投入运行，10月底退出运行；110kV以上的避雷器应常年投入运行。

(3) 应保持避雷器瓷套的清洁。低式布置时，遮栏内应无杂草，以防止避雷器表面的电压分布不均或引起瓷套短接。

(4) 在装拆动作计数器时，应首先用导线将避雷器直接接地，然后再拆下动作计数器。检修完毕装好后，再拆去临时接地线。

(5) 6～10kV系统为中性点不接地系统。当6～10kV的避雷器发生爆炸时，如引线未造成接地，则应将引线解开或加以支持，以防造成相间短路。

(6) 对避雷针应注意有否倾斜、锈蚀的情形，以防避雷针倾斜。避雷针的接地引下线应可靠，无断落和锈蚀现象，并定期测量其接地电阻值。

二、避雷器的验收及试验

1. 避雷器的验收项目

(1) 现场各部件应符合设计要求。

(2) 避雷器外部应完整无缺损，封口处密封良好。

(3) 避雷器应安装牢固，其垂直度应符合要求，均压环应水平。

(4) 阀式避雷器拉紧绝缘子应紧固可靠，受力均匀。

(5) 放电计数器密封应良好，绝缘垫及接地应良好、牢靠。

(6) 排气式避雷器的倾斜角和隔离间隔应符合要求。

(7) 带串联间隙避雷器的间隙应符合设计要求。

(8) 油漆应完整、相色正确。

(9) 引线、接头、接点端子应牢固完整。

(10) 瓷绝缘子无破损，金具完整。

(11) 低栏式布置的避雷器遮栏防误闭锁应正常，应悬挂警示牌，栏内应无杂物。

(12) 缺陷处理工作应按缺陷内容的要求进行验收。

(13) 标示牌应齐全，编号应正确。

(14) 交接资料和文件是否齐全。

1) 变更设计的证明文件。

2) 制造厂提供的产品说明书、试验记录、合格证件及安装图纸等技术文件。

3) 安装或检修技术记录。

4) 调试试验记录。

5) 备品、配件及专用工具移交清单。

2. 对运行中的接地装置应建立的技术资料

为了加强技术管理，不断提高安全运行技术水平，对运行中的接地装置应建立下列有关技术资料。

(1) 原始设计计算数据和施工图。

(2) 隐蔽工程竣工图。

(3) 竣工及验收时所作的检查和测量的接地电阻等有关资料。

(4) 运行中发现的缺陷内容以及处理缺陷情况记录。

(5) 接地装置的变更及检修记录。

(6) 对于高土壤电阻率（跨步电压较高）的地区，在有行人经常出入的地段，应绘制电位分布曲线图等技术资料。

3. 氧化锌避雷器的试验项目

(1) 绝缘电阻测量。

(2) 直流 1mA 电压（U_{1mA}）及 $0.75U_{1mA}$ 下的泄漏电流。

(3) 运行电压下的交流泄漏电流。

(4) 工频参考电流下的工频参考电压。

(5) 底座绝缘电阻测量。

(6) 检查放电计数器动作情况。

(7) 检查密封情况。

三、避雷器的异常及故障处理

1. 避雷器常见故障及异常运行

(1) 避雷器爆炸。

(2) 避雷器阀片（电阻片）击穿。

(3) 避雷器内部闪络。

(4) 避雷器外绝缘套的污闪或冰闪。

(5) 避雷器受潮造成内部故障。

(6) 避雷器断裂。

(7) 避雷器瓷套破裂。

(8) 避雷器在正常情况下（系统无内过电压和大气过电压）计数器动作。

(9) 引线断损或松脱。

(10) 氧化锌避雷器的泄漏电流值有明显的变化。

2. 避雷器故障及异常运行处理的原则

(1) 避雷器发生故障后，运行人员在初步判断了故障的类别后应立即向调度及上级主管部门汇报。

(2) 详细记录异常发生时间，是否有异常信号。

(3) 若一时不能停电进行处理，应加强对避雷器的监视。

(4) 若属于避雷器故障应申请停电处理。

3. 避雷器爆炸及阀片击穿或内部闪络故障处理

(1) 运行人员应立即到现场对设备进行检查，在初步判断故障的类别、故障相和巡视避雷器引流线、均压环、外绝缘、放电动作计数器及泄漏电流在线检测装置、接地引下线的状态后，向调度及上级主管部门汇报。

(2) 对粉碎性爆炸事故，还应巡视故障避雷器临近的设备外绝缘的损伤状况。

(3) 在事故调查人员到来前，运行人员不得接触故障避雷器及其附件。

(4) 对粉碎性爆炸的避雷器，运行人员不得擅自将碎片挪位或丢弃。

(5) 避雷器爆炸尚未造成接地时，在雷雨过后拉开相应隔离开关，停用、更换避雷器。

(6) 避雷器爆炸已造成接地者，需停电更换，禁止用隔离开关停用故障的避雷器。

(7) 运行人员要做好现场的安全措施，以便检修人员对故障设备进行检查。

4. 避雷器瓷套裂纹的处理

运行中发现避雷器瓷套有裂纹时，根据情况决定处理方法：

(1) 如天气正常，应请示调度停下损伤相之避雷器，更换为合格的避雷器。一时无备件时，在考虑到不至于威胁安全运行的条件下，可在裂纹深处涂漆和环氧树脂防止受潮，并安排在短期内更换。

(2) 如天气不正常（雷雨)，应尽可能不使避雷器退出运行，待雷雨后再处理。如果因瓷质裂纹已造成闪络，但未接地者，在可能条件下应将避雷器停用。

(3) 避雷器瓷套裂纹已造成接地者，需停电更换，禁止用隔离开关停用故障的避雷器。

5. 避雷器外绝缘套的污闪或冰闪的故障处理

(1) 运行人员应立即到现场对设备进行检查，在初步判断故障的类别、故障相和巡视避雷器引流线、均压环、外绝缘、放电动作计数器及泄漏电流在线检测装置、接地引下线的状态后向调度及上级主管部门汇报。

(2) 在事故调查人员到来前，运行人员不得清擦故障避雷器的绝缘外套。

(3) 若不能停电处理，运行人员应用红外线检测设备对避雷器进行检测，并加强对避雷器的监视。

(4) 若闪络严重，应申请停电进行处理。

6. 避雷器断裂的故障处理

(1) 运行人员应立即到现场对设备进行检查，在初步判断故障的类别、故障相后，向调度及上级主管部门汇报，申请停电处理。

(2) 在确认已不带电并做好相应的安全措施后，对避雷器的损伤情况进行巡视。

(3) 在事故调查人员到来前，运行人员不得挪动故障避雷器的断裂部分，也不得对断口部分做进一步的损伤。

(4) 运行人员要做好现场的安全措施，以便检修人员对故障设备进行检查。

7. 避雷器引线脱落的故障处理

(1) 运行人员应立即到现场对设备进行检查，在初步判断故障的类别、故障相后，向调度及上级主管部门汇报，申请停电处理。

(2) 在确认已不带电并做好相应的安全措施后，对引线连接端部、均压环的状况进行巡视。

(3) 检查故障避雷器周围的设备是否有放电或损伤。

(4) 在事故调查人员到来前，运行人员不得接触引线的连接端部，也不得攀爬避雷器或构架检查连接端子。

(5) 运行人员要做好现场的安全措施，以便检修人员对故障设备进行检查。

8. 避雷器的泄漏电流值异常的处理

避雷器的泄漏电流值在正常时应该在规定值以下，当运行人员发现避雷器的泄漏电流值明显增大时，说明避雷器内部有故障，这时运行人员应当：

(1) 立即向调度及上级主管部门汇报。

(2) 对近期的巡视记录进行对比分析。

(3) 用红外线检测仪对避雷器的温度进行测量。

(4) 若确认不属于测量误差，经分析确认为内部故障，应申请停电处理。

四、避雷器的检修项目

(1) 避雷器整体或元件更换。

(2) 避雷器连接部位的检修。

(3) 外绝缘的处理。

(4) 放电动作计数器及在线监测装置的检修。

(5) 绝缘基座的检修。

(6) 避雷器引流线及接地装置的检修。

(7) 气体介质的补充。

参 考 文 献

1. 岳保良. 电气运行. 北京：中国电力出版社，1998.
2. 国家电力调度通信中心. 电网调度运行实用技术问答. 北京：中国电力出版社，2000.
3. 艾新法. 变电设备异常运行及事故处理. 北京：科学技术出版社，1992.
4. 华东电业管理局. 高压断路器技术问答. 北京：中国电力出版社，1997.
5. 华东电业管理局. 电气运行技术问答. 北京：中国电力出版社，1997.
6. 蓝增珏，叶景星. 500kV 变电所电气部分设计及运行. 北京：水利电力出版社，1993.
7. 刘万顺. 电力系统故障分析. 2 版. 北京：中国电力出版社，2006.
8. 解广润. 电力系统过电压. 北京：水利电力出版社，1985.
9. 林福昌. 高电压工程. 北京：中国电力出版社，2006.
10. 国家电网公司. 110（66）kV～500kV 油浸式变压器（电抗器）管理规范. 北京：中国电力出版社，2006.
11. 国家电网公司. 高压开关设备管理规范. 北京：中国电力出版社，2006.
12. 上海超高压输变电公司. 变电运行. 北京：中国电力出版社，2005.
13. 陈慈萱. 过电压保护原理. 北京：中国电力出版社，2002.
14. 郭贤珊. 高压开关设备生产运行实用技术. 北京：中国电力出版社，2006.
15. 李坚. 电网运行及调度技术问答. 北京：中国电力出版社，2006.
16. 万千云，等. 电力系统运行实用技术问答. 北京：中国电力出版社，2003.
17. 凌子恕. 高压互感器技术手册. 北京：中国电力出版社，2003.
18. 张全元. 变电站现场事故处理及典型案例分析（一）. 北京：中国电力出版社，2008.
19. 张全元. 变电运行现场技术问答. 北京：中国电力出版社，2003.
20. 陈敢峰. 变压器检修. 北京：中国水利水电出版社，2005.
21. 上海超高压输变电公司. 超高压输变电操作技能培训教材. 北京：中国电力出版社，2005.
22. 李树棠. 变压器基础知识. 西安：陕西科学技术出版社，1980.
23. 周泽存，等. 高电压技术. 北京：中国电力出版社，2004.
24. 余虹云. 500kV 变电站过电压及安全技术. 北京：中国电力出版社，2007.
25. 王合贞. 高压并联电容器无功补偿实用技术问答. 北京：中国电力出版社，2006.
26. ［美］P. M. 安德森，R. G. 法墨. 电力系统串联补偿.《电力系统串联补偿》翻译组译. 北京：中国电力出版社，2008.